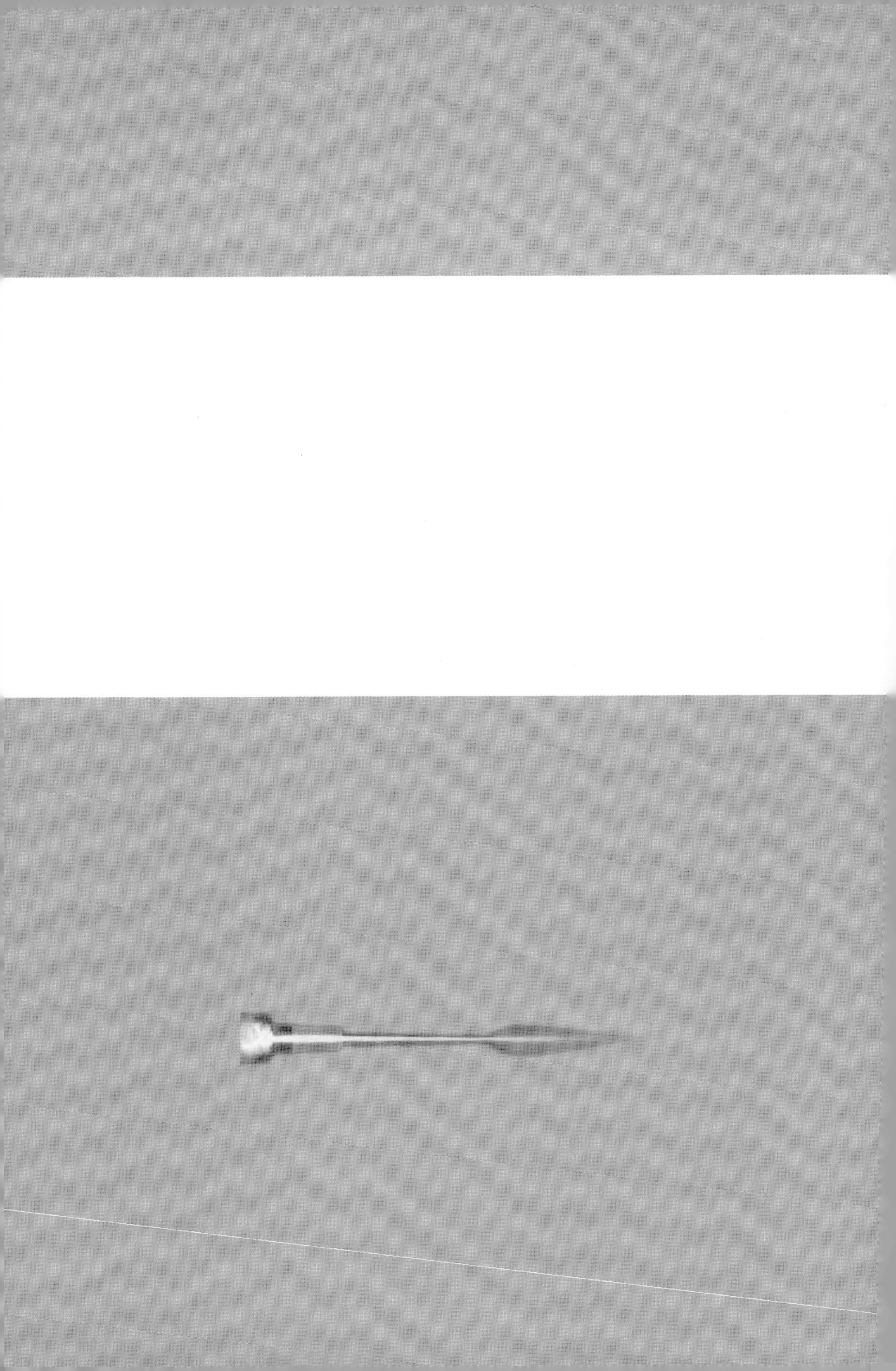

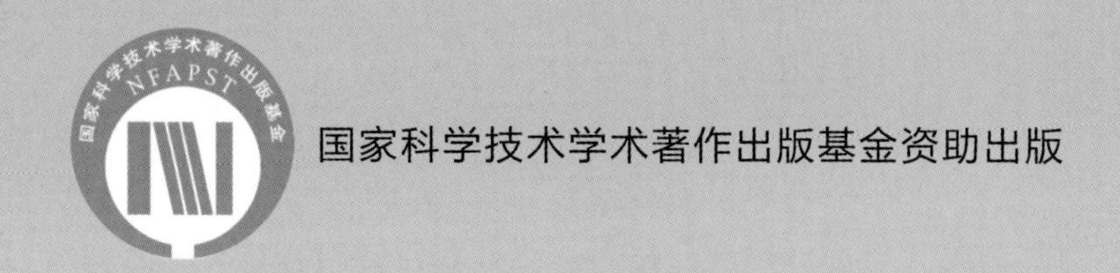

大气压非平衡等离子体射流

I 物理基础

ATMOSPHERIC PRESSURE NONEQUILIBRIUM PLASMA JET

I FUNDAMENTALS OF PHYSICS

卢新培 

华中科技大学出版社
http://www.hustp.com
中国 · 武汉

内 容 简 介

大气压非平衡等离子体射流(N-APPJ)是在开放空间而不是在两个电极间隙之间产生大气压非平衡等离子体,这就使得被处理对象不受空间尺寸的限制,从而大大拓展了其应用范围。本书介绍了我们针对不同应用研制的多种惰性气体和空气N-APPJ,并系统阐述了各种实验参数对N-APPJ的影响,以及所观测到的诸多新现象。本书还对大气压放电所发射的VUV光谱测量结果及N-APPJ推进可重复性研究成果进行了介绍。本书最后对多种大气压等离子体诊断方法进行了详细的介绍。

图书在版编目(CIP)数据

大气压非平衡等离子体射流. Ⅰ,物理基础/卢新培著. —武汉:华中科技大学出版社,2021.11

ISBN 978-7-5680-6900-7

Ⅰ.①大… Ⅱ.①卢… Ⅲ.①非平衡等离子体-等离子体射流-物理学-研究 Ⅳ.①O53

中国版本图书馆CIP数据核字(2021)第097914号

大气压非平衡等离子体射流:Ⅰ. 物理基础

Daqiya Feipingheng Dengliziti Sheliu:Ⅰ. Wuli Jichu

卢新培 著

策划编辑:徐晓琦
责任编辑:徐晓琦 曾小玲
装帧设计:原色设计
责任校对:刘 竣
责任监印:周治超
出版发行:华中科技大学出版社(中国·武汉) 电话:(027)81321913
武汉市东湖新技术开发区华工科技园 邮编:430223
录 排:武汉市洪山区佳年华文印部
印 刷:湖北新华印务有限公司
开 本:710mm×1000mm 1/16
印 张:27
字 数:452千字
版 次:2021年11月第1版第1次印刷
定 价:228.00元

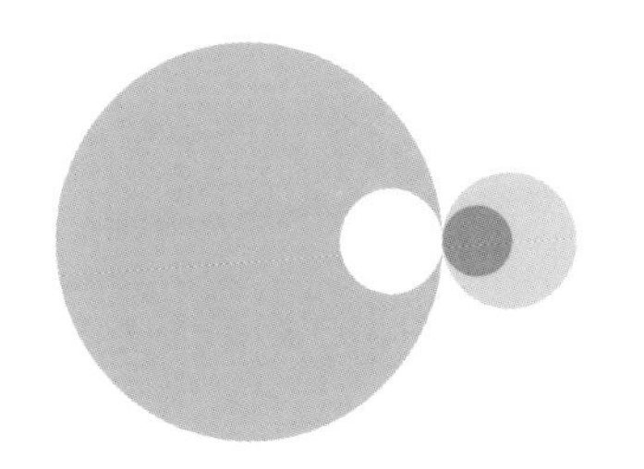

致谢

本书是我从2007年回国以来与我的所有学生及合作者一起工作的部分研究内容的一个总结。这些学生包括现在工作于重庆大学的熊青博士，华中科技大学的鲜于斌博士、聂兰兰博士、熊紫兰博士、程鹤博士，南京航空航天大学的吴淑群博士，加州大学伯克利分校的裴学凯博士，北京市神经外科研究所的闫旭博士，武汉科技大学的赵沙沙博士，华中科技大学同济医学院附属同济医院的宋珂博士、石琦博士，郑州大学第一附属医院的杜田丰博士，成都市第二人民医院的杨平，深圳市宝安区妇幼保健院的周鑫才博士，湖北省十堰市太和医院的刘得玺博士，以及邱云昊博士、谭笑博士、李丛云博士、苟建民博士、涂亚龙博士、邹长林博士，硕士岳远富、唐志渊、佘飞、程素霞、卢佳敏、曹星、徐海涛，在读博士生吴帆、李嘉胤、刘凤梧、李志宇、晋绍辉、吕洋、雷昕雨、李旭，在读硕士生杨莹、徐家兴、彭布成、刘嘉林、毛鹏飞等。在此对他们为本书所做的贡献表示感谢。

这里还要特别对2007年以来一直和我合作的华中科技大学生命科学与技术学院的何光源教授、华中科技大学同济医学院附属同济医院的曹颖光教授、华中科技大学同济医学院附属协和医院的冯爱平教授、华中科技大学电气与电子工程学院的刘大伟教授表示由衷的感谢。他们长期以来的大力支持，才使得本书出版成为可能。

此外，在本书的撰写过程中得到了刘大伟博士、熊青博士、鲜于斌博士、聂兰兰博士、程鹤博士、吴淑群博士、闫旭博士、赵沙沙博士、段江伟博士、马明宇

博士，以及吴帆、李嘉胤、刘凤梧、雷昕雨、李志宇等的帮助，在此对他们表示诚挚的感谢。

还要感谢我的导师潘垣院士这些年来对我的鼓励和帮助，他对我不厌其烦的教诲及他咬定青山不放松的科研精神使我终生受益。在此感谢华中科技大学各级领导和电气与电子工程学院历任院长、书记，特别是段献忠教授、冯征书记、康勇教授、于克训书记、文劲宇教授、陈晋书记，没有他们给予我的一次次有求必应的帮助，为我提供研究平台，我也就无法安心从事我所喜爱的研究工作。

尤其感谢我的朋友孙明江、邵惠玉夫妇在这近半年疫情期间对我的关心和帮助，让我可以完全投入到本书的撰写之中。

最后还要感谢我的家人，是他们这么多年对我的无私奉献，使得我有时间和精力投入到我所喜爱的研究中。

作　者

2020 年 6 月 25 日端午节于黟县

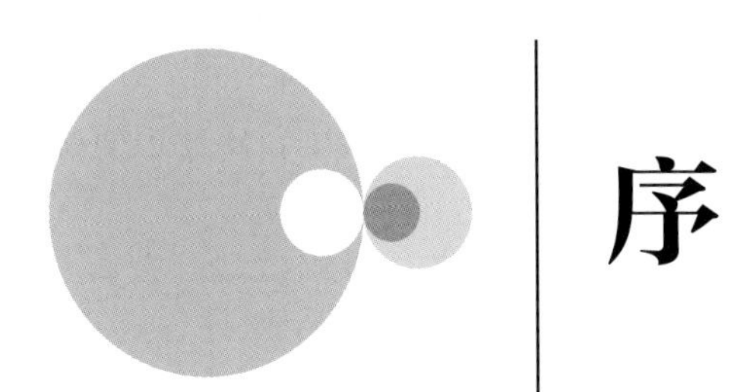

序

2020年注定是不平凡的一年，一转眼我回华中科技大学工作已经十几年了。回顾这些年，虽有过不少迷茫，但更多的是快乐，特别是这么多年和学生们一起在实验中获得的一次次的小惊喜总是那样令人难忘。

今年由于疫情我被困老家，得以陪伴母亲以尽孝道，弥补这几十年在外不能尽孝的缺憾，同时静心写书再合适不过了，因此思考着能否把这些年的工作进行一次梳理，著书出版；但又有点诚惶诚恐，毕竟本人的水平有限，之前多次被他人劝说著书都被自己坚决否定了。因为要写一本全面介绍国内外大气压等离子体射流研究最新成果方面的书，本人深知着实没有那个能力，但细想能否把该书定位为我们课题组这些年所做工作的一个总结呢？虽然所做工作不成体系，但本人所幸这些年坚持只做了一件事情，也就是研究大气压非平衡等离子体射流（N-APPJ）及其生物医学应用，这也还算别有特色。因此将这些内容进行梳理、归纳总结也算在我的能力范围之内。

本书见证了我青春岁月的日日夜夜、实验的点点滴滴、情绪的起起落落，是我的研究团队热情与心血的结晶。

本书包括两册，第一册介绍 N-APPJ 的物理基础，包括我们课题组研制的多种 N-APPJ 装置，各种实验参数对 N-APPJ 物理特性的影响，我们发现的 N-APPJ 所呈现出的诸多有趣的新现象，以及 N-APPJ 所发射的真空紫外光谱和 N-APPJ 放电可重复性的讨论，最后还介绍了几种大气压非平衡等离子体诊断方法。

第二册介绍了我们在 N-APPJ 生物医学应用方面所做的工作，主要包括围绕口腔疾病利用 N-APPJ 处理病菌、真菌、病毒方面的研究，围绕伤口愈合方面的研究，以及 N-APPJ 诱导癌细胞凋亡和促进干细胞分化方面的工作。本书还针对等离子体医学的几个核心问题，对我们在这方面所做的工作进行了介绍，具体包括等离子体射流所产生的各种活性粒子在生物组织中的穿透问题，N-APPJ 的生物安全性问题，等离子体剂量的科学定义问题。

由于水平有限，本人虽然对书中的内容进行了多次核对，但书中错误之处仍在所难免，因此恳请大家批评指正，以期在将来有机会再版时更正。

作　者

2020 年 6 月 25 日端午节于黟县

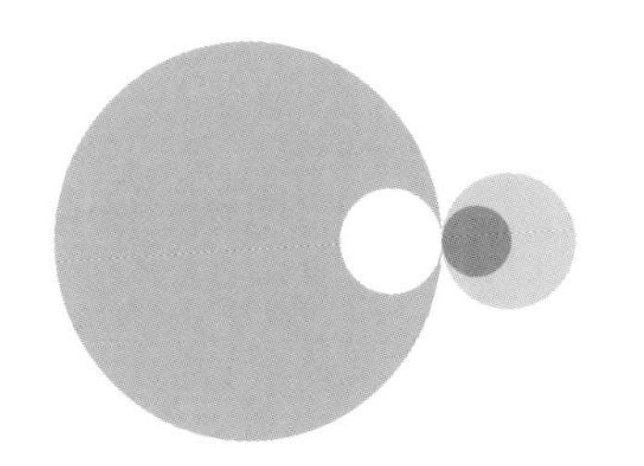

前言

大气压非平衡等离子体射流(N-APPJ)是在开放空间而不是在两个电极间隙之间产生大气压非平衡等离子体,这就使得被处理对象不受空间尺寸的限制,从而大大拓展了其应用范围。N-APPJ 的研究同时极大地推动了其在生物医学方面的应用,并形成了一个新兴的研究方向,即等离子体医学。等离子体医学是研究等离子体所产生的各种活性成分,包括各种自由基、带电粒子、激发态粒子、紫外线、电场等对生物体的综合效应的一门学科。

大气压非平衡等离子体射流与传统的流注放电有许多共同点,如它的推进速度与流注推进速度在一个数量级,它所产生的空间电荷会对电场产生畸变,光电离在其推进过程中扮演着重要的角色等。但人们在研究 N-APPJ 时又发现了传统流注放电所未观测到的许多新现象。

本书分为两册,其中第一册介绍了我们在 N-APPJ 相关物理机理的研究方面所做的一些工作,第二册介绍了我们在 N-APPJ 用于生物医学应用方面所做的一些基础性研究。第一册第 1 章简要介绍针对各种具体应用研制的几种惰性气体 N-APPJ 和空气 N-APPJ。第 2 章较为系统地介绍了各种实验参数对 N-APPJ 的影响的研究结果。第 3 章对 N-APPJ 中所观测到的诸多新现象做了详细的分析,包括 N-APPJ 随机推进与可重复推进模式之间的转换、人体可任意触摸的等离子体射流激发次级等离子体射流的接力现象、一个电压脉冲出现的多子弹现象、射流呈现的羽毛状现象、蛇形推进现象、射流的分节现象等,以及在外加电压消失后的放电现象和无外加磁场的螺旋状等离子体

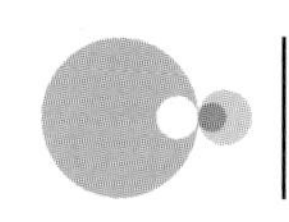

现象。

大约一个世纪前流注理论提出，正流注推进过程中，流注头部的光电离是二次电子崩的主要电子来源。1982 年，Zheleznyak 提出了较为完整的空气放电光电离假设。他认为在空气等 N_2/O_2 混合气体放电中，辐射来源主要是氮分子三种激发态 $b^1\Pi_u$、$b'^1\Sigma_u^+$ 和 $c'^1_4\Sigma_u^+$ 在 98～102.5 nm 范围内的辐射，但一直未在大气压放电中测量到该辐射。第一册第 4 章介绍了我们最近采用真空差分窗口首次对大气压等离子体射流及空气放电的 VUV 光谱测量结果。

N-APPJ 的一个显著特点是其子弹推进模式往往具有高可重复性，即其时间和空间的确定性。第一册第 5 章对国内外相关研究工作进行了系统的梳理，并根据我们的研究成果，指出了实现放电可重复性所需要满足的条件，最后提出了高种子电子密度放电理论。

研究大气压非平衡等离子体的一个难点是诊断其各种参数。第一册最后一章对几种适合于大气压非平衡等离子体的诊断方法做了较为详细的介绍，包括利用辐射光谱法诊断气体的温度、电子密度和温度，以及空间电场分布；利用毫米波干涉诊断电子的密度和温度；利用激光诱导荧光获得 OH 和 O 原子密度；利用激光散射获得电子温度和密度，以及中性粒子密度。该章最后介绍了利用液相化学分析方法测量液体中羟基(OH)、单线态氧($^1O_2$)、超氧阴离子($\cdot O_2^-$)、过氧亚硝酸(ONOOH)、双氧水(H_2O_2)、亚硝酸盐(NO_2^-)和硝酸盐(NO_3^-)的方法。

本书第二册介绍了大气压等离子体射流在生物医学应用方面的研究成果。第二册第 2 章首先对 N-APPJ 用于杀灭典型的口腔内的致病菌、细菌生物膜、混合菌种生物膜、真菌和病毒的研究成果进行了较为系统、全面的介绍，然后介绍了利用 N-APPJ 活化油促进伤口愈合的研究成果。

研究发现，在合适的处理条件下，N-APPJ 可以诱导癌细胞凋亡，与此同时对正常的细胞无显著影响，这就使得 N-APPJ 因具有在癌症治疗方面的潜在应用价值而受到研究者的关注。第二册第 3 章首先介绍了 N-APPJ 对质粒 DNA 的影响、N-APPJ 对多种肿瘤细胞系的增殖抑制作用，探讨了 N-APPJ 在各种癌症治疗中的应用潜力；然后分别介绍了 N-APPJ 对 HepG2 细胞形态、细胞染色质、细胞线粒体膜电位、细胞凋亡率的影响；最后介绍了 N-APPJ 诱导细胞凋亡机制的研究成果，包括氧化/硝化应激与 N-APPJ 诱导 HepG2 细胞凋亡的关系，内质网应激与 N-APPJ 诱导 HepG2 细胞凋亡的关系等。

神经系统疾病严重危害着人类健康，中枢神经系统修复成为临床医学的热点和难点；替代丢失的神经细胞，修复损伤的神经网络结构，促进神经功能的恢复，是治疗这类疾病的一种方法。等离子体中的重要活性粒子——一氧化氮(NO)是一种重要的神经递质，在神经系统的发育、信号传递中发挥重要作用。在第二册第4章中，给出了大气压非平衡等离子体对小鼠C17.2-NSCs细胞分化影响的研究成果，同时使用细胞形态分析、免疫荧光技术、Western Blot和qRT-PCR等细胞生物学和分子生物学技术研究了大气压非平衡等离子体对小鼠C17.2-NSCs细胞分化的影响，鉴定所产生的神经元亚型，并探讨NO及下游信号通路对细胞分化的调控机制。

等离子体产生的RONS能在生物组织中穿透多深是等离子体医学重要的基础课题。研究该课题一方面可以帮助人们更加深入地理解等离子体医学的基本原理，另一方面也能为进一步优化等离子体医学应用时的等离子体源的各种参数，甚至拓宽其医学应用领域提供参考和指导。第二册第5章分别介绍了我们采用肌肉组织、皮肤组织、皮肤角质层为组织模型，研究RONS穿透这些组织模型的情况。由于接收池内的液体种类可能会对RONS浓度的测量产生影响，因此该章还探究了接收池内的液体种类对穿透组织的长寿命RONS浓度的影响。此外，为了从微观上理解RONS穿透皮肤角质层的行为，该章还介绍了采用分子动力学模拟的方法模拟并分析等离子体产生的主要RONS穿透角质层双脂质分子层的研究成果。

N-APPJ直接作用于人体时对人体可能造成的热损伤、电损伤、紫外辐射等潜在的直接物理伤害，以及放电过程中产生的O_3等气体可能对人体造成的伤害比较容易评估，也是早期N-APPJ安全性研究所关注的。除了直接的物理损伤，N-APPJ对生物体还可能存在潜在的生物安全风险。例如，N-APPJ与细胞或组织相互作用过程中生成的各种RONS在生物体中的作用效果存在着明显的剂量依赖效应，如果处理剂量过高，就可能会导致一系列病理生理效应，甚至可能具有致突变的风险，造成细胞遗传的不稳定性。针对N-APPJ的生物安全性问题，第二册第6章首先阐述了通过化学方法配制不同浓度的长寿命活性粒子(H_2O_2、NO_2^-和NO_3^-)溶液及其组合，得到了这些长寿命粒子对人体正常细胞的细胞毒性的实验结果；接着，为了深入了解等离子体处理介质(PAM)在肝癌治疗中的应用前景，系统研究了PAM对肝癌细胞的选择性杀伤作用；然后系统比较了使用化学方法配制的RONS溶液、PAM和N-APPJ

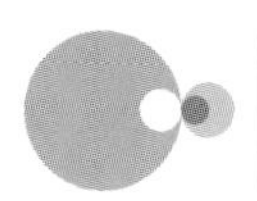

直接处理三种方法对正常细胞和癌细胞的毒性；最后，为了确认 N-APPJ 的长期安全性，还介绍了 N-APPJ 对正常细胞的遗传毒性和诱变特性的实验结果。

“等离子体剂量”是等离子体生物医学领域的重要基本概念之一。尽管国内外研究者在等离子体生物医学领域开展了大量的基础和应用研究，然而，关于“什么是等离子体剂量”这一基本问题仍没有一个被广泛接受的科学定义。科学定义“等离子体剂量”是开展等离子体临床应用的基础和前提。正如临床药理学中所讨论的“剂量-效应”关系，在利用等离子体处理特定对象时，同样需要回答“等离子体剂量”与“生物效应”的对应关系。由于 RONS 是主导等离子体生物效应的关键活性粒子，并且在细胞的病理过程中起重要作用，因此基于 RONS 定义等离子体剂量就成了一种自然的选择。基于此，第二册第 7 章提出等效总氧化势（*ETOP*）作为等离子体剂量的定义，其值代表等离子体对其生物效应的总贡献。进一步地，该章通过构建拟合模型研究了 *ETOP* 作为等离子体剂量的可行性。结果表明，*ETOP* 可以很好地预测 kINPen® 和 Flat-Plaster 的杀菌效果。此外，为了进一步了解 *ETOP* 作为等离子体剂量的可行性，我们采用自制的一种典型的 N-APPJ 装置处理了干燥的金黄色葡萄球菌，并结合诊断和模拟方法计算了 *ETOP*。相应的拟合结果同样表明，*ETOP* 与抑菌效率之间存在线性关系，进一步验证了 *ETOP* 作为等离子体剂量的适用性。

本书是我们最新研究成果的一个总结，故有许多科学问题还有待今后进一步研究。如“高种子电子密度放电理论”是否适用于空气放电，这仍有待进一步实验与理论研究。再比如用总氧化势来定义等离子体剂量，这里做了许多简化，在未来还需要考虑各种活性粒子的权重因子、带电粒子的影响、电场效应以及各种液相活性粒子等。希望本书的内容能起到抛砖引玉的作用，从而推进等离子体射流及其生物医学应用的发展。

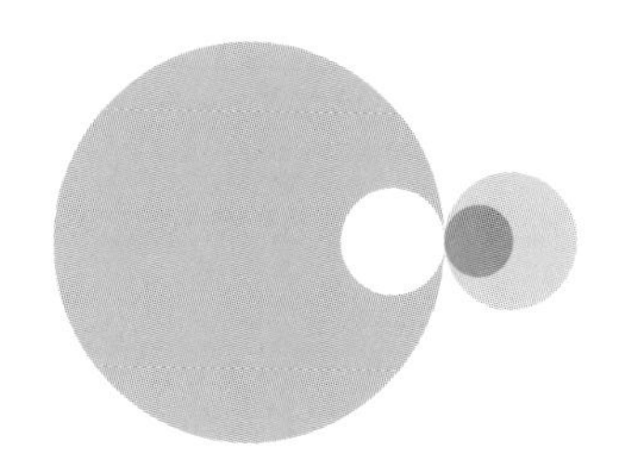

目录

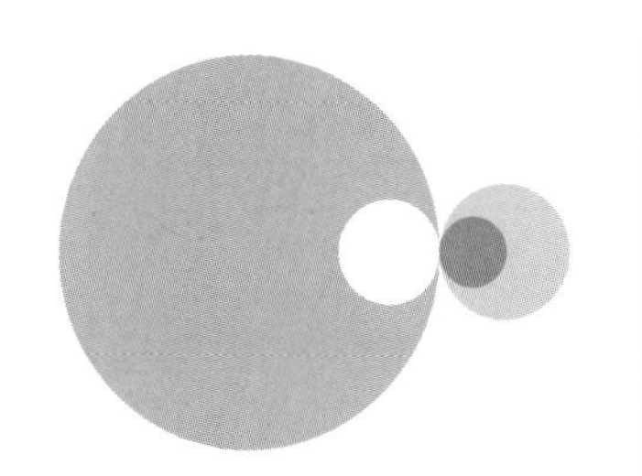

第1章 大气压非平衡等离子体射流

1.1 引言

1.1.1 等离子体的定义

等离子体是物质的四个基本状态之一，其他状态分别为固体、液体和气体。等离子体是宇宙中最丰富的物质形式。实际上，等离子体占宇宙中可见物质的 99%以上，它们由正离子、电子或负离子、中性粒子组成。当通过诸如放电等方式将大量能量注入到气体中时，从原子或分子中逃逸出的电子变成自由电子，这些自由电子继续从电场中获得能量，然后通过碰撞产生更多的电子和离子。最终，更多数量的电子和离子改变了气体的电特性，从而变成了电离的气体，即等离子体。

从科学严谨的角度来看，并非所有包含带电粒子的介质都可以归类为等离子体。它必须满足某些条件或标准才能被归类为等离子体。第一个标准是宏观中性，它与德拜长度(λ_D)[1~3]有关，即

$$\lambda_D = \left(\frac{\varepsilon_0 k T_e}{n_e e^2}\right)^{1/2} \tag{1.1.1}$$

其中，ε_0是真空介电常数，k 是玻尔兹曼常数(1.38×10^{-23} J/K)，T_e是电子温

度，n_e是电子密度，e 是电子电荷。假设 L 是等离子的特征尺寸，则等离子需要满足的第一个标准是

$$L \gg \lambda_D \tag{1.1.2}$$

在 λ_D的空间尺度范围内，它可能不满足宏观电中性的条件；但在远大于 λ_D的空间尺度，它满足宏观电中性。

另外，德拜球内的电子数目必须非常大。因此，等离子体需要满足的第二个标准是

$$n_e \lambda_D^3 \gg 1 \tag{1.1.3}$$

这意味着，与 λ_D相比，电子之间的平均距离（由 $n_e^{-1/3}$ 大致给出）必须很小。该量被定义为

$$g = 1/(n_e \lambda_D^3) \tag{1.1.4}$$

该参数称为等离子体参数，条件 $g \ll 1$ 称为等离子体近似。

第三个标准是时域方面。它要求电子-中性粒子碰撞频率（ν_{en}）远小于电子等离子体频率 ν_{pe}，即

$$\nu_{pe} \gg \nu_{en} \tag{1.1.5}$$

而电子等离子体频率为

$$\nu_{pe} = \frac{1}{2\pi}\left(\frac{n_e e^2}{m_e \varepsilon_0}\right)^{1/2} \tag{1.1.6}$$

其中，m_e是电子质量。如果不等式(1.1.5)得到满足，就意味着电子将具有独立的行为，否则电子将因碰撞而与中性粒子保持平衡，此时仍应该将介质视为中性气体。式(1.1.5)也可以写成

$$\omega\tau \gg 1 \tag{1.1.7}$$

$\tau = 1/\nu_{en}$表示电子与中性粒子碰撞之间的平均时间，ω 代表典型等离子体振荡的角频率。当式(1.1.7)得到满足时，就意味着与电子-中性粒子碰撞的平均时间比等离子体物理参数变化的特征时间长。

1.1.2 平衡和大气压非平衡等离子体

在实验室中，不同气压下均可以产生等离子体。但是，如果在实验室中低气压条件下产生等离子体，则需要真空系统。为了避免使用昂贵和复杂的真空系统，在过去的几十年中人们一直研究在大气压下产生等离子体。一方面，在一个大气压下，中性粒子密度约为 2.4×10^{25} m^{-3}。电子-中性粒子碰撞频率 $\nu_{en} = n_0(2kT_e/m_e)^{1/2}\sigma_0$ 约为 $10^{11} \sim 10^{12}$ s^{-1}，其中，n_0、T_e、m_e、σ_0分别是中性

粒子密度、电子温度、电子质量、电子-中性粒子碰撞截面，k 为玻尔兹曼常数[3]。当使用放电产生等离子体时，如果电场足够高，电子从电场中获得的能量要多于与中性粒子碰撞而损失的能量，电子可以在电场下加速并导致雪崩电离，最终使得气体击穿。由于电子-中性粒子碰撞的高频率，很大一部分电子能量被转移到中性粒子上。当工作气体中存在分子气体时，尤其如此，因为分子气体的转动和振动态的能级远低于分子的电离势。在这样的条件下，中性粒子温度 T_n 显著升高并且可以接近电子温度 T_e，此时将该等离子体分类为平衡等离子体。实验室中产生的典型平衡等离子体是直流电压驱动的电弧放电等离子体。电弧等离子体的中性粒子温度 T_n 和电子温度 T_e 大多在几千开尔文。电弧等离子体被广泛使用，包括焊接、切割和废料处理。

另一方面，数千开尔文的气体温度对于许多其他应用来说太高了。例如，在大气压等离子体中增长最快的应用领域之一的等离子体医学就要求等离子体的气体温度 T_n 保持或接近室温。气体温度 T_n 远低于电子温度 T_e 的这种等离子体被分类为非平衡等离子体。

据报道，有几种方式可在大气压下产生大气压非平衡等离子体。通常，可以将这些方法分为两大类，即通过时间或空间方法控制放电。最常用的时间控制放电的方法是电介质阻挡放电(dielectric barrier discharge，DBD)，它通过用电介质覆盖一个或两个电极来限制放电电流的持续时间，因此放电电流的持续时间受到限制，实际放电电流呈现为脉冲的形式，导致输送到等离子体的总能量明显减少[4~15]。DBD 的典型电子温度只有几个电子伏特(eV)，DBD 的气体温度通常略高于或接近室温。

时间控制放电方法中另一种广泛采用的技术是使用纳秒脉冲电压来驱动放电[16~20]。此时仅在加载纳秒脉冲电压时产生等离子体。因此，总能量也受到了限制。此外，纳秒脉冲放电还有其他优点。由于所施加电压上升时间很短，施加在放电间隙上的电压可以实现很高的过电压，这可以导致高电子温度和高峰值放电电流。由纳秒脉冲电压驱动的大气压等离子体的电子温度和电子密度峰值可以分别达到约 10 eV 和 10^{13} cm^{-3}。由于高电子温度和高峰值电流，纳秒级脉冲电压产生的反应物活性粒子浓度更高。另外，研究发现，即使将空气用作工作气体，当放电间隙较小时，也可以在大气压下产生均匀的大气压空气等离子体。最后，可以通过控制脉冲上升时间、脉冲频率、脉冲宽度和电压的幅度来精确调整各种等离子体参数，如活性粒子浓度和气体温度。

关于空间控制放电方法，研究比较多的是微放电，它将等离子体限制在较小的介质腔中，即将放电限制在亚毫米范围内的小体积内[21~30]。由于有较大的表面积-体积比，通过热传导冷却有助于使放电中的气体温度保持较低的水平，从而保持其非平衡性。

1.1.3 大气压等离子体射流——平衡和非平衡等离子体射流

对于传统的放电，只要在放电间隙施加足够高的电场就会导致气体击穿，从而产生等离子体。但是，在一个大气压条件下，放电所需的电场是非常高的。例如，当使用空气时，所需的电场约为 30 $kV \cdot cm^{-1}$。这就是为什么大多数大气压放电的放电间隙为毫米至几厘米的原因。

另一方面，从应用的角度来看，如果需要直接处理，即将物体放置在间隙之间，较短的放电间隙会明显限制待处理物体的尺寸。如果进行间接处理，即将物体放置在间隙附近，通过气体流动的方法将等离子体产生的活性粒子输送到被处理物体的表面，则寿命短的活性粒子和带电粒子可能在到达被处理的物体之前就已经消失了。为了克服传统的大气压非平衡等离子体的这些缺点，需要在开放空间而不是在有限的放电间隙中产生等离子体。然而，要在电场较低的开放空间中产生等离子体，并维持其非平衡性是一件比较困难的事情。

幸运的是，人们报道了多种方法来克服这些困难，后面将对多种非平衡等离子体射流源进行简要的介绍。大气压等离子体射流(atmospheric pressure plasma jet，APPJ)在开放空间而不是在狭窄的间隙中产生。因此，它们可以用于直接处理，并且对被处理的物体的尺寸大小没有限制。这对于许多应用而言极为重要。

如上所述，大气压等离子体可以分为平衡等离子体和非平衡等离子体。因此，大气压等离子体射流也可以分为两大类，即大气压平衡等离子体射流(equilibrium atmospheric pressure plasma jet，E-APPJ)和大气压非平衡等离子体射流(nonequilibrium atmospheric pressure plasma jet，N-APPJ)。E-APPJ 已获得的工业应用包括用于焊接、切割等的直流电弧[31~35]。E-APPJ 将电能转换给气体(通常为空气)并形成平衡等离子体。E-APPJ 的应用是利用了等离子体高气体温度的优势。

相反，N-APPJ 的气体温度要低得多。对于等离子医学的应用，甚至需要等离子的气体温度接近室温[36~55]。使用 N-APPJ 时，等离子体产生的活性氮氧化物(reactive oxygen nitrogen species，RONS)在各种应用中起重要作用。

在某些情况下，紫外线(ultra-violet，UV)或真空紫外线(vacuum ultra-violet，VUV)、带电粒子和电场也可能起某些直接作用。然而，从能量的角度来看，N-APPJ 从电源接收电能，并通过电离、激发、离解等方式转移大部分能量，以形成 RONS 而不是加热气体温度。在相同的气体温度下，N-APPJ 的 RONS 浓度可能比相同气体的浓度高许多数量级。

1.1.4 大气压非平衡等离子体射流在生物医学中的应用

大气压非平衡等离子体的生物医学应用研究(今天称为“等离子医学”)是在 20 世纪 90 年代中期美国 AFOSR 计划资助下开始的，它旨在使用大气压非平衡等离子体对生物(例如组织、皮肤)和非生物介质和表面进行杀菌[56]，目的是使用等离子对工具、齿轮进行灭菌/消毒，并对伤口进行消毒以实现快速愈合。当时只有少数美国大学研究人员(Dr. Laroussi 就是其中之一)参与了这项工作。到 21 世纪初，人们开展了一些初步的科学工作。到 21 世纪前 10 年中期，当今活跃于等离子体医学的许多主要研究小组进入该领域，并为其提供了新的活力，该领域成果呈指数增长。同时，国际上建立了几个专注于等离子体医学的研究中心，包括德国的 INP、韩国的 PBRC 和美国的 Drexel 等离子体研究所。

如上所述，N-APPJ 可以在开放空间而不是在受限空间中产生等离子体，这非常适合于等离子体医学应用。一方面，N-APPJ 在过去 10 年中取得的进展极大地推动了等离子体医学的研究；另一方面，等离子体医学应用对合适等离子体源的迫切需求吸引了许多研究人员努力去开发、优化和了解 N-APPJ。过去近 20 年时间里，大气压等离子体射流相关的文章显著增加。图 1.1.1 给

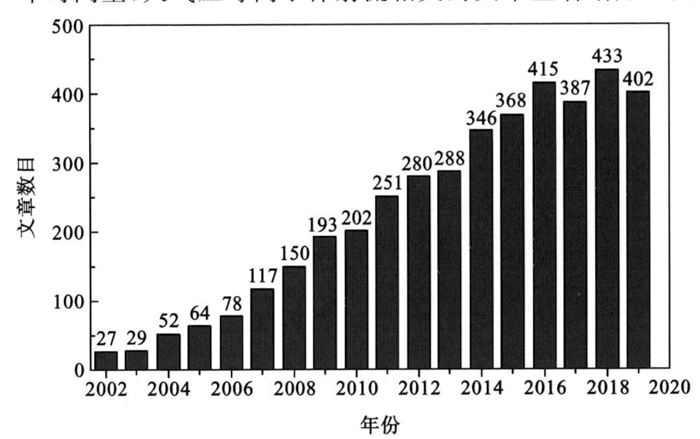

图 1.1.1 Web of Science 上用“atmospheric pressure plasma jet”检索到的最近 20 年发表的文章数

出了在 Web of Science 上用“atmospheric pressure plasma jet”检索到的最近20年发表的文章数。从图中可以看出，从21世纪初开始，相关主题文章数量快速增加。

1.2 大气压非平衡等离子体源

1.2.1 电晕放电

为了使气体电击穿，需要高电场。电晕放电通常具有针状或线状电极。通过这样的结构，在针尖或线电极附近的电场强度较高，但是随着距离的增加，电场强度迅速减小。由于这种特性，气体击穿仅发生在针尖或线电极附近。这种放电称为电晕。当电极周围的电场强度高到足以形成导电区域，但又没有高到引起附近的物体电击穿或电弧放电时，就会发生电晕放电[57～60]。

在许多高压应用中，电晕是一种不良的负效应。例如，来自高压电力传输线的电晕放电构成了经济上的电力浪费。在高压电源中，由电晕引起的漏电会构成不必要的负载，甚至损坏电源。电晕放电通常可以通过改善绝缘性能、导线布局以及将高压电极制成光滑的圆形形状来抑制。另外，可控的电晕放电可用于各种应用中，例如空气过滤、复印机和臭氧发生器等。

如果电极为正，则电晕为正电晕；如果电极为负，则电晕为负电晕。正负电晕的物理原理截然不同。这种不对称是电子与带正电的离子之间的质量差异很大导致的。

对于正电晕，电离产生的电子被吸引到电极上，正离子被往外排斥。电子在被吸引到正电极时会与其他分子发生非弹性碰撞，从而可能通过电子雪崩被电离。

对于正电晕，二次电子是由从该等离子体发射的光子引起的光电离产生的。然后，这个光电子在局部电场的作用下往高压电极方向移动，在此过程中电子会被吸引到等离子体中，这些光电子有可能产生更多雪崩电离。

对于负电晕，电子的运动从电极向外移动。电极材料电子的逸出功通常远低于标准温度和压力下空气的电离能，这使其成为主要的二次电子来源。远离电极处，由于正离子的积累，电场强度减弱，因此电离进一步衰减。

1.2.2 介质阻挡放电

Theodose du Moncel 于1853年首次发现，可以在由两个玻璃板隔开的两个导电板之间产生放电[61]。为了驱动放电，他使用了 Ruhmkorff 线圈，该线圈是一个感应线圈，可以从低压直流（direct current，DC）电源产生高交流（alternating current，AC）电压。

继 Theodose du Moncel 的发现之后，Werner von Siemens 在 1857 年报道了设计和应用介质阻挡放电（DBD）产生臭氧的方法[62]。Siemens 的 DBD 装置是圆柱形的几何形状，他采用锡箔作为电极，玻璃用作电介质。然后直到 20 世纪 30 年代，Von Engel 用该方法产生大气压非平衡等离子体，他通过水冷控制阴极的温度来产生这种等离子体[63]。又过了大约 50 年后（20 世纪 80 年代末到 90 年代初），人们才做了进一步研究，并通过使用 DBD 最终成功地产生了体积较大的大气压非平衡等离子体。参与这些早期工作的人员主要有 Kanazawa 等人、Massines 等人和 Roth 等人[64~66]。这些研究人员主要使用的是平板结构，使用的电源在千赫兹频率范围内，电压幅值为千伏的正弦电压。研究发现，当采用脉冲宽度在纳秒到微秒范围内的快速上升时间脉冲电压时，DBD 的性能得到了极大的改善[67~69]。这些脉冲优先将施加的能量耦合给电子，并提供一种控制电子能量分布函数（electron energy distribution function，EEDF）的方法，通过控制 EEDF 可以增强等离子体化学性质[68~70]。DBD 作为低温等离子体源已经在各种等离子体应用中广泛使用[71~74]。

产生低温大气压非平衡等离子体的最广泛使用的放电方式之一就是 DBD。几十年来，研究者对 DBD 的原始方法进行了改进[64~66，75~83]。DBD 使用介质材料至少覆盖一个电极。电极由几千伏的千赫兹频率交流电压驱动。图 1.2.1 给出了一些典型的介质阻挡放电示意图。在过去的几十年中，DBD 已广泛用于材料处理中，例如改变材料的亲水性或疏水性、表面改性、流量控制、产生臭氧[76，84~85]，以及自 20 世纪 90 年代中期以来在生物医学中应用[71~74]。

DBD 通常会产生具有丝状结构的等离子体，从而导致材料处理不均匀。但是，自 20 世纪 80 年代后期以来，产生非丝状或弥散性等离子体的 DBD 的研究取得了很好的结果。已发表的一些报告显示，在某些条件下，DBD 可以在大气压下产生弥散的、相对均匀的等离子体[64~66，77~83]。

DBD 通常采用正弦电压激励，电压的幅值通常在 1～30 kV，频率为千赫兹范围。电极装置通常包含一个空腔，以允许引入和选择放电气体。当气体被击穿开始放电时，电荷会累积在电介质表面。这些累积的表面电荷产生一

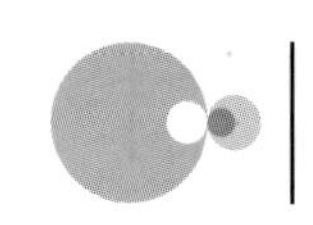

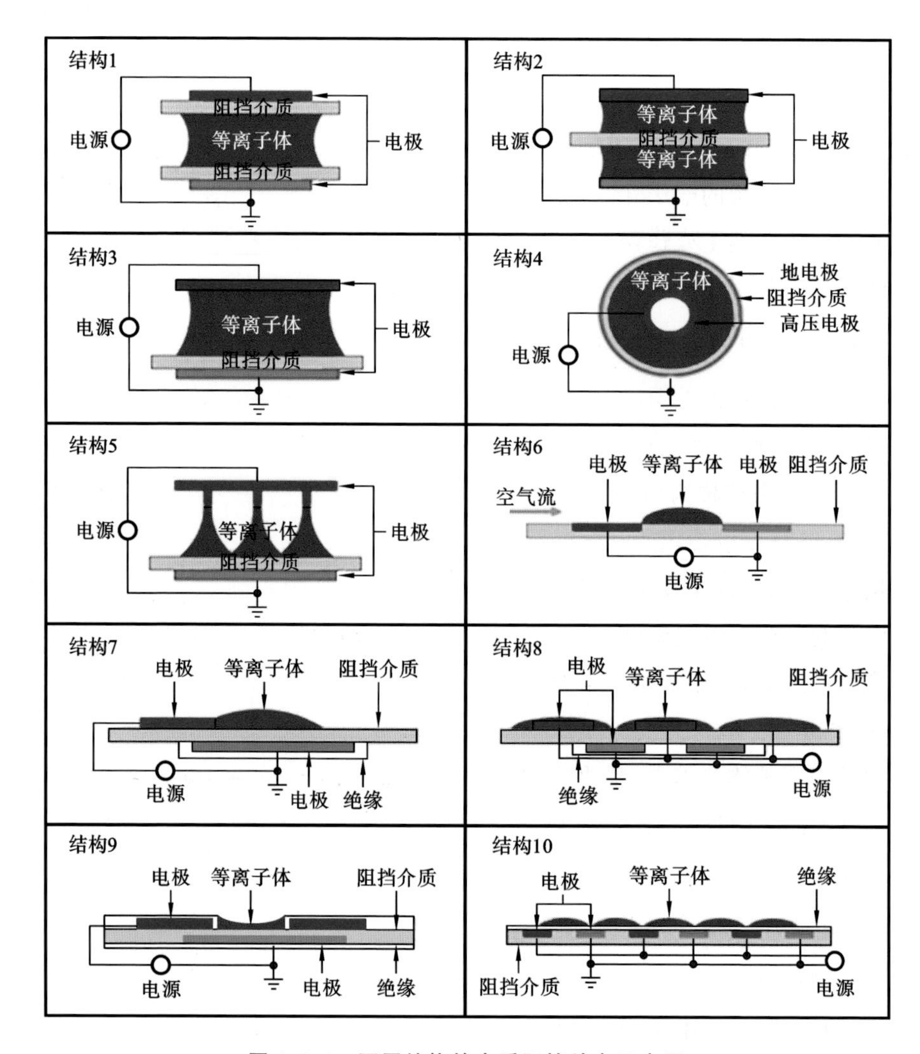

图 1.2.1　不同结构的介质阻挡放电示意图

个反向电场，该电场抵消了外部施加的电场，从而导致放电停止。尽管通常DBD会产生丝状等离子体，但在某些特定条件下也可以产生均匀等离子体。覆盖电极的介质材料表面的电荷积累在维持等离子体的非平衡性质方面起着至关重要的作用。

Kanazawa 等人最初提出了产生弥漫等离子体的操作条件[64]如下：必须将氦气用做工作气体，施加电压的频率必须在千赫兹范围内。然而，后来的研究者发现能够用其他工作气体，在不同的频率条件下产生弥漫等离子体[79～83]。Massines 等人提出了导致弥散等离子体的机理，即电流脉冲之间的种子电子和亚稳态原子导致低电场条件下的气体击穿。这些种子粒子可以导致汤森放电或辉光放电，具体哪一种由气体的种类决定。对于氦气，他们认为大于 $10^6\ cm^{-3}$ 的种子电子足以在低电场条件下产生放电[78]。种子电子是前一个放电脉冲遗留的电子和/或彭宁电离产生的电子。对于氮气，亚稳态在维持脉冲之间放电起主要作用。在这种情况下，电介质的表面在决定亚稳态原子的浓度方面起着重要作用。

1.2.3 电阻阻挡放电

关于如何扩大 DBD 驱动电压的工作频率范围的研究不是很多。Okazaki 在 DBD 中使用丝网电极以 50 Hz 的频率产生辉光放电[86]。Laroussi 和同事们提出了后来被称为电阻性阻挡放电(resistive barrier discharge，RBD)的方法[87]。RBD 可以使用 DC 或 AC(60 Hz)电源供电。这种放电基于介质阻挡的构造，但是代替介质材料，使用高电阻率的电阻片来覆盖其中一个电极。高电阻片起到分散电阻限流的作用，该分散电阻限流抑制了放电局部化和防止电流峰值过高，从而防止了电弧放电。他们的研究发现如果将氦气用做工作气体，并且如果间隙距离小于 5 cm，则可以在几十分钟的时间内保持空间较为均匀的等离子体。但是，如果将空气添加到氦气中(>1%)，放电会形成细丝，这些细丝随机出现在更弥散的等离子体中。即使间隙距离很小，也会发生这种情况[87~89]。

1.2.4 电阻-电容阻挡放电

控制放电电流以及控制在每个放电脉冲周期向等离子体输入能量的另一种方法是电阻-电容阻挡放电[90~91]。其放电回路如图 1.2.2 所示，等离子体由直流脉冲电源驱动。在这种装置中，电容控制每个放电脉冲期间可传递给等离子体的总能量，而电阻限制充电电流。只要电容足够小并且电阻的电阻值不太大，放电频率就由施加电压的脉冲频率确定。

典型的放电电流和电压波形如图 1.2.3 所示，其中，V_a 是施加的电压，I_{tot} 是总电流(有惰性气体：有等离子体)，I_{no} 是位移电流(无气体：无等离子体)。应当指出的是，无论打开还是关断等离子体，电压波形都保持不变。该图清楚地表明实际放电电流，即 I_{tot} 和 I_{no} 之间的差，约为 10 mA 的峰值。位移电流波形与典型的电阻-电容(resistance-capacitance，RC)充放电电路的波形相同。针尖上的电压 V_{needle} 峰值约为 6 kV。根据放电的电流和电压波形，对于施加

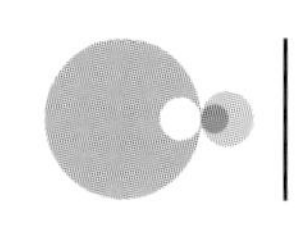

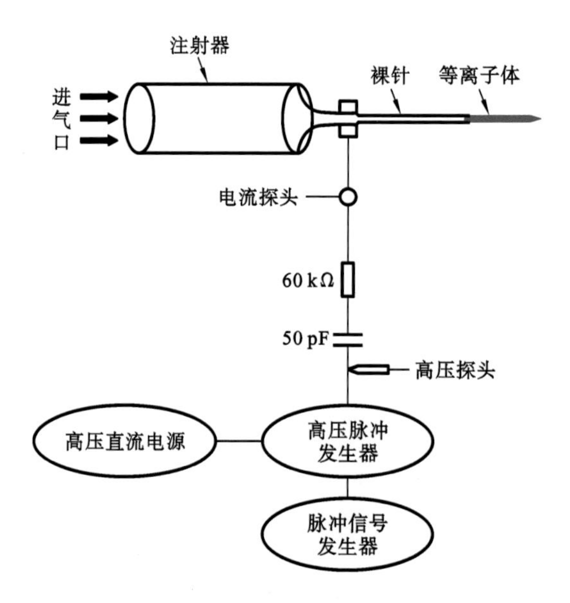

图 1.2.2 电阻-电容阻挡放电示意图[90]

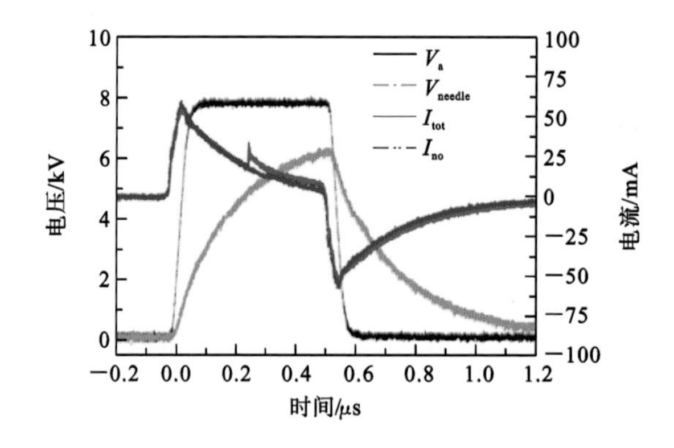

图 1.2.3 典型的放电电流和电压波形

施加电压：V_a；针尖上的电压：V_{needle}；总电流：I_{tot}（有等离子体）；位移电流：I_{no}（无等离子体）[90]

8 kV、500 ns 的脉冲宽度和 10 kHz 的脉冲频率电压，可以估算输入到等离子体中的功率约为 0.1 W。

1.3 大气压非平衡等离子体射流

如上所述，有两个因素使产生 N-APPJ 成为一个很大的挑战，一个是高频率的电子-重粒子碰撞，另一个是低外加电场。幸运的是，已有多种方法来克服这些挑战，后续部分给出了在不同类型电源驱动下基于不同设计的几种 N-

APPJ。

N-APPJ 在开放空间而不是在狭窄的间隙中生成。因此,它们可以用于直接处理,并且对要被处理的物体的尺寸大小没有限制。这对于等离子体医学等应用极为重要。接下来对 N-APPJ 进行简要的分类介绍。

迄今为止人们报道了数十种各种类型的 N-APPJ,其中大多数射流都是采用混合惰性气体和少量的活性气体(例如 O_2)作为工作气体。使用惰性气体的等离子体射流可以分为四大类,即无电介质(dielectric-free electrode,DFE)射流、介质阻挡放电(DBD)射流、类 DBD 射流和单电极(single electrode,SE)射流。另一方面,由于惰性气体的成本高,并且在某些应用中使用不方便。为了克服这个缺点,人们研制出了采用氮气甚至是空气作为工作气体的等离子体射流。

1.3.1 无电介质射流

Hicks 小组开发的一种早期 N-APPJ 是 DFE 射流,如图 1.3.1 所示[55,92]。射流由 13.56 MHz 的射频电源驱动。它由与电源相连的高压电极和外部的地电极组成。He 与少量的活性气体的混合物被送入两个电极之间的环形空间。该装置需要冷却水以防止射流过热,等离子体射流的气体温度根据射频功率在 50 ℃到 300 ℃之间。在没有明显电弧的情况下,稳定运行条件是:He 流量大于 25 L/min,O_2 浓度最高为 3.0%(体积),CF_4 浓度最高为 4.0%(体积),射频功率在 50 W 至 500 W 之间。

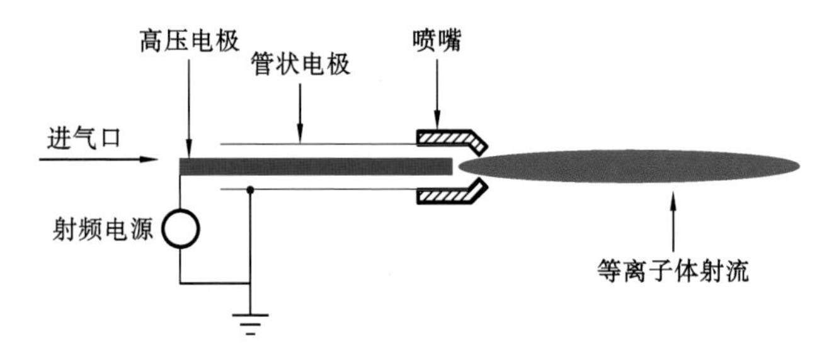

图 1.3.1 无电介质射流装置示意图[55]

DFE 射流有几个显著特征。第一,当不满足稳定的运行条件时,不可避免地会产生电弧。第二,与下面将要讨论的 DBD 射流和类 DBD 射流相比,DFE 射流输入到等离子体的功率要高得多。第三,由于功率高,该等离子体的气体温度较高,并且超出了生物医学应用可接受的范围。第四,对于由射频电源驱动的 DFE 射流，峰值电压仅为几百伏，因此放电间隙内的电场相对较低，其电场方向是径向的（垂直于气体流动方向）。等离子体射流区域中的电场强度甚至更低，尤其是沿着等离子体射流推进方向（气体流动方向）。第五，由于沿等离子体射流推进方向的电场强度非常低，因此这种等离子体射流的产生可能是气流驱动的，而不是电场驱动的。

另一方面，由于 DFE 射流可以向等离子体输送相对较高的功率并且气体温度较高，因此等离子体具有很高的活性。这种等离子体射流适用于对温度不是很敏感的材料处理应用。

1.3.2 介质阻挡放电射流

对于 DBD 射流，图 1.3.2(a)～(e)给出了几种不同的装置示意图。图 1.3.2(a)所示装置是 Teschke 等人[93]首次报道的，它由一个介质管组成，在介质管的外侧有两个金属环电极。当工作气体（He、Ar）流过介质管并施加千赫兹高压时，即可产生低温等离子体射流。该等离子体射流仅消耗几瓦的功率，等离子体的气体温度接近室温，气体流速小于 20 m/s。肉眼看上去均匀的等

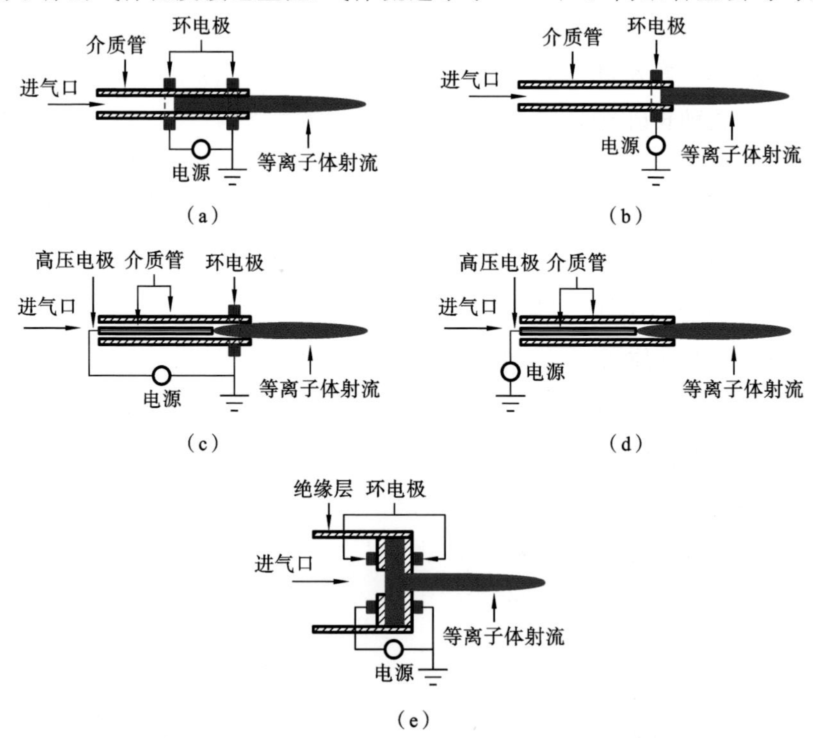

图 1.3.2 介质阻挡放电射流装置示意图[55]

离子体实际上是一个“子弹”状的等离子体，传播速度超过 10 km/s。可以认为施加的电场在等离子体“子弹”的推进中起着重要作用。

图 1.3.2(b)所示装置去除了一个环形电极[94]。因此，电介质管内部的放电会减弱。图 1.3.2(c)所示装置用中间的针电极代替了高压(high voltage, HV)环形电极，该针电极由一端封闭的介质管包裹[95]。通过这种配置，沿着等离子体射流轴向的电场得以增强。Walsh 等的研究表明，沿等离子体轴向产生的强电场有利于产生较长的等离子体射流和更高活性的等离子体。图 1.3.2(d)所示装置进一步去除了图 1.3.2(c)所示装置中的接地环电极[96]，因此，管内的放电也减弱了。另外，放电管内部的更强的放电(对于图 1.3.2(a)和(c)的情况)有助于在管内产生更多的活性粒子。随着气体的流动，具有相对较长寿命的活性粒子在各种应用中也可能起重要作用。图 1.3.2(e)所示装置与之前的四个 DBD 射流装置不同。两个环形电极贴附在两个中央穿孔的介质盘的表面。圆盘中心孔的直径约为 3 mm。两个介质盘之间的距离约为 5 mm。使用该装置可以获得长达几厘米的等离子体射流。

上面讨论的所有 DBD 射流装置都可以通过千赫兹交流电源或脉冲直流电源驱动。Lu 等人报道的等离子体射流的长度达到几厘米甚至最长达 11 cm[95]。这种长射流使得等离子体射流在应用中的操作更加方便。DBD 射流还有其他几个优点。首先，由于它输送到等离子体的功率比较低，等离子体的气体温度接近室温；其次，由于使用了电介质，因此无论被处理物体放置在远处还是在喷嘴附近，都不会产生电弧放电的风险。这两个特性对于诸如等离子体医学等对安全性有严格要求的应用非常重要。

1.3.3 类介质阻挡放电射流

图 1.3.3 所示的等离子体射流装置称为类 DBD 射流装置。这是基于以下事实：当等离子体射流未与任何物体接触时，该放电类似于 DBD；但是，当等离子体射流与导电的(非电介质材料)物体(尤其是接地导体)接触时，放电实际上在高压电极和被处理的物体(接地导体)之间进行，在这种情况下，它不再是 DBD。图 1.3.3 所示装置可以由千赫兹交流电源、射频电源或脉冲直流电源驱动。

图 1.3.3(b)所示装置用空心电极[97~98]代替了图 1.3.3(a)所示装置中的针型高压电极。这种装置的好处是它可以在放电时混合两种不同的气体。通常进气口 2 用于通入活性气体，例如 O_2，进气口 1 用于通入惰性气体。已有研

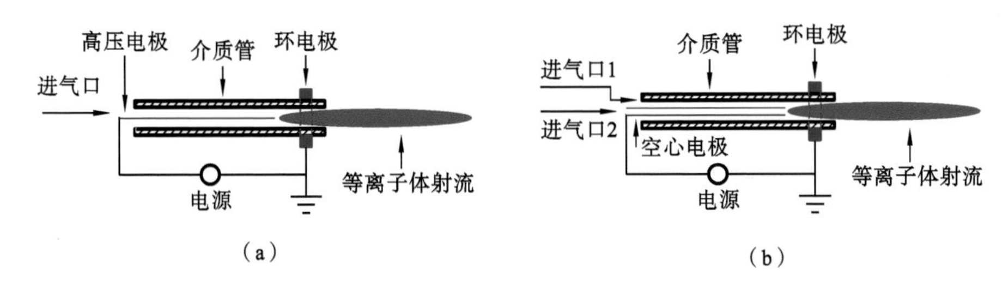

图 1.3.3　类介质阻挡放电射流装置示意图[55]

究发现，与使用相同百分比的预混合气体相比，使用这种气体控制的等离子体射流要更长[97]。图 1.3.3(a)和(b)中环形电极的作用与 DBD 射流的情况相同。

当类 DBD 等离子体射流用于等离子体医学应用时，要治疗的对象可能是细胞或组织。在这种情况下，由于存在产生电弧放电的风险，应谨慎使用这些类型的射流装置。如果将其用于对导电材料的处理，则会因为没有电介质而将较高的功率输入到等离子体中。因此，类 DBD 射流需要小心避免产生电弧。

1.3.4　单电极射流

SE 射流装置的示意图如图 1.3.4(a)～(c)所示。图 1.3.4(a)和(b)与类 DBD 射流相似，但在介质管的外部没有环形电极，介质管仅起到引导气流的作用。这两种射流可以由直流、千赫兹交流、射频或脉冲直流电源驱动。

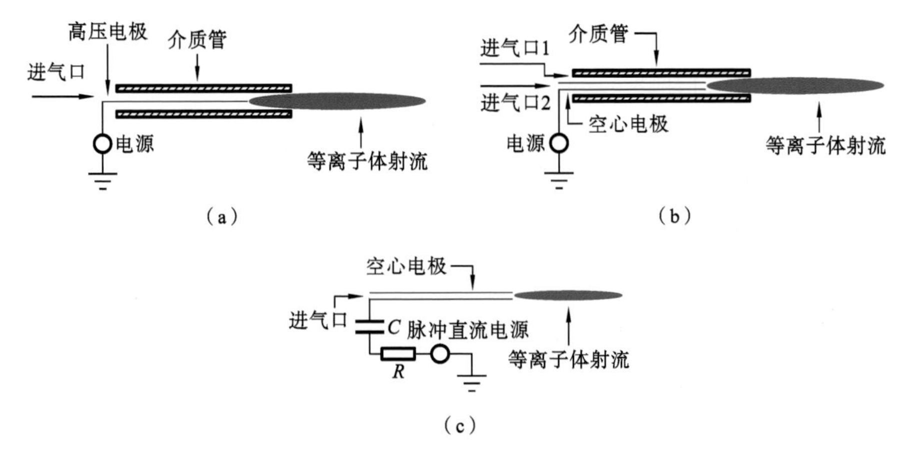

图 1.3.4　单电极射流装置示意图[55]

由于存在电弧的危险，为了安全，图 1.3.4(a)和(b)产生的等离子体射流并不是生物医学应用的最佳选择[99]。为了克服这个问题，Lu 等开发了类似的单电极射流，如图 1.3.4(c)所示[90]。电容 C 和电阻 R 分别约为 50 pF 和 60 kΩ。电阻和电容用于控制空心电极(针)上的放电电流和电压。该射流由脉冲宽度为 500 ns，重复频率为 10 kHz，幅值为 10 kV 的脉冲直流电源驱动。这种射流的优点是人可以触摸等离子体射流甚至直接触摸中空电极而没有任何电击感，使其适合于等离子体医学应用。

该装置的潜在应用之一是在牙科领域，例如根管治疗。由于根管狭窄的几何形状，其通常具有几厘米的深度但直径仅 1 mm 甚至更小，所以通常的等离子体射流装置产生的等离子体不能有效地将活性粒子输送到根管中进行消毒。为了达到更好的杀菌效果，需要在根管内产生等离子体。当在根管内产生等离子体时，包括一些短寿命活性粒子(如带电粒子)在内的活性成分都能在杀菌中发挥作用。因此通过使用图 1.3.4(c)所示的设备，可以在根管内部产生常温等离子体，从而达到彻底杀菌的效果。

1.3.5 氮气等离子体射流

如前所述，大气压非平衡氮气(N_2)等离子体射流的产生更加困难。到目前为止，N_2 等离子体射流的报道很少[100~102]。图 1.3.5 给出了两个 N_2 等离子体射流装置的示意图。Hong 等报道的 N_2 等离子体射流装置如图 1.3.5(a)所示[100]。它的两个电极连接到 20 kHz 交流电源，电极的厚度为 3 mm，电极中心孔的直径为 500 μm。两个电极由具有相同直径的中心孔的介质盘隔开。通过这种配置，它们能够产生长达 6.5 cm 的 N_2 等离子体射流。当氮气流量为 6.3 L/min时，气体以约 535 m/s 的速度从孔中喷出。距喷嘴 2 cm 处的等离子体射流的气体温度约为 300 K。图 1.3.5(b)给出了一个略有不同的 N_2 等离子体射流装置，该装置用针形电极代替了图 1.3.5(a)中的内部中空高压电极[101]。其内电极也可以用金属管代替，如 Hong 等人所采用的方法[102]。

1.3.6 空气等离子体射流

由于空气中存在电负性气体氧 O_2，因此产生大气压非平衡空气等离子体射流更加困难。尽管如此，这些年来人们仍然研制出几种空气等离子体射流[103~107]。Mohamed 等报道了一个空气微等离子体射流装置[104]，如图 1.3.6(a)所示。它采用中间开孔的绝缘层(厚度为 0.2～0.5 mm，直径为 0.2～0.8 mm)

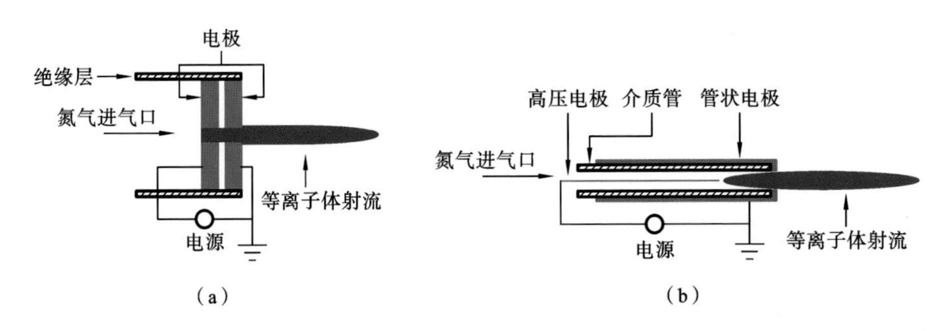

图 1.3.5　氮气等离子体射流装置示意图[55]

将阳极和阴极分开，阳极和阴极的中心孔直径相同。限流电阻为 51 kΩ。当空气流过孔，在阳极和阴极之间施加几百伏(最高到 1 kV)的直流电压(取决于绝缘层的厚度)，即可产生相对较低温度的空气等离子体射流。根据气体流速和放电电流，该等离子体射流的长度最长约为 1 cm。但是，该等离子体射流的气体温度仍然比较高。在放电间隙内的气体温度约为 1000 K。不过射流的气体温度随着离喷嘴距离的增加迅速降低。在空气流量为 200 mL/min、放电电流约为 19 mA 时，距喷嘴 5 mm 处其气体温度约为 50 ℃。

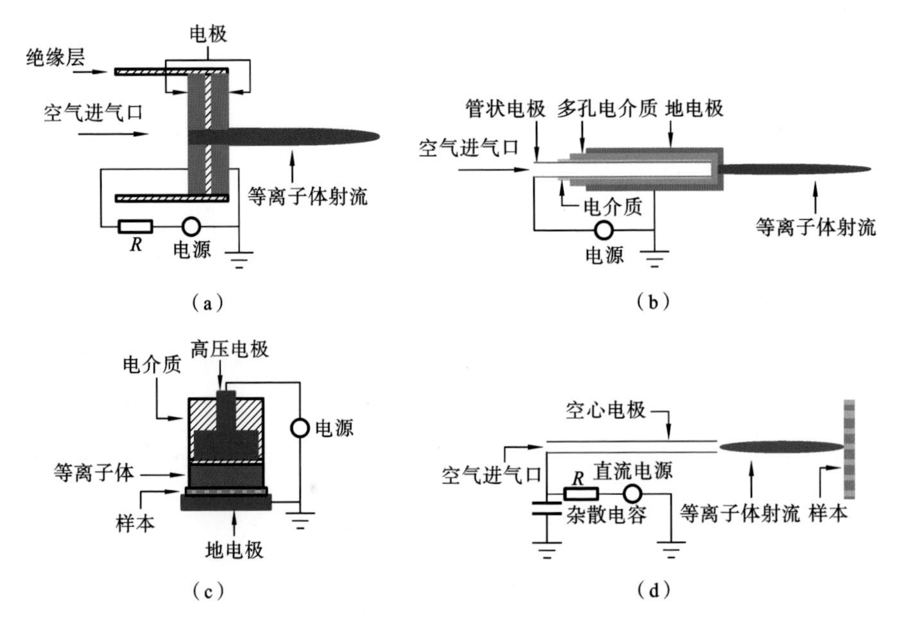

图 1.3.6　空气等离子体射流装置示意图[55]

Hong等报道了另一种类型的空气等离子体射流装置，装置结构示意图如图1.3.6(b)所示[103]。该装置的特征之一是使用多孔氧化铝电介质将高压不锈钢电极与外部地电极分开。该装置使用的氧化铝的孔隙率约为30 vol%，平均孔径为100 μm。接地电极由不锈钢制成，其中间有一个直径为1 mm的孔，等离子体射流通过该中心孔喷射到周围的空气中。当使用60 Hz高压电源，空气流速为每分钟几个标准升时，可以产生长约2 cm的空气等离子体射流。研究发现它在一个电压周期内有多次放电，输入功率的增加导致更多的电流脉冲。该装置的缺点与前面的装置相同，即等离子体射流的气体温度较高。对于5 L/min的空气流量，在距喷嘴10 mm处它的气体温度约为60 ℃。对于较低的流速，气体温度会更高。

图1.3.6(c)和(d)是两个“浮动”电极空气等离子体射流装置示意图[106~107]。严格来说，它们不是等离子体射流，因为等离子体是在间隙内产生的。但是，由于地电极可以是人体，因此在本书中仍将其归类为等离子体射流。两种射流均可产生室温空气等离子体。从电的角度来看，它们是安全的，动物或人可以与该等离子体直接接触而不会有电击感。

对于图1.3.6(c)所示装置，它使用幅值为10～30 kV的千赫兹AC或脉冲DC电压来驱动。当高压电极以小于约3 mm的距离(放电间隙)靠近要被处理的表面时，空气击穿开始放电，具体等离子体特性取决于驱动电压参数等。该射流适用于大型平滑表面处理。

图1.3.6(d)所示射流装置则更适合于局部三维处理。该射流装置由直流电源驱动。电源的输出通过120 MΩ的电阻R连接到不锈钢针电极，该电阻值比报道的其他类似放电的电阻值高出几个数量级[108]。当将手指等靠近针头时，会产生等离子体。等离子体类似于正流注放电。然而，该射流可以被人体直接触摸，而传统的流注放电则不能。该射流没有向电弧放电过渡的风险，其等离子体射流的最大长度约为2 cm，等离子体的气体温度保持在室温。有趣的是，该装置放电实际上是脉冲形式，它以数十千赫兹的脉冲频率周期性出现，其脉冲频率取决于施加的电压及针尖与被处理对象之间的距离。

1.3.7 小结

尽管惰性气体等离子体射流的产生相对容易，但是惰性气体等离子体射流的使用范围不如空气等离子体射流方便。另外，当等离子射流用于各种应用时，往往会在惰性气体中会添加百分之几或更少的活性气体。惰性气体通常用作载气以产生等离子体，对于生物医学应用，通常添加 O_2 或 H_2O_2 作为活性气体。对于蚀刻等应用，通常添加 CF_4 或 O_2。关于 N_2 等离子体射流，通常也建议向载气中添加少量的活性气体。

1.4　大气压非平衡等离子体射流的动态行为简述

等离子体射流的子弹行为首先被 Teschke 等人使用交流驱动的等离子体射流[93]和 Lu 等人使用的脉冲直流驱动等离子体射流观察到[36]。这些研究人员使用快速成像技术发现，肉眼看上去连续的等离子体射流实际上是由快速移动的等离子体结构组成的。Teschke 等发现小体积的等离子体或等离子体子弹以约 1.5×10^4 m/s 的速度传播[93]，而 Lu 等测得的速度高达 1.5×10^5 m/s[36]。相比较而言，在外加电场下电子漂移速度的估计上限仅为 1.1×10^4 m/s，而离子的漂移速度的估计上限为 2.2×10^2 m/s。由于这些速度远慢于脉冲高压驱动时测得的等离子体子弹推进速度，因此 Lu 等提出了基于光电离的流注传播模型，以 Dawson 和 Winn[109]提出的用于解释流注的方式来解释该现象。

但是，N-APPJ 与传统的正流注之间存在一些显著差异。例如，对于正流注，放电时具有极大的时间随机性及空间的不确定性。与此相反，等离子体子弹的行为大部分不论是时间还是空间都是可重复的。此外，研究发现等离子体射流的发射光谱的环形结构，氮离子和亚稳态 He 原子的密度最大值偏离射流轴心；射流通过喷嘴时往往会加速等。这些将在本书第 2 章进行讨论。研究还发现等离子体子弹的许多现象用传统的流注理论都无法解释，如 N-APPJ 的接力现象，射流在特定条件下出现多子弹现象、分节现象、羽毛状推进现象等。这些都将在本书第 3 章中展开详细讨论。此外，传统的流注理论认为光电离在正流注中起重要作用。但是之前一直没有实验直接对可能引起光电离的真空紫外光进行测量，对于光电离在等离子体子弹的传播中是否也起类似作用，本书第 4 章将对此进行分析。本书第 5 章对传统的汤森理论、经典流注理论进行了梳理，并对 N-APPJ 可重复放电进行了系统分析，最后提出了高种子电子放电理论。本书第 6 章对适合于 N-APPJ 参数的诊断方法，包括辐射光谱法、毫米波干涉法、激光诱导荧光、激光散射等，进行了较详细的介绍。另外，第 6 章还对 N-APPJ 在液体中产生的活性粒子的液相化学分析方法做了简要介绍。

1.5 几种新型的惰性气体大气压非平衡等离子体射流

为了满足各种具体应用的要求，最近10多年来国内外报道了数十种结构各异、不同驱动电源的N-APPJ。下面三节将对多种新型的N-APPJ装置进行简要的介绍。1.5节介绍了几种惰性气体N-APPJ，1.6节介绍了几种空气N-APPJ，1.7节介绍了极微等离子体。

1.5.1 单电极大气压非平衡等离子体射流

由于这里所研究的N-APPJ的气体温度都接近室温，而射流产生在周围的空气中，因此通常射流所携带的电流是比较小的。另一方面，等离子体中各种活性粒子的产生开始都是由电子驱动的。因此提高射流所携带的电流将有助于提高等离子体射流的活性。为了提高射流所携带的电流，采用如图1.5.1所示的装置，它采用单电极结构，且电极的电场方向与射流的推进方向一致[110]。其高压电极由2 mm直径的铜丝制成，它插入到一端封口的石英管中。高压电极与脉冲直流高压电源相连。该脉冲电源的峰值电压可达10 kV，最高频率10 kHz，脉宽为200 ns到直流可调。当打开脉冲电源和氦气流，一长约4 cm的等离子体射流即产生在周围的空气中，如图1.5.1(b)所示。

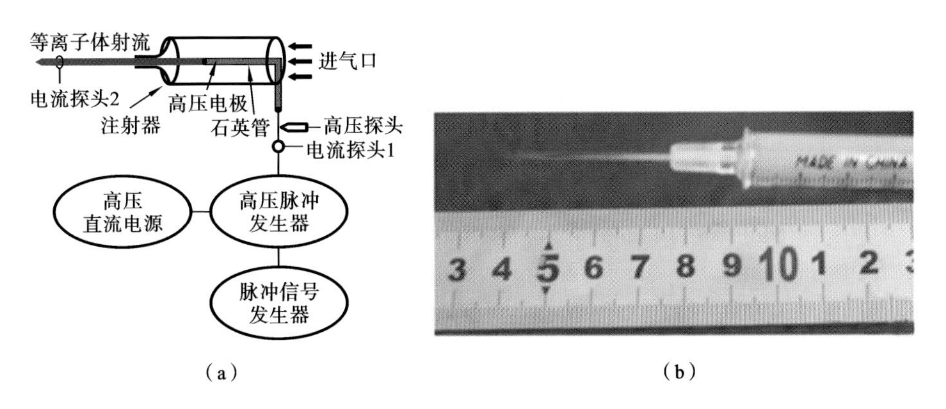

图1.5.1 实验装置示意图及等离子体射流照片[110]

(a) 石英管的内外直径分别为2 mm和4 mm，针筒的内径为6 mm，其前端的喷嘴内径为1.2 mm，石英管的前端与喷嘴的距离为1 cm；(b) 电压为9 kV，脉冲频率为1 kHz，脉宽为800 ns，氦气流速为2 L/min

图1.5.2给出了放电的电流和电压波形。图1.5.2(a)给出了电压V_a、总电流I_{on}及位移电流I_{off}波形。位移电流是在关闭氦气流，没有放电情况下测量

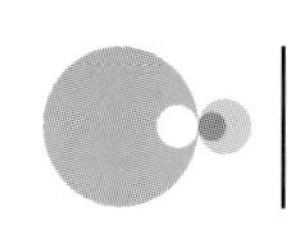

的。应该指出的是，放电电压在有、无放电时波形是一样的。由于采用的是脉冲直流高压，脉冲上升时间很短，位移电流达到 20 多个安培，总电流 I_{on} 与位移电流 I_{off} 的区别很小。为了更清楚地了解放电电流，将放电电流，即总电流与位移电流的差画在图 1.5.2(b)中。从图中可以看出，一个电压脉冲有两个电流脉冲信号，分别对应于电压的上升沿和下降沿。处于下降沿的第二个脉冲电流信号是由于第一次放电积累在石英管外面的电荷导致的。从图中可以看出放电电流在 500 mA 左右。为了获得射流所携带的电流，采用 Tektronix 公司的 TCP 202 电流探头来测量。该探头的孔径为 3.8 mm。让射流穿过探头的小孔，从而获得射流所携带的电流。测量结果如图 1.5.2(b)所示，其峰值达到 360 mA。这也是在国际上首次对射流所携带电流进行报道。

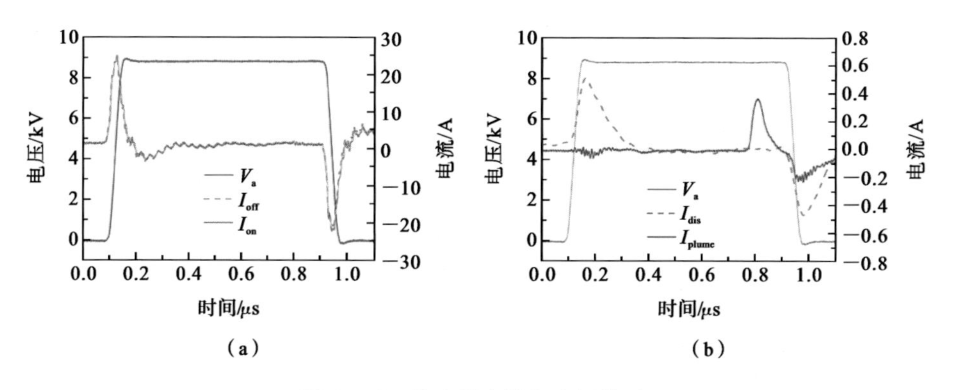

图 1.5.2 放电的电流和电压波形

(a) 施加电压 V_a、总电流 I_{on}，以及位移电流 I_{off} 波形；(b) 施加电压 V_a、放电电流 I_{dis}，以及射流携带电流 I_{plume} 波形[110]

这里的射流电流达到几百毫安的量级是由以下几个方面原因导致的。首先，由于这里采用的是单电极，射流是放电回路的一部分，也就是说，放电电流基本上都通过射流，从图 1.5.2(b)可以看出，放电电流与射流携带电流是相近的。这与许多其他装置不同，那些装置采用双电极，等离子体主要产生在两个电极之间，因此射流所携带的电流就比较小。此外，该装置采用脉冲直流驱动，如许多报告指出的，采用脉冲直流驱动 DBD 放电的电流比采用千赫兹交流驱动的放电电流可大几个量级。

有趣的是，当将电流探头往喷嘴方向移动时，射流携带电流的幅值没有显著变化，但其出现的时间往前移动。依此可推算得到射流的推进速度约为 8×10^4 m/s。根据图 1.5.2(b)可估算得到射流所消耗的功率略小于 1 W。

该等离子体射流的气体温度接近室温，人体可以任意接触，如图 1.5.3 所示，尽管手指与射流接触的地方等离子体很亮，但手指没有任何热感或者电击感。

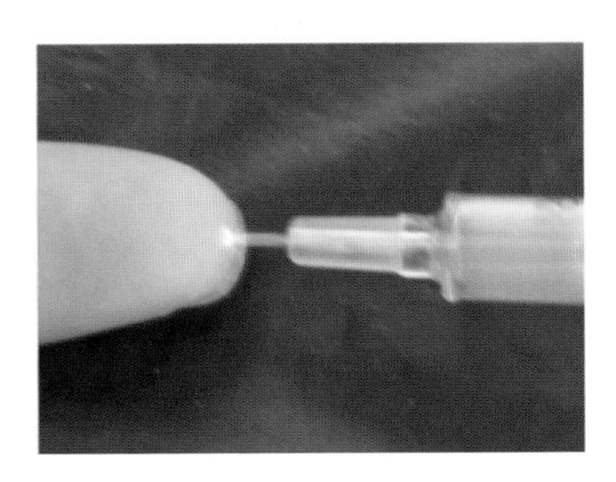

图 1.5.3　手指接触射流的照片[110]

为了获得该等离子体射流的转动温度，通过对比氮气的第二正则系辐射光谱的实验和模拟值的最佳吻合来获得。图 1.5.4 给出了实验和模拟结果。当转动温度为 300 K，振动温度为 2950 K 时，实验所测得的光谱与模拟光谱吻合得最好。因此该等离子体射流的振动温度远高于其转动温度，也就是说，该等离子体处于极端非平衡态，这对于等离子体化学过程是有利的。从实验中还注意到，即使该装置连续工作数小时，所测得的气体温度仍然保持室温，这对于许多生物医学应用是非常重要的。

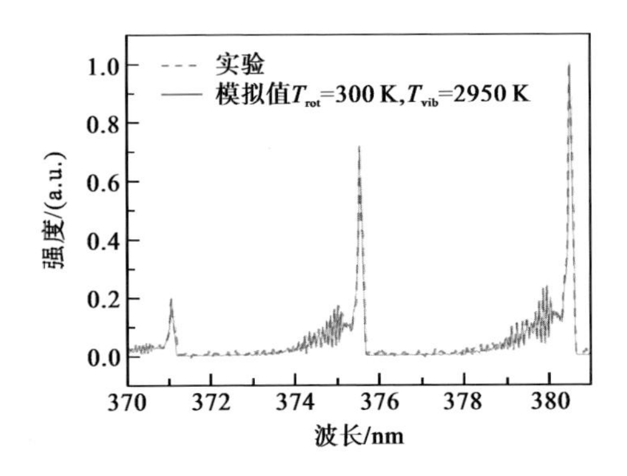

图 1.5.4　实验和模拟所得的氮气第二正则系辐射光谱[110]

1.5.2　11 cm 长大气压非平衡等离子体射流

对于非平面结构凹凸不平的表面处理时，要求射流达到一定的长度，图1.5.5

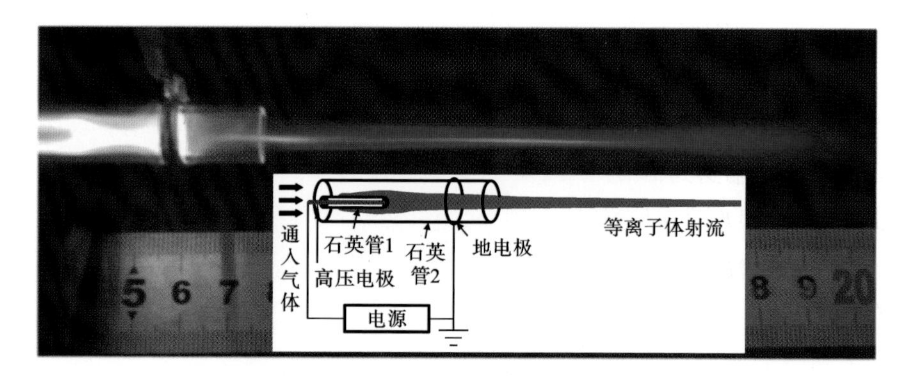

图 1.5.5 实验装置示意图及等离子体射流的照片[111]

交流电压 5 kV(rms)，交流频率 40 kHz，氦气流 15 L/min

采用电极的电场方向沿射流的推进方向，实现了长达 11 cm 的 N-APPJ[111]。

人体的电特性可以用电阻和电容的串并联来模拟。最简化的模型可以把人体当作一个电阻 R_{human} 和电容 C_{human} 的并联。典型的值约为 1 MΩ 和 60 pF[112]。当人体与等离子体射流接触时，可用图 1.5.6 所示的简单模型来表示，其中，C_{tube-1} 是包裹高压电极的介质管的电容，C_{pla-in} 和 R_{pla-in} 是管内等离子体的电容和电阻，C_{plume} 和 R_{plume} 是在周围空气中等离子体射流的电容和电阻，C_{tube-2} 是外面介质管的电容。通过分析可以得到，尽管外加电压为 5 kV，加载在人体上的压降只在几十伏以内。

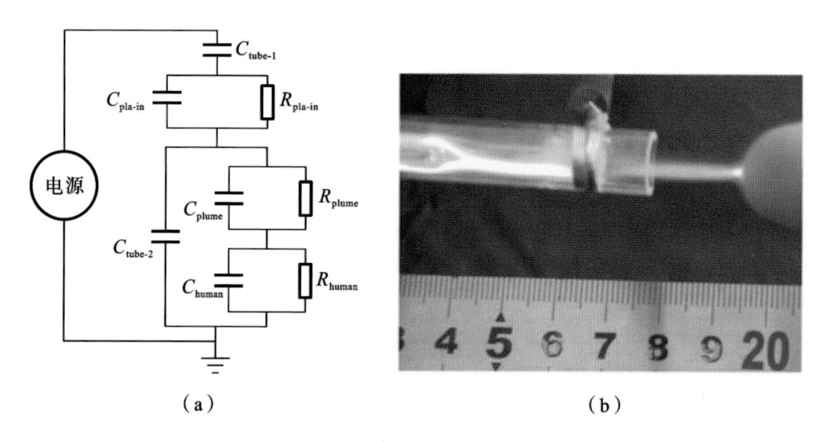

图 1.5.6 人体与射流接触时的简化电路模型及照片[111]

1.5.3 用于根管治疗的 RC 大气压非平衡等离子体射流

牙齿的根管是一个孔径约 1 mm，深度达 1 cm 的封闭腔道。为了实现对牙齿根管的彻底杀菌，想通过在根管口产生等离子体，通过气体流动将等离子体的活性成分输送到根管内来实现杀菌效果是很难的。因为一方面根管是一个封闭腔道，很难将活性粒子有效地输送到根管内部；另一方面，那些活性高但寿命短的活性粒子在输送的过程中很快就消失了。因此为了实现对牙齿根管的彻底杀菌，必须将等离子体产生在根管内，这样才能实现高效杀菌。图 1.5.7 给出了一种可在牙齿根管内产生等离子体，适合于牙齿根管治疗的等离子体射流装置[90]。它的高压电极为医用不锈钢针，其内径为 200 μm，长约 3 cm。该不锈钢针通过一个 60 kΩ 电阻和 50 pF 的电容与一个脉冲直流高压电源相连。

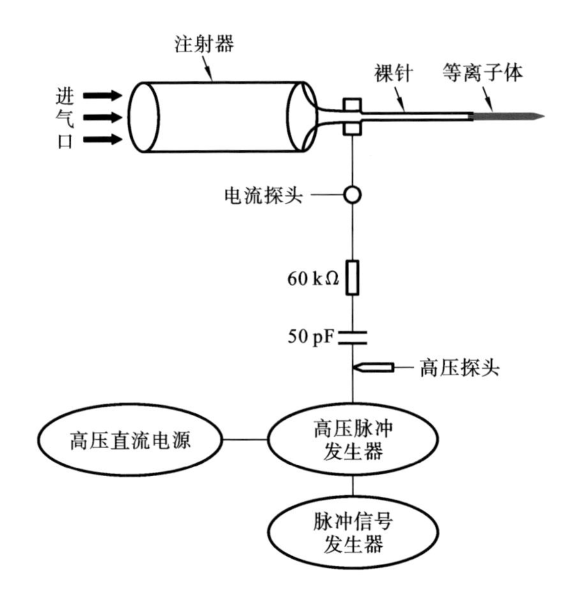

图 1.5.7 用于牙齿根管治疗的等离子体射流装置[90]

当氦氧混合气体通过针孔，高压电源打开，即可在周围空气中产生常温等离子体，如图 1.5.8 所示。不仅人可以触摸该等离子体，且高压电极，即该不锈钢针，人也可以任意触摸，无任何电击感。为了实现对根管的彻底杀菌，可将该等离子体产生在根管内，如图 1.5.9 所示。

该等离子体的电流、电压波形如图 1.5.10 所示。从图 1.5.10 中可以看出，等离子体的放电电流，即总电流 I_{tot} 与位移电流 I_{no} 的差，约为 10 mA。位

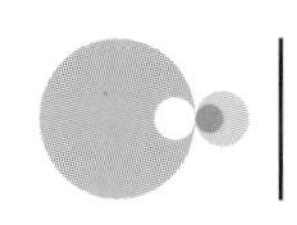

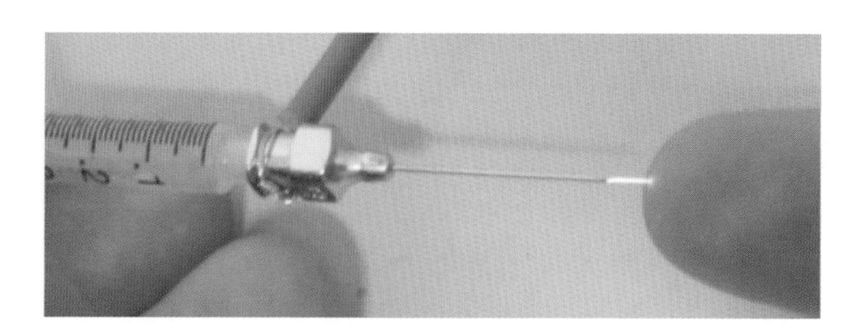

图 1.5.8　手指与该等离子体射流接触的照片[90]

移电流波形是典型的 RC 充放电回路电流波形。针上的电压可达 6 kV。但人体可以任意触摸。

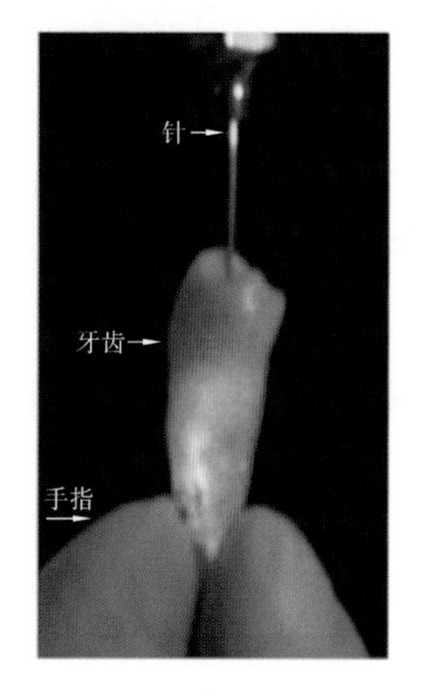

图 1.5.9　等离子体产生在根管内的照片[90]

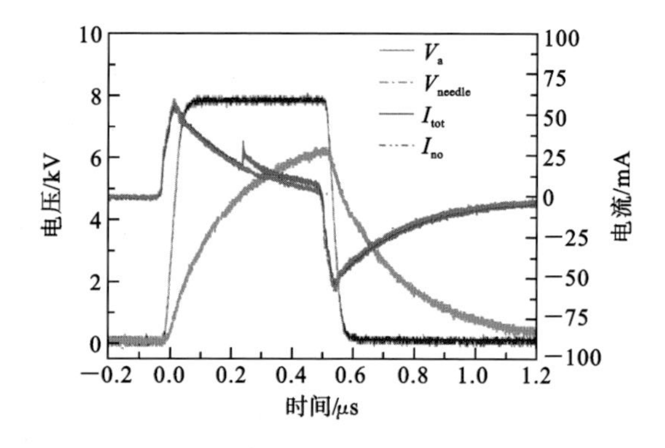

图 1.5.10　电流、电压波形[90]

V_a为电源电压，V_{needle}为针上的电压，I_{tot}为总电流（有等离子体），I_{no}为位移电流（无等离子体）；此时 $V_a=8$ kV，脉宽为 500 ns，脉冲频率为 10 kHz，工作气体为 He/O_2(20%)，总气体流速为 0.4 L/min

为了更好地了解该装置的电特性，从而深入认识其等离子体行为，采用如图 1.5.11 所示的电路来模拟其电特性[113]。图 1.5.11 中 C(50 pF)和 R(60 kΩ)为装置所串联的电容和电阻，而 C_1(5 pF)、C_2(3 pF)和 C_3(1 pF)为杂散电容，L(9 nH)为杂散电感，R_g(1 MΩ)为针和地之间的有效电阻。等离子体等效于电阻 R_{pg}(0.8 MΩ)并联于 R_p(500 Ω)、L_p(1 nH)和 C_p(0.01 pF)。这些值是通过模拟该电路与实验所得电压、电流波形最佳而得到的。模拟时采用的电压为 8 kV，其上升沿和下降沿分别为 50 ns 和 80 ns。图 1.5.12 给出了模拟所得的电流、电压波形。它们与实验值吻合得很好。值得指出的是，在电压的上升沿，模拟所得的电流波形与实验波形略有差异，这是由于模拟时假设电压是线性上升的，而实验时并非如此。另外，模拟所得的放电电流保持在 10 mA 左右，直到电压的下降沿。而实验所得的电流在放电 100 ns 后降低到略高于位移电流。这个差异是由于 R_{pg} 导致的。真实的 R_{pg} 应该是随着时间变化而变化的。它放电后应该逐渐增大。

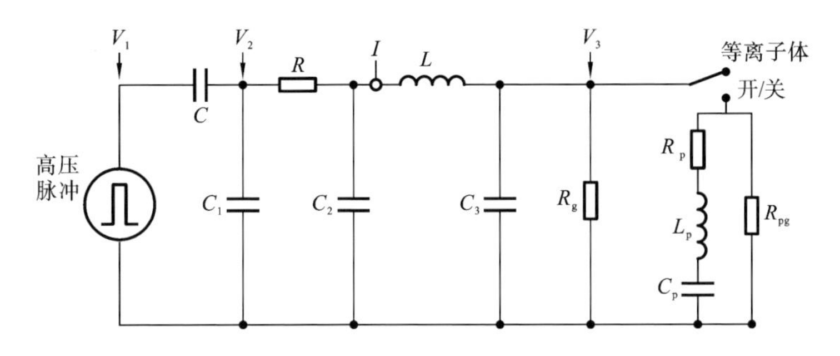

图 1.5.11 放电回路的电路模型[113]

$C=50$ pF、$R=60$ kΩ 为装置所串联的电容和电阻，而 $C_1=5$ pF、$C_2=3$ pF 和 $C_3=1$ pF 为杂散电容，$L=9$ nH 为杂散电感，$R_g=1$ MΩ 为针和地之间的有效电阻；$R_{pg}=0.8$ MΩ，$R_p=500$ Ω，$L_p=1$ nH，$C_p=0.01$ pF

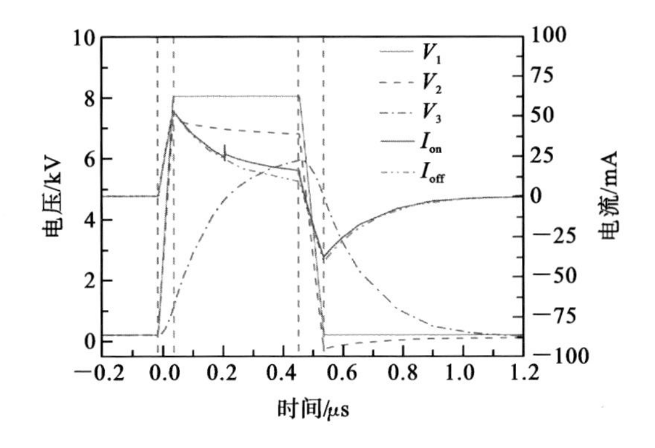

图 1.5.12 根据图 1.5.11 所得的电流、电压模拟结果[113]

当采用氦气和氩气作为工作气体时，所得的发射光谱如图 1.5.13 所示。应该指出，这里的 OH 和 N_2 是由于周围空气扩散导致的。从图 1.5.13 中可

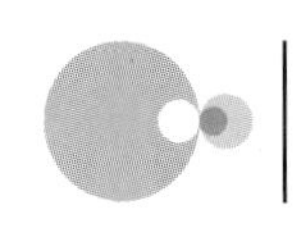

以看出，当采用 Ar 作为工作气体时，OH 光谱很强，且 N_2 的辐射强度比用 He 为工作气体时强许多。但是 N_2^+ 的辐射强度则比用 He 时弱许多。这可作如下解释。所观测到的 N_2 辐射都是由 N_2 $C^3\Pi_u^3$-Π_g（$v_1=0$，1，2，3；$v_2=0$，1，2，3）跃迁产生的。因此为了产生该辐射，N_2 必须激发到 N_2 的 $C^3\Pi_u$ 态。对应于 $v_1=0$，1，2，3 的 N_2 $C^3\Pi_u$ 态的激发能分别为11.78 eV、11.425 eV、11.668 eV 和 11.908 eV。另外观察到的 OH 辐射都是由 OH($A^2\Sigma$-$X^2\Pi$)(0-0)跃迁产生的。对应的 OH $A^2\Sigma$ 态的激发能为 4.2 eV。为了产生 OH，必须分解 H_2O，其分解能为 5.1 eV。而为了产生 N_2^+ 辐射，N_2 首先必须电离，其电离能为 15.6 eV。观测到的 N_2^+ 辐射都是从 N_2^+ $B^2\Sigma$($v_1=0$)高能级跃迁产生的，它对应的激发能为 3.2 eV。由于观测到的 He 谱线相关的激发态的能级都大于 22 eV，因此这些高能级都能通过两体或者三体碰撞激发 N_2、OH、N_2^+ 到它们的高能态，且能够电离 N_2。但是所观测到的 Ar 的谱线相关的能级为 11.5 eV 和 13.5 eV。处于这些能级的 Ar 可以激发 N_2、OH、N_2^+ 到它们的高能态，但无法电离 N_2。这可能是当 Ar 作为工作气体，N_2^+ 辐射很弱的原因。此外，由于 Ar 的激发能远低于 He，因此使 Ar 激发的概率远大于 He。这可能是为什么当 Ar 作为工作气体时，N_2 辐射更强的原因。

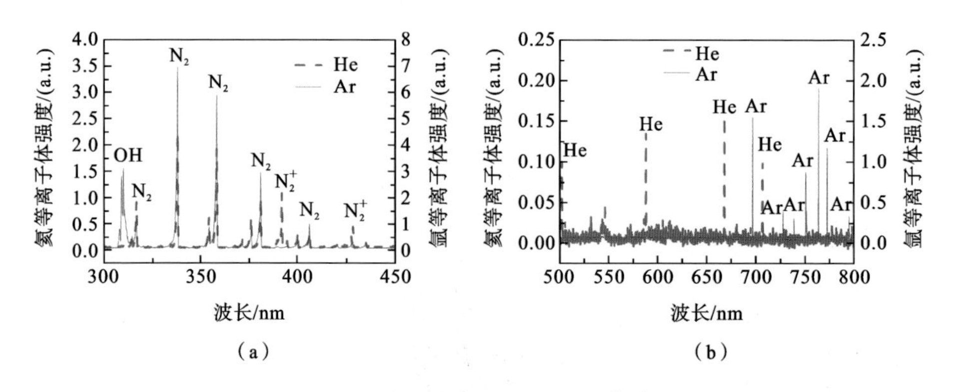

图 1.5.13 等离子体辐射光谱[113]

(a) 300～450 nm；(b) 500～800 nm。He 和 Ar 的流速都是 0.4 L/min

根据电流、电压波形，对于外加电压 8 kV，脉宽 500 ns，脉冲频率 10 kHz，注入到等离子体中的功率约为 0.1 W。该等离子体装置的杀菌实验如图 1.5.14所示。处理 4 min，消杀约 4 个数量级。

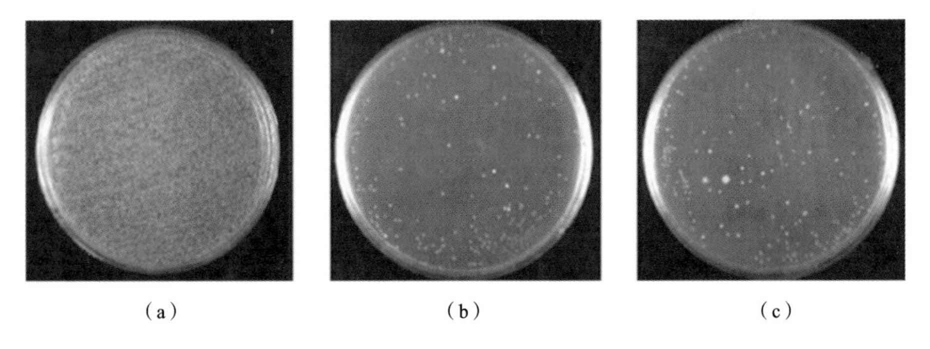

(a)　　　　(b)　　　　(c)

图 1.5.14　等离子体杀灭粪肠球菌的实验结果[113]

200 μL 的细菌溶液(10^6 CFU/mL)均匀地涂抹在培养基上;(a) 对照组;(b) He/O_2(20%),总气体流速为 0.4 L/min;(c) Ar/O_2(20%),总气体流速为 0.4 L/min;处理时间为 4 min

1.5.4　大气压非平衡等离子体射流阵列

对于大面积处理,一种方法是通过单个射流扫描来实现,另外也可以通过多个射流并联来完成。图 1.5.15 给出了一种射流阵列装置[114],它由一个氧

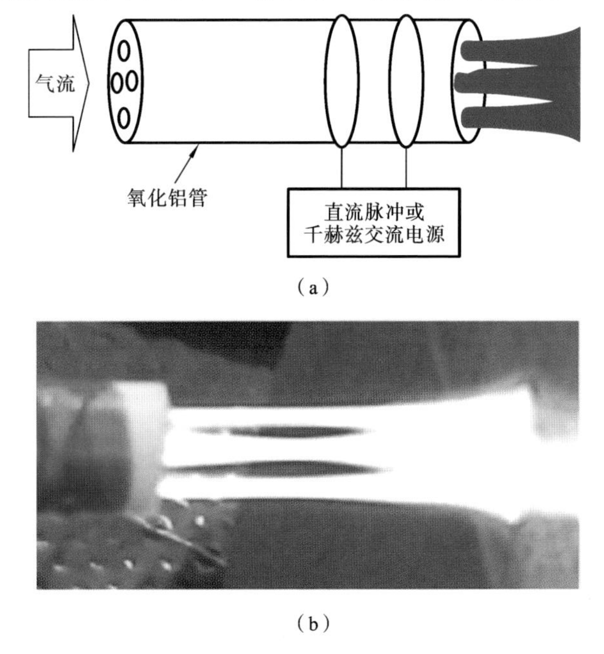

(a)

(b)

图 1.5.15　射流阵列装置[114]

(a) 实验装置示意图;(b) 等离子体射流照片。氧化铝管的外径为 10 mm,每个放电管孔内径为 2 mm,临近孔之间的距离为 3 mm,照片中氦气流速为 6 L/min,交流电压为 5 kV(rms),交流频率为 40 kHz

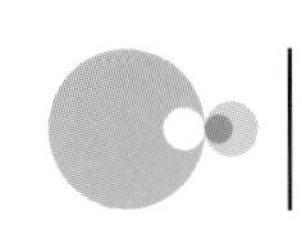

化铝管组成，该氧化铝管内部有 4 个孔，母管的直径为 10 mm，中空的 4 个孔的直径为 2 mm，相邻中空孔中心的距离为 3 mm；管外面有两个环状电极，它们与脉冲直流高压电源或者千赫兹高压交流电源相连。当工作气体如氦气或者氩气等通过 4 个孔，打开脉冲电源，则在周围的空气中产生 4 个等离子体射流阵列，如图 1.5.15(b)所示。

前面介绍的是二维射流阵列。下面介绍一种一维射流阵列。该装置是基于 1.5.3 节的放电回路，但高压电极由多个医用不锈钢针构成，如图 1.5.16 所示[115]。这里 10 根针一字排列。从图 1.5.16 中可以看出，当针中通入氦气，高压电源打开，即可产生 10 个并列的射流阵列。这些射流用常规相机拍摄的照片看上去很相似。为了深入了解其放电的动态过程，采用高速增强型电荷耦合相机(intensified charged-coupled device，ICCD)获得了它们随时间的变化而变化的情况，如图 1.5.17 所示。从图 1.5.17 中可以看出，阵列上下两边的射流先放电，而中间要迟一些。这是中间的电场有所屏蔽，两端的电场最强导致的。

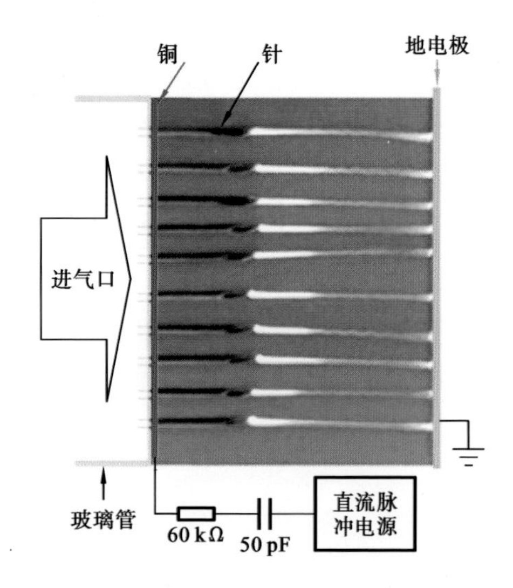

图 1.5.16　实验装置示意图[115]

不锈钢针的内径为 0.7 mm，临近针之间的距离为 2.5 mm，电源电压为 6 kV，脉冲宽度为 800 ns，脉冲频率为 8 kHz，氦气流速为每根针 0.4 L/min

在 125 ns 以后(图 1.5.17 中的第 5 幅照片)，所有的等离子体到达地电极。此时它们与地电极接触点变亮，其空间亮暗结构与辉光放电类似。

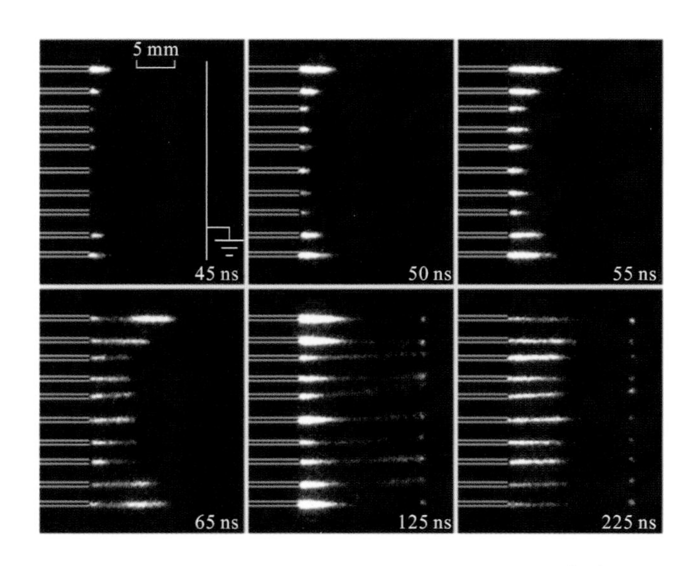

图 1.5.17 等离子体射流阵列的高速动态过程[115]

相机的曝光时间为 5 ns，等离子体的放电参数与图 1.5.16 相同

1.5.5 等离子体刷

用等离子体射流阵列虽然可以大幅度提高其处理面积，但由于阵列之间通常都有间隙，因此为了达到均匀的处理效果，需要对阵列的扫描模式进行很好的控制。为了能通过简单的扫描实现均匀的处理效果，可以通过产生等离子体刷来实现。图 1.5.18(a)给出了一个等离子体刷装置的示意图[116]。该装置由两个刀片构成高压电极，它们同时形成气体的喷嘴。该高压电极通过串联一个 36 pF 的电容和 60 kΩ 的电阻与脉冲直流高压电源相连。串联的电容和电阻是为了限制放电电流。刀片的曲率半径约 50 μm。该等离子体刷的喷嘴尺寸为 25 mm×1 mm。氦气、氩气或者它们混合少量的氧气作为工作气体。图 1.5.18(b)给出了等离子体刷与手指接触的照片，此时采用的是氦气作为工作气体，气体的流速为 1 L/min。

当该装置用来处理对象时，被处理对象到喷嘴的距离会影响等离子体特性。图 1.5.19 给出了被处理对象是金属导体，喷嘴(阳极)到被处理对象(阴极)不同距离时的照片。从图 1.5.19 中可以看出，当该距离从 10 mm 减小到 2 mm 时，该等离子体形状发生了改变。当该距离为 10 mm 时，等离子体在空气中的长度约为几个毫米。当该距离减小到 6 mm 时，如图 1.5.19(b)所示，放电呈现出类似于辉光放电模式。继续减小放电距离到 4 mm，如图 1.5.19

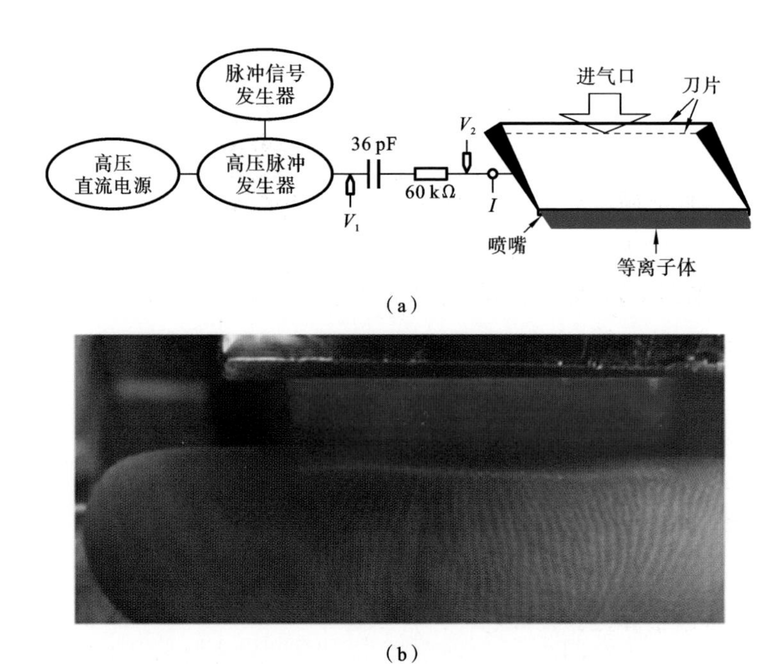

图 1.5.18　等离子体刷装置

(a) 装置示意图；(b) 等离子体刷与手指接触的照片，刷的喷嘴与手指之间的距离约为 5 mm[116]

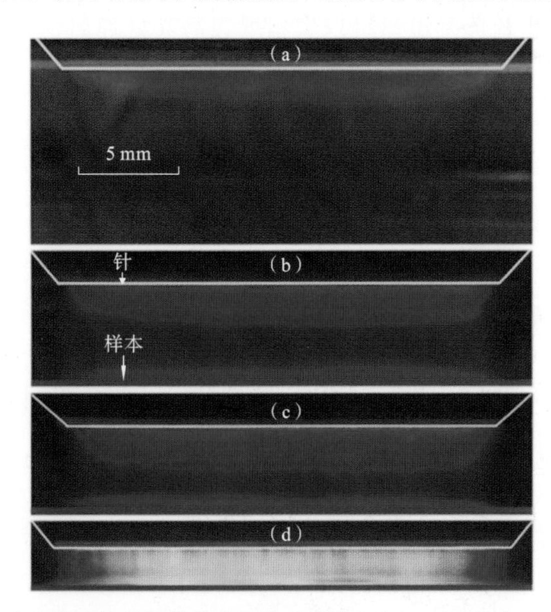

图 1.5.19　当喷嘴到被处理物体的距离分别为(a) 10 mm、(b) 6 mm、(c) 4 mm **和**(d) 2 mm **时的等离子体照片**[116]

被处理对象为接地的金属导体，照片拍摄时的曝光时间为 100 ms

(c)所示,放电仍类似于辉光放电形式,与6 mm情况相比,暗区减小了,但正柱区基本没有变化。这与传统低气压辉光放电不同,对于低气压辉光放电,随着放电间隙的减小,正柱区减小。图1.5.19(d)为放电间隙减小到2 mm时的等离子体照片,此时暗区完全消失了。

图1.5.20给出了该等离子体刷在放电间隙为6 mm和2 mm时的电流、电压波形。如图1.5.20(a)所示,此时的放电间隙为6 mm,在电流达到主峰值之前(标注4),有一个小的约为10 mA电流的电流峰值(标注2)。主峰值的电流约为70 mA,电流脉宽约为300 ns。当间隙减小到2 mm时,如图1.5.20(b)所示,它只有一个电流峰值,其幅值达到400 mA。该电流在约30 ns时间内从400 mA迅速降到100 mA,然后缓慢减小。研究发现图1.5.20(b)的标注1~3,这些峰值电流可能是由于杂散电容导致的,而后面慢慢减小的部分(标注3~4)是由放电回路决定的。通过对电流1~3的积分,并根据所测得的电压,最后可以估算得到杂散电容约为6 pF。

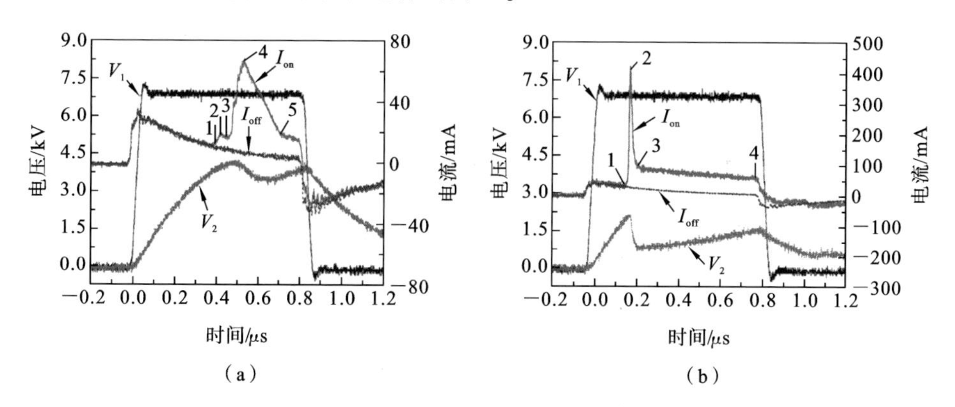

图1.5.20　放电间隙为(a) 6 mm和(b) 2 mm时等离子体刷的电流、电压波形[116]

V_1为外加电压,V_2为高压电极上的电压,I_{on}为总电流(有等离子体时),I_{off}为位移电流(无等离子体时),$V_1=7$ kV,脉宽为800 ns,脉冲频率为5 kHz,氦气流速为1.5 L/min

如前所述,当距离为6 mm时,图1.5.20(a)的电流有两个峰值。而当距离减小到2 mm时,只有一个峰值。这个现象可做如下解释。对于距离为6 mm的情况,当等离子体从刀片喷嘴(阳极)产生时,刀片前端的正离子导致前方的电场减弱。此外,此时等离子体的厚度很可能比刀片厚(刀片为50 μm),这也导致前方电场变弱。因此,尽管一开始随着等离子体往前推进,等离子体前端与被处理金属(地电极)的距离变短,但它不足以补偿由于前两种因素导致的电场的弱化。当等离子体继续往前推进，由于等离子体前端与被处理对象距离的减小起主导作用，电场开始增强，导致等离子体加速推进。这可能是为什么出现两次电流峰值的原因。而对于 2 mm 间隙的情况，第三种因素从等离子体产生就起主导作用，所以只观测到一个电流峰值。

为了进一步了解该等离子体刷的产生机制，采用高速 ICCD 相机获得了其放电动态过程。图 1.5.21 和图 1.5.22 给出了放电间隙分别为 6 mm 和 2 mm 时的等离子体放电动态过程的照片。图 1.5.21 和图 1.5.22 的横坐标时间对应于图 1.5.20(a)和(b)的横坐标时间。对于间隙为 6 mm 的情况，等离子体在 400 ns 时开始出现，这对应于图 1.5.20(a)的标注 1 的时刻。然后它的亮度增强，如图 1.5.21(b)所示，此时对应于图 1.5.20(a)中小电流峰值标注 2 的时刻。然后等离子体往阴极推进，在 500 ns 时刻到达阴极。也就是说，该等离子体联通该 6 mm 间隙大约用了 100 ns。从图 1.5.21(e)和(f)可以看出，此时的等离子体处于类似于辉光放电状态，其亮度逐渐减弱。

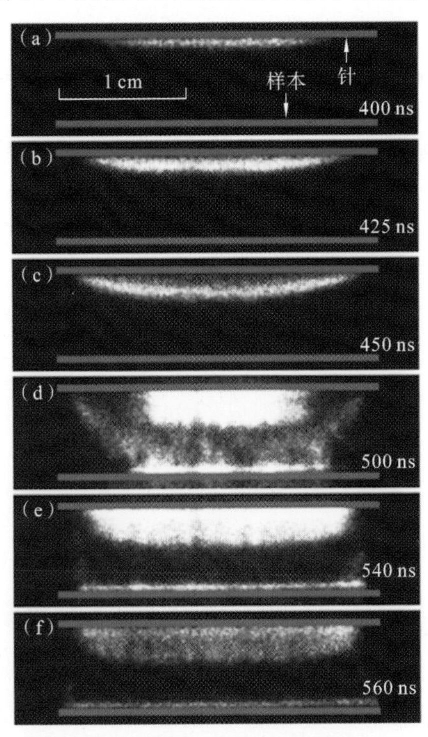

图 1.5.21 等离子体刷的高速照片[116]

放电间隙为 6 mm，图中的时间对应于图 1.5.20(a)中的时间，相机的曝光时间为 2.5 ns

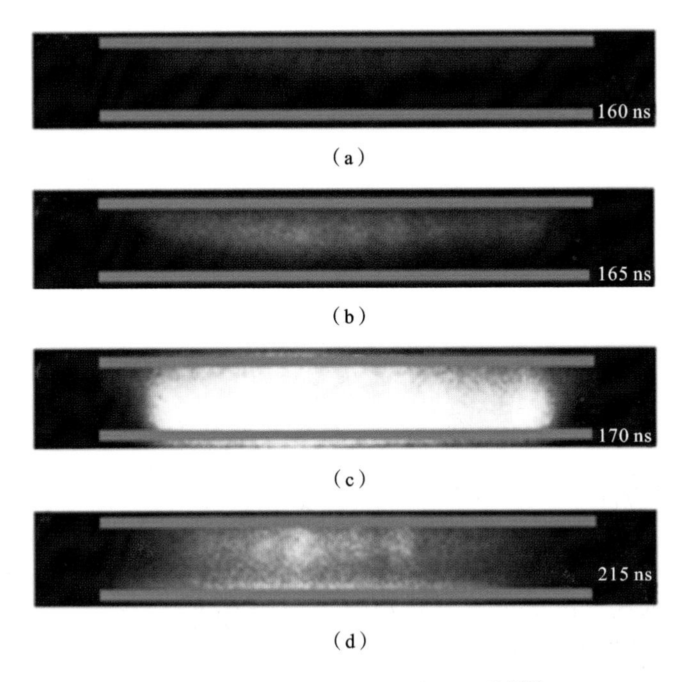

图1.5.22　等离子体刷的高速照片[116]

放电间隙为2 mm,图中的时间对应于图1.5.20(b)中的时间,相机的曝光时间为2.5 ns

图1.5.22则给出了间隙为2 mm时放电的动态过程,其中图1.5.22(a)和(c)对应于图1.5.20(b)中的标注1和2时刻,该等离子体类似于阴极导向的流注放电,它从喷嘴出发到达阴极所需的时间约为10 ns。当等离子体到达阴极时,其发光强度迅速增强,之后随着时间逐渐减弱。

1.6　几个新型的大气压空气非平衡等离子体射流

1.6.1　微空气等离子体射流

前面讨论的都是以惰性气体为工作气体的等离子体射流装置。但惰性气体一方面昂贵,另一方面不是所有的环境下都可获得,因此如果能用空气作为工作气体,对许多应用来说就极为重要。但空气放电很容易向电弧放电模式转换,导致气体温度很高。尽管如此,人们还是研究了多种空气等离子体装置。下面将对这些装置作简要介绍。

图1.6.1给出的是一个直流驱动的空气等离子体射流装置示意图及所产生等离子体射流的照片[117]。中间的氧化铝薄片厚度为0.5 mm,它中间的孔

直径为0.8 mm。阳极和阴极均采用铜制成。高压电极通过一个0.5 MΩ的电阻与直流高压电源相连。当电压调到8 kV，空气流速为8 L/min时，该装置产生一个长约1 cm的空气等离子体射流。如果换为N_2作为工作气体，则在同样的电压和流速下可产生长达5 cm的氮气射流。此外，从图1.6.1(d)可以看出，该射流可以直接跟人体接触，没有任何热感或者电击感。

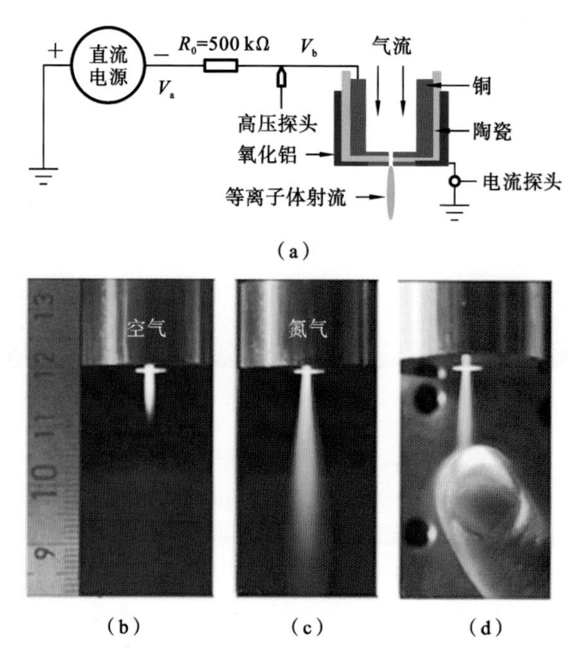

图1.6.1 直流驱动的等离子体射流装置

(a) 为实验装置示意图；(b)和(c) 分别为采用空气和氮气作为工作气体时的等离子体照片；(d) 为手指与该等离子体接触的照片，手指离喷嘴的距离为1 cm[117]

对放电的电流、电压波形测量后发现，不管是采用空气还是氮气作为工作气体，它们都有两种放电模式。具体放电模式由电压和气体流速决定。其中，一种放电模式为自脉冲模式，其电流、电压波形如图1.6.2(a)所示。另一种模式为直流放电模式，此时电极间的电压约为0.5 kV，对应的放电电流为20 mA。当改变电源电压或者气体流速，将出现不稳定放电，放电在自脉冲与直流模式之间转换，此时的电流如图1.6.2(b)所示，此时的气体流速为2 L/min (V_a=8 kV，R_0=0.5 MΩ)。当进一步减小气体流速时，放电转换为直流模式。

图1.6.3给出了不同放电电压时的等离子体照片。氮气的流速为8 L/min。从图1.6.3中可以看出，随着电源电压的降低，射流体积逐渐减小。

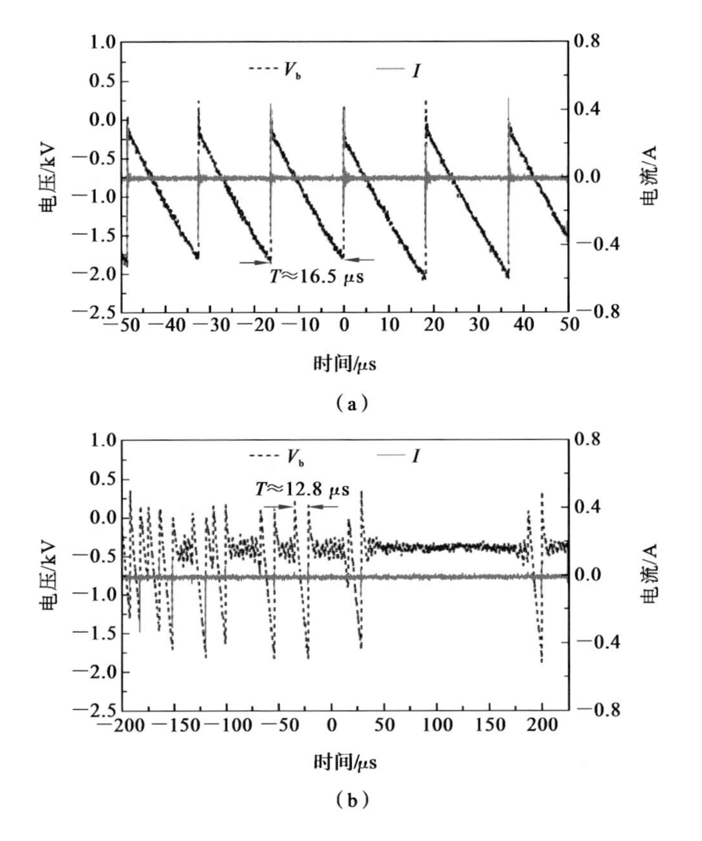

图 1.6.2 不同放电模式下的电流、电压波形

(a) 稳定自脉冲放电模式下的电流、电压波形;(b) 处于自脉冲与直流模式转换的非稳态转化时的电流、电压波形[117]。电源电压为 8 kV,虚线 V_b 为电极之间的电压,氮气为工作气体

图 1.6.3 自脉冲模式下对应不同电源电压时的等离子体照片,氮气流速为 8 L/min[117]

与此同时，自脉冲的频率也显著变化，如图 1.6.4 所示。随着电源电压的升高，放电呈现几种模式。当电源电压 V_a 小于 2 kV 时，没有放电发生；当电源电压增大到 2～3 kV 时，放电处于不稳定模式；当电压继续增加到大于3 kV 时，放电呈现稳定的自脉冲模式。放电周期从 3 kV 时的 105 μs 降低到 10 kV 时的 12.1 μs。

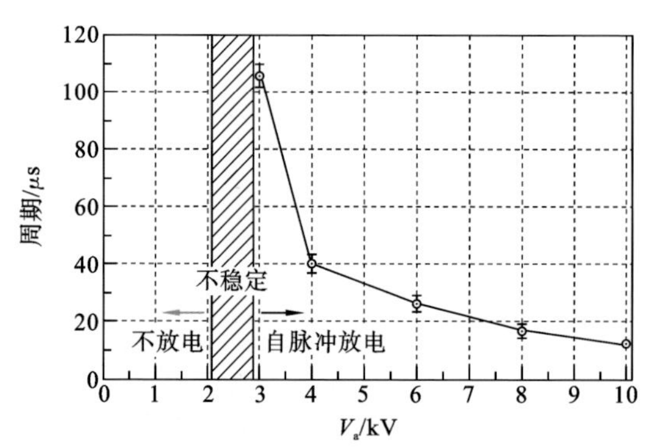

图 1.6.4　自脉冲周期随电源电压的变化情况，气体流速为 8 L/min[117]

此外，放电特性与放电模式也受气体流速的影响。如图 1.6.5 所示，对固定的电源电压 8 kV，随着气体流速的减小，等离子体射流的长度逐渐变短。当气体的流速为 0.5 L/min 时，等离子体的颜色从黄色变为白色。此时放电从自脉冲模式转换为直流模式。图 1.6.6 给出了在电源电压固定为 8 kV 时放电周期随气体流速的变化情况。当气体流速低于 1 L/min 时，等离子体工作在直流放电模式；当气体流速增加到 1～2.3 L/min 时，放电呈现不稳定的过渡模式；当继续增加气体流速到大于 2.3 L/min 时，放电保持在自脉冲模式。

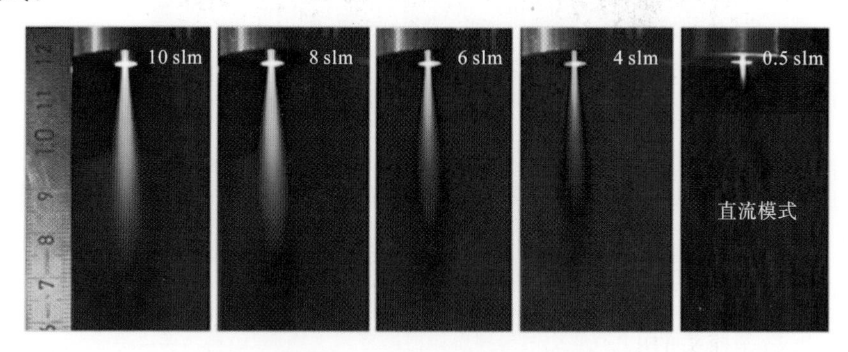

图 1.6.5　不同氮气流速情况下的等离子体照片，电源电压固定为 8 kV[117]

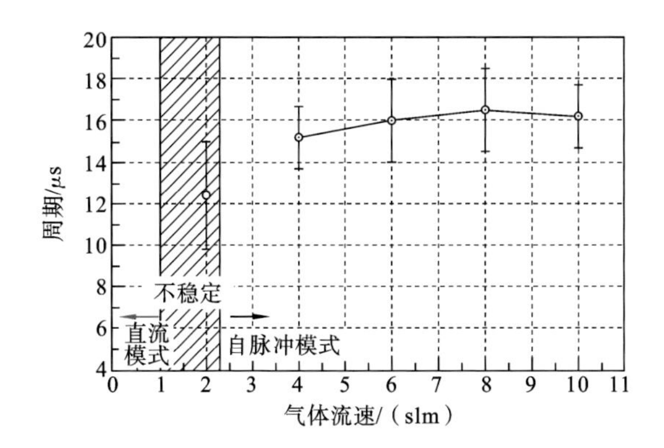

图 1.6.6 在电源电压固定为 8 kV 时放电周期随气体流速的变化情况[117]

为了更好地了解该等离子体的电特性，图 1.6.7 给出了该装置的简单的等效电路。该等离子体用电阻 R_{plasma} 代替。当该等离子体工作于直流模式，开关 S_{plasma} 一直保持在闭合状态，当等离子体工作于脉冲放电模式，电路击穿时，S_{plasma} 闭合，电流降到零时，S_{plasma} 打开。回路中电缆的电容 C_{cable} 和该装置的电容 C_{device} 分别为 30 pF 和 89 pF。高压探头的等效电容 C_{probe} 和等效电阻 R_{probe} 分别为 3 pF 和 100 MΩ。

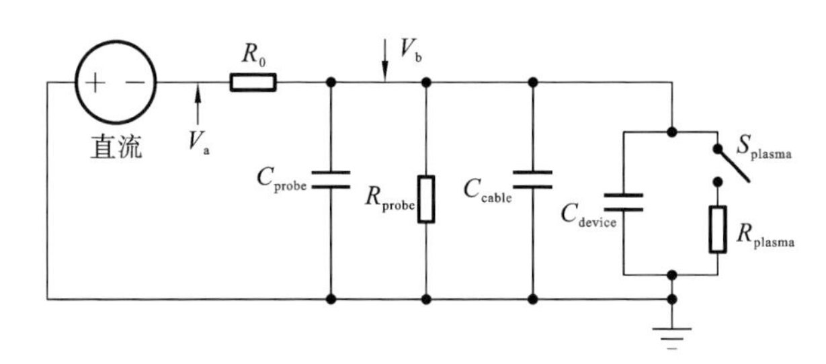

图 1.6.7 装置的简单等效电路[117]

等离子体用电阻 R_{plasma} 代替，回路电缆电容 $C_{cable}=30$ pF，装置电容 $C_{device}=89$ pF，高压探头的等效电容 $C_{probe}=3$ pF，等效电阻 $R_{probe}=100$ MΩ[117]

根据该模型，对于自脉冲放电时的充电周期 T，对应于开关 S_{plasma} 打开状态，可以写为

$$T=R\cdot C\cdot \ln\left(\frac{V_a}{V_a-V_{br}}\right) \tag{1.6.1}$$

这里，R 为回路的总电阻，约为 0.5 MΩ；C 为回路的总电容，它是电缆电容、装置电容、高压探头的电容之和。

图 1.6.8 给出了在固定气体流速为 8 L/min 时击穿电压随电源电压的变

化情况。对于电源电压为 3 kV，击穿电压 V_{br} 为 2.5 kV。当电源电压增加到 10 kV 时，击穿电压降低到 1.6 kV。这个击穿电压 V_{br} 的变化是由于记忆效应导致的。当电源电压越高，放电周期越短，则上一次放电导致的气体加热，以及残留的带电粒子和活性粒子浓度越高，因此击穿电压越低。

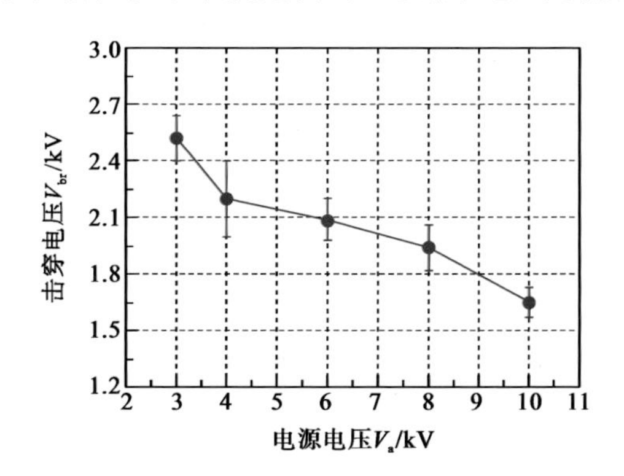

图 1.6.8　氦气流速为 8 L/min 时击穿电压 V_{br} 随电源电压 V_a 的变化情况[117]

1.6.2　脉冲驱动大气压空气非平衡等离子体射流

图 1.6.9 给出了一种新型的空气等离子体装置[118]。该等离子体装置的高压电极为一不锈钢针，其针尖的曲率半径为 100 μm。该高压电极通过一个 80 kΩ 电阻和 36 pF 电容与脉冲直流高压电源相连。该装置与传统的电晕放

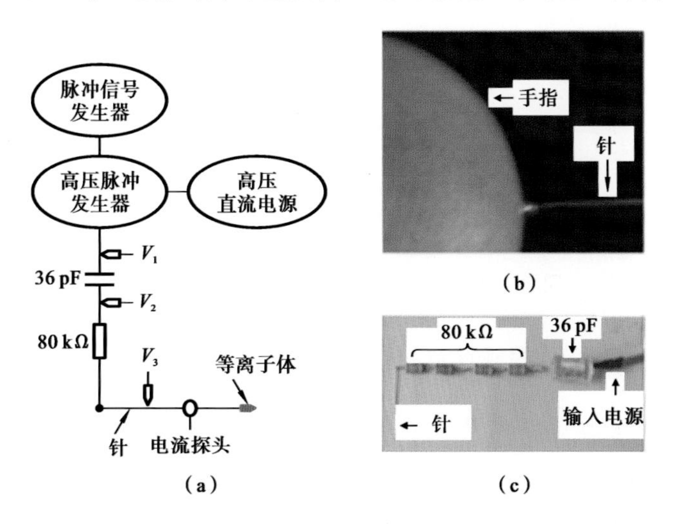

图 1.6.9　一种新型的空气等离子体装置

(a) 实验装置示意图；(b) 该空气等离子体与手指接触的照片；(c) 该装置的照片[118]

电类似。但是，对于传统的电晕放电，人体是不能与其等离子体接触的，且电晕放电的电流都是很小的。该装置由于串联了电容和电阻，使得人体不仅能与该等离子体接触，还能与该高压电极接触而无任何热感或者电击感。这就使它可以用于等离子体医学方面的应用。这也是该装置的一个优点。

由于该装置只有一个高压电极，因此当人体与该等离子体接触时，等离子体产生在高压电极与人体之间。图 1.6.10 给出了该等离子体的电流与电压波形。从图 1.6.10(a)可以看出，对于一个电压脉冲，放电呈现多个电流脉冲。为了更清楚地显示电流脉冲的波形，图 1.6.10(b)给出了前三个电流脉冲波形的放大图。从图 1.6.10(b)可以看出针上的电压达到 1.5 kV，第一个电流脉冲的峰值达到 1.5 A，其脉宽约为 10 ns。后续的电流脉冲峰值约为 0.5 A，其电流脉冲的脉宽也约为 10 ns。从图 1.6.10(b)还可以看出，第一次放电时针上的电压从 1.5 kV 降到放电后的 250 V，然后针上的电压缓慢上升到 750 V，直到下次放电。应该指出的是，第一个放电时针上的电压(1.5 kV)是后续放电针上电压的两倍(750 V)，这可能是由于后续放电时，通道里有前面放电残留的带电粒子和激发态粒子导致的。

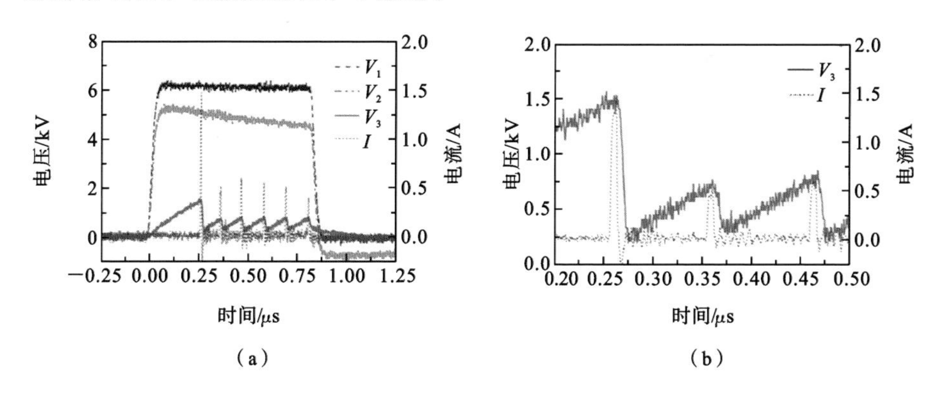

图 1.6.10　空气等离子体的电流与电压波形

(a) 电流、电压波形；(b) 最开始三个电流脉冲波形[118]。V_1、V_2 和 V_3 分别对应图 1.6.9(a)中所示的位置，I 为放电电流

对于生物医学应用，等离子体的气体温度通常必须保持在常温或者接近常温。通过比较氮气第二正则系 $C^3\Pi_u$-$B^3\Pi_g$(0-0)的实验与模拟光谱，从图 1.6.11可以看出，转动温度为 290 K 的模拟结果与实验吻合得很好。当转动温度为 350 K 时，其转动带往短波长方向延伸，而实验所得短波长处转动谱已经很弱了。由此可知该等离子体的气体温度约为 290 K。

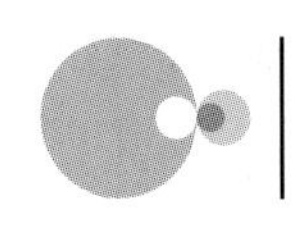

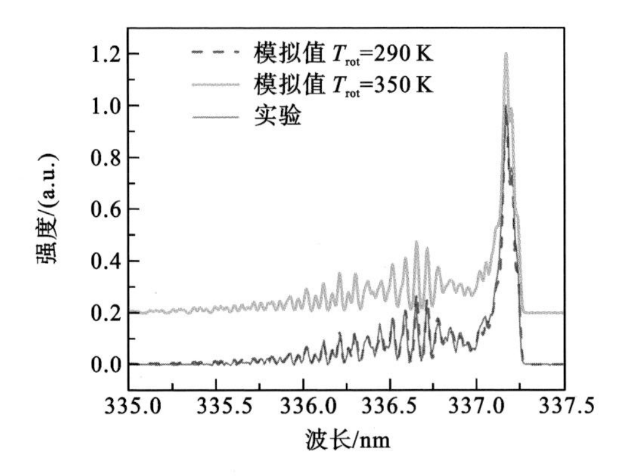

图 1.6.11 N_2 第二正则系 0-0 跃迁的实验与模拟所得谱线[118]

为了进一步了解该等离子体中的活性成分，图 1.6.12 给出了其从 200～800 nm 的发射光谱。从图 1.6.12 可以看出，除了激发态的 OH、O、N_2(C-B) 和 N_2^+(B-X)辐射，NO、H、N_2(B-A)，甚至是 N 辐射都比较强。这意味着该等离子体活性很强。

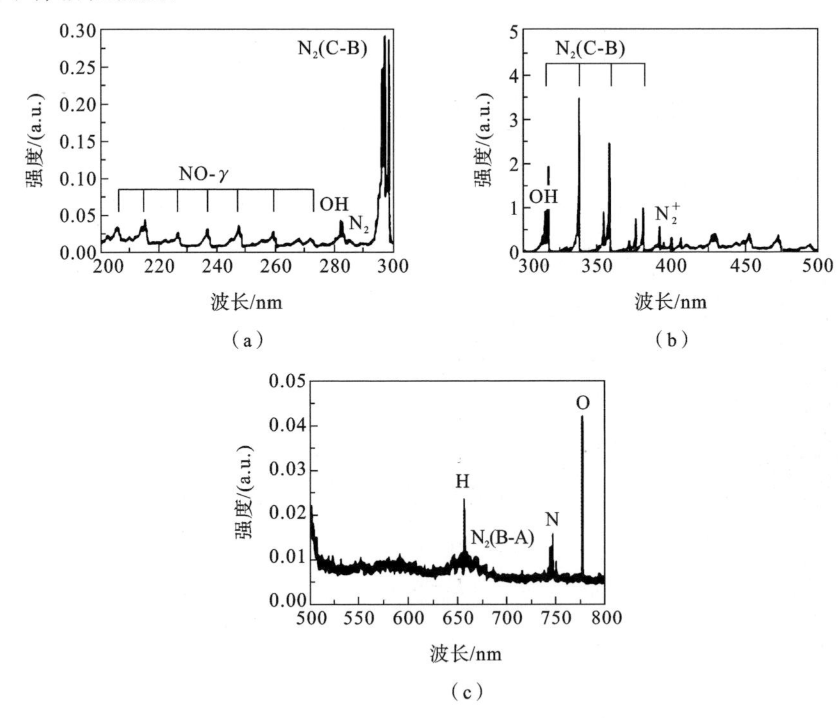

图 1.6.12 等离子体的发射光谱[118]

(a) 200～300 nm；(b) 300～500 nm；(c) 500～800 nm

用该等离子体的杀菌实验结果如图 1.6.13 所示。100 μL 的粪肠球菌细菌液(10^6 CFU/mL)均匀地抹在培养基上。杀菌时,电极与培养基的距离为 1 mm,针以 2 mm/s 的速度匀速运动画一个十字。总的处理时间为 60 s。从图 1.6.13 可以看出,被处理的地方都没有细菌生长。

图 1.6.13 等离子体处理粪肠球菌的结果照片[118]

处理时电极与培养基的距离为 1 mm,针以 2 mm/s 的速度匀速运动画一个十字,总的处理时间为 60 s

1.6.3 直流驱动大气压空气等离子体射流

前面的空气等离子体射流采用的是脉冲直流电源,但脉冲直流电源相对昂贵,而且更高电压的脉冲直流电源生产难度更大。空气的击穿场强约 30 kV/cm,为了产生更长的空气等离子体射流,就必须用更高的电压。而直流高压电源获得更高电压相对容易。这里介绍一种采用直流高压电源产生的空气等离子体射流。该射流由一个 20 kV 的直流高压电源与一个 120 MΩ 的电阻相连。电阻的另一端连接一个直径为 50 μm 的不锈钢针作为高压电极。当手指与针靠近时,一个长达 2 cm 的空气等离子体即产生在手指和针电极之间。图 1.6.14(a)和(b)给出了实验装置示意图及该装置的照片[119]。

当打开电源即可产生空气等离子体。该空气等离子体与流注放电类似。但它可以与人体任意接触,手指不仅可以与等离子体接触,且可以一直靠近针电极,即使手指与针电极接触,也无任何热感或电击感。这是传统的装置所不具备的。图 1.6.15 给出了该等离子体与手指接触的照片。

图 1.6.16 给出了针与手指距离为 5 mm 时的放电电流、电压波形。从图 1.6.16 可以看出,放电事实上呈现为脉冲的形式,频率约为 25 kHz,这与熟知

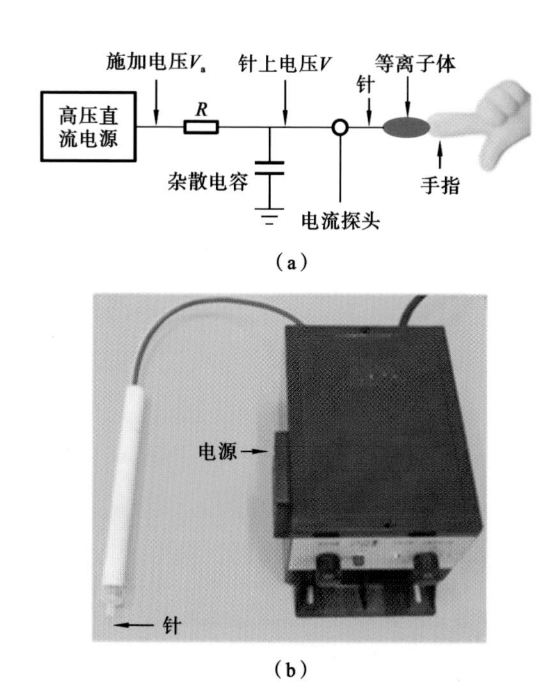

图 1.6.14　直流高压电源驱动的空气等离子体装置

(a) 实验装置示意图；(b) 等离子体射流装置照片[119]

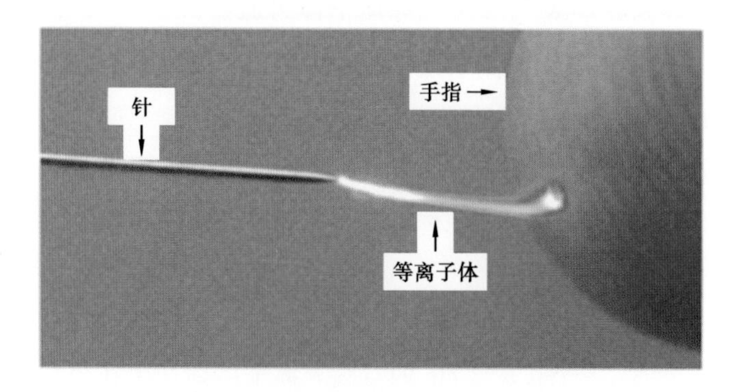

图 1.6.15　空气等离子体与手指接触的照片[119]

的电晕放电类似[38]。但是在该文献中提到，当放电间隙减到足够小时，放电总是会转化为电弧放电，因此不适合于生物医学方面的应用。此外，本装置用的限流电阻远大于 Staack 等人所采用的，在他们的实验中，放电电流为直流而不是脉冲的。当放电电流为 1.4 mA 时，其用氦气作为工作气体时气体温度为 370 K，用空气作为工作气体时气体温度为 1000 K[45]。

图 1.6.16(b)给出了单次放电的电流、电压波形。从图 1.6.16(b)可以看

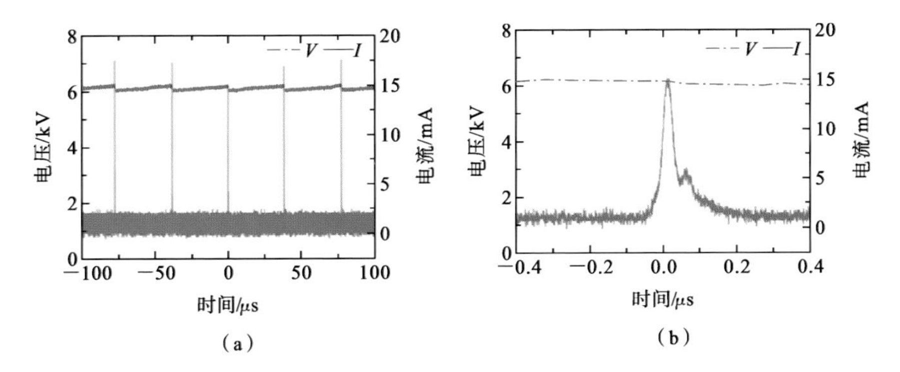

图 1.6.16　针与手指距离为 5 mm 时的放电电流、电压波形

(a) 典型放电电流、电压波形；(b) 放大的单次放电电流、电压波形[119]

出放电电流持续时间约 100 ns。研究发现，放电频率与放电间隙紧密相关。当放电电压为 18 kV，间隙为 3 mm 时的放电频率为 35 kHz；当间隙增加到 17 mm 时，放电频率为 10 kHz。有趣的是，当间隙变化时，峰值电流基本保持不变。图 1.6.17 给出了间隙分别为 3 mm、5 mm、7 mm 时的电流波形。从图 1.6.17可以看出，峰值电流基本保持不变，但间隙越小，频率越高。图 1.6.18 给出了放电频率和峰值电流随放电间隙的变化情况。

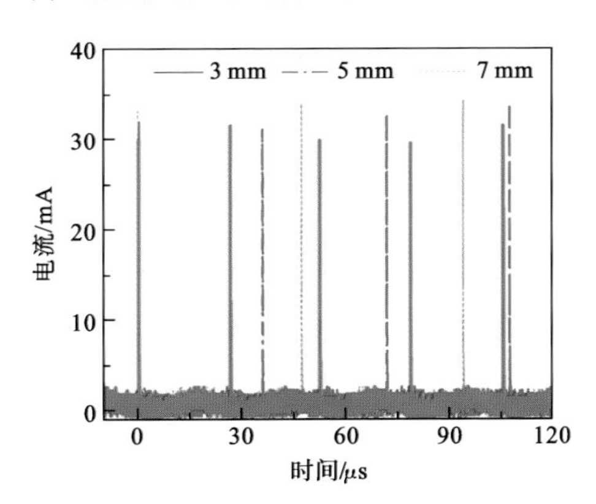

图 1.6.17　放电间隙分别为 3 mm、5 mm 和 7 mm 时的电流波形，电源电压均为 18.5 kV[120]

此外电源电压也对放电频率有很大影响。图 1.6.19 给出了放电间隙固定为 4 mm 时放电频率及峰值电流随电源电压的变化情况。

该装置的电特性可以通过图 1.6.20 所示的简单电路模型来表示。图 1.6.20中，R(130 MΩ)是串联的电阻，C(3.2 pF)和 L(1 nH)是杂散电容和电感，R_g(100 MΩ)是针与地之间的有效电阻，等离子体部分等效于 R_{pg}(3.8 MΩ)

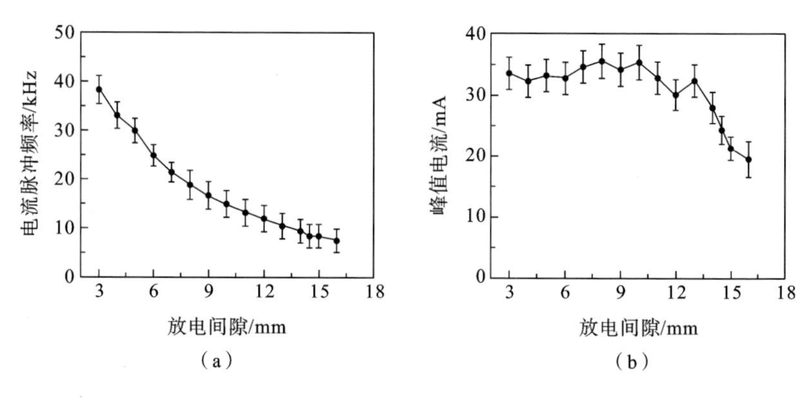

图 1.6.18 (a) 电流脉冲频率和(b) 峰值电流随放电间隙的变化情况，电源电压保持为 18.5 kV[120]

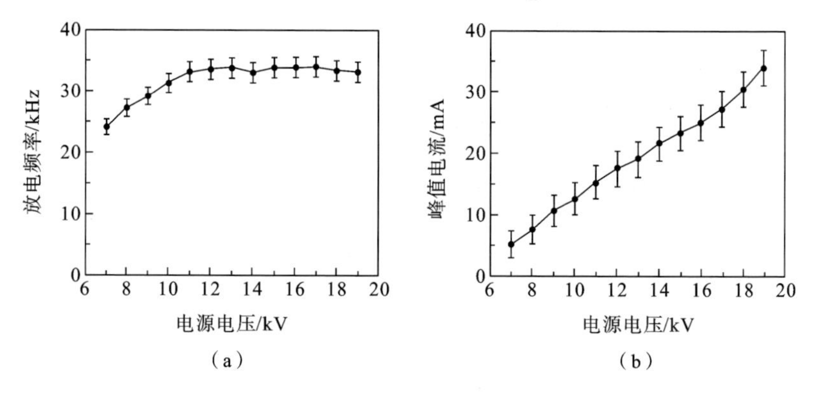

图 1.6.19 (a) 放电频率和(b) 峰值电流随电源电压的变化情况，间隙固定为 4 mm[119]

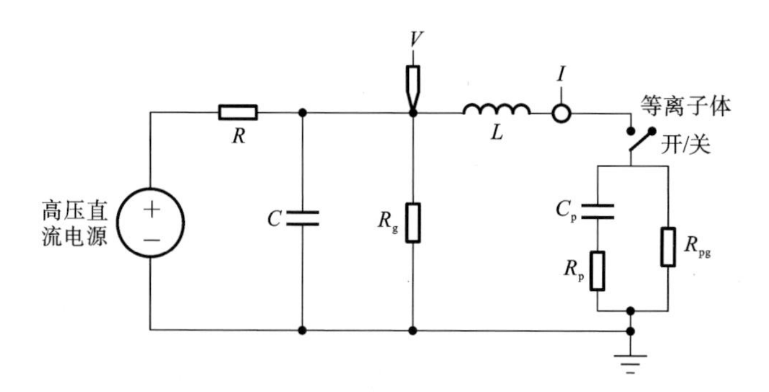

图 1.6.20 电回路模型[120]

R=130 MΩ 是串联的电阻，C=3.2 pF 和 L=1 nH 分别为杂散电容和电感，R_g=100 MΩ 是针与地之间的有效电阻，等离子体部分等效于 R_{pg}=3.8 MΩ 与 C_p=1.1 pF 和 R_p=85 kΩ 的并联

与 C_p(1.1 pF)和 R_p(85 kΩ)的并联,这些组件的值是通过实验拟合获得的;电源电压为 18.5 kV。图 1.6.21 给出了模拟所得结果。从图 1.6.21 可以看出它与实验结果基本吻合。但是模拟所得的电流的脉宽比实验值大,这是由于模拟时假定 R_{pg} 是不变的,而真实情况是 R_{pg} 应该逐渐增大。

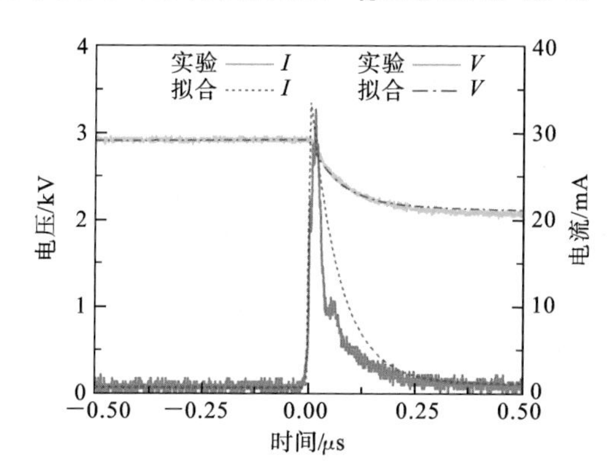

图 1.6.21 模拟和实验所得的电流、电压波形[120]

1.6.4 空气等离子体射流阵列

1.6.3 节介绍的等离子体射流可以对小面积的对象进行有效处理,但当处理对象面积较大时,则所需时间会较长。为了缩短处理所需的时间,可以采用等离子体射流阵列的方法。但是直接采用前面的多个等离子体射流组成阵列时,各射流间是孤立的,它们之间没有融合。为了使各射流之间能够融合,采用如图 1.6.22 所示的结构来产生各个射流。从图 1.6.22 可以看出,此时单个射流的处理面积显著增大。当然根据该装置的结构,下面这些参数可能会

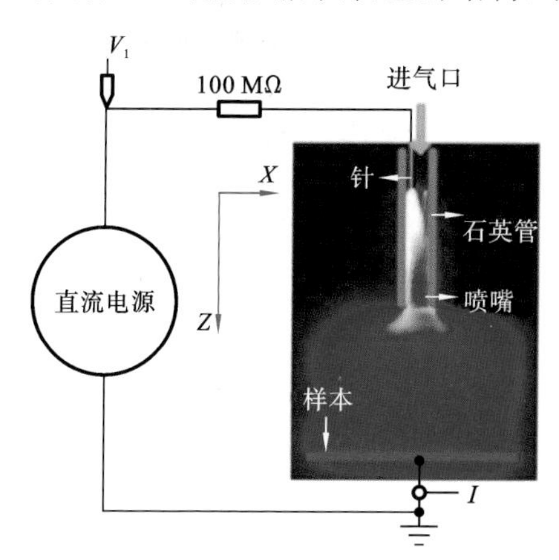

图 1.6.22 实验装置示意图[121]

对所产生的等离子体有影响，即针在管中的位置、气体的流速、管的直径。

图 1.6.23 给出了管在不同高度时所产生的等离子体的照片[121]。从图 1.6.23(a)中可以看出，当管的喷嘴在针尖的上面，即针尖露出来时，管对所产生的等离子体没有影响，该等离子体基本呈现为丝状。当管口与针尖处于同一高度，如图 1.6.23(b)所示，所产生的等离子体的截面积开始变大。进一步将管口下移 2 mm，如图 1.6.23(c)所示，此时等离子体的截面显著增大。但当管口下移为 5 mm 时，所得等离子体的截面又变小了，如图 1.6.23(d)所示。

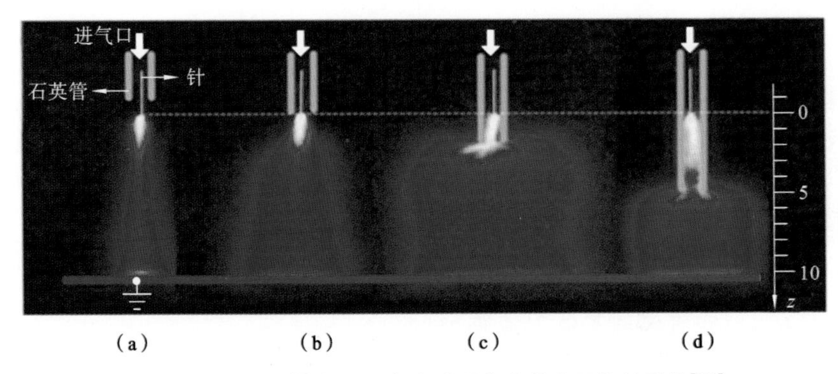

图 1.6.23　石英管在不同高度时所产生等离子体的照片[121]

(a) −1 mm;(b) 0 mm;(c) 2 mm;(d) 5mm。针离地的距离为 10 mm，管的直径为 1 mm，空气流速为 3 L/min

图 1.6.24 给出了不同气体流速时的等离子体照片。从图 1.6.24 可以看出，当没有气体流动时，该等离子体呈现为丝状。当气体流速增加为 0.5 L/min 时，等离子体的截面显著增大。此时能观测到中间有一个很亮的丝状放电。

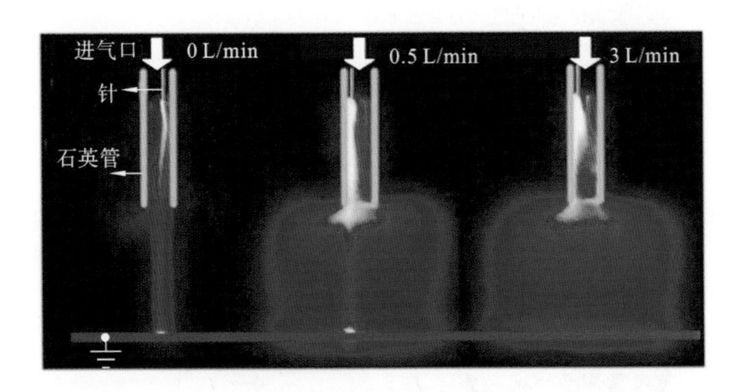

图 1.6.24　不同气体流速所产生的等离子体照片[121]

针离地的距离为 10 mm，管的直径为 1 mm，管的喷嘴处离地为 5 mm

当气体流速进一步提高到 3 L/min 时，丝状放电消失，等离子体呈现为裸眼看上去均匀的弥散状。

图 1.6.25 给出了不同管径时所产生的等离子体照片。由此可以看出，当管径在 0.8 mm 到 2.1 mm 之间时，所产生的等离子体基本类似。但当管径缩小到 0.5 mm 时，所产生的等离子体中出现了一个很亮的丝状通道。因此，为了获得均匀的等离子体，应该选取管径大于 0.5 mm 的管子。此外，研究发现当管径增大时，电流的脉冲频率也随之增大。

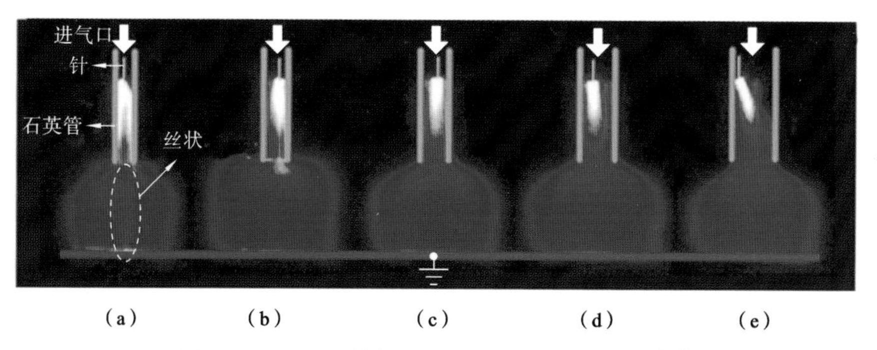

图 1.6.25　不同管径时所产生的等离子体照片[121]

(a) 0.5 mm；(b) 0.8 mm；(c) 1.0 mm；(d) 1.7 mm；(e) 2.1 mm。针离地的距离为 10 mm，管的喷嘴处离地为 5 mm，气体流速均为 63.7 m/s

根据上述实验结果，图 1.6.26 给出了由 5 个等离子体射流组成的空气等离

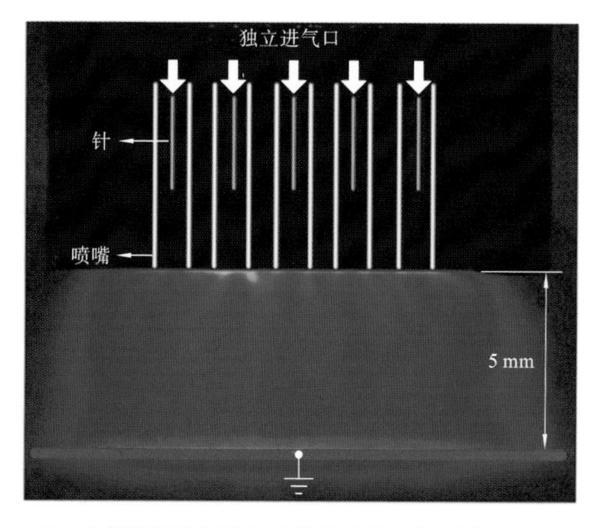

图 1.6.26　由 5 个等离子体射流组成的阵列的照片，空气流速为 5 L/min[121]

子体射流阵列。所用的气体流速为 5 L/min。该等离子体达到 10 mm×5 mm。该照片显示该等离子体为裸眼看似弥散的。为了进一步确认该等离子体为均匀等离子体，用高速 ICCD 相机拍摄了其高速照片，从图 1.6.27 可以看出它确实是比较均匀的。此外，该等离子体射流阵列还可以进一步通过并联增大。

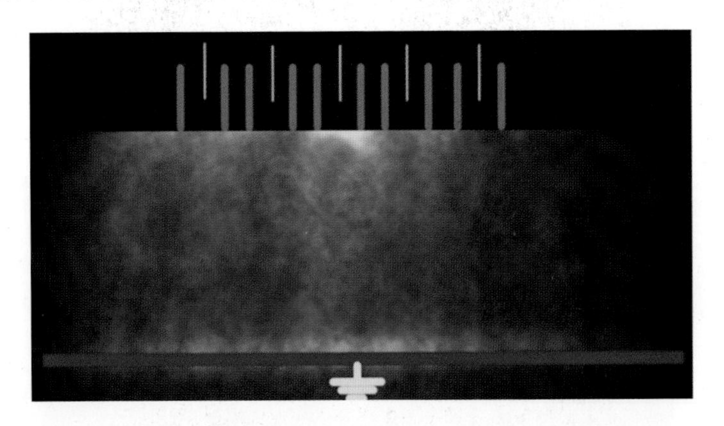

图 1.6.27 曝光时间为 20 ns 时，叠加 100 张照片所得的结果[121]

1.6.5 等离子体手电

之前报道的大气压低温等离子体射流绝大多数需要外部电源，例如需要高压电源、市电供应、信号发生器、高压电缆线等；而且需要外部供给工作气体，例如稀有气体、流量计、减压阀等。这些因素都大大限制了大气压低温等离子体射流的广泛应用，在一些特殊的场合（例如户外救护车上、自然灾害区、战争场所等），目前的这些等离子体射流装置都很难得到应用。下面介绍一种手持便携式大气压低温等离子体射流源，该装置不需要任何外部电源或者供气系统，仅靠内置的一个 12 V 直流锂电池供电，整体尺寸小巧便携，利用环境空气产生的等离子体射流截面约为 2 cm^2，该装置被命名为“等离子体手电”。

该装置的电路结构如图 1.6.28 所示[122]。锂电池供给的 12 V 直流电压经过开关加载到高压直流升压器输入端，然后升压器将电压升高到约直流 10 kV。负极端经过限流电阻 R_2（50 MΩ）接地，正极端同样经过限流电阻 R_1（50 MΩ）与一个由 12 根不锈钢细针（长度 20 mm，直径 0.2 mm，针尖曲率半径 50 μm）组成的圆形针阵列相连。这 12 根针彼此导通且严格对称，整体阵列外径约 4 mm。图中的杂散电容是由于导线及针阵列等引起。当直流12 V 处的开关打开后，在圆形的针阵列前端就会放电产生等离子体射流，实际等离

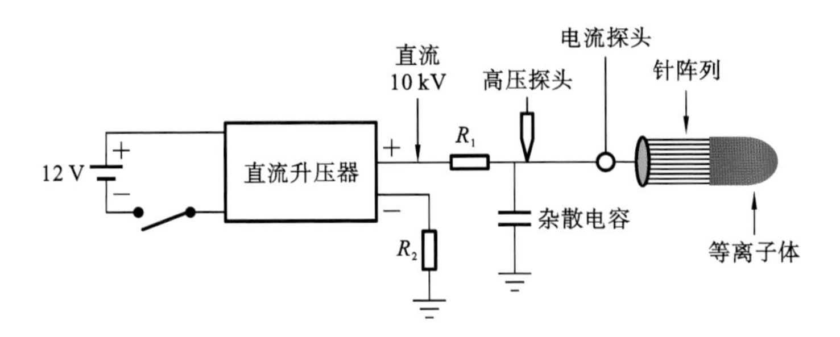

图 1.6.28 等离子体手电电路结构图[122]

子体手电的放电照片如图 1.6.29 所示。

图 1.6.29 等离子体手电放电照片[122]

为了保证等离子体手电使用安全、小型轻便、操作方便以及维护容易,在设计中要考虑绝缘、外形、结构等多方面因素。等离子体手电在结构上主要由 5 部分组成,分别是可充电锂电池、直流升压器、限流电阻、放电电极和绝缘外壳。

(1) 供电电池可选择直流 12 V,容量可根据实际需要选定,目前测试结果表明,1500 mAh 锂电池一次充满电可以满足等离子体手电连续工作约 300 h 需求。

(2) 限流电阻是用来限制放电回路中的电流的,所以一般选择阻值较大的电阻(50 MΩ),为了防止限流电阻的失效短路等问题带来的隐患,在接地负

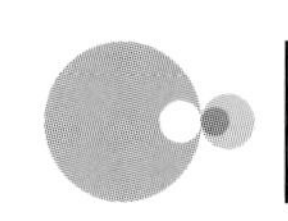

极端和放电正极端都串入了限流电阻。

(3) 放电电极是不锈钢针，为了获得更大截面的等离子体，实际电极是由12根针组成圆形的阵列。由于需要在大气环境下直接电离空气产生等离子体，所以需要不锈钢针的针尖曲率半径非常小，同时整体电极可设计成方便拆卸的形式。

(4) 等离子体手电的外壳一般要选取耐高压绝缘材料，在外壳装有金属开关来控制锂电池电压的通断。

图1.6.30(a)所示的是等离子体手电的放电特性，可以看到等离子体手电的放电电流为脉冲形式，重复频率约为20 kHz。图1.6.30(b)是对单个脉冲电流放大显示的波形，放电脉冲电流半高宽约100 ns，电流峰值约为6 mA。计算后可得等离子体手电放电时消耗的功率约为60 mW。

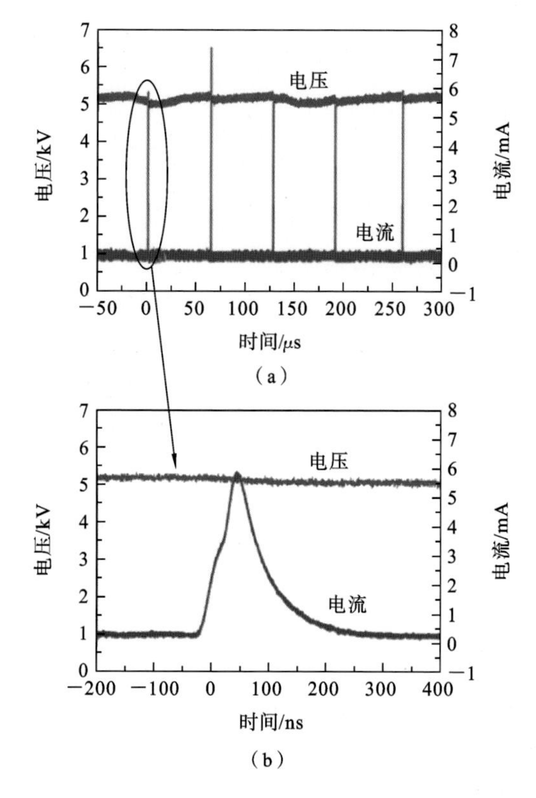

图1.6.30　等离子体手电放电电流与电压波形

(a) 多个放电脉冲；(b) 单个放电脉冲[122]

由于杂散电容很小，限流电阻又很大，所以放电电流脉冲只能持续很短的一段时间，约 100 ns，等离子的气体温度也接近室温，这两方面的特性决定了等离子体手电的安全性。正如图 1.6.29 所示，人体手指可以直接与等离子体接触而没有任何电击感或者灼烧感。

等离子体手电是全球首款手持便携式等离子体射流装置，该装置目前已经完成了几代的设计研制，如图 1.6.31 所示。等离子体手电在尺寸外形、操作控制、放电均匀性等方面都有很大的改进，使得等离子体手电更适合实际操作和应用。等离子体手电的发明也受到众多国内外知名新闻杂志的关注和报道，例如《科学》《时代周刊》《纽约每日新闻》《英国每日邮报》《中国科学报》《香港明报》等。

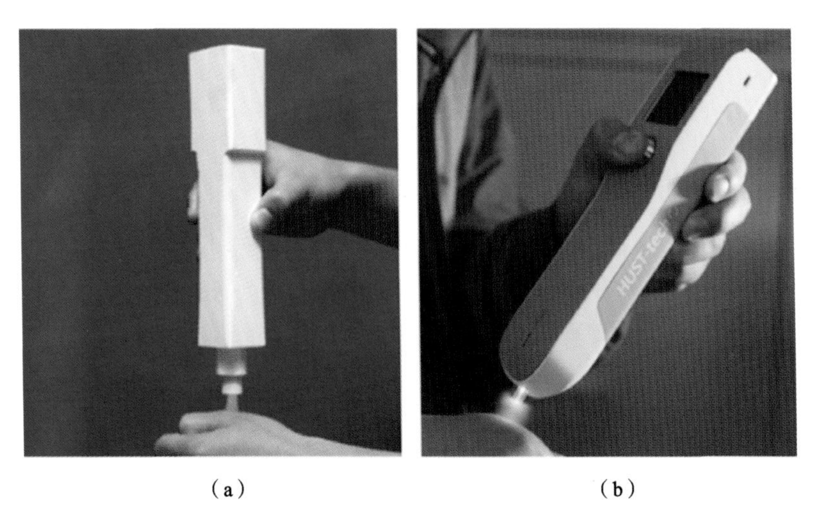

(a) (b)

图 1.6.31 改进后的等离子体手电放电照片

利用该等离子体手电装置还可以对单细胞进行处理。此时采用单根针电极，针尖直径约 1 μm。图 1.6.32 给出了该等离子体手电处理单细胞的实验装置示意图[123]。图 1.6.33 给出了等离子体实时处理单个细胞的照片。从图 1.6.33(a)可以看出针尖产生的等离子体直径约为 2 μm。当电极的针尖靠近细胞时，细胞此时为地电极，如图 1.6.33(b)所示。为了了解其对单细胞的生物效应，利用该装置对 HepG2 细胞进行处理，并观察其形态变化。从图 1.6.34可以看出，处理前的健康细胞呈现为纺锤形，轮廓清晰。等离子体处理后，被处理的细胞形态开始变化，它开始收缩，逐渐变为近似圆形，类似于要凋亡的细胞。为了进一步了解被处理的细胞是否进入凋亡阶段，采用 Annexin

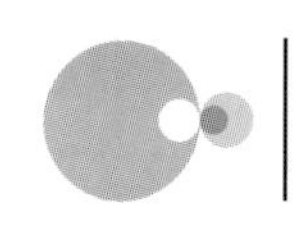

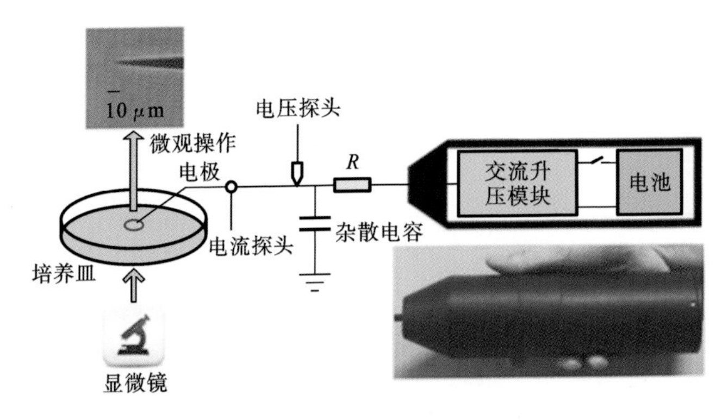

图 1.6.32 等离子体手电处理单细胞的实验装置示意图[123]

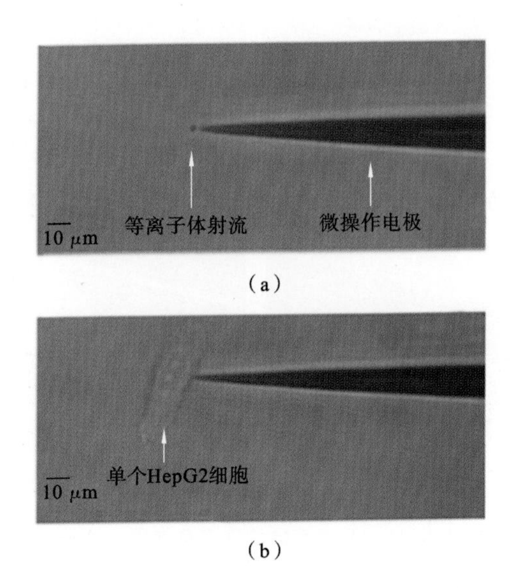

图 1.6.33 等离子体实时处理单个细胞

(a) 微等离子体照片；(b) 微等离子体处理单个细胞的照片[123]

V-FTTC 绿色荧光对细胞进行标记。Annexin V-FTTC 对磷脂酰丝氨酸(PS)有很强的亲和力，而磷脂酰丝氨酸通常在细胞膜的内部。当细胞进入凋亡阶段时，PS 会快速地转到细胞膜的外部，此时它就会与 Annexin V-FTTC 结合，从而显示为绿色。因此通过是否与 Annexin V 荧光染料结合，即可判断细胞是否进入凋亡阶段。从图 1.6.35 可以看出，被等离子体处理的细胞，在处理好 5 min 之后即进入凋亡阶段。

细胞核在凋亡过程中其变化通常是在凋亡的后期。通过采用 Hoechst

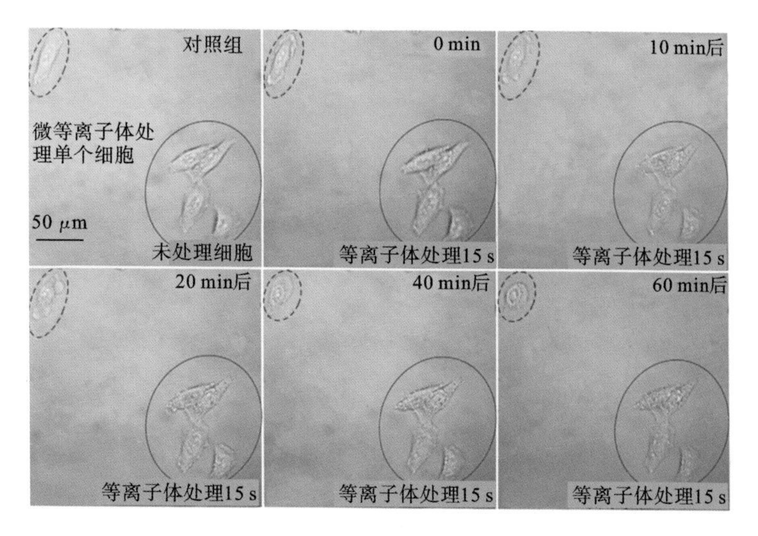

图 1.6.34 等离子体处理 HepG2 细胞后其形态的实时变化照片[123]

每幅照片左上角虚线圈内的细胞是该等离子体处理 15 s 后的细胞；右下角实线圈内的细胞是未处理的对照组细胞

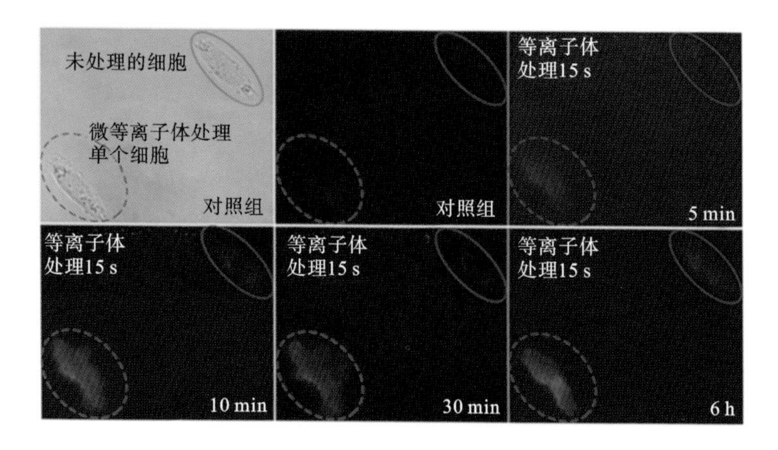

图 1.6.35 通过 Annexin-V 荧光染料实时观测细胞是否进入凋亡阶段[123]

每幅照片左下角虚线圈内的细胞为等离子体处理的细胞，右上角实线圈内的细胞为对照组细胞

33342 染料对 DNA 进行染色，所得结果如图 1.6.36 所示。从图中可以看出，等离子体处理的细胞的荧光在 30 min 之后变得更亮。在 20 h 以后，被处理细胞的细胞核出现碎片化，而对照组细胞仍保持完整。

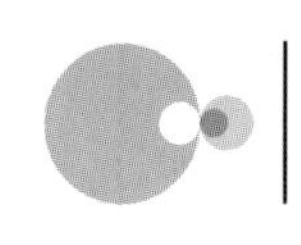

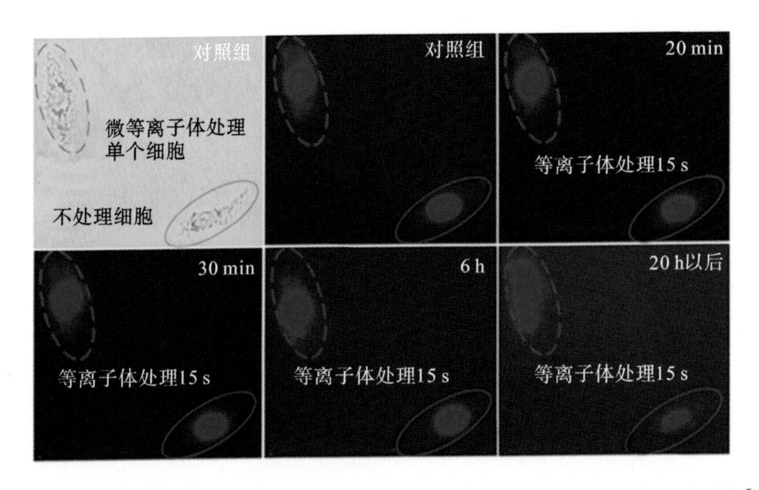

图 1.6.36 采用 Hoechst 33342 染料对 DNA 进行染色所得细胞的实时照片[123]

每幅照片左上角虚线圈内的细胞为等离子体处理的细胞，右下角实线圈内的细胞为对照组细胞

1.6.6 旋转电极大气压非平衡等离子体射流

前面介绍了几种大气压空气等离子体射流，大部分空气 N-APPJ 装置的喷嘴在毫米或亚毫米范围内，难以用来进行大面积处理。为了满足各种不同的需求，仍迫切需要研究新型以空气作为工作气体的 N-APPJ。Li 等报道了一种刷状空气等离子体射流，其放电在两个针电极之间，等离子体被气流以拱形的形式从喷嘴吹出。由于该装置放电间隙较大，放电的击穿电压高达约 11 kV，而且峰值电流也高达 280 mA[124]。

滑动弧(gliding arc，GA)放电等离子体是一种被较为系统研究的空气等离子体[125～133]。图 1.6.37(a)所示的传统滑动弧放电装置由两个呈发散状的刀片型电极组成，通常在靠近气体出口的位置，两个电极之间最窄间隙处开始放电。在强劲的横向气流的作用下，放电通道沿着电极向前移动，同时电弧被拉长。在此过程中，放电通道变长，放电模式由电弧放电过渡到辉光放电。放电通道的延伸过程一直持续到放电通道达到临界长度，然后等离子体熄灭，并在初始点产生新的电弧。如图 1.6.37(b)所示，对于所谓的旋转滑动弧(rotating gliding arc，RGA)，等离子体在锥形阴极和套筒式阳极之间产生，并由外加磁场和涡旋气流共同驱动[134～137]。从根本上讲，它与滑动弧放电是相同的，因为 GA 和 RGA 所产生的等离子体主要位于两个电极之间，而不是在开放空间中，这就限制了它主要应用在等离子体化学领域。

最近，Pei 等人报道了一种称为“螺旋桨弧”(propeller arc，PA)的装

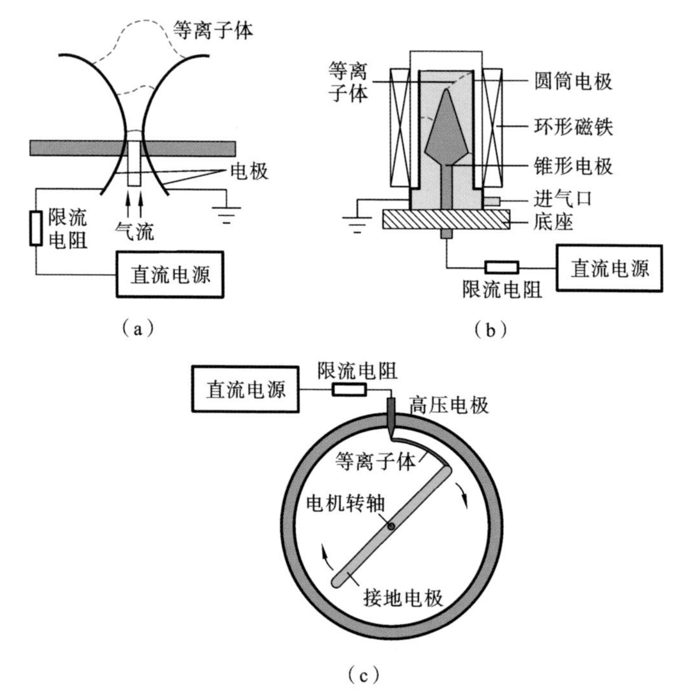

图 1.6.37 GA、RGA、PA 的示意图

(a) GA;(b) RGA;(c) PA

置[138]。该装置由一个或多个固定的阳极和电动机驱动的旋转阴极组成,如图 1.6.37(c)所示。当阳极和旋转阴极之间的距离最短时开始放电,随着阴极的进一步旋转,放电通道变长,直到阴极和阳极间的距离过长而无法维持放电,此时等离子体熄灭。同样,PA 也是在电极之间而不是在开放空间中产生等离子体,所以它主要被用于等离子体化学方面的应用。

为了采用空气作为工作气体产生大面积非平衡空气等离子体射流,下面介绍一种称为旋转电极等离子体射流(rotating electrode plasma jet,REPJ)的装置。简单地说,REPJ 由绝缘方盒内的转动高压电极,以及固定在方盒侧面的接地电极组成,射流的喷嘴靠近地电极。REPJ 能够在开放空间中产生大面积的低温空气等离子体射流,因此它可应用于材料表面改性、杀菌消毒及等离子体化学等领域。

图 1.6.38 是 REPJ 装置示意图[139]。高压电极为 4 个叶片,由不锈钢制成,并由电机带动旋转,电机转轴中心和高压电极尖端相距 17 mm。气流通过绝缘方盒背部的进气口注入绝缘方盒,并从尺寸为 2 mm×10 mm 的喷嘴吹

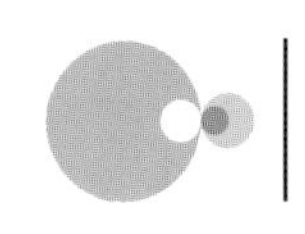

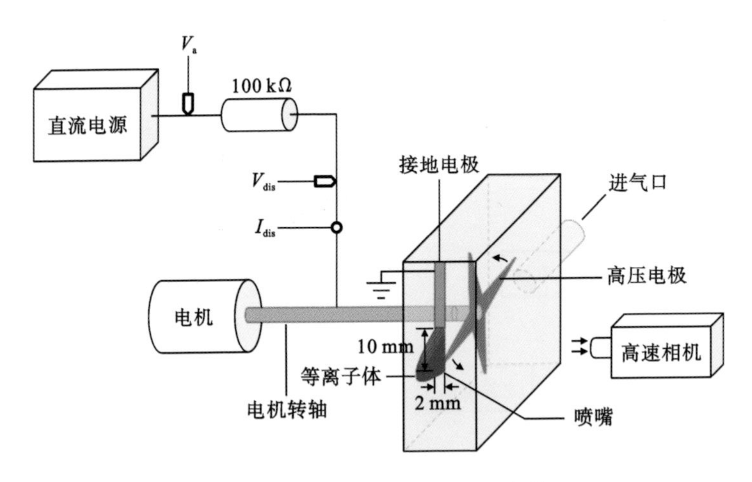

图 1.6.38　REPJ 装置示意图[139]

出。喷嘴中心距离电机转轴 17.8 mm。2 mm 宽的不锈钢平板地电极位于喷嘴上边缘，喷嘴的其余部分均由 0.5 mm 厚的陶瓷板构成，直流电源通过 100 kΩ 限流电阻连接到转动阳极。当阳极的一个叶片逆时针转动到阴极附近，间隙约 2.5 mm 时，电极之间开始放电。随着高压电极的转动，放电通道被拉长，同时由于气体的流动，放电通道呈现 U 字形，从而形成等离子体射流。放电频率由阳极的转动频率控制，转动频率最高可以调整到每分钟 6000 转，对应于放电频率 400 Hz。

图 1.6.39 是不同空气流速下 REPJ 的等离子体照片，此时阳极转动频率为每分钟 6000 转(rpm)，电源电压为 6 kV，数码相机的曝光时间为 1/30 s。图 1.6.39 及本节其他放电等离子体照片中喷嘴附近的黑色阴影均为 0.5 mm 厚的陶瓷板造成的。图 1.6.39(b)中的虚线圆圈表示初始击穿位置，能够观察

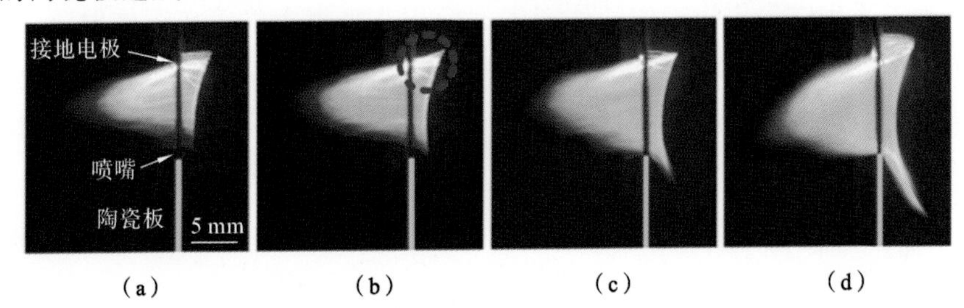

图 1.6.39　不同空气流速下 REPJ 的照片[139]

(a) 45 L/min；(b) 30 L/min；(c) 20 L/min；(d) 10 L/min。阳极转动频率为每分钟 6000 转，电源电压为 6 kV

到一些明亮的放电细丝。需要注意的是，如图 1.6.39(a)、(b)所示，对于高空气流速，喷嘴并没有充满等离子体，但是在图 1.6.39(c)、(d)中，当气体流速分别为 20 L/min 和 10 L/min 时，整个喷嘴充满等离子体。应该指出的是，当气体流速为 10 L/min，电源电压为 6 kV 时，从照片中可以看出此时在靠近地电极的位置有许多明亮细丝。此外，等离子体的视觉颜色也随着气体流速变化而变化，这可能是由于气体温度不同造成的。实验结果表明，气体流速越低，气体温度就越高。

图 1.6.40 显示了不同时间尺度下，REPJ 的放电电压和电流波形。此时电源电压为 6 kV，阳极转动频率为每分钟 6000 转，空气流速为 30 L/min。在本节的其余部分，如果没有特别说明，所有参数均与上述相同。如图 1.6.40(a)所示，间隙击穿时，V_a 经过很小的波动后稳定在 6 kV；V_{dis} 瞬间下降到约 750 V，并经过几次波动后增加回 6 kV；I_{dis} 在击穿后先增加到约 48 mA，然后缓慢下降，经过几次波动后，在大约 0.8 ms 时放电电流降为 0。为了清晰地观

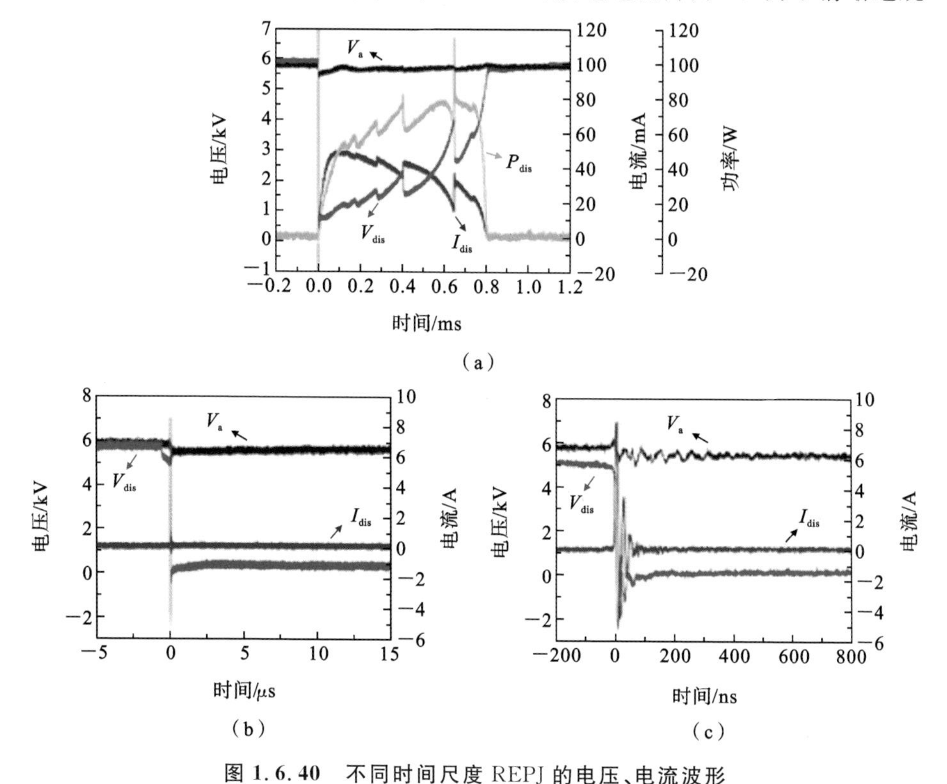

图 1.6.40　不同时间尺度 REPJ 的电压、电流波形

(a) ms(一个放电周期)；(b) μs(击穿阶段)；(c) ns(点燃阶段)[139]

察放电开始阶段的电特性，图 1.6.40(b)给出了最初 15 μs 的电压、电流波形。V_{dis}实际上在 700 ns 内降低到大约 5 kV。图 1.6.40(c)显示了 ns 时间尺度的电压、电流波形，以进一步了解放电最开始阶段电压、电流的细节。结果表明在击穿后 I_{dis}具有一个峰值达到 8.5 A，脉宽约 9 ns 的脉冲，经过多次振荡后降为 0。由于此峰值电流非常高，可能产生瞬时的高温，对装置不利。因此，如果能够避免这种高峰值电流，将是十分有益的，这一问题将会在本节后面讨论。

值得指出的是，电压、电流波形中均存在几次突变。例如在 0.4 ms 和 0.64 ms 时，电压突然下降到一个较低的值而电流突然增加，这种突变是随机发生的，这也将在后面进行讨论。

接下来计算 REPJ 消耗的功率(P_{dis})。放电功率随时间的变化关系如图 1.6.40(a)所示，P_{dis}在最初的 0.2 ms 内增加，然后在 60～80 W 范围内波动，最终在约 0.8 ms 时降为 0。经过计算，REPJ 的平均功率大约 20 W。

此外，如果空气流速减小到 20 L/min，而阳极转动频率保持在每分钟 6000 转，则 REPJ 的平均功率将增加至约 23.9 W。根据图 1.6.39 中的照片，等离子体射流区域的面积将从 60 mm^2增加到约 83 mm^2。如果空气流速保持在 30 L/min 不变，但将阳极转速减小为每分钟 4000 转，则平均功率将减小至约 18.4 W，等离子体区域的面积增加到约 66 mm^2。

1. 串联电感对放电电流的影响

如上所述，击穿后立即出现的第一个电流峰值达到 8.5 A，如图 1.6.39(b)虚线圆圈中所示，它伴随着强烈的发光。这么高的峰值电流可能导致气体温度升高及电极腐蚀。为了避免高峰值电流，将一个 100 mH 的电感串联在限流电阻和转动电极之间，从图 1.6.41(a)虚线圆圈可以看出，与图 1.6.39(b)相比，细丝的亮度显著降低。

对比图 1.6.41(b)和图 1.6.40(a)，毫秒级时间尺度下的电压和电流波形没有明显区别。然而，当我们将时间放大到图 1.6.41(c)和(d)中的微秒和纳秒尺度，以关注放电的起始阶段，此时的峰值电流仅约 310 mA，比没有电感的情况要小一个数量级以上，并且经过约 100 ns 的振荡后，电流会降低至几十毫安。在有电感的条件下，平均功率仍约为 20 W。

为了进一步了解 REPJ 的特性，接下来计算等离子体电阻(V_{dis}/I_{dis})及平均电场强度(V_{dis}/d)，如图 1.6.42 所示。没有电感的条件下，在初始击穿后的

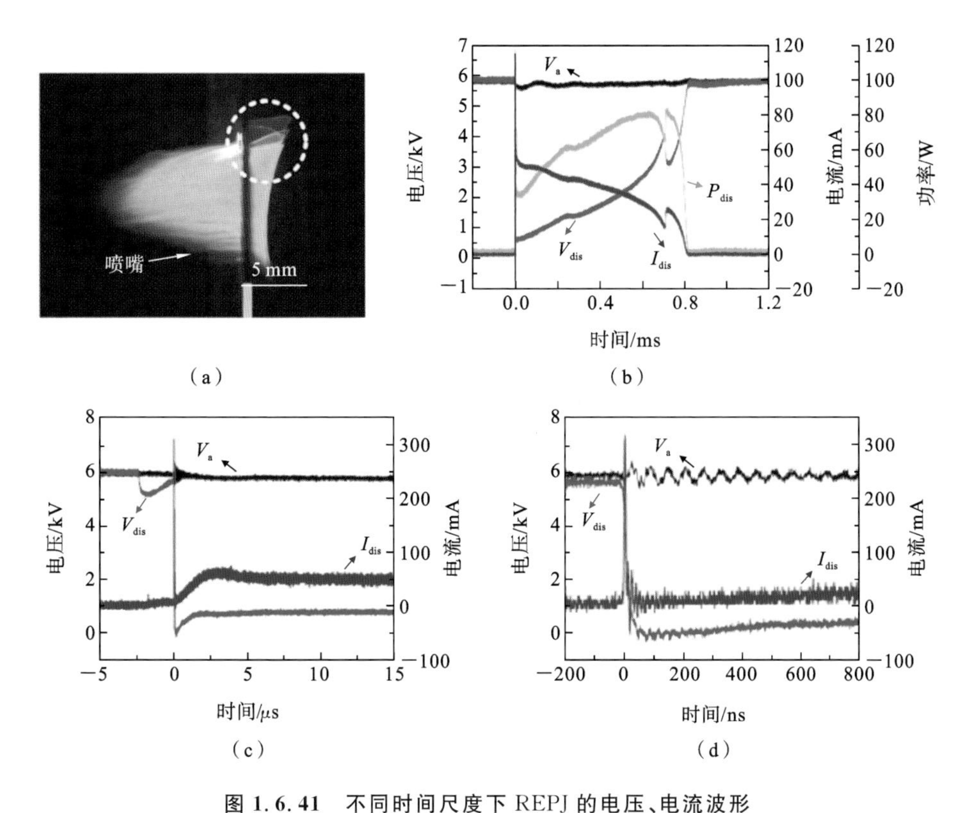

图 1.6.41　不同时间尺度下 REPJ 的电压、电流波形

(a) 等离子体射流照片;(b) 毫秒尺度;(c) 微秒尺度;(d) 纳秒尺度[139]。限流电阻和阳极之间串联 100 mH 电感

50 μs 内,等离子体电阻降低到约 18 kΩ,然后缓慢增加并伴随几次小的波动,直到等离子体熄灭。100 mH 电感的情况与没有电感的情况相似。两种条件下的电阻在上升过程中都会出现波动,这与由放电通道产生捷径的现象有关。

平均电场强度定义为 V_{dis}/d,其中,d 为从时间分辨图像中得到的等离子体通道的总长度,因为实际的等离子体通道是三维结构而不是二维的,所以这一长度有所低估。等离子体通道长度、放电电压 V_{dis} 及平均电场强度如图 1.6.42(b)和(c)所示,在没有电感的条件下,平均电场强度在放电最初的 300 μs 内从 2 kV/cm 降低到约 1.4 kV/cm,这一数值接近于大气压空气辉光放电的平均电场强度。在放电熄灭前约 100 μs,平均电场强度增加到超过 2.4 kV/cm。有串联电感的情况与没有电感情况类似。当有新的捷径产生时,等离子体通道的长度及 V_{dis} 均会降低,使得平均电场强度基本保持不变。

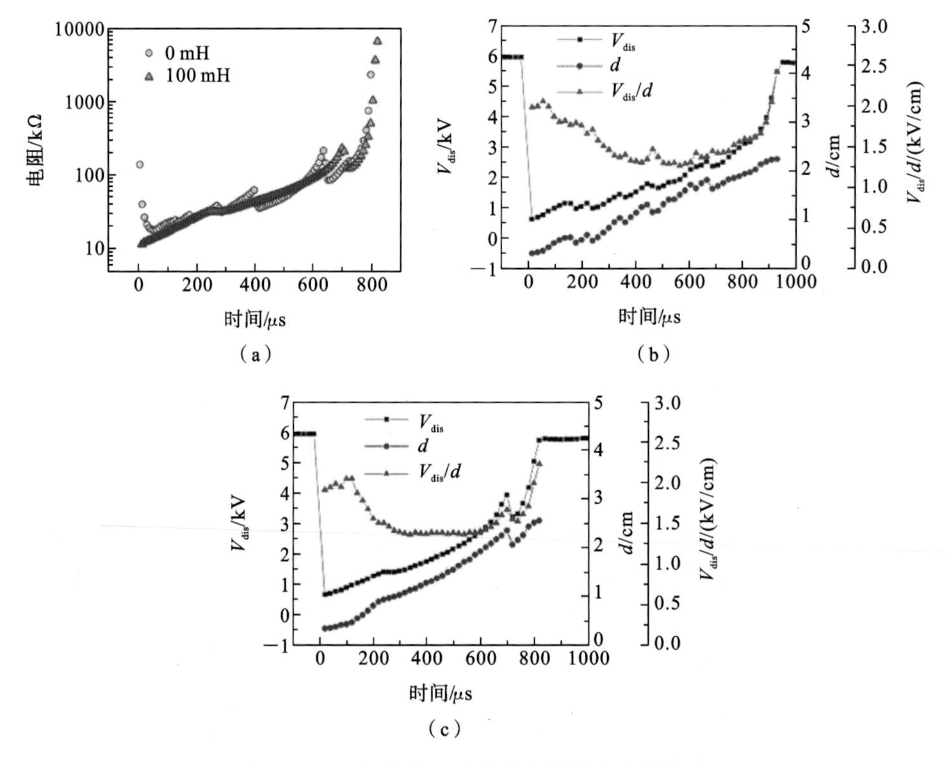

图 1.6.42　计算等离子体电阻及平均电场强度

(a) 等离子体电阻(V_{dis}/I_{dis})及平均电场强度(V_{dis}/d)随时间变化；(b) 无电感；(c) 100 mH 串联电感[139]

2. 旋转电极大气压非平衡等离子体射流的时间分辨图像

图 1.6.43 给出了 REPJ 的时间分辨图像，该图中标记的时间对应于图 1.6.40(a)中的时间。高速相机设置为每秒拍摄 50000 张照片。当电极间隙距离达到约 2.5 mm 时开始放电，此时可以观察到明亮的放电细丝，在阳极的转动以及横向气流的作用下，放电通道形成 U 形的等离子体。有趣的是，在 400 μs 和 640 μs 时，这与图 1.6.40(a)中阳极电压的急剧下降相对应，U 形等离子体通道出现一个捷径。如 420 μs 时的快照所示，当捷径通道形成后，等离子体沿着新形成的较短路径发展，而原始通道的头部逐渐消失。大约在 0.8 ms，当阳极转动到与固定阴极的距离太远时，放电熄灭。图 1.6.43 右下角的快照是 500 μs 时阴极附近区域放电的放大图像。从该照片可以看出，在阴极表面明亮的区域和等离子体通道之间有一个暗区。除了在 0 μs 开始放电外，图 1.6.43 中所有照片均有暗区出现，表明这是一种类似辉光的放电。图

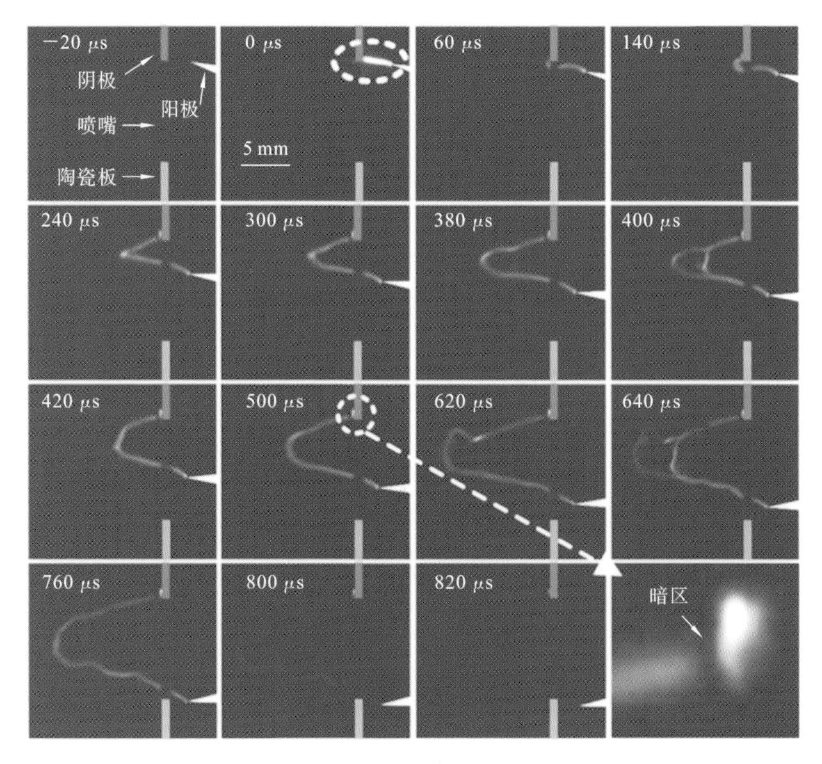

图 1.6.43　未使用电感时的 REPJ 高速照片[139]

与图 1.6.40(a)中的时间同步，右下角为 500 μs 时的局部放大图

1.6.43中在明亮的负辉光区和正柱区之间的暗区为法拉第暗区，厚度约 250 μm，明显小于传统的低压辉光放电的暗区厚度，这一结构类似于大气压辉光放电。阿斯顿暗区、阴极辉光及阴极暗区厚度太薄而无法观察到，三个区域的总厚度仅为几十微米。该等离子体通道的最大总长度能够达到 28 mm，等离子体射流能够从喷嘴喷出约 10 mm。

图 1.6.43 中 0 μs 时的明亮细丝可能导致很高的气体温度而造成电极腐蚀，为避免出现明亮细丝，在阳极串联了 100 mH 电感，对应的高速照片如图 1.6.44 所示。此时 0 μs 时刻的初始击穿通道并不像图 1.6.43 中那么明亮，这是 I_{dis}的峰值降低的结果。

已有许多研究人员报道了滑动弧放电中两段放电通道之间产生“捷径”的现象，然而，REPJ 与滑动弧放电产生“捷径”的现象是不同的。对于滑动弧放电，当一个新的较短的放电通道在靠近电极底部的位置形成时，常伴随有高达几安培的电流脉冲及强烈的发光，表明它是火花放电。但是，对于图 1.6.43

和图 1.6.44 中观察到的现象，新形成的放电通道的亮度与初始的放电通道的亮度相近，放电电流虽有所增加，但是仍然保持在几十毫安，表明它是辉光放电。这可能是因为与滑动弧放电相比，REPJ 的放电通道较长，前者是在金属电极之间出现捷径，而 REPJ 形成捷径时的部分通道为原有的等离子体通道。另外，还注意到如果空气流速减小到低于 15 L/min，出现捷径的现象就会消失，这被认为是由于低气体流速时等离子体通道具有高电导率，等离子体通道上的电压更小。

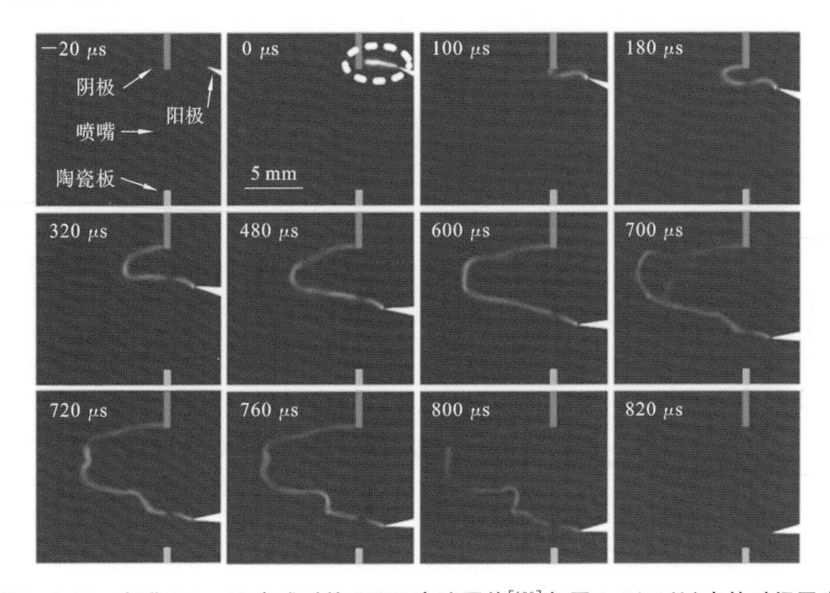

图 1.6.44　串联 100 mH **电感时的** REPJ **高速照片**[139]**与图** 1.6.41(b)**中的时间同步**

滑动弧放电中等离子体的推进，以及放电通道长度随时间的变化只取决于给定装置的空气流速。对于 REPJ，等离子体通道长度随时间的变化同时取决于阳极转动频率和气体流速。因为阳极的转动频率以及气体流速容易调整，等离子体通道长度的瞬时行为能更好地控制，积累在放电通道中的能量也相对容易控制。

3. 发射光谱和气体温度估计

发射光谱是研究等离子体产生何种活性粒子的有效方法。图 1.6.45 为 200～800 nm 波长范围内等离子体射流的发射光谱。从该图可以看出，光谱主要由 N_2 和 O 原子发射组成。由环境空气湿度引起的 OH 发射谱也能够观察到。波长在 300 nm 以下的紫外光，主要来自 NO-γ 的发射。391 nm 处的

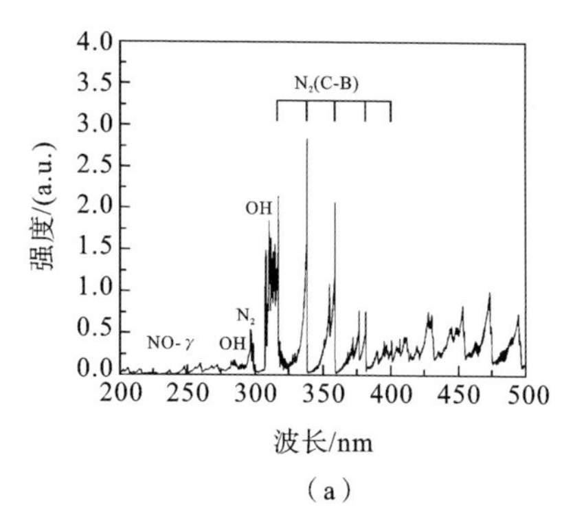

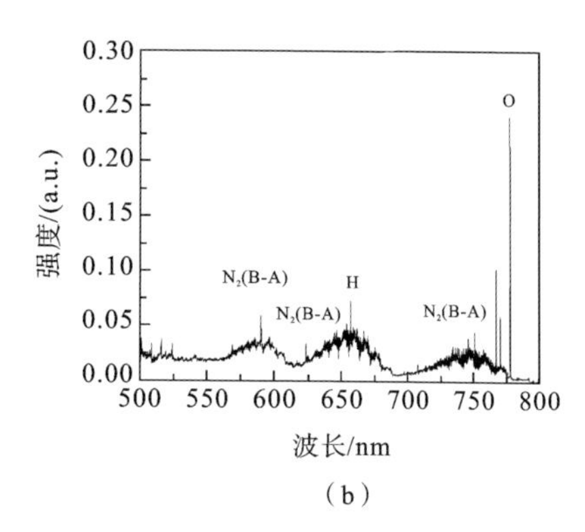

图 1.6.45 REPJ 发射光谱

(a) 200～500 nm;(b) 500～800nm[139]

N_2^+ 发射不是很强,与 394 nm 的 N_2(C-B)谱线重叠。

等离子体的转动温度可以通过比较 N_2 $C^3\Pi_u$-$B^3\Pi_g$($\Delta\upsilon=0$)谱线的实验光谱和模拟光谱来获得。当模拟光谱与实验结果最符合时可以得到其转动温度,通常认为转动温度与气体温度相近。该等离子体的实验光谱和最佳拟合的模拟光谱如图 1.6.46 所示。根据该结果,在没有电感条件下,转动温度为 3650 K,而在串联 100 mH 电感的情况则为 2950 K。

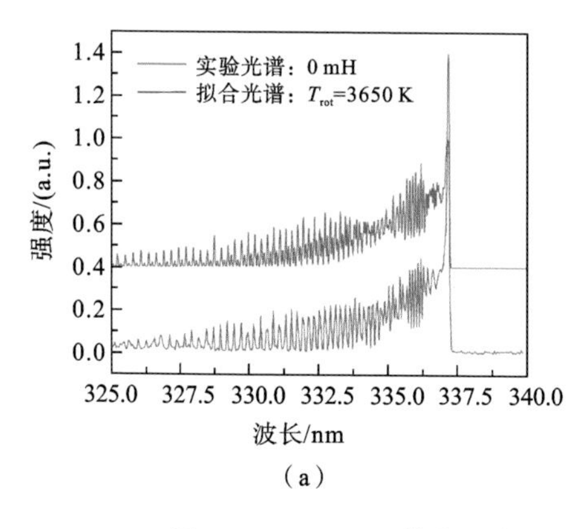

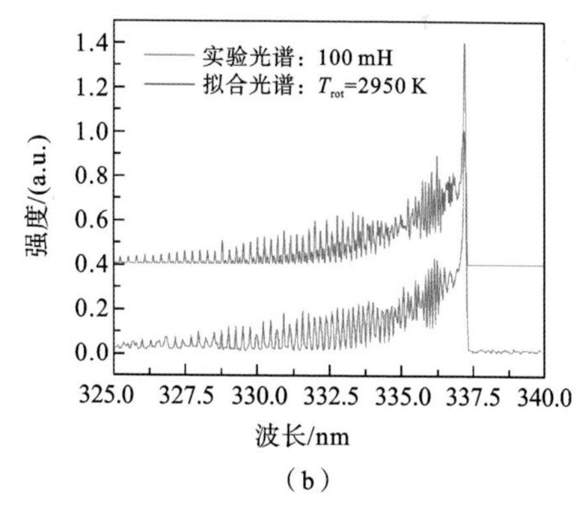

图 1.6.46 REPJ 等离子体射流的 N_2 第二正则系实验和模拟光谱

(a) 无电感的情况;(b) 串联 100 mH 电感的情况[139]

虽然基于发射光谱法的气体温度测量方法已被广泛使用,但是它是一种间接测量方法。为了解这种方法是否具有合理的精度,使用一个温度范围 0 ℃～200 ℃的水银温度计测量 REPJ 的温度。从图 1.6.47 中可以看出,阴极附近的温度最高,约 98 ℃,其他区域的温度则均低于 60 ℃,特别是靠近喷

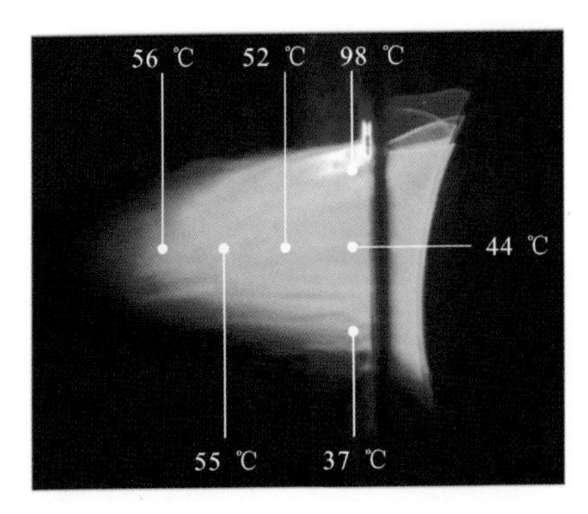

图 1.6.47 温度计测量的不同位置处的等离子体气体温度[139]

嘴底部边缘的区域只有约 37 ℃。由此可以看出，该温度远低于发射光谱法所得结果。从 N_2 第二正则系和温度计得到的等离子体的气体温度完全不同，这种不一致可能是由两种方法的性质不同造成的。对于光谱法，温度测量基于光发射，等离子体通道随着气流以及阳极的转动一起移动，等离子体通道内的气体被加热，但是通道外的气体未被加热。因为光谱法的性质，当等离子体通道持续移动时，只能给出等离子体通道的温度，而等离子体通道外的气体温度很低。温度计测量的温度则基于气体和温度计之间的热交换，因为等离子体通道迅速从喷嘴流向下游，热等离子体通道与温度计只接触很短暂的时间，测量过程中的大部分时间都是未经过加热的空气与温度计接触，这就是温度计测得的温度很低的原因。

1.7 极微等离子体

如前所述，通常单个大气压等离子体射流的截面在毫米量级，它能够满足部分应用的需求。对于需要更大面积的应用，可以采用等离子体射流阵列的方式来实现。另一方面，有的应用则需要更加小的处理截面，从而可以实现对处理对象的精准处理。

通常的微放电，等离子体的空间尺寸大多在百微米量级的水平[140～146]。其电子密度通常在 $10^{11}\sim10^{15}\ \mathrm{cm}^{-3}$ 的量级。随着放电等离子体尺寸的减小，产生等离子体变得越加困难。这是因为当放电尺寸减小时，电子密度随之增加，从而使德拜半径小于等离子体尺寸，否则等离子体壳层的电荷分离就有可能影响整个放电区域，导致等离子体微观失去电中性。但是大气压下产生高密度的微等离子体是极端困难的，这主要是由于微等离子体的极大的表面积与体积比，导致其带电粒子等快速消失。

本节将先对一个极微等离子体作简要的介绍。该等离子体产生在一个半径为 3 μm 的介质管中。通过采用峰-峰值为 60 kV 的交流电源驱动，产生了长达 2.7 cm 的极微等离子体，其电子密度达 3×10^{16} cm^{-3}，电子温度约 1.5 eV。计算可得其德拜半径约 50 nm，德拜球内的电子数为 15～20。该微等离子体壳层很可能是高压壳层，其真正的壳层厚度可能是德拜长度的数十倍。因此其壳层的尺寸与等离子体尺寸相当。该等离子体也许不满足电荷中性条件。

图 1.7.1(a)给出了该装置示意图[147]。当电源打开，并通入 Ar 气，即可产生一个长约 2.7 cm，半径为 3 μm 的极微等离子体。

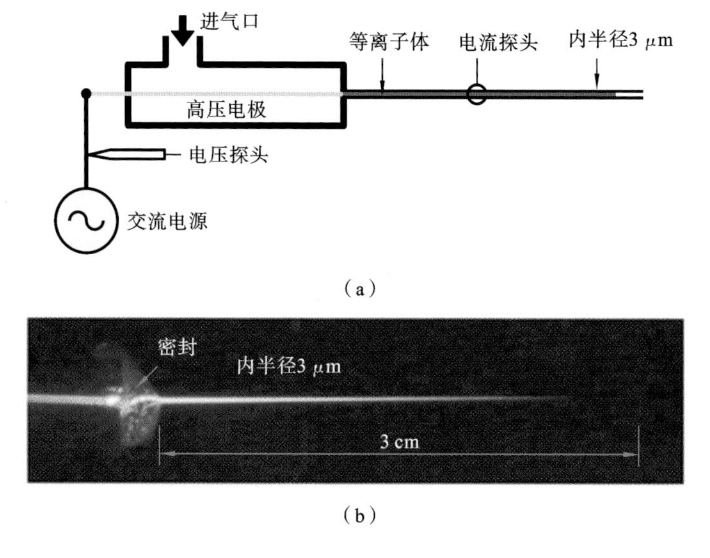

图 1.7.1　极微等离子体

(a) 实验装置示意图；(b) Ar 等离子体照片[147]

图 1.7.2(a)给出了放电的电流、电压波形。从图中可以看出，一个电压周期有两个电流脉冲。电流脉冲的峰值在 0.1～0.25 A 之间。图 1.7.2(b)给出了单个电流脉冲的波形，从图中可以看出其半高宽约 30 ns。根据电流电压波形可以估算注入到等离子体中的功率，约为 1.8 W。但是其峰值电流密度和功率密度高达 3.5×10^5～8.8×10^5 A/cm^2 和 2.3×10^6 W/cm^3。通过碰撞辐射模型[148]，利用 Ar 的发射光谱，如图 1.7.3 所示，可估算出其电子温度约为 1.5 eV。然后根据 Ar 的 696.5 nm 的辐射展宽，如图 1.7.4 所示，即可得出其电子密度约为 3×10^6 cm^{-3}。

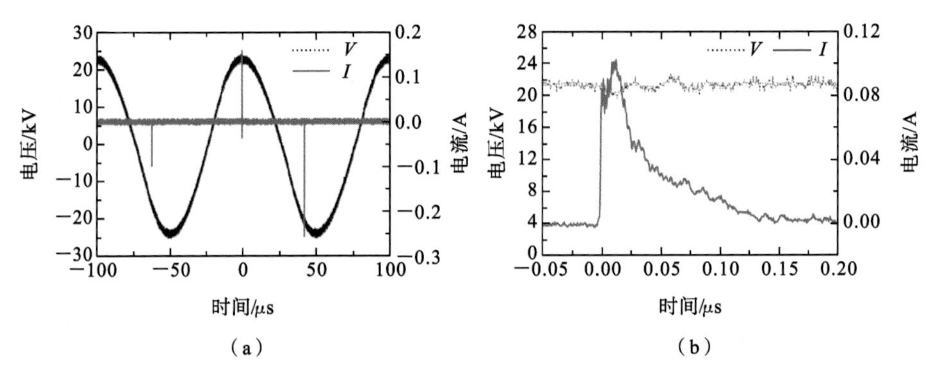

图 1.7.2 放电电流、电压波形[147]

(a) 多电流脉冲；(b) 放大的单个电流脉冲

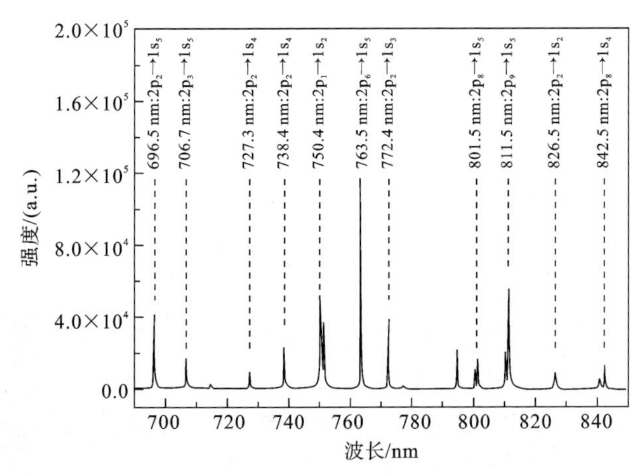

图 1.7.3 Ar 在 690～850 nm 区间的辐射光谱[147]

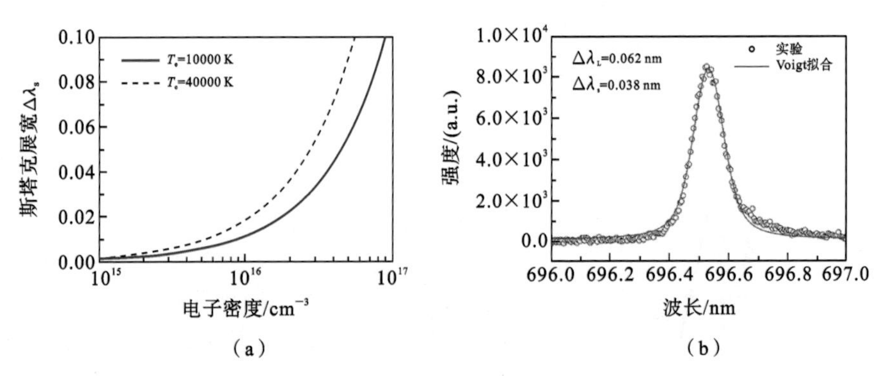

图 1.7.4 Ar 极微等离子体电子密度测量

(a) 电子温度分别为 10000 K 和 40000 K 时斯塔克展宽与电子密度之间的关系；(b) Ar 的 696.5 nm 谱线实验与拟合的结果[147]

此外，如前所述，当管径很小时，它将导致放电击穿困难。图1.7.5给出了击穿电压与管径之间的关系。从图中可以看出，当管径大于200 μm时，击穿电压不随管径变化而发生显著变化；当管径缩小到100 μm时，击穿电压开始上升，并随着管径的进一步减小而急剧增大；当内径减小到3 μm时，击穿电压增大到40 kV。Jogi等最近也研究了管径对放电击穿电压的影响，当管径从500 μm减小到100 μm时，他们发现氦气的击穿电压从6 kV增大到14 kV[149]。

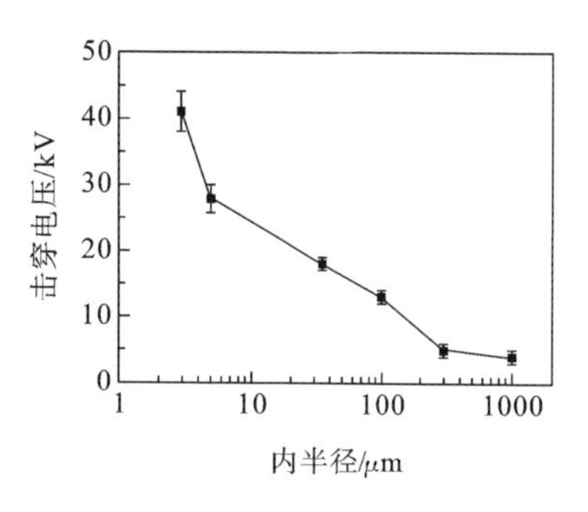

图1.7.5 击穿电压与管径之间的关系[147]

图1.7.6给出了一个内径逐渐减小，而不是保持一定大小的微等离子

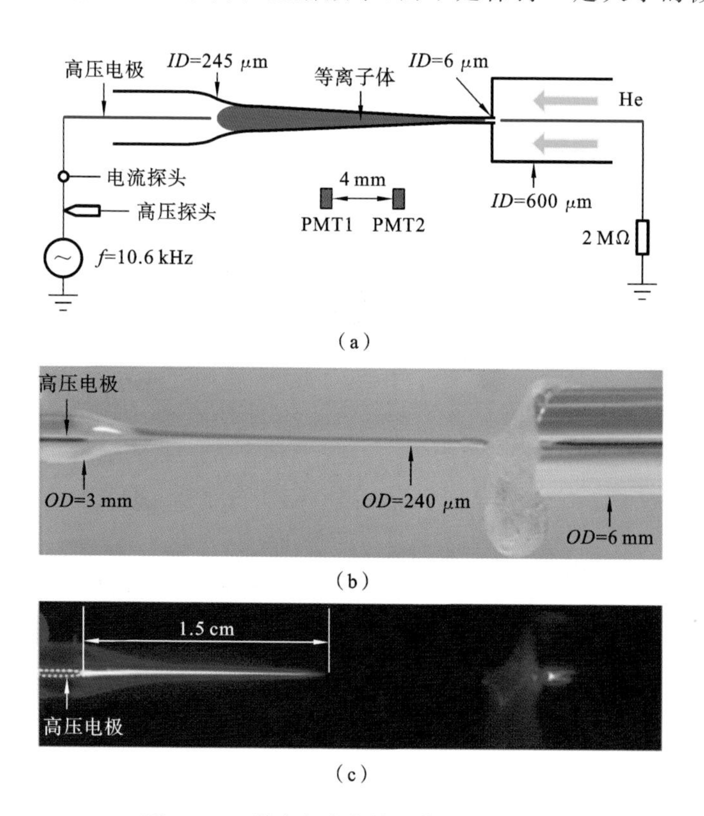

图1.7.6 管内径变化的微等离子体装置

(a) 实验装置示意图；(b) 放电管照片；(c) 等离子体照片[150]

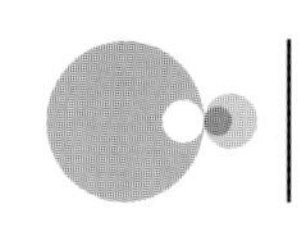

体装置[150]。其内径从开口处的 245 μm 逐渐减小到只有 6 μm。管的内径随离左端开口处距离的变化情况如图 1.7.7 所示。图 1.7.6(b)给出了所产生等离子体的照片。此时等离子体长约 1.5 cm。为了更清楚地了解等离子体的形态，采用微距镜头拍摄了该等离子体不同位置的照片，结果如图 1.7.8 所示。从图中可以看出，在离开口处较近的地方，管径较粗，此时等离子体仅在中间产生，靠近管壁为暗区。只有在 4～5 mm 后等离子体才基本充满管内。

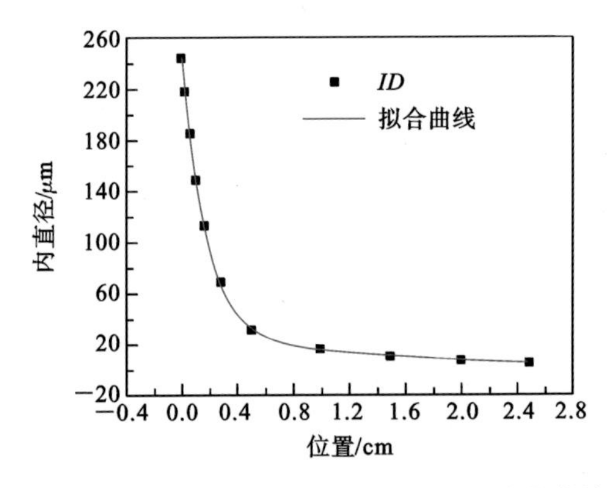

图 1.7.7　管内径随离左端开口处距离变化而变化的情况[150]

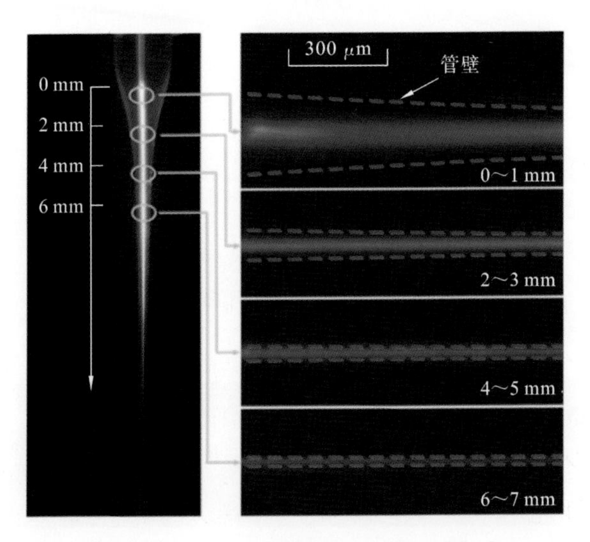

图 1.7.8　不同位置的等离子体照片[150]

利用氢的 656 nm 谱线，根据其斯塔克展宽，如图 1.7.9 所示，可得其在离开口端 7 mm 处电子密度为 4.3×10^{15} cm^{-3}。进一步通过空间分辨的光谱测量,可得电子密度的空间分布,如图1.7.10所示,其在离喷嘴1.1 cm处可达10^{16} cm^{-3}。

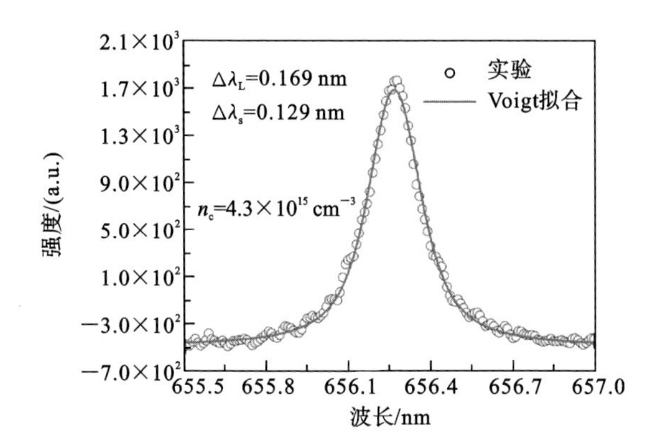

图1.7.9　实验与拟合所得的离开口端7 mm处H_α谱线在656 nm的展宽[150]

光栅为1200 g/mm,狭缝为50 μm

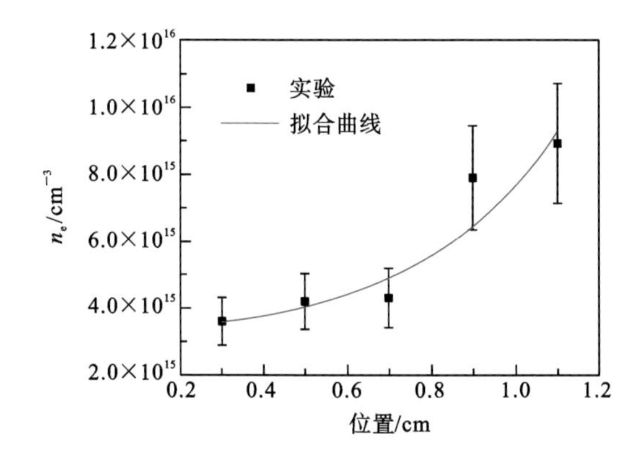

图1.7.10　测量所得离开口端不同位置的电子密度[150]

此外,为了获得该等离子体的推进速度,可以通过两个光电倍增管(photomultiplier tube,PMT)分别采集等离子体在不同位置的发光动态特性,并根据各位置不同的发光延迟即可获得等离子体在各位置处的推进速度。图1.7.11给出了两个PMT分别采集的等离子体的典型发光波形。图1.7.12给出了根据该波形获得的等离子体的推进速度。从图中可以看出它在10^5～10^6 m/s的量级。

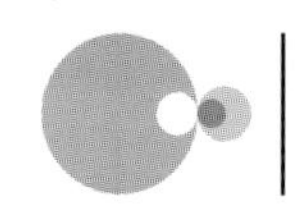

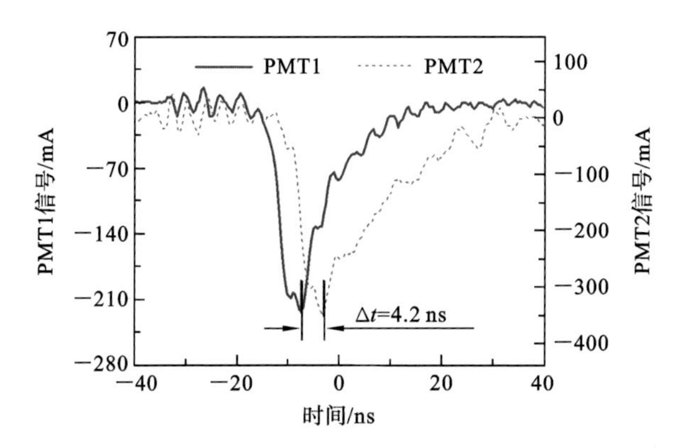

图 1.7.11　典型的 PMT 波形[150]

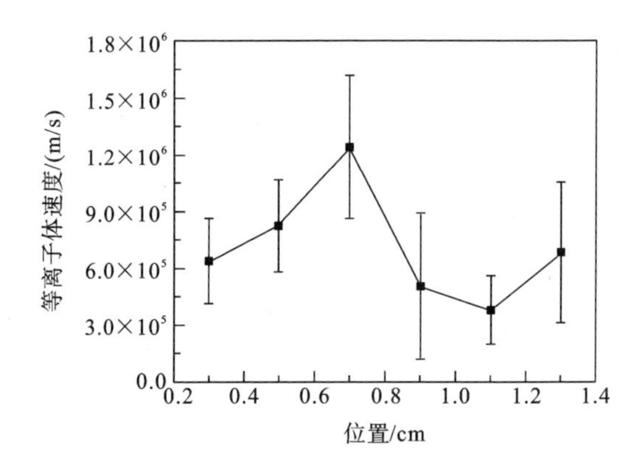

图 1.7.12　各位置处等离子体的推进速度[150]

参考文献

[1] Raizer Y. Gas Discharge Physics[M]. Moscow: Springer-Verlag, 1991.

[2] Chen F F. Introduction to Plasma Physics and Controlled Fusion, Vol. 1: Plasma Physics[M]. New York: Plenum Press, 1974.

[3] Lieberman M, Lichtenberg A. Principles of Plasma Discharges and Materials Processing[M]. New York: Wiley-Interscience, 2006.

[4] Lu X, Laroussi M. Electron density and temperature measurement of an atmospheric pressure plasma by millimeter wave interferometer [J]. Applied Physics Letters, 2008(92): 051501.

[5] Massines F, Ségur P, Gherardi N, et al. Physics and chemistry in a

glow dielectric barrier discharge at atmospheric pressure: diagnostics and modelling[J]. Surface and Coatings Technology, 2003(174): 8-14.
[6] Kogelschatz U. Dielectric-barrier discharges: their history, discharge physics, and industrial applications[J]. Plasma Chem. Plasma Process, 2003(23): 1-46.
[7] Kogelschatz U, Eliasson B, Egli W. From ozone generators to flat television screens: history and future potential of dielectric-barrier discharges[J]. Pure and Applied Chemistry, 1999(71): 1819-1828.
[8] Corke T, Enloe C, Wilkinson S. Dielectric barrier discharge plasma actuators for flow control[J]. Annual Review of Fluid Mechanics, 2010 (42): 505-529.
[9] Konelschatz U, Eliasson B, Egli W. Dielectric-Barrier discharges. Principle and Applications[J]. Journal de Physique Ⅳ, 1997(7): 47-68.
[10] Buss K. Die elektrodenlose Entladung nach Messung mit dem Kathodenoszillographen[J]. Archiv für Elektrotechnik, 1932(26): 261-265.
[11] Honda K, Naito Y. On the nature of silent electric discharge[J]. Journal of the Physical Society of Japan, 1955(10): 1007-1011.
[12] Eliasson B, Kogelschatz U. UV excimer radiation from dielectric-barrier discharges[J]. Applied Physics B, 1988(46): 299-303.
[13] Boeuf J P, Litchford P C. Calculated characteristics of an ac plasma display panel cell[J]. IEEE Transactions on Plasma Science, 1996(24): 95-96.
[14] Kogelschatz U. Advanced ozone generation, in process technologies for water treatment (S. Stucki Ed.)[M]. New York: Plenum Press, 1988.
[15] Braun D, Gibalov V, Pietsch G. Two-dimensional modeling of the dielectric barrier discharge in air[J]. Plasma Sources Science and Technology, 1992(1): 166-172.
[16] Liu S, Neiger M. Excitation of dielectric barrier discharges by unipolar sub-microsecond square pulses[J]. Journal of Physics D: Applied Physics, 2001(34): 1632-1638.
[17] Ayan H, Fridman G, Gutsol A, et al. Nanosecond-pulsed uniform die-

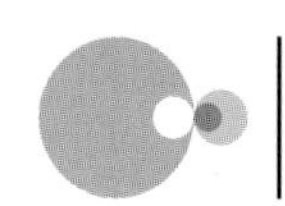

lectric-barrier discharge[J]. IEEE Transactions on Plasma Science, 2008(36): 504-508.

[18] Nersisyan G, Graham W G. Characterization of a dielectric barrier discharge operating in an open reactor with flowing helium[J]. Plasma Sources Science and Technology, 2004(13): 582-587.

[19] Liu S, Neiger M. Electrical modeling of homogeneous dielectric barrier discharge under an arbitrary excitation voltage[J]. Journal of Physics D: Applied Physics, 2003(36): 3144-3150.

[20] Mildren R, Carman R. Enhanced performance of a dielectric barrier discharge lamp using short-pulsed excitation[J]. Journal of Physics D: Applied Physics, 2001(34): L1-L6.

[21] Eden J, Park S. Microcavity plasma devices and arrays: a new realm of plasma physics and photonic applications[J]. Plasma Phys. Control. Fusion, 2005(47): B83-B92.

[22] Schoenbach K H, Verhappen R, Tessnow T, et al. Microhollow cathode discharges[J]. Applied Physics Letters, 1996(68): 13-15.

[23] Habachi A, Schoenbach K H. Emission of excimer radiation from direct current, high-pressure hollow cathode discharges[J]. Applied Physics Letters, 1998(72): 22-24.

[24] Stark R, Schoenbach K H. Direct current glow discharges in atmospheric air[J]. Applied Physics Letters, 1999(74): 3770-3771.

[25] Frame J, Wheeler D, DeTemple T, et al. Microdischarge devices fabricated in silicon[J]. Applied Physics Letters, 1997(71): 1165-1167.

[26] Park S J, Chen J, Liu C, et al. Silicon microdischarge devices having inverted pyramidal cathodes: fabrication and performance of arrays[J]. Applied Physics Letters, 2001(78): 419-421.

[27] Wagner C J, Park S J, Eden J G. Excitation of a microdischarge with a reverse-biased pn junction[J]. Applied Physics Letters, 2001(78): 709-711.

[28] Kushner M. Modeling of microdischarge devices: plasma and gas dynamics [J]. Journal of Physics D: Applied Physics, 2005(38): 1633-1643.

[29] Qu C, Tian P, Semnani A, et al. Properties of arrays of microplasmas: application to control of electromagnetic waves[J]. Plasma Sources Science and Technology, 2017(26): 105006.

[30] Schoenbach K, Becker K. 20 years of microplasma research: a status report[J]. The European Physical Journal D, 2016(70): 1-22.

[31] Nemchinsky V. Dross formation and heat transfer during plasma arc cutting [J]. Journal of Physics D: Applied Physics, 1997(30): 2566-2572.

[32] Pardo C, González-Aguilar J, Rodríguez-Yunta A, et al. Spectroscopic analysis of an air plasma cutting torch[J]. Journal of Physics D: Applied Physics, 1999(32): 2181-2189.

[33] Moisan M, Sauve G, Zakrzewski Z, et al. An atmospheric pressure waveguide-fed microwave plasma torch: the TIA design[J]. Plasma Sources Science and Technology, 1994(3): 584-592.

[34] Z Duan, J Heberlein. Arc instabilities in a plasma spray torch[J]. Journal of Thermal Spray Technology, 2002(11): 44-51.

[35] Teschke M, Kedzierski J, Finantu-Dinu E G, et al. High-speed photographs of a dielectric barrier atmospheric pressure plasma jets[J]. IEEE Transactions on Plasma Science, 2005(33): 310-311.

[36] Lu X, Laroussi M. Dynamics of an atmospheric pressure plasma plume generated by submicrosecond voltage pulses[J]. Journal of Applied Physics, 2006(100): 063302.

[37] Reuter S, Niemi K, Schulz von der Gathen V, et al. Generation of atomic oxygen in the effluent of an atmospheric pressure plasma jet[J]. Plasma Sources Science and Technology, 2009(18): 015006.

[38] Antao D, Staack D, Fridman A, et al. Atmospheric pressure dc corona discharges: operating regimes and potential applications[J]. Plasma Sources Science and Technology, 2009(18): 035016.

[39] Kolb J, Mohamed A, Price R, et al. Cold atmospheric pressure air plasma jet for medical applications[J]. Applied Physics Letters, 2008 (92): 241501.

[40] Graves D. The emerging role of reactive oxygen and nitrogen species in redox

biology and some implications for plasma applications to medicine and biology [J]. Journal of Physics D: Applied Physics, 2012(45): 263001.

[41] Barekzi N, Laroussi M. Dose-dependent killing of leukemia cells by low temperature plasma[J]. Journal of Physics D: Applied Physics, 2012 (45): 422002.

[42] Reuter S, Winter J, Iseni S, et al. Detection of ozone in a MHz argon plasma bullet jet[J]. Plasma Sources Science and Technology, 2012 (21): 034015.

[43] Xiong Z, Kushner M J. Surface corona-bar discharges for production of pre-ionizing UV light for pulsed high pressure plasmas[J]. Journal of Physics D: Applied Physics, 2010(43): 505204.

[44] Xiong Z, Kushner M J. Atmospheric pressure ionization waves propagating through a flexible high aspect ratio capillary channel and impinging upon a target[J]. Plasma Sources Science and Technology, 2012 (21): 034001.

[45] Staack D, Farouk B, Gutsol A, et al. DC normal glow discharges in atmospheric pressure atomic and molecular gases[J]. Plasma Sources Science and Technology, 2008(17): 025013.

[46] Xiong Z, Robert E, Sarron V, et al. Dynamics of ionization wave splitting and merging of atmospheric pressure plasmas in branched dielectric tubes and channels[J]. Journal of Physics D: Applied Physics, 2012 (45): 275201.

[47] Naidis G. Simulation of streamers propagating along helium jets in ambient air: Polarity-induced effects[J]. Applied Physics Letters, 2011 (98): 141501.

[48] Sakiyama Y, Graves D, Jarrige J, et al. Finite elements analysis of ring-shaped emission profile in plasma bullets[J]. Applied Physics Letters, 2010(96): 041501.

[49] Xian Y, Zhang P, Lu X, et al. From short pulses to short breaks: exotic plasma bullets via residual electron control[J]. Scientific Reports, 2013(3): 1599-1604.

[50] Lu X, Jiang Z, Xiong Q, et al. Effect of E-field on the length of a plasma jet[J]. IEEE Transactions on Plasma Science, 2008(36): 988-989.

[51] Karakas E, Akman M A, Laroussi M. The evolution of atmospheric pressure low temperature plasma jets: jet current measurements[J]. Plasma Sources Science and Technology, 2012(21): 034016.

[52] Xiong Z, Robert E, Sarron V, et al. Atmospheric pressure plasma transfer across dielectric channels and tubes[J]. Journal of Physics D: Applied Physics, 2013(46): 155203.

[53] Wu S, Huang Q, Wang Z, et al. The effect of nitrogen diffusion from surrounding air on plasma bullet behavior[J]. IEEE Transactions on Plasma Science, 2011(39): 2286-2287.

[54] Robert E, Sarron V, Ries D, et al. Characterization of pulsed atmospheric pressure plasma streams (PAPS): generated by a plasma gun [J]. Plasma Sources Science and Technology, 2012(21): 034017.

[55] Lu X, Laroussi M, Puech V. On atmospheric pressure non-equilibrium plasma jets and plasma bullets[J]. Plasma Sources Science and Technology, 2012(21): 034005.

[56] Laroussi M. The biomedical applications of plasma: a brief history of the development of a new field of research[J]. IEEE Transactions on Plasma Science, 2008(36): 1612-1614.

[57] Chang J, Lawless P A, Yamamoto T. Corona discharge processes[J]. IEEE Transactions on Plasma Science, 1991(19): 1152-1166.

[58] Sun B, Sato M, Clements J. Optical study of active species produced by a pulsed streamer corona discharge in water[J]. Journal of Electrostatics, 1997(39): 189-202.

[59] Sharma A, Locke B, Arce P, et al. A preliminary study of pulsed streamer corona discharge for the degradation of phenol in aqueous solutions[J]. Hazardous Waste and Hazardous Materials, 1993(10): 209-219.

[60] Adamiak K, Atten P. Simulation of corona discharge in point-plane configuration[J]. Journal of Electrostatics, 2004(61): 85-98.

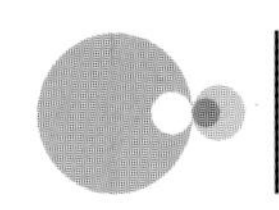

[61] Du Moncel Th. Notice sur l'appareil d'induction electrique de Ruhmkorff et sur les experiences que l'on peut faire avec cet instrument [M]. Hachette et Cie publishers, 1855.

[62] von Siemens W. Ueber die elektrostatische Induction und die Verzögerung des Stroms in Flaschendrähten[J]. Poggendorfs Annalen Der Physik Und Chemie, 1857(102): 66-122.

[63] von Engel A, Seelinger R, Steenbeck M. Über die Glimmentladung bei hohen Drucken[J]. Ztschrift Für Physik, 1933(85): 144-160.

[64] Kanazawa S, Kogoma M, Moriwaki T, et al. Stable glow at atmospheric pressure[J]. Journal of Physics D: Applied Physics, 1988(21): 838-840.

[65] Massines F, Mayoux C, Messaoudi R, et al. Experimental study of an atmospheric pressure glow discharge application to polymers surface treatment[C]. International Proceedings GD-92, Swansea, UK, 1992 (2): 730-733.

[66] Roth J R, Laroussi M, Liu C. Experimental generation of a steady-state glow discharge at atmospheric pressure[C]. IEEE Conference Record-Abstracts. 1992 IEEE International Conference on Plasma, 1992: 170-171.

[67] Mildren R P, Carman R J. Enhanced performance of a dielectric barrier discharge lamp using short-pulsed excitation[J]. Journal of Physics D: Applied Physics, 2001(34): L1-L6.

[68] Duten X, Packan D, Yu L, et al. DC and pulsed glow discharges in atmospheric pressure air and nitrogen[J]. IEEE Transactions on Plasma Science, 2002(30): 178-179.

[69] Laroussi M, Lu X, Kolobov V, et al. Power consideration in the pulsed DBD at atmospheric pressure[J]. Journal of Applied Physics, 2004(6): 3028-3030.

[70] Lu X, Laroussi M. Temporal and spatial emission behavior of homogeneous dielectric barrier discharge driven by unipolar sub-microsecond square pulses[J]. Journal of Physics D: Applied Physics, 2006(39):

1127-1131.

[71] Laroussi M. Sterilization of contaminated matter with an atmospheric pressure plasma[J]. IEEE Transactions on Plasma Science, 1996(24): 1188-1191.

[72] Laroussi M. Low temperature plasmas for medicine? [J]. IEEE Transactions on Plasma Science, 2009(37): 714-725.

[73] Fridman Gregory, Friedman Gary, Gutsol A, Shekhter A B, et al. Applied plasma medicine[J]. Plasma Processes and Polymers, 2008(5): 503-533.

[74] Weltmann K D, Kindel E, von Woedtke T, et al. Atmospheric pressure plasma sources: prospective tools for plasma medicine[J]. Pure and Applied Chemistry, 2010(82): 1223-1237.

[75] Bartnikas R. Note on discharges in helium under AC conditions[J]. Journal of Physics D: Applied Physics, 1968(1): 659-661.

[76] Donohoe K G. The development and characterization of an atmospheric pressure nonequilibrium plasma chemical reactor[D]. Pasadena, CA: California Institute of Technology, PhD Thesis, 1976.

[77] Yokoyama T, Kogoma M, Moriwaki T, et al. The mechanism of the stabilized glow plasma at atmospheric pressure[J]. Journal of Physics D: Applied Physics, 1990(23): 1125-1128.

[78] Massines F, Rabehi A, Decomps P, et al. Experimental and theoretical study of a glow discharge at atmospheric pressure controled by a dielectric barrier[J]. Journal of Applied Physics, 1998(8): 2950-2957.

[79] Okazaki S, Kogoma M, Uehara M, et al. Appearance of a stable glow discharge in air, argon, oxygen and nitrogen at atmospheric pressure using a 50 Hzsource[J]. Journal of Physics D: Applied Physics, 1993(26): 889-892.

[80] Gherardi N, Gouda G, Gat E, et al. Transition from glow silent discharge to micro-discharges in nitrogen gas[J]. Plasma Sources Science and Technology, 2000(9): 340-346.

[81] Gheradi N, Massines F. Mechanisms controlling the transition from

glow silent discharge to streamer discharge in nitrogen[J]. IEEE Transactions on Plasma Science, 2001(29): 536-544.

[82] Shi J J, Deng X T, Hall R, et al. Three modes in a radio frequency atmospheric pressure glow discharge[J]. Journal of Applied Physics, 2003(94): 6303-6310.

[83] Massines F, Gherardi N, Naude N, et al. Glow and townsend dielectric barrier discharge in various atmosphere[J]. Plasma Physics and Controlled Fusion, 2005(47): B577-B588.

[84] Kogelschatz U. Silent Discharges for the generation of ultraviolet and vacuum ultraviolet excimer radiation[J]. Pure and Applied Chemistry, 1990(62): 1667-1674.

[85] Kogelschatz U, Eliasson B, Egli W. Dielectric-barrier discharges: principle and applications [J]. Journal de Physique Ⅳ, 1997 (7): C447-C466.

[86] Okazaki S, Kogoma M, Uehara M, et al. Appearance of a stable glow discharge in air, argon, oxygen and nitrogen at atmospheric pressure using a 50 Hz source[J]. Journal of Physics D: Applied Physics, 1993 (26): 889-892.

[87] Laroussi M, Alexeff I, Richardson J P, et al. The resistive barrier discharge[J]. IEEE Transactions on Plasma Science, 2002(30): 158-159.

[88] Wang X, Li C, Lu M, et al. Study on atmospheric pressure glow discharge[J]. Plasma Sources Science and Technology, 2003 (12): 358-361.

[89] Laroussi M, Richardson J P, Dobbs F C. Effects of non-equilibrium atmospheric pressure plasmas on the heterotrophic pathways of bacteria and on their cell morphology[J]. Applied Physics Letters, 2002(81): 772-774.

[90] Lu X, Cao Y, Yang P, et al. An RC plasma device for sterilization of root canal of teeth[J]. IEEE Transactions on Plasma Science, 2009 (37): 668-673.

[91] Lu X, Xiong Z, Zhao F, et al. A simple atmospheric pressure room-

temperature air plasma needle device for biomedical applications[J]. Applied Physics Letters, 2009(95): 181501.

[92] Babayan S, Jeong J, Tu V, et al. Deposition of silicon dioxide films with an atmospheric pressure plasma jet[J]. Plasma Sources Science and Technology, 1998(7): 286-288.

[93] Teschke M, Kedzierski J, Finantu-Dinu E G, et al. High-speed photographs of a dielectric barrier atmospheric pressure plasma jets[J]. IEEE Transactions on Plasma Science, 2005(33): 310-311.

[94] Li Q, Li J, Zhu W, et al. Effects of gas flow rate on the length of atmospheric pressure nonequilibrium plasma jets[J]. Applied Physics Letters, 2009(95): 141502.

[95] Lu X, Jiang Z, Xiong Q, et al. An 11 cm long atmospheric pressure cold plasma plume for applications of plasma medicine[J]. Applied Physics Letters, 2008(92): 081502.

[96] Lu X, Jiang Z, Xiong Q, et al. A single electrode room-temperature plasma jet device for biomedical applications[J]. Applied Physics Letters, 2008(92): 151504.

[97] Leveille V, Coulombe S. Design and preliminary characterization of a miniature pulsed RF APGD torch with downstream injection of the source of reactive species[J]. Plasma Sources Science and Technology, 2005(14): 467-476.

[98] Shashurin A, Shneider M, Dogariu A, et al. Temporal behavior of cold atmospheric plasma jet[J]. Applied Physics Letters, 2009(94): 231504.

[99] Stoffels E, Kieft I, Sladek R. Superficial treatment of mammalian cells using plasma needle[J]. Journal of Physics D: Applied Physics, 2003(36): 2908-2913.

[100] Hong Y C, Uhm H S. Microplasma jet at atmospheric pressure[J]. Applied Physics Letters, 2006(89): 221504.

[101] Ni T L, Ding F, Zhu X D, et al. Cold micro-plasma plume produced by a compact and flexible generator at atmospheric pressure[J]. Applied Physics Letters, 2008(92): 241503.

[102] Hong Y C, Uhm H S, Yi W J. Atmospheric pressure nitrogen plasma jet: observation of striated multilayer discharge patterns[J]. Applied Physics Letters, 2008(93): 051504.

[103] Hong Y C, Uhm H S. Air plasma jet with hollow electrodes at atmospheric pressure[J]. Physics of Plasmas, 2007(14): 053503.

[104] Mohamed A H, Kolb J F, Schoenbach K H. Method and device for creating a micro-plasma jet[J]. US Patent, 2009: 7,572,998 B2.

[105] Hong Y, Kang W, Hong Y, et al. Atmospheric pressure air-plasma jet evolved from microdischarges: eradication of E. coli with the jet [J]. Physics of Plasmas, 2009(16): 123502.

[106] Fridman G. Blood coagulation and living tissue sterilization by floating electrode dielectric barrier in air[J]. Plasma Chemistry and Plasma Processing, 2006(26): 425-442.

[107] Wu S, Lu X, Xiong Z, et al. A touchable pulsed air plasma plume driven by DC power supply[J]. IEEE Transactions on Plasma Science, 2010(38): 3404-3408.

[108] Machala Z, Laux C O, Kruger C H. Transverse DC glow discharges in atmospheric pressure air[J]. IEEE Transactions on Plasma Science, 2005(33): 320-321.

[109] Dawson G A, Winn W P. A model for streamer propagation[J]. Ztschrift Für Physik, 1965(183): 159-171.

[110] Lu X, Jiang Z, Xiong Q, et al. A single electrode room-temperature plasma jet device for biomedical applications[J]. Applied Physics Letters, 2008(92): 151504.

[111] Lu X, Jiang Z, Xiong Q, et al. An 11 cm long atmospheric pressure cold plasma plume for applications of plasma medicine[J]. Applied Physics Letters, 2008(92): 081502.

[112] Marbble A, MacDonald A, McVicar D, et al. A measurement of the electrostatic voltage, capacitance and energy storage characteristics of the human body[J]. Physics in Medicine and Biology, 1977(22): 365-367.

[113] Xian Y, Lu X, Tang Z, et al. Optical and electrical diagnostics of an

atmospheric pressure room-temperature plasma plume[J]. Journal of Applied Physics, 2010(107): 063308.

[114] Lu X, Xiong Q, Tang Z, et al. A cold plasma jet device with multiple plasma plumes merged[J]. IEEE Transactions on Plasma Science, 2008(36): 990-991.

[115] Pei X, Wang Z, Huang Q, et al. Dynamics of a plasma jet array[J]. IEEE Transactions on Plasma Science, 2011(39): 2276-2277.

[116] Lu X, Wu S, Chu Paul K, et al. An atmospheric pressure plasma brush driven by sub-microsecond voltage pulses[J]. Plasma Sources Science and Technology, 2011(20): 065009.

[117] Pei X, Kredl J, Lu X, et al. Discharge modes of atmospheric pressure DC plasma jets operated with air or nitrogen[J]. Journal of Applied Physics, 2018(51): 384001.

[118] Lu X, Xiong Z, Zhao F, et al. A simple atmospheric pressure room-temperature air plasma needle device for biomedical applications[J]. Applied Physics Letters, 2009(95): 181501.

[119] Wu S, Lu X, Xiong Z, et al. A touchable pulsed air plasma plume driven by DC power supply[J]. IEEE Transactions on Plasma Science, 2010(38): 3404-3408.

[120] Wu S, Wang Z, Huang Q, et al. Study on a room-temperature air-plasma for biomedical application[J]. IEEE Transactions on Plasma Science, 2011(39): 1489-1495.

[121] Wu S, Wang Z, Huang Q, et al. Open-air direct current plasma jet: scaling up, uniformity, and cellular control[J]. Physics of Plasmas, 2012(19): 103503.

[122] Pei X, Lu X, Liu J, et al. Inactivation of a 25. 5 μm Enterococcus faecalis biofilm by a room-temperature, battery-operated, handheld air plasma jet[J]. Journal of Physics D: Applied Physics, 2012(45): 165205.

[123] Tan X, Zhao S, Lei Q, et al. Single-cell-precision microplasma-induced cancer cell apoptosis[J]. Plos One, 2014(19): 101299.

[124] Li X, Bao W, Jia P, et al. A brush-shaped air plasma jet operated in

glow discharge mode at atmospheric pressure[J]. Journal of Applied Physics, 2014(116): 023302.

[125] Lesueur H, Czernichowski A, Chapelle J. Électrobrûleurs *à* arcs glissants[J]. Le Journal de Physique Colloques, 1990(51): C5-57-C5-64.

[126] Czemichowski A. Gliding arc: applications to engineering and environment control[J]. Pure and Applied Chemistry, 1994(66): 1301-1310.

[127] Fridman A, Nester S, Kennedy L A, et al. Gliding arc gas discharge [J]. Prog. Energy Combust. Sci., 1999(25): 211-231.

[128] Yardimci O M, Saveliev A V, Fridman A A, et al. Thermal and non-thermal regimes of gliding arc discharge in air flow[J]. Journal of Applied Physics, 2000(87): 1632-1641.

[129] Korolev Y D, Frants O B, Geyman V G, et al. Low-current "Gliding Arc" in an air flow[J]. IEEE Transactions on Plasma Science, 2011(39): 3319-3325.

[130] Korolev Y D, Frants O B, Landl N V, et al. Features of a near-cathode region in a gliding arc discharge in air flow[J]. Plasma Sources Science and Technology, 2014(23): 054016.

[131] Kolev S, Bogaerts A. A 2D model for a gliding arc discharge[J]. Plasma Sources Science and Technology, 2015(24): 015025.

[132] Zhu J, Gao J, Ehn A, et al. Spatiotemporally resolved characteristics of a gliding arc discharge in a turbulent air flow at atmospheric pressure[J]. Physics of Plasmas, 2017(24): 013514.

[133] Kong C, Gao J, Zhu J, et al. Effect of turbulent flow on an atmospheric pressure AC powered gliding arc discharge[J]. Journal of Applied Physics, 2018(123): 223302.

[134] Lee D, Kim K, Cha M, et al. Optimization scheme of a rotating gliding arc reactor for partial oxidation of methane[J]. Proc. Combust. Inst., 2007(31): 3343-3351.

[135] Zhang H, Du C, Wu A, et al. Rotating gliding arc assisted methane decomposition in nitrogen for hydrogen production[J]. Int. J. Hydrog. Energy, 2014(39): 12620-12635.

[136] Wu A, Yan J, Zhang H, et al. Study of the dry methane reforming process using a rotating gliding arc reactor[J]. Int. J. Hydrog. Energy, 2014(39): 17656-17670.

[137] Zhu F, Zhang H, Li X, et al. Arc dynamics of a pulsed DC nitrogen rotating gliding arc discharge[J]. Journal of Physics D: Applied Physics, 2018(51): 105202.

[138] Pei X, Gidon D, Graves D B. Propeller arc: design and basic characteristics [J]. Plasma Sources Science and Technology, 2018(27): 125007.

[139] Li Z, Liu J, Lu X. A large atmospheric pressure nonequilibrium open space air plasma based on a rotating electrode[J]. Plasma Sources Science and Technology, 2020(29): 045015.

[140] Kushner M. Modeling of microdischarge devices: pyramidal structures [J]. Journal of Applied Physics, 2004(95): 846-859.

[141] Park S, Eden J, Chen, et al. Microdischarge devices with 10 or 30 mm square silicon cathode cavities: pd scaling and production of the XeO excimer[J]. Applied Physics Letters, 2004(85): 4869-4871.

[142] Boeuf J, Pitchford L, Schoenbach K. Predicted properties of microhollow cathode discharges in xenon[J]. Applied Physics Letters, 2005(86): 071501.

[143] Schoenbach K, Verhappen R, Tessnow T, et al. Microhollow cathode discharges[J]. Applied Physics Letters, 1996(68): 13-15.

[144] Schoenbach K, El-Habachi A, Shi W, et al. High-pressure hollow cathode discharges[J]. Plasma Sources Science and Technology, 1997 (6): 468-477.

[145] Becker K, Schoenbach K, Eden J. Microplasmas and applications[J]. Journal of Physics D: Applied Physics, 2006(39): R55-R70.

[146] Eden G J, Park J S. New opportunities for plasma science in nonequilibrium, low-temperature plasmas confined to microcavities: there's plenty of room at the bottom[J]. Physics of Plasmas, 2006(13): 057101.

[147] Lu X, Wu S, Gou J, et al. An atmospheric-pressure, high-aspect-ratio, cold micro-plasma[J]. Scientific Reports, 2014(4): 7488-7492.

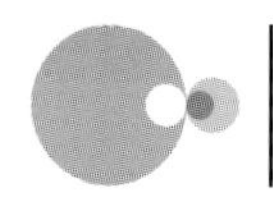

[148] Mariotti D, Shimizu Y, Sasaki T, et al. Method to determine argon metastable numble density and plasma electron temperature from spectral emission originating from four 4p argon levels[J]. Applied Physics Letters, 2006(89): 201502.

[149] Jogi I, Talviste R, Raud J, et al. The influence of the tube diameter on the properties of an atmospheric pressure He micro-plasma jet[J]. Journal of Physics D: Applied Physics, 2014(47): 415202.

[150] Gou J, Xian Y, Lu X. Low-temperature, high-density plasmas in long micro-tubes[J]. Physics of Plasmas, 2016(23): 053508.

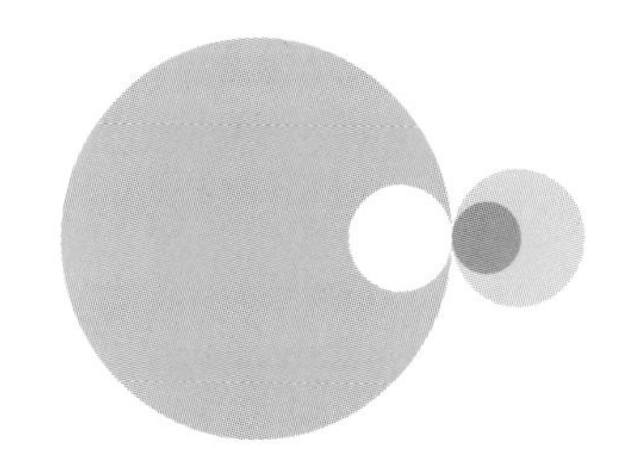

第 2 章 实验参数对大气压非平衡等离子体射流的影响

2.1 几种不同测量大气压等离子体射流推进速度的方法

研究表明，肉眼看似连续的等离子体射流并非由连续的等离子体构成，研究者通过高速增强型电荷耦合相机(ICCD)发现其构成更像是高速推进的“等离子体子弹”沿着等离子体通道推进，其动态过程如图 2.1.1 所示[1]。目前，研究者通过 ICCD 发现等离子体子弹的推进速度在 $10^4 \sim 10^5$ m/s 量级，比气体流速高几个数量级。为了获得等离子体推进速度，通常使用 ICCD 对其进行拍摄。然而，ICCD 的价格较高，并不是每一个实验室都拥有 ICCD。因此，是否存在更便捷、成本更低的方法来获得等离子体的推进速度，是本节讨论的问题。本节将着重介绍测量推进速度的 5 种方法，分别是电流法、电压法、电荷法、ICCD 法、光谱测量法。除 ICCD 拍摄法以外，其他 4 种方法都是间接测量推进速度的方法，每种方法都存在各自的优缺点。

为了详细地介绍 5 种测量射流推进速度的方法，本节采用图 2.1.2 所示的等离子体射流装置，对其推进速度分别采用 5 种方法进行测量。该放电装置由直径 2 mm、长度 5 cm 的铜针作为高压电极插入到单端闭口的石英管中，石英管的内径为 2 mm，外径为 4 mm，石英管放置于注射器的轴线上，注射器的内径为 6 mm。放电装置采用脉冲直流电压驱动，脉冲电压的频率和脉宽分

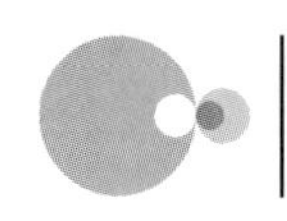

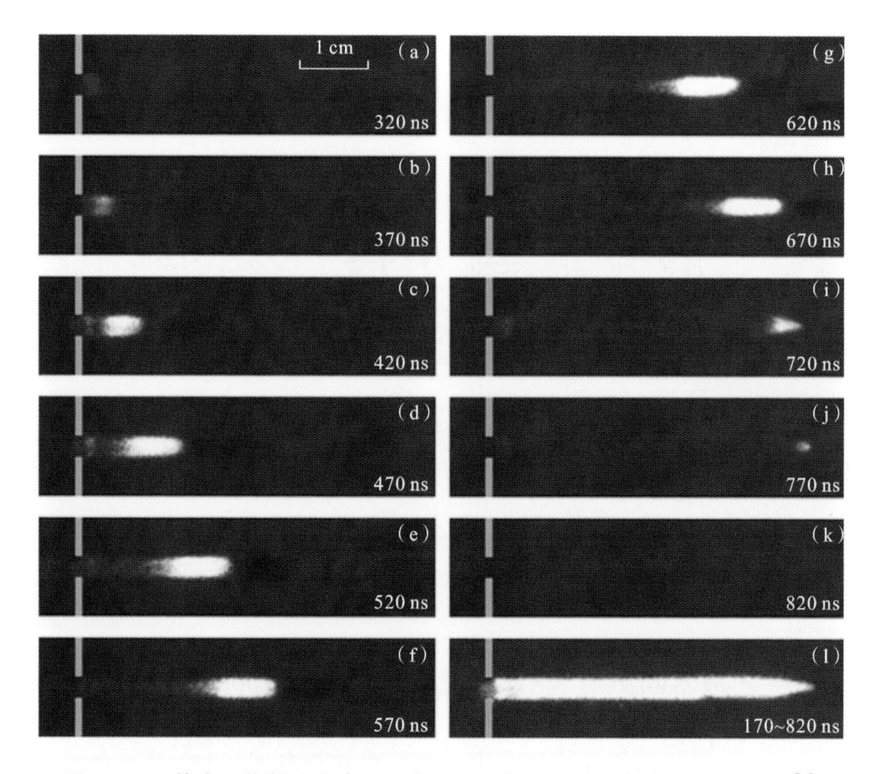

图 2.1.1 等离子体射流的高速动态过程照片，ICCD 的曝光时间为 50 ns[1]

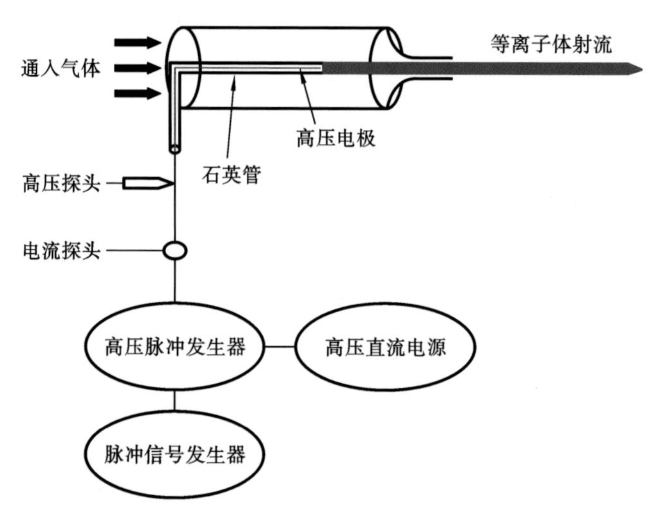

图 2.1.2 N-APPJ 放电装置示意图[2]

别设定为 4 kHz 和 1600 ns。采用氦气作为工作气体，气体流速为 2 L/min。产生的等离子体射流的长度约为 4 cm。

2.1.1 电流法

图 2.1.3(a)给出了电流法测量等离子体子弹推进速度的实验装置示意图。测量时，等离子体射流穿过电流探头，通过移动电流探头的位置，就可以获得等离子体射流携带的电流随时间的变化曲线，等离子体子弹的推进速度可以通过电流探头的位置和电流峰值出现的时间差来进行计算。

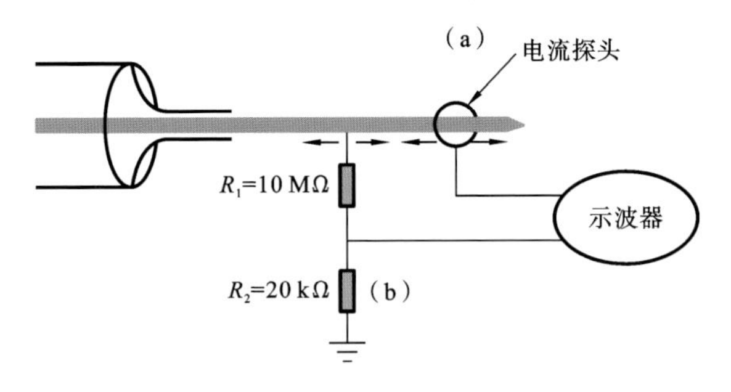

图 2.1.3 (a) 电流法和(b) 电压法测量 N-APPJ 推进速度的实验装置示意图[2]

图 2.1.4 给出了通过改变电流探头的位置，得到的等离子体射流携带的电流随时间变化的情况，图中给出了电压(V_{app})、放电电流(I_{dis})，以及距离喷嘴1 cm和 3 cm 处的射流电流 $I_{plume\text{-}1}$ 和 $I_{plume\text{-}2}$。分析可知，当电流探头放置更接近喷嘴位置时，电流峰值出现的时间较早。因此，等离子体子弹的推进速度可以根据等离子体射流电流出现的时间差进行估算。经过计算分析，等离子

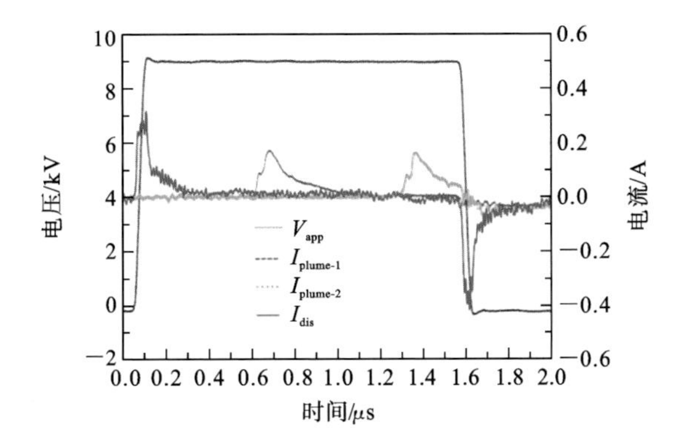

图 2.1.4 外加电压 V_{app}，放电电流 I_{dis}，距离喷嘴 1 cm 处的射流电流 $I_{plume\text{-}1}$ 和距离喷嘴 3 cm 处的射流电流 $I_{plume\text{-}2}$[2]

体射流的平均推进速度大约为 50 km/s。但是，这种方法的缺点是由于电流探头的尺寸较大，约为 1 cm 宽，导致无法获得等离子体推进速度的精确空间分布情况。

2.1.2 电压法

采用电压法测量等离子体射流的电压如图 2.1.3(b)所示，测量时采用两个串联的电阻 R_1 和 R_2，阻值分别是 10 MΩ 和 20 kΩ。一条直径为 100 μm 的细导线将 R_1 与等离子体射流连通，当移动细导线的位置时，就可以获得等离子体射流不同位置的电压。与电流法类似，等离子体子弹的推进速度可以通过细导线的位置以及电压随时间的变化曲线获得。值得注意的是，测量时 R_1 的阻值必须足够大以保证等离子体射流的推进不受细导线的影响。如图 2.1.5(a)所示，此时导线与其接触，N-APPJ 的推进并未受该导线的影响。

图 2.1.5(b)给出了当细导线与等离子体射流不同位置接触时测得的等离子体射流的电压随时间的变化曲线。图中 V_{app} 为外加电压波形，另外两个电压波形分别是导线距离喷嘴 1.5 cm 和 3.5 cm 处测得的。与电流法类似，导线距离喷嘴的位置越近，等离子体射流电压峰值出现的时间越早。为了估算射流推进速度，需测量等离子体射流的空间电压分布情况，由此得到的推进速度如图 2.1.5(c)所示。从图中可以发现，等离子体射流先加速，然后速度到达峰值速度约为 55 km/s，之后减速。

2.1.3 电荷法

图 2.1.6 为电荷法测量 N-APPJ 推进速度的示意图。如图所示，等离子体射流喷射到石英介质管上，接触的部位为宽 2 mm 的铝箔，在石英管内侧放置同样宽度的铝箔且接地，当等离子体射流与铝箔接触时，等离子体携带的电荷会沉积在铝箔表面，累积在铝箔上的电荷量可通过测量流过内侧铝箔的电流并将其积分获得。

当石英管移向喷嘴位置，沉积在铝箔表面的电荷峰值出现时间将提前，如图 2.1.7 所示，图中两个电流波形分别为石英管距离喷嘴 1 cm 和 3 cm 时的测量结果。从图 2.1.7 中可以估算出等离子体子弹的推进速度约为 60 km/s。需要注意的是，当石英管距离喷嘴较近时，石英管会影响放电的发展从而影响射流推进速度。

2.1.4 ICCD 测量法

使用 ICCD 测量子弹推进速度的方法如图 2.1.8 所示。这也是许多研究

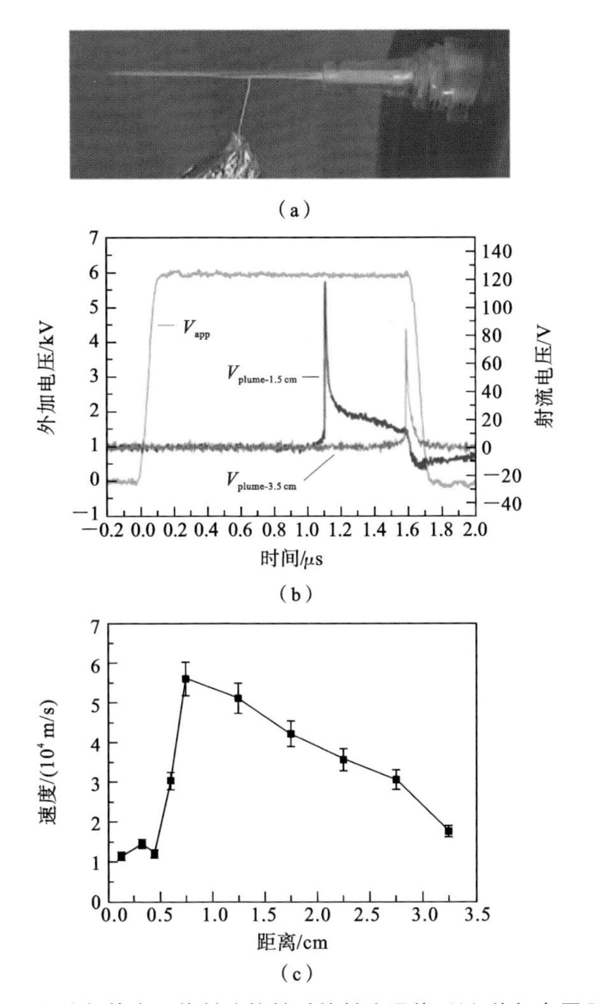

图 2.1.5　(a) 细导线与等离子体射流接触时的射流照片;(b) 外加电压 V_{app}、距离喷嘴 1.5 cm 处的射流电压 $V_{plume\text{-}1.5\ cm}$ 和距离喷嘴 3.5 cm 处的射流电压 $V_{plume\text{-}3.5\ cm}$ 随时间的变化波形;(c) 射流推进速度的空间分布[2]

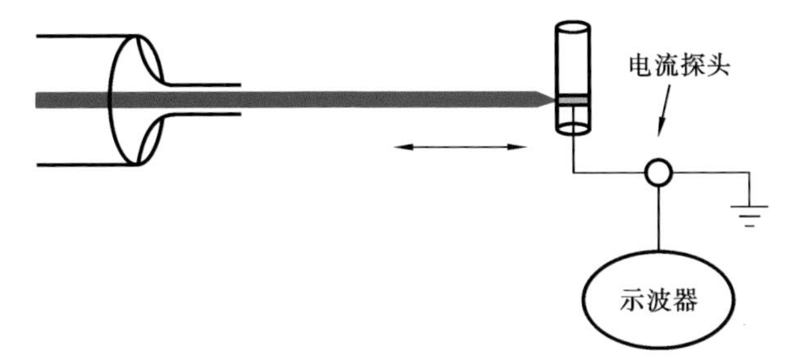

图 2.1.6　电荷法测量 N-APPJ 推进速度的实验装置示意图[2]

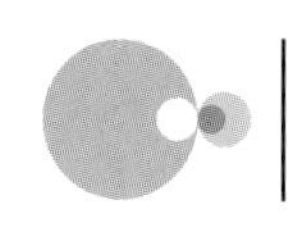

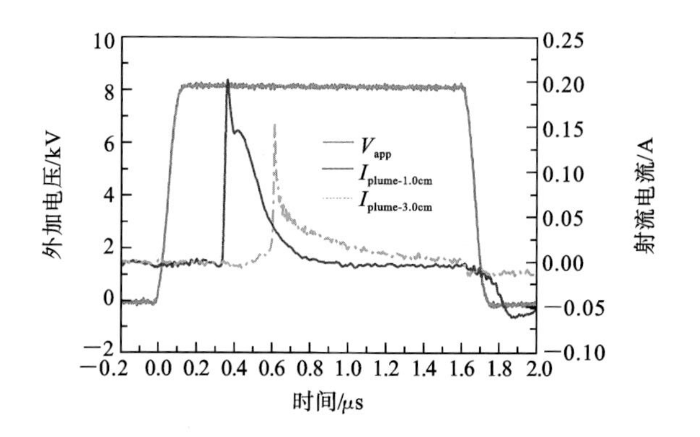

图 2.1.7　外加电压 V_{app}、距离喷嘴 1.0 cm 处射流电流 $I_{plume-1.0\ cm}$ 和距离喷嘴 3.0 cm 处射流电流 $I_{plume-3.0\ cm}$ 随时间的变化情况[2]

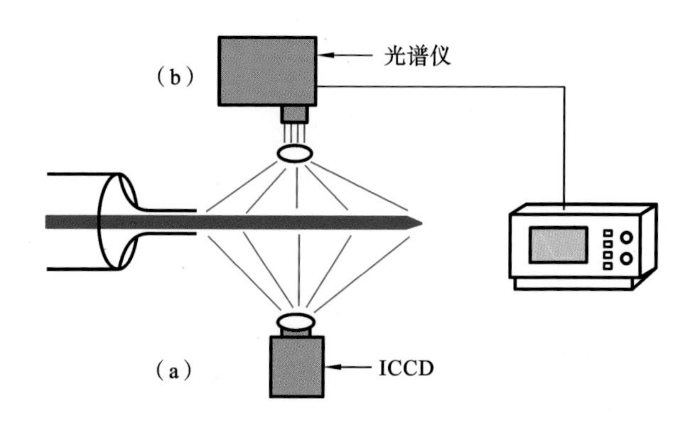

图 2.1.8　ICCD 法和光谱法测量推进速度的实验装置示意图[2]

团队普遍采用测量等离子体子弹速度的方法。图 2.1.9(a)给出了等离子体射流的动态过程图，从图中可以清晰地看出等离子体射流实际是由等离子体子弹快速推进形成的。为了对其动态过程有更清晰的认识，图 2.1.9(b)给出了等离子体射流速度随时间的变化情况。从图中可以看出，射流喷出管口时先加速，到达峰值速度约为 85 km/s，然后开始减小，这一现象与电压法测量的结果是一致的，但是峰值速度比电压法的高约 30%。

2.1.5　光谱法

光谱法测量子弹推进速度的实验装置示意图如图 2.1.8(b)所示，通过调整光谱仪的位置，就可以得到等离子体射流辐射光谱的时间和空间分布情况，由此即可估算其推进速度。

辐射光谱法需要通过特定辐射谱线的空间和时间分布来估算射流推进速

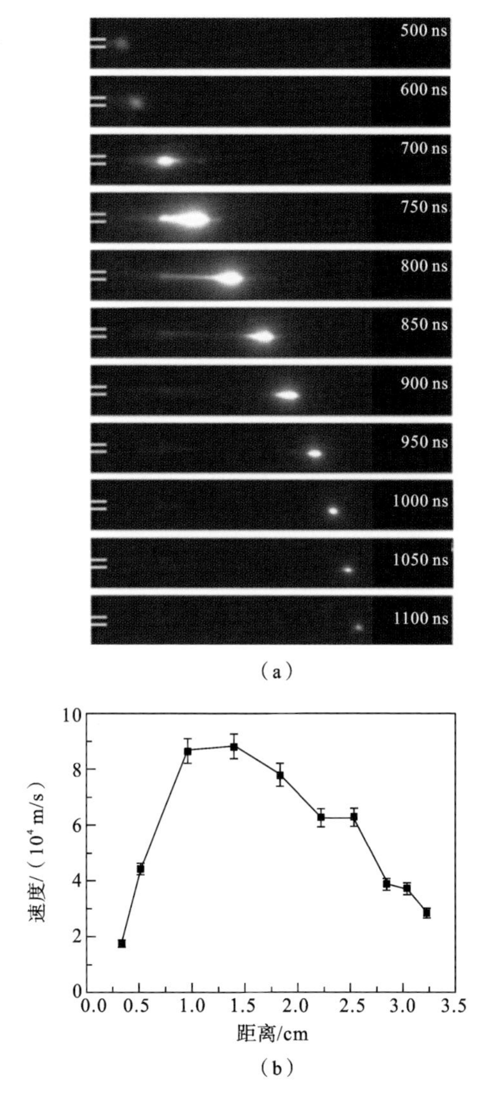

图 2.1.9 放电过程中不同时刻等离子体子弹的高速照片及射流推进速度随时间的变化情况[2]

(a) 等离子体子弹高速照片；(b) 推进速度随时间的变化图。外施电压 V_{app}、频率和脉宽分别为 8 kV、4 kHz 和 1600 ns，照片曝光时间为 10 ns

度。本节以 N_2(C-B，v=0-0) 中心波长(337.1 nm)和 N_2^+(B-X，v=0-0) 中心波长(391.4 nm)为测量谱线，图 2.1.10(a)和(b)分别为两条谱线在不同位置处随时间变化的情况，测量位置分别为距离喷嘴 2 mm、15 mm 和 25 mm。从

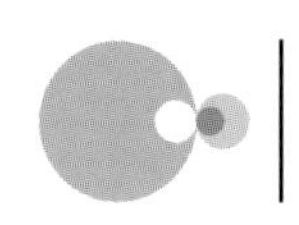

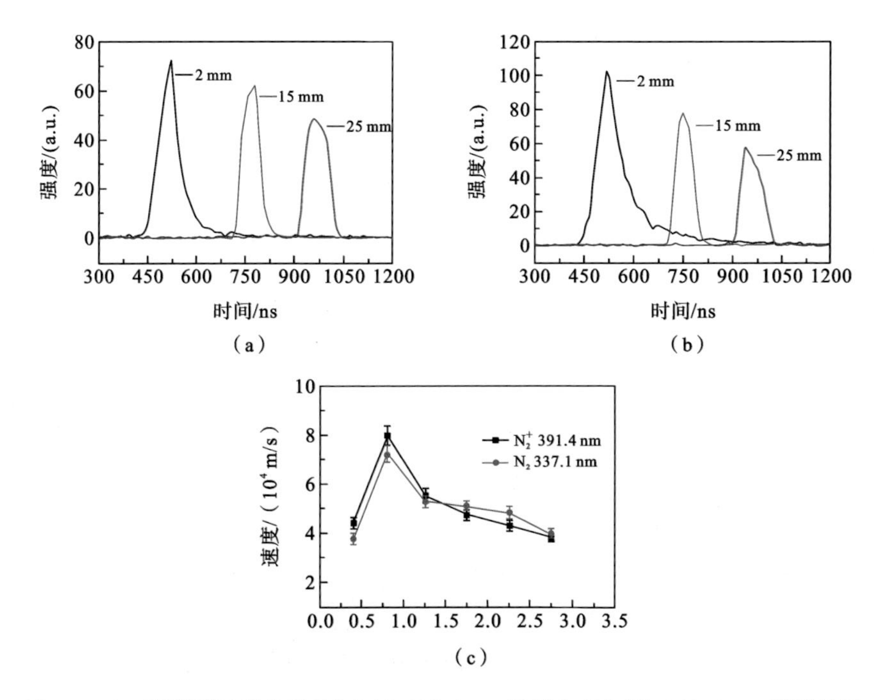

图 2.1.10　离喷嘴不同位置处(a) N_2 337.1 nm 谱线和(b) N_2^+ 391.4 nm 谱线的时间分辨图，以及(c) 根据 N_2 337.1 nm 谱线和 N_2^+ 391.4 nm 谱线得到的子弹推进速度随时间的变化情况[2]

(a) N_2 谱线时间分辨图；(b) N_2^+ 谱线时间分辨图；(c) 子弹推进速度图。辐射光谱的采集处分别为距离喷嘴 2 mm、15 mm 和 25 mm；外施电压 V_{app}、频率和脉宽分别为 8 kV、4 kHz 和 1600 ns

图中可以发现两条谱线都具有离喷嘴越近，峰值出现时间越早的特点。子弹推进速度可以通过距离喷嘴的距离以及谱线峰值出现的时间进行计算。图 2.1.10(c)所示为根据 337.1 nm 和 391.4 nm 两条谱线测量得出的推进速度随时间的变化情况，从中可以发现该结果与 ICCD 测得的结果非常接近。

2.1.6　小结

本节系统地介绍了 5 种测量 N-APPJ 推进速度的方法，每种方法测量的速度具有非常高的一致性，都在 10^4 m/s 量级，从而印证了 5 种方法的可靠性。其中，电流法操作简单，可直接用于估算子弹推进速度，然而空间分辨率较差。电压法则可以获得推进速度的空间分辨情况，但是这种方法对射流的推进仍具有一定的干扰作用，虽然大电阻的接入尽可能减小了这种影响。电荷法通过等效的电容收集电荷，从而获得推进速度的空间分辨率，然而电容的引入也会对射流的推进速度造成一定程度的干扰。ICCD测量法是最直接显示等离子体子弹推进动态过程的方法，但是其缺点是ICCD相机的成本较高。最后，光谱法用来获得推进速度空间分辨率的方法同样可以给出等离子体射流的更细致的信息。总之，前三种方法，即电流法、电压法和电荷法操作简单，成本较低；后两种方法，即ICCD法和光谱法更精确但是成本较高。以上5种方法都可以用于估算等离子体射流的推进速度。

2.2 放电参数对大气压非平衡等离子体射流的影响

研制N-APPJ的一个重要目的就是希望在开放的空间中产生等离子体，避免传统放电产生的等离子体只局限在很小的放电间隙的缺陷，从而使被处理物的尺寸和外形不受限制。由于被处理物形态各异，为了对各种不同外形的物体进行直接等离子体处理，N-APPJ必须具备一定的长度，从而使短寿命活性粒子、电荷及紫外线等都能到达被处理物体的表面。因此对射流长度及推进过程开展研究具有重要的实际应用价值。与此同时，长度作为一种直观的特征，其长短也蕴含着丰富的内在物理机制。因此对长度进行研究不仅具有实用价值，也有其理论意义。本节将从等离子体各种参数对射流长度的影响入手，对影响N-APPJ长度及推进过程的物理机制进行阐述。

2.2.1 电压对大气压非平衡等离子体射流的影响

电压是产生等离子体最重要的参数之一，其对N-APPJ长度及推进过程的影响也是很明显的。下面首先介绍电压对长度的影响[3]。采用的实验装置是典型的单电极N-APPJ装置，该装置示意图见图1.5.1。在开放的环境下产生射流的时候，周围空气会扩散到工作气流中，从而可能会对N-APPJ长度产生影响。为了排除这种影响的干扰，深入了解电压本身对射流长度的影响，在N-APPJ装置的喷嘴前端接一根玻璃管以阻止周围空气的扩散。这里采用的是脉冲直流高压驱动。当调节脉冲电源的输出电压从5.5 kV升高到9.0 kV时，所得的N-APPJ照片如图2.2.1所示。根据图2.2.1的结果，图2.2.2进一步给出了N-APPJ长度随电压变化的曲线。从图中可以发现，当电压从5.5 kV升高到8.0 kV时，N-APPJ的长度基本随之呈线性增长。而当电压进一步从8.0 kV升高到9.0 kV时，N-APPJ的长度仍然在增加，但增速下降。作为对比，图 2.2.2 中虚线给出了 N-APPJ 装置前端不加玻璃管时 N-APPJ 的长度与电压的关系。与有玻璃管的情况相比，此时 N-APPJ 的长度要短得多。

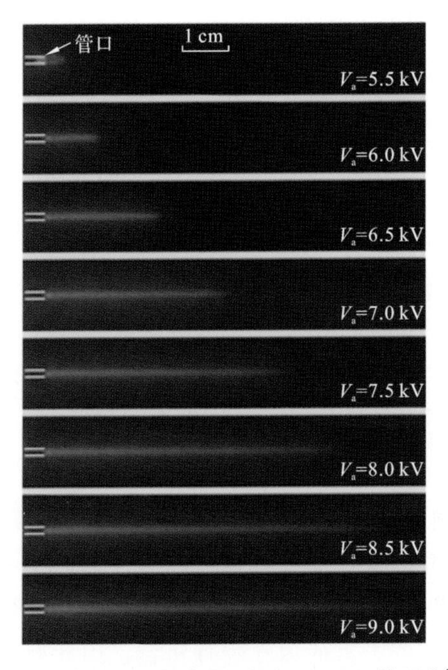

图 2.2.1　不同外加电压 V_a 时 N-APPJ 的照片[3]

脉宽 t_{pw} = 800 ns，脉冲重复频率 f = 4 kHz，氦气流速为 0.5 L/min，喷嘴前端接一根玻璃管

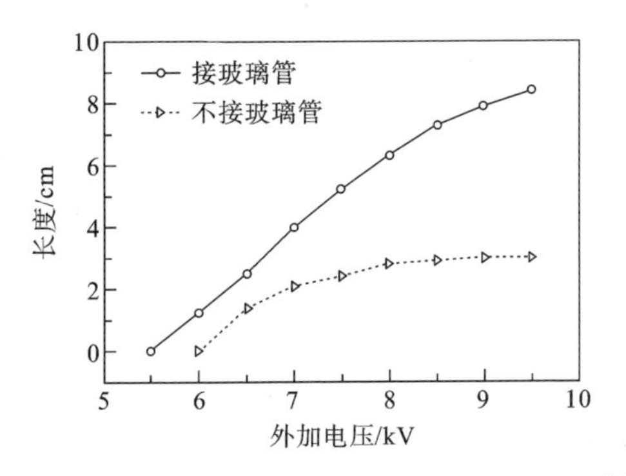

图 2.2.2　不同外加电压时 N-APPJ 的长度 L_{pla}[3]

其他参数与图 2.2.1 相同；实线：喷嘴前端接玻璃管；虚线：喷嘴前端不接玻璃管

值得注意的是，有玻璃管和无玻璃管时放电的电流波形几乎完全一样。图 2.2.3 给出了不同电压下 N-APPJ 的放电电流波形。对于脉冲放电产生的 N-APPJ，在一个脉冲周期内有两次电流脉冲，一次发生在电压脉冲上升沿之后，

称其为初次放电;而另一次则发生在电压脉冲下降沿之后,称其为二次放电。对于正脉冲来说,初次放电是由电压上升沿引起的,电流方向为正,二次放电则是由电压下降沿引起的,电流方向为负。这里初次放电的电流峰值要显著大于二次放电的电流峰值。研究发现 N-APPJ 的长度也主要取决于初次放电。

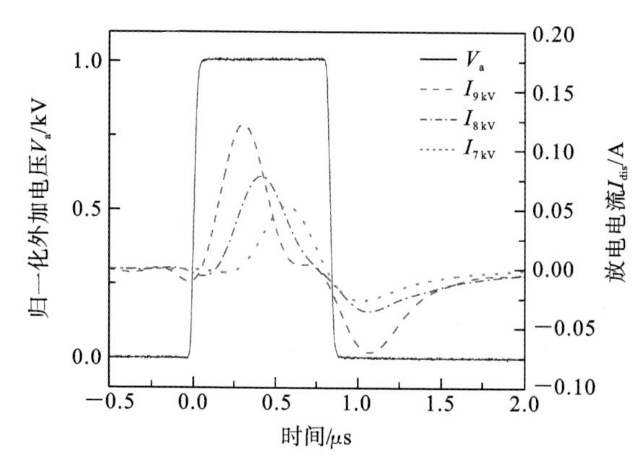

图 2.2.3　不同外加电压时的放电电流波形[3]

实线为电压波形示意图,由于不同外加电压时电压的波形相同,只有峰值电压不同,所以图中对电压波形进行了归一化;图中虚线是不同外加电压时的电流波形;所有参数和图 2.2.1 相同

从图 2.2.3 和图 2.2.4 可以明确看出,电压越高,初次放电的电流峰值越大,而且电流峰到来的时间越早,由电流积分得到的总电荷量也越多。

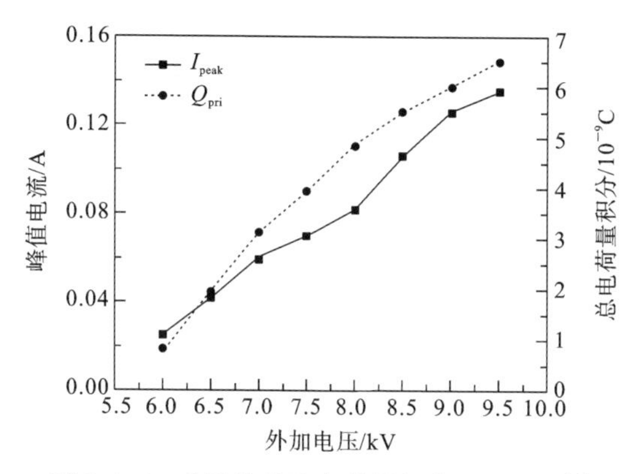

图 2.2.4　电流峰值和电荷量与电压的关系[3]

实线是第一次放电的电流峰值,虚线是第一次放电的总电荷量积分;所有参数与图 2.2.1 相同

从图 2.2.5 可以看出,4 种不同波长的光谱在同一电压下其强度峰值出现的时间几乎相同。而且随着电压峰值的升高,它们到来的时间都会提前。例

如，对于 N_2 337.1 nm 谱线，当电压峰值为 7 kV 时，其强度达到峰值的时间约为 0.84 μs。而当电压升至 9 kV 时，它提前到 0.50 μs 时刻。这和等离子体子弹的动态过程吻合。

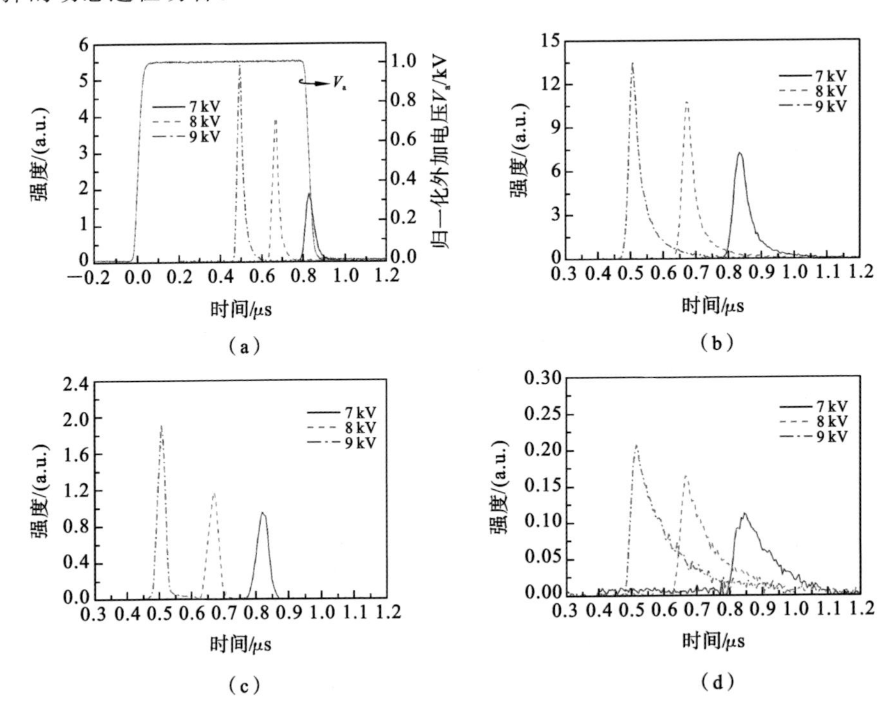

图 2.2.5　一个脉冲内 N-APPJ 发射光谱强度的动态变化过程[4]

(a) N_2 337.1 nm；(b) N_2^+ 391.4 nm；(c) He 706.5 nm；(d) O 777.3 nm。放电峰值电压 V_a 选择 7 kV、8 kV、9 kV，其对应的光谱分别用实线、虚线、虚点线表示；电压脉宽 t_{pw}＝800 ns，脉冲重复频率 f＝4 kHz；为了表示出光谱曲线与电压波形的时间对应关系，图(a)中也给出了归一化的电压波形

而 N-APPJ 的推进速度也和电压有着密切的关系。从图 2.2.6 可以看出，当电压幅值为 9 kV 时，等离子体子弹推进速度最高可达 250 km/s。电压越高，等离子体子弹的峰值速度也越高，而且在空间中同一位置处的速度也会更高。

电压增加时，击穿延时缩短，等离子体子弹可以更早到达喷嘴。等离子体子弹的峰值速度随着电压的增加而增加，这是由于更高的电压导致更强的电场，因此子弹推进速度更快。

根据人们的研究结果，N-APPJ 的推进过程实际上是以一个发光的“等离子体子弹”形式向前传播的。尽管等离子体子弹从高速照片看上去好像是与高压电极分割开来的，但实际上连接它们两者之间的暗通道扮演着重要的角

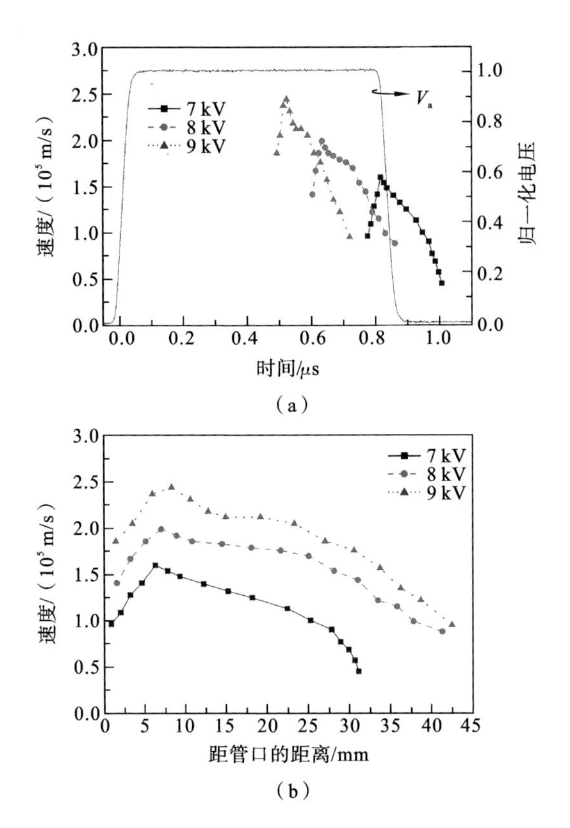

图 2.2.6 不同电压下等离子体子弹推进速度随时间变化的曲线，以及不同电压下等离子体子弹推进速度随空间变化的曲线[4]

(a) 推进速度随时间的变化；(b) 推进速度随空间的变化。(a)图中给出了归一化的电压脉冲波形来提供时间参考点；(b)图中横坐标零点为喷嘴口所在位置；电压脉宽 $t_{pw}=800$ ns，脉冲重复频率 $f=4$ kHz

色。由于暗通道在等离子体子弹经过的时候发生了强烈的电离，因此其具有较高的电子密度和电导率。它之所以不发光，是因为它的电导率很高，导致它的电场强度较低，因而电子温度较低，所以显示为暗通道。它实际上起到了类似于导体的作用。电极上的外加电压正是通过暗通道才得以传输到 N-APPJ 头部的等离子体子弹。不过暗通道的电导率是有限的，因此子弹头部到电极之间仍具有一定的压降差。当等离子体子弹处的电场减弱到不足以击穿前方的气体的时候，等离子体子弹就停止传播。所以随着子弹推进距离的延长，其推进速度会下降，直到最终无法推进而熄灭。

2.2.2 脉宽对大气压非平衡等离子体射流的影响

脉宽影响的是一个脉冲周期内高电压持续的时间。如果高压持续时间太短，即使电压足够高，等离子体子弹也会因为没有足够的推进时间而不能产生较长的 N-APPJ。这一点从图 2.2.7 所示的结果可以看出。当喷嘴前端不加玻璃管，脉宽达到 800 ns 时，N-APPJ 长度达到最大值，约 3 cm；当喷嘴前端加玻璃管，脉宽为 4 μs 时，N-APPJ 长度达到最大值，为 13 cm。无论是否加玻璃管，N-APPJ 长度一旦达到最大值，继续增大脉宽产生的影响就变得不明显。

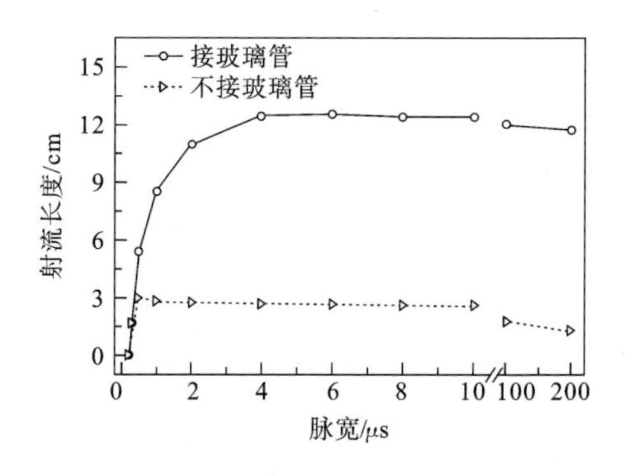

图 2.2.7 N-APPJ **长度和电压脉宽的关系**[3]

实线是喷嘴处接玻璃管的情况，虚线是喷嘴处不接玻璃管的情况；脉冲电压幅值 V_a=9 kV，脉冲重复频率 f=4 kHz，氦气流速为 0.5 L/min

值得一提的是，从图 2.2.8 给出的不同脉宽下第一次放电电流的峰值以及对应积分的总电荷量可以看出，当脉宽从 200 ns 增大到 10 μs 的时候，电流峰值几乎保持不变，即使在 N-APPJ 长度快速变化的 200～800 ns 区间内，电流峰值也基本相同。而图 2.2.8(b)中给出的对应的总电荷量却在脉宽从 200 ns 增加到 800 ns 时显著增大，这和 N-APPJ 长度的变化趋势非常相似。脉宽进一步增大到 10 μs，总电荷量基本保持不变。这表明电流峰值并不是影响 N-APPJ 长度的主要因素，真正起决定作用的是放电电流积分的总电荷量。测量其电流波形也发现在较短的脉宽下(200～800 ns)，初次放电的电流一直持续到电压下降的时候才开始下降。也就是说，初次放电过程被电压下降沿强行截断了。当脉宽增加的时候，初次放电电流持续的时间也随之延长，相应地，总的电荷量也随之增加。而 700～800 ns 正是电流脉冲自然下降到零的时间。也就是说，当脉宽超过 800 ns 的时候就不会对电流波形产生明显的影响。这解释了进一步增加脉宽时初次放电的电流峰值和总电荷量不发生变化的原因。

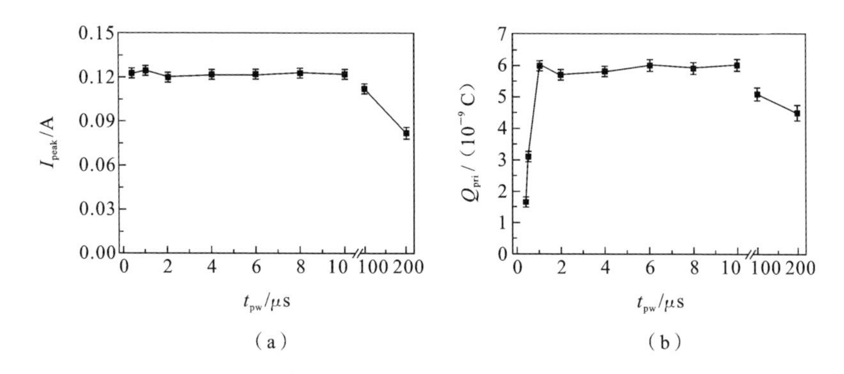

图 2.2.8 不同脉宽下第一次放电电流的峰值及对应积分的总电荷量

(a) 电压脉冲中第一次放电电流的峰值;(b) 电流积分的电荷量随脉宽的变化曲线[3]。放电参数与图 2.2.7 相同

从 N-APPJ 推进的动态过程也可以发现,当脉宽介于 200～800 ns 的时候,上升沿放电产生的等离子体还没有停止推进,脉冲电压下降的到来导致电流迅速下降到零,并反转为负值,初次放电随之熄灭。也就是说,此时限制等离子体推进的主要因素是等离子体没有足够的时间来推进,而不是其他的因素。随着脉宽增加到 800 ns 以上,电压脉宽不再是限制等离子体推进距离的主要因素。

从图 2.2.9 可以看出,随着脉宽增大,He 706.5 nm 谱线光辐射强度峰值逐渐下降,而且其峰值出现的时间逐渐推迟。当脉宽增大到 100 μs,其峰值出现在约 870 ns 时刻,这比脉宽为 500 ns 时其峰值出现在约 650 ns 延迟了 220

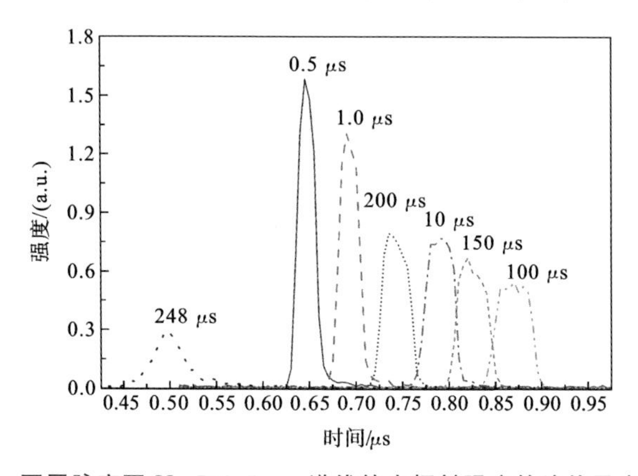

图 2.2.9 不同脉宽下 He 706.5 nm 谱线的光辐射强度的峰值及出现时间[4]

脉冲电压幅值 V_a=8 kV,脉冲重复频率 f=4 kHz,氦气流速为 2 L/min

ns。有趣的是，当脉宽继续增大，峰值出现的时间却开始提前，当脉宽增加到 248 μs 时，它甚至提前到比脉宽 500 ns 时的还早。

等离子体子弹的推进速度也呈现出类似的行为，如图 2.2.10 所示，当脉宽较短时，随着脉宽的增加，等离子体子弹出喷嘴的时间推迟，推进速度的峰值也逐渐下降；当脉宽进一步增大到超过 100 μs 后，等离子体子弹出喷嘴的时间开始提前，同时子弹推进峰值速度也出现一定程度的增大；当脉宽增加到 248 μs 的时候，等离子体子弹不能出喷嘴。

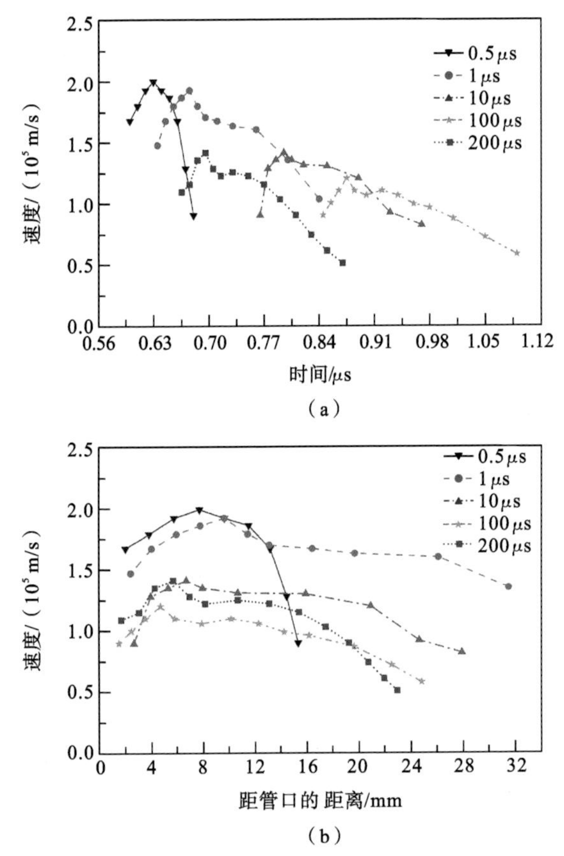

图 2.2.10　不同脉宽下等离子体子弹推进速度的时间演化过程和空间演化过程[4]

(a) 推进速度时间演化过程；(b) 推进速度空间演化过程。实验条件与图 2.2.9 相同

2.2.3　频率对大气压非平衡等离子体射流的影响

研究表明，当频率在 0.1～10 kHz 的范围内变化时，N-APPJ 长度的变化并不明显。这一点从下面给出的不同频率的脉冲电压驱动下 N-APPJ 的电流

波形、不同谱线的发射光强，以及等离子体子弹的推进速度的变化曲线图 2.2.11、图 2.2.12 和图 2.2.13 可以看出。当脉冲重复频率在 0.1～10 kHz 范围内变化时，放电电流的峰值变化很小，He 原子、N_2 及 N_2^+ 等粒子的发射光强的峰值也没有出现显著的变化，不同频率下等离子体子弹在空间中相同位置处的推进速度也基本一致。

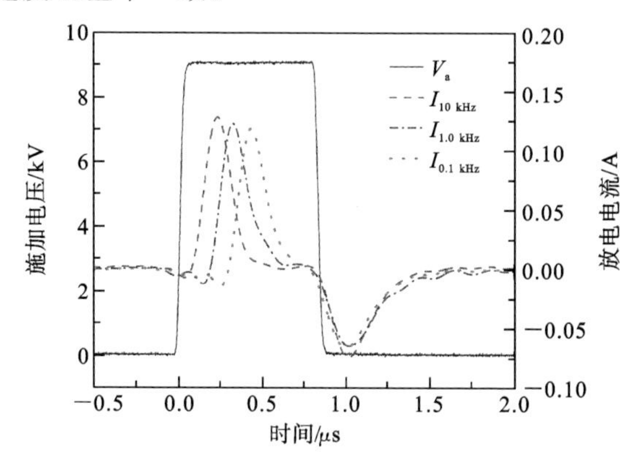

图 2.2.11　不同脉冲重复频率下的放电电流波形[3]

脉冲电压幅值 V_a=9 kV，电压脉宽 t_{pw}=800 ns，氦气流速为 0.5 L/min

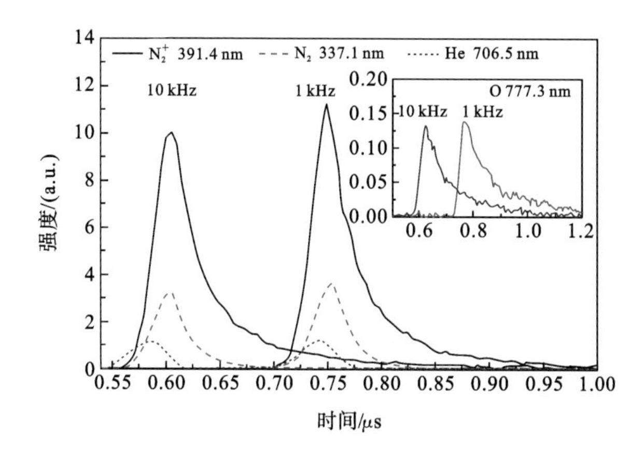

图 2.2.12　两种频率(1 kHz 和 10 kHz)下 N_2 337.1 nm(虚线)、N_2^+ 391.4 nm(实线)、He 706.5 nm(点虚线)、O 777.3 nm 4 种粒子的发射光谱强度的时间演化过程[4]

脉冲电压幅值 V_a=8 kV，电压脉宽 t_{pw}=800 ns，氦气流速为 2 L/min

不过，需要指出的是，尽管电流峰值、发射光强峰值及推进速度峰值都大致相同，但它们峰值出现的时间却有显著的差异。频率越高，电流峰值和发射光强峰值出现的时间越早，等离子体子弹出喷嘴的时间也越早，也就是说，放

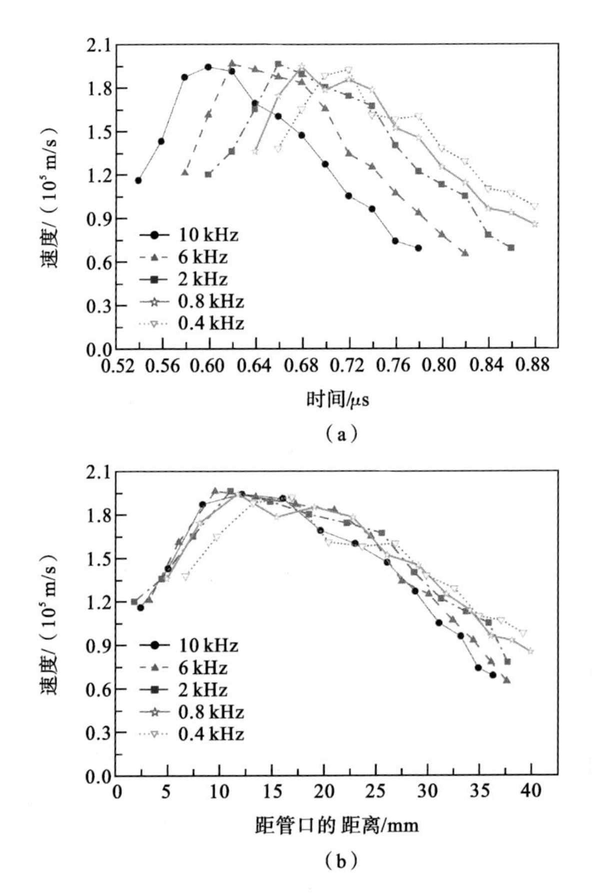

图 2.2.13　不同频率下等离子体子弹推进速度的时间演化过程和空间演化过程[4]

(a) 推进速度时间演化过程；(b) 推进速度空间演化过程。实验条件与图 2.2.12 相同

电的击穿时间整体提前了。这可能是由于激发态粒子和带电粒子的累积导致的，如 $He(2^1S_1)$、$N_2\ W^3\Delta_u$、$a^1\Pi_g$、$W^1\Delta_u$ 等，它们的寿命介于 0.1～10 ms，大致与脉冲周期相当。当脉冲频率增加时，在击穿过程这些粒子以及剩余电子的浓度更高，更容易放电，最终导致放电电流显著提前。但它仅影响击穿延时，而对放电电流峰值影响很小。

2.2.4　周围空气扩散对大气压非平衡等离子体射流的影响

大多数 N-APPJ 采用惰性气体作为工作气体。通常惰性气体的流速为每分钟几升。由于惰性气流与周围空气并没有实体的管道隔离，因此二者之间会通过扩散、湍流等方式互相混合，从而使惰性气流内的空气浓度升高。扩散是一个渐进的过程，距离喷嘴越远，周围空气扩散进入气流的分子就越多，因此距离喷嘴较远的位置，空气浓度会更高。而湍流则是一个突变的过程。当惰性气流的速度过高的时候，气流会在很短的距离内由层流转化为湍流。一旦转化为湍流，则惰性气流失稳，和周围空气发生剧烈混合，使气流中空气含量大幅度增加。随着惰性气流中混入的空气含量增大，气体的击穿场强也会随之升高。也就是说，在层流状态下，距离喷嘴越远的气体击穿场强越高。在湍流状态下，位于转捩点上游(转捩点与喷嘴之间)的区域仍处于层流，其击穿场强变化过程与层流状态下的一样；而位于转捩点下游的区域为湍流区，其击穿场强远高于层流区的。一旦空间中某一位置处气体的击穿场强高于此处等离子体子弹头部的电场强度，则 N-APPJ 就会停止推进。

在层流的条件下，气流速率越大，则气流到达空间中任一位置的时间越短，那么周围空气扩散进入惰性气体气流的比例越低，因此该处的惰性气体浓度越高，相应的击穿场强就更低。在外加电压不变的情况下，等离子体可以推进到更远的位置，所以 N-APPJ 可以更长。但是，一旦气流速度太大，导致气流在距离喷嘴很近的位置就由层流转化为湍流，那么就会导致湍流区的工作气体和周围空气发生剧烈混合，使等离子体无法继续推进，所以当气流速度过大时 N-APPJ 长度反而会缩短。

气体流速对放电的影响大多都可以最终归结为惰性气流浓度的变化。研究发现，当喷嘴前端没有接玻璃管时，当 $V_a=9$ kV，$f=4$ kHz，$t_{pw}=800$ ns，喷嘴直径为 0.8 mm 时，随着气流速度增加，N-APPJ 长度在气流速率为 0.5 L/min时达到最大值，约 3 cm，此时气体流速是影响 N-APPJ 长度的主要因素。进一步增大气流，N-APPJ 的长度不会发生明显变化。而当气流速度高于 3 L/min 时，N-APPJ 的长度变短，这是进一步提高气体流速使气流从层流转化为湍流导致的。

2.2.5 电压极性对大气压非平衡等离子体射流的影响

电压脉冲的极性是影响 N-APPJ 长度的另一个重要因素。下面讨论正脉冲和负脉冲对 N-APPJ 长度的影响[5]。对于正脉冲，其电压峰值为＋8 kV；对于负脉冲，其电压峰值为－8 kV。脉冲宽度和脉冲重复频率相同，分别为 800 ns 和 8 kHz。气体流速为 2 L/min。放电的电压电流波形如图 2.2.14 所示。

根据高速 ICCD 照片发现，决定 N-APPJ 长度的是较强的初次放电而非较弱的二次放电。因此，这里也主要关注初次放电。如图 2.2.14 所示，对于正

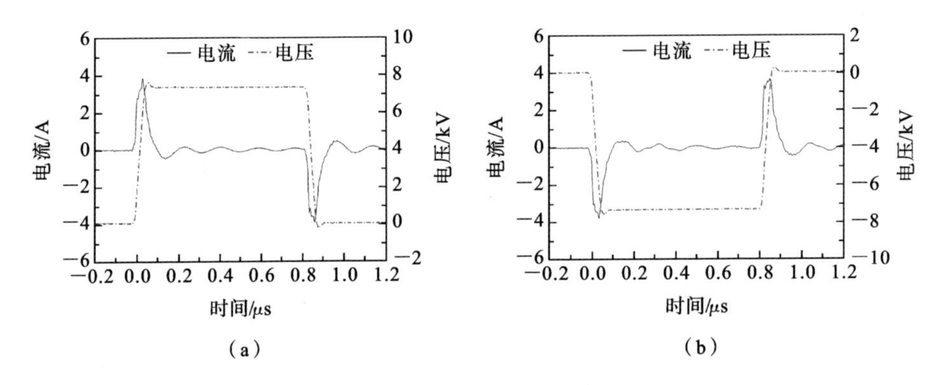

图 2.2.14 正脉冲和负脉冲射流的电压、电流波形[5]

(a) 正脉冲射流电特性；(b) 负脉冲射流电特性

脉冲来说，初次放电是电压上升沿引发的放电，而负脉冲的初次放电则是由电压下降沿引起的。图 2.2.15 给出了正、负脉冲时所得的等离子体的照片。对于正脉冲，射流长度约为 3 cm；而负脉冲射流的长度仅为 1.4 cm。

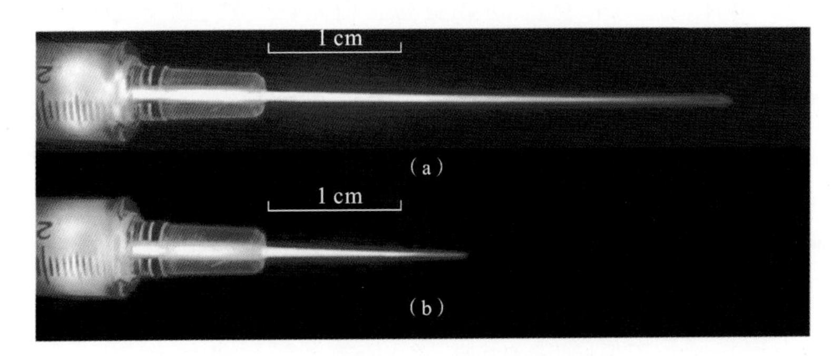

图 2.2.15 正脉冲和负脉冲射流照片[5]

(a) 正脉冲射流照片；(b) 负脉冲射流照片

下面采用 ICCD 拍摄了 N-APPJ 的推进过程。从图 2.2.16 和图 2.2.17 可以看出，正脉冲射流和负脉冲射流在出喷嘴之前都以“子弹”形式传播，但二者的形状有所不同。正脉冲驱动时，“子弹”的头部是半圆形；而负脉冲驱动时，其头部为剑形。

图 2.2.18 和图 2.2.19 进一步给出了正、负脉冲射流的推进速度。结果表明，在等离子体出喷嘴前，两者的推进速度相差不大，而且保持不变，正脉冲约为 30 km/s，负脉冲约为 35 km/s。等离子体出喷嘴后都出现一个加速过程，正脉冲射流的峰值速度约为 150 km/s，而负脉冲射流的峰值速度约为 70 km/s。

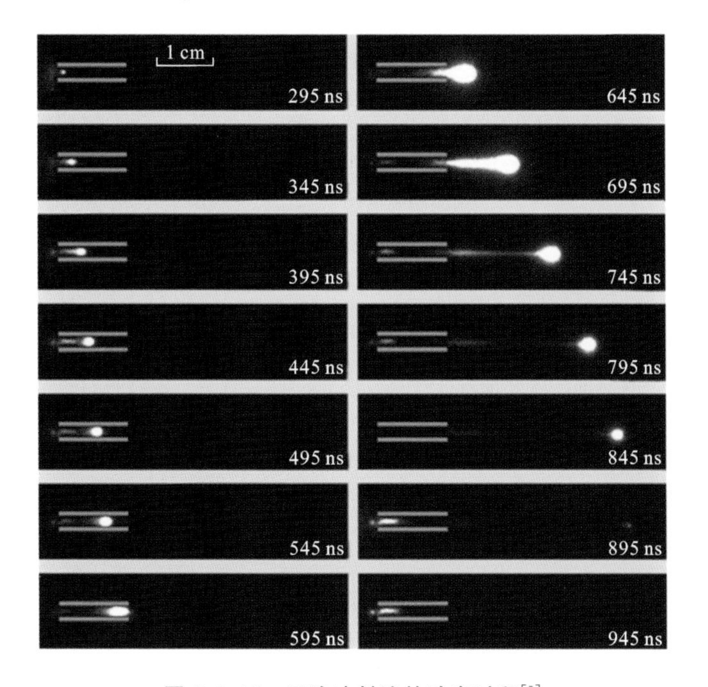

图 2.2.16　正脉冲射流的动态过程[5]

曝光时间 5 ns,标签上的时间与图 2.2.14(a)一致

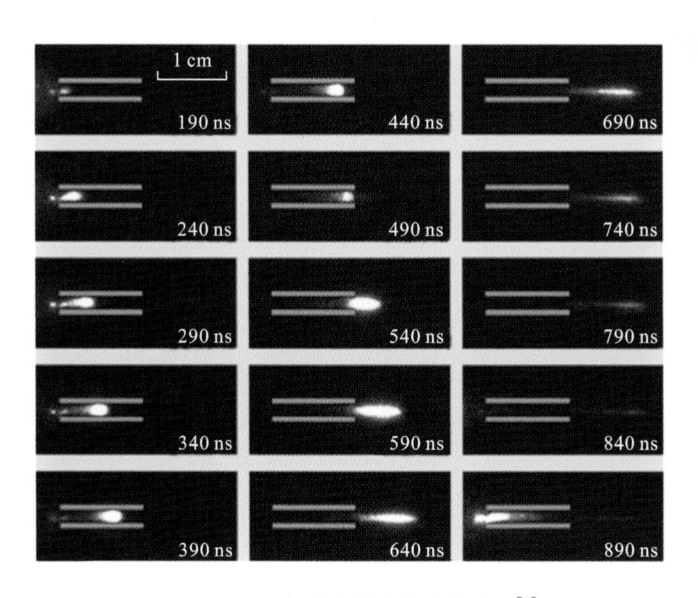

图 2.2.17　负脉冲射流的动态过程[5]

曝光时间 5 ns,标签上的时间与图 2.2.14(b)一致

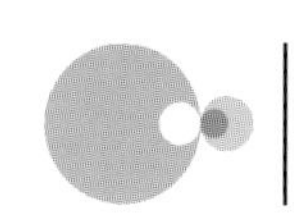

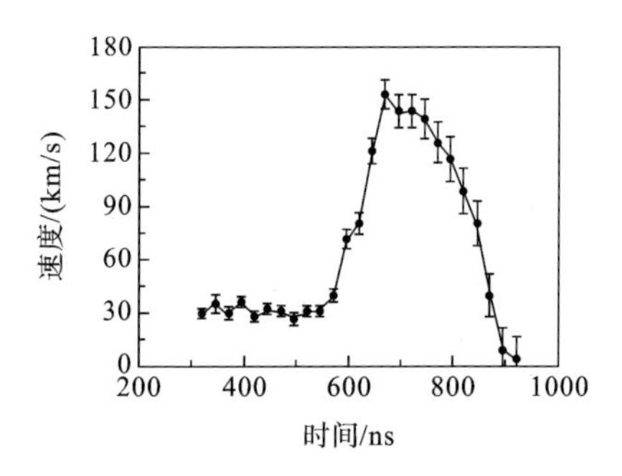

图 2.2.18 正脉冲射流的推进速度随时间的变化情况[5]

时间与图 2.2.14(a)一致

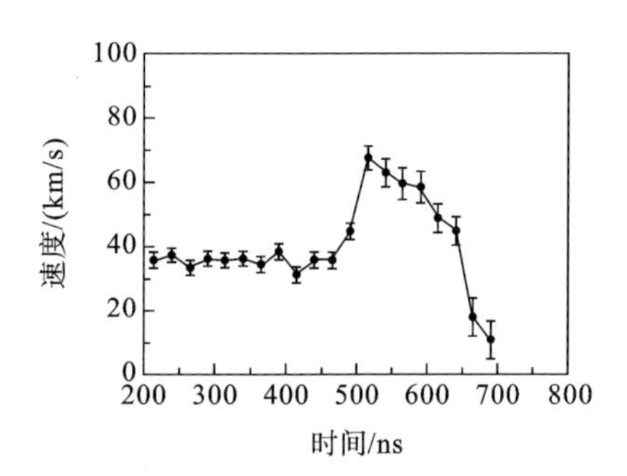

图 2.2.19 负脉冲射流的推进速度随时间的变化情况[5]

时间与图 2.2.14(b)一致

正脉冲射流和负脉冲射流的发射光谱在出喷嘴之前差异并不大。但出喷嘴之后二者出现了明显的区别。从图 2.2.20 和图 2.2.21 可以看出，负脉冲的 N_2^+ 发射光谱强度要显著低于正脉冲的情况。

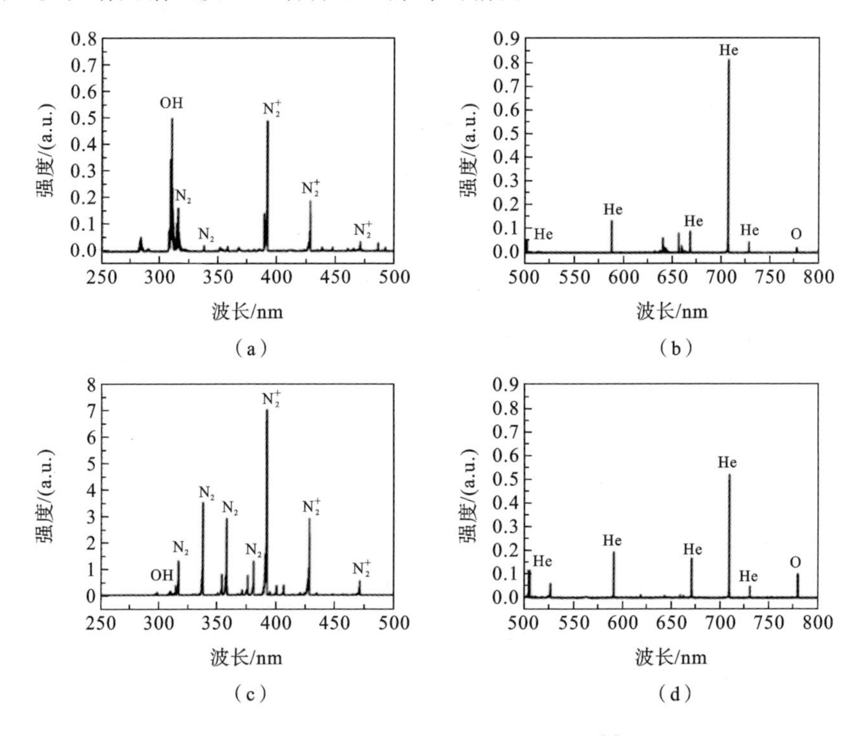

图 2.2.20 正脉冲射流的发射光谱[5]

(a) 喷嘴内光谱 250～500 nm；(b) 喷嘴内光谱 500～800 nm；(c) 距喷嘴 5 mm 光谱 250～500 nm；(d) 距喷嘴 5 mm 光谱 500～800 nm

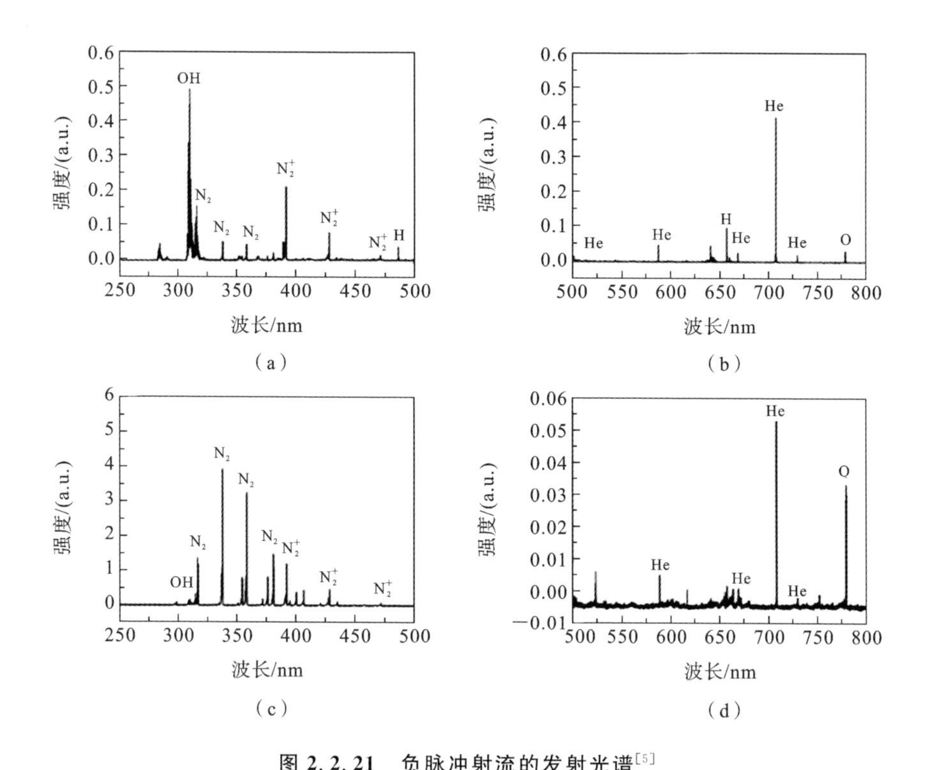

图 2.2.21　负脉冲射流的发射光谱[5]

(a) 喷嘴内光谱 250～500 nm；(b) 喷嘴内光谱 500～800 nm；(c) 距喷嘴 5 mm 光谱 250～500 nm；(d) 距喷嘴 5 mm 光谱 500～800 nm

上面讨论的N-APPJ的推进速度都远高于其气体流动速度，因此它们都是由电场驱动的。对于正极性放电，其电场的轴向分量指向等离子体子弹方向，电子在电场的作用下从子弹头部向高压电极运动，子弹头部和电极间的暗通道内的电子密度和电导率保持在较高的水平。而对负极性放电来说，子弹头部的电子会在电场的作用下向前迁移，留下运动速度较慢的正离子，它加强了子弹头部与电极之间的电场，因此电子温度较高，这也是为什么负极性放电时子弹头部与电极间亮度不是很弱的原因。

2.2.6　脉冲电压上升沿时间对大气压非平衡等离子体射流的影响

下面采用如图2.2.22所示的实验装置对脉冲电压上升沿时间对射流长度的影响进行研究[4]。该装置由一根长玻璃管，一根置于管内的金属针和一个置于管外的金属环构成。玻璃管内径0.8 mm，外径2 mm，长度约10 cm。金属针从玻璃管左侧插入，接脉冲直流电源的高压端作为高压电极，金属环接地作为地电极。针电极的针尖距离金属环左侧约 5 mm。脉冲直流电源的电压脉冲上升沿时间从 100 ns～4 μs 可调。这里主要关注脉冲电压上升沿时间对等离子体的影响，脉宽和重复频率分别固定为 5 μs 和 5 kHz。玻璃管内通入工作气体氩气。由于玻璃管足够长，因此 N-APPJ 全部在玻璃管内，从而排除了周围空气扩散对 N-APPJ 的影响。

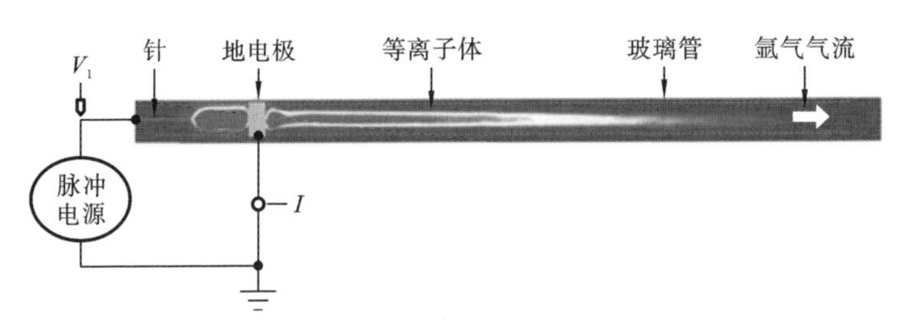

图 2.2.22　实验装置示意图[6]

图 2.2.23 给出了对应不同上升沿时间所得的等离子体照片，随着脉冲上升沿时间的缩短，N-APPJ 的长度显著增大。当脉冲上升沿时间为 3 μs 时，N-APPJ 长度不足 20 mm；当脉冲上升沿时间缩短到 140 ns 时，N-APPJ 长度增加到 70 mm。由此可见，脉冲上升沿时间会对 N-APPJ 特性产生显著影响。

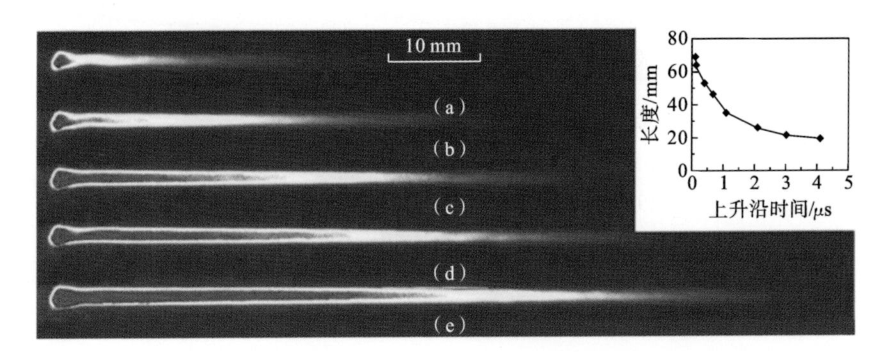

图 2.2.23　不同脉冲上升沿时间下 N-APPJ 的照片及长度[6]

(a) 3 μs；(b) 1 μs；(c) 0.66 μs；(d) 0.4 μs；(e) 0.14 μs

图 2.2.24 给出了电压和电流波形。其中的放电电流是减除了位移电流后的真实放电电流。图 2.2.24(b)给出了上升沿时间 1 μs 时的电流波形放大后的波形。从图中可以看出此时的电流峰值约为 0.5 A，持续时间约 10 ns。从图 2.2.25 可见，电压脉冲上升沿时间越短，放电电流峰值越大，同时击穿电压也越高。

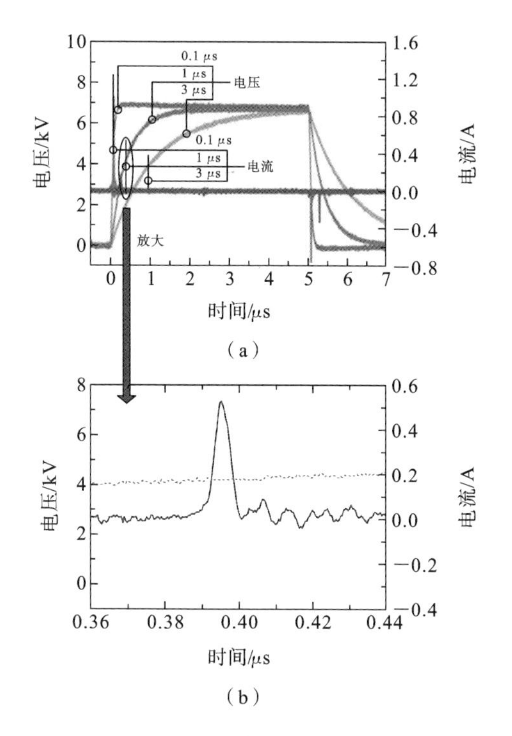

图 2.2.24 电压和电流波形

(a) 不同脉冲上升沿时间下 N-APPJ 放电电压、电流波形；(b) 上升沿时间 1 μs 时放电电流波形的放大图[6]

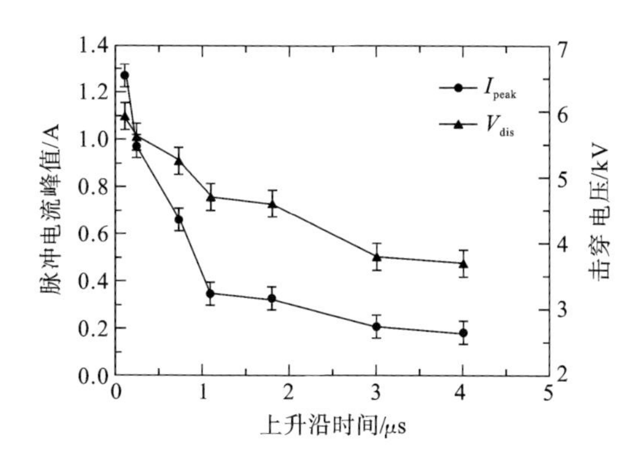

图 2.2.25 击穿电压和脉冲电流峰值与脉冲上升沿时间的关系曲线[6]

图 2.2.26 给出了距离地电极右边 10 mm 处的等离子体发射光谱。从图中可以看出，脉冲上升沿时间越短，氩的谱线更强，包括插入的图中给出的氩的 5p-4s 跃迁的谱线都更强。

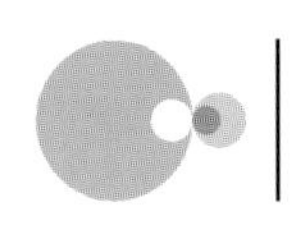

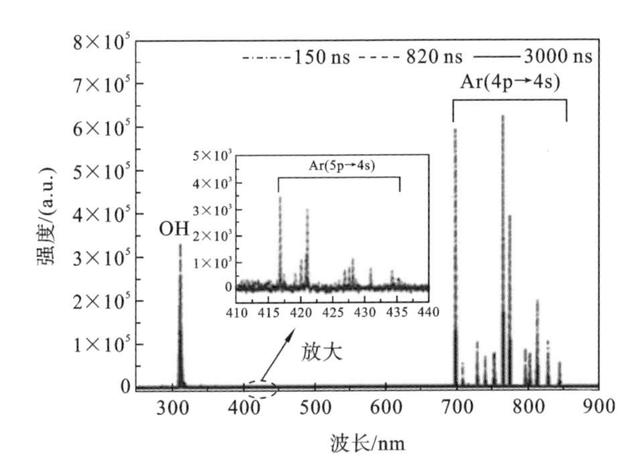

图 2.2.26　脉冲上升沿时间为 150 ns、820 ns **和** 3000 ns **的** N-APPJ **发射光谱**[6]

利用氩的发射光谱及简单的碰撞辐射模型，可以对等离子体电子温度进行估算。该模型假定氩原子的 4 个 4p 能级的原子数取决于电子激发动力学，自发辐射跃迁是激发态原子主要的去激发过程。选择 $2p_2$、$2p_6$、$2p_8$、$2p_9$ 4 个能级。表 2.2.1 给出了计算中所用到的谱线和跃迁概率[6]。基态的电子碰撞激发截面数据来自文献[7]。从亚稳态跃迁到 4 个 4p 能级的电子碰撞激发截面数据来自文献[8～9]。关于模型的详细描述可以在文献[10]中找到。

表 2.2.1　所选择的 4 **个氩原子** 4p **能级的波长及跃迁概率**[6]

能级	波长/nm	跃迁概率
$2p_2$	696.54	6.39
	727.29	1.83
	772.42	11.7
	826.45	15.3
$2p_6$	763.51	24.5
	800.62	4.9
$2p_8$	801.48	9.28
	842.46	21.5
$2p_9$	811.5	33.1

利用上述方法获得的电子温度如图 2.2.27 所示。当电压脉冲上升沿时

间为 140 ns 时，电子温度约为 1.55 eV；当上升沿时间增加到 4 μs 时，电子温度下降到 1.25 eV。这一结果表明更陡的电压脉冲上升沿可产生更高电子温度的等离子体。

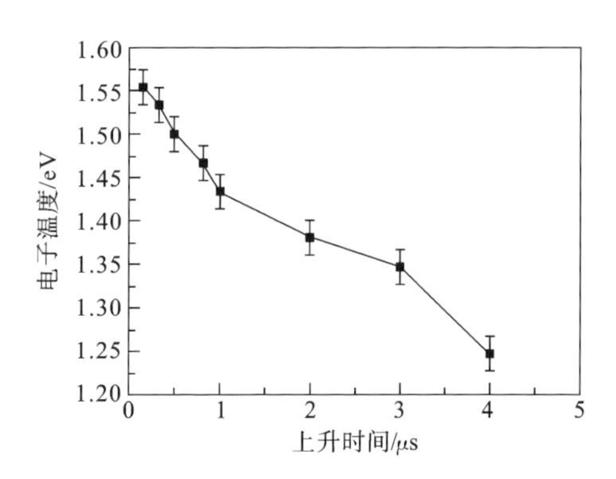

图 2.2.27 不同电压脉冲上升时间下的电子温度 T_e[6]

利用 ICCD 拍摄的不同脉冲上升沿下的放电动态过程如图 2.2.28 和图 2.2.29所示，上升沿时间为 140 ns 的等离子体推进峰值速度和推进距离明显高于上升沿时间为 3 μs 的情况。

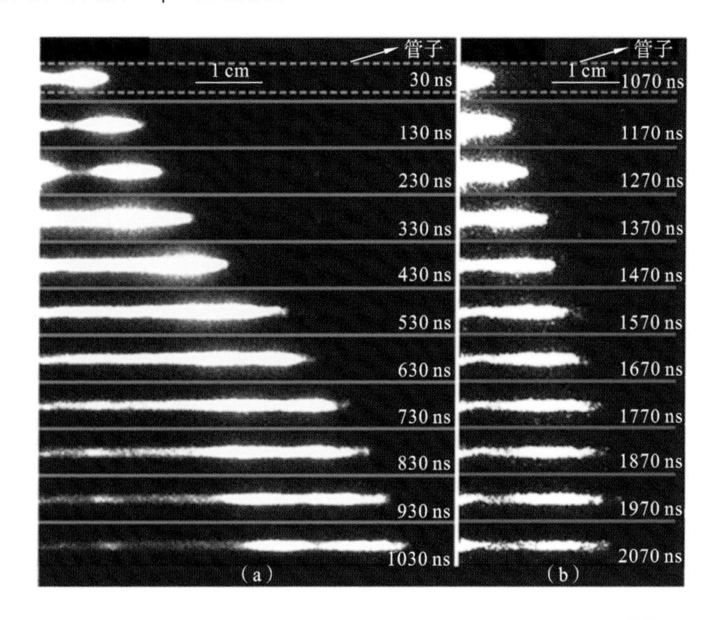

图 2.2.28 不同脉冲上升沿时间下 N-APPJ 的动态过程[6]

(a) 上升沿 140 ns 动态；(b) 上升沿 3 μs 动态。曝光时间为 5 ns，图上标注的时间与图 2.2.24 一致

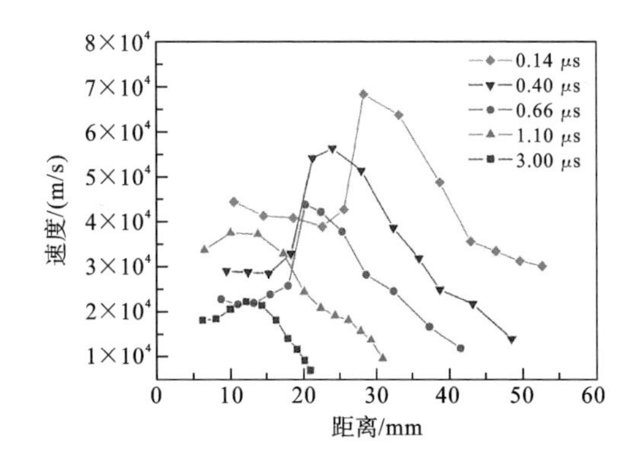

图 2.2.29 不同脉冲上升沿时间下等离子体子弹的推进速度随位置变化的曲线，横轴零点对应地电极右侧边缘[6]

从这些研究结果可以发现，当电压脉冲上升沿很短时，其击穿电压明显更高，也就是说，其击穿过程存在显著的过电压。因此其放电拥有更高的峰值电流和电子温度，更多的原子被激发到较高能级。也正是因为其放电电压更高，所以可以支持 N-APPJ 推进更快、推进距离更远。而更高的电子温度也使 N-APPJ 拥有更强的化学活性，使其在诸多应用中更具优势。

2.2.7 小结

等离子体的长度取决于等离子体子弹的推进距离，而等离子体子弹的推进距离则受到子弹前沿的电场强度和局部气体的击穿场强的影响。显然，外加电压影响的是等离子体子弹头部的电场强度。电场强度和外加电压幅值基本呈线性关系。因此，在没有其他因素限制的情况下，射流的长度和电压基本呈线性关系。

脉宽影响等离子体子弹的推进时间。当脉宽小于 800 ns 时，等离子体子弹在到达电压幅值所能支持的最大推进距离之前，电压脉冲的下降沿就已经到来。随着下降沿的到来，外加电压下降，等离子体子弹头部电场也随之迅速下降，因此放电无法继续推进，导致射流长度较短。而当脉宽大于 800 ns 时，射流的长度就不再受到脉宽的限制。不过，研究发现，脉宽还会对射流的推进速度以及各种激发态粒子的发射光谱强度产生影响，尤其是在长脉宽下，甚至会对射流的长度产生显著的影响。而这些影响的机制目前还不清楚。由于脉宽影响的是相邻两次放电之间的间隔时间，可能是随着脉宽的增加，脉冲下降沿的放电和下一次脉冲上升沿的放电时间间隔变小，从而有更高浓度的空间电荷和各种活性粒子。但还需要开展更多的理论和实验研究来了解所观测到的现象。

频率对射流长度的影响则不是非常明显。改变频率，长度基本保持不变。不过有意思的是，高频率下放电的时间提前了。与长脉宽的影响类似，频率影响的是前后两次放电之间的间隔时间，不过到目前为止，对具体何种粒子起到关键作用还不是很清楚。

气体流速、喷嘴直径、周围空气扩散等因素则共同影响到射流内的气体组分，从而进一步影响到射流的长度。较高的气流速度可以使气流到达空间中某一位置的时间缩短，从而抑制周围空气的扩散，使该处工作气体浓度更高，击穿电压更低，从而利于等离子体的推进。但是当气流速度太高时，气流会由层流转化为湍流，造成工作气体与周围空气的剧烈混合，从而使等离子体难以推进。

电压脉冲极性的影响与传统流注放电的影响类似。正极性脉冲下，由于子弹头部带正电荷，暗通道内的电场强度弱，但电导率较高，因此射流头部的电场得到加强，这有利于射流的推进。而负极性脉冲下的情况则正好相反，暗通道内的电场较强，而射流头部电场由于子弹头部的正电荷而被削弱，从而射流推进速度较低，推进距离也较短。

电压脉冲的上升沿时间决定了实际的放电电压。上升沿时间越短，则放电击穿时的电压越高，等离子体子弹推进速度更快，推进距离也更长；而且等离子体中电子温度更高，激发态活性粒子浓度也更高，使等离子体具有更高的化学活性。

2.3 脉冲直流与交流驱动大气压等离子体射流对比

可以用来驱动等离子体射流的电源种类很多，其中最具有代表性的是千赫兹交流电源和脉冲直流电源。前者技术成熟、价格较低、应用广泛。后者相对新颖、价格较高，但由于性能独特而受到了广泛关注，近年来因为技术成熟而被广泛采用。那么，这两种电源产生的等离子体射流有怎样的差异呢？本节将对此展开讨论。

这里采用如图1.3.1所示的单电极等离子体射流装置，对比研究交流电源驱动的大气压等离子体射流(sine-wave atmospheric pressure plasma jet，S-APPJ)和脉冲直流电源驱动的射流(pulsed dc atmospheric pressure plasma

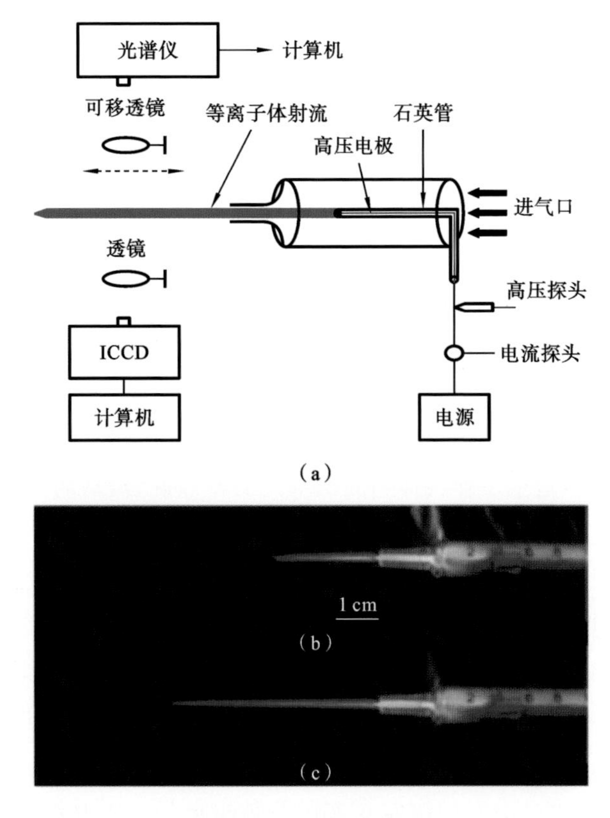

图 2.3.1　交流与脉冲直流驱动等离子体射流装置

(a) 射流装置示意图；(b) 峰-峰值为 16 kV 的交流电源驱动的等离子体射流；(c) 幅值为 8 kV，脉宽为 800 ns 的脉冲直流电源驱动的等离子体射流[11]。两种电源的频率均为 4 kHz，气流速度为 2 L/min

jet，P-APPJ)在特性上的差异[11]。具体的实验装置示意图如图 2.3.1(a)所示。电源频率均为 4 kHz，交流电源输出电压峰-峰值为 16 kV；脉冲直流电源输出电压幅值为 8 kV，脉宽为 800 ns。

图 2.3.2 给出了两种电源驱动时等离子体射流的电压、电流波形。需要指出的是，图 2.3.2(a)中的电流波形是去除了位移电流后的实际放电电流波形。由于交流电源在放电前后输出电压的相位会发生一定程度的偏移，所以图 2.3.2(b)没有做这种处理，而是直接给出了总电流波形。对于脉冲电源驱动的等离子体射流，其一个周期内会分别在脉冲上升沿和下降沿发生一次放电，这和许多报道的结果一致。对于交流电源驱动的等离子体射流，其电流中有显著的正弦位移电流成分。每个周期内分别有一个正向的电流脉冲和一个

负向的电流脉冲叠加在位移电流上。这些电流脉冲对应于实际的放电电流。从图中可以看出，它在电压上升到接近最大值时发生一次放电，在电压下降到接近最小值时再发生一次放电。从图中可以看出，P-APPJ 的电流峰值比 S-APPJ 电流峰值高两个量级。

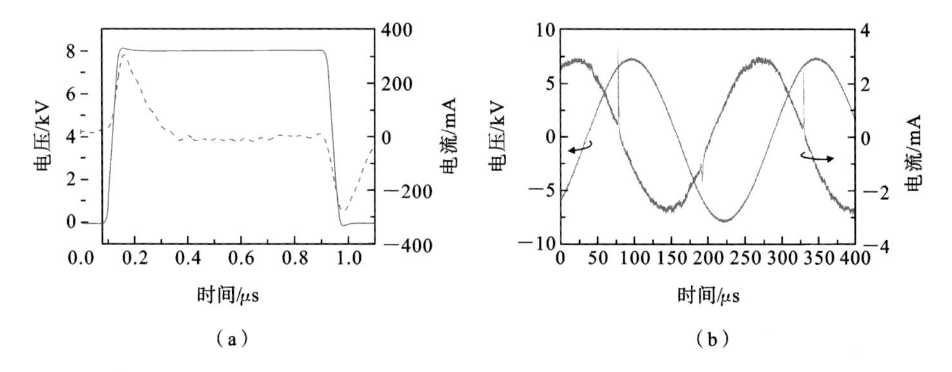

图 2.3.2　电压和电流波形[11]

(a) 脉冲电源电压电流图；(b) 交流电源电压电流图。频率均为 4 kHz，气体流速均为 2 L/min

由于脉冲放电的稳定性很好，P-APPJ 的平均功率可以利用图 2.3.2 中的数据进行计算，计算公式为

$$P = 1/T\int_0^T u(t)i(t)\mathrm{d}t \tag{2.3.1}$$

周期 T 为 250 μs，电压和电流可以从图 2.3.2(a)中获得。计算得到放电平均功率约为 1.8 W。但是 S-APPJ 不能采用这种方法来计算功率。这是因为放电存在一定的时间随机性，电流波形会出现漂移。同时，由于位移电流相对于放电电流来说其幅值大、持续整个周期，如果用上述瞬时功率积分法计算平均功率，则因为位移电流造成的无功功率远大于实际放电功率，最终可能导致放电功率有较大误差。为了尽量减小其误差，S-APPJ 的功率利用李萨如图形的方法来计算。该方法需要一个接地的采样电容。为了不对电路产生显著影响，该电容的容量不能太大；同时，为了获得一定的测量精度，电容值也不能太小。这里选择的电容为 1 nF[11]。

$$u_C(t) = 1/C\int_{t_1}^{t_2} i(t)\mathrm{d}t = Q(t)/C \tag{2.3.2}$$

图 2.3.3 给出了获得的李萨如图形。通过该图计算得到 S-APPJ 的平均功率为 3.5 W。这一功率约为 P-APPJ 的两倍。

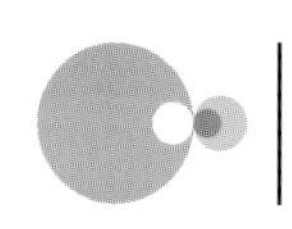

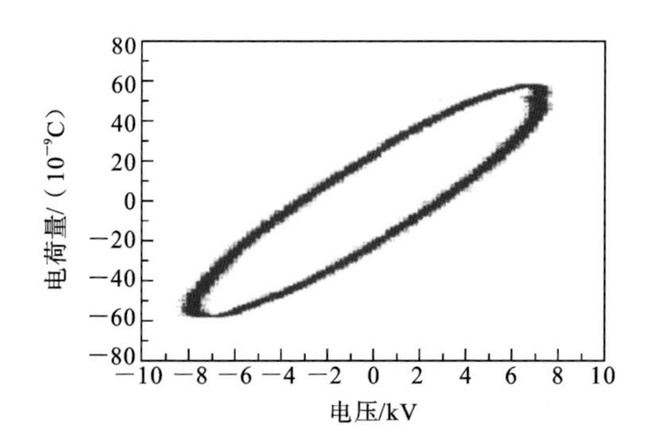

图 2.3.3 S-APPJ 的李萨如图形[11]

频率都为 4 kHz，气体流速均为 2 L/min

为了获得射流中的激发态粒子种类，利用光谱仪采集了距离喷嘴 5 mm 处射流的发射光谱，如图 2.3.4 所示。无论是 P-APPJ 还是 S-APPJ，从发射光谱可以看出它们激发态粒子种类基本相同。除了氦原子谱线，还有 OH 谱线(309 nm)、氮分子 N_2 及氮分子离子 N_2^+ 转动谱带、氧原子 O 谱线(777.3 nm)。200～500 nm 波长范围内主要是氮分子 N_2 及氮分子离子 N_2^+ 谱线，500～800 nm 主要是氦原子谱线。

二者的不同之处在于，P-APPJ 的绝大多数谱线强度都要比 S-APPJ 更强，尤其是氮分子离子 N_2^+ 谱线(391.4 nm)和氧原子谱线(777.3 nm)，P-APPJ 的谱线强度是 S-APPJ 的两倍。

大气压下低温等离子体的气体温度不能通过传统的热电耦或红外测温仪来测量。因为前者会对射流造成显著干扰，同时测量仪器容易受到高电压的破坏；而后者无法用于测量气体温度。不过在大气压下，由于分子碰撞频繁，气体的转动温度和气体温度基本相等，这为非侵入式测量大气压低温等离子体的气体温度提供了方法。下面利用氮分子的第二正则系 $C^3\Pi_u \rightarrow B^3\Pi_g(\Delta v = -2)$ 拟合的方式获得了 P-APPJ 和 S-APPJ 的转动温度和振动温度的空间分布，所得结果如图 2.3.5 所示[11]。从图中可以发现，两种电源驱动的等离子体射流的振动温度都要显著高于其转动温度，这表明二者都具有显著的不平衡特性。从图中还可以看出，P-APPJ 的转动温度要比 S-APPJ 的转动温度低 30 K。

此外，研究者通过实验发现，在射流前端放置被处理对象时，S-APPJ 的气体温度往往会显著升高。为了模拟实际的等离子体应用场景，在喷嘴正前方 20 mm 处连接了一个 1 MΩ 的接地电阻，并再次对射流的温度进行了测量。

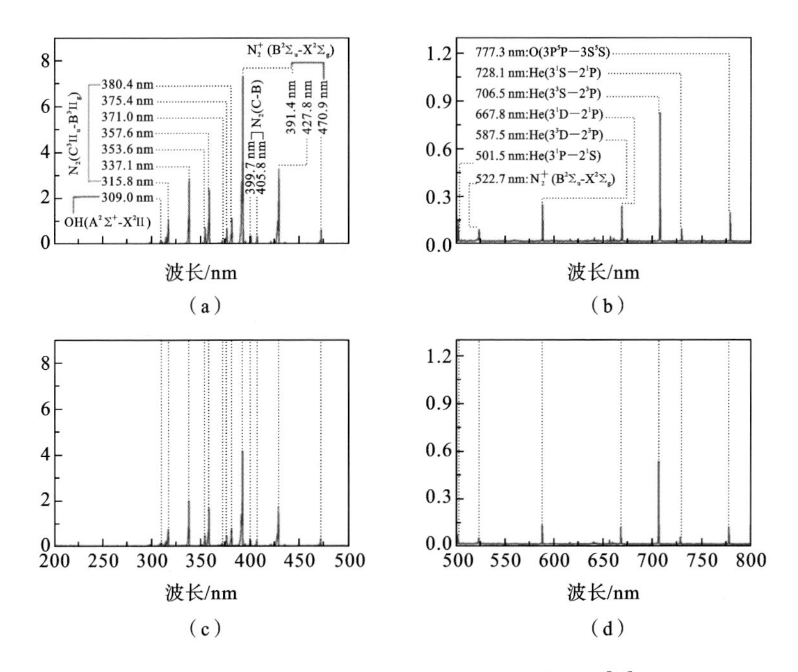

图 2.3.4　不同电源驱动下的氦气放电光谱[11]

(a) 脉冲驱动放电光谱 300～500 nm；(b) 脉冲驱动放电光谱 500～800 nm；(c) 交流驱动放电光谱 300～500 nm；(d) 交流驱动放电光谱 500～800 nm。所有放电参数与图 2.3.1 相同

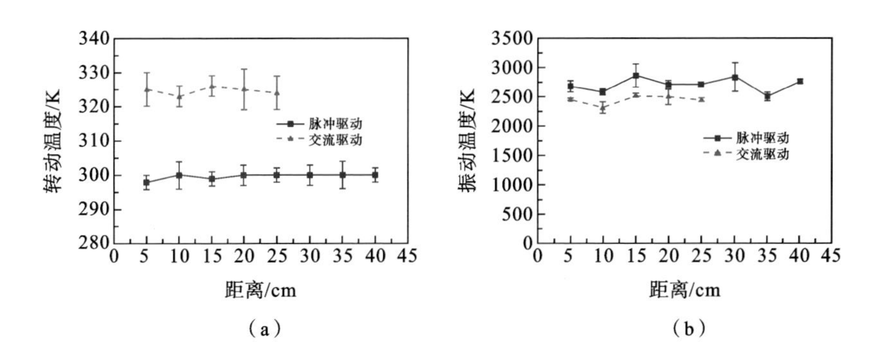

图 2.3.5　转动温度及振动温度的空间分布[11]

(a) 转动温度空间分布；(b) 振动温度空间分布。所有放电参数与图 2.3.1 相同

结果表明，S-APPJ 的转动温度升高到约 400 K。而采用脉冲直流电源驱动时，P-APPJ 的气体温度仍然保持在接近室温的状态。由此可以看出，P-APPJ 的气体温度不受被处理对象的影响。因此 P-APPJ 更适合于生物医学应用。

为了进一步了解这两种驱动方式产生的等离子体射流的区别，图 2.3.6 给出了用 ICCD 拍摄的这两种射流的动态过程。从图中可以看出，这两种电源产生

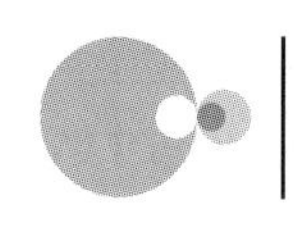

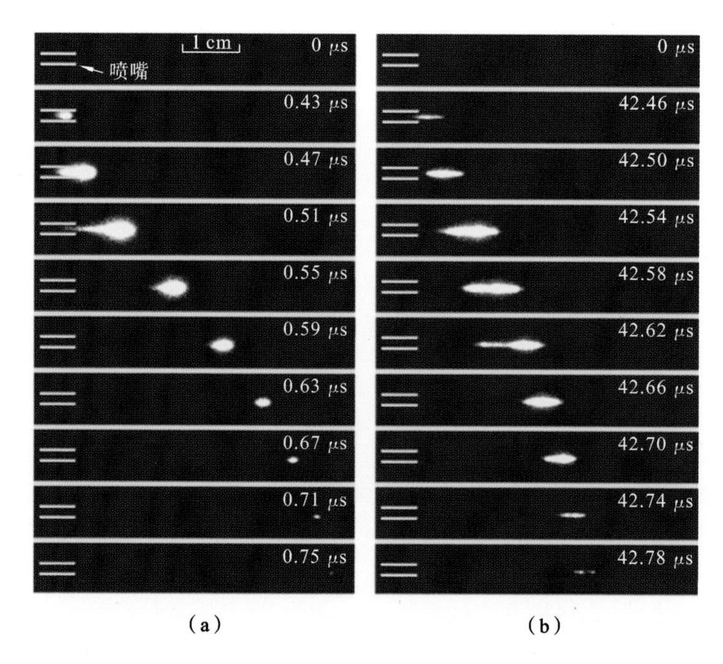

图 2.3.6 P-APPJ 和 S-APPJ 推进的动态过程[11]

(a) 交流驱动等离子体动态过程；(b) 脉冲驱动等离子体动态过程。所有放电参数与图 2.3.1 相同

的等离子体射流都是以等离子体子弹形式推进的。但 P-APPJ 的子弹头部呈半圆形，且头部体积更大，而 S-APPJ 的等离子体子弹更加细长。图 2.3.7 给出了它们在不同位置的推进速度。从图中可以看出，P-APPJ 的推进速度要远高于 S-APPJ 的，且 P-APPJ 的推进距离也更长。有意思的是，和它们的发射光谱强度类似，P-APPJ 的推进速度也差不多是 S-APPJ 的两倍。

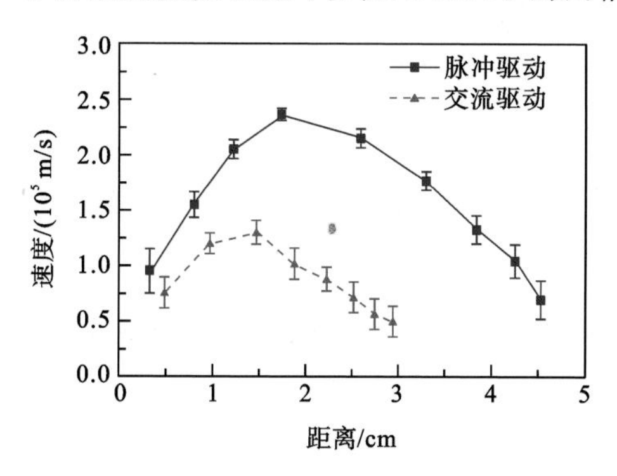

图 2.3.7 P-APPJ 和 S-APPJ 的推进速度[11]

所有放电参数与图 2.3.1 相同

为了获得这两种射流在实际生物医学应用中的效果，下面给出了相应的杀菌实验研究结果[11]。实验时将革兰氏阳性金黄色葡萄球菌均匀涂布在培养皿内的培养基上，分别用这两种等离子体射流对其进行处理。处理分两种方式，即直接处理和间接处理。直接处理是将等离子体射流直接处理培养皿内的细菌。间接处理则是将一根导线置于喷嘴与培养皿内细菌之间，导线通过 2 MΩ 电阻接地，这样发光的等离子体射流就没有与培养皿内的细菌直接接触，此时只有长寿命活性粒子通过气体的流动输送到培养皿上实现杀菌的。对照组采用相同的条件，但是仅通入氦气，电源关闭，不产生等离子体。处理完之后将培养皿置于 37 ℃的恒温培养箱内培养 24 h。图 2.3.8 给出了两种电源驱动的等离子体射流的杀菌结果。白色区域是长满细菌的区域，黑色区域是细菌被杀灭的区域。从图中可以看出，对于两种射流，直接处理的效果均优于间接处理，而不同的电源产生的射流的杀菌效果有更大的差异。P-APPJ 杀灭细菌的区域要显著大于 S-APPJ 的。这可能是 P-APPJ 中活性粒子密度更高导致的。

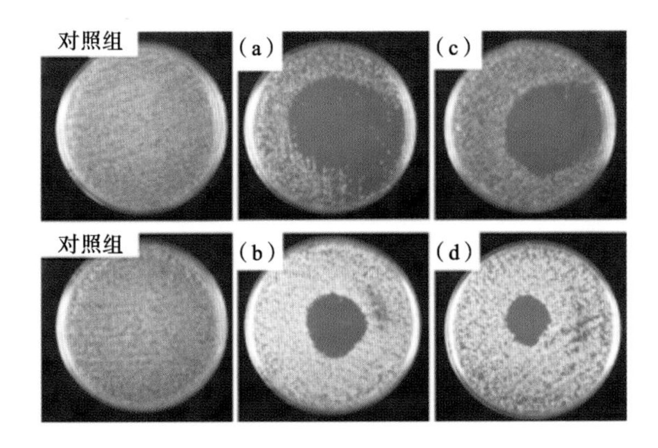

图 2.3.8　等离子体射流处理金黄色葡萄球菌的效果照片[11]

(a) P-APPJ 直接处理培养皿中的细菌；(b) S-APPJ 直接处理培养皿中的细菌；(c) P-APPJ 间接处理培养皿中的细菌；(d) S-APPJ 间接处理培养皿中的细菌

综上所述，S-APPJ 和 P-APPJ 存在着比较明显的差异。P-APPJ 的长度是 S-APPJ 的两倍左右，放电峰值电流要高两个数量级。这表明 P-APPJ 具有更高的电子密度。P-APPJ 的发射光谱强度也要明显高于 S-APPJ。所以脉冲电源具有更高的等离子体活性粒子产生效率。此外，P-APPJ 的气体温度接近室温，且非常稳定。而 S-APPJ 的气体温度往往比室温高，且它的气体温度容易受被处理物影响而升高。所以 P-APPJ 更适合用于对温度敏感的生物医学领域。ICCD 拍摄的动态过程表明 P-APPJ 的推进速度是 S-APPJ 的两倍。对比杀菌效果则显示无论是直接处理还是间接处理，P-APPJ 的杀菌效果都要更加强大。这些结果都证明 P-APPJ 在性能上要优于 S-APPJ。

2.4 放电参数对气体流动的影响

从 2.2 节可知，在等离子体射流中，气体的流速对射流的长度有着显著影响。在较低的气体流速范围内，气体流速越高，越有利于抑制周围空气扩散进入惰性气体气流，从而可以产生更长的射流。而当气体流速达到一定大小时，则会导致气体流速从层流转变为湍流，引起射流长度显著缩短。通常认为导致气流发生转捩的原因主要与气流速度有关。

另一方面，研究者发现多种放电形式也会对气体的流动产生影响，包括产生电动风形成动能注入，以及通过发热对气流状态产生影响。根据这一原理，人们利用局部气体放电向流场的边界层中注入少量动能或热能来影响整个边界层的特性，抑制或促进转捩，从而达到抑制分离、增大升力、减小阻力、降低噪声等目的[12~13]。经过最近 20 年的研究，实验结果表明多种不同结构的等离子体发生器在低来流速度下对气流的控制作用，从而实现通过放电来改变翼形周围的气流。那么等离子体射流产生过程中的放电是否也会对气流产生影响呢？本节将对此进行阐述。

实验装置如图 2.4.1 所示[14]。这里利用单针电极放电射流装置，以及纹影系统配合高速摄影机对等离子体影响气流的现象和机理展开了研究[15~16]。该装置包括一根石英玻璃管和一根不锈钢针。石英管内径 1 mm，外径 3 mm，起导气作用。不锈钢针置于石英管内作为高压电极，其针尖距离喷嘴约 32 mm。管内通入氦气。钢针上加载脉冲直流高压，电压 0～10 kV 可调，频率最高可达 10 kHz。脉宽从 200 ns 到直流可调。为了避免因为电压脉宽太短导致等离子体射流的长度受到影响，脉宽设定为 10 μs。当电极上加载脉冲直流高压的时候，会产生一个自管内向管外推进的等离子体射流。

为了观察气流状态的变化，采用了纹影成像系统。整个系统为 Z 形结构，如图 2.4.2 所示，包含两个镀铝球面镜(直径为 152.4 mm，焦距为 1524 mm，表面精度为 1/8λ)。高速摄像机用于拍摄气流状态变化的动态过程。

一方面可以通过纹影成像系统观察气流状态，与此同时，通过观察等离子

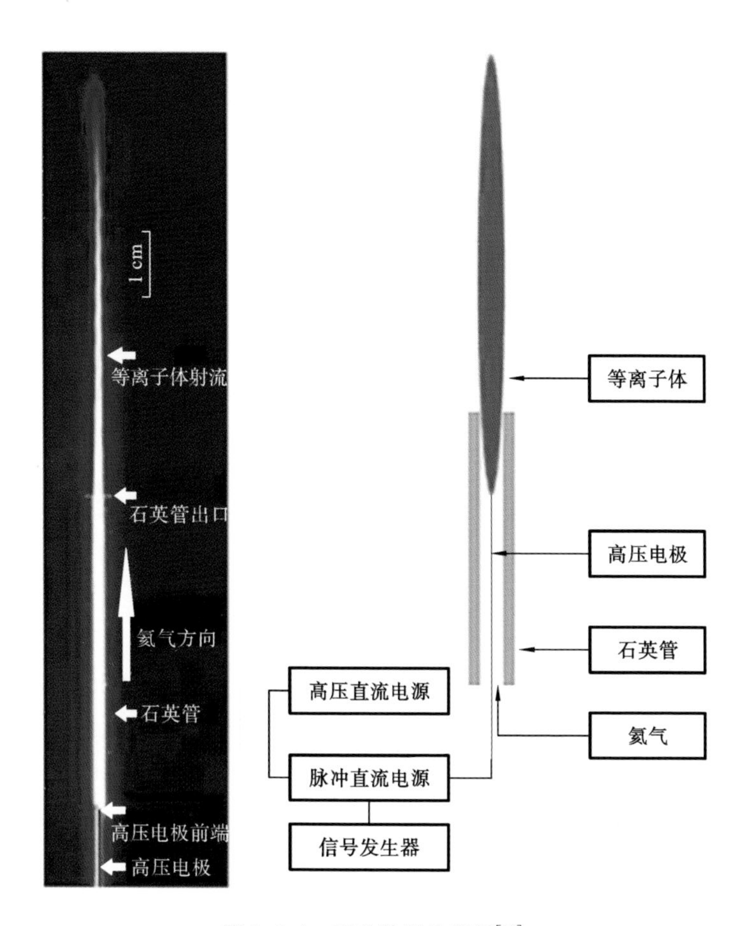

图 2.4.1 实验装置示意图[14]

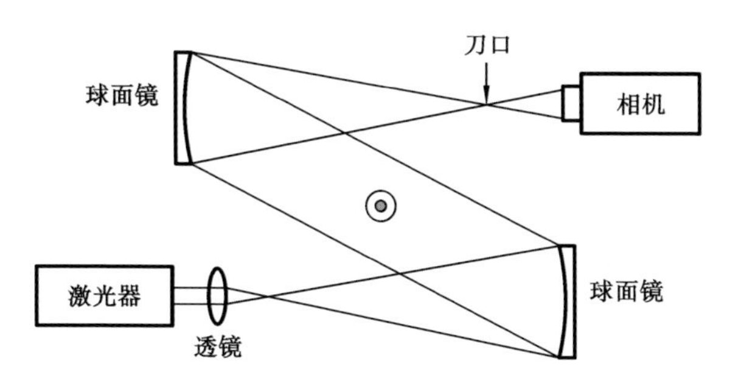

图 2.4.2 纹影成像系统示意图[15]

体射流的状态也能在一定程度上了解气流状态。从图 2.4.3 可以看出,等离子体射流区域对应气流的层流区域。一旦气流转化为湍流,则等离子体射流立即发生显著弯曲,并迅速减弱而熄灭。也就是说,等离子体射流中靠近喷嘴

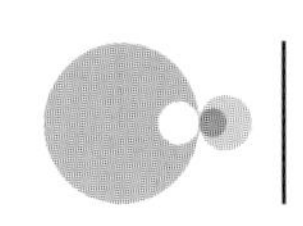

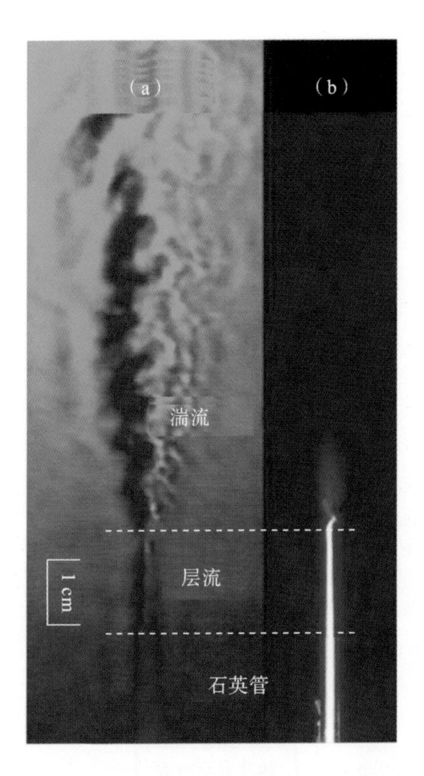

图 2.4.3　纹影成像系统观察到的射流气体状态

(a) 等离子体射流的纹影照片；(b) 射流的照片[14]。氦气流速 4 L/min，频率 4 kHz，电压 8 kV，脉宽 10 μs

的长直发光段对应气流的层流区，尖端弯曲发散段则代表湍流区。因此，通过等离子体射流的照片也能了解气流的转捩。

2.4.1　放电频率对气流的影响

图 2.4.4 给出了不同放电频率下等离子体射流的照片，这些照片既能反映等离子体射流的状态，同时也能很好地显示出气流的状态。射流的主体部分为长直段，是气流的层流区。而尖端分叉的部分是湍流区。在有些状态下，如 8 kHz 时，射流末端会出现波纹状的结构，这是气流稳定性下降形成的介于层流区和湍流区之间的过渡段。

当频率低于 0.4 kHz 或者高于 8 kHz 时，等离子体射流较长，气流呈现出层流状态部分很长。而当频率介于 0.4～8 kHz 之间时，等离子体射流较短，气流在等离子体射流的末端转化为湍流。随着频率的增大，射流长度先减小

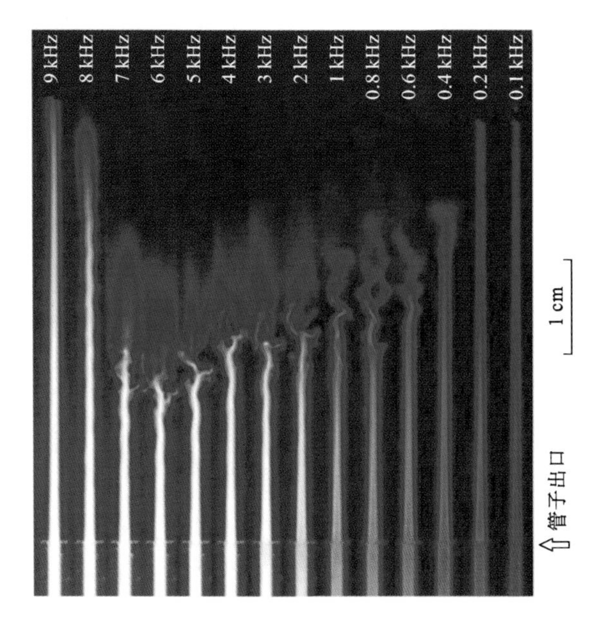

图 2.4.4 不同放电频率对应的射流照片[14]

电压 8 kV,脉宽 10 μs,气流 4 L/min

后增大。当频率为 6 kHz 左右时转捩点距离喷嘴最近。这表明较低频率或者较高频率的放电都有利于气流保持层流,而中间频率放电时气流容易转化为湍流。

4 L/min 的氦气流量对应的气体密度、绝对黏度、气体流速分别为 0.17 kg/m^3、1.96×10^{-5} kg/(m·s)、84.9 m/s。计算得到其雷诺数约为 736。这一数值对应的是层流状态。从上面的结果可以看出,此时是放电导致了气流提前从层流转化为湍流。这种影响过程一般是通过来自边界层外的扰动传输到边界层中并增长,最终导致了气流的失稳。而气流的边界层对于来自边界层外的扰动的感受性和气流的基本特征有关,同时也与扰动的频率有关。Jacobs和 Durbin 发展了一种能对所有频率扰动进行线性扰动连续谱分析的方法,发现自由来流中特定扰动进入边界层的深度(PD)与扰动频率和雷诺数存在负相关:$PD \propto (1/\omega Re)^{0.133}$[16]。所以气流对扰动频率具有选择机制。当扰动频率太高的时候,扰动会受到剪切屏蔽效应的作用而无法传递到边界层,只有较低频率的扰动才能进入边界层,对气流状态产生影响。另一方面,如果扰动的频率太低,尽管气流会受到扰动的影响,但可以依靠黏性力的作用恢复到初始状态，保持稳定的层流状态。所以扰动频率太低或者太高都更有利于气流保持层流状态。所以在本部分中观察到气流转捩点随放电频率的增大先提前后推迟的现象。

2.4.2 放电电压对气流的影响

图 2.4.5 给出了在低、中、高三种频率下射流状态与电压幅值的关系。在不同的放电频率下，电压幅值对气流的影响不太一样。从图 2.4.5(a)可以看出，当频率为 1 kHz 时，放电电压幅值越高，射流长度越短，射流末端的摆动幅度越大。这表明电压高的时候气流更容易转化为湍流。而当电压低于5 kV时，射流长度会随着电压的下降而变短，但射流末端的摆动幅度非常小。这表明此时气流为层流状态，射流长度的减小主要是由于电压的下降导致的。图 2.4.5(b)给出了频率为 4 kHz 时电压对等离子体射流的影响，其结果与图 2.4.5(a)类似，且趋势更加明显。而图 2.4.5(c)的情况与(a)和(b)不同，随着电压的升高，射流逐渐变长。由于射流的末端没有摆动，所以可以认为气流始终处于层流状态。射流长度的变化主要是由于放电区域内电场强度的变化导

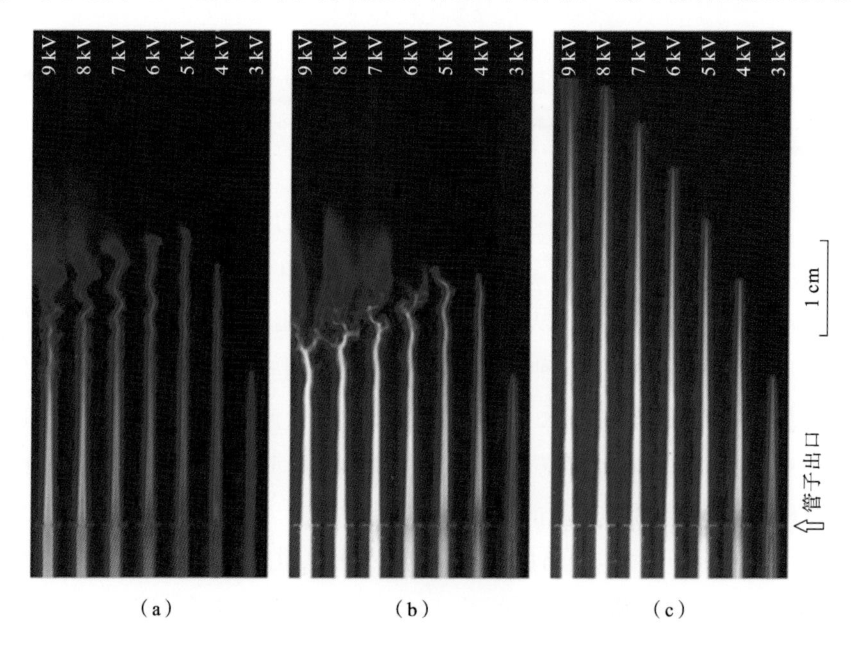

图 2.4.5 改变电压时射流的照片[14]

(a) 1 kHz 照片；(b) 4 kHz 照片；(c) 8 kHz 照片。电压脉宽均为 10 μs，气流为 4 L/min；图(a)、(b)、(c)均由 7 张小照片组成，每张照片所采用的电压标示在照片的顶端，依次为 9～3 kV

致的。

从上述结果可以看出，在中、低频率条件下，更高的放电电压会使气流更容易转化为湍流。这是因为电压越高，放电越剧烈，所形成的扰动幅度也会更大。在气流易感知的频率范围内，较大幅度的扰动显然会被更快放大，导致气流在较短的推进距离内迅速失稳。因此放电电压幅值越大，气流的层流区越短。

2.4.3 电极结构对气流的影响

2.4.1节和2.4.2节中给出了不同放电频率和电压时放电等离子体对气体流动模式的影响，但放电是通过什么机制产生扰动的呢？本部分将通过分析电极结构对气流的影响来对这一问题展开讨论。

从已报道的关于等离子体激励器的研究来看，等离子体对低速气流产生影响的最主要的机制是通过产生电动风来影响气流[12]。而电动风的产生需要一系列的条件。比如对电极结构就有独特的要求。只有非对称结构的电极才能产生电动风，如针-板结构、单针结构等。如果是对称结构，则一般不能产生电动风。正是出于这样的考虑，图2.4.6给出了非对称结构的单针电极和对称结构的双环形电极放电分别对气流的影响。其中，图2.4.6(a)是无等离子体时的气流状态；图2.4.6(b)、(c)分别是单针电极放电时气流的状态和射流照片；图2.4.6(d)、(e)是在玻璃管外放置两个环形电极且下方电极为阳极、上方电极为阴极时气流的状态和射流照片；图2.4.6(f)、(g)同样是在玻璃管外放置两个环电极，不同的是上电极为阳极、下电极为阴极。不放电的时候，气流层流区的长度超过3 cm。采用单针电极结构产生等离子体射流，气流层流区的长度立即减小到约1 cm。如果将电极结构改变为置于管外的两个环电极，则气流层流区长度进一步缩短。双环电极结构的放电应该不会产生电动风，但层流区的长度反而更短，这表明电动风的作用应该不是影响气流的主要因素。层流区长度变短的原因可能是因为双电极结构的放电要比单针电极放电更剧烈，对气流产生的影响也更显著。

既然电动风不是放电导致气流转捩的主要因素，那么放电可能是通过其他的方式将动能注入到气流中，其可能的机制包括两个方面。一方面，等离子体中的带电粒子会在电场的作用下产生定向运动。定向运动的离子将其从电场中获得的能量以动能的形式注入到气流中。由于氦气等离子体中的带电粒子主要为电子和正离子，而电子质量小，其动能也小，可以忽略不计。只有正

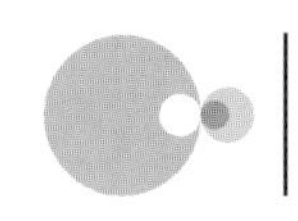

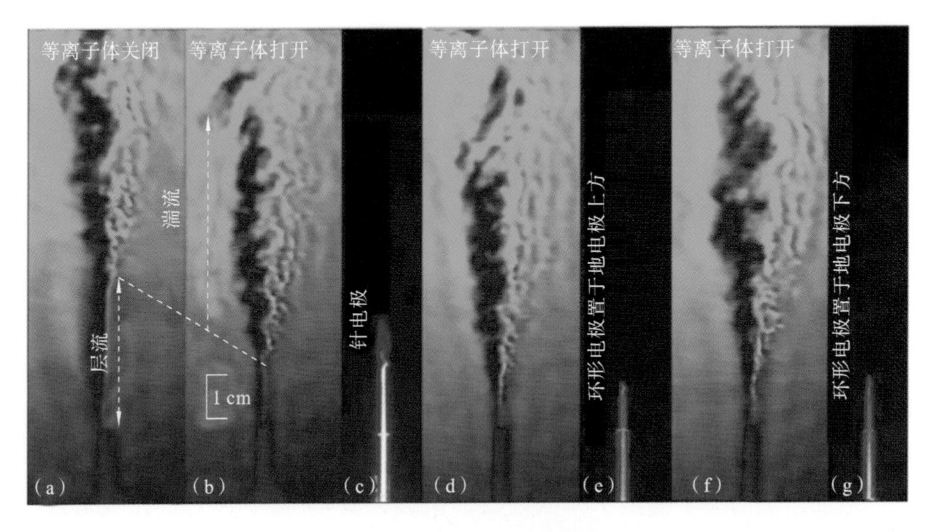

图 2.4.6　介质管外加环电极及交换电极极性对等离子体射流和气流产生的影响[14]

(a)无放电时气流的纹影图像；(b) 玻璃管内单针高压电极条件下放电时的气流纹影图像；(c) 对应(b)的等离子体射流照片；(d) 玻璃管外放置两个环状电极且阳极靠近喷嘴放电时的气流纹影图像；(e) 对应(d)的等离子体射流照片；(f) 玻璃管外放置两个环状电极且阴极靠近喷嘴放电时的气流纹影图像；(g) 对应(f)的等离子体射流照片。电压、脉宽、频率及气流速度分别为 8 kV、10 μs、4 kHz、4 L/min

离子的动能可以对气流产生影响。同时，由于上升沿放电和下降沿放电时电场方向相反，所以正离子也会周期性出现加速和减速，造成气流的周期性振荡。另一方面，放电的过程中会产生一定的热量，导致气流发生膨胀。这两种不同的机制都会在气流中形成局部的压力脉动。这种压力脉动会沿着气流方向向下游传播形成下游边界层的扰动。一旦扰动的频率合适，就会在边界层中迅速放大并导致气流失稳。放电电压越高，则放电越剧烈，导致的气流周期性振荡和膨胀也越剧烈，因此形成的压力脉动幅值也越大，从而使气流更容易转化为湍流。

2.4.4　气流速度的影响

根据流体力学的理论，增大气流速度同样可以导致湍流。所以下面通过增大气流速度的方式获得湍流[14]。不同气流速度下射流的照片如图 2.4.7 所示。从图中可以看出，当气流速度不超过 3 L/min 的时候，随着气流速度的增大，等离子体射流长度增大。这是由于气流速度的增大导致气流中氦气的浓度提高了，所以等离子体射流变长。而随着气流速度的进一步增大，射流的尖

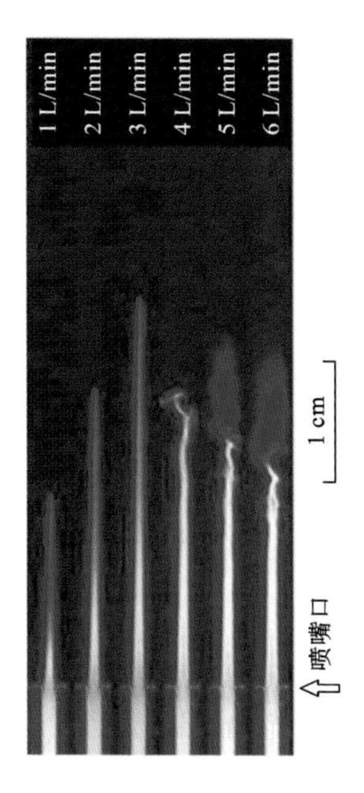

图 2.4.7 不同气流速度下射流的照片[14]

从左到右气流速度依次为 1 L/min、2 L/min、3 L/min、4 L/min、5 L/min、6 L/min；电压 6 kV，频率 4 kHz，脉宽 10 μs

端出现明显的摆动，同时等离子体射流不仅没有变长，反而变短了。这正是因为气流速度太大，气流转化为湍流，所以等离子体射流的长度不增反降。而图中等离子体射流的摆动及射流末端的发散情况和图 2.4.4 和图 2.4.5 中的情况类似。这进一步验证射流的摆动和末端的发散确实是由于气流状态的变化导致的。

下面采用类似的装置，并借助纹影成像技术研究不同气体流速下气流对等离子体的影响的敏感性问题[15]。结果如图 2.4.8 所示。没有等离子体且没有保护气体的时候，当气流速度低于 2 L/min 的时候，视野范围内气流为层流状态。而当气流速度大于 2.5 L/min 的时候，气流出现湍流。当放电产生等离子体射流时，气流状态如图 2.4.8(b)所示。在气流速度低于 1.5 L/min 的时候，气流仍然是层流状态。而当气流速度为 2 L/min 及以上的时候，气流出现湍流。而且在气流速度为 2.5 L/min 及 3 L/min 的时候，气流的层流区长度缩短，转捩点更靠近喷嘴。加载了保护气体时的实验结果与不加保护气体时类似。这些实验结果表明等离子体确实可以对气流状态产生影响。但是需

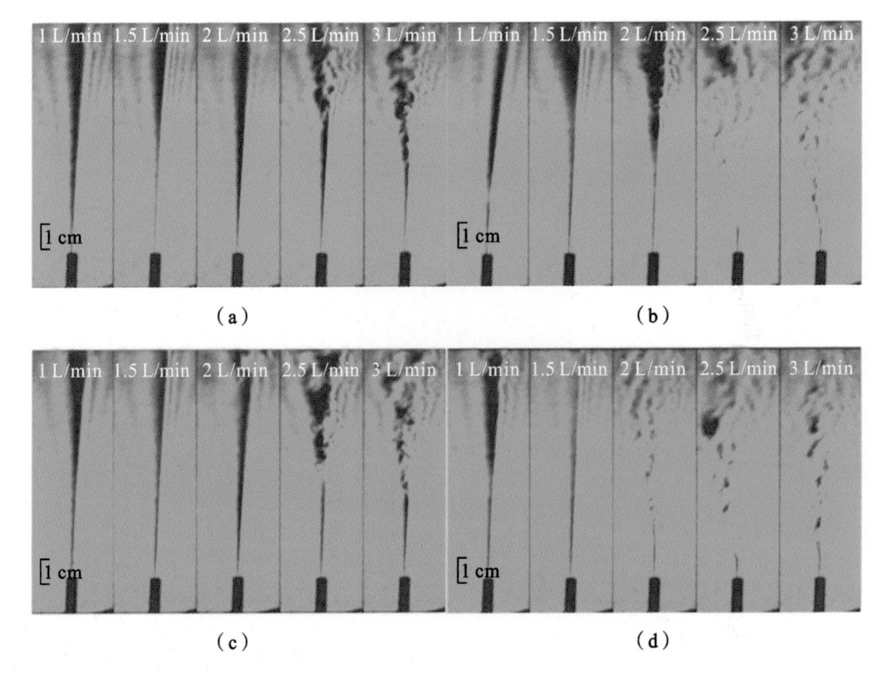

图 2.4.8　不同气流速度下放电前后气流的状态变化[15]

(a) 无等离子体无保护气体；(b) 有等离子体无保护气体；(c) 无等离子体有保护气体；(d) 无等离子体有保护气体。脉冲电压幅值 8 kV，重复频率 8 kHz，脉宽 1 μs

要指出的是，这种影响是有限的。只有当气流速度接近湍流的时候，放电产生的影响才会显现出来。而当气流速度很低的时候，气流本身非常稳定，那么放电的影响就显现不出来。另一方面，当气流速度很大，气流本身就已经出现湍流的条件下，等离子体会在一定程度上使层流区缩短。

2.4.5　放电影响气流的动力学过程

下面将纹影成像系统与高速摄像机结合，研究等离子体开启和关闭过程中气流状态变化的动态过程[15]。图 2.4.9 和图 2.4.10 分别给出了放电频率为 8 kHz 和 3 kHz 时气流状态随等离子体开启和关闭的动态变化过程。每幅图中上排图片为等离子体开启过程中的气流动态过程，0 ms 对应第一个电压脉冲上升沿到来的时刻。下排图片为等离子体关闭过程中的气流动态过程，0 ms 对应最后一个电压脉冲上升沿到来的时刻。25 ms 时刻的图片为气流状态稳定后的照片。

如图 2.4.9 中上排图片所示，在等离子体开启后 2.5 ms 之内，气流状态

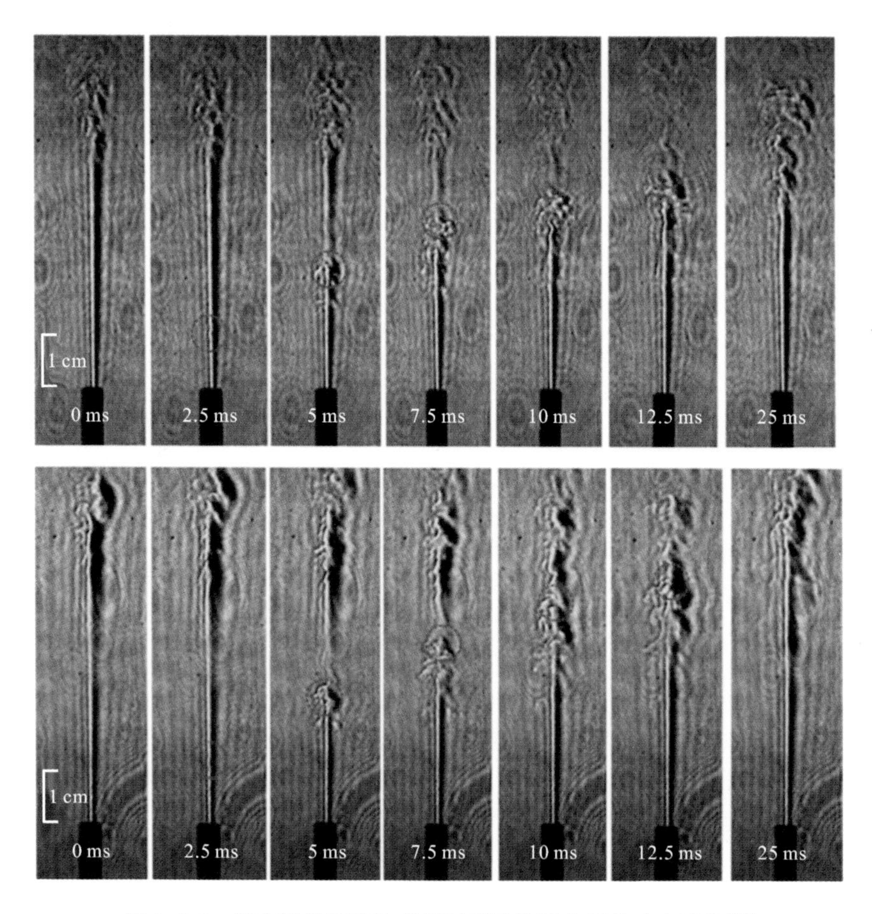

图 2.4.9　等离子体开启和关闭时湍流锋面传播的动态过程[15]

脉冲电压幅值为 8 kV，重复频率为 8 kHz，脉宽为 1 μs。高速摄像机的采集频率与电压脉冲重复频率相同。上排是等离子体开启过程中的气流动态过程，0 ms 对应第一个电压脉冲上升沿到来的时刻。下排是等离子体关闭过程中的气流动态过程，0 ms 对应最后一个电压脉冲上升沿到来的时刻。25 ms 相当于经过了 200 个脉冲气流达到稳定状态

没有变化。在 2.5 ms 的时候，在距离喷嘴 11 mm 处(即图中圈内)产生一个湍流锋面。随之该湍流锋面开始向下游移动，并在移动过程中不断放大。7.5 ms 的时候，在湍流锋面的后方气流开始出现不稳定性。这种不稳定性一直持续到 12.5 ms。在 12.5 ms 之后，湍流锋面进入到湍流区。图 2.4.9 中下排照片所给出的等离子体关闭时气流的动态过程中同样能观察到在相同的时间和位置产生一个湍流锋面。其传播过程与等离子体开启时的情况相似。图 2.4.10也观察到了类似的现象。由于该放电频率更有利于气流转化为湍流，

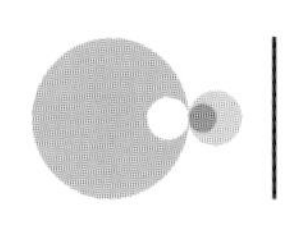

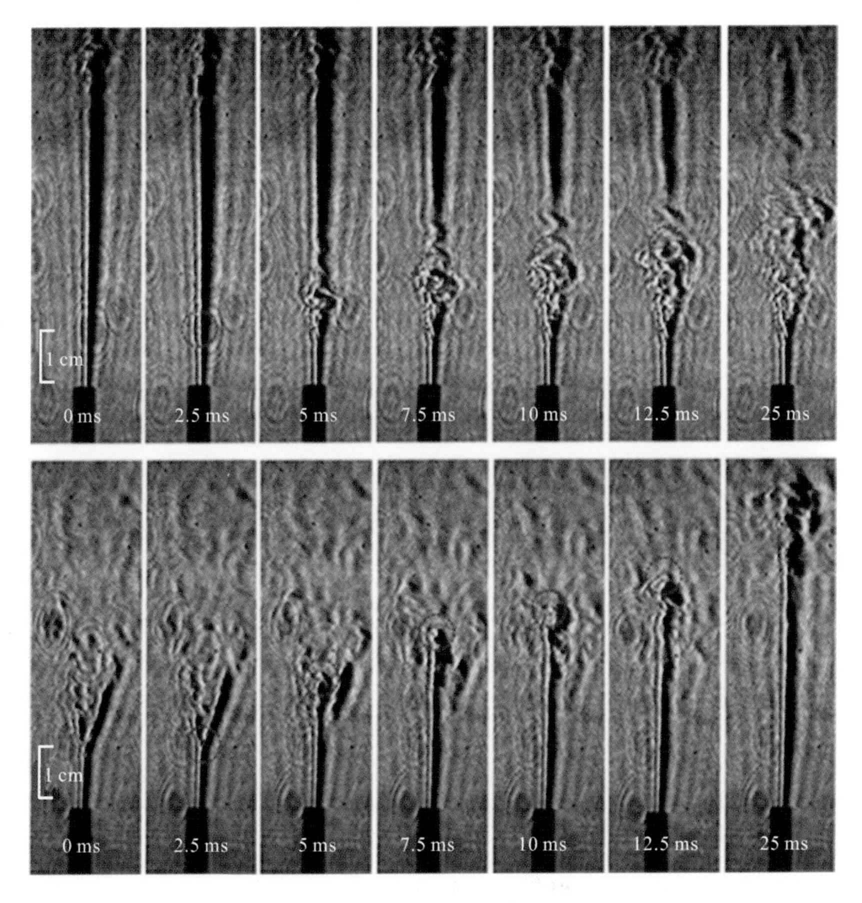

图 2.4.10　等离子体开启和关闭时湍流锋面传播的动态过程[15]

脉冲电压幅值为 8 kV，重复频率为 3 kHz，脉宽为 1 μs。高速摄像机的采集频率与电压脉冲重复频率相同。上排是等离子体开启过程中的气流动态过程，0 ms 对应第一个电压脉冲上升沿到来的时刻。下排是等离子体关闭过程中的气流动态过程，0 ms 对应最后一个电压脉冲上升沿到来的时刻。25 ms 相当于经过 75 个脉冲气流达到稳定状态

所以气流的层流区较短，此时可以很明显地观察到气流状态的改变与湍流锋面有着严格的时间顺序。湍流锋面到达之前气流不会发生变化，而其经过的区域的气流状态迅速发生改变。

从上述实验结果来看，湍流锋面出现的时间与等离子体开启或关闭的时间严格相关。这说明湍流锋面就是由等离子体状态的改变导致的。而湍流锋面的移动与气流状态的改变有着密切的关系，湍流锋面到来之前气流的状态不会发生变化。

2.4.6 小结

本节讨论了放电频率、电压幅值及气流速度对气流状态的影响,以及放电影响气流的动力学过程和机制。放电通过电场和加热两方面的作用引发气流内周期性的压力脉动,从而对气流产生扰动。放电形成的扰动在气流内沿着气流方向向下游传播,在频率选择机制和气流内黏性阻尼的共同作用下,高频扰动和低频扰动的影响均受到抑制,仅有中间频率的扰动被放大,最终导致气流由层流转化为湍流。

电压幅值越高,放电越剧烈,产生的扰动幅度也越大,所以气流越早转化为湍流。不同的气流速度下,气流对放电形成的扰动的敏感性不同。只有在气流速度较高、本身就接近不稳定状态的时候,放电才能起到促进转捩的作用。而气流速度过低时放电并不足以使气流转捩。另一方面,当气流速度过高时,气流本身就处于不稳定状态,放电尽管可以进一步使转捩提前,但作用相对不显著。

对等离子体开启和关闭时气流状态变化的动态过程的研究表明,放电会在气流中特定的位置产生一个向下游传播的湍流锋面,湍流锋面的传播与气流转捩有着密切关系。

上述结果表明在等离子体射流的设计中,只有在特定的频率和电压下才能获得较长的等离子体射流。同时,这些结果对等离子体激励器的设计也有参考意义。选择较高的放电电压和合适的频率可以使放电对气流的扰动最强,这对于利用气体放电来抑制分离、增大升力、减小压阻力的应用是有利的。

2.5 可见光对放电激发的影响

研究气体击穿过程的物理机制问题对于 N-APPJ 的应用具有重要的意义。流注理论认为,种子电子是放电发展的必要条件。种子电子的来源包括宇宙射线、光电离、负离子的解离吸附作用等。流注理论认为,光电离是正流注种子电子的重要来源。然而传统意义上的光电离重点关注紫外波段的高能光子的电离作用。

研究认为分子的振动激发在放电中有可能发挥着重要的作用,因为放电初始阶段,能量首先传递给电子,大部分电子的能量并不足以直接电离气体分子或者原子,往往通过碰撞将能量传递给分子振动激发态,然后发生分步电

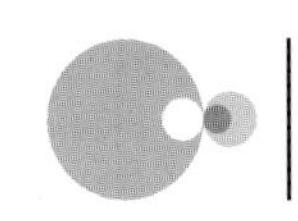

离。像 N_2、CO、H_2 及 CO_2 等分子能够储存振动能很长时间[17～18]。

可见光对放电过程的影响主要体现在两个方面，一是对放电延时的缩短作用，二是可以减小击穿电压。近些年来，脉冲电源技术获得了很大的提高，利用脉冲电源激励的等离子体射流发展迅速，但是关于脉冲激励条件下的击穿机理的研究并不多。既然可见光可以促进直流放电的击穿，针对可见光对脉冲 N-APPJ 放电的影响，有几个问题值得思考：能够促进击穿过程的最有效的可见光波段是多少？可见光加在放电装置什么位置效果最显著？可见光对放电管击穿过程的影响是否与放电管的材料和尺寸有关？可见光的激励作用与气体组分以及气体压强是否有关系？

本节将介绍可见波段光对 N-APPJ 击穿延时的影响。等离子体产生于放电管内，可见波段光被用来照射放电石英管，通过测量放电延时探究可见光对击穿过程的影响。

下面介绍两种常见的可见光光源对放电管照射时，其对放电延迟的影响规律。不同波长的激光和氙灯被用作光源。三种激光光源的功率都是 20 mW，波长分别为 404 nm、532 nm 和 662 nm。另外，窄波段可见光使用功率为 30 W 的氙灯和中心波长分别为 400 nm、430 nm、450 nm、470 nm、500 nm、530 nm、570 nm、610 nm 和 630 nm，通过带宽为 10 nm 的滤光片滤光得到。两种光源采用光谱仪测得的光谱如图 2.5.1 所示[19]。

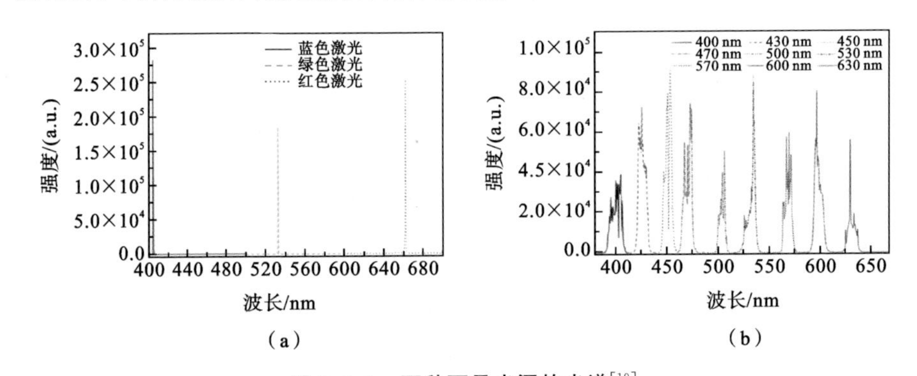

图 2.5.1 两种可见光源的光谱[19]

(a) 氙灯的光谱；(b) 不同波长的激光的光谱

2.5.1 可见光对氦气等离子体射流击穿延时的影响

首先介绍单色光对等离子体射流的放电延时的作用。这里采用双环电极的射流装置，高压电极和地电极包裹在放电管外面，高压极和地电极的距离为

18 mm，实验装置如图 2.5.2(a)所示。光电倍增管放置在如图所示的位置，用来检测放电击穿时刻。

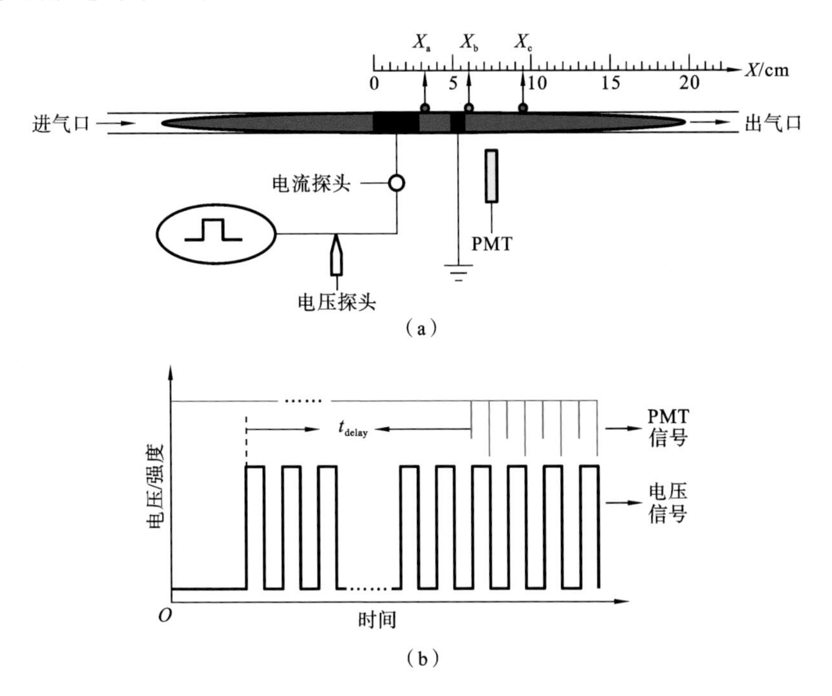

图 2.5.2 可见光对等离子体射流击穿延时的影响实验[19]

(a) 实验装置图；(b) 击穿延时测量示意图

击穿延时的测量方法如图 2.5.2(b)所示，根据 PMT 的信号和施加的电压脉冲的信号计算 t_{delay}，其中 PMT 信号用来检测击穿过程。需要说明的是，为尽可能排除外界干扰，该实验在黑暗环境下进行，且每个数据点都重复测量 20 次。

关于可见光对射流击穿的延时，这里分别给出了在不同放电管的尺寸、材料及气体流速条件下单色光对放电的影响，实验时选择 404 nm 的蓝色激光作为激励源，99.999%He 作为工作气体，电压、频率和脉宽的参数分别为 8 kV、8 kHz、2 μs。图 2.5.3(a)为采用不同尺寸及材料的介质管作为放电管时，放电延时在无外加光和 404 nm 蓝色激光照射条件下的变化情况。其中放电管的尺寸及材料的详细参数如表 2.5.1 所示。图 2.5.3(b)为采用内径1 mm，外径 3 mm 的石英管(即 4 号介质管)，不同气流速度时可见光对放电延时的结果。

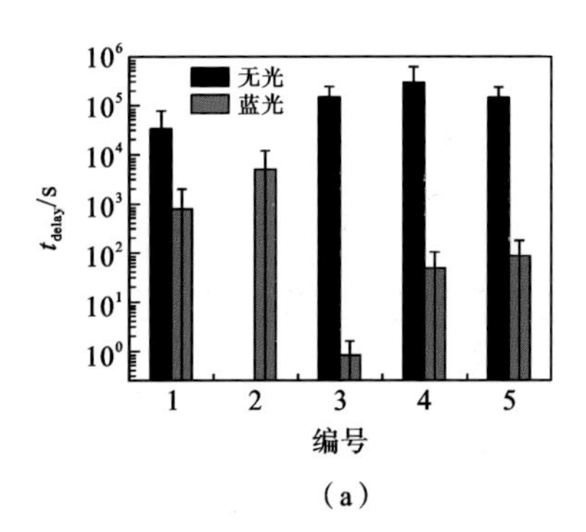

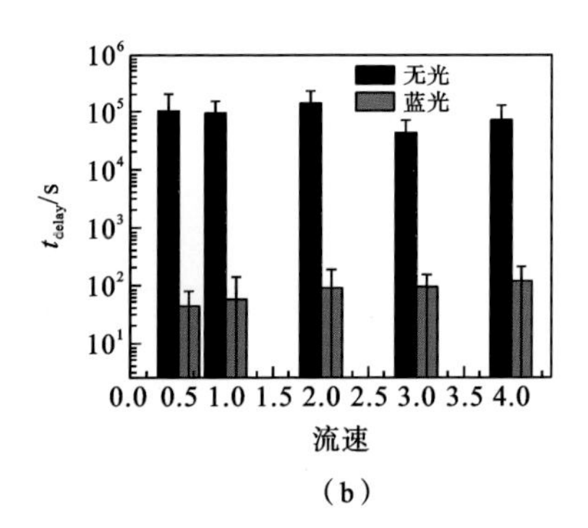

图 2.5.3　有无 404 nm 激光照射时，射流的击穿延时[19]

(a) 不同介质管尺寸及材料；(b) 不同气体流速

表 2.5.1　射流装置使用的介质管尺寸及材料[19]

序号	内径/mm	外径/mm	材料
1	2	4	石英管
2	2	4	聚四氟乙烯
3	4	6	石英管
4	1	3	石英管
5	1.5	3	石英管

从图 2.5.3(a)中可以发现 404 nm 蓝色激光可以有效地缩短放电延时，加 404 nm 的光照射后，所有放电管对应的放电延时缩小 1 到 5 个数量级。需要说明的是 2 号放电管，在图中并未给出不加光照射时的放电延时，这是由于不加外加光时，其放电延时大于 5 min。2 号放电管采用聚四氟乙烯材料，这说明聚四氟乙烯材料不利于放电，但是加光后放电延时显著缩短。通过对比 1 号和 3 号管，这两个放电管有相同的壁厚，当无外加光时，其放电延时几乎相等，但是加 404 nm 光照射后，3 号管的放电延时比 1 号管小 3 个数量级。所以，当壁厚相等时，较大的内径能够使 404 nm 光对放电延时的缩短作用更显著。4 号管和 5 号管有相同的外径，但是壁厚不同，当无外加光时，壁厚较厚的 4 号管难放电，而壁厚较小的 5 号管放电更容易，但是加光后，两个管的放电延时几乎相等。

从图 2.5.3(b)可以看出，不加外加光源照射时，等离子体射流的击穿延时在不同流速下的差别不大，基本都是在 10^5 ms 量级，施加 404 nm 的可见光照射后，不同流速下的击穿延时在 10～10^2 ms 量级，它们的击穿延时也没有太大差别。由此可见，可见光对放电延时的影响不受气流速度的影响。根据上述结果可以得出结论：可见光对放电延时有明显地减小作用，能够促进击穿的发生，这种促进作用在放电管选择较大内径和适当的材料时会得到加强。

2.5.2 可见光缩短击穿延时与照射位置及气体压强的关系

前面的结果指出可见光确实能够缩短等离子体射流的击穿延时。为了对这种物理现象有更深入的了解，鉴于 2.5.1 节中指出的可见光对放电延时的影响与气流速度并没有关系，对图 2.5.2 中的射流装置进行改进，将出气端与分子泵相连，将射流装置改进为气压可控的真空放电系统。一方面可以快速地对装置进行洗气、换气操作，减小周围空气的扩散作用对放电的影响；另一方面可以改变气体压强及气体组分。洗气时，整个装置的气压最低抽到 5×10^{-2} Pa。

下面给出可见激光对放电延时的缩短效应与其照射的位置以及气压的关系。外加可见波段的单色激光波长为 404 nm、532 nm、662 nm。放电管的一端与真空分子泵相连，以确保不受周围空气扩散的影响，并且方便调控管内气体组分。放电管的内径和外径分别为 1.5 nm 和 3 mm。

99.999%的氦气被用作工作气体，施加的电压幅值、频率及脉宽分别为 8 kV、8 kHz、2 μs。图 2.5.4(a)为三种激光分别打在 X_a、X_b 和 X_c 位置(如图 2.5.2(a)所示)时，对应的击穿延时变化情况。图 2.5.4(b)为气体压强分别为 2×10^3 Pa、3×10^4 Pa 及 9×10^4 Pa 时，施加三种激光后的放电延时情况。

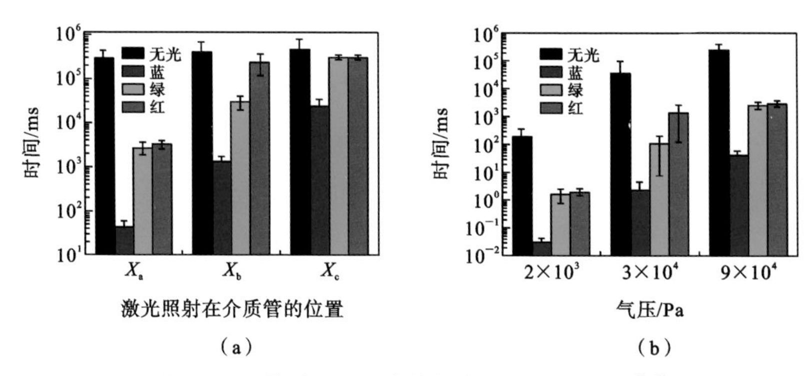

图 2.5.4 蓝、绿、红三种激光对击穿延时的影响[19]

(a) 激光分别照射在介质管的 X_a、X_b、X_c 位置，气压固定在 9×10^4 Pa；(b) 气压分别为 2×10^3 Pa、3×10^4 Pa、9×10^4 Pa，激光照射在 X_a 位置

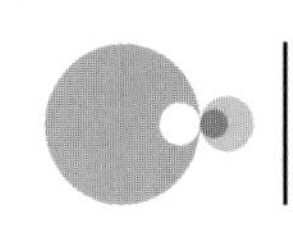

从图 2.5.4(a)中可以看出，三种不同波长的激光对击穿延时有不同程度的缩短作用，并且波长越短，光对放电延时的缩短作用越明显。另外，光对放电延时的缩短作用与光所照射的位置有着密切的关系，当光加在 X_a 位置，即高压电极附近时，光对击穿延时的缩短作用最强。如当蓝色激光施加在 X_a 位置时，放电延时为 40 ms，比无外加光情况时小近 4 个数量级，绿色激光和红色激光大约减小近 2 个数量级；而当激光打在 X_b 位置即靠近地电极位置时，施加蓝色激光的放电延时大约减小 2 个数量级，绿色激光情况下，减小大约 1 个数量级，红色激光的作用就非常微弱了。当激光照射的位置持续后移到距离地电极 3.5 cm 处的 X_c 位置时，只有蓝色激光仍然能够使放电延时减小 1 个数量级。

由于电子雪崩主要发生于高压电极附近，只有当有效电子出现在高压电极附近时，击穿发生的可能性才会更大，所以外加光施加在高压电极附近时，其对放电延时的减小作用更显著。

从图 2.5.4(b)可以看出随着气压的升高，放电延时增大。不同气压条件下，404 nm 的蓝色激光都能缩短放电延时近 4 个数量级，而绿色激光和红色激光的作用相对较弱。

如上所述，可见波段的激光照射放电装置可以减小击穿延时。对应于实验中使用的三种激光波长 404 nm、532 nm 和 662 nm，其对应的光子能量分别为 3.0688 eV、2.3305 eV 和 1.8728 eV。这些光子能量明显远低于 He、N_2 及 O_2 的第一电离能(其对应的第一电离能分别为 24.6 eV、15.58 eV 及12.2 eV)。也就是说，实验中施加三种波长的激光不可能导致三种分子或者原子发生直接电离，从而促进放电击穿过程的发生。

2.5.3 不同电参数下窄波段可见光对击穿延时的影响

如上所述，可见波段的激光能够有效地缩短放电延时。下面进一步对窄波段可见光对击穿延时的影响进行介绍。在本小节中，采用氙灯和带通滤光片得到中心波长分别为 400 nm、430 nm、450 nm、470 nm、500 nm、530 nm、570 nm、610 nm 和 630 nm 窄波段可见光，分光得到的光能量密度较激光小。同时，为了更深入地了解可见波段光对放电延时的影响，还给出了不同电压参数及气体参数条件下的击穿延时。这里采用的是内径和外径分别为 1.5 mm 和 3 mm 的石英管，根据前面的结果，光都加到 X_a 位置。

图 2.5.5 为不同波长的窄波段可见光照射到 X_a 位置时，不同频率和脉宽

情况下放电延时与中心波长的关系曲线。图2.5.5(a)对应的电压幅值、频率及脉宽分别为8 kV、2 kHz、2 μs。从图2.5.5(a)中可以看出,中心波长400~530 nm范围内的可见光对放电延时的减小作用最明显,当波长大于530 nm后光的作用就不明显了。图2.5.5(b)中电源的频率升高为8 kHz,相对于2 kHz条件下,放电延时减小80%左右,同时,此时400~530 nm可见波段光对放电延时的缩小作用表现得也更明显。图2.5.5(c)中,电源脉宽提高到10 μs,与脉宽为2 μs的情况相比,光照射对放电延时的缩小作用也更显著。

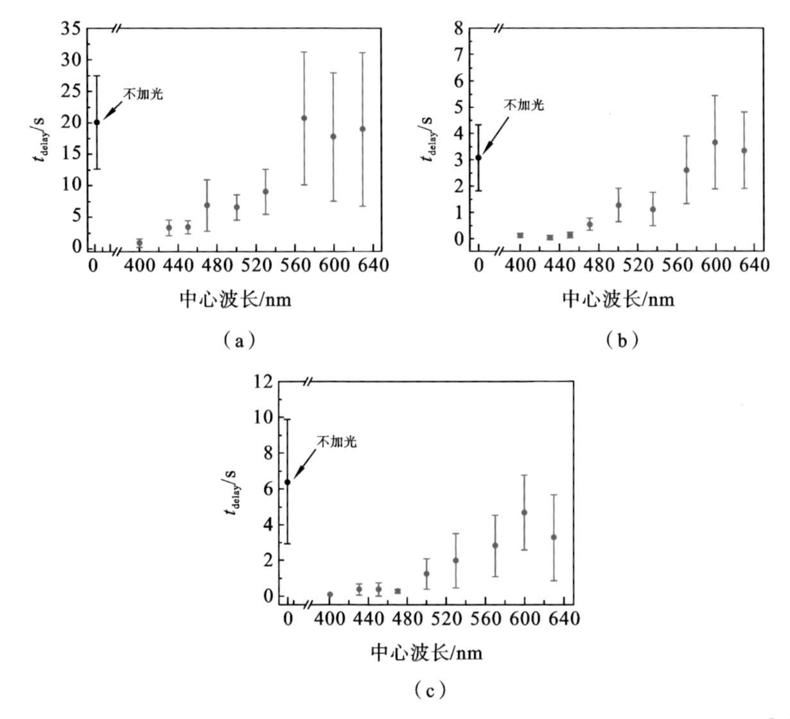

图2.5.5 不同中心波长的窄波段可见光照射介质管时击穿延时的变化情况[19]

(a) 8 kV,2 kHz,2 μs;(b) 8 kV,8 kHz,2 μs;(c) 8 kV,2 kHz,10 μs。工作气体为99.999%的氦气,气体压强为10^4 Pa

应该强调的是这里采用的是脉冲电压,对每一个电压脉冲而言,高压持续时间$t_{v\text{-}on}$是非常短的,如当频率为2 kHz时,脉宽为2 μs,而一个脉冲的周期为500 μs。因此,实际上外加电压导致的强电场持续时间仅占整个周期的0.4%。随着脉冲频率或者脉宽的增加,相同时间内,施加在电极上的高电压的持续时间增大。例如,当频率从2 kHz增加到8 kHz,$t_{v\text{-}on}$增加了4倍。类似地,当脉宽从2 μs增加到10 μs,相同延时内$t_{v\text{-}on}$增加了5倍。

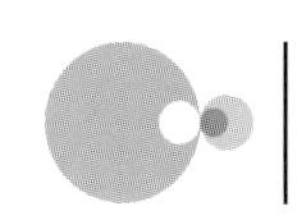

因此，根据图 2.5.5(a)、(b)和(c)，无外加光照射时，放电延时分别为 20.05 s、3.05 s 和 6.42 s。根据前面讨论的 $t_{v\text{-}on}$ 的概念，可以计算出对应图 2.5.5无光照射时三种情况下对应的 $t_{v\text{-}on}$ 分别为 80.2 ms、48.8 ms 和 128.4 ms，当频率为 8 kHz 情况下，其对应的实际电压持续时间最短。当采用中心波长为 400 nm 的光照射时，对应的放电延时减小为 0.89267 s、0.11249 s 和 0.0947 s，计算可得图 2.5.5 对应的三种情况下的 $t_{v\text{-}on}$ 分别为 3.57 ms、1.8 ms 和 1.89 ms。换言之，高频率或者较长的脉宽可以有效地缩短放电延时，并且在高频和宽脉宽条件下，窄波段可见光的作用效果也更明显。

2.5.4 不同气体组分下窄波段可见光对击穿延时的影响

为了进一步了解可见光是否对其他气体组分放电时击穿延迟也会产生影响，下面分别给出氦气中掺加氮气和氧气，以及将主导放电气体改为氮气和氧气时，击穿延迟与可见光波长的关系。

图 2.5.6 所示为氦气分别掺加 1%氮气和 1%氧气条件下的放电延时与外加不同波长的可见光照射的关系。从图 2.5.6(a)可以看出，氦气掺加 1%氮气条件下，无外加光时放电延时大约是纯氦气条件下的 16 倍。400～630 nm 波段的可见光都能有效地缩短放电延时。与之前纯氦气情况类似，最有效的可见光波段仍然是 400～470 nm，波长超过 470 nm 后，光对放电延时的缩短作用变弱。

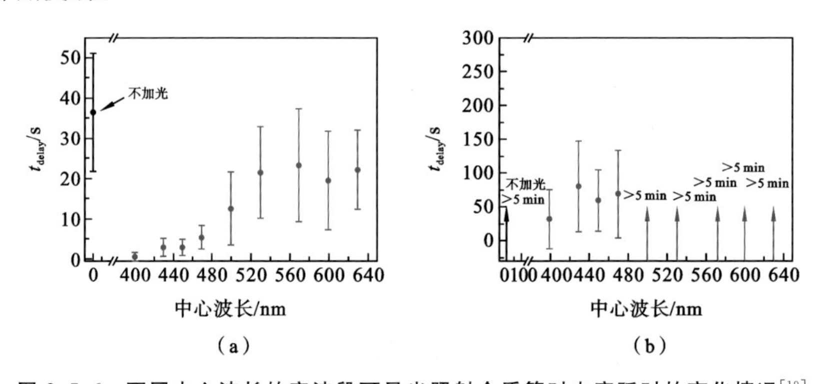

图 2.5.6 不同中心波长的窄波段可见光照射介质管时击穿延时的变化情况[19]

(a) 氦气+1%氮气；(b) 氦气+1%氧气。电压为 8 kV，频率为 8 kHz，脉宽为 2 μs，气体压强为 10^4 Pa

对图 2.5.6(b)，氦气掺加 1%氧气的情况，无外加光时放电非常困难，放电延时大于 5 min。当加中心波长为 400～470 nm 的可见光时，其放电延时缩短为10～150 s。然而，这种情况下，当可见光波长大于470 nm后，光对击穿延时的缩短作用不明显。

因此，可见光能够缩短击穿延时的有效波长范围，对于掺加1%氮气的情况较掺加1%氧气的情况更广泛。但是掺加1%氧气后，击穿延时在有无可见光照射时都增大，这是由于氧分子具有电负性，在击穿前，氧分子吸附气体中的自由电子形成负离子，从而导致有效电子出现的概率减少，导致放电延时增大。

正如图2.5.6所示，掺加1%氧气后，击穿延时明显增大。为了进一步了解可见光对纯氮气和氧气放电的影响，下面给出了99.99%氮气(见图2.5.7(a))和99.99%氧气(见图2.5.7(b))作为工作气体时，可见光对这两种气体作为主导工作气体时放电的延迟。

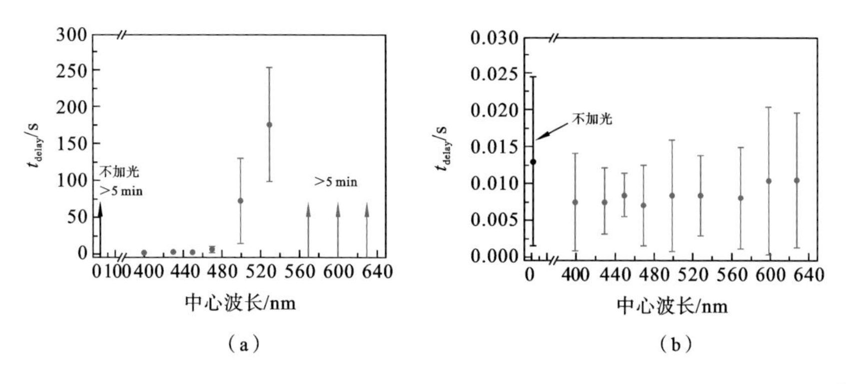

图2.5.7 不同中心波长的窄波段可见光波长照射介质管时气体击穿延时的变化情况[19]

(a) 99.99%的氮气；(b) 99.99%的氧气。电压为8 kV，频率为8 kHz，脉宽为2 μs，气体压强为10^4 Pa

如图2.5.7(a)所示，对于99.99%氮气，没有外加光时，施加电压5 min仍没有观测到放电，而采用400～530 nm波段的可见光照射高压电极附近区域后，能够有效地缩短其击穿延时。当施加波长大于530 nm的可见光时，击穿延时又恢复到大于5 min，这种情况与99.999%氦气放电情况下的影响程度是类似的。图2.5.7(b)中，99.99%氧气作为放电气体时，在不加光情况下，其击穿延时非常小，施加可见波段光时，可见光对放电的促进作用并不明显。

对比图2.5.6(b)和图2.5.7(b)可以发现，氧气对放电击穿的影响呈现出非常有趣的特征，考虑无外加光条件下，掺加1%氧气时，击穿延时大于5 min，放电非常难发生，然而99.999%氦气作为放电主导气体或者99.99%氧气作为放电主导气体时，t_{delay}都在1×10^{-2} s到1 s之间，为了进一步了解氧气对放电的影响，图 2.5.8 给出了不同氧掺量条件下，击穿延时在有无外加光时的变化情况。根据前面的讨论，中心波长为 400 nm 的窄波段可见光对放电的影响最明显，所以此处选择了中心波长为 400 nm 的窄波段可见光。

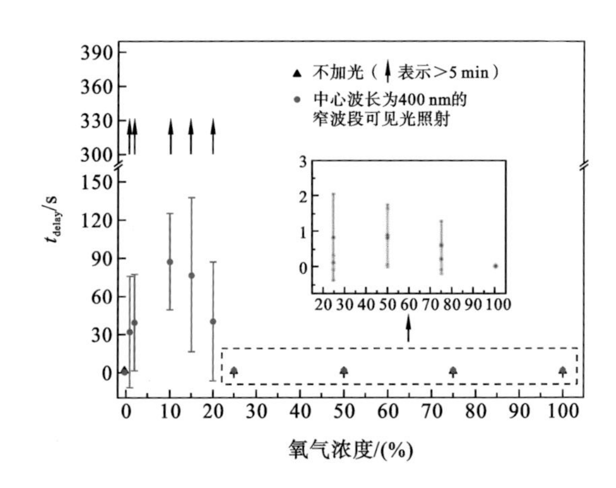

图 2.5.8　不同氧浓度下击穿延时的变化情况[19]

从图 2.5.8 中可以看出，当氧掺量为 1%～20%时，在没有光照射时，氦氧混合气体非常难被击穿，击穿延时大于 5 min。但是当氧掺量小于 1%或者大于 20%时，气体较容易被击穿。

氧掺量在 1%～20%范围内时，当不采用光照射，气体难以被击穿，而大于 20%后，放电变得容易，这一现象可做如下解释。氦气中掺加氧气时，氧气的作用可以分为三个方面：一方面氧气分子与氦亚稳态之间的彭宁电离 $He^* + O_2 \rightarrow He + O_2^+ + e$；$He^* + O_2(1D) \rightarrow He + O_2^+ + e$；$He^* + O \rightarrow He + O^+ + e$ 作用，能够促进放电的发生；另一方面，氧分子的吸附电子性能对放电的发生起到抑制作用；除此以外，氧分子吸附电子后形成的氧负离子，在强电场作用下，解离吸附出自由电子，从而对放电起到促进作用。氧掺量在 0%～100%范围内变化时，击穿延时所呈现出的变化趋势是这三种效应共同作用的结果。在低 O_2 浓度时，彭宁电离过程起主要作用，气体较容易击穿放电。当 O_2 在1%～20%之间时，电子对 O_2 的吸附起主要作用，导致击穿困难。当 O_2 浓度大于 20%时，有光照射和没有光照射的区别变小，这可能是由于反应 $e + O_2 \rightarrow O_2(1D) + e$ 增强，进而导致 $O^- + O_2(1D) \rightarrow O_3 + e$ 增强，从而为放电提供更多的种子电子，最终导致气体击穿更容易。

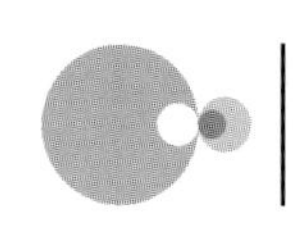

2.5.5 可见光促进放电的作用机理分析

中性气体中一般都含有一定量的电子和离子，这些带电粒子的产生主要是由于宇宙射线的作用。当电极间的电场 E 足够强，以至于电子和离子以指数形式增加，发生雪崩电离。放电发生的必要条件是强电场及有效种子电子的出现。然而，有效种子电子的出现是随机事件，该事件出现的概率与初始种子电子密度正相关。击穿延时 t_{delay} 包括两部分，一部分是统计延时(t_s)，另一部分是形成延时(t_f)，且 $t_{delay}=t_s+t_f$[19]。外施电压施加到第一个有效种子电子的出现时间为统计延时。只有当自由电子出现在针尖附近的强电场附近时，才能发展成有效电子崩导致雪崩气体击穿；而一旦有效电子形成后，其发生雪崩到击穿的时间延时即形成延时 t_f。本节所讨论的情况下 t_f 远小于 t_s[20]，所以下面认为击穿延时 t_{delay} 的变化主要受统计延时 t_s 影响，可见光对击穿延时的缩短作用是因为其促进了有效种子电子的形成。

接下来的问题就是：可见波段光如何促进有效种子电子的形成，其作用机制是什么？根据相关文献，存在两种可能机制。一种可能是光激外逸电子发射作用，这种作用是指可见波段光照射到绝缘材料表面时，绝缘材料会发射出自由电子，但是这种作用产生的电子数量非常少，因此其电流非常微弱，约为 $10^{-18}\sim10^{-11}$ A，实验条件下，非常难以检测。上述实验中，当高压电极附近加可见光照射时，对放电的影响最明显可能是这个原因导致的。

另外一种可能是由于氮分子的存在，低能光子导致氮分子振动激发，从而促进分步电离或者彭宁电离的发生，最终产生自由电子，从而缩短击穿延时。上述实验中，虽然选择了 99.999％氦气作为放电气体，但是其中仍然至少含有体积分数为 5×10^{-6} 的氮气杂质。为了说明实验条件下，放电气体中仍然含有氮气分子，测量了放电气体的发射光谱，如图 2.5.9 所示，从图中可以看出，当 99.999％氦气、氦气＋1％氮气及氦气＋1％氧气作为工作气体情况下，N_2 和 N_2^+ 的发射谱线都存在，说明这三种情况下，都存在氮气分子参与放电。氮气振动激发态的能量范围是 1.7～3.5 eV，而实验中加的可见波段光 400～630 nm 对应的光子能量范围为 3.105～1.97 eV。因此氮气分子有可能被低能光子振动激发，从而更容易在与电子碰撞时发生电离过程，最终导致气体击穿。

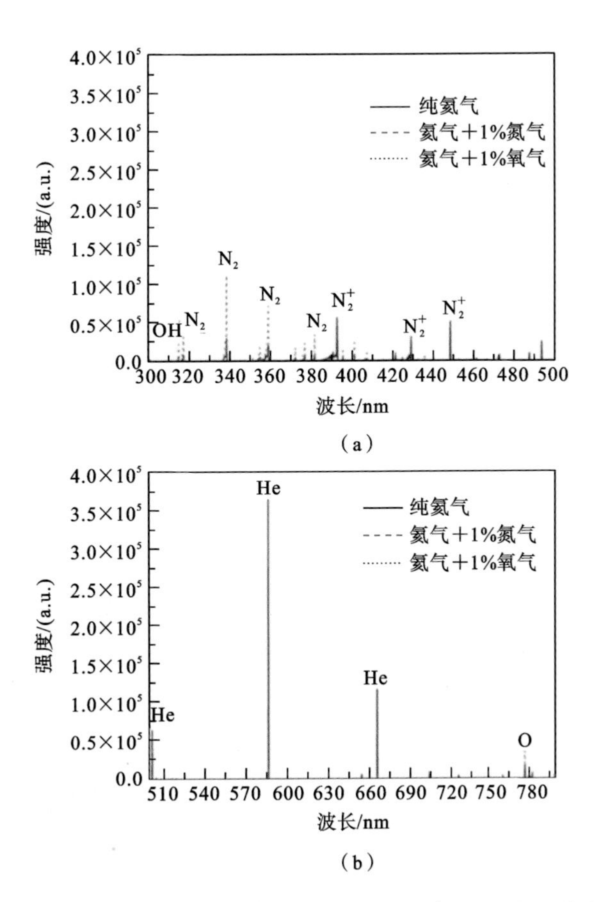

图 2.5.9　99.999%氦气、氦气+1%氮气及氦气+1%氧气放电时的发射光谱[19]

(a) 300～500 nm；(b) 500～800 nm

2.6　管外加导体对大气压非平衡等离子体射流的影响

大多数情况下，N-APPJ 都是首先产生在介质管中，然后喷出到周围的空气中。等离子体在介质管内推进的过程可能会影响 N-APPJ 物理特性。更重要的是，在实际应用中，如果被处理的对象处在一个狭窄的通道后面，为了保证等离子体与被处理物体接触，则需要将介质管插入通道。此时，介质管有可能与周围的狭窄通道接触。这个狭窄通道可能是由具有一定电导率的物质构成。例如，在生物医学应用中，等离子体被认为是一种潜在的癌症治疗方法。如果肿瘤位于身体的内部，在使用 N-APPJ 治疗肿瘤时，等离子体射流的介质管就需要插入人体内，此时介质管外就是人体组织，而人体内部组织具有很好的导电性。因此,深入了解等离子体射流在被导电性材料包围的介质管中的推进行为对于等离子体的应用就显得非常重要。此时,处于介质管外的导体可以被当作一个悬浮电极。在等离子体领域,悬浮电极有时会被用来降低击穿电压[20~22]或增强放电[23~24],显然悬浮电极会对放电产生显著影响。本节将对介质管外导体对 N-APPJ 的推进过程的影响展开讨论。

这里采用如图 2.6.1 所示的实验装置研究了介质管外导体对射流在管内推进过程的影响[25]。石英玻璃管内径 1 mm,壁厚 0.25 mm。半径为 100 μm 的不锈钢针插入石英管左端作为高压电极。石英管中段 30 mm 长的区域被一层 1 mm 厚的生理盐水层覆盖。针尖与生理盐水层左端之间的距离为 15 mm。生理盐水层未与地或高压电源连接,而是处于悬浮状态。生理盐水层可以用来模拟介质管外的导体,如生物组织,同时又便于观察。为了尽量控制介质管内的气体不受周围空气扩散的影响,在介质管右端接一根 3 m 长的硅胶管。当脉冲直流高压加载到高压电极上并通入 1 L/min 的氦气,就会在介质管内产生 N-APPJ。

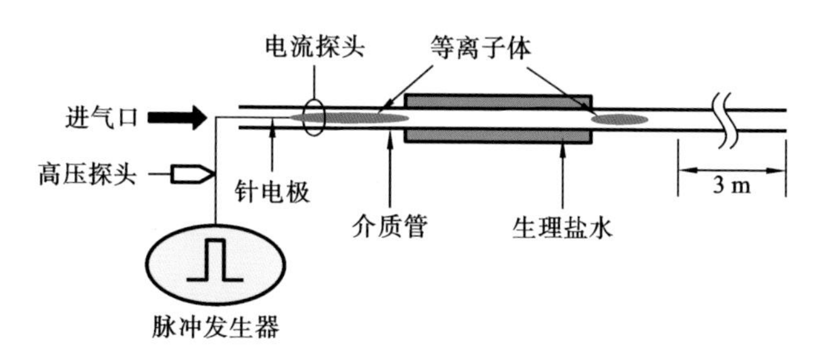

图 2.6.1 放电装置示意图[25]

2.6.1 管外导体对射流的影响

N-APPJ 的照片如图 2.6.2 所示。从图 2.6.2(a)可以看出,当管外覆盖了生理盐水层时,N-APPJ 被分成三个部分,即紧靠高压电极的主等离子体、生理盐水覆盖区的暗区,以及生理盐水覆盖区右侧的二次等离子体射流。这三个部分的总长度比图 2.6.2(b)中没有覆盖生理盐水层的等离子体射流长度短。由此可见,管外导体对射流有明显的抑制作用。有趣的是,主等离子体可以进入盐水覆盖区域约 5 mm,而且可以在导体的下游形成二次等离子体射流。

为了进一步了解其电特性,使用高压探头和电流探头对其电压和放电电

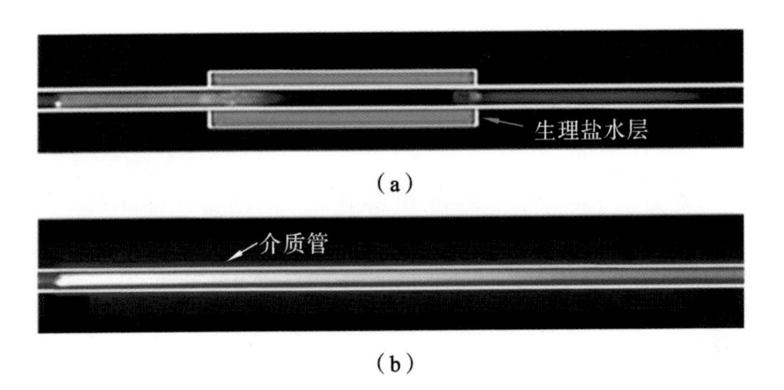

(a)

(b)

图 2.6.2 N-APPJ 的照片[25]

(a) 介质管外放置生理盐水层；(b) 介质管外无生理盐水层。脉冲电压幅值 8 kV，脉冲重复频率 8 kHz，脉宽 1 μs，氦气流速 1 L/min

流进行测量。利用放电时测得的总电流减去不放电，即施加电压，不通入氦气时的位移电流，便可获得真正的放电电流。图 2.6.3 为等离子体在管外有生理盐水层时的放电电流和电压波形。

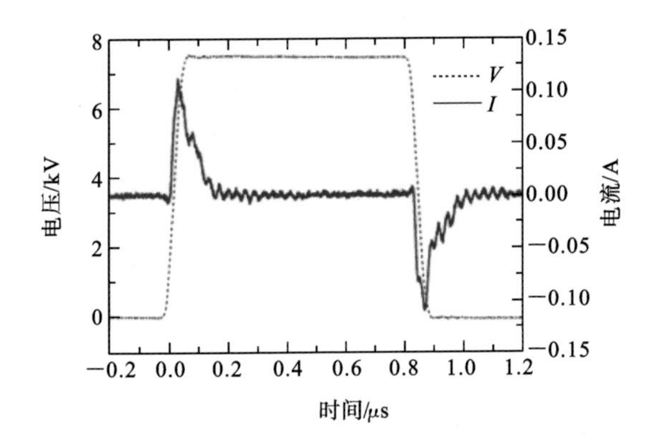

图 2.6.3 等离子体的电压和电流波形[25]

实验条件同图 2.6.2(a)

为了了解等离子体射流在介质管外被生理盐水层覆盖时的推进过程，利用 ICCD 相机对介质管内等离子体推进过程进行拍摄，所得结果如图 2.6.4 所示。从图中可以看出，等离子体子弹在 110 ns 时到达了生理盐水层覆盖的区域。随后，等离子体子弹开始逐渐减弱，最终在 350 ns 时消失。直到 415 ns 之前，整个管内保持黑暗状态。415 ns 时，在生理盐水层的右端产生二次等离子体子弹。需要注意的是，在不同的参数条件下，二次等离子体子弹也可能在主等离子体子弹消失之前产生。

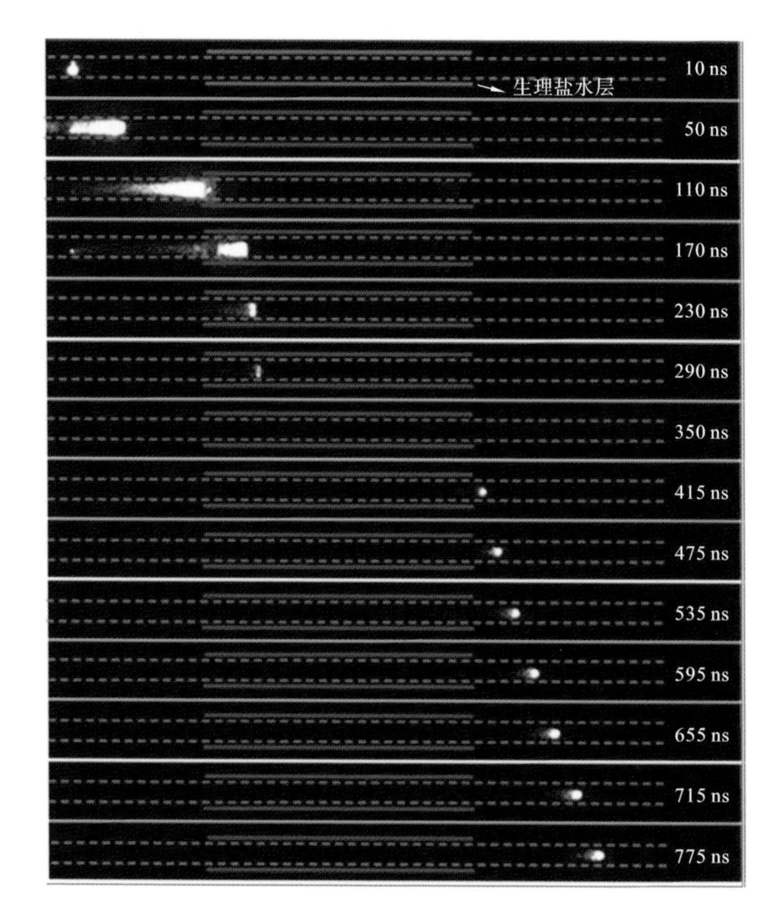

图 2.6.4 ICCD 相机拍摄的介质管外有生理盐水层时放电推进动态过程[25]

曝光时间 5 ns,图上标注的时间与图 2.6.3 一致,放电参数与图 2.6.2(a)相同

图 2.6.5 给出了无生理盐水层和有生理盐水层时不同位置处等离子体子弹的推进速度。结果表明,等离子体子弹在无生理盐水层覆盖的玻璃管内推进时,其速度随推进距离的增加而缓慢下降,针尖附近峰值速度达到 1.6×10^5 m/s。当管外有生理盐水层时,主等离子体子弹速度先增大,最高可达 1.9×10^5 m/s,然后在接近生理盐水层时迅速减速,进入生理盐水层覆盖区域数毫米后消失了。然后,在生理盐水层的右端产生二次等离子体子弹。二次等离子体子弹首先加速到 5×10^4 m/s,然后减速直至消失。

2.6.2 二次射流的产生机理及影响因素

从上述结果来看,管外导体可以抑制主等离子体射流的推进,但可以产生

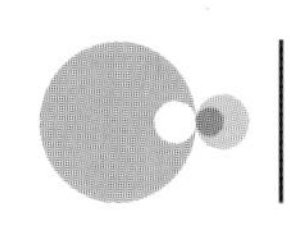

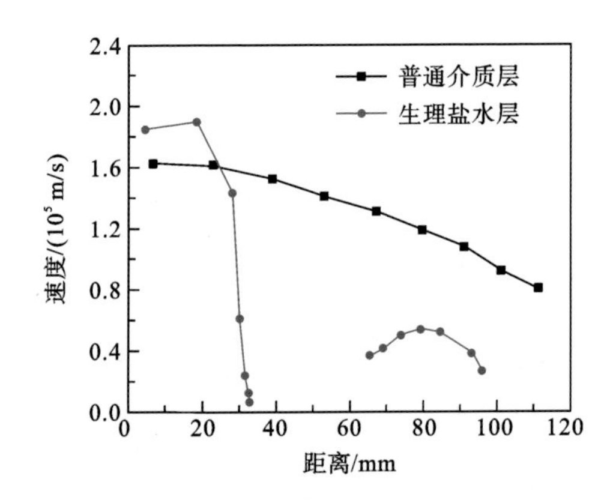

图 2.6.5 不同位置处等离子体子弹的推进速度[25]

对比普通介质管和管外放置生理盐水层，放电参数与图 2.6.2 相同

二次等离子体射流，对等离子体子弹的推进速度也有显著的影响。显然，介质管外的导体对管内的电场分布产生了显著的影响。为了更详细地了解这些现象，下面通过等效法测量了导体的电势。

实验发现采用锡纸代替生理盐水层，所观测到的实验现象不会发生变化。因此为了便于操作，下面用锡纸代替生理盐水层。实验装置如图 2.6.6(a)所示。一根半径为 100 μm 的钢针插入玻璃管中。在离针 2 cm 处，在管外粘贴一个 3 cm 宽的锡箔环。为了便于观察，沿介质管轴向在锡箔环上开了一条 0.5 mm 的缝隙。另一个 4 mm 长的锡箔环贴在第一个锡箔环右侧 4 cm 处。这两个环由一条 1 mm 宽的锡箔条连接。

首先，在针电极上施加脉冲高压，此时会在右环的右侧产生一个二次射流。第二步，断开针电极与高压电源的连接，使针电极悬浮。然后在锡箔环上施加一个脉冲高压，则右环的右侧也会产生一个射流。调节该脉冲电压的幅值，使右环产生的射流与高压加在针上产生的二次射流一样长。从而认为第二步中施加在锡箔环上的电压近似等于第一步中在锡箔环上产生的电势。

利用这种方法，分别测得施加在针上的电压为 7.5 kV、8.0 kV 和 8.5 kV 时锡箔环的电势，如图 2.6.6 所示，它们的电势分别为 5.7 kV、6.0 kV 和 6.3 kV。尽管这一测量方法非常粗糙，但已经可以证明导体上的电势高到足以维持等离子体子弹的推进。这解释了产生二次射流的原因。同时，这一测量结果还表明大量的表面电荷积聚在介质管的内表面，特别是在导体所覆盖的部分。由于主等离子体子弹前方的电场为正，因此介质管内表面的正电荷

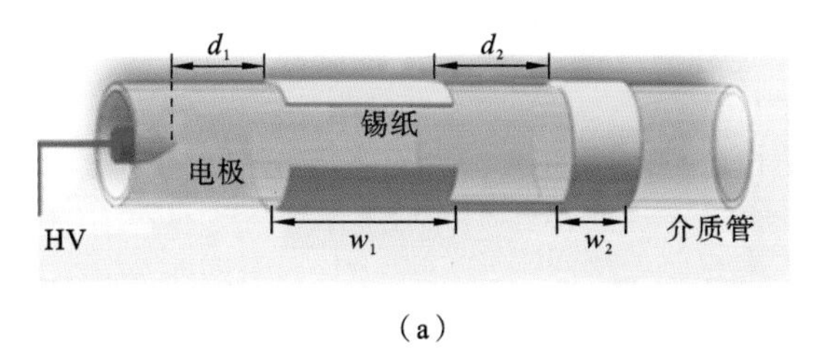

(a)

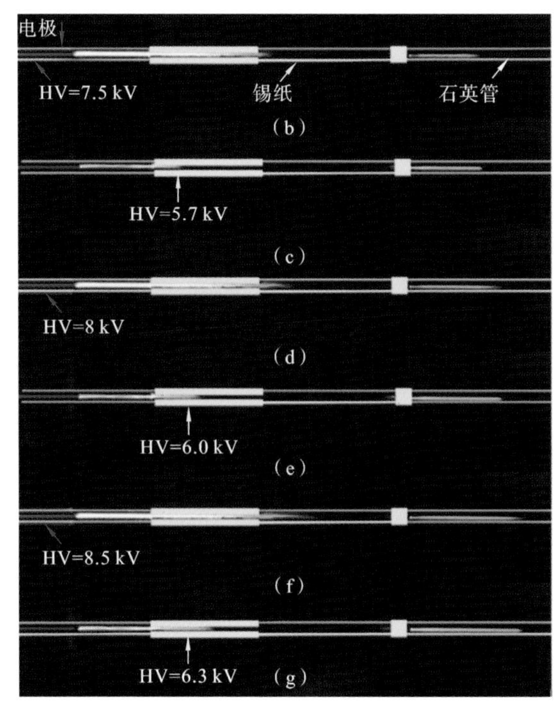

图 2.6.6　利用等效法测量介质管外导体上的电势[25]

图(b)、(d)、(f)中，高压加载到针电极，介质管外导体悬浮；图(c)、(e)、(g)中，高压加载到管外导体上，针电极悬浮

将显著降低主等离子体子弹头部的电场强度，最终导致等离子体子弹减速并停止推进。

图 2.6.7 给出了锡箔覆盖面积对主等离子体射流长度的影响。管外无锡箔时，如图 2.6.7(a)所示，等离子体射流长约 7 cm。当管外覆盖一条长 7 cm、宽 1 mm 的锡箔条时，如图 2.6.7(b)所示，等离子体射流长 6.3 cm，此时没有产生二次等离子体射流。在图 2.6.7(c)中，管外覆盖一条锡箔条和六个锡箔环，锡箔条与图 2.6.7(b)相同，锡箔环宽 1 mm。此时产生的主等离子体射流

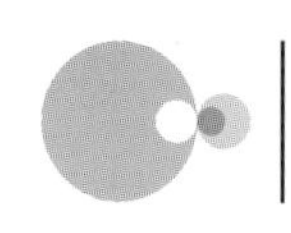

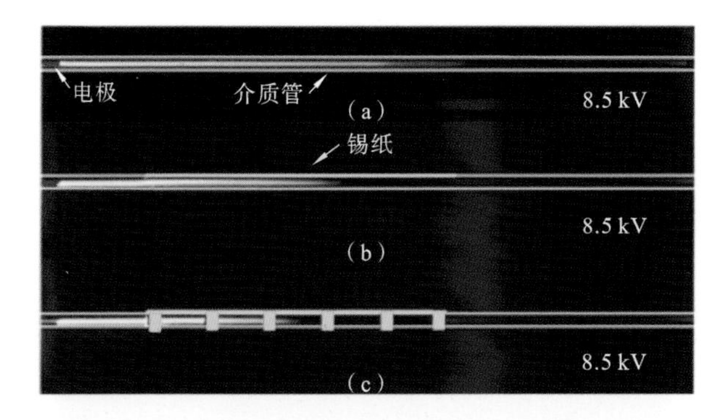

图 2.6.7　锡箔覆盖区域面积不同时射流的照片[25]

(a)管外无锡箔;(b) 管外覆盖一条长 7 cm、宽 1 mm 的锡箔条;(c) 管外覆盖一条与图(b)中相同的锡箔条,以及 6 个宽度 1 mm 的平行锡箔环

长 5.4 cm,在锡箔条的最右端产生一个长度约 3 mm 的微弱二次等离子体。可以看出,一次等离子体射流的长度随着锡箔覆盖面积的增大而减小。

下面研究了介质管壁厚度对等离子体的影响。在图 2.6.8(a)和图 2.6.8(b)中,管壁厚度为 0.5 mm,电极上的电压分别为 8.5 kV 和 5.5 kV。主等离子体射流的长度分别为 5 cm 和 4 cm。二次等离子体射流的长度为大于 4.5 cm 和 1.8 cm。当管壁厚 1 mm,外加电压为 8.5 kV 和 5.5 kV 时,主等离子体射流长度为 5.7 cm 和 4.2 cm。二次等离子体射流的长度为 4 cm 和 0 cm。也就是说,管壁越厚,一次等离子体射流越长,二次等离子体射流越短。

为了了解二次等离子体射流产生的原因,下面给出了不同气体流量对等

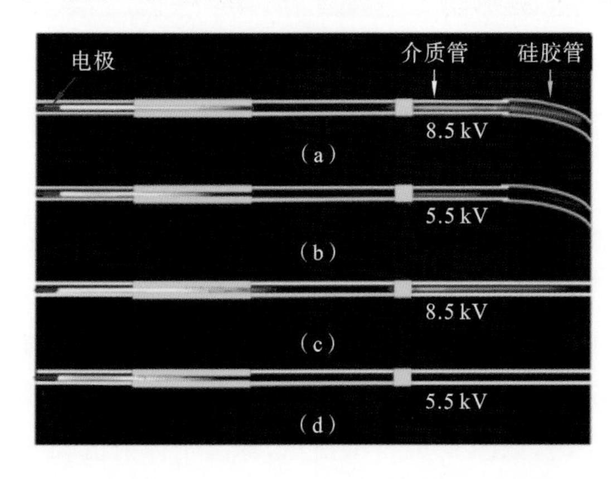

图 2.6.8　不同厚度的介质管中的 N-APPJ 照片,外加电压和介质管厚度见图中标注[25]

(a) 厚度=0.5 mm;(b) 厚度=0.5 mm;(c) 厚度=1 mm;(d) 厚度=1 mm

离子体射流特性的影响，如图 2.6.9 所示。当气体流速从 700 mL/min 减小到 50 mL/min 时，主等离子体射流和二次等离子体射流的长度均减小。此外，当气体流量减小到 25 mL/min 时，二次等离子体射流消失。

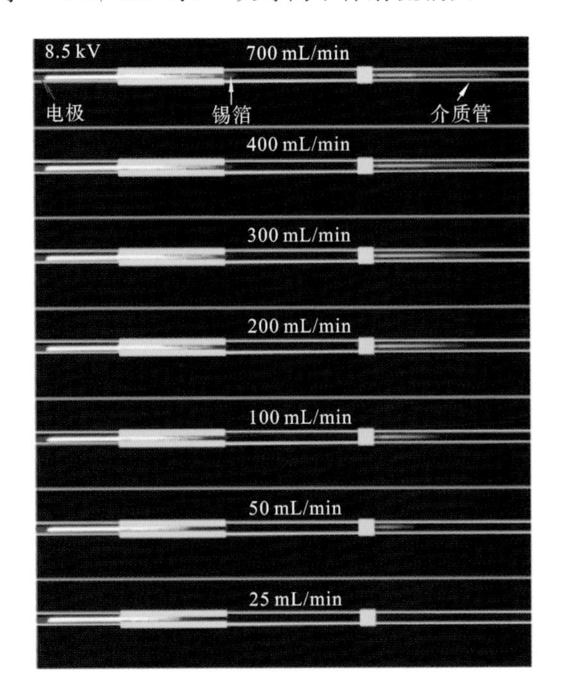

图 2.6.9　不同气体流速下 APPJ 的照片[25]

为了进一步深入了解气体流动对射流的影响机制，下面给出了堵塞介质管对射流行为影响的实验结果。如图 2.6.10 所示，当用绝缘胶封闭生理盐水层所覆盖的管段时，针电极上的电压升高到 9.5 kV 也不能产生二次等离子体

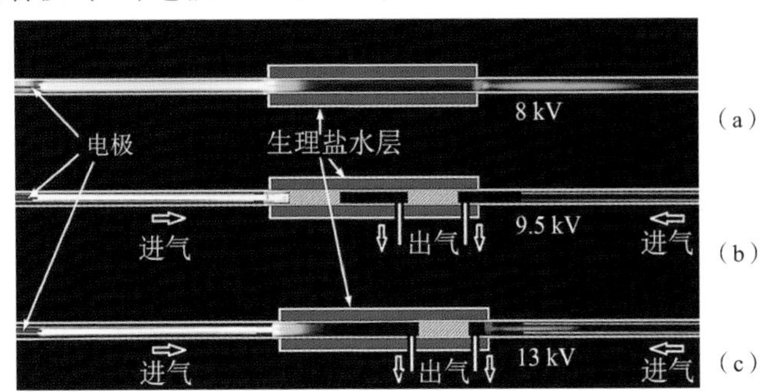

图 2.6.10　N-APPJ 照片

(a) 介质管畅通；(b)～(c) 介质管堵塞[25]

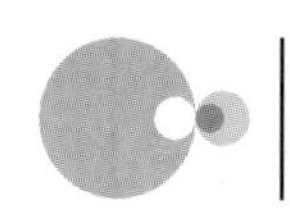

射流。只有当电压进一步升高到 13 kV 时才能观察到二次等离子体射流。这说明除了管外的导体在主射流放电产生较高的电势外，主等离子体射流产生的活性粒子在二次等离子体射流的产生中也起着重要的作用。

2.6.3 管外导体的作用机制

从上述研究结果可以看出，管外的悬浮导体对主等离子体射流有抑制作用。导体覆盖的面积越大、管壁越薄，对等离子体射流的抑制作用越强。通过测量发现导体上的由于主射流产生的电势最高可达 6 kV 以上。另一方面，在管外导体的下游端会产生一个二次等离子体射流。较高的外加电压或者气流速度都会使二次射流的长度更长。

为了对上述所观测到的现象进行解释，图 2.6.11(a)给出了等离子体射流在管内产生和推进过程中的物理图像。为了方便描述，针电极的针尖、主等离子体子弹及锡箔右端点三个位置分别标记为 P_1、P_2、P_3。在等离子体射流中，等离子体子弹后的暗通道有一定的导电性，电场可以通过暗通道传导到等离子体子弹的头部。因此，P_1 和 P_2 之间的暗通道可以等效为一个电阻 R_1，P_2 与 P_3 之间的氦气流等效为一个电容器 C_1，管内的等离子体、管外的锡箔和管壁构成电容器 C_2 的两个电极板和电介质，P_3 与地面之间的空气相当于一个电容 C_3，电容器 C_1 和 C_2 并联，然后与 R_1 和 C_3 串联。基于此，建立了对应的等效电路模型，如图 2.6.11(b)所示。由于 C_1 和 C_3 都是气体的等效电容，所以它们的电容值比 C_2 小得多。根据电路理论，电压主要降落在 C_3 两端，P_2

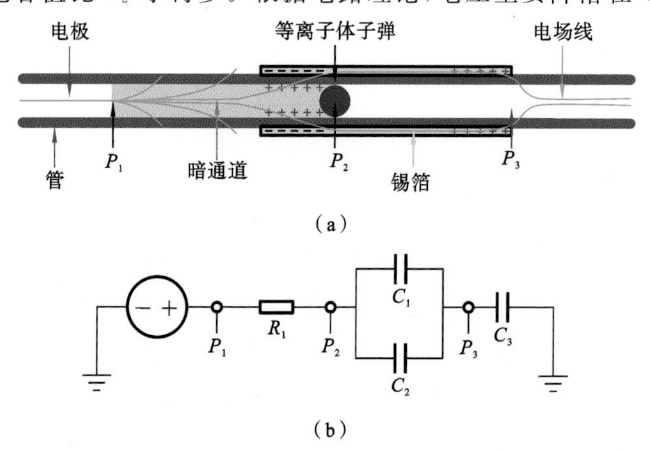

图 2.6.11 等离子体推进过程的电场分布示意图和等效电路[25]

(a) 电场分布示意图；(b) 等效电路图

和 P_3 之间的电压差比较小。同时，电流大部分通过 C_2 而非 C_1。

在电极上施加高电压时，产生主等离子体射流。根据 2.6.11(a)所示，高压通过暗通道传导到等离子体子弹的头部。在主等离子体子弹进入锡箔覆盖的区域之前，它像普通等离子体子弹一样推进。当它进入锡箔覆盖区域时，电场分布发生了变化。在电场径向分量的作用下，暗通道中的正电荷在管道内壁上快速聚集。相应地，负电荷通过锡箔在管的外壁上积聚，电容器 C_2 充电。由于 C_2 的电容值相对较大，所以大部分的电场线都是通过这个电容传导到锡箔的右端。

根据电容的计算公式 $C=\varepsilon S/4\pi kd$，影响电容的因素有三个：介电常数 ε、面积 S，以及电极之间的距离 d。当等离子体子弹进入锡箔覆盖区域时，暗通道与锡箔的有效面积增大。因此，C_2 的电容值也随之快速增大。这就是为什么等离子体子弹在进入锡箔覆盖的区域后变得越来越弱的原因。增加管外锡箔的面积也会增加 C_2。这与图 2.6.7 所示的结果相吻合。另一方面，管壁厚度的减小也会导致 C_2 的电容值增大，这解释了图 2.6.8 所示的结果。

电场线从针电极开始，经过暗通道和电容 C_2，在 P_3 处形成强电场。同时，图 2.6.9 和图 2.6.10 给出了气体流量对二次射流的影响。二次射流的长度随氦气流速的增加而增大。当气体流量低于 25 mL/min 时，不产生二次等离子体。这表明主等离子体射流产生的活性粒子起着重要的作用。主等离子体射流末端到二次等离子体射流起点的距离为 4 cm，当气体流量为 700 mL/min 时，气体通过这个距离所需时间约为 20 ms。因此，这些起作用的活性粒子的寿命必须至少在 20 ms 的量级。在强电场和相对高密度的活性粒子共同作用下，产生了二次射流。

2.7 U型管中的等离子体

许多 N-APPJ 采用一个电介质管来产生等离子体射流。等离子体是先在介质管内产生，然后以类似于“子弹”的形式在管外高速推进。因此深入了解该等离子体在介质管中的行为对等离子体射流的研究也是非常重要的。国内外许多学者针对介质管内等离子体的动态行为开展了研究，如两个相对逆向推进等离子体子弹的相互作用行为[26~27]，等离子体子弹的分叉与融合行为[28~29]，等等。等离子体子弹在介质管中的行为与在周围空气中有诸多不同。例如，研究发现介质管中的等离子体子弹在采用负极性驱动时其推进速度比采用正极性时高。此外，当管的直径比较大，或者有一定的不对称性时，等离子体子弹总是沿着管壁推进的[30~37]。为了更加深入了解等离子体子弹在介质管中的行为，本小节将介绍它在U型管中的推进行为。

图2.7.1为U型管中放电实验装置示意图[34]。d为上下管之间的距离。为了减少周围空气扩散对放电的影响，下面U型管的末端接了一个3 m长的软管。图2.7.2给出了不同d值情况下所产生等离子体的照片。为了进一步了解不同d值情况下所得等离子体的总长度，图2.7.3给出了等离子体的总长度与d之间的关系。从图2.7.3中可以看出，当d值从1 mm增加到30 mm时，等离子体的总长度从70 mm增加到130 mm。

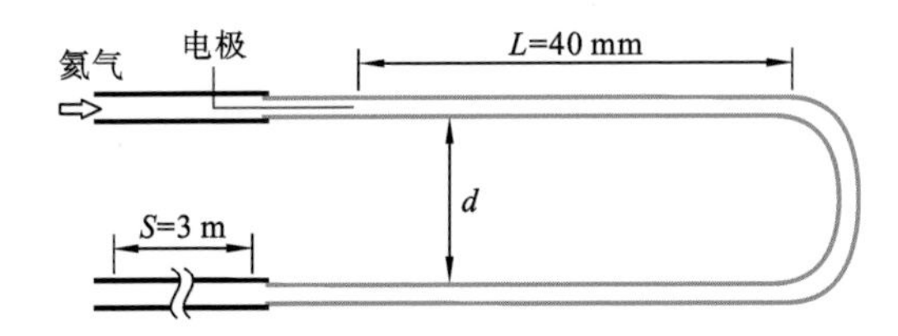

图2.7.1 U型管中放电实验装置示意图[34]

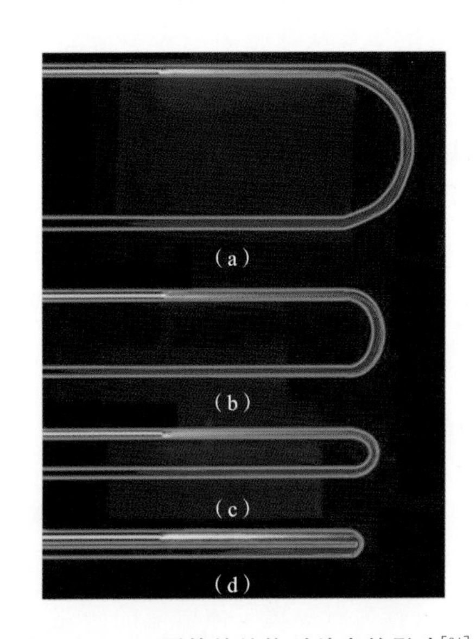

图2.7.2 U型管的结构对放电的影响[34]

(a) d=30 mm;(b) d=15 mm;(c) d=6 mm;(d) d=1 mm。电源电压8 kV，脉冲频率8 kHz，脉宽1 μs，氦气流速1 L/min

为了进一步了解该等离子体在U型管中的行为，图2.7.4和图2.7.5给

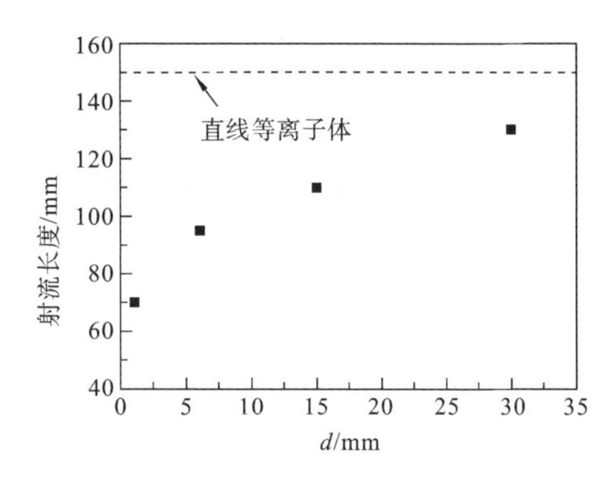

图 2.7.3　等离子体的总长度与 U 型管 d 值之间的关系[34]

出了其动态行为的照片。当 $d=30$ mm 时，从图 2.7.4 可以看出该高速推进的等离子体子弹由一个很亮的头部，以及一个发光强度较弱的长达几个厘米的尾部构成。这与子弹在空气中推进是不一样的，在空气中时它没有这么长的尾部。子弹头部在 260 ns 时到达 U 型管的转弯处，610 ns 时完全通过弯曲部分，然后它继续在 U 型管的下面管中沿相反方向推进。值得指出的是，即使是在脉冲下降沿到来后产生二次放电时，它仍然继续推进。这与直管中的情况是完全不一样的。在直管中，当脉冲下降沿来临时，主等离子体立即停止推进[37]。

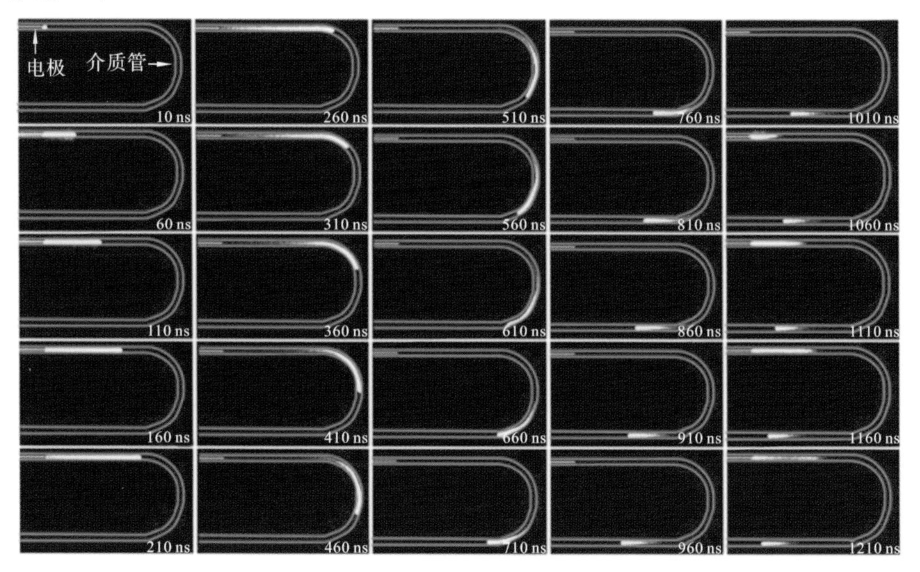

图 2.7.4　对应于 $d=30$ mm 时等离子体的高速照片，曝光时间 5 ns[34]

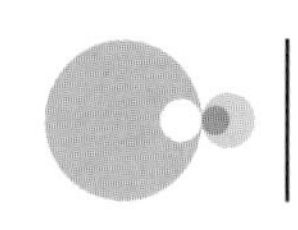

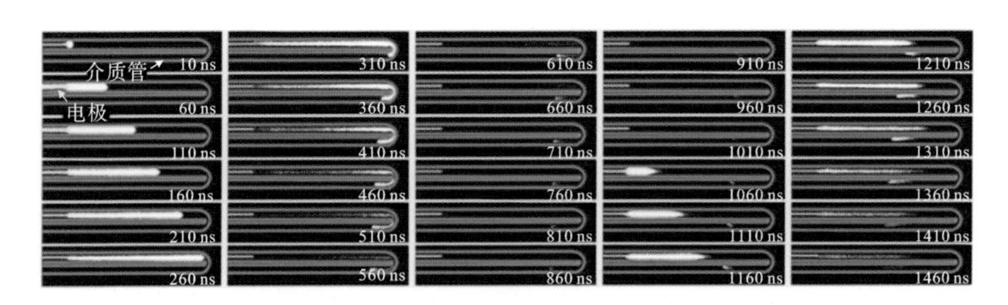

图 2.7.5　对应于 $d=1$ mm 时等离子体的高速照片，曝光时间 5 ns[34]

当 $d=1$ mm 时，从图 2.7.5 可以看出，等离子体子弹头部同样也在260 ns 时到达 U 型管的弯曲处。这也意味着对于 $d=30$ mm 和 $d=1$ mm 这两种情况，它们在 U 型管的上部分推进行为是一样的。在 510 ns 时，等离子体子弹通过弯曲部分进入下面部分的直管区。这里应该指出的是，当等离子体在下半部分管中推进时，它沿着管的下表面推进（460～560 ns）。但是在 1060 ns 当二次放电开始时，它沿着管的上表面推进。

为了更加清楚地了解等离子体子弹的动态行为，图 2.7.6 给出了对于不同 d 值时等离子体子弹的推进速度与位置的关系。从该图可以看出，当等离子体在进入弯曲部分之前，这五种情况下等离子体子弹的速度相近。另外，从图中可以清楚地看出，在电压下降沿来临时（t_f所指的时刻），所有的 U 型管中等离子体子弹都出现加速，但是直管中没有出现加速，事实上其速度迅速减小。最后，当等离子体子弹通过弯曲部分后，当 d 越小，等离子体子弹的速度越小。

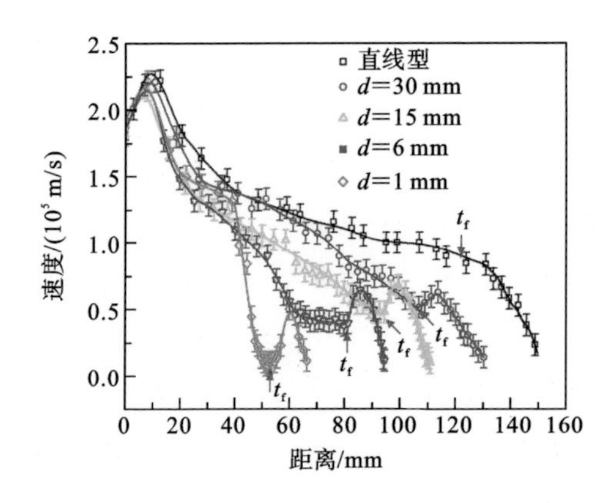

图 2.7.6　对于不同 d 值时等离子体子弹的推进速度与位置的关系[34]

2.8 大气压非平衡等离子体射流的加速行为

如前所述,多数 APPJ 是先在介质管中产生等离子体,然后该等离子体以高速沿着气体流动的方向产生在周围的空气中。研究者发现,当其通过喷嘴进入空气时,往往有一个加速过程[35~37]。进一步研究还发现,当工作气体和周围的环境气体是氦气和氮气混合时,等离子体从喷嘴喷出时也会有一个加速过程,但当工作气体和周围的环境气体都是氦气时,等离子体子弹的推进速度持续减小,从喷嘴喷出时没有加速[38]。分析认为亚稳态的 He 与 N_2 分子的彭宁电离导致了该加速过程。数值模拟结果表明,当往氦气中加入体积分数 10^{-5}～10^{-2}的氮气时,子弹推进的峰值速度从 2.08×10^5 m/s 增大到 2.65×10^5 m/s[39]。由此认为加入氮气导致了更强的彭宁电离,最终引起子弹加速。但 Naidis 和 Breden 等发现[40~41],在模拟时如果关闭彭宁电离反应,等离子体仍能高速推进。Mericam-Bourdet 等认为等离子体子弹沿着管壁推进,推进速度与管的介电常数有关,介电常数越高,推进速度就越低,并认为这是子弹在喷嘴处加速的原因。但他们并没有给出实验证据[42]。Jansky 等模拟了等离子体子弹在管内和管外的推进行为。他们的模拟中假定管外是由一个介电常数为 1 的管子。结果发现当子弹从介电常数为 4 的玻璃管进入介电常数为 1 的虚拟管时出现加速行为[43]。

根据上述研究,可以看出等离子体子弹从喷嘴进入空气的加速行为可能有两种机制。一种机制是由于此时周围空气中的 N_2 扩散进入放电通道,从而引起彭宁电离,最终导致子弹的加速行为。另一种机制认为这是由于子弹进入空气时其周围介质的介电常数的变化导致的。因为大多数介质管的介电常数都大于 1,当子弹从介质管进入空气,子弹周围介质的介电常数变小,从而引起他的加速行为。但由于通常的实验中,当子弹从喷嘴进入空气,这两个机制同时发生,这就导致了其加速机理的复杂性。

为了深入了解子弹的加速行为是由这两种机制的一种,还是两者同时对子弹的加速行为起作用,下面介绍的两个实验对此进行了研究。第一个实验采用一个 T 型管。其中 T 型管的垂直部分用来模拟空气扩散。实验时 T 型管垂直部分的小孔非常小,从而不会引起明显的其他效应。这可以从后面的高速照片得到印证。实验装置如图 2.8.1 所示。

当垂直部分关闭,即纯氦气,或者从垂直部分通入 1%的空气、氮气、氧气

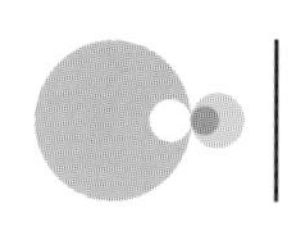

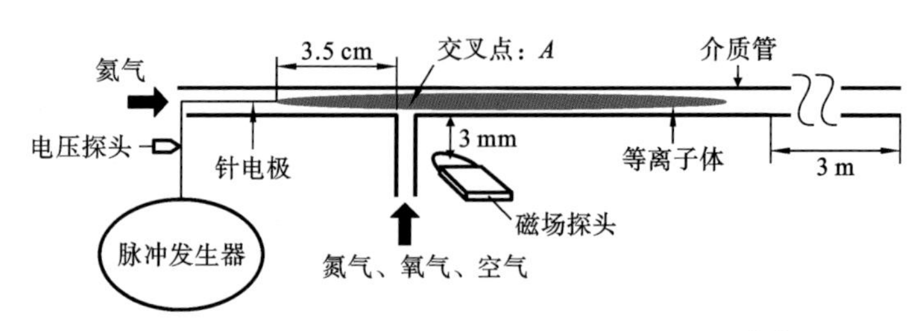

图 2.8.1　模拟空气扩散效应的实验装置示意图[44]

时，所得等离子体照片如图 2.8.2 所示[44]。从图中可以看出，当通入 1%的空气、氮气、氧气时，等离子体比纯氦气时略微增长了一些。为了获得它们的动态行为，采用高速 ICCD 相机拍摄了它们的高速照片。图 2.8.3 和图 2.8.4 分

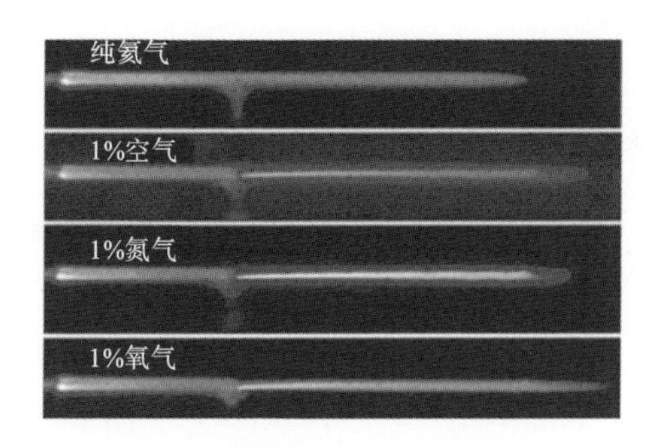

图 2.8.2　当纯氦气及从 T 型管的垂直部分分别掺入 1%的空气、氮气、氧气时所得的等离子体照片[44]

总气体流量均为 1 L/min，电压为 7 kV，频率为 5 kHz，脉宽为 800 ns

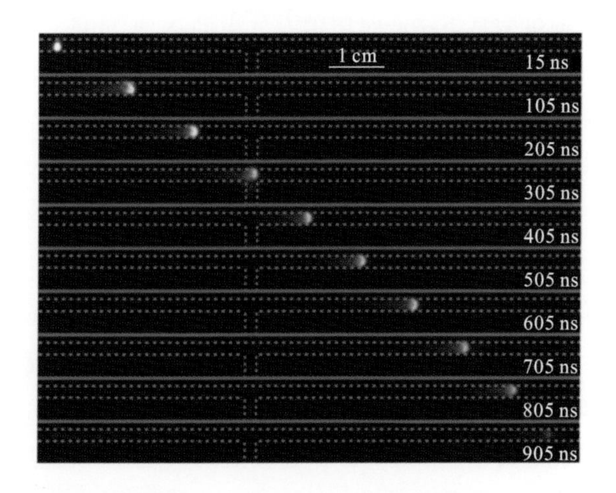

图 2.8.3　纯氦气时的高速照片[44]

曝光时间为 5 ns，气体流速为 1 L/min

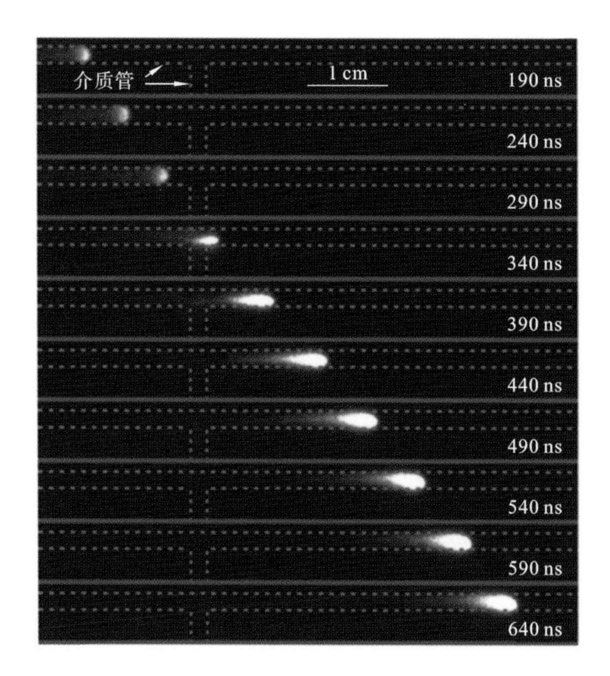

图 2.8.4　氦气混合 1%空气时的高速照片[44]

曝光时间为 5 ns,气体流速为 1 L/min

别为纯氦气和氦气混合了 1%空气时它们的高速照片[44]。从图 2.8.3 可以看出,纯氦气的情况下,子弹经过 T 型管的垂直部分时没有任何显著的变化,也就是说,T 型管的小孔对子弹动态行为的影响可以忽略。

根据它们的高速 ICCD 照片即可获得它们在不同位置处的推进速度。图 2.8.5 给出了这四种条件下它们的推进速度与位置的关系。从图中可以看出,对于纯氦气,其推进速度是持续减小的。但当从 T 型管的垂直小孔中分别混入 1%的空气、氮气、氧气时,其推进速度都显著增大。由此可以确定空气扩散在子弹的加速过程中扮演着重要的角色。

此外,为了了解预混和(将 1%空气、氮气、氧气与氦气混和从管子的左端通入)这三种气体对子弹推进的影响,图 2.8.6 给出了根据高速 ICCD 相机获得的它们的推进速度与位置的关系。从图中可以看出当氦气预混和 1%空气、氮气、氧气时,其推进速度都比纯氦气高。但它们都是单调下降的。

为了了解子弹从喷嘴喷出时电介质常数的改变是否会引起加速,必须去除此时空气的扩散效应。为此设计了如图 2.8.7 所示的实验。该实验在玻璃管的左半部分外壁加上不同电介质常数的材料,从而增大整个左半部分的电

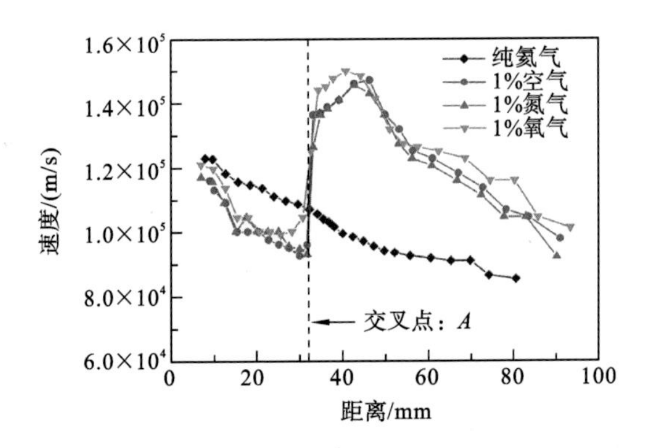

图 2.8.5　四种不同气体条件下子弹的推进速度与位置的关系[44]

其中 1%空气、氮气、氧气从 T 型管的垂直小孔通入

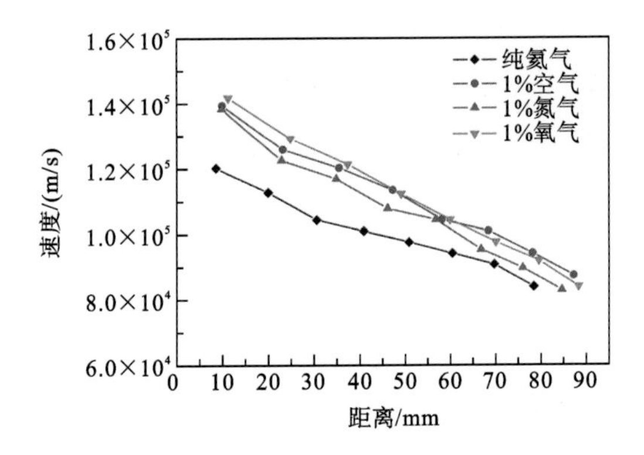

图 2.8.6　四种不同气体条件下子弹的推进速度与位置的关系[44]

氦气及氦气混和 1%空气、氮气、氧气从 T 型管的左端通入

介质常数。当子弹从左边玻璃管进入右半部分，相当于从高电介质常数的材料进入低电介质常数材料区域。从而可以观测等离子体子弹是否会出现加速行为。另外通过这种方式，而不是采用两截不同材料的电介质管，可以避免其他一些因素的干扰，如不同材料的介质管其表面电荷特性可能不一样，有可能对放电产生影响。另外，两截不同的介质管在连接处如果连接得不是很完美，也可能带来干扰。而通过本实验的方法就避免了这些干扰。图 2.8.7 给出了在玻璃管外不加任何其他介质材料，以及分别加 2 mm 厚的甘油和聚甲基硅油时，等离子体子弹在不同位置处的推进速度。从图中可以看出，当介质管的等效电介质常数越大，其推进速度越慢。当等离子体子弹从左边高等效电介质常数的区域进入右边低等效电介质常数区域，它明显有个加速过程。因此

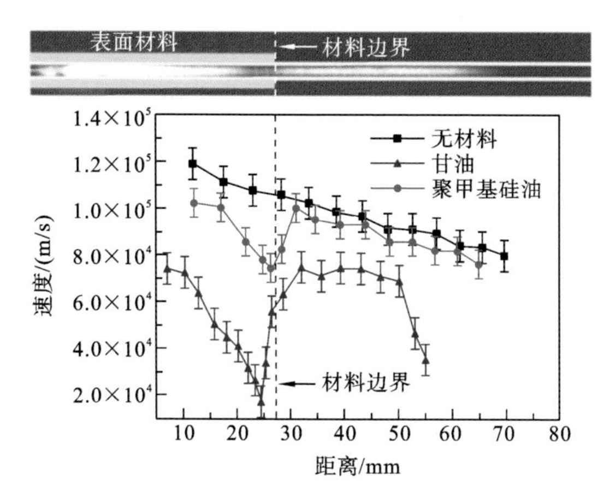

图 2.8.7　左半部分玻璃管外覆盖不同电介质常数材料时不同位置处子弹的推进速度[44]

左半部分玻璃管外分别覆盖 2 mm 厚的甘油(电介质常数 47)、聚甲基硅油(电介质常数 2.8),氦气流速为 1 L/min

根据该实验可以得出如下结论,即等离子体子弹从喷嘴喷出时的加速过程是由空气扩散导致的彭宁电离,以及子弹进入空气低电介质常数这两个因素共同作用导致的。

2.9　大气压非平衡等离子体射流的环状结构

研究发现,从侧面拍照所观察到的等离子体子弹,如果从正对 N-APPJ 的推进方向拍摄,它实际上具有空心环状结构,等离子体子弹的中心区域发光较弱或者并不发光。这一结构会影响 N-APPJ 中活性粒子的空间分布,因此在等离子体具体应用中必须考虑它的影响。与此同时,深入了解该环状结构的产生机理,有助于在应用中控制或者利用该环状结构。

通过实验和数值模拟研究,人们认为这种环状结构出现的原因存在如下几种可能性。一种观点认为这是因为周围空气和射流工作气体(He)之间的相互扩散,形成了一层空气和氦气的混合区域。由于空气中的氮气电离能较低,所以容易被高能电子或激发态的氦原子电离,从而导致放电主要集中在这一气体混合区域[45~51]。例如 Naidis 通过模拟发现等离子体在空气含量为 1% 的区域发光最强,因此认为气体的扩散是导致环形射流的主要原因。他们还认为电子的直接碰撞电离起主要作用,彭宁电离的作用很小[45]。另一种观点

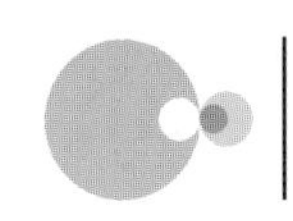

则认为射流的环形结构是由于介质管内的电场分布导致的[52~54]。他们认为在介质管内电场线紧贴介质管壁分布，所以在介质管内产生的等离子体也是紧贴管壁的表面放电，因而喷嘴外的射流也是环形结构。Boeuf 等人通过模拟发现即使不考虑空气与氦气之间的相互扩散，N-APPJ 仍然会形成环形结构，其原因在于环形的电极结构导致 N-APPJ 在介质管内产生的时候就是紧贴管壁的[52]。这些说法看起来都有合理的一面。但是环形结构是由于上述两个方面原因共同作用导致的，还是仅仅由一种原因导致的呢？下面将介绍相关的实验来进行分析。

2.9.1　N_2对大气压非平衡等离子体射流的环状结构的影响

首先采用与 2.2 节相同的实验装置，ICCD 置于相机正前方以用于拍摄子弹推进过程中径向的光学特征。

图 2.9.1 给出了工作气体为氦气和氮气混合气时，从正对等离子射流方向拍摄的等离子体子弹的动态过程。研究表明，当工作气体为氦气的时候，子弹具有空心的环状结构[55]。这里使用氦气和氮气混合气作为工作气体时，等离子体为实心盘状结构，环状结构消失了。

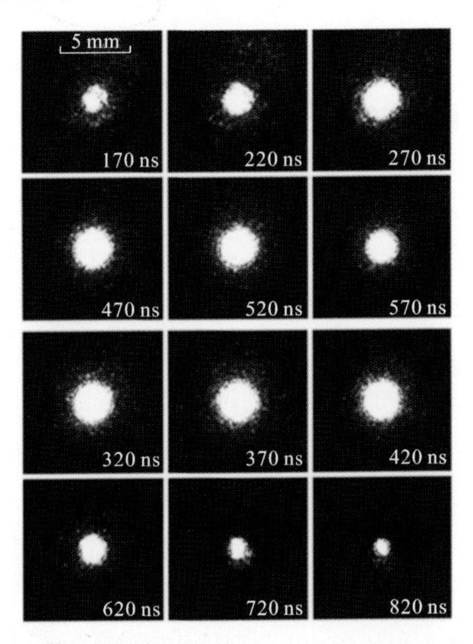

图 2.9.1　正对等离子射流方向拍摄到的等离子子弹在周围空气中传播的动态过程[47]

曝光时间为 5 ns，喷嘴的内径为 2.5 mm，工作气体为氦气和氮气的混合气体（He：1 L/min；N_2：0.015 L/min）

从上述结果来看，周围环境气体扩散进入工作气体并参与彭宁电离似乎在 N-APPJ 环状结构的形成过程中扮演着重要的角色，但是该实验仍然不能排除介质管的影响。下面通过设计一个独特的实验来排除介质管的影响。

2.9.2 气体扩散对大气压非平衡等离子体射流环形结构的影响

为了单独控制各种因素的影响，这里专门设计了如图 2.9.2 所示的实验装置。下面将利用该装置来研究气体组分、介质管、空间电荷积累等因素对射流环状结构的影响[56]。其外石英管内径为 10 mm，在其右端插入内径为 4 mm、外径为 6 mm 的细石英管，两石英管同轴放置，内石英管左端距离外石英管右端 65 mm，距离外石英管左端 120 mm。在两石英管的中轴线上正对放置两根金属不锈钢针电极，两电极直径约为 0.4 mm，二者之间的间隙约 27 mm。其中右边的电极尖端伸出细石英管左端约 8 mm。此外，左边电极接脉冲直流高压，右边电极通过一个 200 kΩ 电阻接地。工作气体（氦气、氩气、氪气等）以 4 L/min 的速度通入内石英管，保护气体以 2 L/min 的速度通入外石英管。脉冲电源的输出电压 0～10 kV 可调，频率和脉宽分别固定为4 kHz、1 μs。当电源输出电压为 3 kV 时，内管和外管中分别通入氦气和空气，在两个针尖之间产生 N-APPJ。放电的电压、电流波形如图 2.9.3 所示。图中的电流波形包含位移电流，真实的放电电流要小得多。

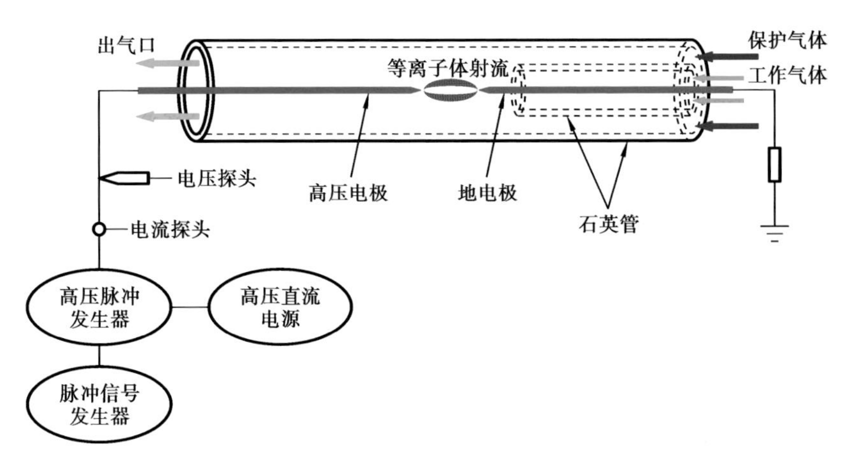

图 2.9.2 实验装置示意图[56]

首先来看工作气体与环境气体之间的相互扩散对等离子体子弹环形结构的影响。为了排除喷嘴及导气管壁的影响，装置右边的针电极的针尖伸出内石英管喷嘴，这样介质管和喷嘴就不会对右边的针尖前端的电场造成影响；同

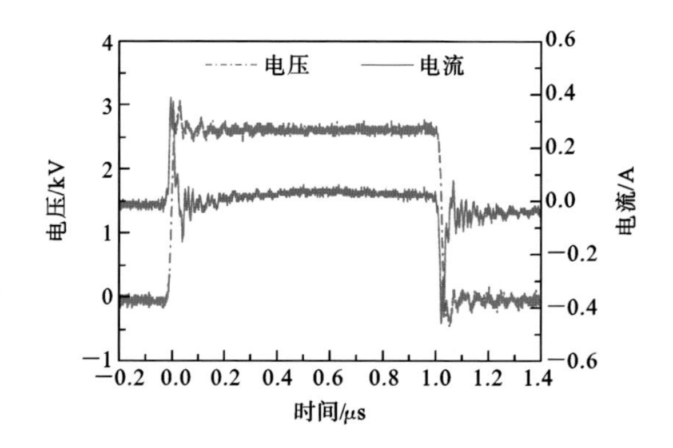

图 2.9.3　放电的电压、电流波形[56]

时将右边的针电极接地，从而使内石英管内不会发生放电，因此内石英管内壁上也不存在大量的吸附电荷。这样的装置结构从根本上排除了介质管对电场空间分布的影响，从而排除了介质管对等离子体子弹结构可能造成的影响。两层石英管相套的结构能对工作气体和环境气体分别进行控制，内管中通入工作气体，外管中通入环境气体。

需要说明的是，尽管等离子体子弹的环状结构最初是通过 ICCD 正对 N-APPJ 观察到的，但是实际上在某些情况下，用肉眼或者普通相机从侧面也是可以观察到这种结构的。比如有些情况下观察到的射流由上、下两根亮线构成，如图 2.9.4 所示。此时利用 ICCD 从正对射流的方向观察到等离子体子弹是环形结构。这种两根独立的亮线的结构正是环形结构在侧面表现出的形态。从侧面观察环形结构的 N-APPJ 时，由于光线在空间上的叠加，所以看起来上下边缘更亮，而中间较暗，从而在照片上显示为上下两条亮线。由于这一特点，在研究 N-APPJ 的环状结构时，只需要借助肉眼或者普通相机从侧面观察就可以了，从而省略了 ICCD 及复杂的光路设置。

1. 气体种类对射流环状结构的影响

不同种类的工作气体和环境气体之间的组合有助于分析气体扩散对射流环状结构的影响。这里选择氦气、氩气、氖气作为工作气体，空气、氮气、氧气、氦气、氩气、氖气作为环境气体。脉冲电源输出电压为 2.8 kV。当工作气体为氦气时，所得的等离子体如图 2.9.4 所示，在两个针尖之间产生弥散的 N-APPJ。从图中可以看出，无论环境气体是哪种气体，N-APPJ 的形状都很相似，呈现出一种两头尖、中间粗的纺锤形状。N-APPJ 的两端呈锥形分别向两

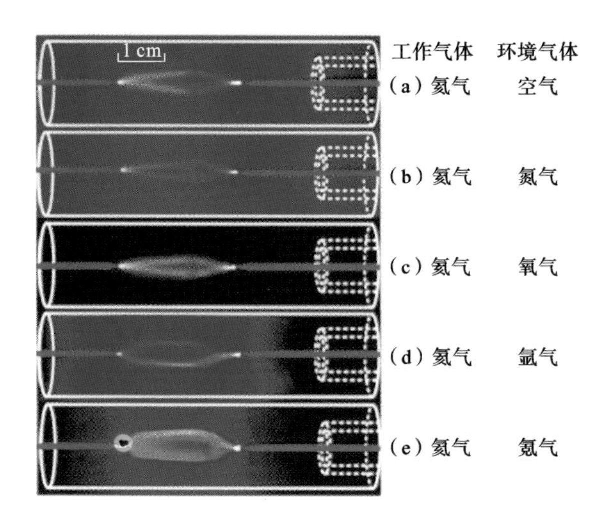

图 2.9.4 工作气体为氦气的射流在不同环境气体下的形态[56]

个针尖聚合，而射流的中间部分较粗。纺锤形的 N-APPJ 中间部分为暗区，只有边沿部分才发光。这表明每一种环境气体下 N-APPJ 都具有明显的空心环状结构。这说明环境气体和工作之间的相互扩散对等离子体子弹的环形结构起到重要作用。

而当工作气体为氩气或氪气时，如图 2.9.5 和图 2.9.6 所示，在各种环境气体下，放电都呈现出丝状结构，在两个电极之间形成一根或多根细丝放电。由于氩气和氪气的亚稳态不足以电离环境气体分子，因此彭宁电离不起作用。

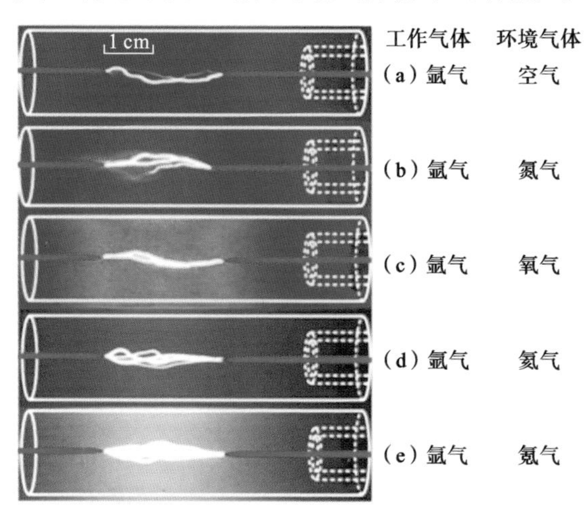

图 2.9.5 工作气体为氩气的射流在不同环境气体下的形态[56]

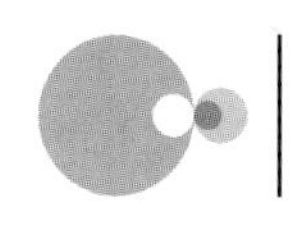

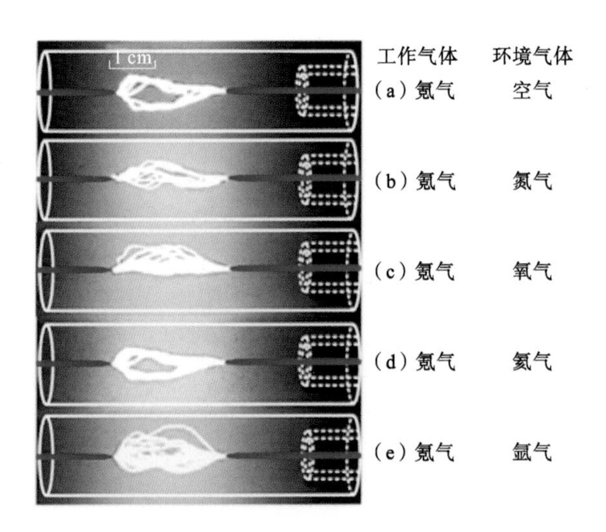

图 2.9.6　工作气体为氖气的射流在不同环境气体下的形态[56]

2. 工作气体掺杂成分对射流环状结构的影响

为了进一步确认环境气体和工作气体之间的相互扩散在等离子体空心环状结构形成中的作用，接下来在工作气体（氦气、氩气、氖气）中混入了 2.5%的其他气体（氮气、氧气、氦气、氩气、氖气），观察此时的等离子体子弹形状[56]。此时环境气体为空气。当主要工作气体为氦气时，如图 2.9.7 所示，向工作气体中分别加入 2.5%的氮气、氧气、氩气、氖气均会使射流的空心环状结构消失，N-APPJ 呈现出弥散的实心结构。很显然，出现这种现象的原因在于，当少

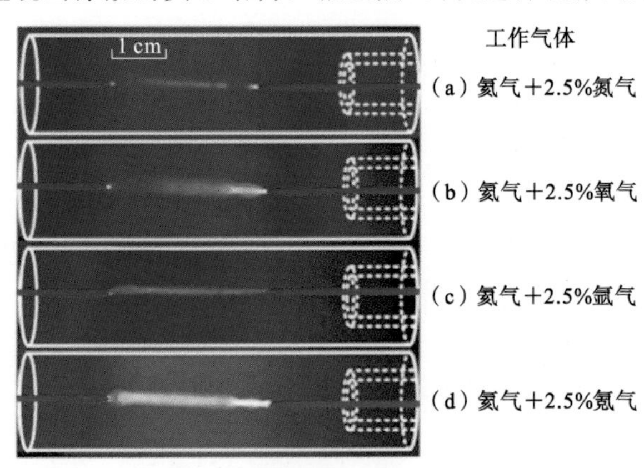

图 2.9.7　向氦气中分别加入 2.5%的氮气、氧气、氩气、氖气作为工作气体时射流的形态[56]，环境气体为空气

量的氮气、氧气、氩气、氪气等气体分子加入之后，由于这些气体分子或原子的激发能和电离能均低于亚稳态 He 原子，所以通过与亚稳态 He 原子或高能电子碰撞可以造成电离和激发，从而使工作气流内部也发生较强的放电，形成实心的等离子体子弹。由于大气压下低温等离子体的电离率约为百万分之一量级，所以即使只向工作气体中加入 2.5%的杂质气体，这种杂质气体分子数量也比等离子体的电离率高 4 个量级，因而足以对放电产生显著影响。这一实验结果进一步证实周围环境气体向工作气体的扩散是导致 N-APPJ 环形结构形成的一个重要原因。

而当主要工作气体是氩气或氪气的时候，如图 2.9.8、图 2.9.9 所示，无论加入哪种杂质气体，放电都是细丝状的，与图 2.9.5、图 2.9.6 中的实验现象没有本质区别。

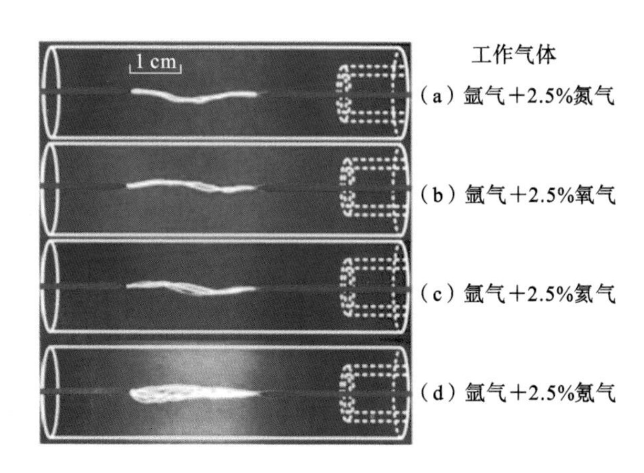

图 2.9.8　向氩气中分别加入 2.5%的氮气、氧气、氦气、氪气作为工作气体时射流的形态[56]，环境气体为空气

3. 工作气体掺杂比例对射流环状结构的影响

为了进一步深入研究工作气体组分对等离子体子弹形态的影响，下面以氦气为主要工作气体，研究了向其中加入不同比例的掺杂气体（氮气、氧气、氪气）时 N-APPJ 的形态[56]，环境气体均为空气。当加入 2%的掺杂气体（氮气、氧气或氪气）时，如图 2.9.10(a)、图 2.9.11(a)、图 2.9.12(a)所示，N-APPJ 均呈现出实心的结构。当掺杂气体含量增加到 3.5%时，如图 2.9.10(b)、图 2.9.11(b)、图 2.9.12(b)所示，实验现象没有显著的变化。当工作气体中氮气或氪气的含量进一步增加到 6.5%时，如图 2.9.10(c)、图 2.9.12(c)所

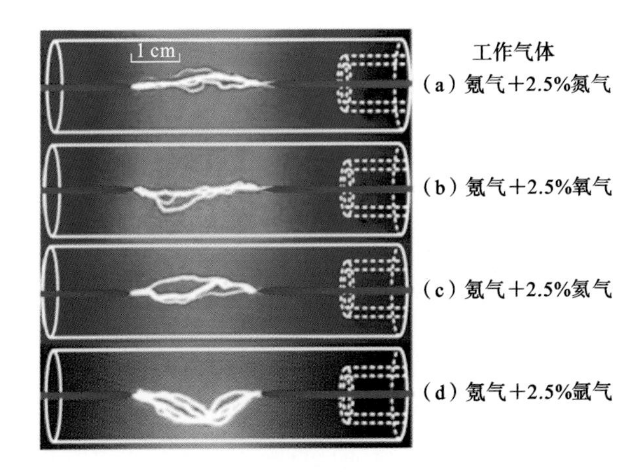

图 2.9.9　向氪气中分别加入 2.5%的氮气、氧气、氦气、氩气作为工作气体时射流的形态[56]，环境气体为空气

示，N-APPJ 仍然保持实心结构。而当掺杂气体换成氧气的时候，如图 2.9.11(c)所示，情况发生了显著的变化，N-APPJ 表现出了明显的环形结构。而出现这一现象的原因目前尚不清楚。推测可能是因为射流中心区域处氧气浓度太高形成较强的电子吸附效应，抑制了放电的发生。除了上述现象以外，当向工作气体中加入氮气时，如图 2.9.10 所示，所产生的 N-APPJ 与阳极针尖之间形成一段宽度约2 mm 的暗区。这一现象的形成原因还需要进一步的研究。

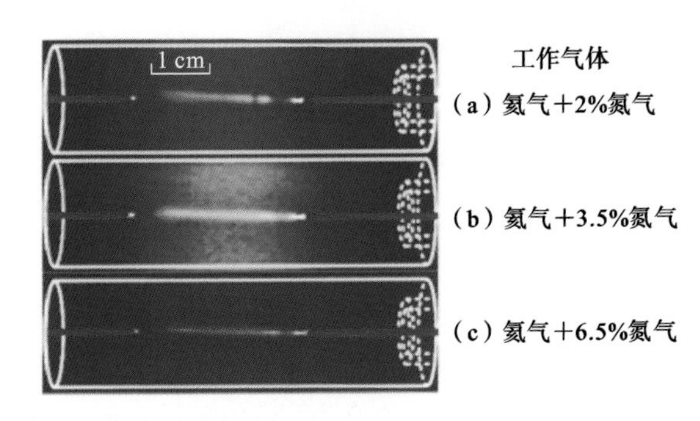

图 2.9.10　向氦气中分别加入 2%、3.5%、6.5%的氮气作为工作气体时射流的形态[56]，环境气体为空气

2.9.3　喷嘴对大气压非平衡等离子体射流环形结构的影响

通过前面的实验，可以确定气体扩散在等离子体子弹环形结构的产生中扮演着重要的角色。接下来将讨论介质管对 N-APPJ 的影响。由于介质管为

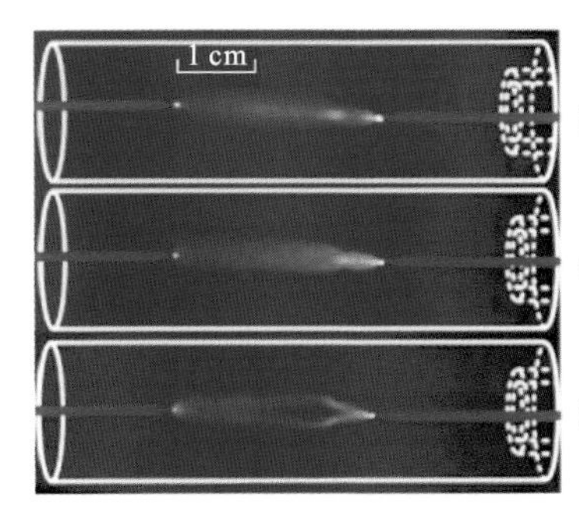

图 2.9.11　向氦气中分别加入 2%、3.5%、6.5%的氧气作为工作气体时射流的形态[56],环境气体为空气

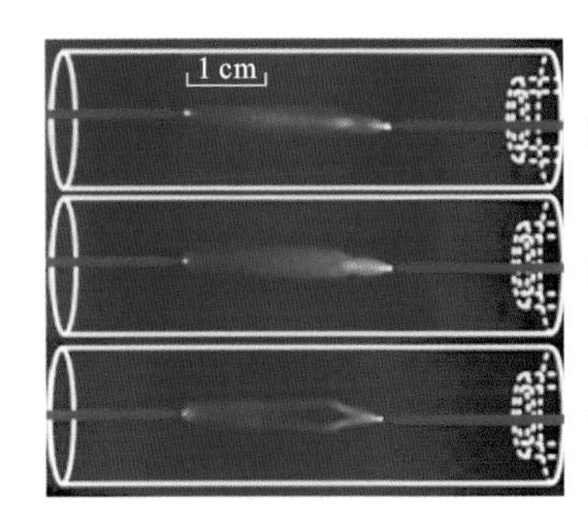

图 2.9.12　向氦气中分别加入 2%、3.5%、6.5%的氮气作为工作气体时射流的形态[56],环境气体为空气

石英玻璃材质,其相对介电常数约为 3.7,大于空气,因而会影响电场的分布。同时又由于介质管壁对空间电荷的吸附性,所以有可能在管内形成表面放电,导致出喷嘴的时候等离子体呈现环形结构,并在出喷嘴之后的一段距离内继续保持这一结构。下面将对此设计相关的实验。

这里采用的实验装置和图 2.9.2 基本相似,其差异在于,右边的针电极的针尖不再置于内介质管外,而是缩入内介质管内部,针尖距离内介质管的管口有一段距离[56]。工作气体中加入了 2.5%的其他气体,以保证不是因为工作气体和环境气体的相互扩散而形成环形结构的。

如图 2.9.13 所示,当左边针电极上加载约 4 kV 电压的时候,在两个针电极之间产生一段弥散的 N-APPJ,此时右边针尖距离喷嘴约 1 cm。从实验结果来看,N-APPJ 呈现出了明显的环形结构。从图中可以看出,N-APPJ 在右

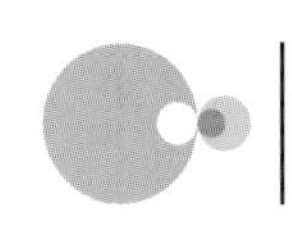

边针电极的前方逐渐发散，形成贴着介质管壁的沿面放电，这一环形的沿面放电一直保持到出喷嘴时。出喷嘴之后射流继续保持环形结构，但是直径逐渐减小，最后汇集到左边的针尖上。从这一现象来看，介质管内的沿面放电可能是导致等离子体子弹环形结构的另一种因素。

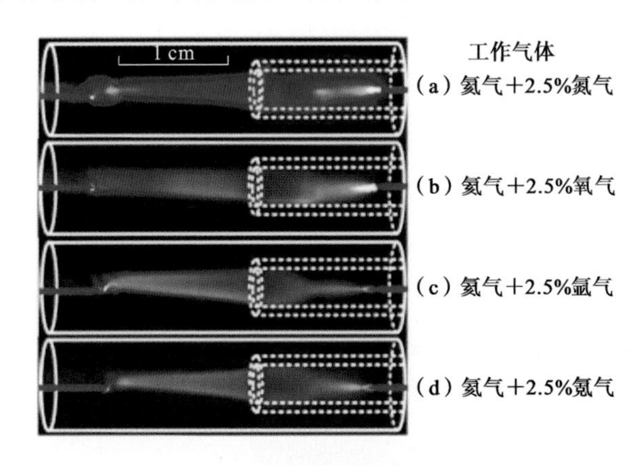

图 2.9.13　右边针电极置于介质管内 1 cm 时的射流[56]

图右侧的标签中给出了工作气体组分，放电电压约为 4 kV

在图 2.9.14、图 2.9.15 中，保持放电间隙不变，放电电压为 4 kV，改变右边针电极相对于喷嘴的位置，发现当右针电极置于喷嘴外的时候，如图 2.9.14

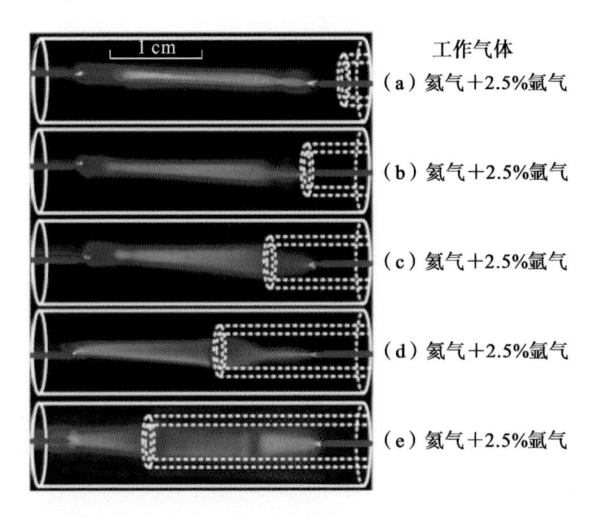

图 2.9.14　放电间距不变，内部石英管处于不同位置时 N-APPJ 的形态[56]

其中工作气体为氦气加 2.5%的氩气，放电电压为 4 kV，针尖的位置分别为：(a) 喷嘴外 0.3 cm；(b) 与喷嘴平齐；(c) 喷嘴内 0.5 cm；(d) 喷嘴内 1 cm；(e) 喷嘴内 2 cm

(a)、图 2.9.15(a)所示，N-APPJ 不会形成环形结构；当针尖与喷嘴口平齐的时候，如图 2.9.14(b)、图 2.9.15(b)所示，形成较细且不明显的环形结构，当针尖移至喷嘴内 0.5 cm 的时候，如图 2.9.14(c)、图 2.9.15(c)所示，介质管内没有形成沿面放电，此时管外的射流形成了不明显的环形结构；当针尖位于喷嘴内 1 cm 时，如图 2.9.14(d)、图 2.9.15(d)所示，介质管内出现长度约几毫米的沿面放电，同时出现了明显的环形结构；当针尖位于喷嘴内 2 cm 的时候，如图 2.9.14(e)、图 2.9.15(e)所示，沿面放电的区域接近 1 cm，介质管外仍然有明显的环形结构。这说明介质管内的沿面放电对形成明显的环形 N-APPJ 起到了重要作用。而沿面放电的长度只需要几毫米就可以起到明显的作用。

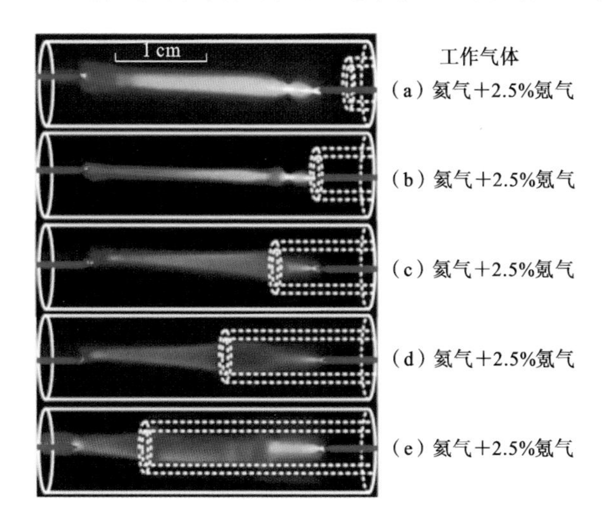

图 2.9.15　放电间距不变，内部石英管处于不同位置时 N-APPJ 的形态[56]

其中工作气体为氦气加 2.5%的氪气，放电电压为 4 kV，针尖的位置分别为：(a) 喷嘴外 0.3 cm；(b) 与喷嘴平齐；(c) 喷嘴内 0.5 cm；(d) 喷嘴内 1 cm；(e) 喷嘴内 2 cm

2.9.4　小结

本节通过设计特殊的实验讨论了工作气体与环境气体之间的相互扩散，以及介质管对 N-APPJ 环形结构的形成所起的作用。在排除介质管影响的条件下，N-APPJ 出现了明显的环形结构。通过向工作气体中加入 2.5%的氮气、氧气、氩气或氪气等电离能较低的气体后，N-APPJ 的环形结构消失。这表明周围环境气体与工作气体之间的相互扩散确实是导致 N-APPJ 环形结构的一种重要因素。当右边电极缩入喷嘴内的时候，向工作气体中加入2.5%的氮气、氧气、氩气或氪气，只要在介质管内产生约几毫米的沿面放电，就可以在喷嘴外形成明显的环形N-APPJ。而当右边针电极置于喷嘴外的时候，相同的气体条件下N-APPJ并不会出现环形结构。这一结果表明介质管内的表面放电是导致喷嘴外N-APPJ环形结构的重要因素。上述结论表明等离子体子弹的环形结构是由气体的扩散（彭宁电离）、介质管内的表面放电综合作用的结果。

2.10 大气压非平衡等离子体射流光谱辐射的时空演化

等离子体中激发态粒子产生的光辐射是等离子体最直观的物理性质。激发态N_2、N_2^+、He、O等粒子的发射光谱的时空演化过程与等离子体射流本身的物理特性相关，不仅可以反映出等离子体射流的推进机制相关信息，同时还有可能在各种应用中发挥重要作用[57~59]。因此，对等离子体射流发射光谱在等离子体推进的不同阶段及不同位置处的特性进行研究有着重要的理论意义和实用价值。

谱线的发射光强与高能级激发态粒子的数量直接相关。碰撞猝灭效应和电子温度都会影响高能级激发态粒子数量。碰撞猝灭会使高能级粒子数量减少。例如，当在氦气放电中添加1%的空气时，He 706.5 nm谱线的发射光强会急剧下降。这正是由于空气分子通过碰撞猝灭效应降低了高能级He($3\,^3S_1$)粒子数。一般来说，较高的平均电子温度会导致高能级的激发态粒子数量增加，并导致相应谱线的发射强度增加。当然，当电子温度过高并且影响到电子碰撞截面时就另当别论。在本节中，将主要关注四条谱线，即N_2 337.1 nm($C\,^3\Pi_u, v_c=0\rightarrow B\,^3\Pi_g, v_b=0$)、$N_2^+$ 391.4 nm($B\,^2\Sigma_u^+, v_B=0\rightarrow X\,^2\Sigma_g^+, v_X=0$)、He 706.5 nm($3\,^3S_1\rightarrow 2\,^3P_{0,1,2}$)和O 777.3 nm($3P\,^5P\rightarrow 3S\,^5S$)的发射光强在射流装置管内部和外部的时空演化过程。

等离子体射流装置与2.2节所采用的相同。使用的工作气体为流速2 L/min的氦气。光谱仪(Princeton Instruments，Acton SpectraHub 2500i)配合ICCD(Princeton Instruments，PIMAX2)用于采集发射光谱的时空演化过程。ICCD相机还用于拍摄等离子体射流的动态过程。对于光谱测量和快速成像，ICCD相机的曝光时间均设置为5 ns。电压V_a、脉宽t_{pw}、脉冲重复频率f分别固定为8 kV、800 ns、4 kHz。

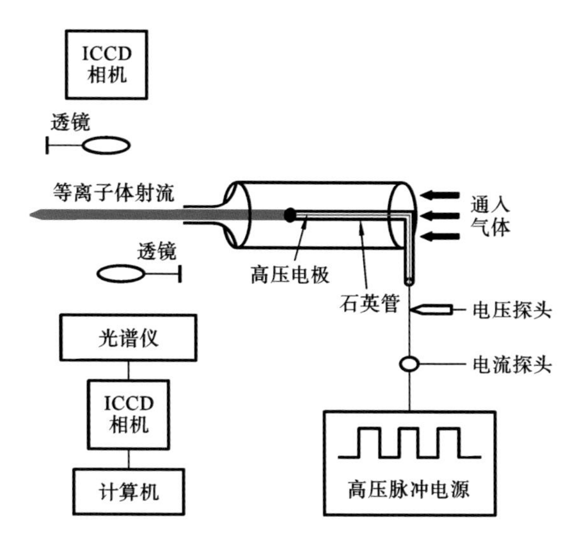

图 2.10.1　实验装置示意图[4]

2.10.1　射流装置内部等离子体的发射光谱

图 2.10.2 给出了射流装置内部四条谱线的发射光强随时间的变化情况，以及放电的电流和电压波形。为了方便比较，四条谱线的强度分别做了归一化处理。通过从总电流中减去位移电流获得实际放电电流 I_{dis}[60]，其峰值约为 300 mA。如图 2.10.2 所示，放电开始后，电流强度和四条谱线的发射强度都逐渐增加。在电流强度达到峰值的时候，He 706.5 nm 谱线也达到了其最大

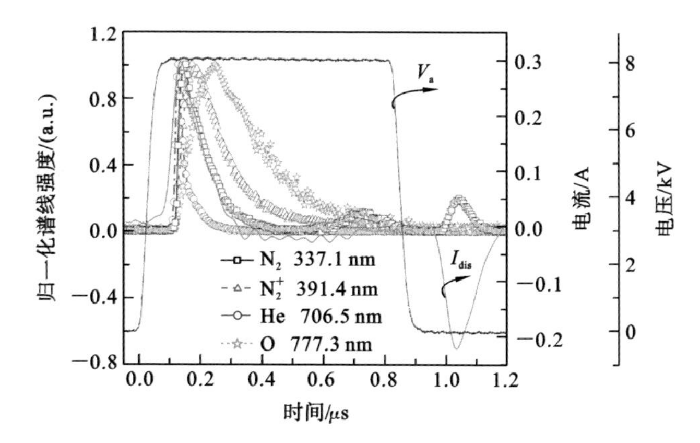

图 2.10.2　射流装置内部 N_2 337.1 nm、N_2^+ 391.4 nm、He 706.5 nm、O 777.3 nm 四条谱线的归一化强度、放电电流 I_{dis}、外加电压 V_a 的时间演化过程[61]

发射强度。然后，电流和 He 706.5 nm 谱线强度开始减小。可以看出，He 706.5 nm 谱线的强度下降速度比电流下降速度快得多。N_2 337.1 nm 谱线的强度变化情况与放电电流很接近。N_2^+ 391.4 nm 谱线和 O 777.3 nm 谱线的强度上升和衰减都比电流慢。在电压脉冲的下降沿到达之后，负电流脉冲在约 0.95 μs 处开始形成，随即观察到 N_2 337.1 nm 谱线。下降沿放电期间 337.1 nm 谱线的发射光强随时间的变化过程与电流类似，二者几乎在同一时刻达到峰值。除了 N_2 337.1 nm 谱线外，在下降沿期间未观察到其他三条谱线。

1. He 原子发射光谱

谱线的发射光强与激发态粒子数直接相关。706.5 nm 发射谱线是 He 原子($3\,^3S_1 \rightarrow 2\,^3P_{0,1,2}$) 跃迁的结果。激发态 He($3\,^3S_1$)可以通过多种过程产生，包括高能电子对基态 He 原子的直接碰撞激发，从更高能级的级联跃迁，低能电子对低激发态 He 原子(如亚稳态)的分步碰撞激发。由于没有观察到从更高能级向 $3\,^3S_1$ 跃迁相对应的发射光谱，因此可以认为级联跃迁对 He($3\,^3S_1$)生成的影响非常小，可以忽略不计。由于禁止 S-S 跃迁，因此亚稳态 He($2\,^1S$)和 He($2\,^3S$)的分步激发作用也很小。因此，上升沿放电时的 He($3\,^3S_1$)主要由高能电子通过与基态 He 原子的碰撞激发而产生。在脉冲高压的快速上升阶段产生高能电子，并与基态 He 原子直接碰撞而生成激发态 He($3\,^3S_1$)，随后发生自发跃迁，发射出 He 706.5 nm 谱线。当放电电流达到峰值时，He 原子发射光强增加到最大值。然后，由于放电产生的电荷在射流装置内表面上沉积并形成的反向电场，导致该区域的实际电场强度急剧下降，电子温度随之降低。也就是说此时在等离子体中产生的高能电子要少得多。因此，He 原子发射光强的快速衰减意味着电子温度的快速降低[62]。

2. N_2发射光谱

波长 337.1 nm 处的发射光谱来自 N_2 的跃迁($C\,^3\Pi_u, v_c=0 \rightarrow B\,^3\Pi_g, v_b=0$)。$N_2$ 可以通过多种方式被激发到($C\,^3\Pi_u, v_c=0$)态，包括通过电子($E_{threshold}=11$ eV)与基态氮分子 N_2 的直接碰撞激发，从激发态 $N_2(A\,^3\Sigma_u^+)$和 $N_2(B\,^3\Pi_g)$分步激发。从实验结果可以看出，N_2 337.1 nm 线的发射强度几乎与放电电流同步上升。通过对上述两种可能性的分析可以认为，此时 $N_2(C\,^3\Pi_u, v_c=0)$主要是通过直接电子碰撞激发而产生的。首先，从 He 原子的发射光谱可以看出在电流上升阶段存在高能电子。而高能电子可以将能量转移给基态 N_2 并生成 $N_2(C\ ^3\Pi_u, v_c=0)$。其次，如果 $N_2(C\ ^3\Pi_u, v_c=0)$ 通过分步激发产生，那么首先要产生 $N_2(A\ ^3\Sigma_u^+)$ 和 $N_2(B\ ^3\Pi_g)$，然后通过电子与 $N_2(A\ ^3\Sigma_u^+)$ 和 $N_2(B\ ^3\Pi_g)$ 之间的碰撞生成 $N_2(C\ ^3\Pi_u, v_c=0)$。如果此过程占主导地位，则将导致 N_2 发射光强的上升过程与放电电流的上升过程之间存在时间延迟。但是实验中没有观察到这一延时。不过这种分步激发过程可能在 N_2 发射光强的下降阶段中起重要作用。从实验结果可以看出，N_2 的发射光强比 He 的发射光强下降得慢。从 He 的发射光强可以看出，在电流下降时高能电子的数量迅速减少。因此，此时 $N_2(C\ ^3\Pi_u, v_c=0)$ 的生成可能主要是通过低能电子与激发态 $N_2(A\ ^3\Sigma_u^+)$ 和 $N_2(B\ ^3\Pi_g)$ 之间的碰撞分步激发产生。

3. N_2^+ 发射光谱

波长 391.4 nm 处的发射光谱是离子 N_2^+ 的跃迁($B\ ^2\Sigma_u^+, v_B=0 \to X\ ^2\Sigma_g^+, v_X=0$)产生的。在 N_2^+ 391.4 nm 谱线光强的上升阶段，$N_2^+(B\ ^2\Sigma_u^+, v_B=0)$ 的产生主要是通过高能电子的直接电子碰撞激发。但是，在光强下降阶段，N_2^+ 391.4 nm谱线的发射强度的下降速度比放电电流的下降速度慢得多，所以 $N_2^+(B\ ^2\Sigma_u^+, v_B=0)$ 的产生可能与另外两个重要反应有关，如下所示[63]：

电荷转移反应

$$He_2^+ + N_2 \to 2He + N_2^+(B\ ^2\Sigma_u^+) \quad k_1 = 5\times10^{-10}\ cm^3/s \qquad (2.10.1)$$

潘宁电离

$$He_m + N_2 \to He + N_2^+(B\ ^2\Sigma_u^+) + e \quad k_2 = 7\times10^{-11}\ cm^3/s \qquad (2.10.2)$$

长寿命的亚稳态粒子 He_m 可以导致激发态粒子 $N_2^+(B\ ^2\Sigma_u^+, v_B=0)$ 数量的衰减过程持续时间较长，从而导致 N_2^+ 发射光强缓慢下降。电荷转移反应式(2.10.1) 在光强下降阶段则并不重要，因为在 He 掺有少量氮分子的等离子体中，正离子通常以 N_2^+ 或 N_4^+ 为主，而不是 He_2^+[64]。

4. O 发射光谱

波长 777.3 nm 的谱线来自氧原子 O 的跃迁($3P\ ^5P \to 3S\ ^5S$)。在上升沿放电的早期阶段生成激发态 O ($3P\ ^5P$)的机制可以部分归因于高能电子($E_{threshold}=15.87$ eV)与基态 O_2 之间的电子-分子直接碰撞解离。然而，O 777.3 nm 谱线在约 0.25 μs 时才达到其最大发射光强，而此时放电电流正在急剧下降。这说明激发态 O 的主要产生机制并不是电子碰撞激发。其主要产生机制之一是

与亚稳态 He_m 的潘宁反应，即

$$He_m + O_2 \rightarrow He + O(3P\ ^5P) + O \qquad (2.10.3)$$

在光强下降阶段，O(3S ^{5}S)激发态的减少主要通过与 O_2 重组形成 O_3，这一反应过程相对缓慢，因而 O 发射光强衰减速度也相对较慢。

2.10.2 周围空气中的等离子体射流发射光谱

为了更好地了解氦等离子体射流在空气中的推进过程，下面测量了射流不同位置处发射光谱(optical emission spectroscopy, OES)的时间演化过程。图 2.10.3(a)～(d)给出了沿着等离子射流推进方向，在不同位置处的四条谱线的归一化发射强度的时间演变。如图 2.10.3(a)所示，在距喷嘴 3 mm 处，四条谱线的发射强度的时间演化过程类似于射流装置内部的电压上升沿放电时的情形。

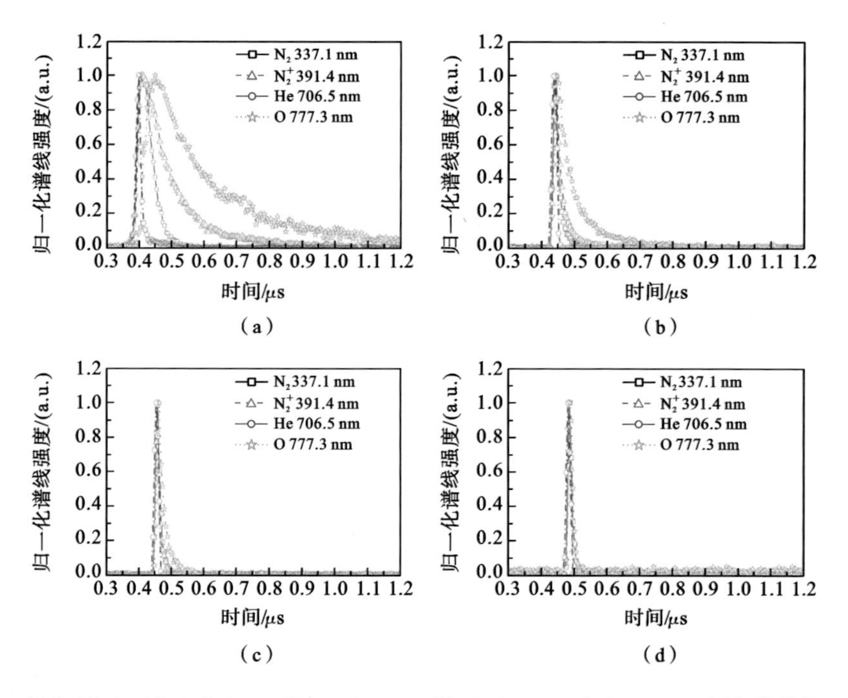

图 2.10.3 N_2 337.1 nm、N_2^+ 391.4 nm、He 706.5 nm、O 777.3 nm 四条谱线的归一化辐射光强在射流不同位置处的时间演化过程[61]

(a) 3 mm；(b) 8 mm；(c) 13 mm；(d) 18 mm

He 706.5 nm 谱线强度的衰减比其他三条谱线快得多。但是，四条线达到其峰值强度的时间差小于射流装置内部的时间差。当射流在空气中进一步推进时，这种趋势变得更加明显。如图 2.10.3(b)所示，在距喷嘴 8 mm 处，四条谱线几乎同时达到其峰值。此外，远离喷嘴处的 N_2 337.1 nm、N_2^+ 391.4 nm 和 O 777.3 nm 的衰减速度快于靠近喷嘴处的。在图 2.10.3(c)和(d)中，当等离子体射流进一步远离喷嘴时，这三条谱线的衰减速度更快。在距喷嘴 18 mm 处，四条谱线的衰减基本达到同步。

图 2.10.4 给出了四条谱线的归一化辐射光强及等离子体推进速度随空间的变化过程。可以看出，一旦等离子射流进入空气中传播，He 706.5 nm 谱线强度就会随着推进距离单调衰减。但是，当射流从喷嘴中出来时，N_2^+ 391.4 nm 和 O 777.3 nm 谱线的强度首先会急剧升高。两条谱线的强度在距喷嘴约 8 mm 处达到最大值。子弹速度几乎在相同的位置达到其最大值 2.1×10^5 m/s。N_2 337.1 nm 谱线强度首先缓慢增加，并在距喷嘴约 20 mm 处达到最大值，然后缓慢下降。图 2.10.5 给出了在空气中推进的等离子体子弹的动态过程。图 2.10.5 中标记的时间延迟与图 2.10.2 中所示的时间对应。对比图 2.10.4 和图 2.10.5 可以发现，子弹的速度达到最大值时子弹的尺寸也最大，此时 N_2^+ 391.4 nm 谱线的强度也达到最大值。

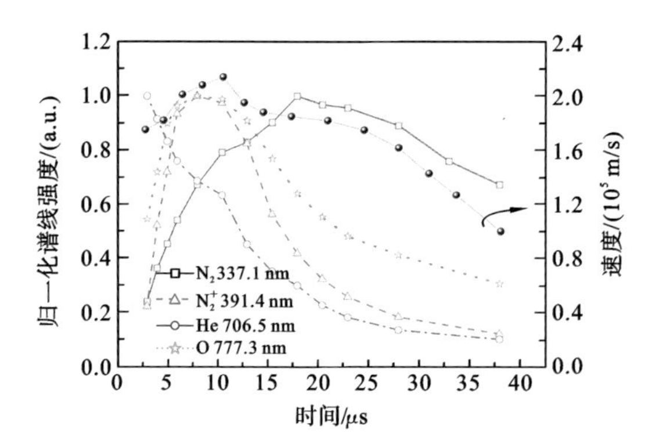

图 2.10.4 N_2 337.1 nm、N_2^+ 391.4 nm、He 706.5 nm、O 777.3 nm 谱线归一化强度的空间分布及等离子体子弹的推进速度[61]

在纯氦气放电中，激发态 He($3\ ^3S_1$)的猝灭主要是由于与基态 He 原子的碰撞所致[65]。本实验中，当氦气等离子体射流在周围的空气中推进时，由于空气扩散作用，He($3\ ^3S_1$)(包括亚稳态的 He_m)的猝灭机理主要是与空气分子之间的潘宁效应。当空气扩散到氦气流中时，此时空气含量远高于射流装置内部，He($3\ ^3S_1$)的有效寿命更短。这可能就是射流中 He 706.5 nm 谱线强度降低

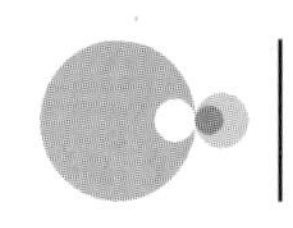

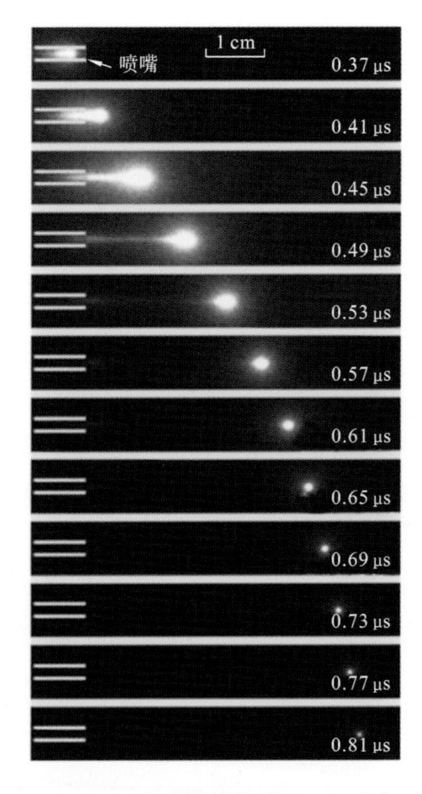

图 2.10.5　空气中的氦气等离子体射流动态过程[61]，曝光时间为 5 ns

的原因。对于其他三种激发态粒子，即 $N_2(C\,^3\Pi_u, v_c=0)$、$N_2^+(B\,^2\Sigma_u^+, v_B=0)$ 和 $O(3P\,^5P)$，当空气含量增加时，由于碰撞猝灭效应，它们的有效寿命也会下降。例如，当氮分压为 2 kPa 时，$N_2^+(B\,^2\Sigma_u^+, v_B=0)$ 的有效寿命降低到仅约 5 ns[66]。上面提到的三种激发态粒子的辐射寿命分别为 40 ns、66 ns 和 34 ns[66~68]。当有效寿命降低到小于辐射寿命时，碰撞猝灭就会对发射光强产生负面影响。

从前面的实验结果可以看出，He 706.5 nm 谱线的发射光强随着等离子射流在空气中的推进而降低。这主要是因为周围环境中的空气扩散进入到氦气流中造成的。等离子体中电子的能量可能会因与 N_2 和 O_2 的频繁碰撞而损失。由于阈值能量低，分子气体可以很容易从电子获取能量，从而被激发到其转动和振动激发态。此外，诸如 O_2、NO 和 NO_2 之类的气体分子由于解离能低，也可能在电子能量的损失过程中起作用。而且由于电负性 O_2 分子的电子亲和能较低，约为 0.45 eV，电子很容易通过形成 O_2^- 离子损失掉。这些过程都不利于电子能量的增加。

由于等离子体射流中外加电场强度本身就相对较低，同时又存在空气扩散的作用，所以射流中的高能电子的数量将进一步减少。这就是为什么等离子体射流中 He 发射光强远低于射流装置内部的原因。随着射流在空气中进一步推进，射流中的空气含量不断增加，这导致高能电子数量进一步减少，氦原子发射光强减弱。但是，实验结果也发现除了 He 706.5 nm 谱线以外，其他三条谱线的发射光强都在射流出喷嘴后迅速增强。对于 N_2^+ 391.4 nm 和 O 777.3 nm，在很靠近喷嘴的位置，空气含量很低。随着射流的推进，氦气流中空气含量增加，这会导致潘宁效应增强，因此它们的发射光强首先增强。在光强达到最大值后，亚稳态 He_m 数量的减少成为决定 N_2^+ 391.4 nm 和 O 777.3 nm 谱线强度的主导因素。因此，随着射流的进一步推进，N_2^+ 和 O 的发射光强都开始下降。

实验中发现 N_2 337.1 nm 谱线的发射光强在距离喷嘴约 20 mm 处才达到其峰值，这一距离要远大于其他三条谱线。这主要是因为 $N_2(C\,^3\Pi_u, v_c=0)$的阈值能量远低于 $N_2^+(B\,^2\Sigma_u^+, v_B=0)$和 $O(3P^5P)$的阈值能量。因此，即使后两者数量开始下降，$N_2(C\,^3\Pi_u, v_c=0)$仍然可以通过各种过程（例如分步激发）不断生成。同时，激发态 $N_2(A)$的聚集反应也可能在 $N_2(C\,^3\Pi_u, v_c=0)$的生成中起作用[69~70]。

如先前所报道，等离子体子弹的推进速度近似等于电子漂移速度 v_e[71~72]。因此子弹推进速度 v_b 可以用电子漂移速度 v_e 来表征。另一方面，等离子体射流的推进也要归因于子弹中电荷在子弹头部引起的高局部电场 E_{loc}[73]。电子漂移速度 v_e 受局部电场 E_{loc} 支配。因此，高子弹速度 v_b 也与局部电场 E_{loc} 直接相关。此外，局部电场 E_{loc} 与子弹携带的电荷量 Q 成正比。当 N_2^+ 的发射强度增加时，表明有更多的氮分子被电离，子弹中会产生大量电荷。因此，子弹前方会形成更强的局部电场。电子朝子弹头部的移动速度要快得多，从而导致子弹速度很高。这与实验观察结果一致。

2.10.3 小结

综上所述，本节探讨了射流装置内部等离子体和周围空气环境中的氦气等离子射流发射光谱的时空演化。在射流装置内部，He 706.5 nm 谱线的发射光强比其他三条谱线的发射光强衰减更快。N_2 337.1 nm 谱线的发射光强的上升和下降过程与放电电流接近。N_2^+ 391.4 nm 和 O 777.3 nm 发射光强的衰减都相对较慢。此外，下降沿放电的所有谱线的发射光强都比上升沿放电弱得多。在下降沿放电期间，仅观察到 N_2 谱线。当等离子体从射流装置中出来时，周围空气的扩散对等离子体射流在开放空间中的推进产生影响，降低了高能电子和 He_m 亚稳态数量。结果使得 He 706.5 nm 谱线的发射光强比射流装置内部的光强弱得多。除 He 706.5 nm 谱线外，其他三条谱线都随着等离子体射流在空气中的推进而迅速衰减。随着射流在空气中的推进，N_2 337.1 nm、N_2^+ 391.4 nm 和 O 777.3 nm 这三条谱线的发射强度都先增大后减小，这与 He 706.5 nm 谱线光强的单调减小不同。此外，由亚稳态的 He_m 与 N_2/O_2 之间的潘宁效应在开放空气中的等离子体子弹的动力学中起着至关重要的作用。在 N_2^+ 391.4 nm 谱线的发射强度达到峰值时等离子体子弹速度也达到最大值。

2.11 气流驱动大气压非平衡等离子体射流

大量的实验和理论模拟都表明许多 N-APPJ 射流推进速度在 10^4～10^5 m/s 的量级。这个速度远高于气体的流动速度，它们通常在 10～10^2 m/s 的量级。进一步的研究发现它们的推进过程都是电驱动的。但是否所有的 N-APPJ 都是电驱动的呢？本小节将对一个 N_2 N-APPJ 的动态过程进行研究，发现它的推进速度远低于其他 N-APPJ 的推进速度。进一步研究发现它的推进速度与气体的流速相近，由此可以确定它是气流驱动的。该实验装置如图2.11.1 所示[74]。该装置由一个直径 1 mm 的石英管制成，一根直径为 0.2 mm的不锈钢针放在石英管的中间作为高压电极，紧靠石英管的一端有一个直径 1 mm 的铜环作为地电极，高压针电极与地电极之间的距离为2.5 mm，高压电极通过一个 20 MΩ 的电阻与直流高压电源相连。当该装置通入氮气，

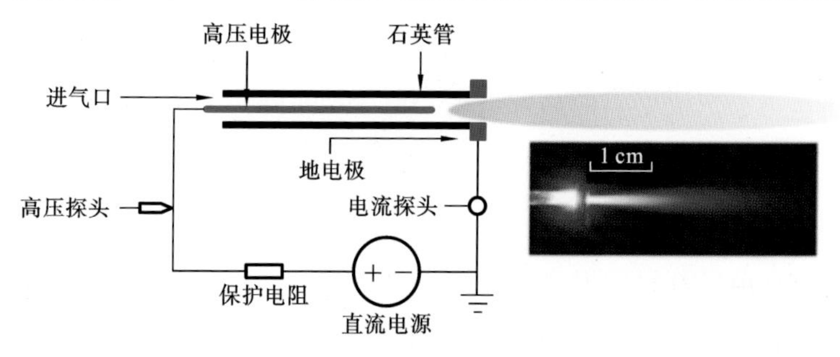

图 2.11.1　N_2 等离子体射流装置示意图及所产生的等离子体照片[74]

高压电源打开，即可产生一个长约 2 cm 的 N_2 等离子体射流。

图 2.11.2 给出了该装置的电压、电流波形。从图中可以看出，电源输出的是直流高压，放电呈现自脉冲的形式，其脉冲频率为几千赫兹。如图 2.11.2(b)所示，放电电流脉冲持续约 15 ns，峰值电流达 4 A，放电时电压降到 0 V。

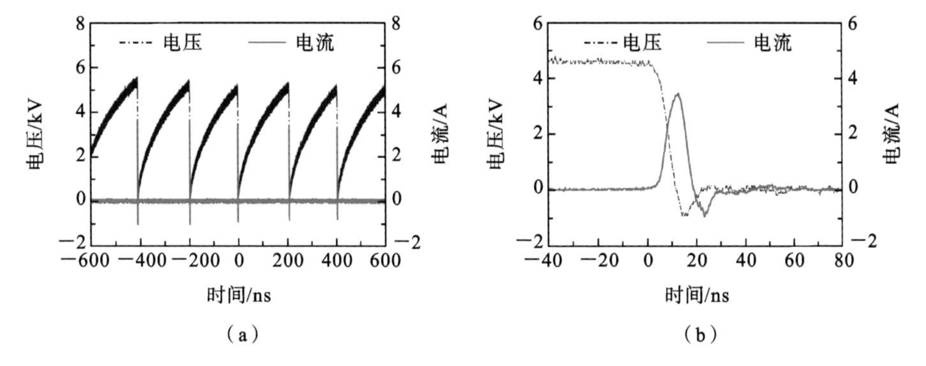

图 2.11.2 装置的电压、电流波形[74]

(a) 自脉冲电压、电流波形；(b) 放大的典型单个脉冲电压、电流波形

研究发现，当一个接地的锥形金属针与该等离子体射流接触，如图 2.11.3 所示，该等离子体射流不会停止推进，而是绕着该锥形针推进。此外，该锥形针并不影响放电的电压、电流波形。这与之前报道的 He 射流是完全不同的[75]。从图 2.11.4 可以看出，当接地的金属丝靠近 He 射流但还没有到达射流的位置时，射流会弯向金属丝，并且停止推进。即使该金属丝通过连接一个几兆欧姆的电阻再接地，该射流仍然弯向金属丝而停止推进。由此可以确定这两个射流的推进机理是不同的。

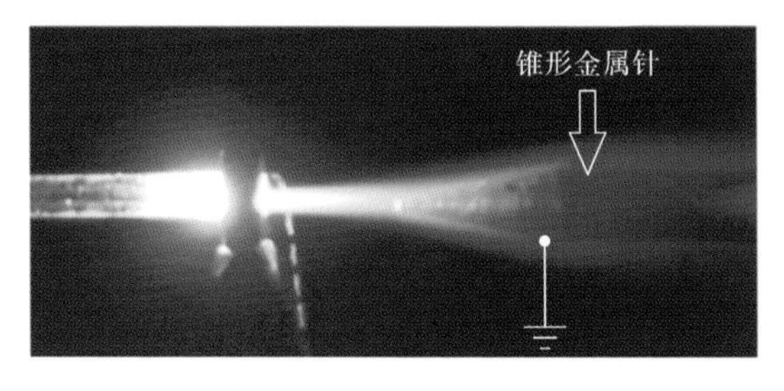

图 2.11.3 等离子体射流与接地的锥形金属针接触的照片[74]

为了进一步了解其推进机理，采用 ICCD 相机来获得它的动态过程，如图 2.11.5 所示[76]。根据其不同时刻的位置，即可获得它的推进速度如图 2.11.6 所示。图中还给出了根据皮托管测得的空气的流速。由于皮托管离

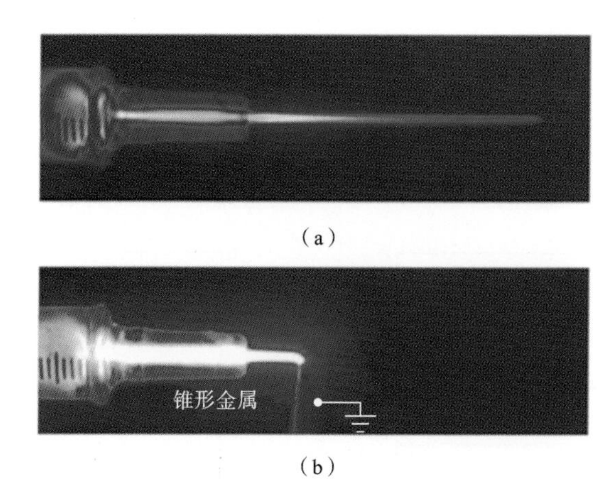

(a)

(b)

图 2.11.4　接地金属丝对 He 射流的影响

(a) He 等离子体射流产生在周围的空气中；(b) 接地金属丝靠近射流时，射流向金属丝弯曲，并停止推进[74]

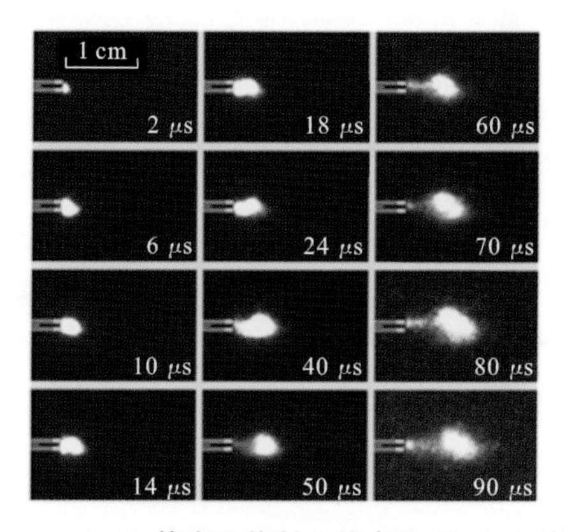

图 2.11.5　N_2 等离子体射流的高速 ICCD 照片[76]

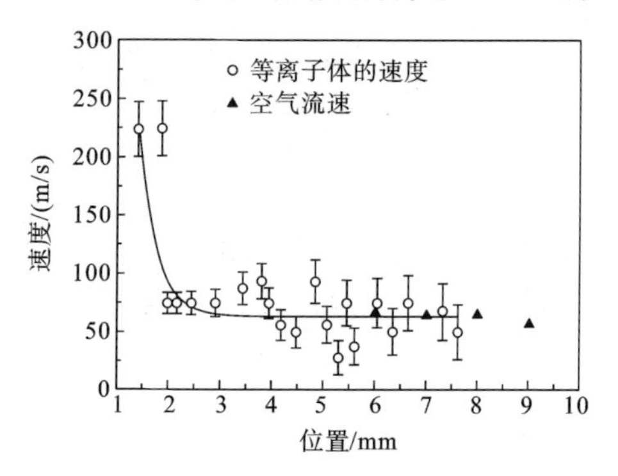

图 2.11.6　不同位置处根据 ICCD 获得的等离子体子弹的速度及采用皮托管测得的空气的流速[76]

喷嘴太近就会对气体流动产生较大的干扰，因此仅采用皮托管测量了气体在 6～9 mm 位置处的流速。从该图可以看出，等离子体的推进速度与气体的流速吻合得很好。由此可以判断该等离子体射流是气流驱动而不是电驱动的。

2.12 大气压非平衡等离子体射流的磁场辐射

N-APPJ 在周围的空气中产生等离子体射流，那么它就像一个天线，必然会产生电磁辐射。因此通过测量其辐射的磁场可以更加深入了解N-APPJ的物理特性。图 2.12.1 给出了测量 N-APPJ 磁场辐射的实验装置示意图及照片[77]。

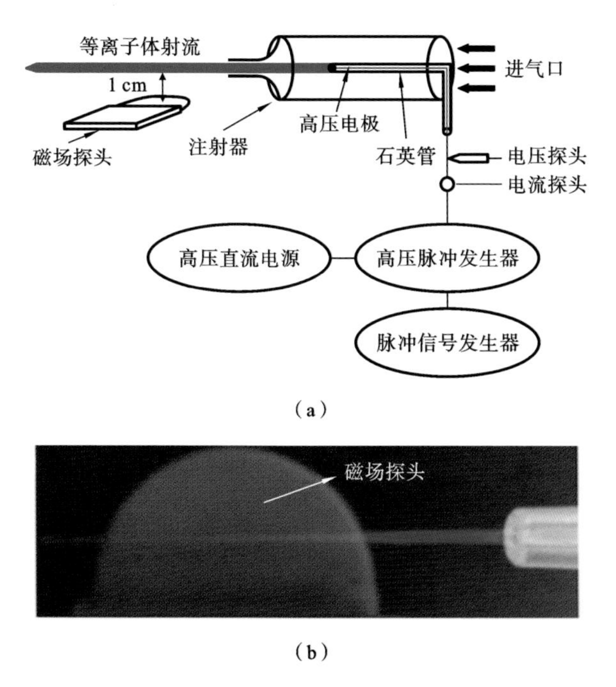

图 2.12.1 测量 N-APPJ 磁场辐射的实验装置

(a) 实验装置示意图；(b) 用磁探针测量 N-APPJ 磁场的照片[77]

图 2.12.2 给出了在分别打开和关闭等离子体射流时测得的磁场信号。根据图 2.12.2，等离子体射流的磁场 B_{plume} 可以通过测得的这两个磁场信号相减获得。该等离子体射流磁场 B_{plume} 的峰值约为 0.055 dBm。它的脉冲宽度约为 100 ns，这与电流的脉宽类似。

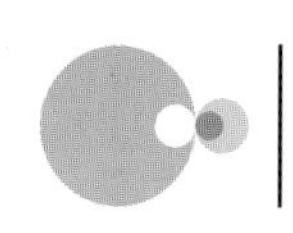

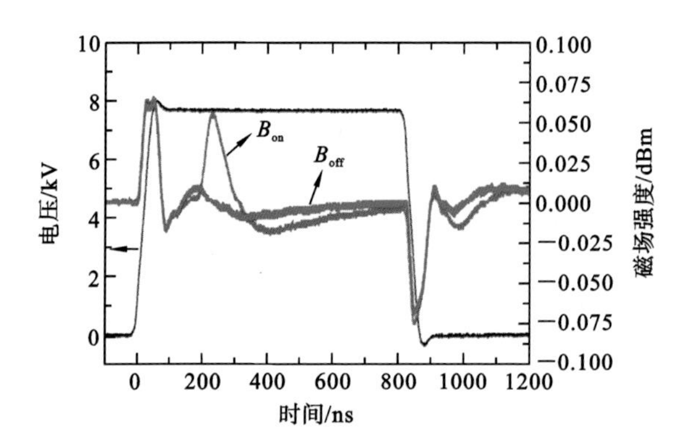

图 2.12.2　电压、总磁场(有等离子体射流)，以及没有射流时(没有氦气，因此无等离子体射流)的磁场随时间的变化情况[77]

图2.12.3给出了该磁场的频域分析。由此可以看出它主要在0.4～30 MHz范围，也就是在RF范围[77]。

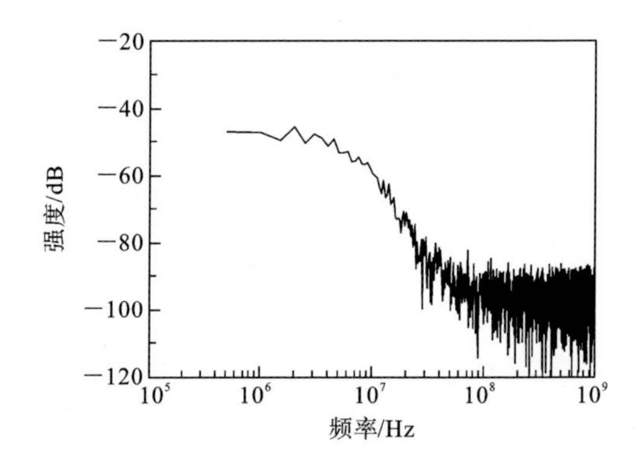

图 2.12.3　B_{plume}信号的频域分析结果[77]

研究发现，在一定范围内增加氦气的流速会增加射流的长度。然而，当氦气流速增大一定值之后，气体的流动由层流转变为湍流，从而导致射流变短。那么此时辐射的磁场会有什么变化呢？图2.12.4给出了气体流速分别为1 L/min和3 L/min时等离子体射流的照片，及其辐射的磁场波形。从图2.12.4可以看出，当气体流速为1 L/min时，射流的长度较长，射流前端是针尖型，此时其磁场波形是光滑的；但当气流为3 L/min时，射流变短，其尖端出现弯曲，对应的磁场波形出现剧烈抖动，出现许多尖峰。由此可以根据磁场信号来判断射流是工作在层流模式还是湍流模式。

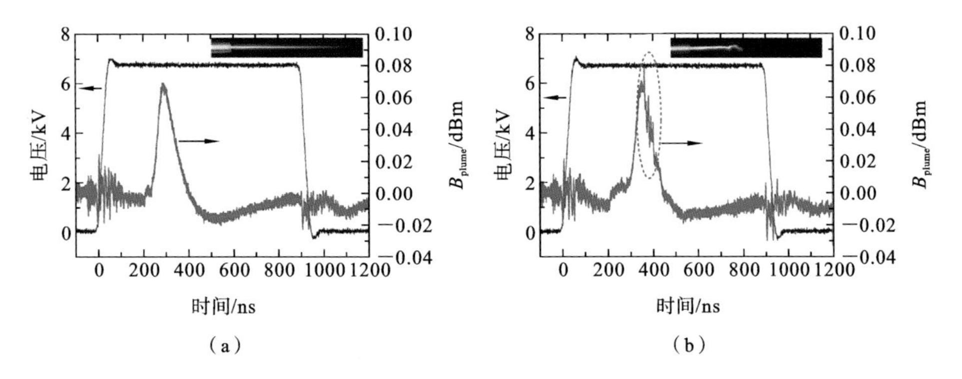

图 2.12.4 外加电压与不同氦气流速下的磁场信号 B_{plume}[77]

(a) 1 L/min;(b) 3 L/min

参考文献

[1] Lu X, Laroussi M. Dynamics of an atmospheric pressure plasma plume generated by sub-microsecond voltage pulses[J]. Journal of Applied Physics, 2006(100):063302.

[2] Xiong Z, Lu X, Xiong Q, et al. Measurements of the propagation velocity of an atmospheric pressure plasma plume by various methods [J]. IEEE Transactions on Plasma Science, 2010(38): 1001.

[3] Xiong Q, Lu X, Ostrikov K, et al. Length control of He atmospheric plasma jet plumes: Effects of discharge parameters and ambient air[J]. Physics of Plasmas, 2009(16): 043505.

[4] Xiong Q, Lu X, Xian Y, et al. Experimental investigations on the propagation of the plasma jet in the open air[J]. Journal of Applied Physics, 2010(107): 073302.

[5] Xiong Z, Lu X, Xian Y, et al. On the velocity variation in atmospheric pressure plasma plumes driven by positive and negative pulses[J]. Journal of Applied Physics, 2010(108): 103303.

[6] Wu S, Xu H, Lu X, et al. Effect of pulse rising time of pulse DC voltage on atmospheric pressure non-equilibrium plasma[J]. Plasma Processes and Polymers, 2013(10): 136-140.

[7] Lu X, Laroussi M. Electron density and temperature measurement of an

atmospheric pressure plasma by millimeter wave interferometer [J]. Applied Physics Letters, 2008(92): 051501.

[8] http://physics. nist. gov/PhysRefData/ASD/index. html

[9] Yanguas-Gil A, Cotrino J, Alves L L. An update of argon inelastic cross sections for plasma discharges[J]. Journal of Physics D: Applied Physics, 2005(38): 1588-1598.

[10] Bartschat K, Zeman V. Electron-impact excitation from the($3p^5 4s$) metastable states of argon[J]. Physical Review A,1999 (59): R2552-R2554.

[11] Xiong Q, Lu X, Ostrikov K, et al. Pulsed DC and sine-wave-excited cold atmospheric plasma plumes: a comparative analysis[J]. Physics of Plasmas, 2010 (17): 043506.

[12] Moreau E. Airflow control by non-thermal plasma actuators[J]. Journal of Physics D: Applied Physics, 2007(40): 605-636.

[13] Cattafesta L, Sheplak M. Actuators for active flow control[J]. Annual Review of Fluid Mechanics, 2011(43): 247-272.

[14] Xian Y, Qaisrani M, Yue Y, et al. Discharge effects on gas flow dynamics in a plasma jet[J]. Physics of Plasmas, 2016(23): 103509.

[15] Qaisrani M, Xian Y, Li C, et al. Study on dynamics of the influence exerted by plasma on gas flow field in non-thermal atmospheric pressure plasma jet[J]. Physics of Plasmas, 2016(23): 063523.

[16] Jacobs R G, Durbin P A. Shear sheltering and the continuous spectrum of the Orr-Sommerfeld equation[J]. Physics of Fluids, 1998(10): 2006-2011.

[17] Pejović M, Ristic G, Karamarkovic J. Electrical breakdown in low pressure gases[J]. Journal of Physics D: Applied Physics, 2002(35): 91-103.

[18] Shishpanov A, Ionikh Y, Meshchanov A. The effect of external visible light on the breakdown voltage of a long discharge tube[J]. Optics and Spectroscopy, 2016(120): 871-875.

[19] Nie L, Xian Y, Lu X. Visible light effects in plasma plume ignition[J]. Physics of plasmas, 2017(24): 043502.

[20] Wang Z, Chen G, Wang Z, et al. Effect of a floating electrode on an

atmospheric pressure non-thermal arc discharge[J]. Journal of Applied Physics, 2011(110): 033308.

[21] Kumagai S, Asano H, Hori M, et al. Floating wire for enhancing ignition of atmospheric pressure inductively coupled microplasma[J]. Japanese Journal of Applied Physics, 2012(51): 01aa01.

[22] Kumagai S, Matsuyama H, Yokoyama Y, et al. Novel atmospheric pressure inductively coupled micro plasma source using floating wire electrode[J]. Japanese Journal of Applied Physics, 2011(50): 08ja02.

[23] Hu J, Wang J, Liu X, et al. Effect of a floating electrode on a plasma jet[J]. Physics of Plasmas, 2013(20): 083516.

[24] Nie Q, Ren C, Wang D, et al. Simple cold Ar plasma jet generated with a floating electrode at atmospheric pressure[J]. Applied Physics Letters, 2008(93): 011503.

[25] Xian Y, Xu H, Lu X, et al. Plasma bullets behavior in a tube covered by a conductor[J]. Physics of Plasmas, 2015(22): 063507.

[26] Naidis G. Simulation of interaction between two counter-propagating streamers[J]. Plasma Sources Science and Technology, 2012(21): 034003.

[27] Wu S, Wang Z, Huang Q, et al. Atmospheric pressure plasma jets: effect of gas flow, active species, and snake-like bullet propagation[J]. Physics of Plasmas, 2013(20): 023503.

[28] Xiong Z, Robert E, Sarron V, et al. Dynamics of ionization wave splitting and merging of atmospheric pressure plasmas in branched dielectric tubes and channels[J]. Journal of Physics D: Applied Physics, 2012(45): 275201.

[29] Sarron V, Robert E, Dozias S, et al. Splitting and mixing of high-velocity ionization-wave-sustained atmospheric pressure plasmas generated with a plasma gun[J]. IEEE Transactions on Plasma Science, 2011(39): 2356-2357.

[30] Mussard M D V S, Guaitella O, Rousseau A. Propagation of plasma bullets in helium within a dielectric capillary influence of the interaction with surfaces [J]. Journal of Physics D: Applied Physics, 2013

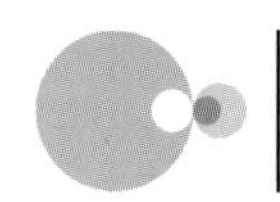

(46)：302001.

[31] Lacoste D A, Bourdon A, Kuribara K, et al. Pure air-plasma bullets propagating inside microcapillaries and in ambient air[J]. Plasma Sources Science and Technology, 2014(23): 062006.

[32] Robert E, Sarron V, Ries D, et al. Characterization of pulsed atmospheric pressure plasma streams (PAPS) generated by a plasma gun[J]. Plasma Sources Science and Technology, 2012(21): 034017.

[33] Xiong Z, Kushner M. Atmospheric pressure ionization waves propagating through a flexible high aspect ratio capillary channel and impinging upon a target[J]. Plasma Sources Science and Technology, 2012(21): 034001.

[34] Wu S, Xu H, Xian Y, et al. Propagation of plasma bullet in U-shape tubes[J]. AIP Advances, 2015(5): 027110.

[35] Xiong Q, Lu X, Xian Y, et al. Temporal and spatial resolved optical emission behaviors of a cold atmospheric pressure plasma jet[J]. Journal of Applied Physics, 2010(107): 073302.

[36] Mericam-Bourdet N, Laroussi M, Begum A, et al. Experimental investigations of plasma bullets[J]. Journal of Physics D: Applied Physics, 2009(42): 055207.

[37] Karakas E, Laroussi M. Experimental studies on the plasma bullet propagation and its inhibition[J]. Journal of Applied Physics, 2010(108): 063305.

[38] Wu S, Huang Q, Wang Z, et al. The effect of nitrogen diffusion from surrounding air on plasma bullet behavior[J]. IEEE Transactions on Plasma Science, 2011(39): 2286-2287.

[39] Liu F, Zhang D, Wang D. The influence of air on streamer propagation in atmospheric pressure cold plasma jets[J]. Thin Solid Films, 2012(521): 261-264.

[40] Naidis G. Modelling of plasma bullet propagation along a helium jet in ambient air[J]. Journal of Physics D: Applied Physics, 2011(44): 215203.

[41] Breden D, Miki K, Raja L. Self-consistent two-dimensional modeling of cold atmospheric pressure plasma jets/bullets[J]. Plasma Sources Sci-

ence and Technology, 2012(21): 034011.

[42] Mericam-Bourdet N, Laroussi M, Begum A, et al. Experimental investigations of plasma bullets[J]. Journal of Physics D: Applied Physics, 2009(42): 055207.

[43] Jansky J, Bourdon A. Simulation of helium discharge ignition and dynamics in thin tubes at atmospheric pressure[J]. Applied Physics Letters, 2011(99): 161504.

[44] Wu S, Lu X, Pan Y. On the mechanism of acceleration behavior of plasma bullet[J]. Physics of Plasmas, 2014(21): 073509.

[45] Naidis G. Modelling of plasma bullet propagation along a helium jet in ambient air[J]. Journal of Physics D: Applied Physics, 2011(44): 215203.

[46] Breden D, Miki K, Raja L. Self-consistent two-dimensional modeling of cold atmospheric pressure plasma jets/bullets[J]. Plasma Sources Science and Technology, 2012(21): 034011.

[47] Wu S, Huang Q, Wang Z, et al. The effect of nitrogen diffusion from surrounding air on plasma bullet behavior[J]. IEEE Transactions on Plasma Science, 2011(39): 2286-2287.

[48] Urabe K, Morita T, Tachibana K, et al. Investigation of discharge mechanisms in helium plasma jet at atmospheric pressure by laser spectroscopic measurements[J]. Journal of Physics D: Applied Physics, 2010(43): 095201.

[49] Sakiyama Y, Knake N, Schroder D, et al. Gas flow dependence of ground state atomic oxygen in plasma needle discharge at atmospheric pressure[J]. Applied Physics Letters, 2010(97): 151501.

[50] Sakiyama Y, Graves D, Jarrige J, et al. Finite element analysis of ring-shaped emission profile in plasma bullet[J]. Applied Physics Letters, 2010(96): 041501.

[51] Sakiyama Y, Graves D. Neutral gas flow and ring-shaped emission profile in non-thermal RF-excited plasma needle discharge at atmospheric pressure[J]. Plasma Sources Science and Technology, 2009(18): 025022.

[52] Boeuf J, Yang L, Pitchford L. Dynamics of a guided streamer ('plasma

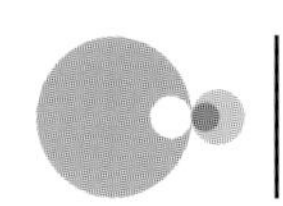

bullet') in a helium jet in air at atmospheric pressure[J]. Journal of Physics D: Applied Physics, 2013(46): 015201.

[53] Begum A, Laroussi M, Pervez M. A brief study on the ignition of the non-thermal atmospheric pressure plasma jet from a double dielectric barrier configured plasma pencil[J]. Plasma Science and Technology, 2013(15): 627-634.

[54] Hu J, Wang J, Liu X, et al. Effect of a floating electrode on a plasma jet[J]. Physics of Plasmas, 2013(20): 083516.

[55] Mericam-Bourdet N, Laroussi M, Begum A, et al. Experimental investigations of plasma bullets[J]. Journal of Physics D: Applied Physics, 2009(42): 055207.

[56] Xian Y, Yue Y, Liu D, et al. On the mechanism of ring-shape structure of plasma bullet[J]. Plasma Processes and Polymers, 2014(11): 1169-1174.

[57] Lu X, Ye T, Cao Y, et al. The roles of the various plasma agents in the inactivation of bacteria[J]. Journal of Applied Physics, 2008(104): 1632.

[58] Stoffels E, Sakiyama Y, Graves D. Cold atmospheric plasma: charged species and their interactions with cells and tissues[J]. IEEE Transactions on Plasma Science, 2008(36): 1441-1457.

[59] Laroussi M. Low temperature plasma-based sterilization: overview and state-of-the-art[J]. Plasma Processes and Polymers, 2005(2): 391-400.

[60] Lu X, Jiang Z, Xiong Q, et al. A single electrode room-temperature plasma jet device for biomedical applications[J]. Applied Physics Letters, 2008(92): 151504.

[61] Xiong Q, Lu X, Liu J, et al. Temporal and spatial resolved optical emission behaviors of a cold atmospheric pressure plasma jet[J]. Journal of Applied Physics, 2009(106): 083302.

[62] Lu X, Laroussi M. Electron density and temperature measurement of an atmospheric pressure plasma by millimeter wave interferometer[J]. Applied Physics Letters, 2008(92): 051501.

[63] Yuan X, Raja L. Computational study of capacitively coupled high-pressure glow discharges in helium[J]. IEEE Transactions on Plasma Science, 2003(31): 495-503.
[64] Martens T, Bogaerts A, Brok W, et al. The dominant role of impurities in the composition of high pressure noble gas plasmas[J]. Applied Physics Letters, 2008(92): 041504.
[65] Deloche R, Monchicourt P, Cheret M, et al. High-pressure helium afterglow at room temperature[J]. Physical Review A, 1976(13): 1140-1176.
[66] Bibinov N, Fateev A, Wiesemann K. Variations of the gas temperature in He/N_2 barrier discharges[J]. Plasma Sources Science and Technology, 2001(10): 579-588.
[67] Cartry G, Magne L, Cernogora G. Experimental study and modelling of a low-pressure N_2/O_2 time afterglow[J]. Journal of Physics D: Applied Physics, 1999(32): 1894-1907.
[68] Xian Y, Lu X. Propagation of atmospheric pressure cold plasma jets [J]. High Voltage Engineering, 2012(38): 1667-1676.
[69] Bruggeman P, Walsh J, Schram D, et al. Time dependent optical emission spectroscopy of sub-microsecond pulsed plasmas in air with water cathode[J]. Plasma Sources Science and Technology, 2009(18): 045023.
[70] Bibinov N, Fateev A, Wiesemann K. On the influence of metastable reactions on rotational temperatures in dielectric barrier discharges in He-N_2 mixtures[J]. Journal of Physics D: Applied Physics, 2001(34): 1819-1826.
[71] Lu X, Laroussi M. Dynamics of an atmospheric pressure plasma plume generated by submicrosecond voltage pulses[J]. Journal of Applied Physics, 2006(100): 063302.
[72] Ye R, Zheng W. Temporal-spatial-resolved spectroscopic study on the formation of an atmospheric pressure microplasma jet[J]. Applied Physics Letters, 2008(93): 071502.
[73] Lu X, Xiong Q, Xiong Z, et al. Propagation of an atmospheric pressure plasma plume[J]. Journal of Applied Physics, 2009(105): 70-73.

[74] Xian Y, Lu X, Wu S, et al. Are all atmospheric pressure cold plasma jets electrically driven? [J]. Applied Physics Letters, 2012(100): 123702.

[75] Lu X, Jiang Z, Xiong Q, et al. A single electrode room-temperature plasma jet device for biomedical applications[J]. Applied Physics Letters, 2008(92): 151504.

[76] Xian Y, Wu S, Wang Z, et al. Discharge dynamics and modes of an atmospheric pressure non-equilibrium air plasma jet[J]. Plasma Science and Technology, 2013(10): 372-378.

[77] Wu S, Huang Q, Wang Z, et al. On the magnetic field signal radiated by an atmospheric pressure room temperature plasma jet[J]. Journal of Applied Physics, 2013(113): 043305.

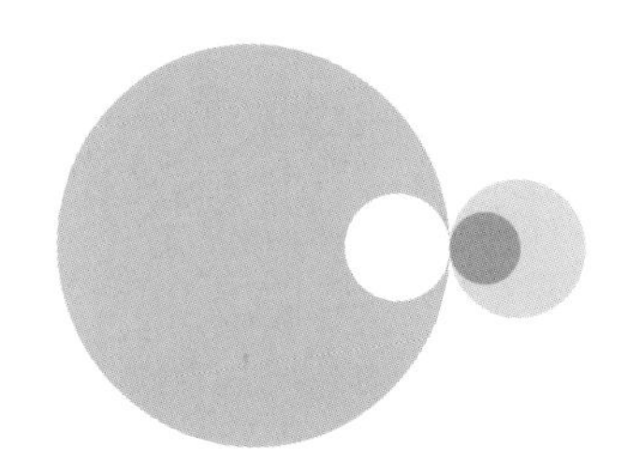

第3章 大气压非平衡等离子体射流中的新现象

虽然 N-APPJ 具有流注放电的许多特征，但是它又与人们认识的传统的流注放电有所不同，它在特定条件下呈现出的一些新现象是传统流注放电所没有观察到的。本章将对 N-APPJ 研究中发现的一些新现象进行简要介绍。

3.1 大气压非平衡等离子体射流的随机推进特性

国内外大量的研究表明 N-APPJ 推进过程具有类似于"子弹"的行为，它以 $10^4 \sim 10^5$ m/s 的速度向前推进。在它的推进过程中具有高度的时空重复性，即它在同样的时间总是运动到相同的位置。这是传统的流注放电所不具备的。但是不是所有的 N-APPJ 都具有这样的特性呢？本小节将对此进行讨论。

3.1.1 电压对推进模式的影响

研究发现，对于 1.5.3 节中的 N-APPJ 装置，当电源电压为 8 kV 时，用 ICCD 拍摄到的射流的动态过程就具有随机性，如图 3.1.1 所示[1]。对于同样的时间延迟，重复三次拍摄到的等离子体子弹所到达的位置不一样，它们具有很大的空间不确定性。例如对于 420 ns 的情况，第一幅图

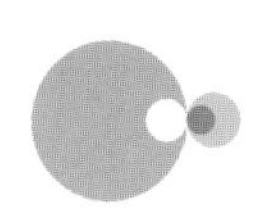

(d-1)中还没有放电，第二幅图(d-2)中子弹已经运动到离喷嘴大于 1 cm 的位置，第三幅图(d-3)中子弹才刚刚离开喷嘴。由此可以看出这种条件下，该射流具有很大的随机性，这与传统的流注放电类似。当把电源电压提高到 9 kV，其他参数保持不变，拍摄到它的高速动态过程如图 3.1.2 所示。此时对于相同的相机延迟，等离子体子弹总是出现在相同的位置，因此这里对同样的延迟只给出一幅照片。此时的等离子体像子弹一样向前高速推进。

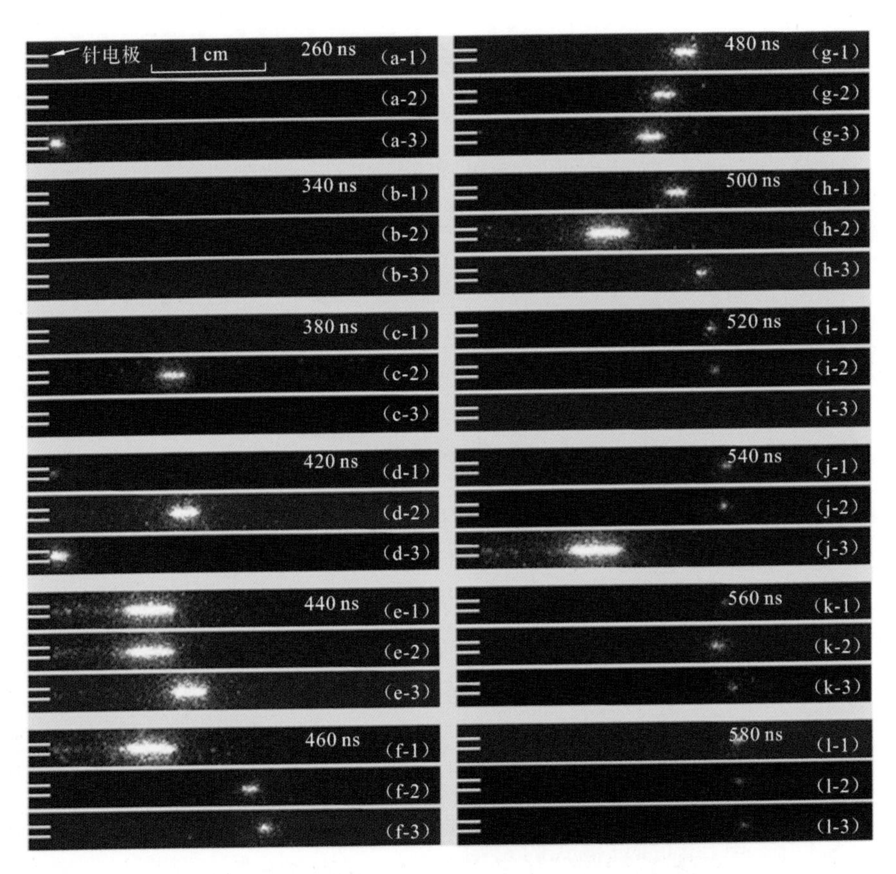

图 3.1.1　电源电压为 8 kV 时拍摄到的射流的动态过程[1]

图中的时间为 ICCD 相机延迟，对于同样的相机延迟时间，重复拍摄了三次。脉冲频率为 10 kHz，脉宽为 500 ns，工作气体为 He/O_2(20%)，总气体流速为 0.4 L/min

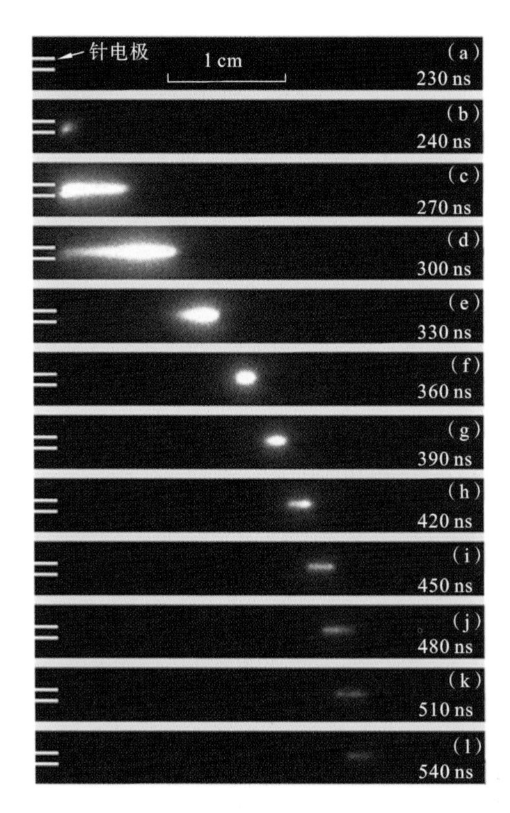

图 3.1.2　电源电压为 9 kV 时拍摄到的射流的动态过程[1]

图中的时间为 ICCD 相机延迟，脉冲频率为 10 kHz，脉宽为 500 ns，工作气体为 He/O_2(20%)，总气体流速为 0.4 L/min

3.1.2　频率对推进模式的影响

通常人们用来驱动 N-APPJ 的电源都是千赫兹或者更高频率的电源，人们观测到此时 N-APPJ 都具有高度可重复性。但当频率降低时它是否仍具有这个特性呢？研究发现，当逐渐降低脉冲电源的频率到约 200 Hz 时，肉眼观测到的等离子体射流没有任何变化，但通过高速 ICCD 拍照发现其放电由高度可重复放电转化为不可重复放电，如图 3.1.3 所示[2]，此时它的动态过程与图 3.1.1 类似，其动态过程具有很大的随机性。

等离子体子弹的随机性随频率的变化可作如下解释，随着放电频率的降低，放电间隔变长，由于电子的吸附和复合等效应，导致下次放电时从前次放电遗留下来的种子电子密度更低。当该种子电子密度低于某一临界值，即导致放电的随机性。详细的关于放电的可重复性的内容将在第 5 章介绍。

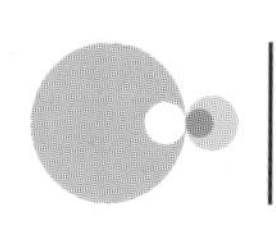

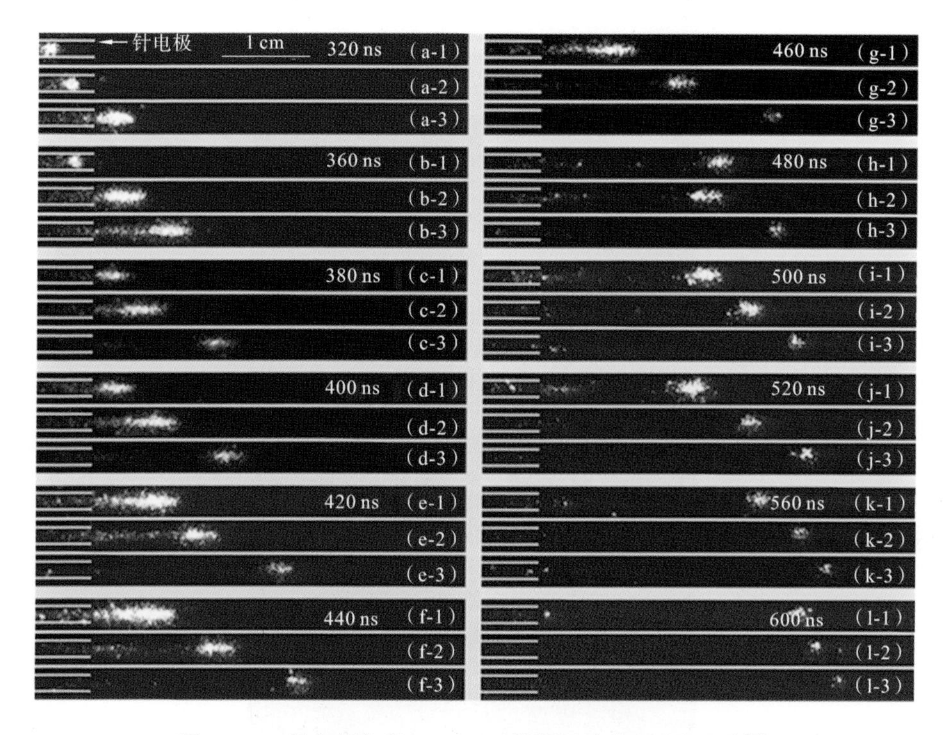

图 3.1.3　放电频率为 200 Hz 时拍摄到的动态过程照片[2]

图中的时间为 ICCD 相机延迟，对于同样的相机延迟时间，重复拍摄了三次，ICCD 曝光时间为 20 ns，电源电压为 7 kV，脉宽为 800 ns

3.1.3　第一次放电的推进模式

如上所述，当放电频率足够高，前一次放电遗留下来的种子电子密度达到某一临界值，放电就呈现可重复放电模式。那么对于任何频率的放电，它的第一次放电是不存在前次放电的，因此它的种子电子密度仅来自于本底辐射，这个值是非常低的，也就是说，第一次放电都应具有不可重复性。为了验证该假定，下面对第一次放电的动态过程进行了拍摄，所得结果如图 3.1.4 所示[3]。从该图可以看出，对于同样的延迟时间，子弹推进的位置有很大的不同，因此即使脉冲频率是 4 kHz，第一次放电仍是不可重复的。值得指出的是，这里的第一次放电并不是第一个电压脉冲。事实上刚开始的许多电压脉冲并没有放电。

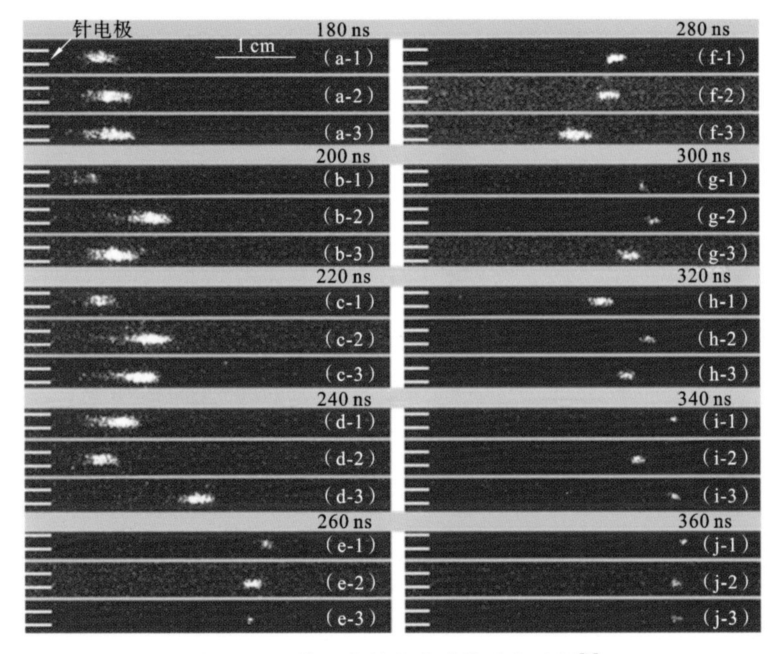

图 3.1.4　第一次放电脉冲的动态过程[3]

电压 6 kV，脉宽 6 μs，脉冲频率 4 kHz，氦气流速 1 L/min，ICCD 曝光时间 20 ns

3.2　大气压非平衡等离子体射流的接力现象

前面介绍的多个等离子体射流都能够与人体直接接触而人体不会产生电击感。本节将利用其中的一个这样的等离子体射流去触发另一个等离子体射流。实验装置如图 3.2.1 所示[4]，铜制的高压针电极被放置到单端封口的石英管内，石英管与高压电极插入针筒注射器内，针筒注射器与一个玻璃管垂直放置，针筒的喷嘴离玻璃管的距离为 1.5 cm。当电压为 9 kV，频率为 4 kHz，脉宽为 800 ns 的脉冲直流高压加到高压电极上，并在针筒和玻璃管中通入流速分别为 2 L/min 和 3 L/min 的氦气时，即产生如图所示的等离子体。实验时为了避免主射流对玻璃管中二级放电的影响，在玻璃管的左端出口处连接一个玻璃圆片。从图中可以看出，针筒注射器内产生的等离子体可以触发玻璃管内的放电，并产生二级等离子体射流。应该强调的是，玻璃管内只通氦气，没有任何电极。而主放电的等离子体可以与人体任意接触，如图 3.2.2 所示。此外，实验还发现，即使采用不透明的氧化铝管代替玻璃管，仍能产生二级射流。也就是说，光电离效应在产生二级射流中不是必要的。

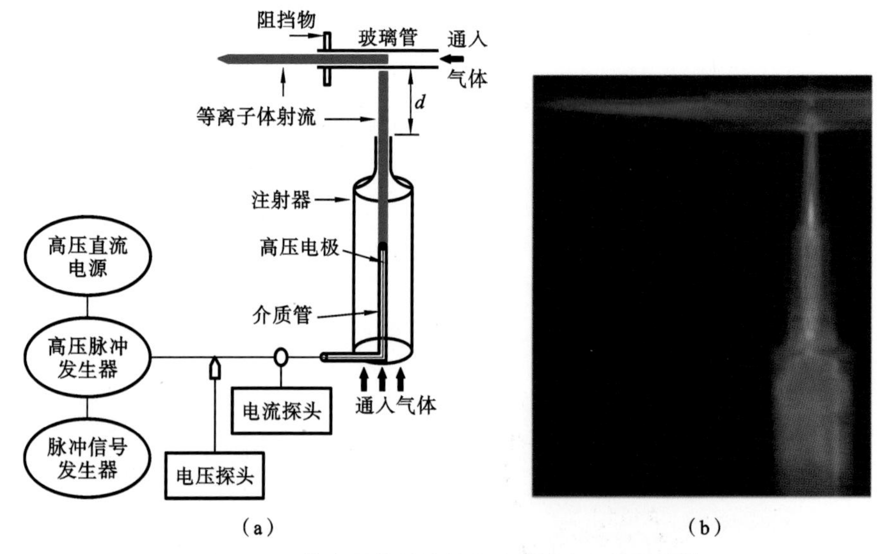

图 3.2.1　等离子体射流触发玻璃管内二级射流[4]

(a) 实验装置示意图，石英管的内、外直径分别为 2 mm 和 4 mm，石英管的末端是封口的，针筒注射器的内径为 6 mm，其喷嘴的内径约为 1.2 mm，石英管的末端离喷嘴约 1 cm，喷嘴离玻璃管的距离为 1.5 cm，玻璃管的内径为 2 mm；(b) 等离子体照片，电压为 9 kV，频率为 4 kHz，脉宽为 800 ns，He 在针筒和玻璃管中的流速分别为 2 L/min 和 3 L/min

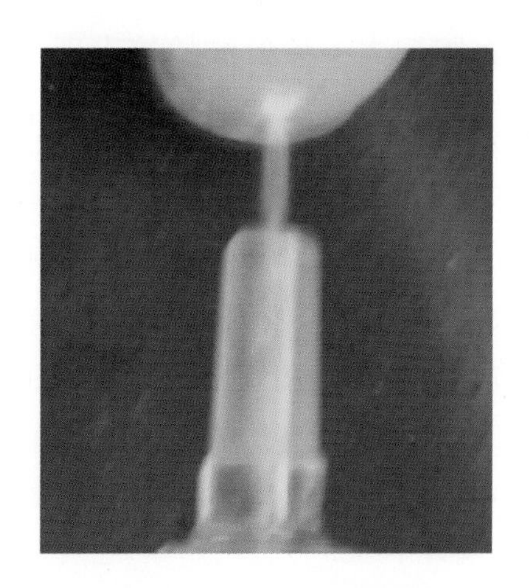

图 3.2.2　等离子体射流与手指接触的照片[4]

为了进一步了解二级射流的产生机理，采用 ICCD 相机对其动态过程进行拍摄。图 3.2.3 给出了此时的电流和电压波形[4]。图 3.2.4 为对应各时刻拍摄的等离子体动态过程的照片[4]。从图 3.2.4(b)～(f)可以看出主放电与典型的正流注类似，它从喷嘴往玻璃管高速推进。当它到达玻璃管后，它的发光强度迅速减弱，直到彻底观测不到任何等离子体。然而在 440 ns 时，玻璃管内出现一个较弱的发光区域，如图 3.2.4(l)所示。然后该发光体迅速往左移动，同时其亮度显著增强，如图 3.2.4(n)所示。它继续在喷嘴外推进约 200 ns，直到最后彻底消失。

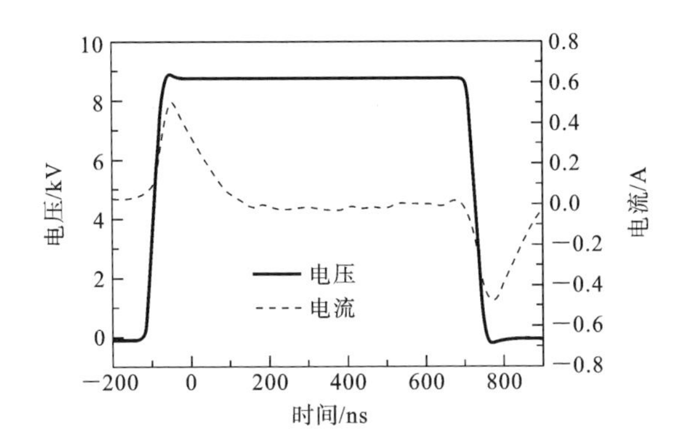

图 3.2.3　电源电压和放电电流波形，脉冲频率为 4 kHz[4]

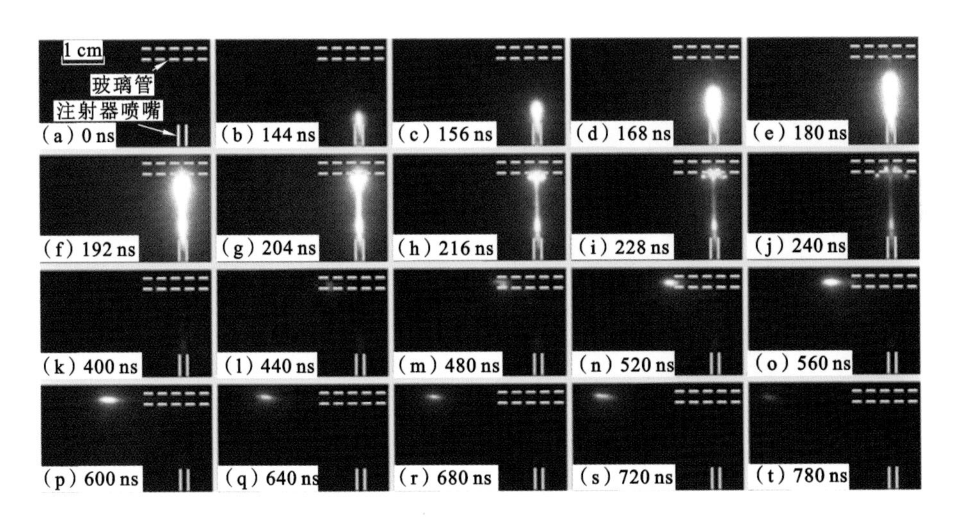

图 3.2.4　等离子体的动态过程照片[4]

ICCD 曝光时间为 1 ns，图中所标注的时间对应于图 3.2.3 中的时刻

图 3.2.5 给出了主放电和二次放电等离子体各时刻的推进速度。从图中可以看出，主放电等离子体的推进速度比二次放电快几倍。应该强调的是，二次放电是在主放电消失后开始出现的。

如前所述，既然采用氧化铝管时同样可以产生二次放电，且所产生的二次

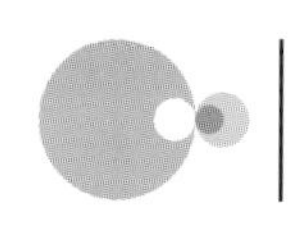

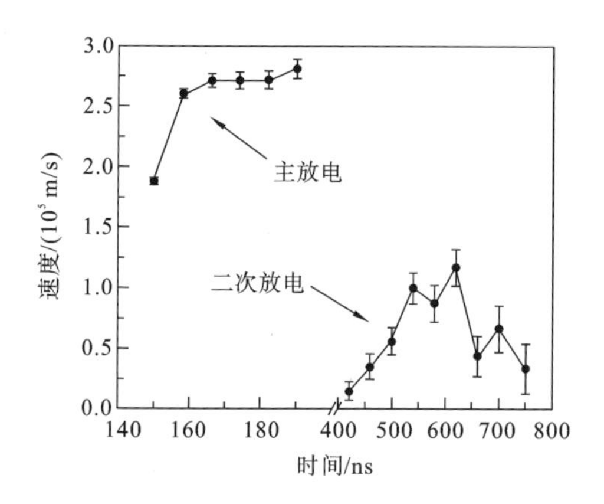

图 3.2.5　主放电 v_{pri} 和二次放电 v_{sec} 等离子体的推进速度随时间的变化关系[4]

射流没有明显区别，这说明光电离不是必要的。当主等离子体与玻璃管接触，即会在玻璃管外沉积电荷。沉积电荷量可以根据射流携带电流积分获得。射流携带电流的峰值可达 300 mA[5]，通过积分得到沉积在玻璃管外的电荷约为 10^{-8} C。假定这些电荷是分布在玻璃管外一个无限窄的圆环上，通过简单的静电计算可得其最高电场高达 20 kV/cm。这样的高电场远高于氦气的击穿电场。当然，由于电荷沉积在玻璃管外是有限尺寸的，因此真实的电场应该小于这个电场。此外，应该强调的是，虽然二次射流推进时，主射流喷嘴与玻璃管之间是不发光的，但它们之间的这个暗通道的电导率仍然是很高的，也就是说，高压电极上的电压通过这个暗通道作用在介质管外，对二次射流的产生同样起着重要的作用。

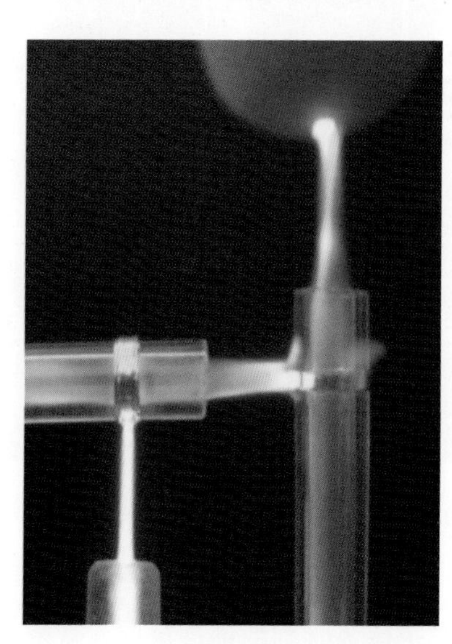

图 3.2.6　三级级联的等离子体射流照片[6]

电压为 9 kV，脉宽为 2 μs，脉冲频率为 5 kHz，每个管子的 He 流速均为 4 L/min

上面介绍的是两级射流的接力现象。实验还发现，这个次级射流能够诱导产生三级射流，所得等离子体照片如图 3.2.6 所示[6]。垂直的注射器喷嘴与水平的玻璃管之间的距离为 8 mm，水平玻璃管与垂直玻璃管的距离为4 mm，垂直玻璃管的喷嘴与手指之间的距离约为 8 mm，两个玻璃管的内径为2.5 mm，两个宽约为1 mm的铝箔环分别贴在两个玻璃管上，高压电极放置在注射器内，与前面相同。当高压电源打开，氦气通过三根管子，即产生三级等离子体射流接力现象。

图 3.2.7 给出了它的动态过程。当主射流在 195 ns 时与水平的玻璃管接触，其亮度迅速降低；在 450 ns 时，二级等离子体开始出现，它在 490 ns 时亮度显著增强，直到 600 ns 时消失；在 990 ns 时，三级等离子体开始出现，它在约 1110 ns 时推进到地电极（手指），先变亮，然后在 1230 ns 消失。这三个等离子体子弹的平均速度分别为 4×10^5 m/s、1×10^5 m/s、6.7×10^4 m/s。同样，二级射流和三级射流分别都是在它们的前一级射流消失后开始出现的，它们

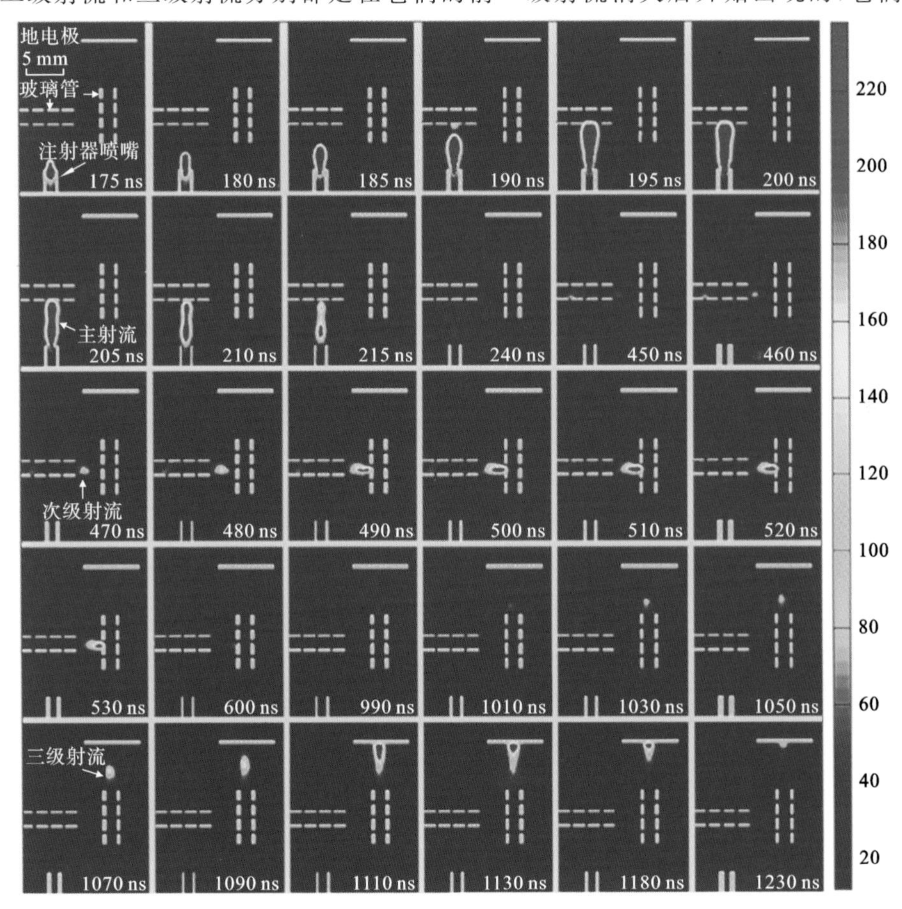

图 3.2.7 三级等离子体射流接力的动态过程[6]

ICCD 曝光时间为 5 ns，电压为 9 kV，脉宽为 2 μs，脉冲频率为 5 kHz，每个管子的 He 流速均为 4 L/min

的产生机理与之前的两级接力现象是类似的。

3.3 大气压非平衡等离子体射流的多子弹现象

研究者根据高速 ICCD 相机所得的照片发现，裸眼看起来连续的等离子体射流实际上是由一团快速推进的等离子体构成的[7~8]。这一现象被称为等离子体子弹现象。该等离子体子弹与电极之间是一个暗通道，它们看似没有联系，等离子体子弹就像独自往前推进。该行为引起了国内外研究者的关注，人们对其展开了大量的研究。在绝大多数情况下，研究者们都观察到在一个电压脉冲周期内，电压上升时发生一次放电，产生一个向前推进的等离子体子弹，在电压下降时发生第二次放电，但下降沿放电产生的等离子体推进距离太短且放电头部与电极之间无暗区，此时与传统的流注放电类似。那么一个电压脉冲周期内有没有可能产生多个子弹？研究发现一个脉冲周期内确实可以产生多达 3 个等离子体子弹。本节将对这一奇特现象进行介绍。

这里采用的射流装置是图 1.5.1 中给出的单电极射流装置[9]。射流装置头部置于一个玻璃容器内，如图 3.3.1 所示。容器为一个内径 16 cm、深度 25 cm 的玻璃烧杯。容器左端密封，下部设置一个直径 2 mm 的排气管，以保证容器内气压与外部大气压一致。排气管位于封口塞的下部，所以当射流装置中通入氦气时，密度较大的空气将通过底部的排气管排出。该装置并没有抽真空，所以玻璃容器内始终存在少量的空气。射流装置工作气体流速为 2 L/min，其混合 99%的氦气和 1%的氮气。加入 1%氮气的目的是为了增强等离子体的亮度，从而可以拍摄到更清晰的等离子体照片。该等离子体采用高压直流脉冲电源驱动。电压幅值最大可达±10 kV，脉宽从 200 ns 到直流可调，最高脉冲重复频率为 10 kHz。本节中无论是正脉冲还是负脉冲，电源的频率都固定为 8 kHz，即一个脉冲周期为 125 μs。电压幅值则固定为 8 kV 或者−8 kV。在接通电源之前，先向装置中通入工作气体约 10 min，以确保玻璃容器中空气的含量在较低的水平。接通高压电源后，在玻璃容器内产生等离子体射流，如图 3.3.1 所示。拍摄动态过程时 ICCD 的曝光时间设定为 10 ns。

图 3.3.2(a)和图 3.3.2(b)给出了电压脉宽为 2.8 μs 的正脉冲放电及脉宽为 100 μs 的负脉冲放电的电压、电流波形。这里给出的电流是总电流，包括位移电流和实际的放电电流，其中，实际放电电流远小于位移电流。从图中可以发现，无论是正脉冲还是负脉冲，一个脉冲周期内都有两次放电，一次发生

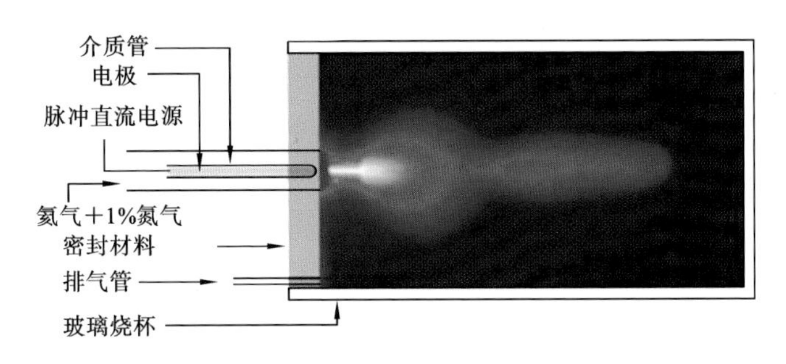

图 3.3.1 实验装置示意图[9]

在电压上升沿，另一次发生在电压下降沿。这和许多报道的结果一致。图 3.3.2(a)中时间零点为电压上升沿到来的时刻，而图 3.3.2(b)中时间零点为电压下降沿到来的时刻。后面给出射流推进的动态过程的时候可以发现，无论是正脉冲还是负脉冲，等离子体子弹都是产生于上升沿放电之后。因此对于正脉冲，其子弹推进的过程介于 0～2.8 μs；对于负脉冲，子弹的推进过程则介于 100～125 μs。

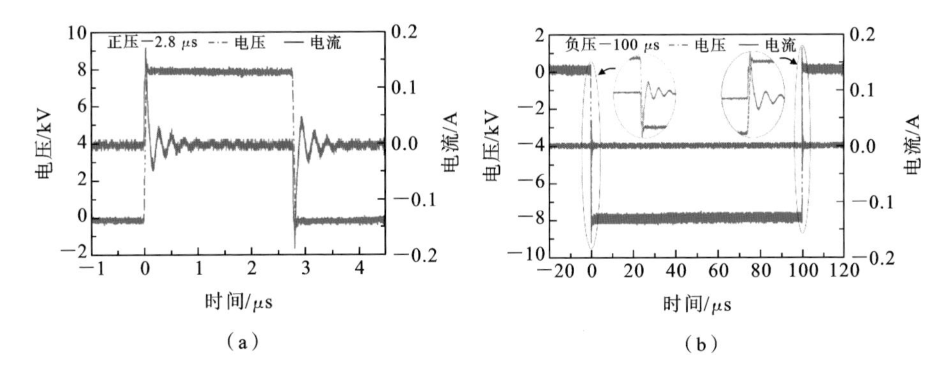

图 3.3.2 放电的电压、电流波形[9]

(a) 正脉冲；(b) 负脉冲

用 ICCD 拍摄不同脉宽下射流的动态过程发现，对于正脉冲射流，当脉宽介于 200 ns～1.5 μs 时，只能观察到一个等离子体子弹，这和之前观察到的现象相同；但是，当脉宽进一步增大时，一个电压脉冲开始产生两个等离子体子弹，两个子弹之间的间隔时间也会随脉宽变化；当脉宽为 2.8 μs 时，两个子弹之间的间隔时间最长；当脉宽增加到 3 μs 时，第二个等离子体子弹消失，又只能观察到一个等离子体子弹。图 3.3.3 给出了脉宽为 2.8 μs 时的动态过程，每幅图上的时间标签与图 3.3.2(a)中对应。

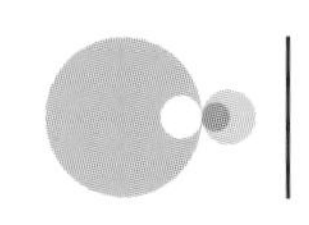

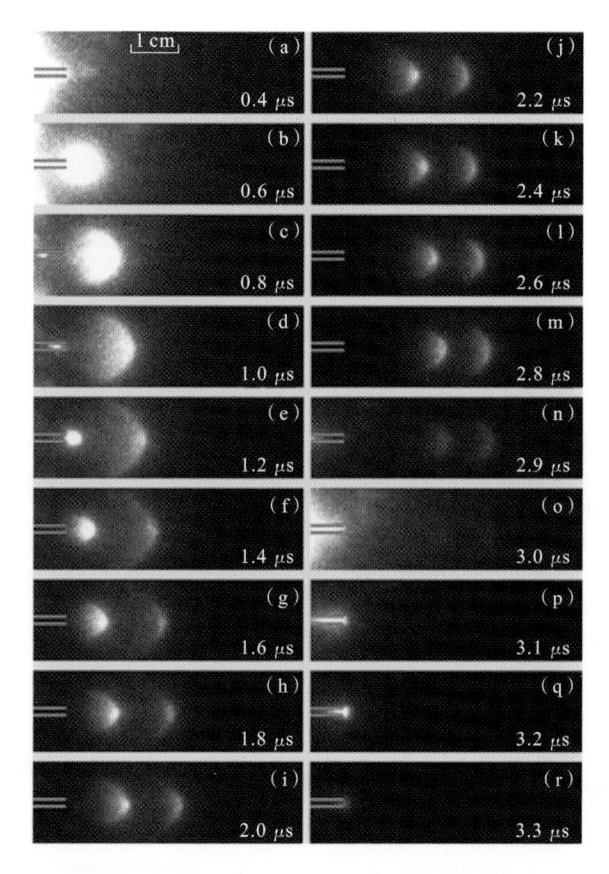

图 3.3.3 ICCD 拍摄的正脉冲放电动态过程，图中标注的时间与图 3.3.2(a)对应[9]

如图 3.3.3(c)所示，当第二个等离子体子弹开始出现在喷嘴中时，第一个子弹已经推进到喷嘴外。第二个子弹大约在 1.2 μs 时出喷嘴(图 3.3.3(e))。此后两个子弹同时向前推进，两者推进的速度基本相同。需要指出的是，当第一个等离子体子弹离开喷嘴时，其大小和亮度都急剧增大；而第二个等离子体子弹离开喷嘴时，大小和亮度的增加要小于第一个等离子体子弹的情况；第二个等离子体子弹出现后，第一个等离子体子弹亮度和大小开始减小，最后两个等离子体子弹的大小基本相同。随着电压下降沿的到来，发生第二次放电，如图 3.3.3(o)～(q)所示。这和报道的研究结果相同。

为了进一步了解等离子体射流的多子弹行为是否和电压的极性有关，采用负脉冲驱动该等离子体射流。负脉冲的电压峰-峰值和脉冲重复频率与正脉冲相同。研究发现，当脉宽小于 80 μs 或大于 105 μs 时，每个电压脉冲只产生一个等离子体子弹；而当脉冲从 80 μs 增加到 105 μs 时，每个脉冲可以产生多个等离子体子弹；尤其是在脉宽介于 98～102 μs 时，每个电压脉冲可以产生三个等离子体子弹；其余的脉宽条件下每个脉冲产生两个等离子体子弹。与正脉冲相似，子弹之间的间隔时间先增大后减小。图 3.3.4 给出了当脉宽为 100 μs 时射流的动态过程。从图中可以看到，在电压上升沿之后相继产生了三个等离子体子弹，这三个等离子体子弹出喷嘴的时间分别为 101.73 μs、108.9 μs 和 115.35 μs。

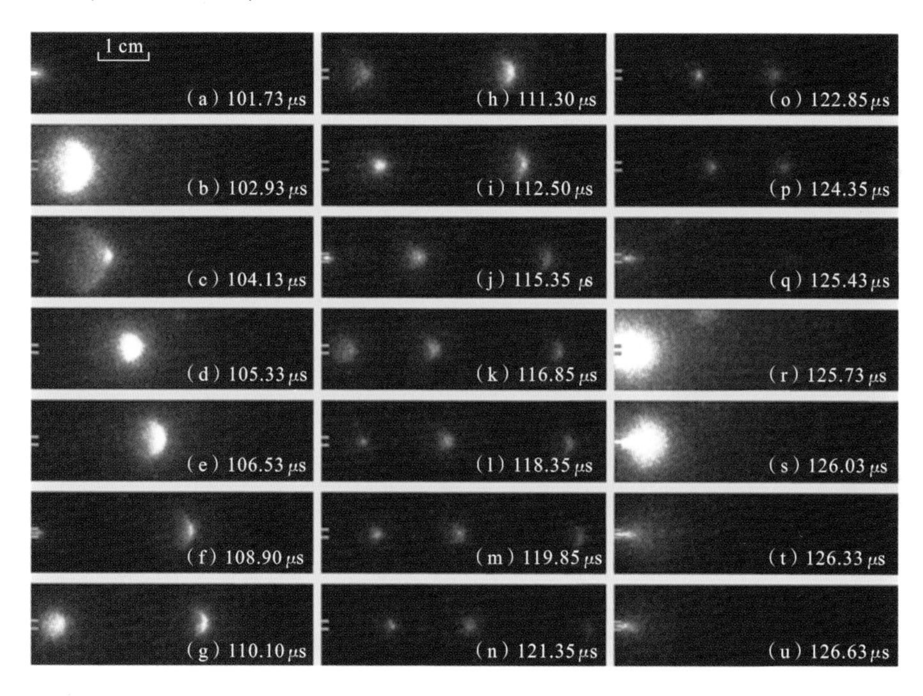

图 3.3.4 ICCD 拍摄的负脉冲放电动态过程，图中标注的时间与图 3.3.2(b)对应[9]

为了定量研究等离子体子弹的动态行为，图 3.3.5(a)和 3.3.5(b)给出了脉宽为 2.8 μs 的正脉冲放电，以及脉宽为 100 μs 的负脉冲放电产生的各个等离子体子弹推进速度随时间的变化曲线。如图 3.3.5(a)所示，采用正脉冲时，两个等离子体子弹的推进速度都缓慢下降。在同一时刻，第二个等离子体子弹的速度要略高于第一个等离子体子弹的速度。负脉冲电压驱动的放电则有所不同，其等离子体子弹的推进速度一开始先增大，然后逐渐减小，其原因尚不清楚。

人们在研究针-板结构的流注放电时发现了二次流注现象[10～12]。当一个

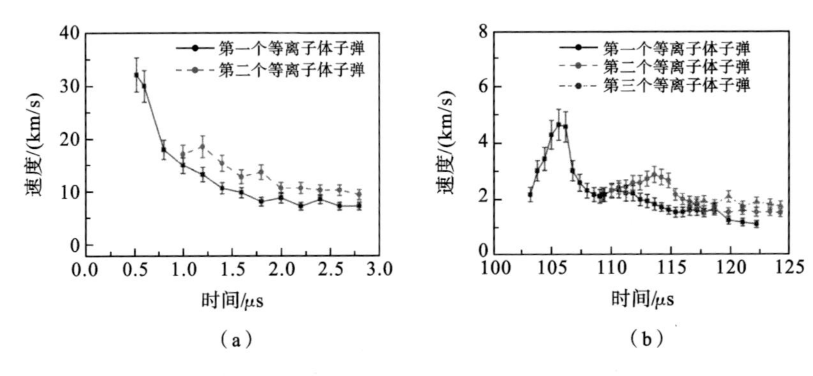

图 3.3.5 等离子体射流的推进速度，放电参数与图 3.3.2 相同[9]

(a) 正脉冲；(b) 负脉冲

脉冲正高压加载到针电极上时，首先产生一个流注放电。如果所加的电压足够高，当初始流注离开针电极后，经过一段时间，针电极处会出现二次流注放电。人们认为二次流注放电的产生与空间电荷的复合有关。第一次流注放电向前传播之后，高压电极附近留下比较多的正电荷。这些正电荷导致电极附近的电场很弱。经过一段时间之后，正电荷逐渐消失，电极附近的电场强度得到恢复。当电场强度增强到一定程度时引发二次流注放电。由于本节中观察到的多个等离子体子弹的现象只在高压电极作为阳极时出现，因此多个等离子体子弹的现象与正流注放电时二次流注现象有相似之处。当正高压加到电极上时，第一个等离子体子弹向前推进，留下了比较多的正离子。随着时间的推移，积累在电极附近的正电荷与电子复合而逐渐消失，电极附近的电场再次变强，从而产生第二个等离子体子弹。当驱动电压为负极性的脉冲电压时，情况与正脉冲类似。由于负极性高压脉宽设置很长，电极长时间处于负高压，将大量的正电荷积累到电极附近。当电压从－8 kV 上升到 0 V 时，积累在电极附近的正电荷充当高压电极，产生放电的过程与正脉冲相似。

为什么多子弹的行为只有在外部气体为氦气或者氦气加少量氮气的条件下才能出现，而当外部气体是空气时则不出现呢？这可能跟氧气的电负性有关，它可以吸附电子形成氧负离子。如果周围环境为空气，射流产生之后，一部分电子会被氧分子吸附形成氧负离子。由于氧负离子的质量比电子重得多，从而无法像电子那样迅速到达高压电极附近，导致高压电极附近的正空间电荷不能被快速中和，电场也就无法恢复，不能产生二次放电。

本节中观察到的等离子体子弹的推进速度也和之前在周围空气中产生的

等离子体子弹[8,13~25]有较大的不同。首先无论是正脉冲射流还是负脉冲射流，等离子体子弹的平均推进速度和峰值速度都要比之前在周围空气中产生的[17,24]小很多。对于相同的装置，相同的气体流速和电压幅值，之前射流的峰值速度分别为150 km/s(正脉冲)和70 km/s(负脉冲)[24]，要远高于本节的实验结果。另一方面，本节中观察到的射流在推进过程中其推进速度下降非常缓慢，这可能是因为周围的气体主要是氦气＋氮气(1％)导致的。对于等离子体射流是在空气中推进，由于空气的扩散作用，距离喷嘴越远的位置，氦气气流中空气的含量就会越高。而空气中的氧分子很容易吸附电子形成氧负离子，导致暗通道中的电导率迅速降低，子弹头部电场减弱，所以等离子体子弹的速度迅速下降。

本节中还发现，脉宽对多子弹现象有显著影响，改变脉宽直接影响到是否出现多子弹现象。此外，研究还发现，无论工作气体氦气流中是否加入少量氮气，都会产生多子弹现象，但少量氮气的加入也会影响到多子弹现象出现的脉宽范围。然而，目前对这些现象的产生机理尚不清楚，还需要进一步的研究。

3.4 大气压非平衡等离子体射流的羽毛状推进现象

研究结果表明，当氦气射流在周围空气中推进时，周围空气会扩散进入氦气流内从而影响等离子体射流的推进。最近人们观察到当周围气体替换为氦气的时候，射流呈现出一些新现象，如射流会变得弥散[26]，或者根本就不产生射流，而是沿着介质表面传播[27]，或者如3.3节所述，产生多个等离子体子弹。这些都说明环境气体会对射流特性产生显著影响。那么，不同的环境气体会带来什么样的影响呢？本节将从氮气、空气、氧气这三种最常见的环境气体出发，对不同环境气体下射流的特性进行阐述，并对氮气环境下射流的羽毛状推进现象进行深入解释。

下面利用如图3.4.1所示的实验装置研究不同环境气体对射流推进过程的影响[28]。该装置由一个单电极射流装置置于一个内径17 mm的石英玻璃管内构成。石英管长度为300 mm。射流装置与图1.5.1中的装置相同。射流装置内通入1 L/min的氦气，外石英管中通入1.5 L/min其他气体(氮气、空气或者氧气)。该装置采用脉冲电源驱动。

当射流装置内通入1 L/min的氦气，外石英管中通入1.5 L/min氮气、空气或者氧气，脉冲电源的输出电压为8 kV，频率为8 kHz，脉宽为1 μs时，产

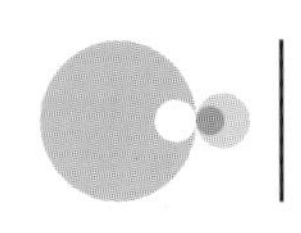

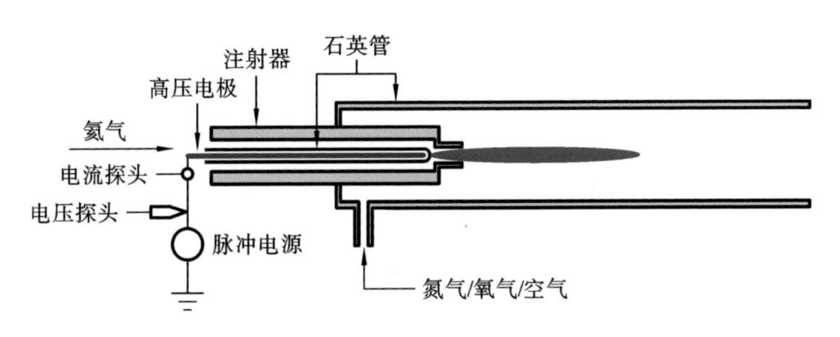

图 3.4.1　实验装置示意图[28]

生的等离子体射流如图 3.4.2 所示。当射流在氮气、空气、氧气中传播的时候，其长度分别为 52 mm、38 mm、25 mm。需要指出的是，当周围环境为氮气时，射流前端看起来像羽毛，而在空气和氧气环境下其结构则完全不同。显然，这是周围氮气导致的。那么，氮气是怎样起作用的呢？它必须通过扩散改变周围气体成分。而气体流速则是影响扩散的重要因素。为此，通过改变氦气流速，发现当氦气流速减小时，射流变得越来越短，同时羽毛状形态出现的位置也越来越接近喷嘴，如图 3.4.3 所示。

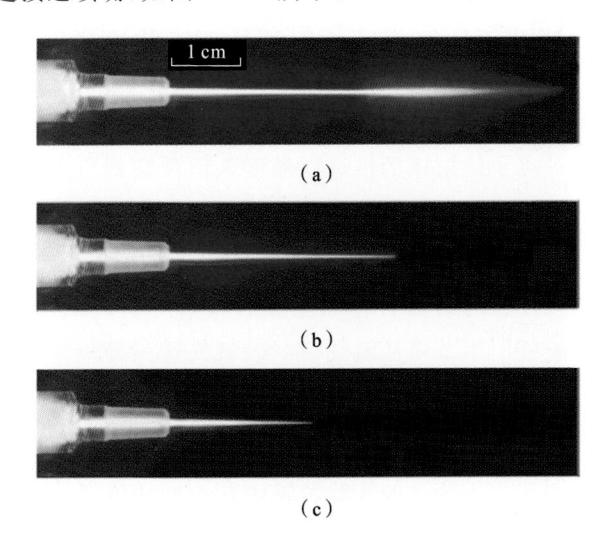

图 3.4.2　不同气体环境下射流的照片[28]

(a) 氮气；(b) 空气；(c) 氧气

利用商业软件“Fluent”模拟氦气流速为 0.2 L/min、0.6 L/min、1.0 L/min时氮气和氦气的浓度分布，如图 3.4.4 所示，结果进一步表明，三种氦气流速下中轴线上羽毛状等离子体开始出现的位置处氮气的浓度很接近，

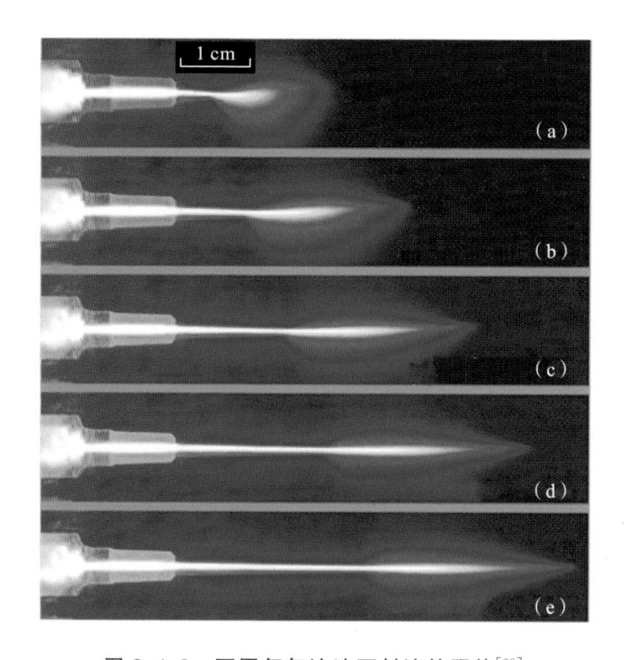

图 3.4.3　不同氦气流速下射流的照片[28]

(a) 氦气 0.2 L/min；(b) 氦气 0.4 L/min；(c) 氦气 0.6 L/min；
(d) 氦气 0.8 L/min；(e) 氦气 1.0 L/min

约为 85%。而在这点之后的位置，等离子体开始沿径向扩展，最远可以达到氦气浓度仅 10%的位置。

从图 3.4.4 可以看出来，氦气流过喷嘴后一开始主要集中在气流的中轴线上，氦气浓度沿径向下降非常快，所以在距离喷嘴较近的区域，稍微偏离气流中轴线的位置氦气的浓度就会很低，而相应的环境气体浓度则很高，所以很难在这样的区域产生等离子体。但是随着等离子体射流向前推进，氦气会逐渐沿着径向扩散。这就使得周围区域的击穿电压显著下降。在氮气环境中，由于氮气较容易电离，所以使等离子体可以沿径向传播，形成羽毛状射流。而对于空气和氧气环境，由于电负性气体氧气的存在，其不容易发生放电，所以等离子体不会沿径向传播。氦气流速越快，则氦气沿径向扩散越慢，所以羽毛状发散的区域出现的位置距离喷嘴越远。

在三种不同的环境气体下，通过磁场探头给出的等离子体射流的磁场信息则进一步揭示了不同情况下放电的差异，如图 3.4.5 所示。从图中可以看出，当等离子体射流在氮气环境中传播时，射流产生的磁场信号最强。

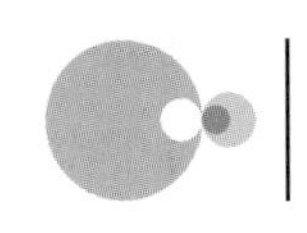

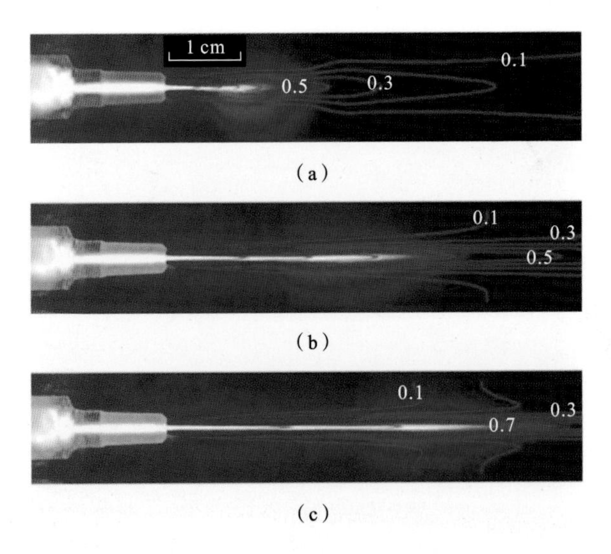

图 3.4.4　利用流体模拟软件 Fluent 计算得到的不同氦气流速下氦气的浓度分布[28]

(a) 氦气 0.2 L/min；(b) 氦气 0.6 L/min；(c) 氦气 1.0 L/min

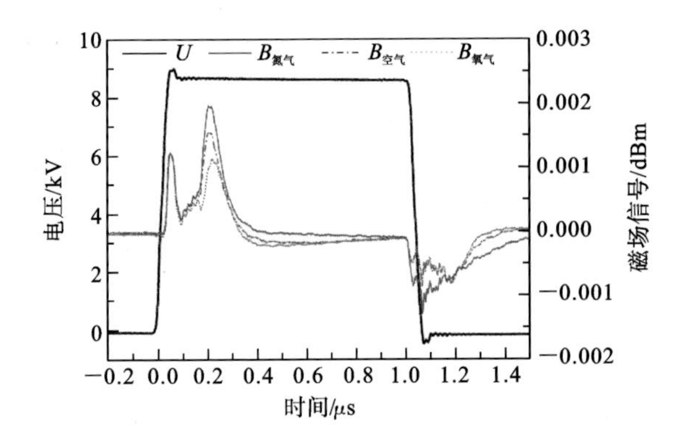

图 3.4.5　环境气体为氮气、空气、氧气时电压波形和等离子体的磁场信号[28]

使用的磁场探头的带宽从 0.1 MHz 到 1 GHz，磁场探头位于外石英管下方 5 mm 处，距离喷嘴 1 cm

ICCD 拍摄的射流推进时的动态过程给出了羽毛状等离子体射流的形成过程。如图 3.4.6(a)和(b)所示，当射流在氮气或者空气环境中推进时，等离子体子弹出喷嘴后其亮度先增大后减小。与此不同的是，当射流在氧气环境中推进时，等离子体子弹一出喷嘴亮度就开始减小。从图中还可以发现，当等离子体射流在氮气中推进时，等离子体子弹推进到 605 ns 后，在亮的等离子体子弹头部后面出现了沿径向扩散的等离子体。正是这种沿径向扩散的等离子体形成了肉眼观察到的羽毛状的等离子体射流。

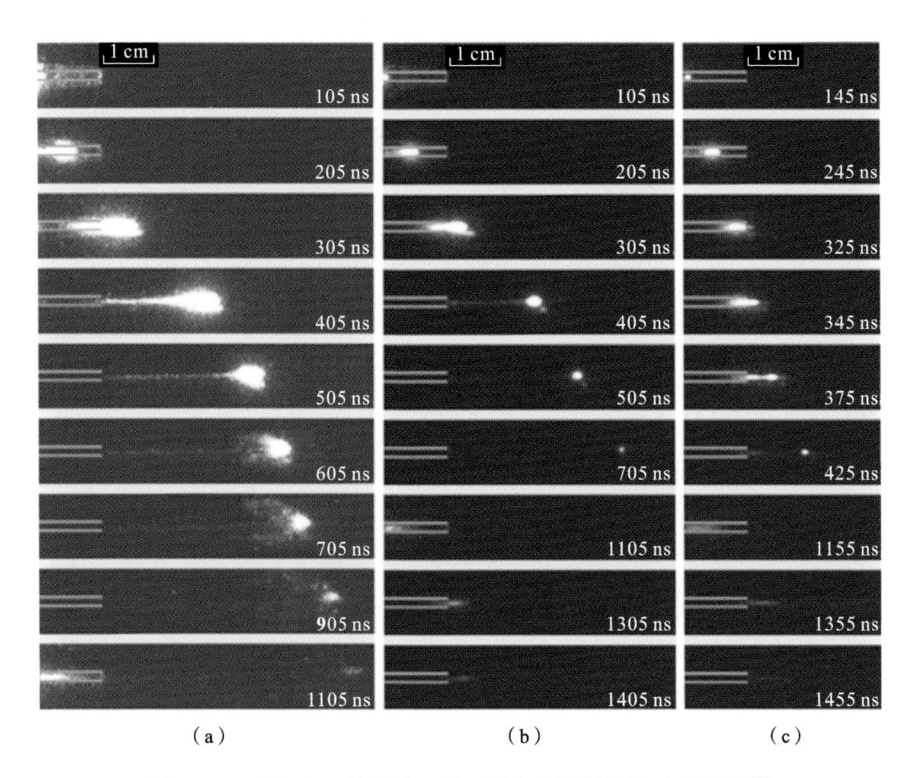

图 3.4.6 用 ICCD 拍摄的三种环境气体下射流的动态过程[28]

(a) 氮气;(b) 空气;(c) 氧气。曝光时间 10 ns,图上标注的时间与图 3.4.5 的时间轴一致

图 3.4.7 给出了射流在三种环境气体中的推进速度。在等离子体子弹出喷嘴之前,三种环境气体中的等离子体子弹推进速度几乎相同。在距离喷嘴几毫米的位置等离子体子弹开始加速,这一加速的过程持续到子弹推进到距离喷嘴 8～9 mm 的位置。然后等离子体子弹开始减速。在氮气、空气、氧气环境中传播的等离子体射流的峰值速度分别为 216 km/s、176 km/s、135 km/s。这些速度值都与典型的流注推进速度在同一数量级(约 10^5 m/s)。

空气或氧气环境中传播的等离子体射流通常都比氮气环境下的射流短,这主要是因为氧对电子的高吸附性导致的。氧吸附电子导致暗通道的电导率下降,同时也降低了放电之前种子电子的密度。暗通道电导率的下降会导致暗通道上的电压降增大,从而削弱了等离子体子弹前沿的电场强度。最终导致等离子体子弹的推进速度更慢,推进距离更近。空气中的高浓度氧或者纯氧环境中氧气扩散进入射流区域则会使电子密度急剧下降,从而使击穿电压升高,这又进一步减弱了射流沿轴向和径向的推进。

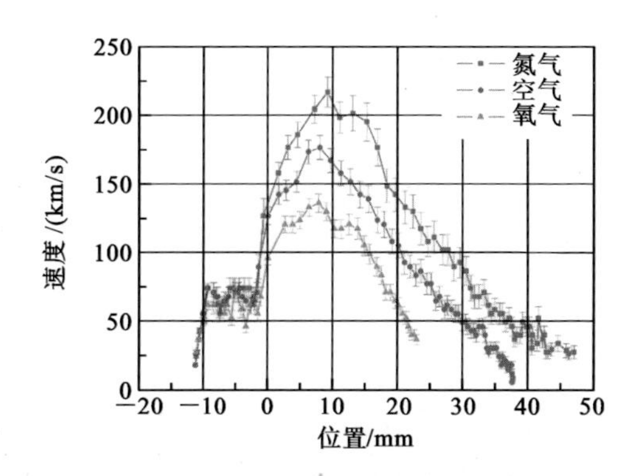

图 3.4.7　三种不同环境气体下射流的推进速度，横坐标的零点对应喷嘴的位置[28]

本节揭示了大气压下羽毛状等离子体射流出现的实验条件。这种现象只有在周围环境气体为氮气的时候才会出现，而当环境气体为空气或者氧气的时候都不会出现。结合实验和模拟研究，可以发现这种现象与氦气向周围氮中扩散有关。这一结论有助于根据实际受处理表面（细胞或者纳米材料）的情况选择等离子体中所产生的活性粒子种类（如离子、活性氧、氮粒子）来优化处理效果，从而促进大气压下低温等离子体射流在医疗和纳米技术方面的应用。

3.5　大气压非平衡等离子体射流的蛇形推进现象

研究发现，当气体流动速度增大到一定值时，等离子体射流的长度反而变短，进一步研究指出这是由于气体流动模式由层流转化为湍流引起的[20,29]。然而，这个效应事实上是气体流动的间接效应，因为它是由于湍流导致周围的空气扩散导致的。那么如果排除空气扩散因素，高的气体流速对放电是否会有影响呢？本节将对此进行介绍。

3.5.1　气流对射流长度的影响

图 3.5.1 给出了研究气体流速对放电影响的实验装置示意图[30]。左右两端的针电极为高压电极，这两个针电极具有一样的尺寸和形状，两个针尖的距离为 77 mm，针的直径为 100 μm，石英管的内径为 0.8 mm。纯度为 99.999% 的氩气从右端通入。为了尽量减少周围空气的影响，石英管的左端与一个2 m长的软管相连。因此可以认为这两个针是工作在相同的气体环境下。也就是说左端空气扩散的影响可以忽略，通过数值模拟也表明此时空气扩散是可以忽略的。

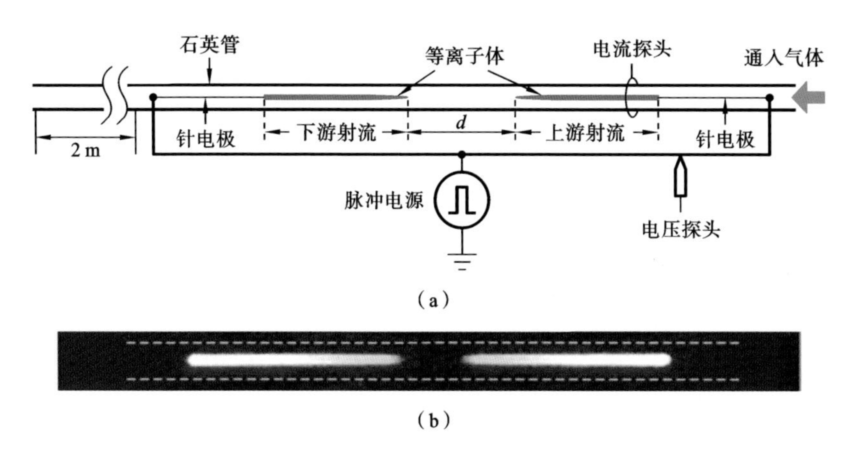

图 3.5.1　研究气体流速对放电影响的实验装置示意图及所产生的等离子体照片[30]

(a) 实验装置示意图；(b) 产生的等离子体

两个针电极与脉冲直流高压电源相连，连接的导线长度等完全相同。脉冲电压 8 kV，频率 9 kHz，脉宽 400 ns。本节的电参数都保持不变。图 3.5.1(b)给出了氩气流速为 2 L/min 时的等离子体照片。

为了了解气流对放电等离子体的影响，图 3.5.2 给出了不同气体流速下所得的等离子体照片。中间的红色虚线为两个针的中点位置。从图中可以看出，当气体的流速从 0.2 L/min 增加到 1 L/min 时，两个等离子体射流的长度都显著增加。此外，当气体流速小于 0.5 L/min 时，这两个射流的长度基本相同。当气体流速增大到 2 L/min 时，它们的长度都开始减小，且上游(右端)的射流长度 L_{up} 比下游(左端)的射流长度 L_{down} 短。图 3.5.3 给出了上下游射流的长度差与气体流速的关系。从图中可以看出，上下游射流的长度差随着气体流速的增大而增大。下面对上述现象进行分析。

一开始随着氩气流速的增加，等离子体长度增加。这可以作如下解释：由于周围空气的扩散，石英管内总会有少量空气；当氩气流速从 0.2 L/min 增加到 1 L/min 时，石英管内的空气含量显著降低，从而导致射流变长；流体模拟表明，当氩气流速为 1 L/min 时，石英管内的空气比降到 10^{-5}，因此不会对放电产生显著影响。

为了解释当气体流速进一步增加时上下游的等离子体射流长度均开始减小，对石英管内氩气流动的雷诺数进行计算。对应于流速 2 L/min，其雷诺数为 4568，而该石英管中层流的临界雷诺数为 2320。因此当气体流速为

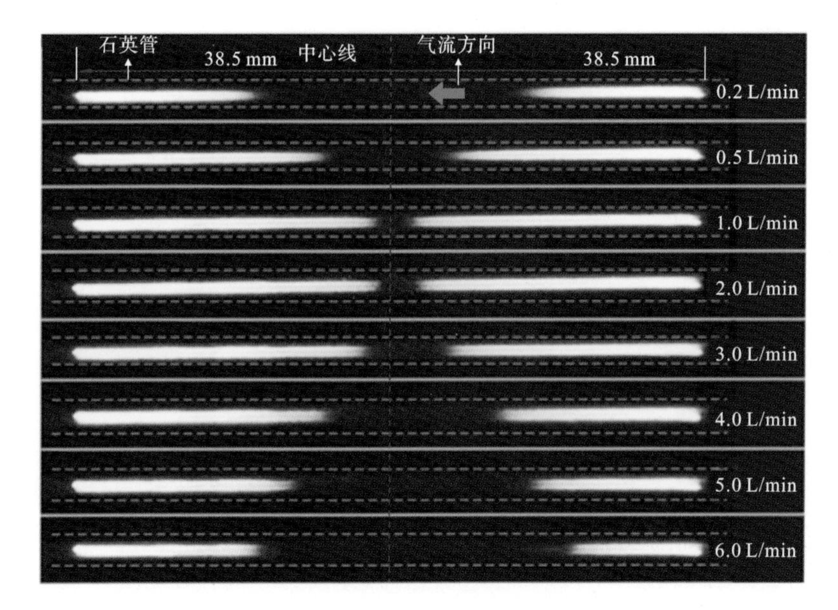

图 3.5.2　不同气体流速下得到的等离子体照片[30]

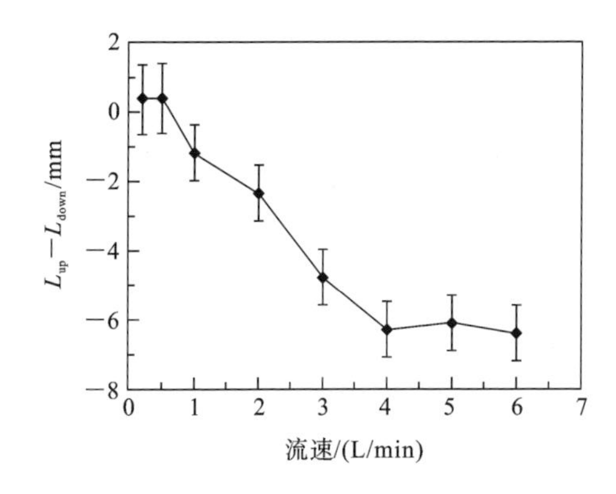

图 3.5.3　上下游射流长度差随气体流速的变化关系[30]

2 L/min或者更大时，气体流动为湍流模式，流速越大，其流体不稳定性越强，从而导致其长度越短。

为了阐明为什么上游的射流长度比下游的射流长度短，首先将上下游的针互换，所得结果是一样的。因此可以断定这两个针电极可能存在的差异不是导致该现象的原因。

另外，上游等离子体的气体是从有电极处流动到管中间的自由区域，而下游等离子体的气体是由中间的自由区域流到有电极区域，该差异有可能导致气体流动状态的不同，从而导致该现象。为此，采用仅有一个针电极放电，改变气体的流动方向，看此时是否仍然得到类似的结果。图3.5.4给出了所得的等离子体的照片。从图中可以看出，当气体流动方向与等离子体推进方向相同时的射流长度更长。这个结果与前面图3.5.3的结果相反。因此电极的放置导致的气体流动模式的扰动也不是引起该现象的原因。

图3.5.4　单个针电极放电，气体流动方向互为相反时的等离子体照片，Ar流速为4 L/min[30]

3.5.2　活性粒子对射流推进的影响

另一个潜在的原因是等离子体产生的各种活性粒子从上游到下游导致的。事实上，上游产生的一些长寿命的活性粒子有可能通过气流进入下游等离子体区，这导致下游区产生等离子体更容易，从而产生更长的等离子体射流。为了影响下游的等离子体射流，活性粒子必须有足够长的寿命，从而在流动到下游时仍然存在。对于气体流速为2 L/min，活性粒子从上游流到下游的时间大概是0.5 ms。因此能够影响下游射流推进的活性粒子的寿命必须约为0.5 ms或更长。由于等离子体的放电时间约为400 ns，因此上游产生的活性粒子无法影响下游同一个电压脉冲的等离子体射流。只有当活性粒子的寿命长于脉冲周期，此时上游产生的活性粒子能够影响下游下一个脉冲的放电。

下面对可能对此产生影响的活性粒子进行分析。首先对等离子体的发射光谱进行测量，如图3.5.5所示，该等离子体主要的激发态粒子为激发态的OH^*和Ar^*。由于激发态的OH^*的寿命小于1 μs[31]，因此它对该现象的产生不起直接作用。

另一种潜在的活性粒子为Ar_m^*亚稳态粒子。它在大气压下的主要损失机制为三体碰撞，即

$$Ar_m^* + Ar + Ar \rightarrow Ar_2^* + Ar \tag{3.5.1}$$

其反应率常数为$k=1.4\times10^{-32}\ cm^6/s$[32~34]，由此可估算出$Ar_m^*$亚稳态粒子的寿命小于1 μs。它通过三体碰撞迅速转化为激发态的Ar_2^*，而激发态Ar_2^*的寿

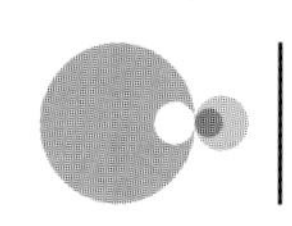

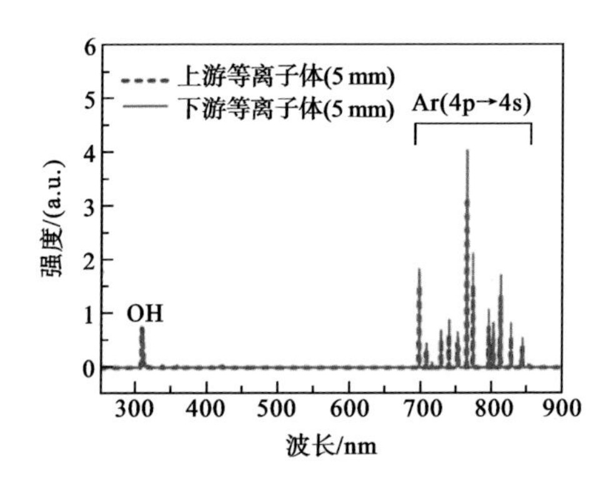

图 3.5.5　上下游等离子体的发射光谱[30]

命小于 3.2 μs，它会迅速发射一个光子并跃迁到基态。因此 Ar_m^* 亚稳态粒子对所观测到的现象不起作用。

如前所述，石英管中的空气含量是很低的，从发射光谱也可以看出，没有氮气或者氧气的发射光谱。为了进一步确认氮气对此现象不起作用，在氩气中混合 1%的氮气。所得结果如图 3.5.6 所示，不论是否添加氮气，上下游的等离子体射流长度差没有明显变化。因此可以确定氮气对上下游射流长度差不起作用。

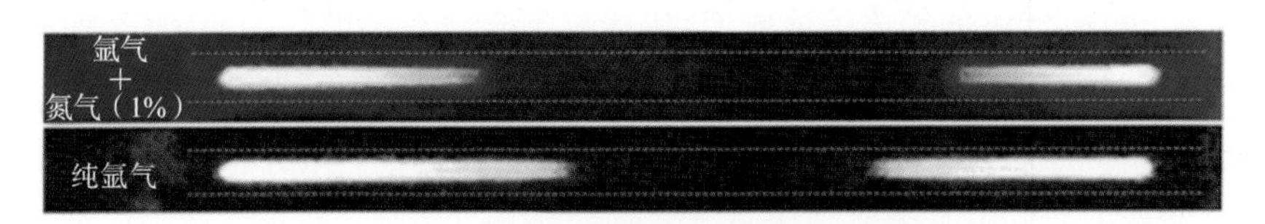

图 3.5.6　混合 1%氮气及纯氩气的等离子体照片[30]

还有未考虑的活性成分就是带电粒子。对于此处的 Ar 等离子体，当气体流速大于 1 L/min 时，空气的比例很低可以忽略，因此放电最开始产生的主要的带电粒子是 Ar^+。然而 Ar^+ 会经过三体反应很快形成 Ar_2^+，即

$$Ar^+ + Ar + Ar \rightarrow Ar_2^+ + Ar \tag{3.5.2}$$

其反应率常数为 $k=1.46\times10^{-31}\sim3.9\times10^{-31}\ cm^6/s$[35]，据此可得它在 100 ns 以内即形成 Ar_2^+。因此 Ar_2^+ 离子应该是主要的离子。在大气压下可以假定电子-离子复合是它的主要损失机制。根据测量，放电时电子的密度可达 $10^{13}\ cm^{-3}$[36~38]。因此可假定初始时刻电子的密度为 $10^{13}\ cm^{-3}$，电子密度的变化可表示为

$$\frac{\partial n_e}{\partial t}=-\beta n_e^2 \tag{3.5.3}$$

这里电子-离子复合率系数β近似为$10^{-7}\ cm^3/s$。由此即可得电子密度随时间的变化关系为

$$n_e(t)=\frac{1}{\frac{1}{n_{e0}}+\beta t} \tag{3.5.4}$$

对于脉冲频率为 1 kHz 的情况,电子密度在下一次脉冲开始前高达$10^{10}\ cm^{-3}$。如上所述,气体流速为 2 L/min 时,气体从上游到达下游约需要 0.5 ms。因此上游产生的电子和离子有可能输送到下游,从而影响下游的放电。

3.5.3 动态过程

为了进一步了解上下游射流为什么会随着气体流速增加而缩短的机理,采用高速 ICCD 相机对其进行拍摄,所得结果如图 3.5.7 所示。由于采用的是脉冲直流高压放电,所以一个脉冲有两次放电,一次是在上升沿,另外一次是在下降沿。图 3.5.7(a)~(h)对应于上升沿时刻的放电,而图 3.5.7(i)~(n)对应于下降沿时刻的放电。从该图可以看出,它与其他报道的等离子体的动态过程都不一样,此时的等离子体不是沿着直线推进的,而是弯曲的宛如蛇形

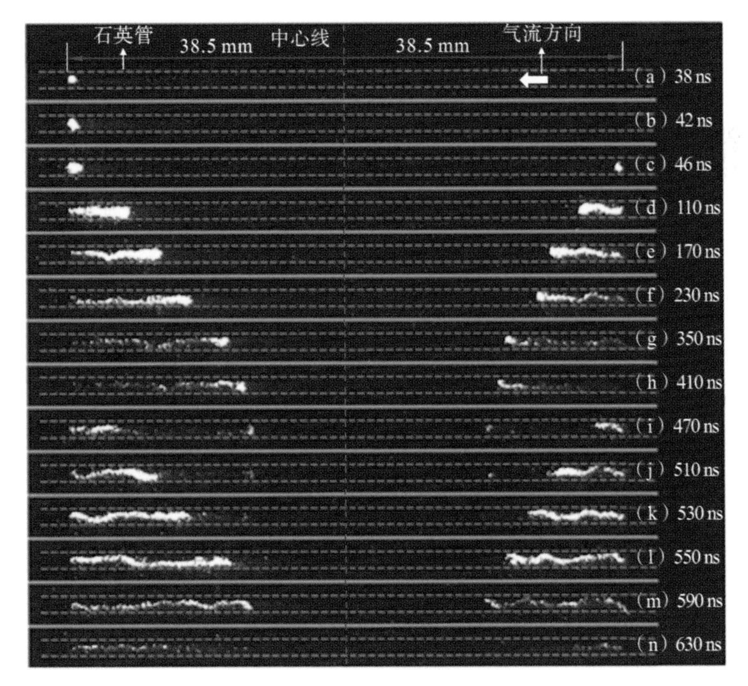

图 3.5.7 高速相机拍摄到的上下游等离子体的动态过程[30]

中间的虚线为两针电极的中点,ICCD 相机曝光时间为 4 ns,Ar 的流速为 5 L/min

推进的。

另外值得指出的是，如图 3.5.7(a)和(b)所示，下游的等离子体比上游的等离子体早 8 ns 开始出现。此外，图 3.5.8 给出了不同时刻这两个等离子体射流的推进速度。从图中可以看出，下游的等离子体主放电和二次放电时的推进速度都比上游等离子体的快。这两个现象也许都是由气体流动导致下游的种子电子高于上游导致的。

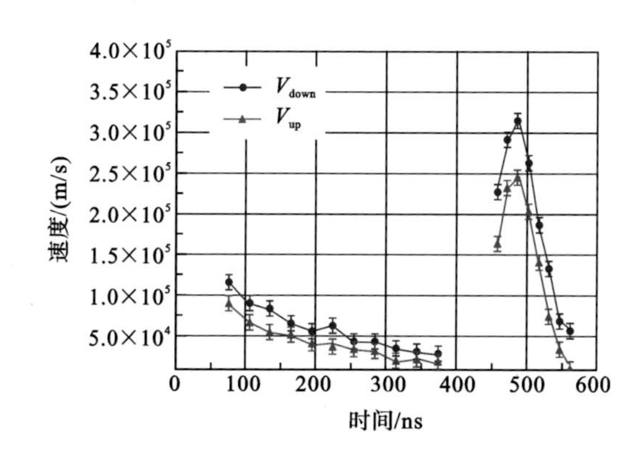

图 3.5.8　上下游等离子体的推进速度随时间的变化情况[30]

至于蛇形推进现象，它仅在气体流速高于 2 L/min 时才出现。此时气体流动在湍流模式，这就会导致种子电子不是均匀分布的。最终种子电子的非均匀性可能在蛇形推进中扮演着重要的角色。

3.6　无外加电压时的放电

3.6.1　对称等离子体射流及暗区

3.5 节中，当石英管的左右两端分别放置一个针电极时，发现它们产生的等离子体长度不一样。应该指出的是，上一节中两个针电极之间的距离为 77 mm。如果将这两个针电极靠近，所产生的两个等离子体射流是否会接触连在一起呢？下面采用类似于前一节的放电装置，如图 3.6.1 所示[39]。两个针尖的距离为 74 mm，针直径为 100 μm，石英管直径为 1 mm。这里的最主要区别是左右针电极上的电压 V_1 和 V_2 可以独立调节大小，而不是上面的相同值。

图 3.6.2(a)给出了 $V_1=V_2=6$ kV 时所得的等离子体照片，图 3.6.2(b)给出了 $V_1=0$ kV，$V_2=6$ kV 时所得的等离子体照片。从图中可以看出，当 $V_1=V_2=6$ kV 时，等离子体没有充满整个管内，中间有一个暗区；而当 $V_1=$

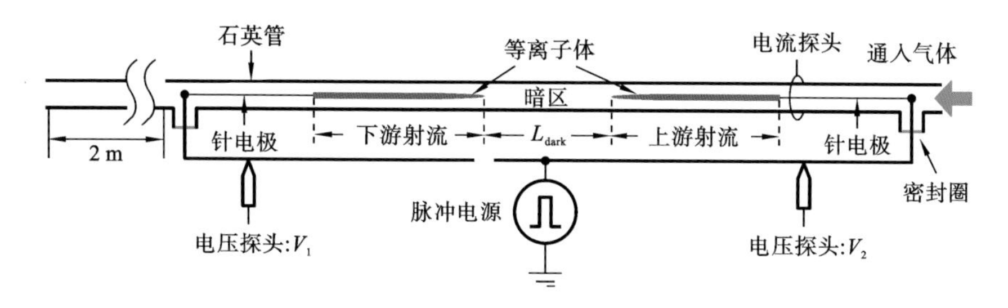

图 3.6.1 实验装置示意图[39]

0 kV, $V_2=6$ kV 时,即左边电极接地时,等离子体充满了整个管内。这表明暗区的形成是由两端对称电压的静电排斥作用引起的。

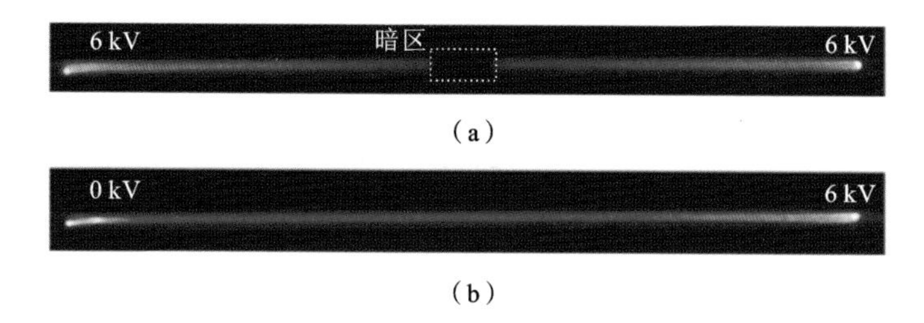

图 3.6.2 $V_1=V_2=6$ kV 时,以及 $V_1=0$ kV,$V_2=6$ kV 时所得的等离子体照片[39]

脉冲频率 5 kHz,脉宽 800 ns,He 流速 1 L/min

3.6.2 空间分辨的光谱辐射特性

为了进一步了解左右两个等离子体的光谱辐射特性,图 3.6.3 给出了 391.4 nm[$N_2^+(B^2\Sigma_g^+ \rightarrow N_2^+(X^2\Sigma_g^+)+h\nu$]、706.5 nm[$He(^3S_1)\rightarrow He(^3P_2)+h\nu$]和 309.1 nm[$OH(A^2\Sigma^+)\rightarrow OH(X^2\Pi)+h\nu$]谱线的空间分辨辐射强度。从图

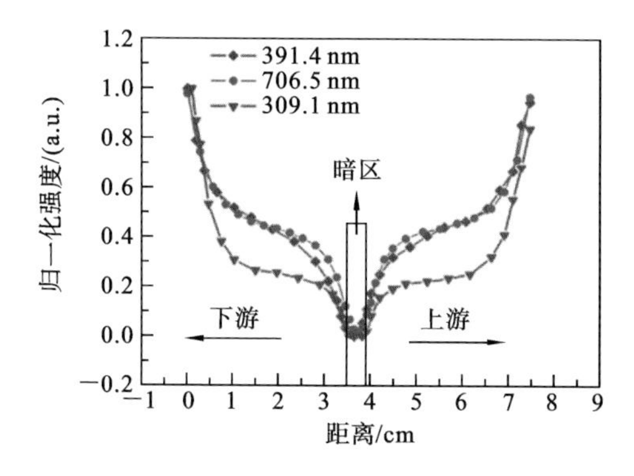

图 3.6.3 391.4 nm(N_2^+)、706.5 nm(He)和 309.1 nm(OH)辐射强度的空间分布[39]

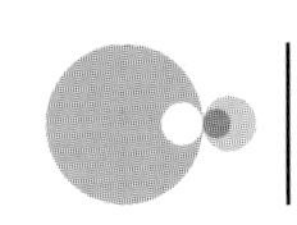

中可以看出，这三条谱线的强度在中间都将为 0，此时暗区的长度约为4 mm。此外，它们的辐射强度是对称的。

3.6.3 电压的幅值对暗区的影响

前面给出了电压为 6 kV 时的等离子体照片，那么当电压减小或者增大时，暗区又会发生怎样的变化呢？图 3.6.4 给出了电压分别为 5.5 kV、6 kV、7 kV、8 kV 和 9 kV 时的等离子体照片及对应的暗区长度。从图中可以看出，当电压从 5.5 kV 增加到 7.5 kV，暗区的长度 L_{dark} 从 6 mm 减小到 2 mm；继续增大电压到 9 kV，暗区长度的变化就很小。应该指出的是，当一个电极加电压，另一个电极接地时，当所加电压大于 5.2 kV 时，单个电极产生的等离子体就充满整个石英管。

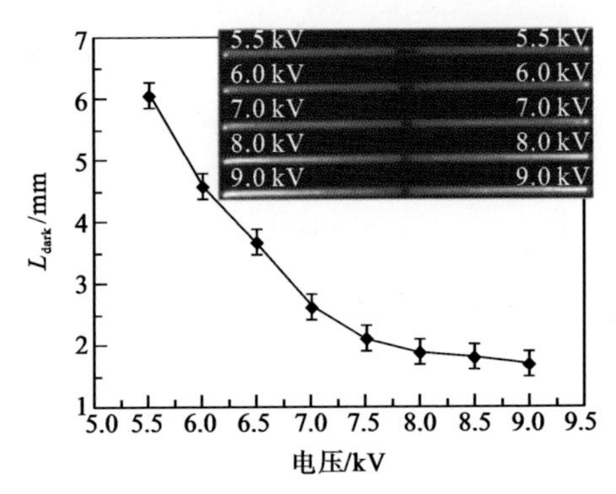

图 3.6.4 不同电压时暗区的长度及对应的等离子体照片[39]

脉冲频率 5 kHz，脉宽 800 ns，He 流速 1 L/min

3.6.4 非对称电极结构的暗区

在前面所讨论的情况中，由于电极的对称结构，其外部电场在两电极的中间点为 0。为了了解其暗区是否仅在对称结构中出现，图 3.6.5 给出了电极结构非对称时的情况。该弯管的弯角为 120°。从图 3.6.5(a)可见，当 $V_1=0$ kV，$V_2=9$ kV 时，等离子体充满整个管内。从图 3.6.5(b)可见，当 $V_1=V_2=9$ kV，电极对称时，在弯曲处出现暗区。最后，当电极不对称放置时，暗区向左移，但仍然能观测到暗区，如图 3.6.5(c)所示。

3.6.5 非对称电压时的放电

上述结果表明无论电极结构是否对称，只要两个电极上的电压相同，则总会出现暗区。当高压只加在一个电极上，另一个电极接地时，暗区消失。那么如果

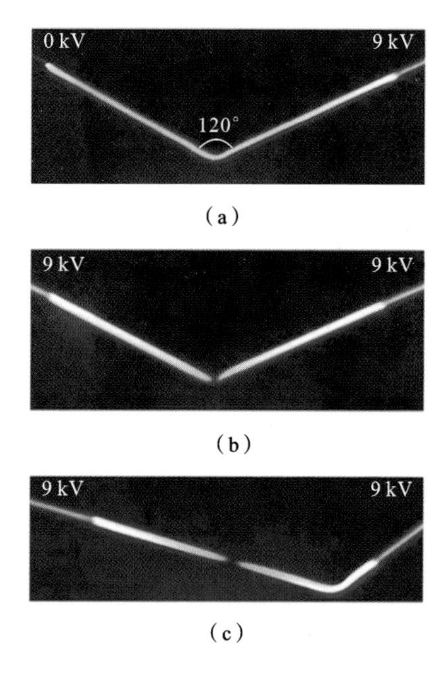

图 3.6.5　弯管中的等离子体照片[39]

(a) 电极对称,电压 $V_1=0$ kV,$V_2=9$ kV;(b) 电极对称,$V_1=V_2=9$ kV;(c) 电极不对称,$V_1=V_2=9$ kV。脉冲频率 5 kHz,脉宽 800 ns,He 流速 1 L/min

两个电极都加上高压,但幅值不相同,此时会出现怎样的现象呢?图 3.6.6 给出了此时的等离子体照片。从图 3.6.6(a)可以看出,当 $V_1=6$ kV,$V_2=5.5$ kV 时,中间的暗区消失了,代替它的是中间一个亮度稍暗的发光区。此发光区与左右两个主等离子体之间有一个间隙很小的暗区。中间这个亮度较低的区域长度约为 2.4 mm。当保持 $V_1=6$ kV,V_2 分别调整为 5.2 kV、4.5 kV 时,如图 3.6.6(b)和(c)所示,此时较暗的发光区往右移(电压较低

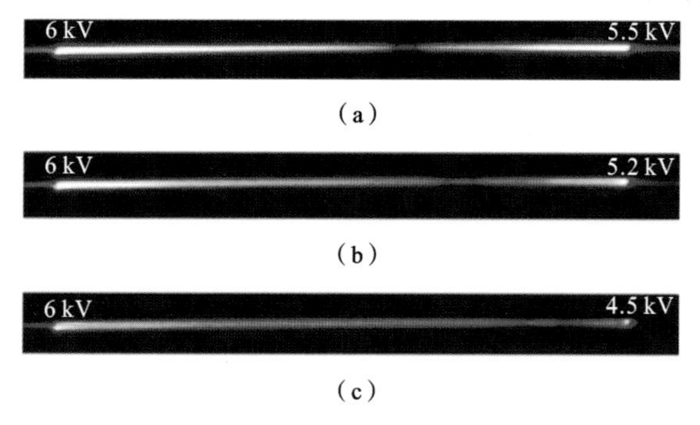

图 3.6.6　非对称电压时的等离子体照片[39]

端)，且较暗发光区与左右主等离子体之间的界限逐渐变得不明显了。

为了进一步了解这个较暗发光区的产生机理，采用高速 ICCD 相机对其动态过程进行了拍摄。图 3.6.7 为所得到的等离子体射流的动态过程。V_1 和 V_2 是同一时刻加到电极上的。图 3.6.8 给出对应的 V_1 波形及等离子体推进速度随时间的变化情况。图 3.6.7 中的第一幅图表明左边($V_1=6$ kV)的放电先开始，两端放电开始后往中间推进，直到 768 ns 时刻二次放电开始，此时对应于电压的下降沿，如图 3.6.8 所示。值得强调的是，第一次放电和第二次放电时等离子体的形状是不一样的。第一次放电时，等离子体由一个球形的头部构成；而第二次放电时等离子体像一个剑形。也就是说第一次放电与正流注相似，而第二次放电与负流注相似[24, 40]。此外，应该强调的是，这两次放电时相对推进的等离子体都没有接触。

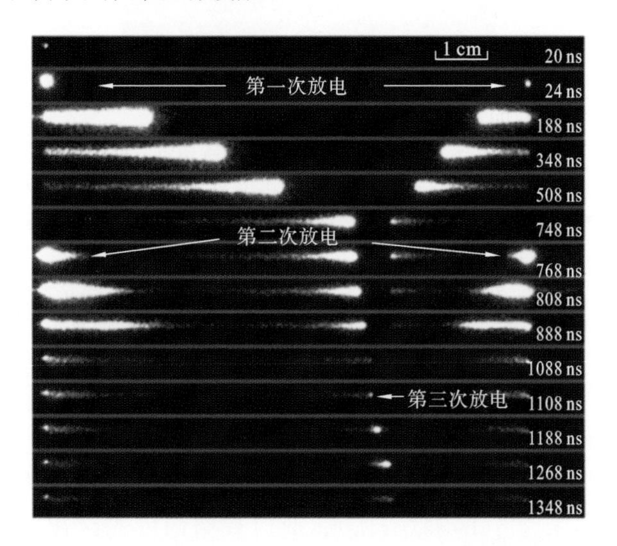

图 3.6.7　当 $V_1=6$ kV(左边)，$V_2=5.5$ kV(右边)时的等离子体动态过程[39]

曝光时间 4 ns，脉冲频率 5 kHz，脉宽 800 ns，He 流速 1 L/min，V_1 和 V_2 是同时加到电极上的

非常有趣的是，在电源电压降到零的 300 ns 之后，即在 1108 ns 时刻，出现了第三次放电。它从左端等离子体射流的第一次放电的最顶端开始，快速往右推进，最后在右端等离子体的第一次放电的最前端消失。

为了对这三次放电进行定量分析，图 3.6.8 给出了这三次放电推进速度与时间的关系。图中还给出了外加电压 V_1 的波形。V_2 与 V_1 是同时刻加载到电极上的，只是幅值为 5.5 kV。由此可以看出下游的两次放电的推进速度都

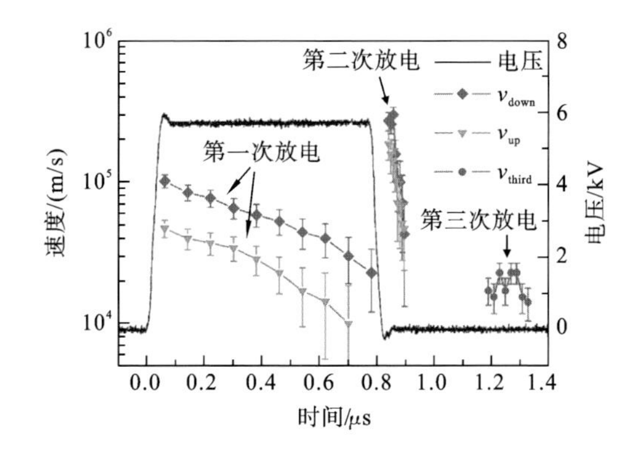

图 3.6.8 上游(v_{up})和下游(v_{down})等离子体的推进速度随时间的变化情况，以及左端电极上电压 V_1 的波形[39]

比上游的快。第三次放电是在电压降为零后 300 ns 以后出现的，它的推进速度约为 1.5×10^4 m/s。

当两个电极上施加的电压一样时，中间出现暗区是容易理解的，因为此时中点位置处电场为零，所以无法放电。对于两电极上施加的电压幅值不同时出现的第三次放电，下面对此进行分析。当施加在两电极上的电压幅值不同时，如 $V_1=6$ kV，$V_2=5.5$ kV，下游的等离子体推进速度比上游的快。如 Lu 等、Breden 等、Naidis、Boeuf 等所指出的，等离子体子弹的推进速度是由其本地总电场 E_{tot} 决定的[17,40～42]。而等离子体子弹头部的电位 V_{tot} 包括电源施加电压在子弹头部引起的电位 V_{ex} 和本地空间电荷诱导的 V_{sc}。如果假设上下游等离子体停止推进时上下游的总电位相等，即 $V_{tot\_up}=V_{tot\_down}$，此时中间电场为零。因此，当两个射流停止推进时，如果上游外加电压导致的电位 V_{ex_up} 大于下游外加电压导致的电位 V_{ex_down}，那么上游本地电荷诱导的电位 V_{sc_up} 就应该小于 V_{sc_down}。如果该假设成立的话，当外加电压降为零，由于 V_{sc_down} 大于 V_{sc_up}，此时这两个射流头部之间的区域电场不再为零，就有可能引起放电。因此这个第三次放电是由空间电荷导致的。

应该指出的是，下游电源电压 V_1 高于上游电源电压 V_2。但是从图 3.6.7 可以看出，下游的等离子体推进长度远大于上游等离子体的推进长度。根据文献[41]，由于等离子体的有限电导率，其每厘米的压降约为 500 V，因此它们都停止推进时，只要上下游射流头部的 V_{ex_down} 与 V_{ex_up} 不同，就有可能产生第三次放电。

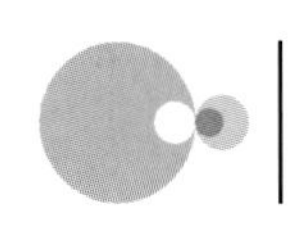

Douat[43]等发现两个氦气射流在空气中沿相反方向推进时，在两个射流的中间出现粉红色辉光。他们认为所观测到的粉红色辉光是由两个等离子体射流中的电子往中间加速引起的。表面上看它与这里讨论的第三次放电类似，但事实上它们是不同的。

首先，在Douat等的实验中，施加到两个等离子体射流的电压是完全相同的。而本节介绍的第三次放电只有在电压幅值不相同情况下才能观测到。其次，Douat等观察到的粉红色放电是在电压下降时出现的。由于此时的等离子体有较高的电导率，因此电源电压在此过程中仍扮演着一定的角色。而本节介绍的第三次放电是在电源电压结束300 ns以后出现的，它是纯粹由空间电荷引起的。最后，Douat等观测到的粉红色辉光是在两个射流头部产生的，它没有推进行为，即没有从一端往另一端推进。

3.7　大气压非平衡等离子体射流的分节现象

最初观察到射流的动态过程时，人们发现射流实际上是一个快速向前推进的发光的电离体。这个快速向前推进的电离体被称为等离子体子弹。对于脉冲直流电压或者千赫兹交流电压驱动的射流来说，人们均发现等离子体射流以子弹的形式向前推进。尽管当时人们并不完全理解等离子体子弹现象的物理机制，但却普遍接受了射流推进中的等离子体子弹现象。那么，等离子体射流还有没有其他的推进形式呢？人们在研究脉宽对射流动态行为的过程中发现，在脉宽极长时，射流表现出奇异的形态，不仅观察到子弹行为，还观察到始终不发光的暗区和持续发光的亮区[44]。本节将通过对这些新现象进行讨论，分析射流出现这种行为的机制，同时也进一步解释射流以子弹形式推进的原因。

实验采用的射流装置如图3.7.1(a)所示，该装置与图1.5.1中所采用的装置结构相同。高压电极由一根2 mm直径的铜丝插入到4 cm长的单端封口石英玻璃管内构成。石英玻璃管的内径为2 mm，外径为4 mm。将铜丝连同石英玻璃管一起放到针筒中，石英玻璃管的尖端达到针筒的底部。针筒的内径约为6 mm，喷嘴的直径约为1.2 mm。从针筒的尾部通入氦气，气流从喷嘴流出。在高压电极上加载脉冲高压，则在石英管的尖端产生一团弥散的等离子体，该等离子体沿着喷嘴到达外部空间形成一束等离子体射流。

放电采用脉冲直流电源驱动，脉冲重复频率为1 kHz，脉宽为300～999.7

ns,脉冲电压为8 kV,He气流速度为1 L/min。

图3.7.1(b)、(c)、(d)分别给出了脉宽为2 μs、998 μs、999.1 μs时的电压、电流波形。需要指出的是,尽管图3.7.1(c)、(d)看起来像负脉冲,但实际上它是正脉冲,其高电平为8 kV,低电平为0 kV,并没有负向偏置。只是由于脉冲占空比超过了99%,为了使图像看起来更清楚,这里给出的是前一个电压脉冲下降沿到后一个电压脉冲上升沿之间的一段电压、电流波形,所以看起来电压脉冲下降沿在前而上升沿在后。

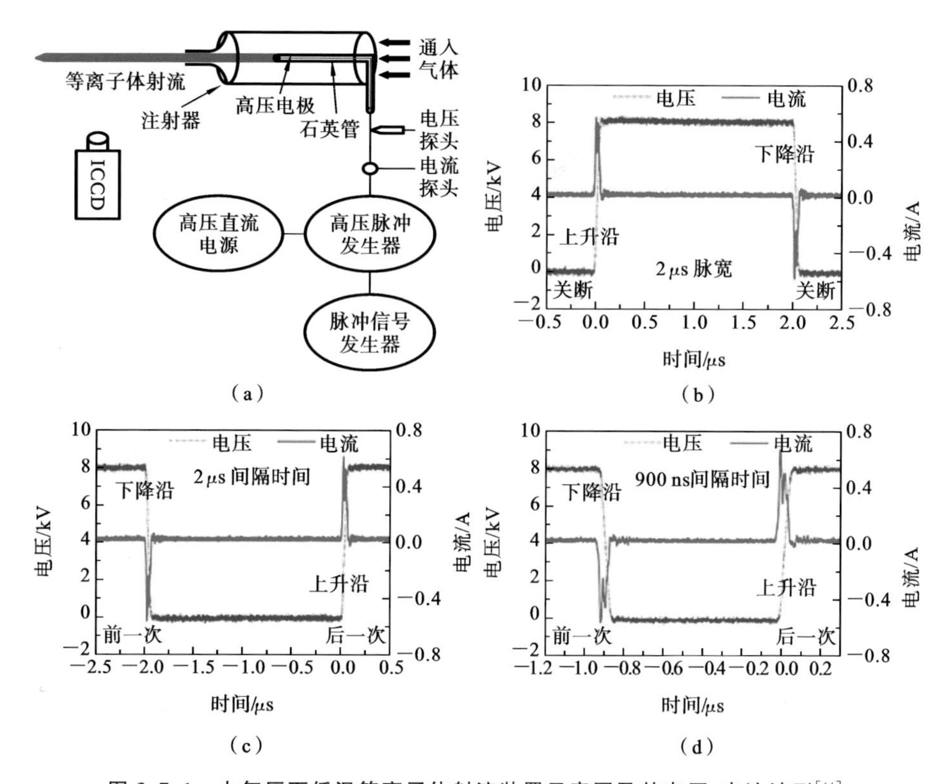

图3.7.1 大气压下低温等离子体射流装置示意图及其电压、电流波形[44]

(a) 装置示意图;(b) 脉宽2 μs;(c) 脉宽998 μs;(d) 脉宽999.1 μs。由于脉宽为998 μs和999.1 μs时前一个脉冲的下降沿和后一个脉冲的上升沿间隔时间只有2 μs和0.9 μs,为了使图形看起来更清楚,图(c)和图(d)中给出的是前一个脉冲下降沿到后一个脉冲上升沿期间的波形

图3.7.2给出了三种不同脉宽下射流的照片。可以看出当脉宽为2 μs时,射流的照片与通常观察到的情况相同。但是,脉宽增大到998 μs时,射流呈现出完全不同的形态,整个射流区域分成两节,即邻近喷嘴的一段亮区(Ⅰ)和前端的一段暗淡区域(Ⅱ)。当脉宽进一步增大到999.1 μs时,射流变成了

三个区域，即暗区(Ⅰ)、亮区(Ⅱ)，以及暗淡区域(Ⅲ)。需要强调的是，这里相机的曝光时间是 1 μs，而不是通常的几个纳秒量级。也就是说，这里获得的是整个上升沿放电的积分图像。值得特别指出的是，如图 3.7.2(c)所示，仅靠喷嘴处的Ⅰ区呈现为暗区。事实上此时用肉眼看，它也明显呈现为三个区，其中Ⅰ区也明显暗于Ⅱ区。

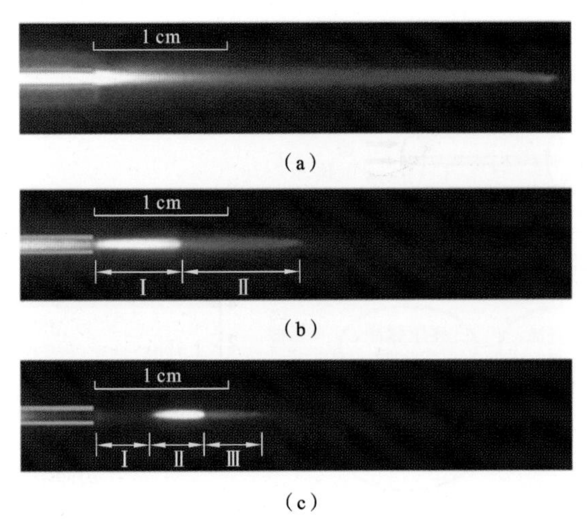

图 3.7.2　在不同的脉宽下等离子体射流所呈现出的三种不同形态[44]

(a)脉宽为 2 μs 时等离子体射流为一个亮度逐渐减弱的发光体；(b) 脉宽为 998 μs 时射流出现一节亮区(Ⅰ)和一节暗淡区域(Ⅱ)；(c) 脉宽为 999.1 μs 时射流呈现出三个区域，即暗区(Ⅰ)、亮区(Ⅱ)，以及暗淡区域(Ⅲ)。图中每张照片的曝光时间为 1 μs，快门开启的时间为图 3.7.1(b)～(d)中的零时刻

为了了解该现象的产生机理，利用 ICCD 拍摄了射流在上升沿和下降沿放电的动态过程。图 3.7.3、图 3.7.4、图 3.7.5 分别给出了脉宽为 2 μs、998 μs、999.1 μs 时射流的动态过程。从这些高速照片中可以清楚地看到射流在推进过程中所呈现出来的截然不同的形态。

当脉宽为 2 μs 时，射流的动态过程是典型的子弹推进形态，这和之前的报告相同。等离子体在 528 ns 时出喷嘴，在 628 ns 时射流推进到约 1 cm 位置。随着子弹不断向前推进，子弹与喷嘴之间的区域迅速变暗。最终等离子体子弹的推进速度下降，其发光区的体积也逐渐减小。

当脉宽增加到 998 μs 的时候，射流的推进过程呈现出完全不同的形态，如图 3.7.4 所示。此时放电发生的时间更早，并在 278 ns 的时候在喷嘴外出现一节亮的区域，这一亮区并不向前推进，而是亮度逐渐增强。在 428 ns 时，亮

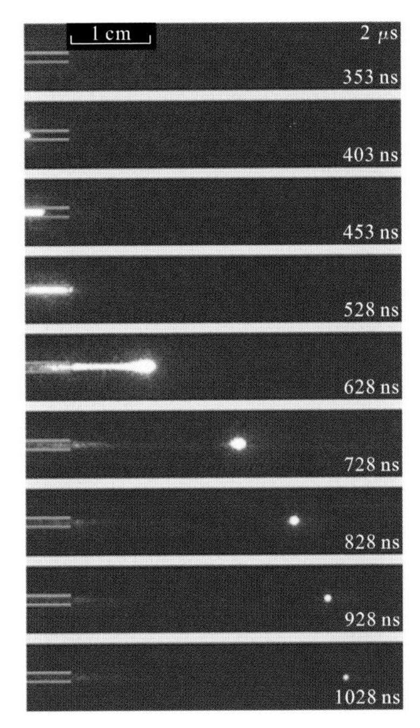

图 3.7.3　脉宽为 2 μs 时上升沿放电的射流的高速照片[44]

相机曝光时间 5 ns,每张图上的时间标签和图 3.7.1(b)的时间对应

区的前端产生一个等离子体子弹,并逐渐和亮的等离子体区域分离。50 ns 之后该等离子体子弹已经完全和等离子体亮区分离,并在亮区和等离子体子弹之间形成一条暗通道。随着等离子体子弹向前推进,其体积和速度都逐渐减小,同时等离子体亮区也不断变暗。此时等离子体子弹的推进速度大约是脉宽为 2 μs 时的三分之一。

这里顺便指出的是,如果曝光时间太长,或者等离子体的推进速度足够快,那么用相机观察一个很小的等离子体子弹快速向前推进的过程的话,也可能显示为一个亮区。为了排除这种可能性,将 ICCD 的曝光时间设置为2 ns,拍摄到的结果没有变化,仍然观测到这一亮区。这一结果说明亮区现象并不是高速推进的等离子体子弹形成的。

图 3.7.5 是当脉宽为 999.1 μs 时电压上升沿时刻射流的动态过程。从图中可以看出,随着脉宽进一步增大,放电开始的时间更早,在 173 ns 时刻离喷嘴约 4 mm 处出现了一段等离子体亮区。在亮区和喷嘴之间为暗区。在 273 ns 的时候,亮区的右端形成了一个等离子体子弹,并开始向前推进。100 ns 以后,该等离子体子弹和亮区完全分离,在子弹和亮区之间形成了另一段暗

区。随着子弹向前推进，其发光部分体积和速度逐渐下降，在此过程中喷嘴和亮区之间的暗区并没有发生明暗变化，而亮区则随子弹一起逐渐变暗。

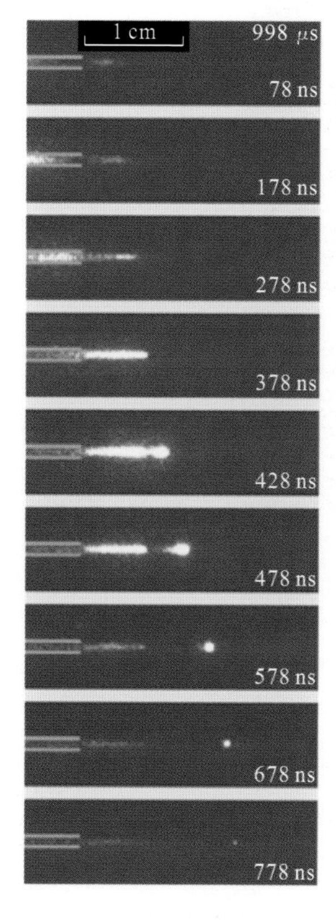

图 3.7.4　脉宽为 998 μs 时上升沿射流的高速照片[44]

曝光时间 5 ns，每张图上的时间标签和图 3.7.1(c)的时间对应

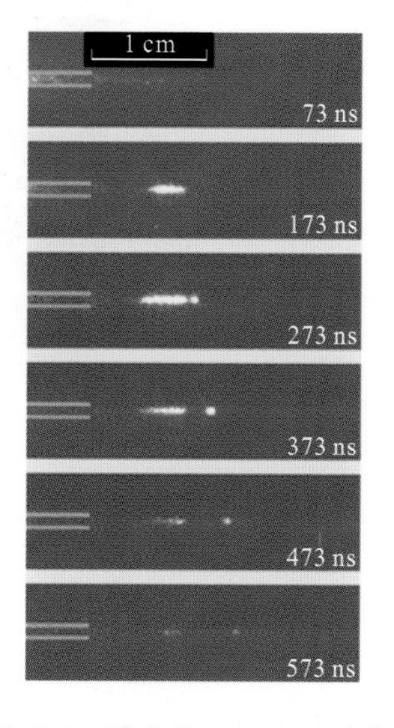

图 3.7.5　脉宽为 999.1 μs 时上升沿射流的高速照片[44]

曝光时间 5 ns，每张图上的时间标签和图 3.7.1(d)的时间对应

图 3.7.6 给出了脉冲下降沿的动态过程。从图中可以看出，无论是在脉宽2 μs还是 998 μs 的情况下，下降沿都没有产生等离子体子弹现象，而是形成一段长度不到 1 cm 的亮区。脉宽为 999.1 μs 时，脉冲下降沿放电射流的动态过程与 998 μs 时的情况相似。

进一步研究发现，这种长脉宽下射流呈现出的亮区、暗区的分节现象并不是在脉冲重复频率为 1 kHz 的时候所特有的。改变频率的时候，在脉冲占空比接近 100%的时候同样会出现类似的现象。图 3.7.7 就是当脉冲重复频率为 8 kHz，脉宽为 249.7 μs(占空比为 99.88%)时脉冲上升沿放电的动态过

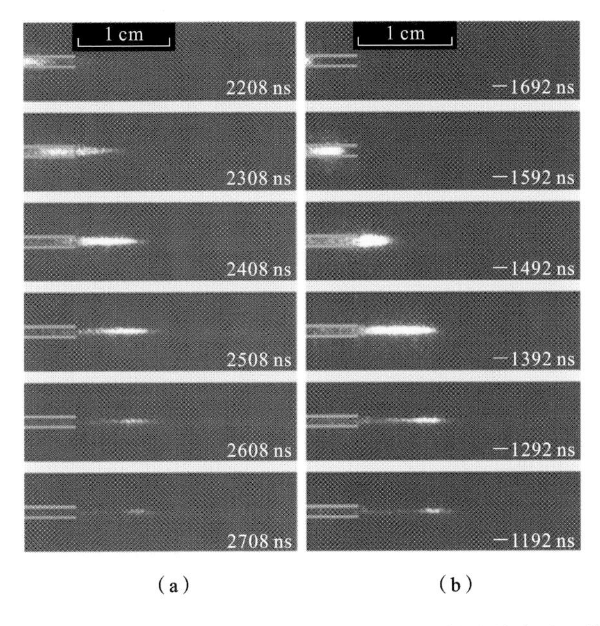

图 3.7.6　脉宽为 2 μs 和 998 μs 时下降沿时刻射流的高速照片[44]

(a) 2 μs;(b) 998 μs。曝光时间 5 ns,每张图上的时间标签分别与图 3.7.1(b)和(c)的时间对应

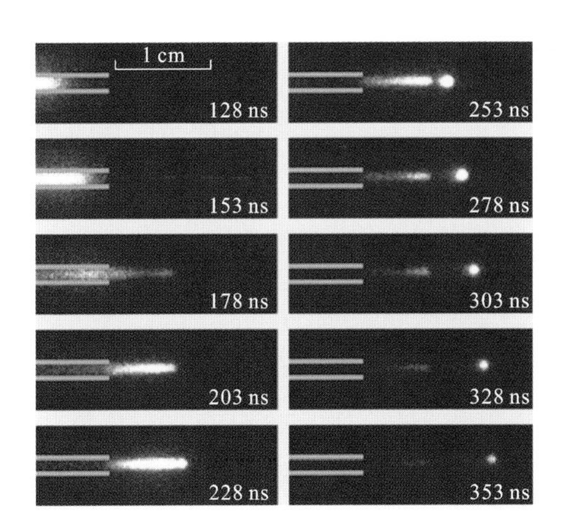

图 3.7.7　频率为 8 kHz,脉宽为 249.7 μs 时上升沿时刻射流的高速照片[44]

曝光时间 5 ns,零时刻为电压开始上升的时刻

程。同样可以观察到射流首先在喷嘴附近形成一个亮区,并随后在亮区右端产生一个向前传播的等离子体子弹。

由于采用脉冲直流高压放电时,一个电压脉冲会有两次放电,它们分别发生在脉冲的上升沿和下降沿时刻。当脉宽足够长时，前一次脉冲的下降沿放电就会影响到后一个脉冲的上升沿放电，即通过剩余的空间电荷来影响。因此可以通过数值模拟的方法估算不同脉宽下上升沿放电之前通道中剩余电子的分布，并通过剩余电子的密度分布来分析等离子体射流推进过程中的反常现象。

图 3.7.8 中给出了利用 Fluent 软件模拟得到的氦气流中空气浓度的二维分布和氧气摩尔质量分数的轴向分布。

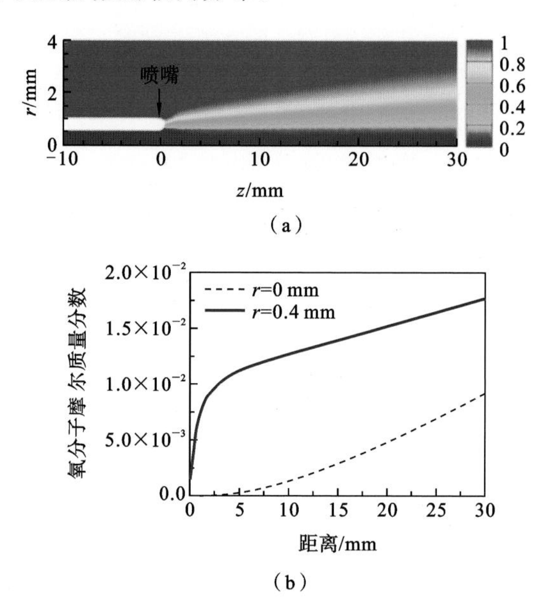

图 3.7.8　氦气流中空气和氧气的分布情况模拟结果

(a) 气流中由扩散导致的空气浓度的二维分布；(b) 气流中沿轴向 $r=0$ mm 和 $r=0.4$ mm 处的氧分子摩尔质量分数的分布[44]

下面对放电通道中剩余电子的密度分布进行估算。Martens 等人指出，当氦气中空气的浓度高于 10^{-4}，N_4^+ 是主要的正离子[45]。在本节的模型中包括了 He、N_2、O_2、N_4^+、O_2^-，以及电子。模型中包含的反应及反应系数从文献中获得的，具体见表 3.7.1[45~49]。气体温度设定为 300 K[5]，假定电子温度为1 eV。根据已有的数值模拟文献，放电所产生的等离子体电子密度一般为 10^{12} cm^{-3}数量级。因此假定上升沿放电和下降沿放电之后等离子体射流中心轴线上($r=0$ mm)的电子及正离子密度呈轴对称均匀分布，即 $n_e=n_p=10^{12}$ cm^{-3}。

表 3.7.1　模型中所包含的反应及其反应系数[44]

序号	反应方程	反应系数
1	$e+N_4^+\rightarrow N_2+N_2$	$2\times10^{-6}\times\left(\frac{T}{T_e}\right)^{0.5}$ cm³/s
2	$N_4^++O_2^-\rightarrow N_2+N_2+O_2$	1×10^{-7} cm³/s
3	$e+O_2+O_2\rightarrow O_2^-+O_2$	$1.4\times10^{-29}\times\left(\frac{300}{T_e}\right)\times\exp\left(\frac{-600}{T}\right)\times\exp\left(\frac{700(T_e-T)}{TT_e}\right)$ cm⁶/s
4	$e+O_2+N_2\rightarrow O_2^-+N_2$	$1.07\times10^{-31}\times\left(\frac{300}{T_e}\right)^2\times\exp\left(\frac{-70}{T}\right)\times\exp\left(\frac{1500(T_e-T)}{TT_e}\right)$ cm⁶/s
5	$e+O_2+He\rightarrow O_2^-+He$	1×10^{-31} cm⁶/s
6	$O_2^-+M\rightarrow e+O_2+M(M=O_2,N_2)$	$f(E/N)$
7	$O_2^-+He\rightarrow e+O_2+He$	$3.9\times10^{-10}\times\exp\left(\frac{-7400}{T}\right)$ cm³/s

模拟所得结果如图3.7.9所示，当脉宽为2 μs的时候，上升沿放电之前，喷嘴附近的剩余电子密度约为10^9 cm^{-3}。而离喷嘴距离大于约4 mm的地方，剩余电子密度迅速降低，这是由于空气扩散导致的。当脉宽很长时，剩余电子密度在距离喷嘴8～10 mm的位置出现突变。突变点之前的电子密度为10^{11} cm^{-3}量级，而突变点之后为10^4 cm^{-3}量级。突变点的位置正是下降沿放电产生的射流的所能达到的最远的距离。显然，紧靠喷嘴的区域内电子密度较高的原因是因为前一个脉冲的下降沿放电覆盖了这一区域，而且前一次下降沿和此次上升沿之间的间隔时间短，所以电子密度可以维持在较高水平。

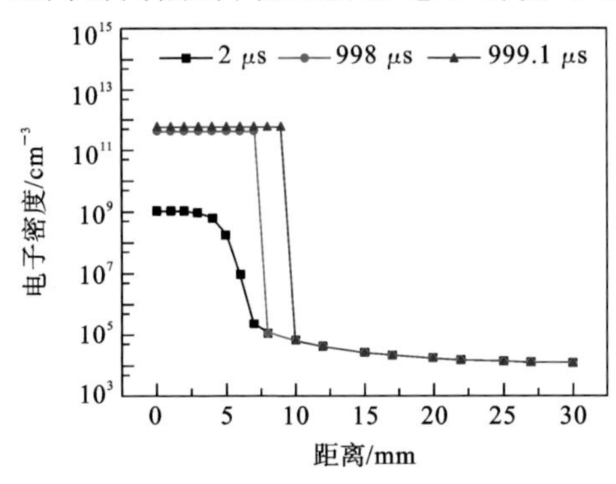

图 3.7.9　模拟得到的不同的脉宽下剩余电子密度沿轴向的分布[44]

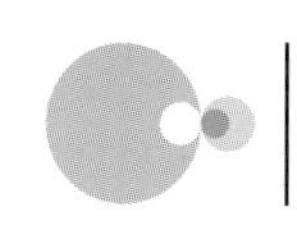

而突变点之后的区域中的剩余电子是前一个脉冲的上升沿放电所产生的，它们经过了一个脉冲周期(1 ms)的衰减，电子密度降到很低。

等离子体子弹往前推进时，在其后面留下的暗通道中的电子密度约为 10^{12} cm^{-3}。由于暗通道电子密度足够高，所以它具有较高的电导率，因此暗通道内的电场强度较弱，其压降通常为几千伏每厘米[50]。所以暗通道实际上相当于一个延长的电极，而等离子体子弹实际上相当于这个延长的电极的尖端放电。

当脉宽介于 990 μs 和 998 μs 之间时，上升沿放电会在喷嘴外部紧靠喷嘴附近产生一个亮的等离子体区域，并在亮区的尖端产生一个向前推进的等离子体子弹。当电压脉宽小于 990 μs 时不会出现这种现象，这是由剩余电子的密度差异导致的。随着脉宽的增加，前一个脉冲的下降沿放电和后一个脉冲的上升沿放电的间隔时间缩短。所以在后一个脉冲上升沿放电发生的时候，前一个脉冲的下降沿放电所产生的剩余电子密度还较高。放电发生的时候，图 3.7.2(b)中区域Ⅰ具有较高的电导率，但是与通常的暗通道相比，区域Ⅰ的电导率又相对较低，所以其中的电场强度相对较强，电子温度较高，可以产生一定程度的激发和电离，形成发光的亮区。而图 3.7.2(b)中距离喷嘴更远的区域Ⅱ由于下降沿射流没有到达这一区域，所以此处空间电荷密度低，等离子体以子弹的形式推进。图 3.7.9 中给出了数值模拟得到的剩余电子密度的轴向分布。从图中可以看出，当脉宽为 998 μs 的时候，图 3.7.2(b)所示的区域Ⅰ中的剩余电子密度约为 4×10^{11} cm^{-3}，而区域Ⅱ内的剩余电子密度约为 10^4 cm^{-3}。这和前面的分析相吻合。

当电压脉宽大于 998 μs 的时候，上升沿放电时刻喷嘴前端区域内的剩余电子密度更高。因而图 3.7.2(c)中所示的区域Ⅰ中的电导率更高，而电场强度则更弱，电子温度更低，因此没有足够的能量来产生电离和激发，所以形成了一段暗区。图 3.7.2(c)中的区域Ⅱ内形成发光的亮区的原因与上一段分析的 3.7.2(b)中区域Ⅰ的形成机理相同。图 3.7.2(c)中所示的区域Ⅲ内，由于前一个脉冲的下降沿放电没有到达这一区域，所以这里的剩余电子密度低，因而射流以子弹的形式传播，这与图 3.4.2(b)中所示的区域Ⅱ类似。

综合本节的内容可以发现，当脉宽足够长，以至于前一次下降沿放电和后一次上升沿放电之间的间隔时间和电子的寿命可比时，射流的推进过程呈现出两种全新的形态。当这一间隔时间介于 2～10 μs 时，喷嘴前端会形成一段持续发光的亮区，并在亮区尖端形成一个等离子体子弹向前推进。亮区的形成原因则是因为该区域有中等的电子密度，可以维持一定程度的激发和电离，所以呈现为持续发光的亮区。当剩余电子密度低至 $10^4\ cm^{-3}$ 时，电场强度足够强，所以等离子体以子弹形式推进。

当这一间隔时间小于 2 μs 时，在亮区和喷嘴之前会形成一个不发光的暗区。暗区的形成原因在于前一次下降沿放电剩余的电子密度非常高，使这一区域内的电场强度很低，电子温度低，不能激发，因而表现为暗区。

3.8 螺旋等离子体

多年来许多研究者针对大气压等离子体射流放电机理开展了研究，对其推进机制有了更加深入的认识。目前，大家普遍认为肉眼看似连续的等离子体射流实际上是以类似于子弹的形式向前高速推进形成的，且一般情况下，等离子体子弹沿气流方向呈直线推进[51]。然而，研究者发现在一些特定条件下，等离子体子弹还存在其他的推进方式，比如蛇形推进方式[52]。本节将介绍一种特殊的推进方式。研究者在气压可调节的长介质管内进行氮气放电时（实验装置如图 3.8.1(a)所示），发现随着气压的升高，在特定的放电参数条件下，该放电在介质管内呈现出有序的螺旋形状，如图 3.8.1(b)所示[53]。该放电装置主体为 1 m 长的石英玻璃管，内径和外径分别为 6 mm 和 9 mm。

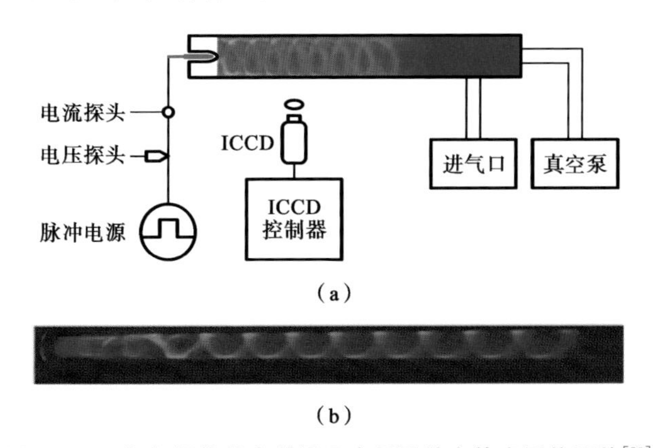

图 3.8.1　氮气螺旋放电装置示意图及放电等离子体照片[53]

电压 $U_a=6$ kV，频率 $f=700$ Hz，电压脉宽 $t_W=3$ μs，气体压强 $P=4$ kPa

为了更好了解该等离子体螺旋放电现象，采用高速 ICCD 相机对其动态过程进行拍摄，如图 3.8.2 所示，肉眼看似连续的螺旋状等离子体是由高速向

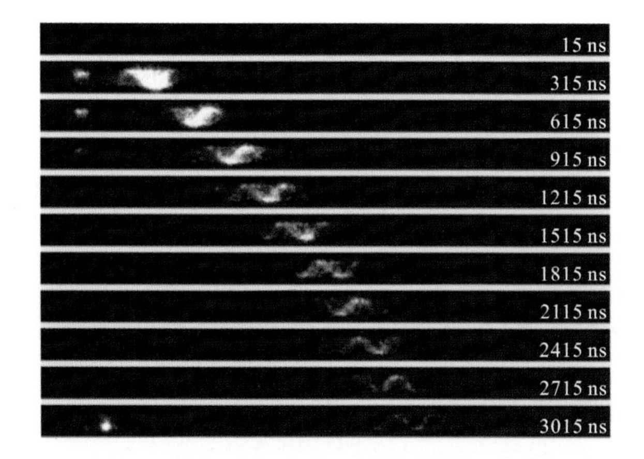

图 3.8.2　高速 ICCD 拍摄的螺旋放电推进动态过程图[53]

$U_a=6$ kV，$f=700$ Hz，$t_W=3$ μs

前推进的螺旋形发光电离体所组成的，其推进过程稳定、可重复。

3.8.1　螺旋放电的影响因素

研究发现，长介质管内的螺旋放电行为仅在特定的放电参数条件下才会出现。为了进一步研究放电参数对螺旋放电的影响，下面对该放电形式开展进一步研究，对螺旋放电与气体压强、外施电压参数，以及氧气掺量之间的关系进行详细的介绍。

1. 螺旋放电与气压的关系

研究发现，螺旋放电与气体压强关系紧密，所得结果如图 3.8.3 所示，此时外施电压参数保持不变，幅值为 6 kV，脉冲重复频率为 700 Hz，脉宽为 3 μs。随着气体压力从 15 Pa 增加到 50 Pa，放电等离子体变得更长并且更亮。当气压提高到 100 Pa，放电仍没有明显的变化。但当气压提高到 500 Pa，放电亮度反而降低。当气压进一步增加到 1 kPa 时，等离子体收缩到管子的中心轴而不再是充满整个管内。当气压从 1 kPa 增加到 3 kPa 时，等离子体长度减小，并产生在石英管中心轴线上。将气压进一步提高到 3.5 kPa 时，开始呈现螺旋放电模式。螺旋的旋转方向是随机的，可以是顺时针，也可以是逆时针，但旋转方向一旦确定就基本保持稳定。另外，随着气压升高，螺旋的推进距离减小。最后，当气压增加到 6 kPa 时，放电消失。研究发现，螺旋放电一般需要气压达到几个千帕时才会产生，而且形成稳定的螺纹结构需要配合相应的电压参数。当气压小于 3 kPa 时，无论怎样调节放电的电压参数，放电很难出

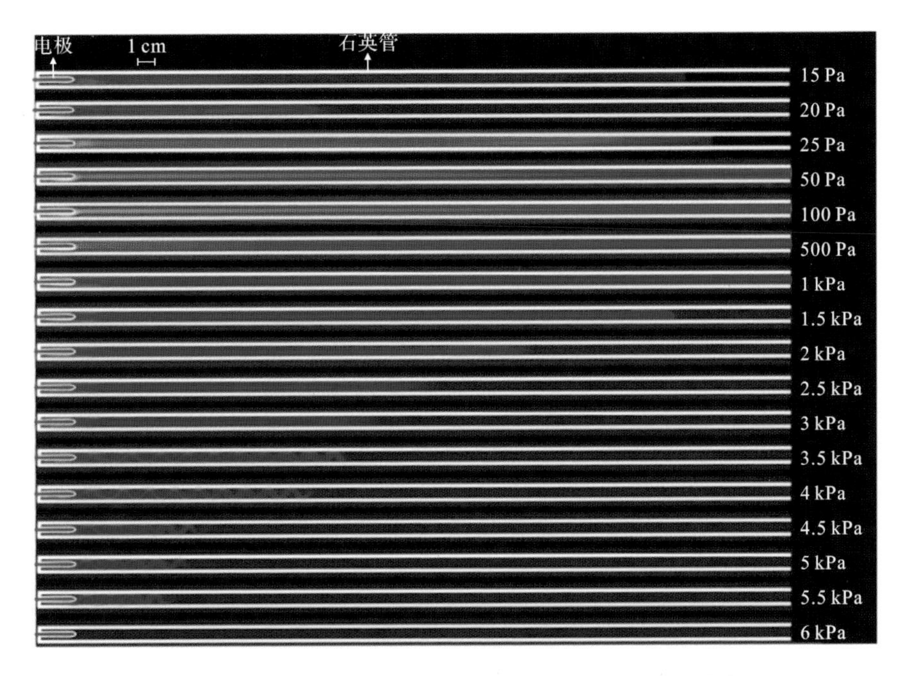

图 3.8.3　氮气等离子体螺旋放电情况与气压的关系[53]

$U_a=6$ kV，$f=700$ Hz，$t_W=3$ μs

现螺旋情况，等离子体呈现出均匀、稳定的特性。

2. 螺旋放电与电压参数的关系

如前所述，稳定螺旋结构的产生需要配合相应的电压参数，那么螺旋结构与电压幅值、频率及脉宽之间具有什么样的关系呢？本小节将对此进行介绍。

首先介绍螺旋放电形式与电压幅值的关系。研究发现介质管内 N_2 气压为 4 kPa，电压参数选取为 $U_a=6$ kV，$f=700$ Hz，$t_W=3$ μs 时，可以得到非常稳定的螺旋放电。在此基础上，固定频率、脉宽及气压，改变电压幅值，得到的结果如图 3.8.4 所示。从图中可以发现，当电压低于 6 kV，放电仍呈现出螺旋模式。而当电压高于 6 kV 时，在针电极附近仍有模糊的螺旋存在，但是随着等离子体的推进，螺旋放电不能维持，放电转变为直线推进模式。

下面固定电压幅值 6 kV，在 400 Hz～8 kHz 范围内改变频率，观察螺旋放电的变化情况，所得结果如图 3.8.5 所示。从这些照片可以看出，降低频率时，放电仍然呈现为螺旋形式，但是升高频率时，放电转变为直线推进模式。

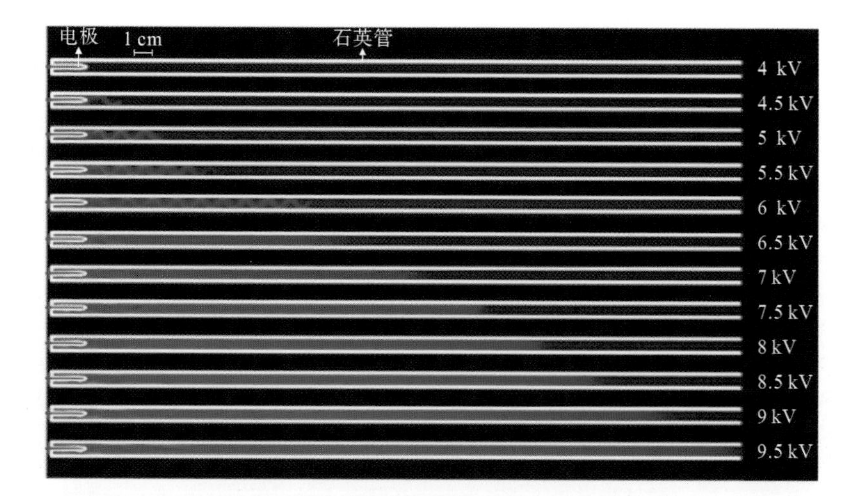

图 3.8.4 不同电压幅值下的氮气放电照片[53]

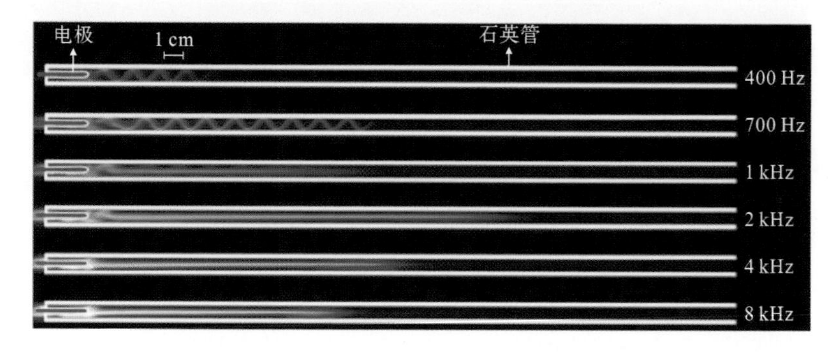

图 3.8.5 不同频率下的氮气放电照片[53]

3. 螺旋放电形式与氧掺量的关系

种子电子往往影响放电模式，氧气等电负性气体能够吸附电子从而影响种子电子密度，因此在氮气中加入少量氧气，研究此时螺旋放电所受到的影响。所得结果如图 3.8.6 所示，随着氧掺量的增加，螺旋等离子体羽的螺纹开始发散、变模糊。当氧掺量达到 5%时，螺纹出现混乱、抖动的情况。当氧掺量达到 20%时，螺旋放电消失，放电完全转化为弥散形式的放电。

4. 小结

本节介绍了介质管内氮气在特定的气压和电参数协同作用下，出现特殊的螺旋放电现象，且该现象与气压、电参数，以及氧气掺量都有重要的关系。首先，气压不能太低，需要在几千帕的气压值。其次，稳定的螺旋放电受电压

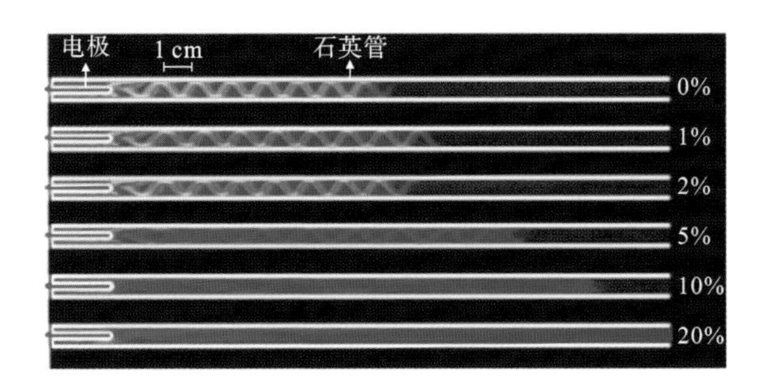

图3.8.6 不同氧掺量条件下的氮/氧混合气体螺旋放电转化照片[53]

幅值和频率的影响，适当地降低电压和频率，螺旋放电仍能维持，但是升高电压幅值和频率，会使放电转化为弥散放电。氧掺量越多，螺旋放电越难维持。螺旋放电现象是一种非常有意思的物理现象，但对其放电机理的认识目前还非常有限，该现象亟待进一步的深入研究。

3.8.2 介质管外加螺线圈对螺旋放电的调控

上一节介绍了在没有外加磁场时，螺旋等离子体仅出现在特定电参数和气压参数条件下。此外，在其他等离子体实验中也报道了类似的螺旋推进现象[54~55]。但是，螺旋等离子体出现的原因至今未得到很好的解释。为了深入了解螺旋等离子体的产生机制，本节通过调控介质管电场的方法，探究螺旋放电行为的变化情况。实验装置如图3.8.7所示，这里通过在介质管外部施加螺线圈和环形电极的方式来研究其对螺旋放电行为的影响[56]。介质管尺寸与气压控制结构与图3.8.1相同。

1. 外加单螺线圈对螺旋放电的影响

如图3.8.8(b)～(e)所示，对应的螺线圈的螺距分别为0.6 cm、1.5 cm、2 cm和3 cm，从图中可以发现，管内产生的等离子体都是沿管外的螺线圈推进的。当外加螺线圈的螺距增大，管内等离子体的长度会增加。除此以外，螺旋等离子体的圈数基本保持不变，在0.6 cm、1.5 cm、2 cm和3 cm螺距情况下，圈数分别为3.5、4.5、4.5和3.5。为了进一步研究螺距持续增大情况下，螺旋等离子体的变化情况，在介质管外壁上方附加一直导线，这就相当于螺距无限大，此时管内等离子体沿介质管内上壁呈现直线推进的方式，如图3.8.8(f)所示。

典型等离子体射流子弹的推进速度为10^3～10^5 m/s，它与外施电压、工作

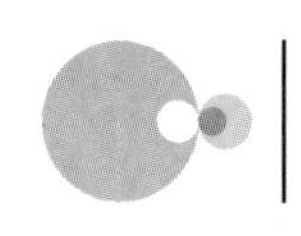

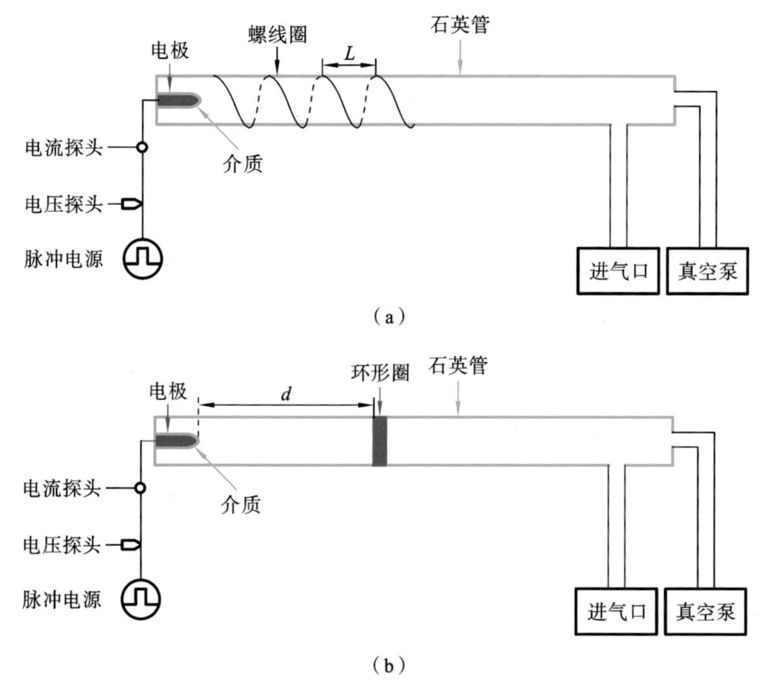

图 3.8.7　调控介质管电场的实验装置图[56]

(a) 介质管外加螺线圈；(b) 介质管外加环形电极。这里的螺线圈和环形圈都是悬浮的

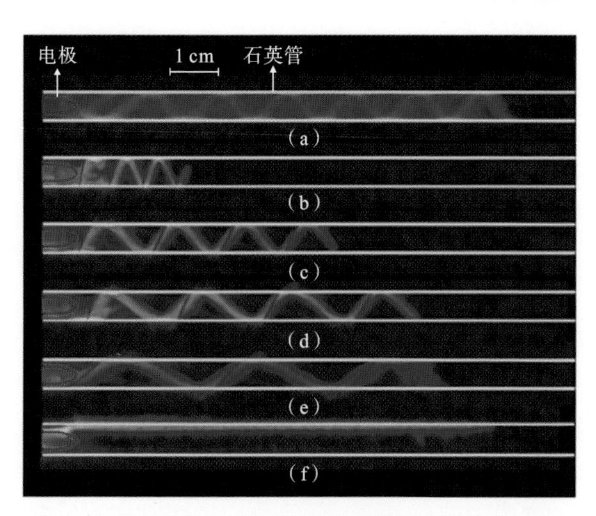

图 3.8.8　石英管外加不同螺距螺线圈时的等离子体照片[56]

(a) 无螺线圈；(b) $L=0.6$ cm；(c) $L=1.5$ cm；(d) $L=2$ cm；(e) $L=3$ cm；(f) $L=\infty$。(f)为外加直线金属导线时的等离子体照片。放电电压参数为 7 kV、1 kHz 和 1 μs，氮气气体压强为 7 kPa

气体及电极结构有关。外加螺线圈后,螺旋等离子体的动态推进行为如图 3.8.9所示,其中 3.8.9(a)为无外加螺线圈的子弹推进的高速照片,图 3.8.9(b)～(d)分别为螺距为 1.5 cm、2 cm 及 3.0 cm 时,子弹推进的高速照片。从图中可以发现,无论有无外加螺线圈,子弹都会沿介质管内壁螺旋推进,且有外加螺线圈情况下的推进速度大于无外加螺线圈情况下的推进速度。进一步的研究发现,随着螺距的增大,推进速度会加快。

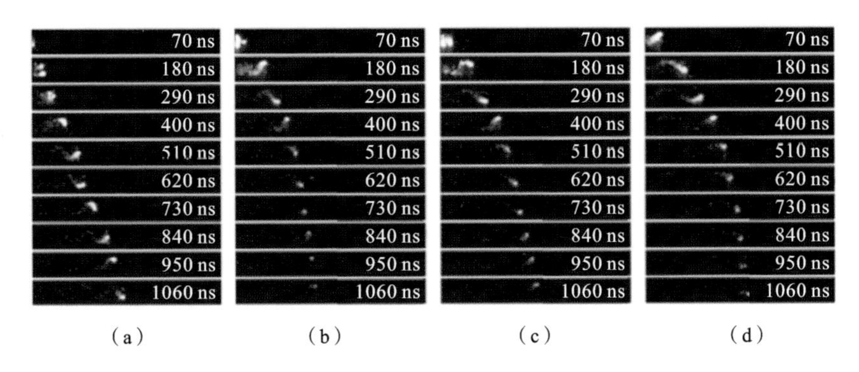

图 3.8.9　高速 ICCD 拍摄的螺旋等离子体动态推进照片[56]

(a)无外加螺线圈;(b)～(d) 外加螺距分别为 1.5 cm、2.0 cm 和 3.0 cm 的螺线圈。放电电压参数为 7 kV、1 kHz 和 1 μs,氮气气体压强为 7 kPa

2. 外加双螺旋线圈对螺旋放电的影响

如前所述,研究发现当在介质管外加单个螺线圈时,管内的等离子体会沿着管外螺线圈的轨迹推进。那么当在介质管外加两个方向相反的螺线圈时等离子体的形态会怎样呢? 图 3.8.10 给出了此时的等离子体照片。当在介质管外加两个螺距分别为 0.6 cm,但方向相反的螺线圈时,管内出现两条独立的螺旋放电通道,如图 3.8.10(a)～(c)所示。从图 3.8.10(a)中可以发现,当电压幅值升高时,除了螺旋放电外,电极附近会出现均匀的背景放电。从图 3.8.10(b)中可以发现,随着电压频率的升高,等离子体亮度变强,且出现了不与外加螺线圈同步的新放电通道。从图 3.8.10(c)中可以看出,随着脉冲宽度的增加,管内螺旋等离子体的长度呈现先增加后减小的趋势。

3. 外加环状金属电极对螺旋放电的影响

为了了解螺旋放电行为是否与高压电极的非对称性有关,将一个金属环加在介质管外部,以此屏蔽原有的电场分布情况。假如螺旋放电行为是由高

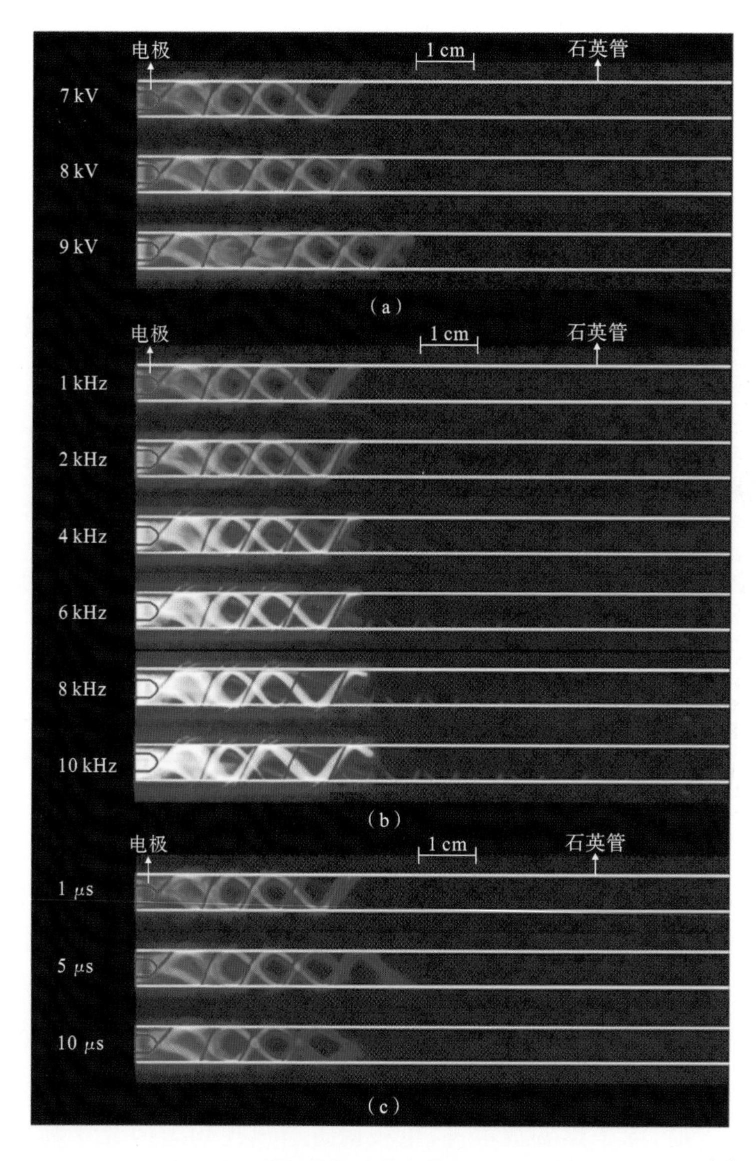

图 3.8.10 外加两个螺线圈时螺旋放电图像，氮气气体压强为 7 kPa[56]

(a) 变幅值；(b) 变频率；(c) 变脉宽

压电极的非对称性导致的，则螺旋等离子体在有外加环状电极的情况下就会消失。所得结果如图 3.8.11 所示，当不接地的金属环状电极(宽度为 4 mm)放置于介质管壁外侧，它与高压电极的距离 d 为 2 cm 时，螺旋等离子体在经过金属环状电极位置后没有消失，且呈现为两条不同方向且独立的螺旋放电通道；当 d 为 4 cm 时，螺旋等离子体仍然存在，且在经过环状电极时，螺旋方向会发生改变；当 d 为 10 cm 时，环状电极对螺旋等离子体的影响不明显。

当环状电极接地时，如图 3.8.11 (b)所示，当 d 为 2 cm 时，高压电极与环状电极之间的螺旋结构消失，然而，在环状电极外侧螺旋结构再次出现；当 d 为 4 cm 时，在金属环状电极内侧和外侧都无螺旋形态的放电出现；当 d 为 10 cm 时，有螺旋放电结构出现，且等离子体总长度比无金属环状电极时的增长。

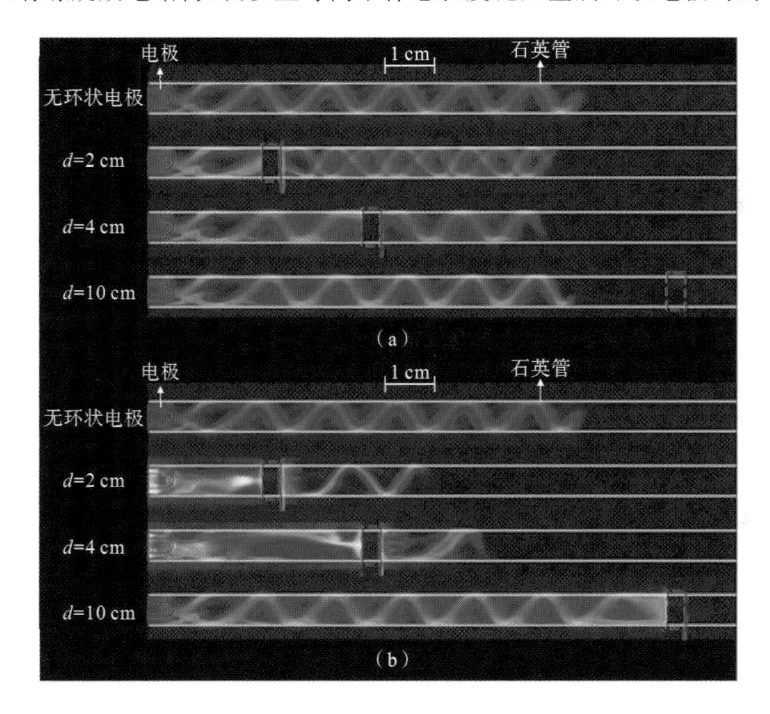

图 3.8.11 外加环状金属电极时螺旋放电等离子体照片[56]

(a) 环状电极不接地；(b) 环状电极接地。放电电压参数为 7 kV、1 kHz 和 1 μs，氮气气体压强为 7 kPa

4. 小结

本节主要讨论了介质管外加金属螺线圈和环状电极对氮气螺旋放电的影响。当介质管外加金属螺线圈时，螺旋等离子体放电现象会在更宽的放电参数范围出现。在气压为 3 kPa 至 9 kPa 范围内，螺旋等离子体都会沿螺线圈的内部推进。当介质管外加双螺线圈时，管内的放电等离子体也呈现为双螺旋形式。当金属环状电极施加在距离高压电极较近的位置时，高压电极和环状电极之间的螺旋放电状态会被干扰，但在金属环状电极远离高压电极侧，螺旋行为会复现。

3.8.3 外加电场对螺旋放电的影响

上一节研究表明，介质管内的螺旋等离子体会跟随管外螺线圈的轨迹推进，且螺旋等离子体的形态可以通过外部的螺线圈调整和控制，这可能是螺线圈改变了局部的阻抗，从而稳固了等离子体的螺旋推进行为。为进一步了解和调控螺旋放电现象，下面在外部螺线圈施加电场，以此来对管内的螺旋等离子体进行调控。螺旋等离子体的驱动电源参数（包括电压幅值、脉宽、频率）固定不变，以此来观察外加电场对内部螺旋等离子体的影响。实验装置如图3.8.12(a)所示[57]。

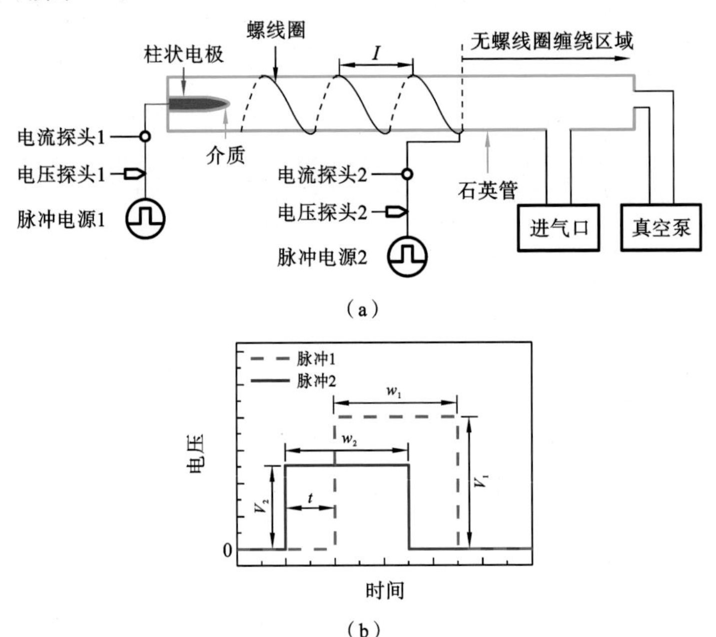

图 3.8.12 实验装置图及脉冲电压之间的关系示意图[57]

V_1、V_2 表示电压幅值，w_1、w_2 表示脉宽，t 表示脉冲 2 超前脉冲 1 的时间，t 为正表示脉冲 2 超前脉冲 1，相反则滞后脉冲 1

管外壁的螺线圈螺距为 1.7 cm。实验过程中需两套独立的高压脉冲电源，两个电源电压之间的关系如图 3.8.12(b)所示，此外，f_1 和 f_2 分别表示电源 1 和电源 2 的脉冲频率。电源 1 连接到高压电极来驱动等离子体，其电压幅值 V_1 为 6 kV，重复频率 f_1 为 1 kHz，脉宽 w_1 为 1 μs。外加电源 2 连接到管外部的金属螺线圈上。

1. 外加电压幅值 V_2 对螺旋等离子体的影响

下面首先给出螺线圈上施加电压幅值 V_2 对放电的影响，所得等离子体照片如图3.8.13所示。当 $V_2=0$ kV时，相当于螺线圈接地，管内螺旋等离子体长度长于没有外加螺线圈时的长度。随着 V_2 增大，螺旋等离子体的长度减小。需要强调的是，螺旋等离子体始终沿着外加螺线圈的轨迹推进。当外加电压幅值达到4 kV，等离子体长度已几乎接近于0。

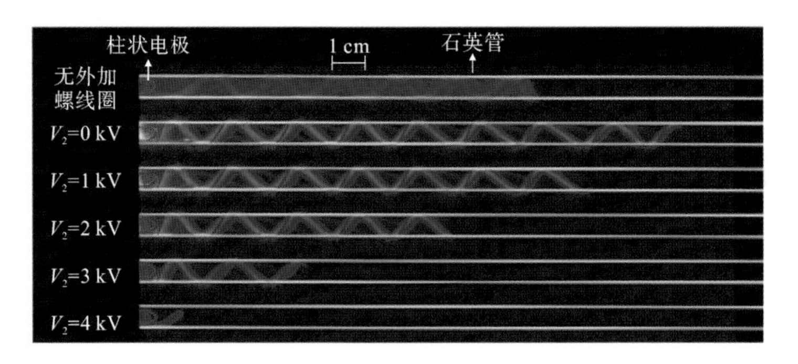

图3.8.13　外加螺线圈施加不同幅值(V_2)电压时的等离子体照片[57]

$V_1=6$ kV, $f_1=f_2=1$ kHz, $w_1=w_2=1$ μs, $t=0$ μs

如上所述，当螺线圈上施加的电压幅值为0 kV时，相较于没有外加螺线圈的情况，等离子体长度增长。之后，随着外加电压幅值 V_2 增加，等离子体的长度缩短。因此，可以通过调整 V_2 的值，使等离子体长度与无外加螺线圈时的长度相同。如图3.8.14(a)和(d)所示，当调整外加电压幅值 V_2 为1.8 kV时，等离子体的长度和无外加螺线圈时的长度相等，两种情况的等离子体都约旋转6圈。另一方面，如图3.8.14(b)所示，当外加螺线圈悬浮时，等离子体长度短于没有外加螺线圈时的长度(见图3.8.14(a))。但是当螺线圈连接到电源2并且设置电压幅值为0 kV(见图3.8.14(c))时，等离子体长度要长于没有外加螺线圈时的。

根据对等离子体长度的比较，可以假设放电时等离子体对管壁的等效充电为1.8 kV。为了验证猜测，测量了悬浮螺线圈上的电压、电流波形，如图3.8.15所示，V_2 值在50 ns内迅速增加到500 V，50 ns对应的时间是等离子体到达管壁的时间。随后，V_2 缓慢增大到1.3 kV。需要强调的是，由于电压探头的阻抗和电路阻抗相比并非无限大，电压探头会分担部分电压降，使得测量到的螺线圈上电压值偏低。当电压探头连接到金属螺线圈时，放电长度略有

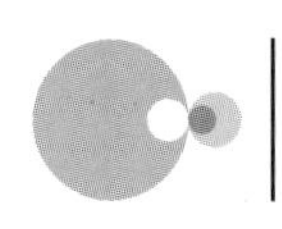

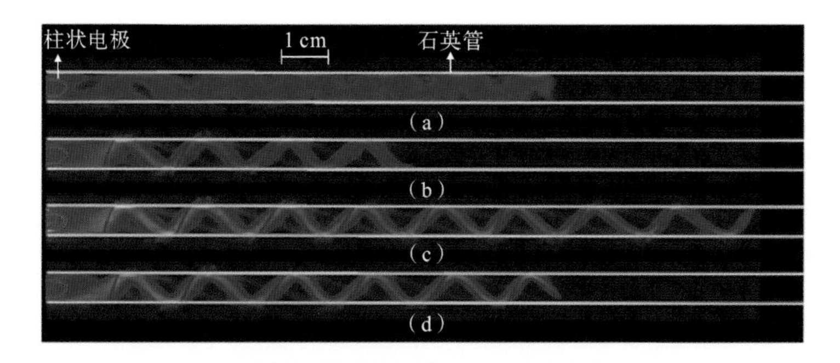

图 3.8.14 不同外加螺线圈条件下螺旋等离子体照片[57]

(a) 无外加螺线圈；(b) 外加螺线圈悬浮；(c) $V_2=0$ kV；(d) $V_2=1.8$ kV；(c)～(d) 外加螺线圈连接外加电源。螺线圈螺距 1.7 cm，$V_1=6$ kV，$f_1=f_2=1$ kHz，$w_1=w_2=1$ μs，$t=0$ μs

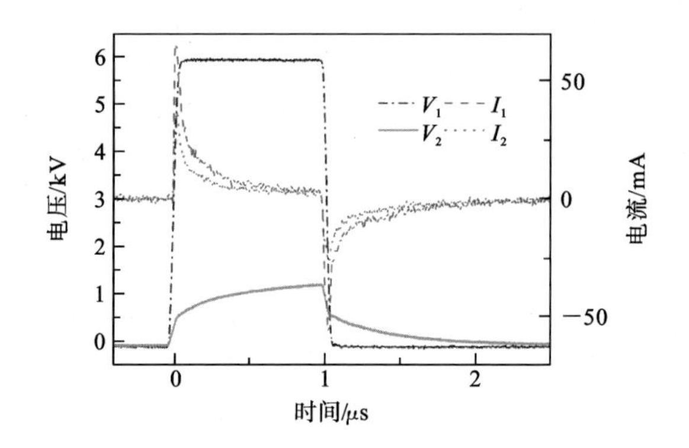

图 3.8.15 电压电流波形[57]

V_1 指放电驱动电压，V_2 指螺线圈上测量到的电压，I_1 为经过高压电极的电流，I_2 为经过螺线圈的电流

增加也可以证明这一点。因此悬浮螺线圈上实际的电压值要比测量到的结果高。

为了进一步了解有外加和无外加螺线圈时螺旋等离子体的行为和特性，下面使用ICCD相机拍摄其动态过程，如图 3.8.16 所示。其曝光时间为 3 ns。从图中可以看出，有外加螺线圈时等离子体的推进速度要远高于没有外加螺线圈时的等离子体推进速度，但是，到达一定距离后有外加螺线圈的等离子体子弹速度迅速下降。

2. 相位差和外施电压脉宽对螺旋等离子体的影响

介质表面积累的电荷会慢慢消失，当在介质壁另一侧施加同极性电压时将会加速电荷的消失、减弱记忆效应或者导致电荷的重新分布[58]。然而这些

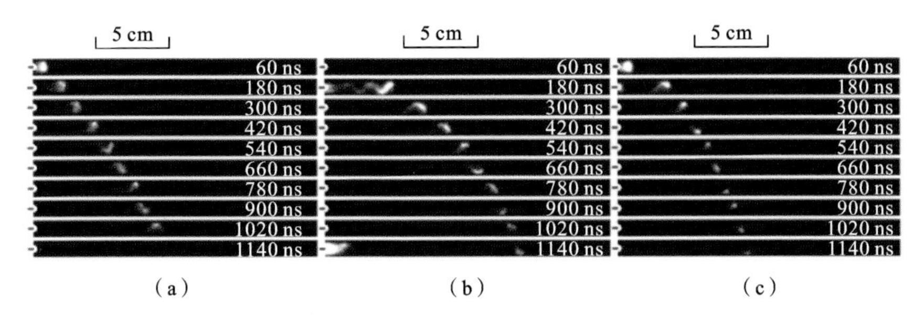

图 3.8.16　等离子体子弹高速照片[57]

(a) 无外加螺线圈；(b) 有外加螺线圈，$V_2=0$ kV；(c) 有外加螺线圈，$V_2=1.8$ kV

过程都需要一定的时间。上节讨论了螺线圈上施加的电压和高压电极上的驱动电压具有相同的脉宽且相位差为 0。为进一步了解外加电场对螺旋放电的调控机理，将外加电压的脉冲宽度 w_2 增加到 3 μs，并调整两个电源电压之间的相位差 t。螺线圈上施加的外加电压幅值 V_2 为 3 kV，是高压电极上电源电压幅值 V_1 的一半。相位差从 500 μs 变化到 −500 μs，所得结果如图 3.8.17 所示。

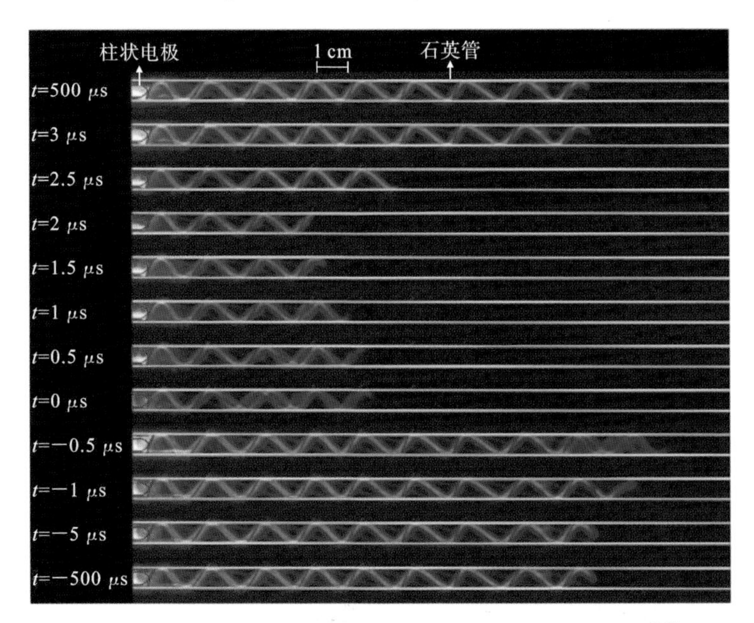

图 3.8.17　脉冲 1 和脉冲 2 不同相位时的等离子体照片[57]

$f_1=f_2=1$ kHz，$w_1=1$ μs，$w_2=3$ μs，$V_1=6$ kV，$V_2=3$ kV

从图 3.8.17 可以清楚地看到，当相位差 t 从 500 μs 减小到 3 μs 时，螺旋等离子体几乎没有变化。需要强调的是，实验时还尝试将脉宽 w_2 增加到几百

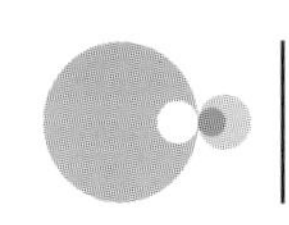

微秒，所得到的结果和 3 μs 的情况没有任何差别。当继续减小 t 到 2.5 μs，两个脉冲电压之间有 0.5 μs 的重叠，等离子体的长度有明显的缩短。随后，继续将 t 从 2 μs 减小到 0 μs（脉冲之间重叠 1 μs），等离子体的长度达到最小值。

有趣的是，当 t 值从 1 μs 变化到 −0.5 μs 时，螺旋等离子体出现了另一条分叉，但是分叉出现的具体原因还不清楚。当 t 值从 −0.5 μs 变化到 −1 μs 时，等离子体的长度实际上略长于两个脉冲没有重叠时的情况。这可能是外加电压引起的新增放电产生的。

3. 重复频率对螺旋等离子体的影响

随着电压重复频率的增加，相邻放电之间的时间间隔缩短，导致剩余电荷的耗散减少。因此，更多的电荷将积累在放电通道上。当电荷积累到一定程度，可能会对螺旋等离子体的推进产生影响。因此，下面研究了电压重复频率对等离子体的影响。如图 3.8.18(a)所示，当 V_2 = 0 kV 时，随着放电电压频率 f_1 的增大，等离子体的亮度明显提高，但是长度没有任何变化。当 V_2 = 2.5 kV 时，随着 f_1 和 f_2 的增加，等离子体长度仍然没有明显变化。但是当频率增大到 5 kHz 或更高时，在螺旋等离子体的中间出现了新的放电通道，出现的原

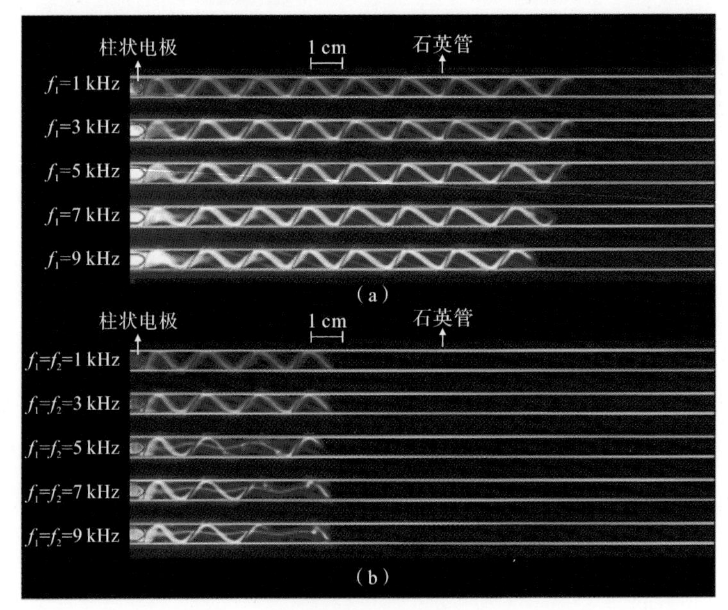

图 3.8.18　不同重复频率下的等离子体照片[57]

(a) V_2 = 0 kV，V_1 = 6 kV，w_1 = 1 μs；(b) V_2 = 2.5 kV，V_1 = 6 kV，w_1 = w_2 = 1 μs。f_1 = f_2，t = 0 μs

因可能是管壁电荷的累积，当外加电压频率足够高时，由于螺线圈上外加电压的作用，管壁只允许有限电荷累积，使得增加的电流需要寻找新的放电路径，从而导致了新的放电通道的产生。

为了探究新的放电通道是如何产生的，图 3.8.19 给出了在重复频率为 5 kHz时等离子体子弹的高速照片。如图 3.8.19(b)所示，两个放电通道同时向前推进。

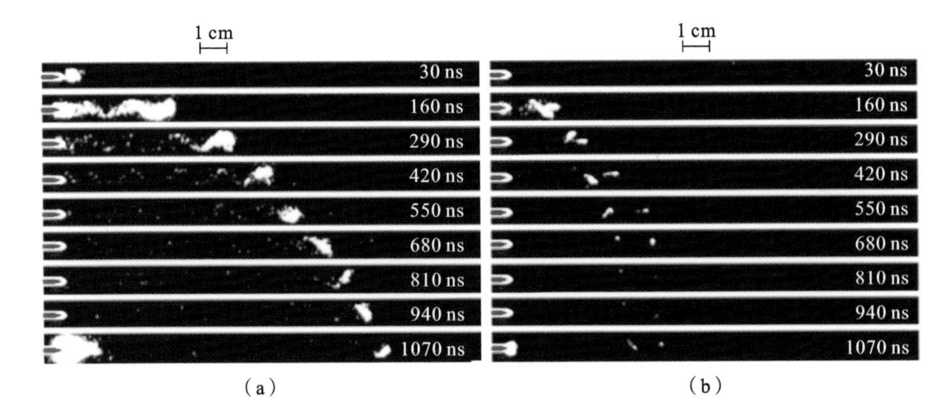

图 3.8.19　等离子体子弹高速照片[57]

(a) $V_2=0$ kV,$V_1=6$ kV,$w_1=1$ μs;(b) $V_2=2.5$ kV,$V_1=6$ kV,$w_1=w_2=1$ μs。$f_1=f_2=5$ kHz,$t=0$ μs

4. 相位差和外加电压幅值 V_2 对螺旋等离子体的共同影响

如图 3.8.20(a)所示，当脉冲 1 滞后脉冲 2 1.2 μs，等离子体长度随着 V_2 的增加略有缩短，但是靠近圆柱高压电极的区域随之变得明亮。另一方面，当脉冲 2 滞后脉冲 1 1.2 μs，V_2 增加到 3 kV 时，螺旋等离子体变长而且当 V_2 继续增加到 5 kV 及更高时，螺旋等离子体的尾端变得弥散。无螺线圈区域新增的放电可能是由螺线圈上施加的脉冲 2 产生的。由于脉冲 2 是在脉冲 1 后 1.2 μs 时施加的，管内尚存大量前一次放电产生的剩余电子，因此很容易引起新的放电产生。

此外，当加入脉冲 2 时，圆柱电极附近的区域变得更加明亮，这可能是由于脉冲 1 和脉冲 2 各自引起的放电的叠加。为了证明这一猜测，图 3.8.21 分别给出了 $V_1=6$ kV，$V_2=0$ kV 和 $V_1=0$ kV，$V_2=8$ kV 的情况下的放电图片。从图 3.8.21(b)可以看出，脉冲 2 确实在圆柱电极附近引起了放电。

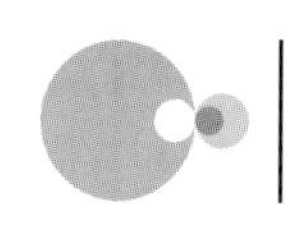

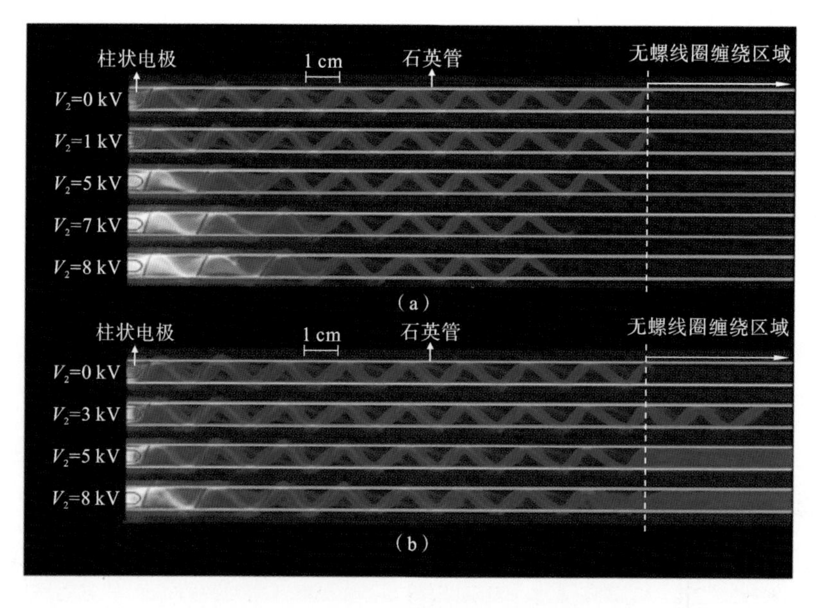

图 3.8.20 不同 V_2 下螺旋等离子体的照片[57]

(a) $t=1.2$ μs；(b) $t=-1.2$ μs。$f_1=f_2=1$ kHz，$w_1=w_2=1$ μs

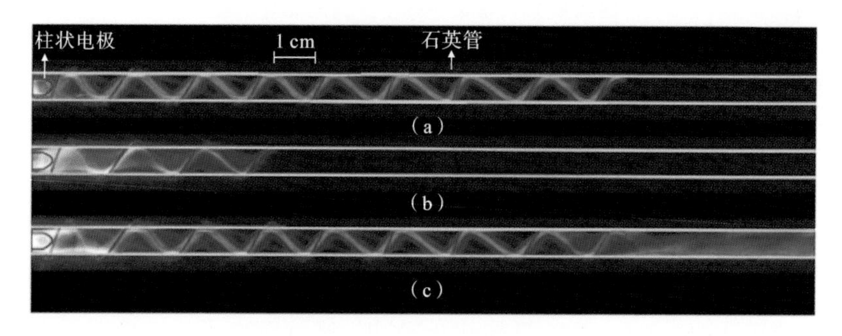

图 3.8.21 螺旋等离子体照片[57]

(a) $V_1=6$ kV，$V_2=0$ kV；(b) $V_1=0$ kV，$V_2=8$ kV；(c) $V_1=6$ kV，$V_2=8$ kV，$t=-1.2$ μs。$f_1=f_2=1$ kHz，$w_1=w_2=1$ μs

如上所述，在图 3.8.20(b)中，V_2较大时产生的新增放电可能是由螺线圈上施加的电压和前一次放电产生的大量剩余电子引起的。如果这个猜测是正确的，则新增的放电会受到电压之间的相位差 t 的影响。下面将 t 从 -0.65 μs 调整到 -500 μs。所得结果如图 3.8.22 所示，当 t 为 -0.65 μs 时，在管内等离子体尾部没有外加螺线圈缠绕的区域，出现了弥散且较暗的放电；随着相

位差 t 的增加，这一区域的等离子长度变长，直到 $-1\ \mu s$ 时达到最长。继续增加 t 反而导致这一区域等离子体长度缩短。这可能是由于当 t 短于 $-1\ \mu s$ 时，脉冲2与脉冲1部分重叠，但脉冲1产生的电场远大于脉冲2产生的电场，因此此时脉冲2很难引起放电。当 $t=-1\ \mu s$ 时，脉冲1和脉冲2相互独立。但当 t 值继续增大时，前一次放电的剩余电子越少，新产生的等离子体长度越短。

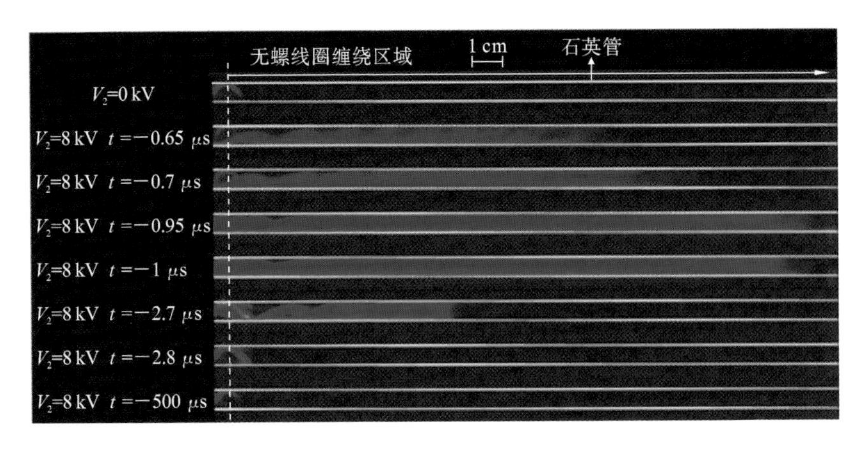

图3.8.22 尾部末端无螺线圈缠绕区域新增放电照片[57]

对应图3.8.20中虚线右侧部分。t 从 $-0.65\ \mu s$ 变化到 $-500\ \mu s$。$V_1=6$ kV，$V_2=8$ kV，$w_1=w_2=1\ \mu s$，$f_1=f_2=1$ kHz

3.8.4 介质管的几何形状对螺旋等离子体的影响

如前所述，人们认为介电管在放电行为中起着重要的作用。然而，前面的实验中只使用了圆形介质管。由于介质管对螺旋等离子体的出现起着重要的作用，本节将对介质管的尺寸、形状和高压电极的位置对螺旋放电的影响进行进一步的介绍[59]。实验装置的原理图如图3.8.23(a)所示。真空室连接到气体入口和真空泵，氮气作为工作气体。各种形状的介质管如图3.8.23(b)～(f)所示，它们将置于真空室中。等离子体在石英管中产生，针电极插入石英管的一端，石英管的另一端是开放的。实验中使用了五组不同的石英管，图3.8.23(b)为不同壁厚的石英管，图3.8.23(c)为两个不同直径连接在一起的石英管，图3.8.23(d)为不同角度喇叭形状的石英管，图3.8.23(e)是方形石英管，图3.8.23(f)是由一个圆形石英管和方形石英管连接而成的介质管，图中所有介质管的总长度都为10 cm。

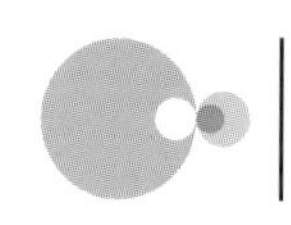

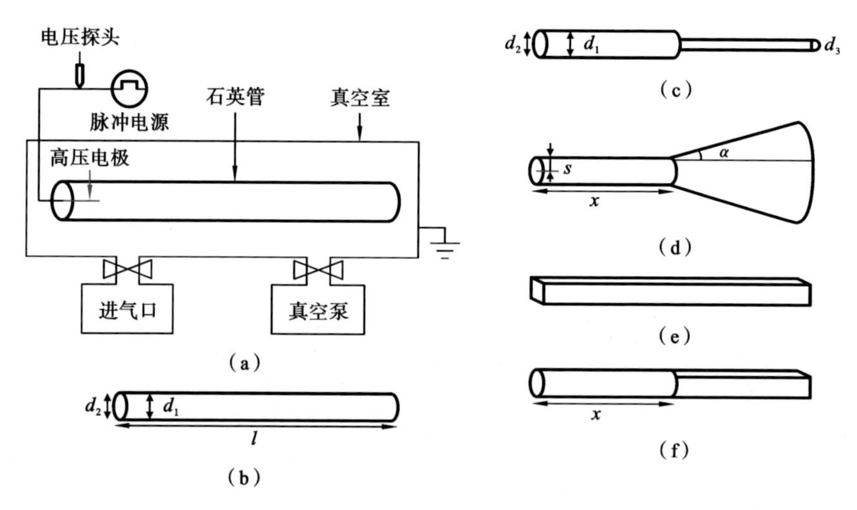

图 3.8.23　介质管对螺旋放电的影响

(a) 实验装置示意图；(b) 不同内外径的石英管；(c) 两个不同内外径的石英管连接在一起；(d) 具有不同角度的喇叭形状石英管且针电极可以从石英管的中心向管壁方向移动；(e) 方形石英管；(f) 由方形管和圆形管连接的石英管[59]

1. 不同管壁厚度的介质管对螺旋等离子体的影响

如前文所述，螺旋形状等离子体只在特定的条件下才能出现在介质管中。由于介质管壁厚会影响回路阻抗，从而影响等离子体的形态，因此管壁厚度可能会影响螺旋等离子体的形成。图 3.8.24 为采用四种不同壁厚的石英管产生的等离子体照片。如图 3.8.24(b)所示，当壁厚为 2 mm 时，可以得到清晰的螺旋等离子体；当壁厚减小到 1 mm(见图 3.8.24(a))或增加到 3 mm(见图 3.8.24(c))时，只能观察到模糊的螺旋等离子体；进一步将壁厚增加到 4 mm，如图 3.8.24(d)所示，等离子体呈现为发散状，螺旋形状消失。

2. 介质管内径的突变对螺旋等离子体的影响

从图 3.8.25(b)可以看出，当 $d_1=2$ mm 时，没有出现螺旋形状等离子体。然而，当管的内径增加到 4 mm 时，可以看到在距离接头位置约 2 cm 的位置就又开始形成螺旋等离子体。此外还发现，无论是增加或降低气体压力，还是增加或降低外加电压，放电都不能在内径为 2 mm 的管内形成螺旋状等离子体。从图 3.8.25(c)可以看出，当管内径从 4 mm 减小到 2 mm 时，在管左侧形成的螺旋等离子体不能推进到管的右侧。

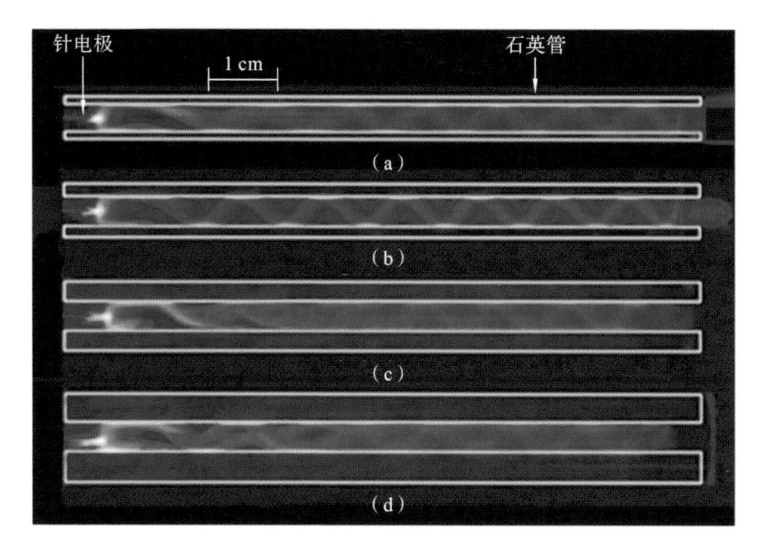

图 3.8.24　不同管壁厚度的石英管中的等离子体照片[59]

(a) $d_2-d_1=2$ mm;(b) $d_2-d_1=4$ mm;(c) $d_2-d_1=6$ mm;(d) $d_2-d_1=8$ mm。(a)～(d)分别对应1 mm、2 mm、3 mm和4 mm的管壁厚度,所有管的内径 d_1 为4 mm,所有管的总长度为10 cm;工作气体为 N_2,压强为7 kPa,$U_a=4.5$ kV,$f=2$ kHz,$t_w=1$ μs

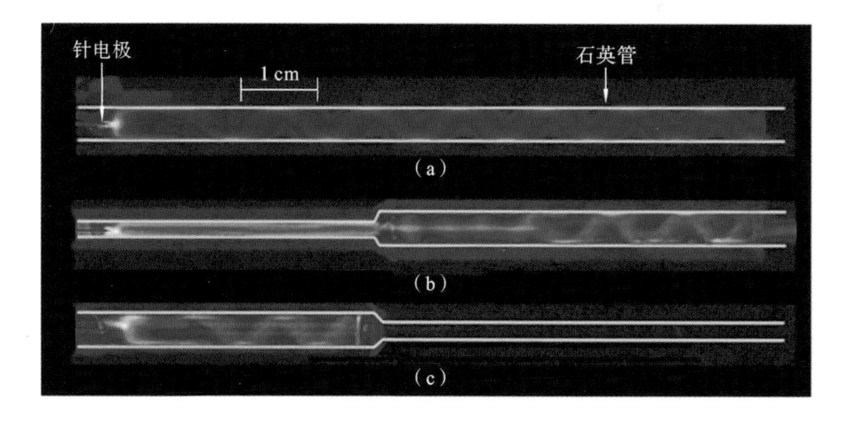

图 3.8.25　两个不同内径连接起来的石英管中的等离子体照片[59]

(a) $d_1=4$ mm,$d_3=4$ mm;(b) $d_1=2$ mm,$d_3=4$ mm;(c) $d_1=4$ mm,$d_3=2$ mm。管的壁厚为2 mm,管的总长度为10 cm;N_2 压强为7 kPa,$U_a=4.5$ kV,$f=2$ kHz,$t_w=1$ μs

3. 喇叭口形状的介质管对螺旋等离子体的影响

由于介质管直径影响螺旋等离子体的形成,采用了如图3.8.26所示的具有喇叭口形状的石英管,并且研究了不同喇叭口角度对等离子体的影响。所

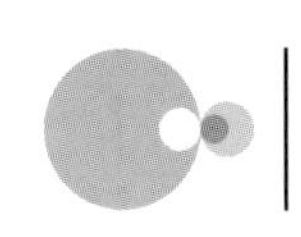

得结果如图 3.8.26 所示，当喇叭口角度 α 为 5°时，等离子体仍然可以形成一个较长螺距的螺旋形状；当 α 增加到 10°时，在喇叭口中可以看到一个模糊的螺旋等离子体，但只有一个螺纹；当 α 进一步增加到 20°时，螺旋形状等离子体消失，等离子体只沿喇叭口的一侧推进。对于不同的喇叭口角度，当外加电压降低到 4 kV 时，等离子体只到达喇叭管的连接处。另一方面，当外加电压增加到 5 kV 时，等离子体只沿喇叭口的一侧传播，不能形成螺旋等离子体。

从图 3.8.26 中可以看出，螺旋形状首先在直管部分形成，然后推进到喇叭管中。因此，直管部分的长度可能会影响喇叭管中等离子体的形状。为了进一步了解直管部分对螺旋等离子体的影响，下面对不同的直管长度进行研究。所得结果如图 3.8.27 所示，随着直管长度的减小，喇叭管中螺旋等离子体的匝数逐渐增大。

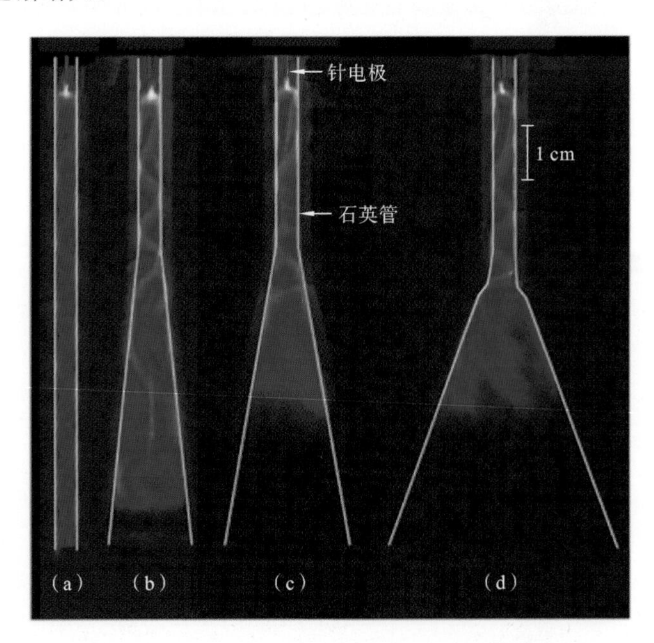

图 3.8.26　不同喇叭口角度的石英管中的等离子体照片[59]

(a) $\alpha=0°$；(b) $\alpha=5°$；(c) $\alpha=10°$；(d) $\alpha=20°$。(a)～(d)管子的总长度是 10 cm；(b)～(d) 直管部分长度为 5 cm；N_2 压强为 7 kPa，$U_a=4.5$ kV，$f=2$ kHz，$t_w=1$ μs

4. 方形介质管对螺旋等离子体的影响

上述螺旋等离子体仅出现在圆形介质管内，为了破坏系统的轴向对称性，下面采用方形管作为放电介质管。所得结果如图 3.8.28(b)所示。与圆形石

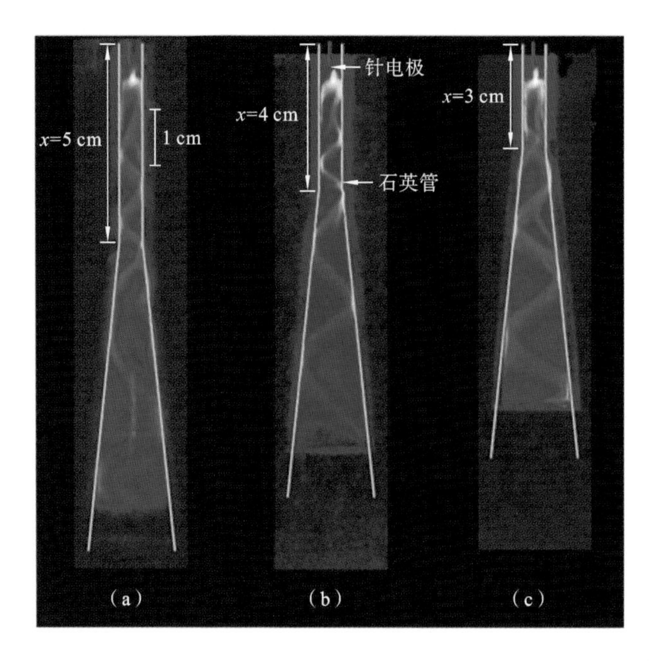

图 3.8.27　不同长度直管部分的喇叭口石英管中的等离子体照片[59]

(a) $x=5$ cm;(b) $x=4$ cm;(c) $x=3$ cm。喇叭口角度均为 5°;(a)～(c) 分别对应 5 cm、4 cm 和 3 cm 的直管部分的长度;N_2 压强为 7 kPa,$U_a=4.5$ kV,$f=2$ kHz,$t_w=1$ μs

英管中的等离子体不同,方形石英管中的等离子体只沿管内壁的一侧推进。为进一步探究方形介质管内是否能够形成螺旋等离子体,采用了如图 3.8.29 所示的由圆形介质管和方形介质管拼接的石英管。从所得的等离子体照片可以看出,即使螺旋等离子体已经形成在左侧的圆形管中,在方管中无法形成螺旋等离子体。

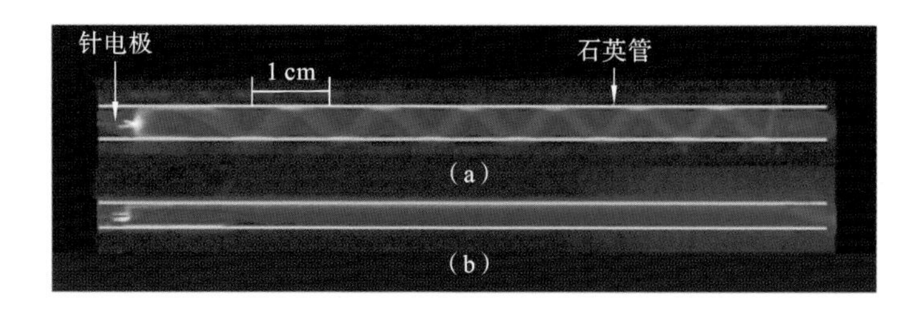

图 3.8.28　圆形和方形石英管中等离子体的对比

(a) 内径为 4 mm 的圆形石英管;(b) 边长为 4 mm 的方形石英管[59]

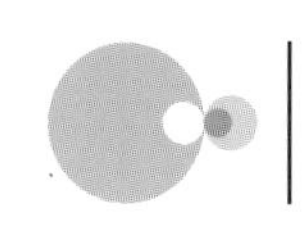

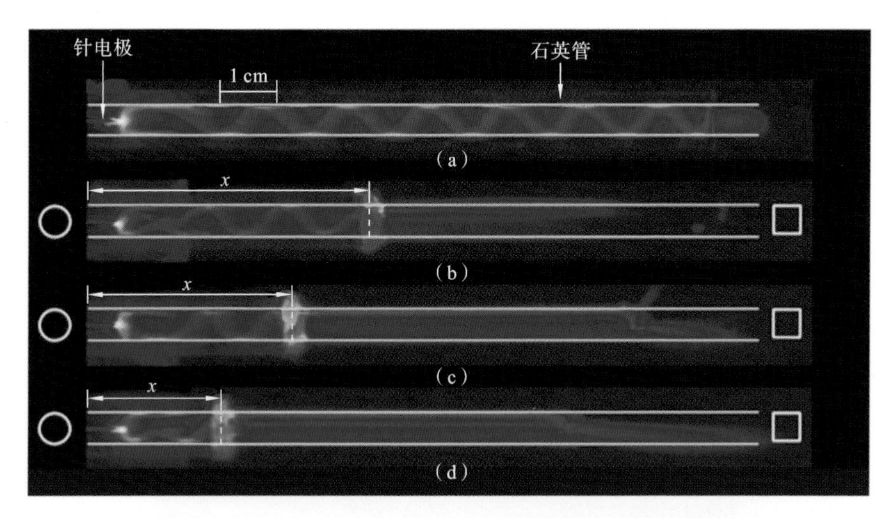

图 3.8.29 圆形管和方形管相连接的石英管中的等离子体照片[59]

(a) 圆形石英管；(b)～(d) 对应左侧圆形石英管的长度分别为 5 cm、4 cm 和 3 cm

5. 电极在介质管中的位置对螺旋等离子体的影响

在前面螺旋等离子体放电装置中，高压电极都放置在管的中心，若电极远离介质管的中心，放电的对称特性将被破坏，那么这是否会影响螺旋等离子体呢？下面将高压电极放置在与石英管内壁不同距离的 s 处，其中 $s=0$ mm 意味着它紧贴石英管内壁放置，s 为 2 mm、3 mm 和 4 mm 分别对应于管的中心、距离管中心 1 mm 处和距离管中心 2 mm 处。放电图像如图 3.8.30 所示，从

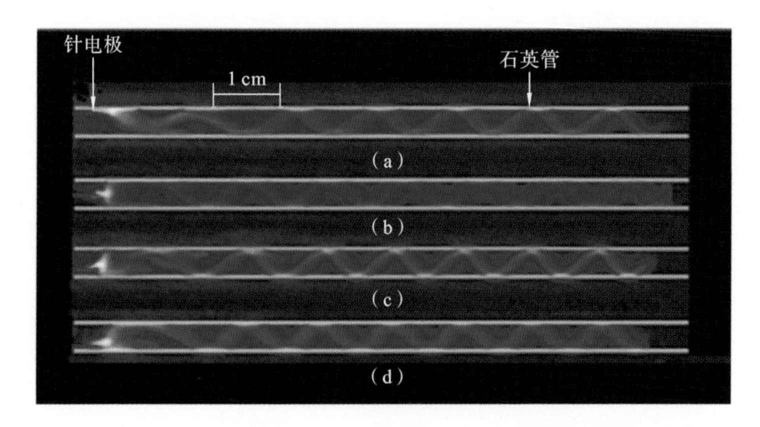

图 3.8.30 高压电极处于不同位置处产生的等离子体照片[59]

(a) $s=0$ mm；(b) $s=2$ mm；(c) $s=3$ mm；(d) $s=4$ mm。s 是电极与石英管内壁之间的距离，管内径 4 mm，外径 8 mm，石英管总长 10 cm。N_2 压强为 7 kPa，$U_a=4.5$ kV，$f=2$ kHz，$t_w=1$ μs

图中可以发现 s 的变化不影响螺旋形状的形成，对于不同的 s 值，螺旋等离子体的螺距和总长度都是相同的。

6. 小结

本节介绍了介质管几何形状对螺旋等离子体的影响。首先，介质管的厚度会影响放电回路的阻抗，从而影响等离子体的推进。有趣的是，太薄或太厚的管壁都不利于产生螺旋等离子体。螺旋等离子体只能在管壁厚度为 2 mm 时才能得到。其次，研究了管径对螺旋等离子体的影响。结果表明，当内径为 2 mm 的管与内径为 4 mm 的管相连接，高压电极放置在内径为 2 mm 的管中时，在内径为 2 mm 的管中产生弥散的等离子体，在内径为 4 mm 的管中转换为螺旋等离子体。另一方面，当将高压电极放置在内径为 4 mm 的管中时，大直径管中形成的螺旋等离子体不能推进到小直径管中。第三，当采用不同角度的喇叭形管进行放电时，当喇叭口角度为 5°时，等离子体仍能形成较长螺距的螺旋等离子体。当角度增加到 10°时，仍然可以看到模糊的螺旋等离子体，但此时只有一个螺纹。随着角度继续增加到 20°，螺旋形状等离子体消失，它只沿喇叭管的一侧推进。第四，方形石英管中的等离子体只沿管壁的一侧传播，不会出现螺旋放电行为。最后，将高压电极放置在远离圆管中心的位置，破坏其对称性，发现即使高压电极放置在紧贴圆管内壁的位置，也能产生螺旋等离子体，且螺旋等离子体的螺距和总长度都不变。这也许表明由针电极上的电流产生的磁场在螺旋等离子体的推进中不起重要作用，这是因为当针电极从管的中心移开时，针电极电流引起的磁场沿介质管分布不对称，螺旋等离子体若受到该磁场的影响应该失去对称性，但实验并没有观察到这种现象。

总之，本节采用不同形状的介质管，以及将电极远离中心来破坏对称性来探究螺旋等离子体的形态变化。但是关于螺旋等离子体产生的物理机制仍存在许多未知的问题和亟待解决的困惑。

参考文献

[1] Xian Y, Lu X, Cao Y, et al. On plasma bullet behavior[J]. IEEE Transactions on Plasma Science, 2009(37): 2068-2073.

[2] Wu S, Lu X, Pan Y. Effects of seed electrons on the plasma bullet propagation[J]. Current Applied Physics, 2013(13): S1-S5.

[3] Wu S, Lu X. The role of residual charges in the repeatability of the dy-

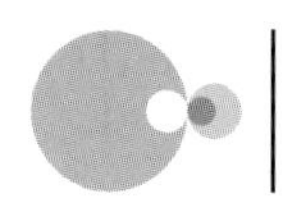

namics of atmospheric pressure room temperature plasma plume[J]. Physics of Plasmas, 2014(21): 123509.

[4] Lu X, Xiong Q, Xiong Z, et al. Propagation of an atmospheric pressure plasma plume[J]. Journal of Applied Physics, 2009(105): 043304.

[5] Lu X, Jiang Z, Xiong Q, et al. A single electrode room-temperature plasma jet device for biomedical applications[J]. Applied Physics Letters, 2008(92): 151504.

[6] Wu S, Wang Z, Huang Q, et al. Plasma plume ignited by plasma plume at atmospheric pressure[J]. IEEE Transactions on Plasma Science, 2011(39): 2292-2293.

[7] Teschke M, Kedzierski J, Finantu-Dinu E G, et al. High-speed photographs of a dielectric barrier atmospheric pressure plasma jet[J]. IEEE Transactions on Plasma Science, 2005(33): 310-311.

[8] Lu X, Laroussi M. Temporal and spatial emission behaviour of homogeneous dielectric barrier discharge driven by unipolar sub-microsecond square pulses[J]. Journal of Physics D: Applied Physics, 2006(39): 1127-1131.

[9] Xian Y, Lu X, Liu J, et al. Multiple plasma bullet behavior of an atmospheric pressure plasma plume driven by a pulsed dc voltage[J]. Plasma Sources Science and Technology, 2012(21): 034013.

[10] Amin M R. Fast time analysis of intermittent point-to-plane corona in air I. The positive point burst pulse corona[J]. Journal of Applied Physics, 1954(25): 210-216.

[11] Ono R, Oda T. Formation and structure of primary and secondary streamers in positive pulsed corona discharge-effect of oxygen concentration and applied voltage[J]. Journal of Physics D: Applied Physics, 2003(36): 1952-1958.

[12] Yi W J, Williams P F. Experimental study of streamers in pure N_2 and N_2/O_2 mixtures and a approximate to 13 cm gap[J]. Journal of Physics D: Applied Physics, 2002(35): 205-218.

[13] Sands B L, Ganguly B N, Tachibana K. A streamer-like atmospheric

pressure plasma jet[J]. Applied Physics Letters, 2008(92): 151503.
[14] Jarrige J, Laroussi M, Karakas E. Formation and dynamics of plasma bullets in a non-thermal plasma jet: influence of the high-voltage parameters on the plume characteristics[J]. Plasma Sources Science and Technology, 2010(19): 065005.
[15] Karakas E, Koklu M, Laroussi M. Correlation between helium mole fraction and plasma bullet propagation in low temperature plasma jets [J]. Journal of Physics D: Applied Physics, 2010(43): 155202.
[16] Li Q, Zhu W, Zhu X, et al. Effects of Penning ionization on the discharge patterns of atmospheric pressure plasma jets[J]. Journal of Physics D: Applied Physics, 2010(43): 382001.
[17] Lu X, Laroussi M. Dynamics of an atmospheric pressure plasma plume generated by submicrosecond voltage pulses[J]. Journal of Applied Physics, 2006(100): 063302.
[18] Lu X, Xiong Q, Xiong Z, et al. Propagation of an atmospheric pressure plasma plume[J]. Journal of Applied Physics, 2009(105): 043304.
[19] Lu X, Xiong Q, Xiong Z, et al. A cold plasma cross made of three bullet-like plasma plumes[J]. Thin Solid Films, 2009(518): 967-970.
[20] Mericam-Bourdet N, Laroussi M, Begum A, et al. Experimental investigations of plasma bullets[J]. Journal of Physics D: Applied Physics, 2009(42): 055207.
[21] Park H S, Kim S J, Joh H M, et al. Optical and electrical characterization of an atmospheric pressure microplasma jet with a capillary electrode[J]. Physics of Plasmas, 2010(17): 033502.
[22] Sakiyama Y, Graves D B, Jarrige J, et al. Finite element analysis of ring-shaped emission profile in plasma bullet[J]. Applied Physics Letters, 2010(96): 041501.
[23] Xiong Q, Lu X, Xian Y, et al. Experimental investigations on the propagation of the plasma jet in the open air[J]. Journal of Applied Physics, 2010(107): 073302.
[24] Xiong Z, Lu X, Xian Y, et al. On the velocity variation in atmospheric

pressure plasma plumes driven by positive and negative pulses[J]. Journal of Applied Physics, 2010(108): 103303.

[25] Ye R, Zheng W. Temporal-spatial-resolved spectroscopic study on the formation of an atmospheric pressure microplasma jet[J]. Applied Physics Letters, 2008(93): 071502.

[26] Chen G, Chen S, Zhou M, et al. The preliminary discharging characterization of a novel APGD plume and its application in organic contaminant degradation[J]. Plasma Sources Science and Technology, 2006(15): 603-608.

[27] Breden D, Miki K, Raja L L. Self-consistent two-dimensional modeling of cold atmospheric pressure plasma jets/bullets[J]. Plasma Sources Science and Technology, 2012(21): 034011.

[28] Xian Y, Zou D, Lu X, et al. Feather-like He plasma plumes in surrounding N_2 gas[J]. Applied Physics Letters, 2013(103): 094103.

[29] Li Q, Li J, Zhu W, et al. Effects of gas flow rate on the length of atmospheric pressure non-equilibrium plasma jets[J]. Applied Physics Letters, 2009(95): 141502.

[30] Wu S, Wang Z, Huang Q, et al. Atmospheric pressure plasma jets: effect of gas flow, active species, and snake-like bullet propagation[J]. Physics of Plasmas, 2013(20): 023503.

[31] Leblond J, Collier F, Hoffbeck F, et al. Kinetic study of high-pressure Ar/H_2O mixtures excited by relativistic electrons[J]. The Journal of Chemical Physics, 1981(74): 6242-5255.

[32] Bogaerts A. Hybrid Monte Carlo-Fluid model for studying the effects of nitrogen addition to argon glow discharges[J]. Spectrochimic Acta, Part B, 2009(64): 126-140.

[33] Sands B L, Leiweke R J, Ganguly B N. Spatiotemporally resolved Ar (1s5) metastable measurements in a streamer-like He/Ar atmospheric pressure plasma jet[J]. Journal of Physics D: Applied Physics, 2010(43): 282001.

[34] Lymberopoulos D, Economou D. Fluid simulations of glow discharges:

effect of metastable atoms in argon[J]. Journal of Applied Physics, 1993(73): 3668-3679.

[35] Raizer Y, Gas discharge physics[M]. New York: Springer-Verlag, 1991.

[36] Qian M, Ren C, Wang D, et al. Stark broadening measurement of the electron density in an atmospheric pressure argon plasma jet with double-power electrodes[J]. Journal of Applied Physics, 2010(107): 063303.

[37] Hofmann S, Gessel A, Verreycken T, et al. Power dissipation, gas temperatures and electron densities of cold atmospheric pressure helium and argon RF plasma jets[J]. Plasma Sources Science and Technology, 2011(20): 065010.

[38] Choi J, Takano N, Urabe K, et al. Measurement of electron density in atmospheric pressure small-scale plasmas using CO_2-laser heterodyne interferometry[J]. Plasma Sources Science and Technology, 2009(18): 035013.

[39] Wu S, Lu X. Two counter-propagating He plasma plumes and ignition of a third plasma plume without external applied voltage[J]. Physics of Plasmas, 2014(21): 023501.

[40] Naidis G V. Simulation of streamers propagating along helium jets in ambient air: polarity-induced effects[J]. Applied Physics Letters, 2011(98): 141501.

[41] Boeuf J P, Yang L L, Pitchford L C. Dynamics of a guided streamer ("plasma bullet") in a helium jet in air at atmospheric pressure[J]. Journal of Physics D: Applied Physics, 2013(46): 015201.

[42] Breden D, Miki K, Raja L L. Self-consistent two-dimensional modeling of cold atmospheric pressure plasma jets/bullets[J]. Plasma Sources Science and Technology, 2012(21): 034011.

[43] Douat C, Bauville G, Fleury M, et al. Dynamics of colliding microplasma jets[J]. Plasma Sources Science and Technology, 2012(21): 034010.

[44] Xian Y, Zhang P, Lu X, et al. From short pulses to short breaks: exotic plasma bullets via residual electron control[J]. Scientific Reports, 2013(3): 1599.

[45] Martens T, Bogaerts A, Brok W J M, et al. The dominant role of impurities in the composition of high pressure noble gas plasmas[J]. Applied Physics Letters, 2008(92): 041504.

[46] Aleksandrov N L, Anokhin E M. Electron detachment from O_2^- ions in oxygen: the effect of vibrational excitation and the effect of electric field [J]. Journal of Physics B: Atomic, Molecular and Optical Physics, 2011(44): 115202.

[47] Kossyi I A, Kostinsky A Y, Matveyev A A, et al. Kinetic scheme of the non-equilibrium discharge in nitrogen-oxygen mixtures[J]. Plasma Sources Science and Technology, 1992(1): 207-220.

[48] Liu D, Rong M, Wang X, et al. Main species and physicochemical processes in cold atmospheric-pressure $He+O_2$ plasmas[J]. Plasma Processes and Polymers, 2010(7): 846-865.

[49] Stalder K R, Vidmar R J, Nersisyan G, et al. Modeling the chemical kinetics of high-pressure glow discharges in mixtures of helium with real air[J]. Journal of Applied Physics, 2006(99): 093301.

[50] Naidis V G. Modelling of streamer propagation in atmospheric pressure helium plasma jets[J]. Journal of Physics D: Applied Physics, 2010 (43): 402001.

[51] Cao Z, Walsh J L, Kong M G. Atmospheric plasma jet array in parallel electric and gas flow fields for three-dimensional surface treatment[J]. Applied Physics Letters, 2009(94): 021501.

[52] J Laimer, H Reicher, and H Störi, Atmospheric pressure plasma jet operated at narrow gap spacings[J]. Vacuum, 2009(84): 104-107.

[53] Zou D, Cao X, Lu X. Chiral streamers[J]. Physics of Plasmas, 2015 (22): 103517.

[54] Darny T, Robert E, Riès D, et al. Unexpected plasma plume shapes produced by a microsecond plasma gun discharge[J]. IEEE Transactions on Plasma Science, 2014(42): 2504-2505.

[55] Darny T, Robert E, Dozias S, et al. Helical plasma propagation of microsecond plasma gun discharges[J]. IEEE Transactions on Plasma Sci-

ence, 2014(42): 2506-2507.
[56] Nie L, Liu F, Zhou X, et al. Characteristics of a chiral plasma plume generated without an external magnetic field[J]. Physics of Plasmas, 2018(25): 053507.
[57] Liu F, Li J, Wu F, et al. Effect of external electric field on helix plasma plume[J]. Journal of Physics D: Applied Physics, 2018(51): 294003.
[58] Akishev Y, Aponin G, Balakirev A, et al. "Memory" and sustention of microdischarges in a steady-state DBD: volume plasma or surface charge? [J]. Plasma Sources Science and Technology, 2011(20): 024005.
[59] Jin S, Zou D, Lu X, et al. The effect of tube geometry on the chiral plasma[J]. Physics of Plasmas, 2019(26), 093507.

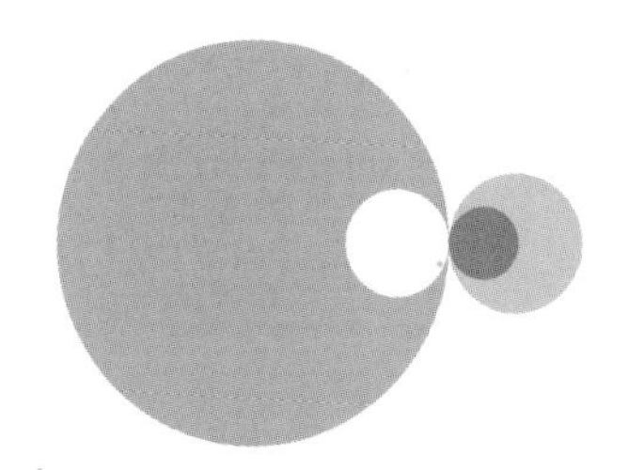

第 4 章 大气压非平衡等离子体射流真空紫外光谱辐射

4.1 引言

4.1.1 流注放电的光电离理论

1900 年，J. S. Townsend[1] 针对低气压下的放电，提出了气体放电汤逊理论。该理论假定一个初始自由电子在电场的作用下往阳极漂移。如果该电场足够强，它在电场中获得足够能量以至于在与分子碰撞时能够引起分子的电离，此时两个自由电子往阳极运动同时继续从电场中获得能量，当它们获得足够多的能量后再次引起电离，产生 4 个自由电子。然后这些电子继续同样的过程，形成电子崩。假定单位长度上的电离数为 α，那么第一个电子运动距离 x 后到达阳极的总的电子数为 $\exp(\alpha x)$。与此同时，雪崩过程产生的正离子数为 $\exp(\alpha x)-1$。当一个正离子达到阴极与阴极碰撞可能会产生一个自由电子，假定其概率为 γ，那么汤逊自持放电的条件是 $\gamma[\exp(\alpha x)-1]>1$。该理论在均匀场强、气压 p 较低、间距 d 较小时与实验结果可以很好地吻合。

但在后来的研究中发现，$pd>200$ Torr · cm 时汤逊理论不再适用。研究发现此时：放电击穿时间远小于汤逊理论所预测的时间；在许多情况下击穿电压和阴极材料无关；大气压下的放电通常为丝状，呈现之字形和分叉，等等，而这些现象是汤逊放电理论无法解释的。

因此，十九世纪三四十年代，H. Raether[2]和J. M. Meek[3]提出了流注放电理论，该理论的主要内容包括以下几个方面：初始电子来源于宇宙射线或其他电离源；正流注推进过程中，流注头部的光电离是二次电子崩的主要电子来源；电子碰撞电离是主要的电离机制；空间电荷引起的局部电场与外加电场具有可比性，从而引起电场畸变。该理论中光电离机制的提出可以解释许多高气压放电下汤逊理论不能解释的现象，例如上面提到的放电时间短、阴极材料影响小等。

针对气体放电中光电离的具体机制，近80年来，众多研究者从理论和实验方面入手进行了大量的研究。

理论方面，1953年，J. Dutton[4]提出了关于空气放电光电离机制的假设，认为激发态氮分子是可电离辐射的光子来源，它电离氧分子/原子，并且认为这一过程所需的光子能量在15 eV(对应约80 nm)左右。1982年，M. B. Zheleznyak等[5]总结已有的理论和实验结果，提出了较为完整的空气放电光电离假设，并且沿用至今。该假设认为，在空气等N_2/O_2混合气体放电中，辐射来源主要是氮分子三种激发态$b^1\Pi_u$、$b'^1\Sigma_u^+$和$c_4'^1\Sigma_u^+$在98～102.5 nm范围内的辐射，上限102.5 nm考虑到氧分子的电离能对应的波长，下限考虑氮分子的吸收。但是对于大气压空气放电来说上述理论一直停留在假设阶段。这主要是由于该波段的光在大气压空气中会被快速吸收，且现在所有的透光材料的透光波长下限是105 nm，因此很难对该波段的发射光谱进行测量，目前已有的实验只能采用间接测量的方法对光电离假设进行说明[6-9]。

4.1.2 放电等离子体的真空紫外光谱实验研究

如前所述，可引起光电离的辐射属于真空紫外光范围。真空紫外光(vacuum ultraviolet，VUV)又称远紫外光，指波长在0.15～200 nm范围内的辐射光。该范围内的辐射光通过空气时会被快速吸收，波长195 nm以下是氧分子的吸收区，随后氮分子从波长145 nm开始吸收，直到波长0.15 nm以下光又能从空气中穿过，惰性气体对该波段的吸收很小可以忽略不计。因此，对该波段的光谱进行测量时，测量光路应尽可能处于真空环境中。目前，可透过最短波长的光学窗口是LiF窗口，截止波长为105 nm[10]。相较于其他波段，VUV具有较高的光子能量，对于大气压放电中VUV辐射的测量是解决许多自然界和科技领域中光诱导过程相关问题的关键[11～15]。

在等离子体(包括自然界、实验和技术应用领域)的产生和动态发展过程中，光致效应至关重要[16~19]。VUV 辐射引起的光电离效应在各类大气压等离子体，如流注、闪电、sprite 的动态过程中起着重要作用[20~27]。此外，VUV 辐射的光子能量在 6.2 eV 以上，而对于常见的放电气体，包括空气、CO_2、Ar、He、N_2 等，VUV 辐射足以导致这些分子或原子的激发、离解、电离等[28~34]。

能量较高的光子可以直接电离放电气体中的粒子，因此在等离子体的研究中尤为重要。例如，在闪电的形成过程中，这部分高能光子对流注放电的产生和发展起到关键作用[35]。在实际应用中，VUV 辐射与多种光动态过程包括光离解和光复合等有关。而且，直接的光电离可实现无损分子光谱检测，并且在等离子体与固体表面、化学催化剂和生物体之间的相互影响中起着至关重要的作用[36~38]。此外，大气压等离子体被积极用于新型 VUV 辐射源开发，有望与现有的基于传统激光、同步加速器或自由电子激光的辐射源相媲美[39~42]。

然而，由于空气的快速吸收，大气压等离子体 VUV 辐射的测量和利用具有一定的难度，尤其是对于闪电或用于材料表面改性及生物医学应用的大气压非平衡等离子体射流(N-APPJ)[43]的相关研究来说，这些等离子体通常处于开放大气环境中时，少量的空气即可导致 VUV 辐射很大程度的衰减。大气压等离子体的工作气体通常由多种组分混合而成，常见的包括各类惰性气体，及其和氮气、氧气等的混合气体。有研究报道了大气压非平衡等离子体波长大于 110 nm 的 VUV 辐射[44~51]。但是，波长在 110 nm 以上范围的光子能量小于 11.28 eV，它们不足以直接电离相关分子，致使等离子体推进过程中光电离辐射来源的问题仍未得到解决[52~53]。由于没有光电离相关光谱的实验结果，现有的大气压放电光电离模型仍只是假设[5]，而已有的光电离假设并不一定完全适用于大气压空气[16,19~20]或惰性气体[30~34]放电。

尽管难以对低于 105 nm 的光进行测量，研究者还是开展了一系列相关的实验研究，通过实验测量了不同条件下气体放电中的光电离率，间接对光电离的机制和效应进行了研究[6~9]。实验基本原理如图 4.1.1 所示，实验装置分为放电腔和光电离腔，放电腔内的等离子体产生光辐射，光辐射通过施加了偏压的金属网格进入光电离腔，金属网格的作用是阻挡放电腔中的电荷扩散进入光电离腔。穿过网格的光辐射在光电离腔中引起光电离，产生光电子，由收集器收集后得到光电流 J_{col}，其和放电电流 J_{src} 之比可定义光电离率 Ψ_0，如式(4.1.1)所示：

$$\frac{\Psi_0}{p} = \Pi^{-1}\frac{J_{\mathrm{col}}/J_{\mathrm{src}}}{ph\Omega} \tag{4.1.1}$$

式中，p 为气压，h 为光电流收集器的深度，Π 为气压校准因数[7]，Ω 为辐射源和收集器之间的立体角。但是基于上述原理进行的实验只能对光电离率进行测量，它无法对具体光辐射机制及被电离组分等进行直接的研究。因此，最直接的光电离机制研究仍然必须是对辐射光谱进行测量。

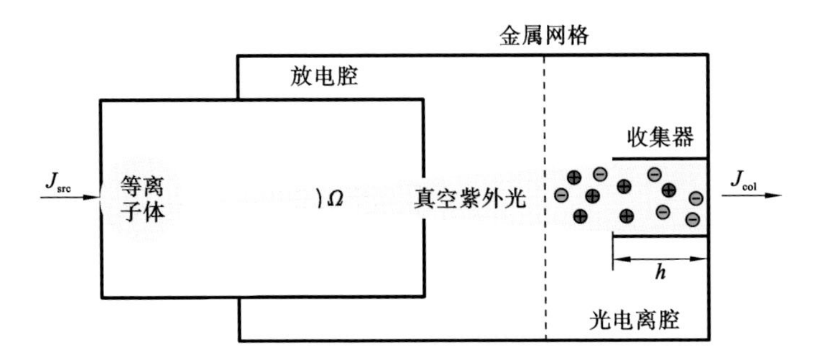

图 4.1.1　光电离率检测实验装置原理图[6~9]

惰性气体对 VUV 辐射的吸收较小，因此惰性气体放电 VUV 辐射光谱的测量相对简单，并且不需要透光材料阻隔。一般通过密闭腔体内的纯惰性气体放电与光谱仪测量腔直接相连测量惰性气体分子原子在 VUV 波段放电产生的发射谱线。二十世纪三四十年代，基于 K. T. Compton 等人[54]设计的光谱测量系统，研究者通过将放电管与真空紫外光谱仪直接相连，完成了对 Ar[55]、Ne[56]、Xe[57]等气体放电真空紫外光谱的测量，进光狭缝的作用使放电管内气压高于测量腔中约两个数量级，它保证放电气压的同时，可减少腔内残留空气对光的吸收。该测量方法的局限性在于，它仅适用于测量密闭环境中较低气压下纯惰性气体放电时相关粒子的辐射光谱。

部分课题组通过高能电子束激发密闭腔内的单一气体，得到 He、Ne、N_2、O_2等气体对应的 VUV 光谱[58~61]，但该方法所得光谱与高压放电所产生等离子体的辐射光谱存在较大差别。

近年来，有研究者通过微孔或真空差分系统连接放电部分和真空测量部分，对高气压下气体放电 VUV 辐射光谱进行测量。例如，1999 年，K. Becker 课题组通过直径 200 μm 的微孔连接放电腔与光谱测量部分（两部分由独立的抽气系统分别控制），测量到了 Ne 加入少量 H_2 时的微空心阴极高气压放电 VUV 光谱，最高气压达到 743 Torr，光谱范围覆盖 50～120 nm[62]；随后，该课题组利用相同的装置测量了 He 微空心阴极高气压放电的 VUV 光谱，气压最高达 600 Torr[63]；在此基础上，该课题组利用四级真空差分系统连接放电腔和光谱测量部分，测量了 C-DBD 装置不同气压下的 VUV 光谱，工作气体为 Ne 加入少量 H_2，放电气压从 10 Torr 变化到 600 Torr[64]。上述方法测量的放电气压已接近大气压，但都是在密闭环境下，与开放环境的大气压放电仍具有本质上的区别。

以上方法均为密闭腔体内单一气体或少量混合气体放电的 VUV 辐射光谱测定。对于 N-APPJ 来说，放电环境为开放大气，工作气体中往往掺杂大量的空气组分。因此，N-APPJ VUV 光谱的测量具有极大的挑战性。尽管国内外有的课题组对此开展了相关的研究，但这些 N-APPJ VUV 光谱测量[30～36]仍受限于 LiF 的透光下限 105 nm。

大气压空气等离子体 VUV 辐射光谱相较于惰性气体 N-APPJ 测量难度更大，G. Laity 课题组对此进行了实验研究[46～47, 50～52]。为了测量 105 nm 以下波长的光谱，他们设计了一套测量系统[52]，两个针电极封闭在测量腔中，平行放置于入光狭缝前，气阀控制向两电极之间喷射空气，同时施加高压产生放电，以此测量到了空气放电的 VUV 辐射光谱。这种测量方法为空气放电 VUV 光谱的测量提供了一种新的思路。然而，实际上对于该实验而言，放电时的瞬时气压是低于大气压的，初步估算约为 100 Torr。此外他们最终结果的获得需要大量光谱的叠加，且最终所得的谱线并不十分清晰。因此，对于空气放电 VUV 光谱的测量方法还需要进一步的深入研究。

4.2　大气压非平衡等离子体射流的真空紫外光谱测量

上节对国内外在 VUV 光谱测量方面的研究工作进行了回顾。本节将对最近首次对 He/Ar 大气压非平衡等离子体射流及大气压空气等离子体中 105 nm 以下的 VUV 辐射光谱进行测量的实验进行介绍。该测量基于一套真空差分系统，用于连接大气环境中的放电等离子体和真空紫外光谱仪内部的真空环境，它直接通过微孔连接，没有透光晶体阻挡。

在氦气 N-APPJ 光谱测量中，中心波长 58.4 nm 处检测到了明显的 He 原子共振谱线，该谱线波长远低于氧分子和氮分子电离能对应波长。通过人为混入少量氮气或氧气对惰性气体 N-APPJ 的 VUV 辐射进行有效调控。此外，氮分子激发态在 98～103 nm 范围内辐射出的光子通常被认为是空气等离子体中光电离的辐射来源，而在 N-APPJ 和大气压空气等离子体中，均观测到了明显的相关谱线。图 4.2.1 介绍了 N-APPJ 用于实际应用和基础研究时，产生 110 nm 以下 VUV 辐射的相关概念和机制[65]。

多数现有的 VUV 等离子体源只能产生 10 eV 左右或更低能量的光子，不足以直接电离常见的气体分子/原子，例如 CO_2、N_2、O_2 等[10, 58~59, 66~67]。中心波长为 58.4 nm 的 He 原子谱线[68~69]对应光子能量为 21.2 eV，可直接电离 O_2、O、N 甚至 N_2[70~73]，而这些分子或原子通常会影响到自然界和实验室中的大气压等离子体的特性。因此，本节所述实验结果，对光电离机制的研究有重要的参考价值，同时为低成本多用途 N-APPJ VUV 辐射源的发展开辟了新的路径。

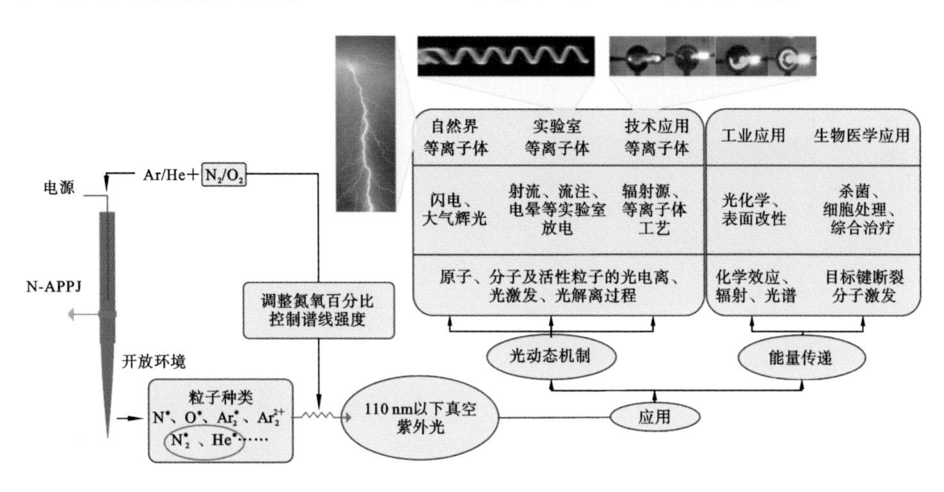

图 4.2.1 N-APPJ 中 110 nm 以下 VUV 辐射产生和调控机制，及其在自然界等离子体、实验室等离子体和技术应用等离子体中的相关应用[65]

4.2.1 测量系统

图 4.2.2(a)为大气压放电 VUV 辐射光谱测量实验系统[65]。系统采用直流高压驱动，高压电极采用针电极，工作气体分别为惰性气体和空气。测量装置和放电装置通过三级真空差分系统连接。真空差分系统由三段腔体组成，各自配备真空抽气系统。每段腔体由透光小孔连接，使气压由放电的大气环境逐级过渡到光谱仪腔内的 10^{-3} Pa 真空环境。

本节将对大气压惰性气体和空气等离子体射流的 VUV 辐射光谱分别进行测量。首先，测量了惰性气体 N-APPJ 的 VUV 辐射光谱，此时分别使用氦气和氩气掺入少量的氮气或氧气（0.1%～0.5%）作为放电气体。随后，测量了大气压空气等离子体的 VUV 辐射光谱，此时移除了上述射流装置的玻璃管，将差分系统的接地外壁作为地电极，此时没有外加气流，直接在周围空气

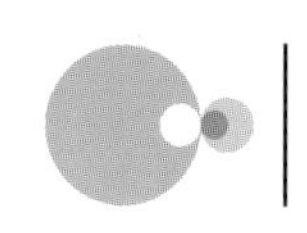

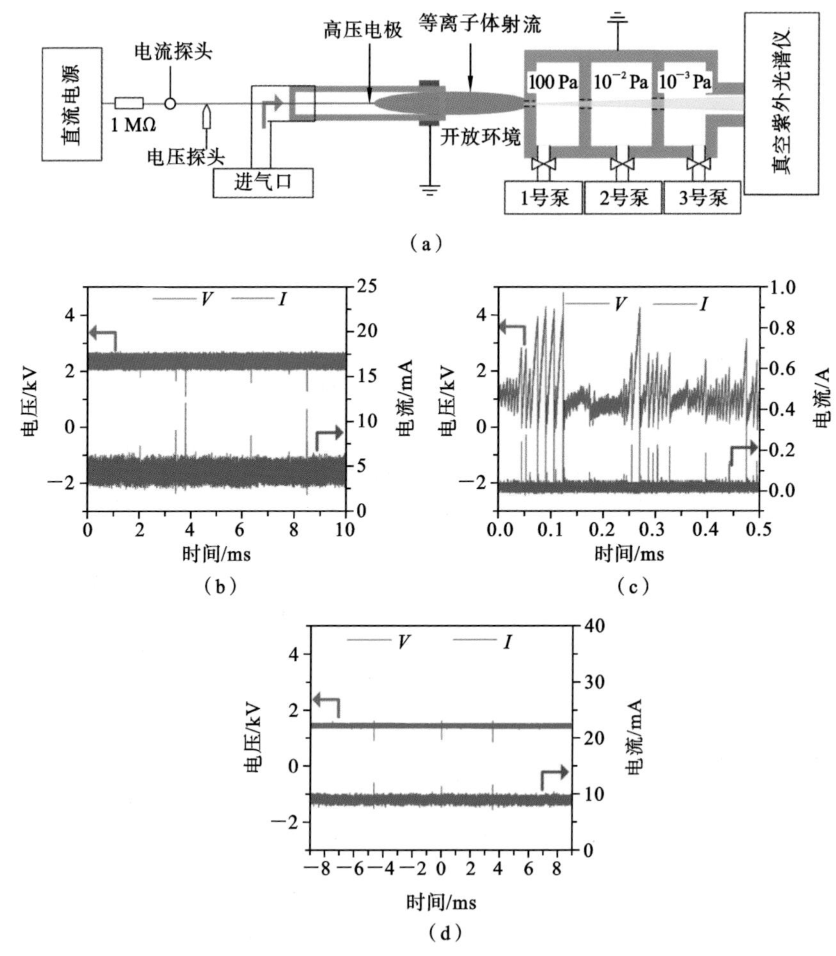

图 4.2.2　VUV 光谱测量的实验装置示意图，以及本实验中直流电压激励下的典型电压、电流波形图[65]

(a) 实验装置示意图；(b) 工作气体为氦气；(c) 工作气体为氩气；(d) 工作气体为空气

中放电。

测量所用的真空紫外光谱仪的有效光谱范围为 50～300 nm，使用的光栅为 1200 gr/mm，入射和出射狭缝均为 300 μm。

4.2.2　真空紫外光谱测量结果

1. 直流惰性气体大气压非平衡等离子体射流

图 4.2.3 为当氦气和氩气作为工作气体时所得到的 50～300 nm 范围内的辐射光谱[65]。由于此时 N-APPJ 工作在大气环境中，周围空气的扩散导致

辐射光谱中有氮氧及相关粒子谱线。在光谱测量结果中，110 nm 以下的原子谱线是通过对比 NIST 原子光谱数据库得到的[69]，110 nm 以上的原子谱线是通过 NIST 原子光谱数据库及其他参考文献中已有的光谱数据对比得到的[39~45]。此外，分子光谱是通过对比参考文献[58]获得的。

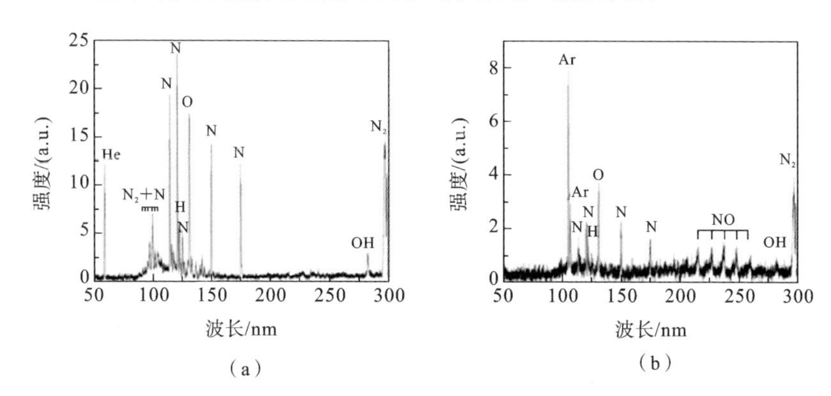

图 4.2.3 7 kV **直流电压激励下** N-APPJ **在** 50～300 nm **范围内的辐射光谱**[65]

(a) 氦气；(b) 氩气。氮氧等相关谱线的出现是由于周围空气的扩散，每个采样点积分时间为 0.5 s

从图 4.2.3(a)中可以看出，当 He 作为工作气体时，可以在 58.4 nm (21.2 eV)处观测到明显的^{4}He 1^1S - 2^1P 谱线。此外，在 100 nm 左右还观测到明显的激发态氮分子/原子谱带。其中，98～102.5 nm 范围内，b $^1\Pi_u$(Birge-Hopfield (BH) I)、b$'$ $^1\Sigma_u^+$(Birge-Hopfield (BH) II)和 c_4' $^1\Sigma_u^+$(Carroll-Yoshino)三种单重激发态的氮分子跃迁产生的辐射被认为是空气等离子体中光电离的辐射源[5]。图 4.2.4(a)给出了该谱线范围的光谱，这是首次在大气压条件下检测到该范围内的辐射。如图 4.2.4(b)所示，当测量的积分时间增大到 5 s 时，同样可以在氩气 N-APPJ 的辐射光谱中检测到相关氮的谱线[65]。氩气射流中未检测到 90 nm 以下的谱线。

100～180 nm 范围内，观测到的氮氧等原子谱线和其他报道的关于 N-APPJ 辐射光谱的测量结果相似。然而，对 Ar N-APPJ 的测量中，在 104.8 nm 和 106.7 nm 处获得了两条明显的 Ar 原子(分别对应 $3s^2 3p^5$ ($^2p^o_{1/2}$)4s ($^2[1/2]^o$)-$3s^2 3p^6$ (^{1}S) 和 $3s^2 3p^5$ ($^2p^o_{3/2}$)4s($^2[3/2]^o$)-$3s^2 3p^6$ (^{1}S))谱线，这是首次在氩气大气压射流中观测到这两条谱线，这有可能是由于其他测量都采用 LiF 晶体窗口，而这两条谱线已接近 LiF 晶体的透光下限 105 nm，该波长范围

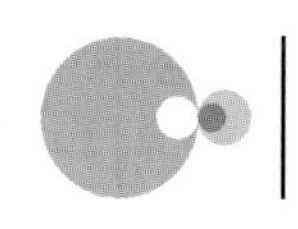

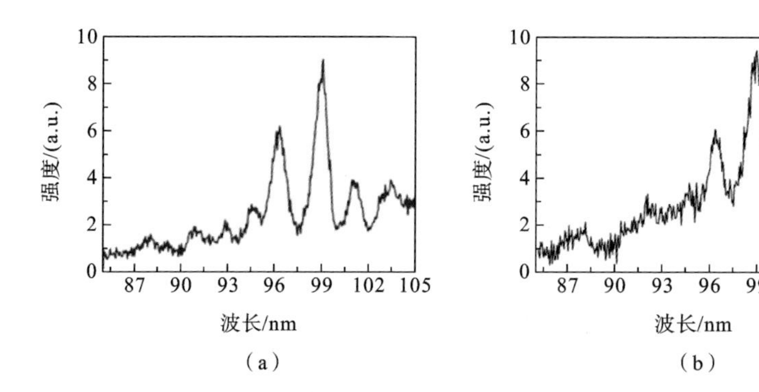

图 4.2.4 N-APPJ 在 85～105 nm 范围内的辐射光谱[65]

(a) 氦气每个采样点积分时间为 0.5 s；(b) 氩气每个采样点积分时间为 5 s

内的晶体光透过率快速下降，导致其他研究中没有发现这两条谱线。与其他实验结果不同的是，本实验没有检测到常见的 127 nm 处的氩准分子连续谱[44～45]。众所周知，氧气存在的情况下，氩准分子谱带会在 130 nm 处与氧原子三重态发生共振交换，这可能是氩准分子连续谱消失的原因[74]。此外，放电形式、驱动电源等差别也会导致测量到的辐射光谱出现明显不同。

在该实验的所有气体组分中，氧分子的电离能最低(12.1 eV，102.5 nm)。因此，对该实验来说，可电离辐射的波长应在 110 nm 以下。而对于光谱结果，无论工作气体为氦气还是氩气，均检测到了 100 nm 左右范围内激发态氮的辐射。在氦气 N-APPJ 中，还在 58.4 nm 处检测到了明显的 ^{4}He 共振谱线，该谱线具有足够高的能量直接电离氮原子、氧原子、氧分子，甚至氮分子。

为了更好地了解惰性气体 N-APPJ VUV 光谱辐射的特性，下面在工作气体中加入了少量的氧气和氮气(占总气体体积的 0.1%～0.5%)，所得结果如图 4.2.5 所示[65]，图中给出了加入氮气或氧气后的惰性气体 N-APPJ 在 110 nm 以上范围内辐射谱线强度的变化情况。实验结果表明，加入 0.1%氮气或氧气对这部分谱线强度的影响不大，由于变化较小，因此未在图中显示。在氦气 N-APPJ 光谱测量中，0.5%氮气或氧气的加入都使氮原子的谱线强度减弱，尤其是 113.5 nm $((2s2p^4)\,^4P \rightarrow (2s^2 2p^3)\,^4S^0)$ 和 120 nm$((2s^2 p^2 3s)\,^4P \rightarrow (2s^2 2p^3)\,^4S^0)$处两条谱线有明显减弱。由于这两条谱线均是激发态向基态跃迁时产生的，加入氮气会增加谱线的自吸收过程，从而可能会导致谱线的减弱。

对于氩气 N-APPJ，0.1%氮气或氧气的加入使氩原子谱线略微增强，进一步增加氮气的比例反而导致氩原子谱线强度减弱。需要注意的是，在这个过

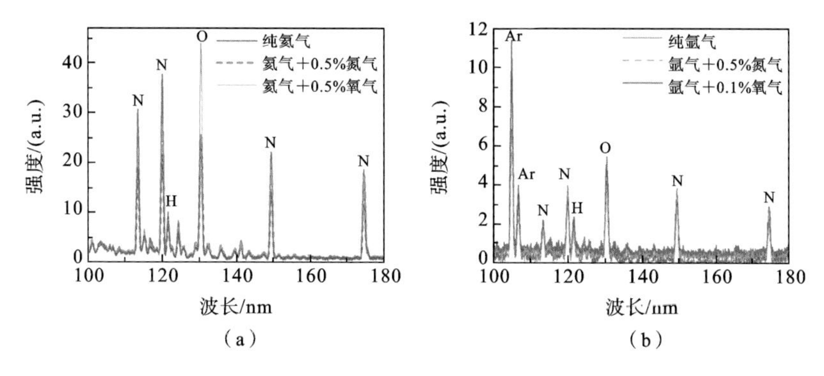

图 4.2.5 少量氮气或氧气的加入对 N-APPJ 在 110 nm 以上范围内辐射光谱的影响[65]

(a) 氦气分别掺入 N_2或 O_2;(b) 氩气分别掺入 N_2或 O_2。每个采样点的积分时间均为 0.5 s

程中包含了许多复杂的机制,辐射的交换现象、自吸现象及连续谱的吸收都会对谱线的强度产生影响。因此,在实验中观测到谱线强度随着氮氧比例的增加呈现复杂且非单调的变化都是意料之中的,具体变化机制有待进一步的研究。

下面对 110 nm 以下的 VUV 辐射光谱强度控制进行讨论。由于氩气 N-APPJ 光电离范围内的谱线很弱,因此这里只给出了该范围内氦气 N-APPJ 加入氮气或氧气时辐射光谱的变化情况。如图 4.2.6 所示[65],在纯氦气射流中,58.4 nm 处有很强的 He 原子谱线,0.1%氮气的加入导致该谱线明显减弱,但是添加 0.1%氧气对其没有明显影响。进一步增加氧气的比例到 0.5%,测量到的 He 原子谱线出现明显的减弱,它和加入 0.5%氮气时的强度相近。对于 100 nm 附近的氮谱带来说,加入 0.5%的氮气或氧气对这一系列谱线的强度几乎没有影响。

2. 大气压空气等离子体的真空紫外光谱

通常认为,空气等离子体中 110 nm 以下范围内的辐射在正流注推进过程中起着重要的作用。但是由于该范围内的光在空气中会被快速吸收,一直以来都没有测量到大气压空气等离子体在该范围内的辐射光谱。在本实验中,放电装置采用大气压直流驱动空气放电,典型的电压、电流波形如图 4.2.2(d) 所示,图 4.2.7 为该等离子体在 85 nm 到 176 nm 范围内的辐射光谱[65]。在光电离相关谱线范围内检测到了明显的激发态氮谱线,这些谱线来自氮分子 $b\,^1\Pi_u$、$b'\,^1\Sigma_u^+$、$c_4'\,^1\Sigma_u^+$ 激发态,以及部分氮原子激发态的跃迁谱线,具体激发

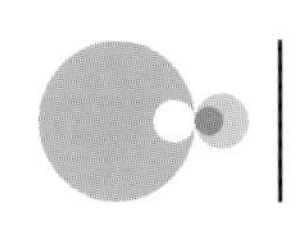

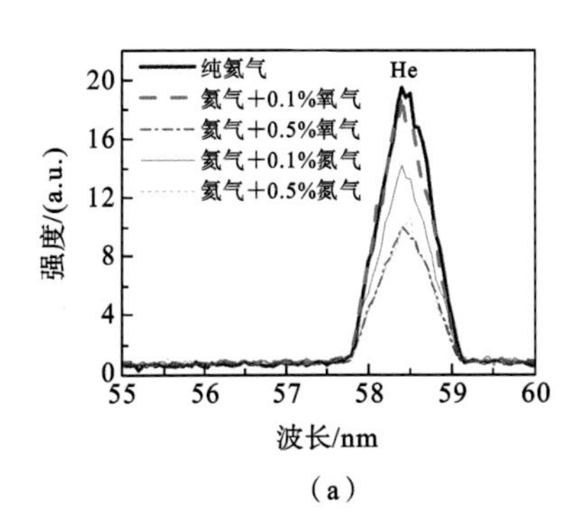

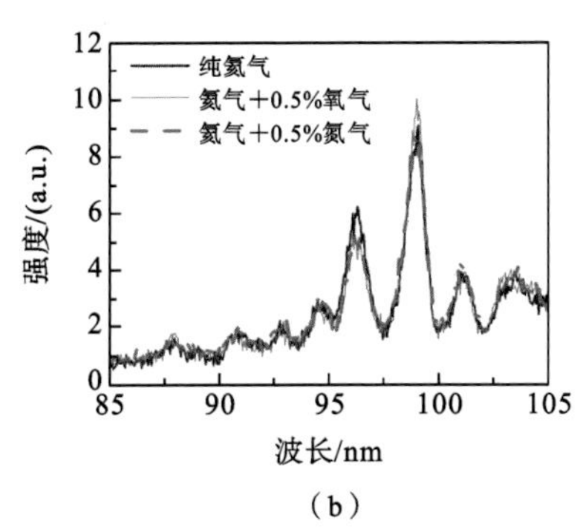

图 4.2.6 少量氮气或氧气的加入对氦气 N-APPJ 在 110 nm 以下(光电离相关)范围内辐射光谱的影响[65]

(a) 55～60 nm 氦原子谱线；(b) 85～105 nm 氮分子谱线

态在参考文献[58]中有详细的列举。可以看出，和惰性气体尤其是氩气 N-APPJ 不同，大气压空气放电中检测到的光电离相关范围内的谱线强度很高，它们和 110 nm 以上范围内其他氮氧原子的谱线强度在一个量级。此外，对于大气压空气放电，没有在 85 nm 以下范围测量到明显的谱线。

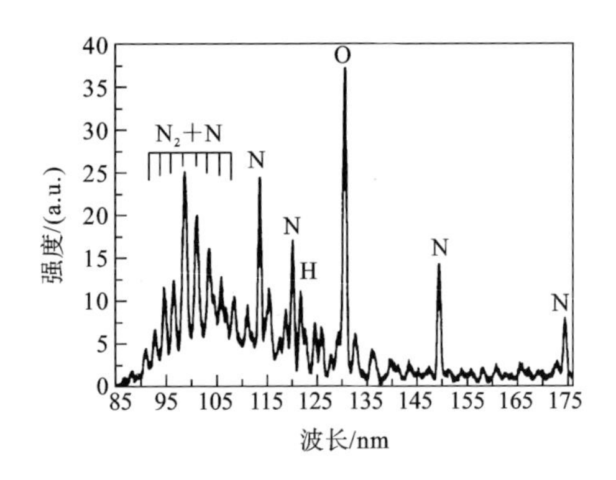

图 4.2.7 直流驱动空气等离子体在 85～176 nm 范围内辐射光谱[65]

每个采样点的积分时间为 2 s

4.3 大气压等离子体放电中的光电离机制的完善

前面的实验测量到了惰性气体 N-APPJ 及大气压空气等离子体中激发态氮在 100 nm 附近的辐射和氦气 N-APPJ 中的 He 原子在 58.4 nm 处的谱线。在实验中，通过多次试验及背景光采集确认这些谱线是确切存在的，并且通过加入少量的氮气、氧气调控其辐射光谱的强弱。接下来，将讨论所得到的结果对于自然界和实验室中的大气压等离子体基本物理机理研究的意义。Pancheshnyi 等人[28]根据 Zheleznyak[5]提出的空气光电离模型给出了除去气压的光电离率计算公式。下面将根据该计算公式结合测量到的光谱数据计算相应的空气放电光电离率曲线。根据氦气 N-APPJ 中测量的谱线及氧气、氮气的吸收和电离特性，对氦气射流中的光电离模型提出了假设。

4.3.1 大气压空气等离子体光电离机制

长期以来，研究者认为光电离在低温等离子体的放电过程中起着重要的作用。这一假设在近几十年来的大气压放电机理和应用研究中常被作为重要的前提。例如，通常会在流注和闪电放电的仿真中加入经验光电离模型[20,25~27]。然而，虽然这一假设在相关领域广为采用，并且大气压光激励现象研究也有大量的实验进展，但是仍然缺乏直接实验证据证明大气压等离子体能够发射具有直接光电离能力的 VUV 光子。

为了进一步完善光电离模型，研究者先后进行了大量的实验研究并得到了部分基本参数的经验数据(包括光电离率、吸收距离等)[6~9,66]。但是，这些实验的前提假设是放电中确实有光电离辐射的存在。此外，上述实验只能测量距离放电源一定距离处的电荷密度，但不能确认究竟是哪一组分起到了光电离作用。

随着新的实验装置的开发，J. Stephens 等人[52]通过向真空腔中喷射空气同时施加高压放电测量到了可直接电离氮氧分子的 VUV 波段的谱线。这里必须强调的是，这种测量方式只能在实际较低的气压条件下(约 100 Torr)得到相应的光谱，而本章介绍的实验是在真正的大气压放电条件下测到相关波段的光谱，无论是惰性气体 N-APPJ 还是空气放电，均在开放环境中进行。

4.2 节的实验在大气压空气等离子体和惰性气体 N-APPJ 中均检测到了 100 nm 附近氮元素激发态的辐射谱带。这是首次测量到的大气压放电条件下该波段的光谱。此外，本章还首次测量到了氦气 N-APPJ 中激发态氦原子在 58.4 nm 处的辐射谱线。需要强调的是，在光电离范围内没有检测到上述谱线以外的其他辐射。下面将结合理论模型与新的光谱测量结果对大气压空气放电的光电离率进行计算。

根据 Zheleznyak 等人[5]给出的氮氧混合气体中的辐射传输模型可得到除去气压的光电离率计算公式(4.3.1)[28]，在此考虑氮氧均作为吸收气体，但只有氧分子被电离。

$$\frac{\Psi_0}{p}=\frac{1}{4\pi}\frac{\omega}{\alpha_{\text{eff}}}\frac{\int_{\lambda_{\min}}^{\lambda_{\max}}\xi_\lambda^{O_2}(\mu_\lambda^{O_2}/p)\exp(-(\mu_\lambda^{O_2\text{-}N_2}/p)pr)I_\lambda^0\mathrm{d}\lambda}{\int_{\lambda_{\min}}^{\lambda_{\max}}I_\lambda^0\mathrm{d}\lambda} \tag{4.3.1}$$

其中，α_{eff}为有效电离系数，表示减去复合反应的电离率；ω 表示辐射来源对应的激发态的激发系数；I_λ^0 表示可电离辐射的光谱密度。此外，

$$\xi_\lambda=\frac{\sigma_{\text{ion}}(\lambda)}{\sigma_{\text{abs}}(\lambda)} \tag{4.3.2}$$

$$\mu_\lambda=\sigma_{\text{abs}}(\lambda)\frac{p}{k_{\text{B}}T} \tag{4.3.3}$$

其中，ξ_λ和μ_λ分别表示光电离吸收比和吸收系数。在式(4.3.2)和式(4.3.3)中[28]，σ_{ion}表示被电离粒子的电离截面面积；σ_{abs}表示吸收光子的粒子的吸收截面面积；k_{B} 表示玻尔兹曼常数；T 指的是气体温度(此处假设为 300 K)。

根据图 4.2.7 中测量得到的光谱结果，如果已知 $\omega/\alpha_{\text{eff}}$的值即可计算得到 Ψ_0/p。由于确切的 $\omega/\alpha_{\text{eff}}$值无法得到，这里假设 $\omega/\alpha_{\text{eff}}$为 0.1、0.05 和 0.005 时分别计算对应的 Ψ_0/p 值。计算所得的 Ψ_0/p 曲线在图 4.3.1 中分别用虚线、单点划线、双点划线给出。其他研究者通过实验或计算得到的 Ψ_0/p 曲线也绘制在图 4.3.1 中[65]。

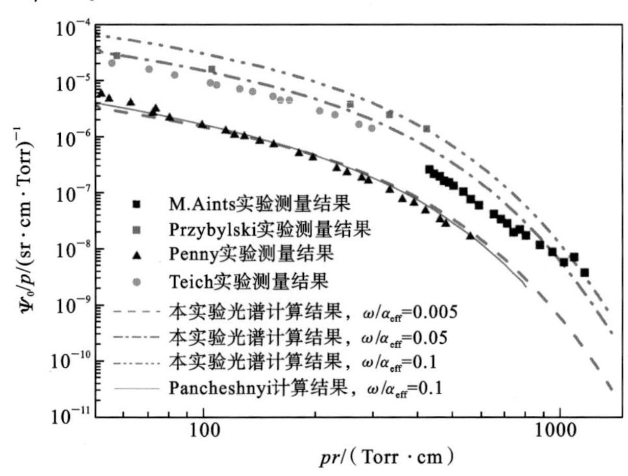

图 4.3.1 除去气压的光电离率曲线[65]

数据分别来自参考文献[6～9]的实验结果(具体代表符号图中已标注)，根据本实验测量到的光谱计算所得数据(分别用虚线、单点划线、双点划线表示)，以及参考文献[28]中计算所得数据(实线表示)。计算中所需的 ξ_λ和 μ_λ数据来源于参考文献[67]

从图中可以看出，不同研究者得到的曲线之间存在一定的差异，原因可能是放电形式等条件的不同。此外，不同实验的约化场强也存在较大差别[9]。ω/α_{eff}的值主要取决于其对应的光谱和约化场强的大小，在这里的计算中，当ω/α_{eff}的值设定为 0.005（虚线所示）时，所得的 Ψ_0/p 曲线和 Pancheshnyi[28]计算所得的曲线（实线）吻合得很好。但是在 Pancheshnyi 的计算中，将 ω/α_{eff}的值设定为 0.1，是这里设定值的 20 倍，他们计算过程中所使用的谱线是低气压纯氮气受到高能电子激发辐射出的光谱。当提高 ω/α_{eff}的值为 0.05 时（单点划线所示），计算得到的 Ψ_0/p 曲线接近 Teich 等人[7]在 150 Td 约化场强条件下的实验结果，同时在 pr 值较大时接近 M. Aints 等人[9]在 745 Torr 条件下测量的实验结果。当这里和 Pancheshnyi 一样将 ω/α_{eff}的值设定为 0.1 时，得到的 Ψ_0/p 曲线相比 Pancheshnyi 的计算结果高 10～20 倍，但在 pr 值较大时接近 Przybylski 等人[6]的实验结果。不同结果之间的差异可能是多种原因导致的，其中的规律需要将来进一步深入的研究。

4.3.2　大气压非平衡等离子体射流光电离机制

对于氦气 N-APPJ 来说，本章的实验测量到 He 原子在 58.4 nm 处的辐射，该谱线的能量大于氧分子和氮分子的电离能（分别为 12.1 eV 和 15.6 eV）。这条谱线在氦气 N-APPJ 光电离过程中可以发挥重要的作用。根据参考文献[67]中的数据及式(4.3.2)、式(4.3.3)，图 4.3.2 中画出了在该谱线范围内氮分子和氧分子的光电离吸收比 ξ_λ 和吸收系数 μ_λ 曲线[65]。由图中曲线可以看出，在该谱线范围内，氮分子和氧分子的光电离吸收比及吸收系数都十分接近。因此，氮氧分子均可以吸收该辐射并产生光电子。已有的射流仿真及光电离模型中均没有考虑到这一点。例如，Babaeva 等人的射流仿真的光电离模型中[34]考虑到 58.4 nm 处 He 原子的辐射被氧气吸收产生光电子，但是并未考虑到氮气的吸收。然而，大气中氮气的含量是氧气的 4 倍，忽略氮气的作用会导致明显的误差。Fierro 等人[75]在对 N_2＋He 放电进行仿真时，考虑到了氮分子被 He 原子在 58.4 nm 处的辐射电离，但是他们的仿真条件中没有氧气。由此可见，在氦气射流仿真中，至今没有同时考虑氮氧分子被 He 在 58.4 nm 处的辐射光电离的模型。而本章的实验结果表明，为了更好地研究 N-APPJ 尤其是氦气 N-APPJ 的动态过程，上述对光电离模型的补充完善至关重要。

综上所述，本章的实验测量到的谱线具有足够高的能量电离氧分子、氮氧原子甚至氮分子。现有的许多光电离模型都对主要的辐射来源进行了特定的

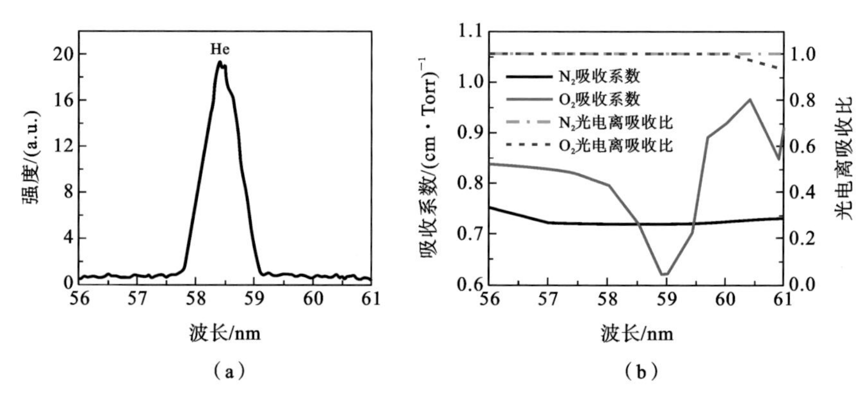

图 4.3.2 (a) 氦气 N-APPJ 在 56～61 nm 范围内的氦原子辐射，以及(b) 该波长范围对应的氮氧分子的 ξ_λ 和 μ_λ 值[65]

计算所需数据来自参考文献[67]

假设。空气放电仿真中使用的光电离模型通常是基于 Zheleznyak 等人提出的假设[5]，认为氮分子三种单重激发态 $b\,^1\Pi_u$、$b'\,^1\Sigma_u^+$ 和 $c'_4\,^1\Sigma_u^+$ 在 98～102.5 nm 范围内跃迁产生的高能光子是光电离辐射的来源。其中，波长范围的上限对应氧分子的电离能(12.1 eV，102.5 nm)，下限 98 nm 对应氮分子的吸收但尚未达到氮分子的电离阈值。然而事实上，在 98 nm 以下范围内氮分子对光的吸收并不完全，这表明 98 nm 以下的辐射也是不应该被忽略的[52]。此外，在足够低的波长范围内，58.4 nm 氦原子辐射甚至可以直接电离氮分子。对于空气外的其他气体放电等离子体，部分氦气放电光电离模型中假设激发态氦原子或亚稳态跃迁产生的光子电离气体组分中的氧分子等产生光电子。本章的实验测量到的^{4}He 共振谱线，证实了 Babaeva[34] 和 Fierro[75] 等人在模型中使用的光电离模型的合理性，但同时，这些模型仍需要补充完善。

根据本章的实验结果，可以看出现有的光电离模型还有很大的改进空间。此外，还需要更多的实验进一步探究是否还有其他可电离辐射的存在等问题，这些相关特性的研究将有助于相关光电离模型的最终完善。

4.4 大气压非平衡等离子体射流真空紫外辐射相关应用

本节将简要讨论本章实验测量到的 N-APPJ 相关辐射的潜在实际应用，主要分为四个领域：环境及工业相关气体分子的直接光电离，110 nm 以下辐射的光化学效应，真空紫外辐射源研制，以及对等离子体射流已有应用的拓展。

4.4.1 真空紫外光可电离原子/分子

如上所述,58.4 nm 波长对应的光子能量为 21.2 eV。本章的实验测量到 N-APPJ 在 110 nm 以下范围内辐射的存在,证实了可以使用简便低成本的射流装置作为真空紫外光源,可直接电离电离能在 10.0～21.2 eV 范围内的分子和原子。表 4.4.1 中列出了常见的分子及它们在环境和工业领域的应用。对于每个分子列举了 3 个应用领域并且没有先后顺序。分子电离能数据来自于参考文献[76]。

表 4.4.1 电离能在 10.0～21.2 eV 范围内的分子及其在工业上的应用

分子种类	电离能/eV	应用领域 1	应用领域 2	应用领域 3
H_2S(硫化氢)	10.46	有毒气体:废气处理	制氢	光导体制造
CH_2O(甲醛)	10.88	有毒气体:废气处理	制氢催化剂	甲醛-水团簇光电离
SO_2(二氧化硫)	12.35	有毒气体:废气处理	还原剂	杀菌剂
O_3(臭氧)	12.43	有害气体:废气处理	强氧化剂	消毒杀菌剂
CH_4(甲烷)	12.61	高能燃料	制氢	制炭黑
AsF_3(三氟化砷)	12.84	有毒成分:污水处理	氟化剂、催化剂	电子器件掺杂剂
HCN(氰化氢)	13.60	有毒气体处理	氰化物制备	等离子体刻蚀
CO_2(二氧化碳)	13.77	温室气体:尾气处理	二氧化碳激光器	高空大气中光化学反应机理
CO(一氧化碳)	14.01	有毒气体:废气处理	制备甲醇	气体燃料
BF_3(三氟化硼)	15.7	催化剂	高能燃料	电子器件掺杂剂

对于表 4.4.1 中多数气体来说,直接电离意味着不发生其他例如原子间断裂等反应的情况下,产生单电荷正离子。带电离子的形成可以实现静电控制,通常应用于大气和工业排放物的采集和净化。例如,精密质谱法依靠 10.2 eV 光子辐射来电离结构复杂的有机分子[77]。然而,10.2 eV 光子的发射依赖于 Ne 准分子之间复杂的相互作用和 H_2 分子的解离[77],因此可以使用 N-APPJ作为精密质谱法的辐射源。

4.4.2 110 nm 以下真空紫外光化学反应

10.0～12.1 eV 的 VUV 光子满足了多种光化学反应所需的能量范围,其中,两种反应尤为重要,即分子电离和解离。分子解离通常需断裂原子间化学键,通过这种方式可完成分子重构、分子及纳米结构物质制造。相关的光诱导化学反应已在天体物理学[78]和光诱导表面分子解离重组领域[79]中得到了长期的研究。随着新型光源的出现,VUV 光化学已经成为处理凝胶和聚合物等物质的有效途径。尤其是,可通过精确选择 VUV 发射波长匹配目标键同时调控光吸收来诱导烃的光聚合[80]。常见的 N-APPJ 造价低且工作气体接近室温,因此综合考虑,N-APPJ 十分适用于光化学领域。然而,将 N-APPJ 作为辐射源应用于光化学领域时,需要在技术设计中明确区分所产生的 VUV 辐射与其他活性成分(例如电子、离子、自由基、热能等)的作用。

4.4.3 替代辐射源

大量实验表明,同步加速器和自由电子激光可以产生 110 nm 以下的光辐射,并且据此也已研制出大量的 VUV 辐射源。但这些设备需要加速器产生高能电子束,对应用来说有很大的限制。此外,微放电中的惰性气体亚稳态也可以产生 110 nm 以下辐射[81~82],但是这些装置通常是在密封腔体中通过低气压放电实现的。

和上述同步加速器和自由电子激光不同,N-APPJ 装置通常相对简便,不需要加速器设备;也不同于微放电装置,N-APPJ 放电装置通常直接工作于大气压环境下。看似很小的差别,使得 N-APPJ 可以更广泛地用于大多数应用场景,例如利用 N-APPJ 在 110 nm 以下的辐射处理生物样品。

4.4.4 已有的大气压非平衡等离子体射流应用

大气压非平衡等离子体因被应用于生物材料处理、催化气体转化、纳米级等离子体处理等多个领域而受到了广泛的关注[83~85]。如前几节所述,N-APPJ 相较于其他非平衡等离子体的主要优势是工作于大气环境而非密闭腔体,使得它可以更好地应用于生物医学、化学工程等领域[86~89]。常见地,通过 N-APPJ处理引入自由基和较长波长的紫外辐射(200~350 nm)对材料表面进行改性。但是对于 VUV 辐射,尤其是 110 nm 以下 VUV 的存在和作用往往被忽略,但该波段的辐射具有较高的光子能量,因此在各项应用中是非常重要的。本章的实验结果可以帮助更好地描述和理解 N-APPJ 材料表面改性等应用相关的物理机制。

参考文献

[1] Townsend J S. The conductivity produced in gases by the motion of negatively-charged ions[J]. Nature, 1900(62): 340-341.

[2] Raether H. Die Entwicklung der Elektronenlawine in den Funkenkanal [J]. Ztschrift Für Physik, 1939(112): 464-489.

[3] Meek J M. A theory of spark discharge[J]. Physical Review A, 1940 (57): 721-728.

[4] Dutton J, Haydon S C, Jones F L, et al. Photo-ionization and the electrical breakdown of gases[J]. Proceedings of The Royal Society A Mathematical Physical and Engineering Sciences, 1953(218): 206-223.

[5] Zheleznyak M B, A Kh Mnatsakanian, Sizykh S V. Photoionization of nitrogen and oxygen mixtures by radiation from a gas discharge[J]. Teplofizika Vysokikh Temperatur, 1982(20): 423-428.

[6] Przybylski A. Investigation of the "gas-ionizing" radiation of a discharge [J]. Ztschrift Für Physik, 1958(151): 264-280.

[7] Teich T H. Emission gasionisierender Strahlung aus Elektronenlawinen [J]. Ztschrift Für Physik, 1967(199): 378-394.

[8] Penney G W, Hummert G T. Photoionization measurements in air, oxygen, and nitrogen[J]. Journal of Applied Physics, 1970(41): 572-577.

[9] Aints M, Haljaste A, Plank T, et al. Absorption of photo-ionizing radiation of corona discharges in air[J]. Plasma Processes and Polymers, 2008(5): 672-680.

[10] Kunze H J. Introduction to plasma spectroscopy[M]. Berlin: Springer-Verlag, 2009.

[11] Becker K H, Schoenbach K H, Eden J G. Microplasmas and applications[J]. Journal of Physics D: Applied Physics, 2006(39): R55-R70.

[12] Baklanov M R, Jousseaume V, Rakhimova T V, et al. Impact of VUV photons on SiO_2 and organosilicate low-k dielectrics: general behavior, practical applications, and atomic models[J]. Applied Physics Reviews, 2019(6): 011301.

[13] McEwan M J, Lawrence G M, Poland H M. Vacuum UV photolysis of N_2O[J]. The Journal of Chemical Physics, 1974(61): 2857-2859.

[14] Huffman R E, Leblanc F J, Larrabee J C, et al. Satellite vacuum ultraviolet airglow and auroral observations[J]. Journal of Geophysical Research Atmospheres, 1980(85): 2201-2215.

[15] Meier R R. Ultraviolet spectroscopy and remote sensing of the upper atmosphere[J]. Space Science Reviews, 1991(58): 1-185.

[16] Bourdon A, Pasko V P, Liu N, et al. Efficient models for photoionization produced by non-thermal gas discharges in air based on radiative transfer and the Helmholtz equations[J]. Plasma Sources Science and Technology, 2007(16): 656-678.

[17] Pancheshnyi S, Role of electronegative gas admixtures in streamer start, propagation and branching phenomena[J]. Plasma Sources Science and Technology, 2005(14): 645-653.

[18] Arrayás M, Fontelos M A, Trueba J L. Photoionization effects in ionization fronts[J]. Journal of Physics D: Applied Physics, 2006(39): 5176-5182.

[19] Kulikovsky A A. The role of photoionization in positive streamer dynamics [J]. Journal of Physics D: Applied Physics, 2000(33): 1514-1524.

[20] Luque A, Ebert U, Montijn C, et al. Photoionization in negative streamers: fast computations and two propagation modes[J]. Applied Physics Letters, 2007(90): 081501.

[21] Liu N, Pasko V P. Effects of photoionization on propagation and branching of positive and negative streamers in sprites[J]. Journal of Geophysical Research Atmospheres Space Physics, 2004(109): A04301.

[22] Loeb L B, Meek J M. The mechanism of spark discharge in air at atmospheric pressure[J]. Journal of Applied Physics, 1940(11): 438-447.

[23] Lu X, Laroussi M. Dynamics of an atmospheric pressure plasma plume generated by submicrosecond voltage pulses[J]. Journal of Applied Physics, 2006(100): 063302.

[24] Raether H. Über eine gasionisierende strahlung einer funkenentladung

[J]. Ztschrift Für Physik, 1938(110): 611-624.

[25] Luque A, Ebert U, Hundsorfer W. Interaction of streamers in air and other O_2/N_2 mixtures[J]. Physical Review Letters, 2008(101): 075005.

[26] Dubinova A, Rutjes C, Ebert U, et al. Prediction of lightning inception by large ice particles and extensive air showers[J]. Physical Review Letters, 2015(115): 015002.

[27] Bagheri B, Teunissen J, Ebert U, et al. Comparison of six simulation codes for positive streamers in air[J]. Plasma Sources Science and Technology, 2018(27): 095002.

[28] Pancheshnyi S. Photoionization produced by low-current discharges in O_2, air, N_2 and CO_2[J]. Plasma Sources Science and Technology, 2015(24): 015023.

[29] Stephens J, Fierro A, Dickens J. Influence of VUV illumination on breakdown mechanics: pre-ionization, direct photoionization, and discharge initiation[J]. Journal of Physics D: Applied Physics, 2014(47): 325501.

[30] Naidis G V. Modelling of streamer propagation in atmospheric pressure helium plasma jets[J]. Journal of Physics D: Applied Physics, 2010(43): 402001.

[31] Jánský J, Bourdon A. Simulation of helium discharge ignition and dynamics in thin tubes at atmospheric pressure[J]. Applied Physics Letters, 2011(99): 161504.

[32] Boeuf J P, Pitchford L C, Yang L L. Dynamics of a guided streamer ("plasma bullet") in a helium jet in air at atmospheric pressure[J]. Journal of Physics D: Applied Physics, 2013(46): 015201.

[33] Bourdon A, Darny T, Pechereau F, et al. Experimental and numerical study on the dynamics of a μs helium plasma gun discharge with various amounts of N_2 admixture[J]. Plasma Sources Science and Technology, 2016(25): 035002.

[34] Babaeva N Y, Kushner M J. Interaction of multiple atmospheric pressure micro-plasma jets in small arrays: He/O_2 into humid air[J]. Plas-

ma Sources Science and Technology，2014(23)：015007.

[35] Qin J，Celestin S，Pasko V P. On the inception of streamers from sprite halo events produced by lightning discharges with positive and negative polarity[J]. Journal of Geophysical Research Atmospheres-Space Physics，2011(116)：A06305.

[36] Knoll A J，Luan P，Bartis E A J，et al. Cold atmospheric pressure plasma VUV interactions with surfaces：effect of local gas environment and source design[J]. Plasma Processes and Polymers，2016(13)：1069-1079.

[37] Schneider S，Lackmann J W，Ellerweg D，et al. The role of VUV radiation in the inactivation of bacteria with an atmospheric pressure plasma jet[J]. Plasma Processes and Polymers，2012(9)：561-568.

[38] Behera S，Lee J，Gaddam S，et al. Interaction of vacuum ultraviolet light with a low-k organosilicate glass film in the presence of NH_3[J]. Applied Physics Letters，2010(97)：034104.

[39] Sato R，Yasumatsu D，Kumagai S，et al. An atmospheric pressure inductively coupled microplasma source of vacuum ultraviolet light[J]. Sensors and Actuators A：Physical，2014(215)：144-149.

[40] Park S J，Herring C M，Mironov A E，et al. 25 W of average power at 172 nm in the vacuum ultraviolet from flat，efficient lamps driven by interlaced arrays of microcavity plasmas[J]. APL Photonics，2017(2)：041302.

[41] Sobottka A，Drößler L，Lenk M，et al. An open argon dielectric barrier discharge VUV-source[J]. Plasma Processes and Polymers，2010(7)：650-656.

[42] Santra R，Greene C H. Xenon clusters in intense VUV laser fields[J]. Physical Review Letters，2003(91)：233401.

[43] Takeda K，Ishikawa K，Tanaka H，et al. Spatial distributions of O，N，NO，OH and vacuum ultraviolet light along gas flow direction in an AC-excited atmospheric pressure Ar plasma jet generated in open air [J]. Journal of Physics D：Applied Physics，2017(50)：195202.

[44] Lange H，Foest R，Schafer J，et al. Vacuum UV radiation of a plasma jet operated with rare gases at atmospheric pressure[J]. IEEE Transac-

tions on Plasma Science, 2009(37): 859-865.

[45] Foest R, Bindemann T, Brandenburg R, et al. On the vacuum ultraviolet radiation of a miniaturized non-thermal atmospheric pressure plasma jet[J]. Plasma Processes and Polymers, 2007(4): S460-S464.

[46] Fierro A, Laity G, Neuber A. Optical emission spectroscopy study in the VUV-VIS regimes of a developing low-temperature plasma in nitrogen gas[J]. Journal of Physics D: Applied Physics, 2012(45): 495202.

[47] Laity G, Neuber A, Fierro A, et al. Phenomenology of streamer propagation during pulsed dielectric surface flashover[J]. IEEE Transactions on Dielectrics and Electrical Insulation, 2011(18): 946-953.

[48] Moselhy M, Petzenhauser I, Frank K, et al. Excimer emission from microhollow cathode argon discharges[J]. Journal of Physics D: Applied Physics, 2003(36): 2922-2927.

[49] Stephens J, Fierro A, Walls B, et al. Nanosecond, repetitively pulsed micro-discharge vacuum ultraviolet source[J]. Applied Physics Letters, 2014(104): 074105.

[50] Laity G, Fierro F, Dickens J, et al. Simultaneous measurement of nitrogen and hydrogen dissociation from vacuum ultraviolet self-absorption spectroscopy in a developing low temperature plasma at atmospheric pressure[J]. Applied Physics Letters, 2013(102): 184104.

[51] Laity G, Fierro A, Dickens J, et al. A passive measurement of dissociated atom densities in atmospheric pressure air discharge plasmas using vacuum ultraviolet self-absorption spectroscopy[J]. Journal of Applied Physics, 2014(115): 123302.

[52] Stephens J, Fierro A, Beeson S, et al. Photoionization capable, extreme and vacuum ultraviolet emission in developing low temperature plasmas in air[J]. Plasma Sources Science and Technology, 2016(25): 025024.

[53] Treshchalov A B, Lissovski A A. VUV-VIS spectroscopic diagnostics of a pulsed high-pressure discharge in argon[J]. Journal of Physics D: Applied Physics, 2009(42): 245203.

[54] Compton K T, Boyce J C. A broad range vacuum spectrograph for the

extreme ultraviolet[J]. Review of Scientific Instruments, 1934(5): 218-224.

[55] Boyce J C. The spectra of argon in the extreme ultraviolet[J]. Physical Review A, 1935(48): 396-402.

[56] Boyce J C. The spectra of neon in the extreme ultraviolet[J]. Physical Review A, 1934(46): 378-381.

[57] Boyce J C. The spectra of xenon in the extreme ultraviolet[J]. Physical Review, 1936(49): 730-732.

[58] Ajello J M, James G K, Franklin B O, et al. Medium-resolution studies of extreme ultraviolet emission from N_2 by electron impact: vibrational perturbations and cross sections of the $c_4'^{\,1}\Sigma_u^+$ and $b'^{\,1}\Sigma_u^+$ states[J]. Physical Review A, 1989(40): 3524-3556.

[59] Ajello J M, Franklin B. A study of the extreme ultraviolet spectrum of O_2 by electron impact[J]. The Journal of Chemical Physics, 1985(82): 2519-2528.

[60] Carman R J, Kane D M, Ward B K. Enhanced performance of an EUV light source (λ=84 nm) using short-pulse excitation of a windowless dielectric barrier discharge in neon[J]. Journal of Physics D: Applied Physics, 2010(43): 025205.

[61] Fedenev A, Morozov A, Krücken R, et al. Applications of a broadband electron-beam pumped XUV radiation source[J]. Journal of Physics D: Applied Physics, 2004(37): 1586-1591.

[62] Kurunczi P, Shah H, Becker K. Hydrogen Lyman-α and Lyman-β emissions from high-pressure microhollow cathode discharges in Ne-H_2 mixtures[J]. Journal of Physics B: Atomic, Molecular and Optical Physics, 1999(32): L651-L658.

[63] Kurunczi P, Lopez J, Shah H, et al. Excimer formation in high-pressure microhollow cathode discharge plasmas in helium initiated by low-energy electron collisions[J]. International Journal of Mass Spectrometry, 2001(205): 277-283.

[64] Masoud N, Martus K, Becker K. Vacuum ultraviolet emissions from a

cylindrical dielectric barrier discharge in neon and Ne/H_2 mixtures[J]. International Journal of Mass Spectrometry, 2004(233): 395-403.

[65] Liu F, Nie L, Lu X, et al. Atmospheric plasma VUV photon emission [J]. Plasma Sources Science and Technology, 2020(29): 065001.

[66] Trienekens D, Stephens J, Fierro A, et al. Time-discretized extreme and vacuum ultraviolet spectroscopy of spark discharges in air, N_2 and O_2[J]. Journal of Physics D: Applied Physics, 2016(49): 035201.

[67] Fennelly J A, Torr D G. Photoionization and photoabsorption cross sections of O, N_2, O_2, and N for aeronomic calculations[J]. Atomic Data and Nuclear Data Tables, 1992(51) 321-363.

[68] Karakas E, Akman M A, Laroussi M. The evolution of atmospheric pressure low-temperature plasma jets: jet current measurements[J]. Plasma Sources Science and Technology, 2012(21): 034016.

[69] Sansonetti J E, Martin W C. Handbook of basic atomic spectroscopic data [M]. Gaithersburg: National Institute of Standards and Technology, 2004.

[70] Cook G R, Metzger P H. Photoionization and absorption cross sections of O_2 and N_2 in the 600Å to 1000Å region[J]. The Journal of Chemical Physics, 1964(41): 321-336.

[71] Chan W F, Cooper G, Brion C E. The electronic spectrum of carbon dioxide. Discrete and continuum photoabsorption oscillator strengths (6-203 eV)[J]. Chemical Physics, 1993(178): 401-413.

[72] Morgan H D, Seyoum H M, Fortna J D E, et al. Total photoabsorption cross section of molecular nitrogen near 83.4 nm[J]. Journal of Geophysical Research Atmospheres, 1993(98): 7799-7803.

[73] Morgan H D, Seyoum H M, Fortna J D E, et al. High resolution vuv photo-absorption cross sections of O_2 near 83.4 nm[J]. Journal of Electron Spectroscopy and Related Phenomena, 1996(79): 387-390.

[74] Moselhy M, Stark R H, Schoenbach K H, et al. Resonant energy transfer from argon dimers to atomic oxygen in microhollow cathode discharges[J]. Applied Physics Letters, 2001(78): 880-882.

[75] Fierro A, Moore C, Yee B. Three-dimensional kinetic modeling of

streamer propagation in a N_2/H_e gas mixture[J]. Plasma Sources Science and Technology, 2018(27): 105008.

[76] Lias S G, Bartmess J E, Liebman J F, et al. Gas-phase ion and neutral thermochemistry[J]. Journal of Physical and Chemical Reference Data, 1988(17):1-861.

[77] Benham K, Hodyss R, Fernández F M, et al. Laser-induced acoustic desorption atmospheric pressure photoionization via VUV-generating microplasmas[J]. Journal of the American Society for Mass Spectrometry, 2016(27): 1805-1812.

[78] Zhen J, Castillo S R, Joblin C, et al. VUV photo-processing of pah cations: Quantitative study on the ionization versus fragmentation processes[J]. The Astrophysical Journal, 2016(822): 113-120.

[79] Kolasinski K W. Surface photochemistry in the vacuum and extreme ultraviolet (VUV and XUV): high harmonic generation, H_2O and O_2 [J]. Journal of Physics: Condensed Matter, 2006(18): S1655-S1675.

[80] Marasescu F T, Pham S, Wertheimer M R. VUV processing of polymers: surface modification and deposition of organic thin films[J]. Nuclear Instruments and Methods in Physics Research Section B Beam Interactions with Materials and Atoms, 2007(265): 31-36.

[81] Becker K H, Kurunczi P F, Schoenbach K H. Collisional and radiative processes in high-pressure discharge plasmas[J]. Physics of Plasmas, 2002(9): 2399-2404.

[82] Schoenbach K H, Zhu W. High-pressure microdischarges: sources of ultraviolet radiation[J]. IEEE Journal of Quantum Electronics, 2012 (48): 768-782.

[83] Vasilev K, Griesser S S, Griesser H J. Antibacterial surfaces and coatings produced by plasma techniques[J]. Plasma Processes and Polymers, 2011(8): 1010-1023.

[84] Bogaerts A, Neyts E, Gijbels R, et al. Gas discharge plasmas and their applications[J]. Spectrochimica Acta Part B: Atomic Spectroscopy, 2002(57): 609-658.

[85] Li J, Volotskova O, Shashurin A, et al. Controlling diameter distribution of catalyst nanoparticles in arc discharge[J]. Journal of Nanoscience and Nanotechnology, 2011(11): 10047-10052.
[86] Pei X, Gidon D, Yang Y, et al. Reducing energy cost of NO production in air plasmas[J]. Chemical Engineering Journal, 2019(362): 217-228.
[87] Ishaq M, Evans M M, Ostrikov K. Effect of atmospheric gas plasmas on cancer cell signaling[J]. International Journal of Cancer, 2014(134): 1517-1528.
[88] Keidar M, Shashurin A, Volotskova O, et al. Cold atmospheric plasma in cancer therapy[J]. Physics of Plasmas, 2013(20): 057101.
[89] Kos S, Blagus T, Cemazar M, et al. Safety aspects of atmospheric pressure helium plasma jet operation on skin: in vivo study on mouse skin[J]. PLoS One, 2017(12): e0174966.

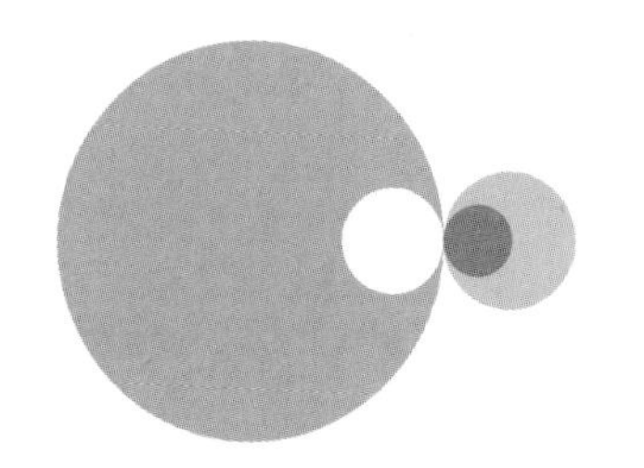

第 5 章 大气压非平衡等离子体射流放电的可重复性

5.1 引言

大气压非平衡等离子体射流(N-APPJ)由于在等离子体医学、材料工程等方面的潜在应用近年来吸引了广泛的关注[1~10]。研究者为满足不同应用需求研制了各种类型的 N-APPJ 装置。同时,关于 N-APPJ 动态过程的研究发现,N-APPJ 的推进速度(即等离子体子弹的推进速度)在 $10^3 \sim 10^6$ m/s 之间,这与正流注的推进速度处于相同的数量级[11~20]。

然而,N-APPJ 和正流注放电存在明显的区别。首先,正流注放电通常存在许多分支[21],分支的数量和直径与放电参数相关,比如气体组分、气体压强及外施电压的幅值。与之不同的是,N-APPJ 往往沿直线推进,推进的路径与工作气体气流平行(比如氦气或者氩气),如图 5.1.1 所示[22]。并且经研究发现,其在相同的延时内推进相同的距离,如图 5.1.2 所示[23]。

另外,N-APPJ 放电的可重复性与正流注放电不同。在相同的电压激励,不同次的放电,相同延时条件下,正流注放电不会推进相同的距离。这有两方面的原因:流注放电的起始延时抖动,以及不同脉冲激励条件下流注的推进速度不同。考虑起始延时抖动,当放电气体为纯氮气时,放电延时抖动约为几十纳秒,然而当掺加少量氧气时,该抖动值在微秒量级[24]。每个脉冲的流注速度都不同,这种不确定性是由流注的多分支和放电的不可重复特性导致的。事实上,流注几乎每一次放电都是沿不同路径推进的,推进速度的误差波动为20%~50%[25]。

图 5.1.1　典型 N-APPJ 的照片[22]

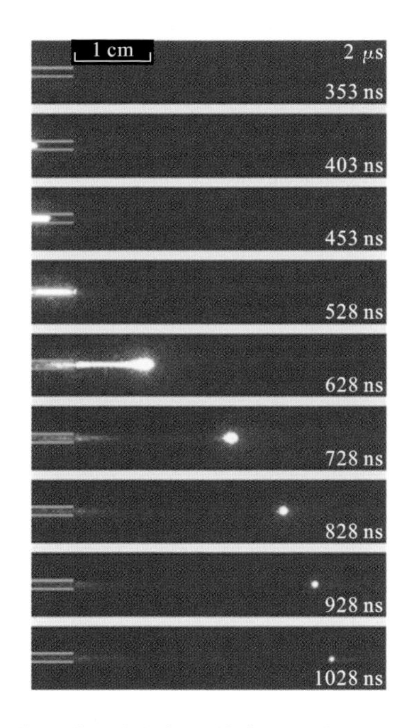

图 5.1.2　等离子体子弹沿直线推进的高速照片,ICCD 曝光时间 5 ns[23]

近年来,高速 ICCD 相机技术的发展使得拍摄单次流注推进速度的精确度得到提高,已经得到的流注推进速度波动最高可达 50%。而另一方面,N-APPJ 展现出高度的可重复性[26],等离子体射流的起始抖动通常仅为几个纳秒且推进速度的变化范围仅为几个百分比。简言之,N-APPJ 在相同的延时内总是推进相同的距离。第三点,流注放电即便是在连续脉冲激励条件下仍然不会沿相同的放电通道发展,后续的流注并不会沿相同的路径发展。然而,N-APPJ 却总是沿工作气体通道推进。重要的是,N-APPJ 还存在一些流注放电中并不会出现的特殊现象。比如，当射流的驱动电压为脉冲直流高压时，射流在空气中呈现为连续的高亮通道(与图 5.1.1 类似)；然而，当脉冲电压的脉宽接近其脉冲周期时，换言之，当脉冲关断时间为几个微秒或者几百个纳秒时，等离子体射流呈现为两段或者三段，如图 5.1.3 所示[23]。喷嘴位置的放电比离喷嘴几个毫米位置的更暗或更亮。此外，等离子体子弹还可以呈“蛇形”推进，如图 5.1.4 所示[27]。这种蛇形推进行为在射流的上下游都有出现，该行为与之前报道的直线推进行为不同。

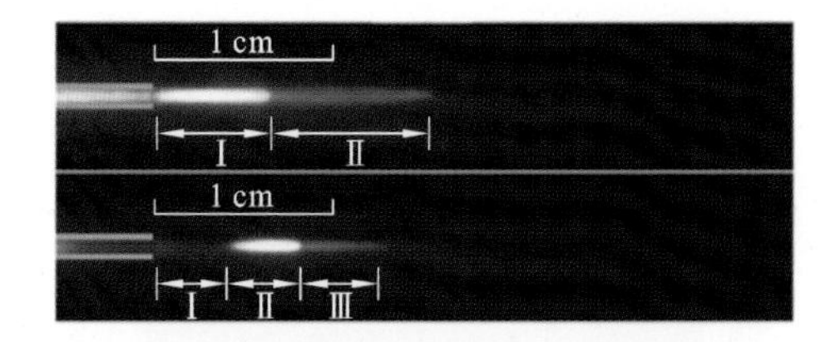

图 5.1.3　两种直流脉冲高压驱动的等离子射流照片[23]

上图脉冲宽度为 998 μs，下图脉冲宽度为 999.1 μs，相机曝光时间为 1 μs，电压幅值为 8 kV，频率为 1 kHz，氦气流速为 1 L/min

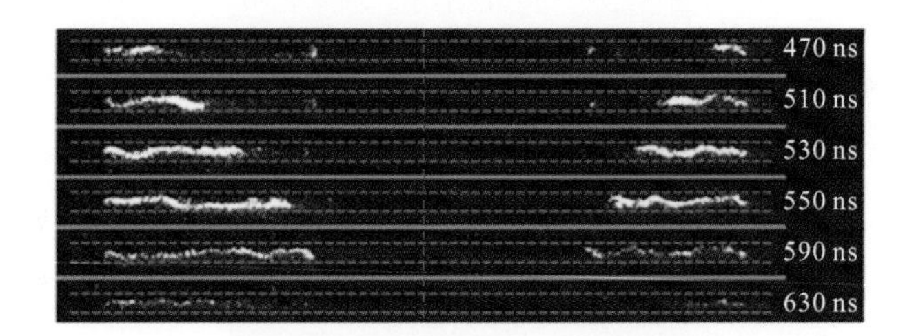

图 5.1.4　等离子体射流上下游的蛇形推进现象[27]

ICCD 曝光时间为 4 ns，电压幅值为 8 kV，脉冲宽度为 400 ns，频率为 9 kHz，氩气流速为 5 L/min

本章重点讨论 N-APPJ 的可重复推进特性。为了更好地帮助读者理解该行为及与之相关的一些现象。5.2 节将简要介绍汤逊放电理论。5.3 节简要介绍经典流注放电理论，包括分叉行为、光电离效应、种子电子密度、脉冲频率，以及掺加放射性气体对放电激发和推进过程的影响。5.4 节主要讨论 N-APPJ 高种子电子放电理论，包括推进过程的可重复性研究现状和等离子体子弹重复性及随机性的物理机理，首次放电的推进模式，不同气压条件下可重复推进模式需要的最小种子电子密度，以及等离子体子弹推进过程中光电离的作用。5.5 节对现有的关于 N-APPJ 可重复推进模式的研究工作进行了讨论。

5.6 节介绍目前 N-APPJ 推进模式研究中存在的问题。5.7 节对本章内容进行了总结。

5.2 汤逊理论

在 5.1 节中简单讨论了等离子体子弹与传统流注放电的区别,了解它们之间的本质区别至关重要。等离子体放电的基本理论是汤逊 100 多年前提出来的放电理论的延伸[28]。

汤逊理论假设由于宇宙辐射而电离产生的一个电子在电场的作用下向正极移动,如果电场足够强,这个自由电子在获得足够的能量后与某一分子相撞,从而将该分子中的某一电子释放出来。这两个电子在电场的加速下又获得足够的能量,导致新的碰撞电离发生,碰撞之后的电子又会发生新的同样的过程。这个过程实际上是电子产生的雪崩过程,它取决于电子在碰撞之间获得足够的能量以继续电离。到达阳极的电子数目等于碰撞电离产生的电子数加上最初的自由电子数目。根据汤逊第一理论,设单位长度的碰撞电离次数为 α,它即为第一汤逊系数,则在经过距离 x 后,到达阳极的电子数目总数为 $\exp(\alpha x)$[29]。

与此同时,在这一雪崩过程中,正电荷的数目为 $\exp(\alpha x)-1$。当正电荷碰撞到阴极时,有可能导致阴极电子的发射,假定该正电荷碰撞阴极后产生电子的概率是 γ,那么自持放电的条件要满足 $\gamma[\exp(\alpha x)-1]>1$。汤逊理论在电场分布均匀的时候能很好地预测实验结果;当气体压强不高且极板间距很小时,满足该理论的有效性条件 $pd<200$ Torr · cm。

当实验中气体的压强较高和极板间距较大时,汤逊理论预测与实验结果就不再一致。换言之,当 $pd>200$ Torr · cm 时,击穿时间比汤逊理论所预测的时间小得多。在这种情况下,正电荷需要更多的时间才能到达阴极。除此之外,根据汤逊理论,击穿的发生与正电荷碰撞阴极导致阴极释放电子的能力大小也有关。然而,这与大多数观察到的实验现象并不一致。再者,汤逊理论也没有考虑电子雪崩的空间电荷对电场的影响。在许多实验中,正空间电荷数量可以达到一个很高的数值,从而影响原有的电场分布,这会进一步导致局部电子能量和电离过程的增强,在此区域中的电离率远大于静态均匀电场中的电离率。此外,汤逊理论也无法解释当 pd 值较高时,通道中存在分叉和锯齿状放电现象。

5.3 经典流注放电理论

1939 年到 1940 年提出的流注放电理论定量地解释了非均匀电场中在高 pd 值情况下自持流注放电的实验现象[30~33]。流注理论主要包括四个方面的基本假设，即引起电子雪崩的初始电子来自宇宙射线或其他电离源；在正流注中，光电离是二次电子雪崩过程中最主要的二次电子来源；电子碰撞电离是主要的电离机制；空间电荷产生的电场与背景电场发挥着同样重要的作用。流注理论可以很好地解释 $pd>200$ Torr·cm 条件时的实验现象。初始电子出现的随机性导致了放电起始的延迟及其抖动；光电离的不确定性导致了流注推进速度的不一致，也导致了流注的分叉行为。在过去的几十年里，流注的这些特点引起了人们许多的关注。

流注理论成为在高 pd 值条件下解释相关实验现象的理论基础。之后的实验研究多关注放电起始条件，流注的传播速度、形态，分支的数量和半径，光电离的影响，真空紫外光谱检测，放射性气体的加入，介质阻挡，极性的影响，上升沿时间和脉冲宽度，以及气体的温度和成分的影响及其他因素等对放电的影响[34~77]。

在流注的众多特点中，有两个方面引起了人们的特别关注，即分叉行为，以及光电离、背景电离及外加电压频率对放电的影响。下面，将详细地对这两种效应的最新进展展开讨论。

5.3.1 分叉行为

大量流注放电的实验研究中都发现了分叉行为，流注在时间和空间的随机出现暗示着种子电子在流注头部是随机产生的。负流注依赖电子从电离区到非电离区的迁移从而为电子雪崩提供种子电子[78~82]。另一方面，在没有预电离的情况下，例如在没有由于先前的放电脉冲的剩余电子或者宇宙辐射产生的电子时，正流注需要光电离提供种子电子[83~86]。

近年来，研究者就如何控制流注分叉行为进行了大量的研究[87~88]，例如，用 KrF 激光照射正流注，当激光脉冲强度大于 1.9×10^5 W/cm^2，对应的电离密度大约 5×10^5 cm^{-3} 时，在激光脉冲照射区域的正流注的分叉行为受到抑制[87]。

与之类似的实验，当使用 X 射线照射氟气分子激发态混合物（He 与 F_2 各种比例的混合物），研究发现，在预电离水平大于 $10^7\ cm^{-3} \cdot bar^{-1}$ 时，放电是均匀的；当低于该预电离水平时，放电呈丝状或流注分叉放电模式[88]。

另一方面，分叉行为的仿真是非常具有挑战性的任务。如果使用纯流体模型，则无法用数值模拟的方法获得实验中观察到的分叉行为[81～82, 89～90]。直到最近，才出现了少数关于正负两种流注的分叉行为模拟研究的报道。

该模型从统计光子输运和光电离的角度，模拟了常压空气中正流注同轴放电的分叉现象[91]。将基于光子辐射角随机分布和平均自由程吸收的光子输运模型嵌入到基于流体的等离子体输运模型中。计算结果表明，空间上孤立的二次流注是由随机的光电离触发的，这些光电离引发了反向电子雪崩，并最终导致流注分叉现象[91]。

除了上述模拟工作，研究者还利用粒子和混合模型研究了在室温大气压条件下，负流注在没有光电离情况下的发展过程。研究结果表明，流注的粒子模型和混合模型都能得到分叉行为的结果。然而，当使用流体模型时，分叉行为则不能被重现[82]。

为了简化计算，在大多数模拟研究中，使用背景电离替代空气中的光电离作用[92～93]，且背景电子密度设置值相差很大，从 $10^2 \sim 10^{10}\ cm^{-3}$ 范围都有[81, 93～95]。重要的是，经过研究发现，背景电离对负流注的影响很小，但对正流注的影响很大[81, 92～95]。

5.3.2 光电离效应

如上所述，正流注理论中其中有一条基本的假定，即在流注前端的光电离作用是二次电子雪崩中二次电子的主要来源，这是单次放电或者很低频率下放电能够进行的原因。如果电压的重复频率足够高，则之前放电剩余的电子或者大量 O_2^- 解离产生的电子都能影响流注推进过程。但是，在流注推进过程中，能够发挥类似光电离作用所需要的最小剩余电子密度仍是未知的。为了深入研究这一问题，研究者们进行了大量包含或不包含光电离及不同程度背景电离的数值模拟，模拟的重点是光电离和背景电子密度对于流注结构和传播速度的影响，而光电离和背景电子密度对于流注起始放电延时和抖动的影响尚不清楚。

由于受到诊断方法的限制，仅有少量直接测量光电离的实验，而且许多实验还是几十年前进行的[96～102]。例如，其中一项研究发现，空气中的光电离效应比纯氧或纯氮高 1 到 2 个数量级，在两种纯气体中也都能看到显著的光电

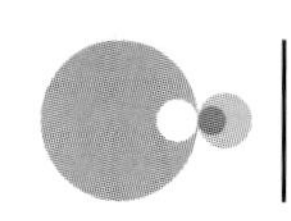

离效应，但这些“纯净”的气体中仍然存在 0.1%～1%的杂质，换句话说，这些“纯净”的气体里面仍然存在空气[102～103]。

另一方面，大量数值模拟研究集中关注光电离在流注传播中所起的作用。这些研究对外施电场、气体压强和成分对光电离的影响，以及光电离对流注的影响，例如对分叉的直径、数量/密度及流注的推进速度的影响[83～84, 92, 104～113]。除此之外，背景电离被认为是可替代光电离的另一种机制，研究表明，用相同程度的背景电离代替光电离能减少计算的复杂性[92]。

为了定量研究光电离对流注推进过程的影响，光电离模型是必要的，其中最著名的一个光电离模型是 1982 年提出的[114]，它是基于几十年的实验结果发展而来的[96～101]。在该模型中，光电离率表示为

$$S_{\mathrm{ph}}(r)=\frac{\xi}{4\pi}\frac{p_{\mathrm{q}}}{p+p_{\mathrm{q}}}\int\frac{h(p[r-r'])\,S_{\mathrm{i}}(r')\mathrm{d}^3(pr')}{[pr-pr']^2} \tag{5.3.1}$$

这里的 ξ 是一个比例常数，p 是气体压强，p_{q} 为 80 mbar，S_i 是氮的局部碰撞电离率，h 是光电离的吸收函数。由于该积分的计算量很大，因此引入了两项近似表达

$$S_{\mathrm{ph}}=\frac{p_{\mathrm{q}}}{p+p_{\mathrm{q}}}\sum_{j=1}^{N}A_jS_{\mathrm{ph}j},\quad (\nabla^2-\lambda_j^2)S_{\mathrm{ph}j}=S_{\mathrm{i}} \tag{5.3.2}$$

其中，A_j 和 λ_j 为拟合系数，它们根据最佳拟合结果确定，λ_j 与吸收的特征波长有关，A_j 代表其强度。当 $N=2$ 时，这个模型被称为卢克两项模型[115]，其中，$A_1=4.6\times10^{-2}\ \mathrm{cm^{-1}\cdot bar^{-1}}$，$A_2=2.7\times10^{-3}\ \mathrm{cm^{-1}\cdot bar^{-1}}$，$\lambda_1=45\ \mathrm{cm^{-3}\cdot bar^{-1}}$，$\lambda_2=7.6\ \mathrm{cm^{-3}\cdot bar^{-1}}$。波顿等人认为用两项模型表示光电离是不够准确的，并提出了三项模型来模拟光电离，而这个模型被称为波顿模型[116]。

然而，上述模型都是基于早期的实验数据。由于实验条件的不确定性，光电离的实际参数始终是未知的。为了确定在光电离模型中，模型的选择对于模拟结果的影响，文献[117]对三种情况下无背景电离空气的流注行为进行了模拟。第一种情况是基于卢克两项模型，第二种情况是基于波顿的三项模型，最后一种情况是使用两项模型，但是在发射的光子数量上，人为控制减少了90%。从流注头部位置随时间的变化结果发现，卢克模型和人为减弱的卢克模型之间的差异不是很大。事实上，在流注头部人为削弱光电离时至少少产生了 90%的电子，但是流注穿过两极的时间仅仅只多花了 20%。波顿三项模型的模拟结果则介于两者之间。

值得注意的是，上述光电离模型基于人们普遍认为光电离率主要来源于氮气在98～102.5 nm波段的辐射光，需要指出的是102.5 nm是氧气光电离的阈值[58]。该模型还认为低于98 nm的光主要被氮气吸收，而不参与光电子的产生[118]，这很自然地可以认为氧气的含量对光电离速率应该有很大的影响。然而实验结果发现，纯氮中(杂质含量少于百万分之一)和氧气含量相差6个数量级以上的氮氧混合物中，几个重要的流注参数，例如流注直径和速率，大致是一样的。而人工合成空气和纯氮气放电对比，其传播速率大致相同，最小直径相差不到两倍。

这意味着在流注推进过程中，如果光电离很重要的话，除了氮气辐射的紫外光导致氧直接光电离产生光电子外，其他光电离机制同样应该发挥着重要的作用(比如氮分子的逐级电离)，这和我们前一章讨论的结果是一致的。宇宙辐射导致气体的背景电离，或者之前放电剩余的电荷能为流注推进提供足够的自由电子[113,117]。但是该实验中放电频率在0.03 Hz到1 Hz之间，前一次放电剩余的电子不足以在流注推进中产生重要的作用。

为清晰地了解光电离在流注推进中的作用，估算光电离产生的电子密度是很重要的。不同的初始种子电子密度的模拟结果表明，在不考虑光电离的情况下，当初始种子电子密度达到10^7 cm^{-3}时，所产生的流注参数与有光电离而没有种子电子时大致相同，由此推测光电离产生的种子电子密度约为10^7 cm^{-3}[119]。

光电离导致了一些意想不到的流注现象[120～121]。此外，模拟结果表明，光电离是引起流注在强均匀场强中非相似性行为的重要因素之一。此时的电场强度应该满足$E>E_k$，这里的E_k是由空气中电离与解离吸附系数相等时所决定的击穿阈值[112]。

5.3.3 种子电子密度的影响

种子电子在正流注的推进过程中发挥着至关重要的作用，种子电子的其他来源方式有之前放电产生的剩余电子或者在高电场情况下O_2^-的解离。值得注意的是，剩余电子只有在放电频率达到一定的大小时才有显著贡献。对于给定条件下的放电，获得放电结束瞬时的电子密度是有可能的，进而通过对电子动力学的模拟，可以估算出某一频率下的种子电子密度(seed electron density,SED)。通常认为，放电频率足够高时，放电将从随机模式转为可重复模式。由于空气放电需要较高的电压，这类高压电源在频率方面存在限制，所

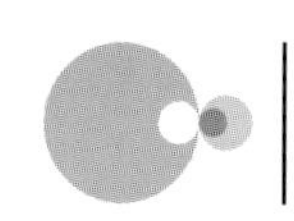

有报道的相关实验最高的频率只有 10 Hz，这些频率都太低以致不能使空气中的放电呈现重复模式。

为了更好地了解种子电子在流注发展中的作用，通过计算机进行模拟仿真计算是很好的途径，研究者在这方面做了许多工作。为了简化计算，背景电子密度在模拟中通常直接输入，其值变化范围为 $10^2\sim10^{10}$ cm^{-3}[81, 92~95]。图 5.3.1 给出了在大气压下，不同种子电子密度对于正流注和负流注在两极间推进的影响[94]。图中显示了在 $t=2$ ns 时，6 种背景种子电子密度情况下轴向电子密度的分布。可以发现，当种子电子密度从 10^9 cm^{-3}变到 10^4 cm^{-3}时，负流注头部的电子密度变化不大，正流注却受到很大的影响。当种子电子密度达到 10^9 cm^{-3}时，正流注立刻开始推进；当种子电子密度下降时，正流注的延迟时间增加。

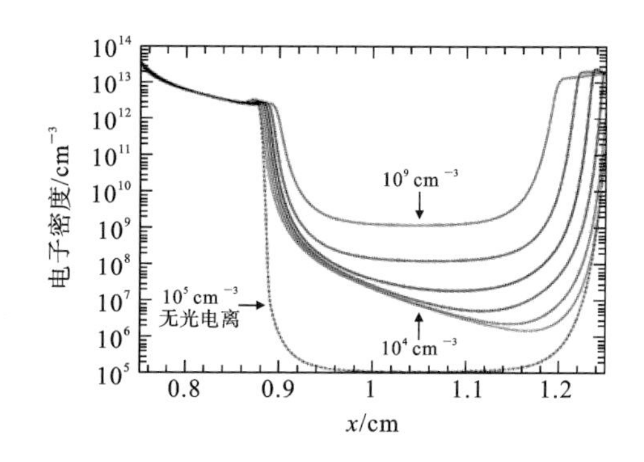

图 5.3.1　不同种子电子密度初始值情况下，针电极之间轴向电子密度的分布情况[94]

$t=2$ ns，左侧为阴极，右侧为阳极，种子电子密度变化范围为 $10^4\sim10^9$ cm^{-3}，虚线为种子电子密度为 10^5 cm^{-3}但无光电离的结果

从图 5.3.1 中可以看出，当种子电子密度超过 10^7 cm^{-3}时，在放电起始时刻，正负流注头部的种子电子密度在相同的数量级；然而，当种子电子密度小于 10^7 cm^{-3}时，在负流注前端，由光电离产生的种子电子显著增加了电极间的种子电子密度。这个结果表明，由光电离产生的电子密度在 10^7 cm^{-3}量级。

研究者还在不同种子电子密度情况下，对针板放电结构形成的正负流注进行了数值模拟[95]。模拟时种子电子被放置在顶部针尖附近且满足半径为 92 μm 高斯球状分布，其中电子密度的变化范围为 $6\times10^6\sim3\times10^9$ cm^{-3}，结果发现流注的推进与初始电子密度关系不密切。需要强调的是，该模拟中，初始种子电子仅仅被放置在针电极附近，其他区域不存在种子电子。流注的发展与初始种子电子关系不密切的原因可能是在针板放电结构中针电极周围的强场强导致了针电极附近电子密度的快速增加。

由于 O_2^- 在强电场作用下可以显著产生种子电子，在不考虑光电离影响的情况下，研究者进行了不同 O_2^- 初始密度的数值模拟研究，并将这些结果与不包括初始种子电子仅存在光电离情况下的模拟结果进行了比较。图5.3.2显示了仅考虑光电离及不同背景 O_2^- 密度情况下流注头部推进情况[117]。从图中可以发现，在不存在光电离的情况下，流注前端的 O_2^- 密度足够高时，流注才能推进。相对于背景 O_2^- 密度为 $10^7\ cm^{-3}$ 时流注的传播速度，光电离存在时流注的推进速度快了40%，这大致相当于在大气压空气放电频率为1 Hz时的情况。当背景 O_2^- 密度从 $10^7\ cm^{-3}$ 减小为 $10^5\ cm^{-3}$ 时(相当于频率约为0.01 Hz)，流注的推进速度只减小了20%。密度为 $10^3\ cm^{-3}$ 的 O_2^- 不足以产生稳定的流注。为了进一步研究能够与光电离作用相同的最小 O_2^- 密度，初始的 O_2^- 密度应该增加。

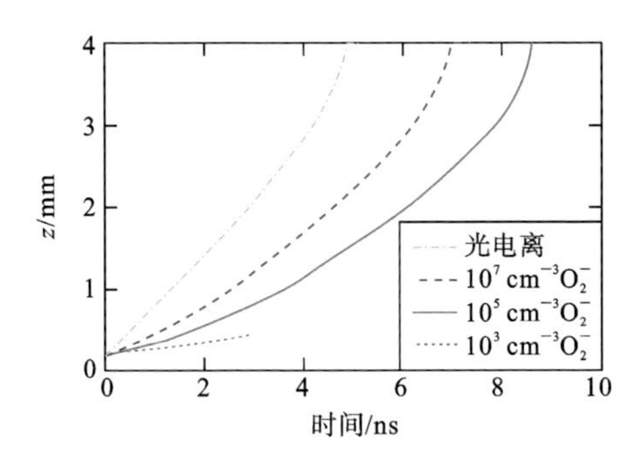

图5.3.2　针板结构中流注头部位置随时间的变化情况，$z=0$ 为针尖位置[117]

如图5.3.3所示，在同时考虑光电离的情况下，当 O_2^- 密度为 $10^{11}\ cm^{-3}$

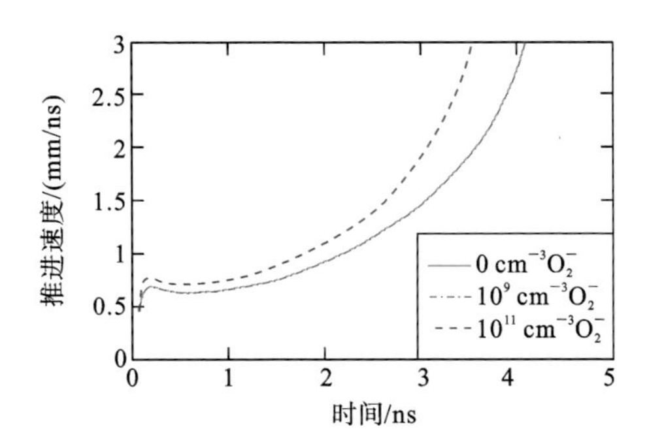

图5.3.3　考虑光电离时不同背景 O_2^- 密度情况下，空气流注的推进速度[117]

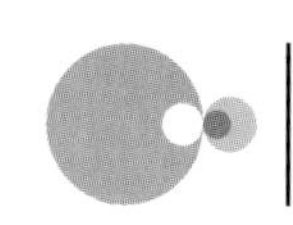

时，氧负离子才能导致流注的推进速度增加[117]。当 O_2^- 密度从 0 变化到 10^9 cm^{-3} 时，流注推进主要依赖光电离机制，且 O_2^- 密度对流注推进的影响很小。换句话说，当背景 O_2^- 的密度高于 10^9 cm^{-3}时，光电离机制将不再是流注推进过程中的唯一决定因素。如果认为所有的 O_2^- 都被去吸附产生了种子电子，则可推断出光电离产生种子电子密度应该为 10^9 cm^{-3}。而事实上，不是所有的 O_2^- 都会去吸附。由此可以判定光电离产生的电子密度应该低于 10^9 cm^{-3}。

5.3.4 脉冲频率的影响

从实验角度分析，由之前放电所产生的种子电子对放电的影响可以通过调节外施电压脉冲的频率来调控。随着电压频率的改变，脉冲关断的时间随之变化，这种改变影响了电子吸附、复合、扩散、电荷转移等过程，从而影响种子电子密度。然而，在保持脉冲形状和幅值不变的情况下，建立一个大范围频率可调节的脉冲电源在实验上是很困难的。这就是为什么大多数的实验是基于单次放电的结果，只有少部分实验通过调节放电频率来研究种子电子密度对流注特性的影响。这些研究中最大频率只有 10 Hz，例如，在 5 Hz 的频率下，压强为 100 mbar 的 N_2放电中，研究者发现，尽管后续放电的流注并不完全遵循与之前放电相同的路径，但种子电子的积累会影响后续放电的形态[122]。

搭建频率大范围可调的脉冲电源难度较大，但是，搭建只有两个脉冲且脉冲时间间隔可以大范围调节的脉冲电源则较容易实现。此外，电子和离子在大气压空气中的寿命很短，因此单个脉冲和一系列脉冲之间的剩余电子和离子的密度差异可能不大。但是，长寿命的活性成分，如亚稳态粒子，有利于电子和离子的生成，在一系列脉冲情况下可能与单个脉冲的差异性较大。基于上述考虑，最近研究者通过调节两个脉冲的时间间隔从 200 ns 增加到 40 ms，研究了此时第一次放电对第二次放电的影响[50]。

在空气压强为 133 mbar 时，研究者拍摄了不同时间间隔 Δt 情况下两次放电的照片[50]。所得结果表明，除了放电随机变化外，第一个脉冲产生的放电在所有的 Δt 下都是相似的。但是第二个脉冲对应的放电随着 Δt 的变化可以分为几个阶段。当脉冲间隔小于等于 600 ns 时，由第二个脉冲产生的流注从第一个脉冲放电流注的尖端开始推进，这说明在第二个脉冲开始时，之前的流注具有较高的电导率；当脉冲间隔增加到 1.8 μs 时，第二次流注从针电极产生；当脉冲间隔增加到 2.8 μs 时，新的流注通道出现，它们绕开旧的流注通道；

当脉冲间隔增加到 3.3 μs 时，出现了更多的新通道，一些新通道沿着旧通道的边缘延伸；当脉冲间隔增加到 6.8 μs 时，它们开始与在第一个脉冲时产生的通道有更多的重叠；当脉冲间隔增加到 1 ms 时，大量的第二个脉冲流注沿着第一个脉冲流注的路径推进；只有当脉冲间隔增加到 10 ms 左右时，第二次放电才完全独立于第一次放电。也就是说，只有当 Δt 在 10 ms 左右时，第一个脉冲的遗留效应才会完全消失。在这种情况下，电子、离子、亚稳态和其他活性粒子的浓度太低，以至于对第二个脉冲放电没有任何影响。

针对放电的频率效应，还有些问题亟须解答。首先，上述研究只研究了第一个脉冲对第二个脉冲的影响[50]。当放电以连续方式工作时，多次脉冲的叠加效应可能与单次脉冲的效应大不相同。第二，上面所讨论的实验结果是针对气体压强为 133 mbar 的情况，而在一个标准大气压下，流注通道所显示的不同形式对应的脉冲间隔很可能是不同的。

5.3.5 气体压强的影响

除放电频率外，气体压强和外加电压的幅值也会影响种子电子，进而影响流注的特性。研究者对不同压强、不同电压幅值及不同频率下流注的击穿延迟、抖动时间进行了实验[123]。结果发现，流注延迟时间与 $1/p$ 成比例。延迟时间的抖动随电压的增大而减小，随压强的增大而增大。对于频率为 0.1 Hz、1 Hz 和 10 Hz，三种不同频率的平均延迟时间差异不大，但延迟时间的抖动随频率的增加而减小[123]。值得强调的是，在这里所有的情况下，延迟时间的抖动都是几十纳秒甚至更长，它们比等离子体子弹在可重复模式下传播时要长得多，这将在 5.4 节中讨论。

5.3.6 放射性气体的影响

此外，加入放射性气体也能影响背景电离。研究发现，在 200 mbar 压强下，向纯 N_2 中加入体积分数 9.9×10^{-9} 的氪-85 大约可以产生 $4\times10^5\ cm^{-3}$ 的背景电子密度[21]。进一步研究发现，只有在频率为 1 Hz 或更高时，它才会影响流注的形态。因此，纯 N_2 在压强为 200 mbar，频率为 1 Hz 时的背景电离水平应接近 $4\times10^5\ cm^{-3}$。这一结果证实了背景电离在流注发展中确实起着重要作用。

5.3.7 流注放电理论小结

简而言之，流注推进时，光电离产生的电子密度应该在 $10^7\sim10^8\ cm^{-3}$ 范

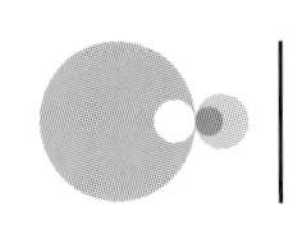

围。模拟结果表明，只有当 O_2^- 的浓度高于 10^9 cm^{-3}时，相当于大气压下空气中 1 kHz 的放电，此时背景电离才开始发挥重要作用。否则，光电离在正流注的发展中起主导作用。另一方面，大部分的实验结果都是基于单次放电的研究。这些研究中只有少数使用重复频率放电，其中最大频率仅为 10 Hz，而且，气体压强是几百毫巴而不是大气压。这是由于搭建合适的高压电源是非常困难的。在 100 mbar 的纯 N_2中，在几赫兹的条件下，背景电离已经可以影响流注的形态。在 100 mbar 空气中，当重复频率从 0.1 Hz 增加到 10 Hz 时，流注延迟时间的抖动减小。对压强为 133 mbar 空气中采用双电压脉冲系统的研究发现，当脉冲到脉冲的间隔小于 10 ms 时，第一个脉冲都会对第二个脉冲产生影响。换句话说，当放电频率低于 100 Hz 时，由于电子、离子和亚稳态粒子的密度过低，因此不会对第二个脉冲的放电产生影响。

由于流注推进速度快、脉冲之间的重复性差等特性，对一些现象背后的物理机理很难掌握。从实验的角度来看，由于脉冲电源的局限性，并且缺乏可靠的诊断系统，因此对空气中流注的了解仍然有限。目前关于流注是否能够从不可重复模式发展为可重复模式仍然是未知的问题。另一方面，大气压等离子体射流作为流注放电的一种特殊放电形式，其等离子体弹体行为具有高重复性，即在相同的延迟时间后推进相同的距离。这样一个奇异的特性对于理解流注的物理机理是非常有用的。此外，由于等离子体射流的工作气体是惰性气体，如 He 和 Ar，它们具有更低的击穿电压，所以在相对较低的电压下，搭建一个频率调节范围较大的脉冲电源的难度要小得多。下面，将重点讨论光电离和种子电子密度对大气压等离子体射流子弹可重复性的影响。

5.4 大气压非平衡等离子体射流的推进模式——随机模式和可重复放电模式

如前所述，等离子体子弹与传统的流注放电之间存在很多差异，流注理论不能解释许多与等离子体子弹有关的实验现象。其中一个显著的差异是等离子体子弹存在经过相同延迟时间后推进相同距离的可重复性特点[9, 19, 40, 43, 124~170]。另一方面，注意到大多数 N-APPJ 是由数千赫兹或更高频率的电源在惰性工作气体中放电，这与空气流注不同，空气流注主要是 1 Hz 或者几赫兹的重复放电。正如我们所知，电子密度的衰减是需要一定时间的。在标准温度和压力下的空气中，自由电子在大约 10 ns 内就被 O_2分子吸附，形

成 O_2^-。被吸附的电子对电离过程影响较小，除非它们在强电场下被去吸附而分离出来。另一方面，N-APPJ 主要在惰性气体中放电，自由电子的寿命可能会更长。因此，在惰性气体中的种子电子密度有可能明显高于传统空气流注放电的种子电子密度。

根据前面流注放电理论的四个方面，如果放电通道中的种子电子密度足够高，则种子电子可以提供自由电子。这些电子既可以作为一次电子雪崩的一次电子，也可以作为二次电子雪崩的二次电子。那么，最开始第一个电子产生的随机性导致放电的延迟和延迟的抖动，以及光电离的不确定性导致流注的推进速度不同及分叉行为，都不复存在。一旦满足适当的条件，等离子体射流将呈现可重复放电模式，这正是许多研究团队所观察到的现象。

针对这一现象以下几个问题还需回答。

(1) 是否所有的等离子体子弹都有高的种子电子密度？换言之，所有的等离子体子弹都是以可重复的模式推进的吗？如果答案是否定的，那么当一个等离子体子弹在一个不可重复的（随机）模式下推进时，它需要回答随机模式是由放电起始时间的随机性（第一个有效电子出现的时间）还是由推进速度（电子雪崩过程中二次电子的产生）不同造成的。

(2) 现有的大多数研究工作中，推进行为都是在放电已进行了数秒到数分钟甚至更长时间情况下获得的。在这些情况下，由于许多放电脉冲导致带电粒子和活性粒子的累积。那么，对于第一次放电（最开始的放电阶段），由于不存在前一次放电，因此没有剩余电子，而由于宇宙射线导致的种子电子密度非常低（10^4 cm^{-3}），所以等离子体子弹在第一次放电时的推进行为很可能与稳定放电时不同。确认等离子体子弹的第一次放电是不可重复放电模式具有重要的意义。此外，它将有助于我们了解经过多少个放电脉冲后，放电将从随机放电模式转换到可重复放电模式。

(3) 对 N-APPJ 而言，在可重复放电模式下推进所需的最小种子电子密度是多少？

(4) 光电离引起的电子密度是多少？光电离在 N-APPJ 的推进过程中起什么作用？

为了回答上面(1)～(4)的问题，精确测量种子电子密度和光电离引起的电子密度特别重要。然而，由于等离子体的电子密度 n_e 根据数值模拟估计在 10^{11}～10^{13} cm^{-3} 之间，种子电子密度 n_{seed} 必定比等离子体的电子密度低许多。

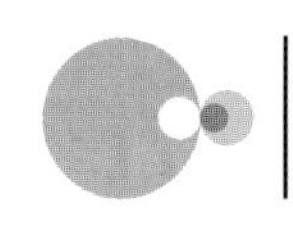

不同研究团队在数值模拟时采用的种子电子密度有很大的差异，在 $10^2 \sim 10^{10}$ cm^{-3}范围内变化。对于这样量级的电子密度，现在没有合适的实验手段能够对其进行测量。但是我们知道，种子电子密度会随时间衰减，当放电频率变化时，两个连续放电之间的时间间隔也随之变化。因此，降低放电频率至低于N-APPJ 重复放电模式所需的最小频率，放电必然会由可重复模式变为随机模式，因为此时的种子电子密度必然会低于某一阈值。基于上述假设，研究者设计了几个相关实验来回答上面列出的四个问题。

5.4.1 等离子体子弹的推进模式

首先，研究者发现并非所有的等离子体子弹都以可重复模式推进。当脉冲频率从 10 kHz 降到 0.25 kHz 时，等离子体射流没有表现出明显的差异。事实上，对于 ICCD 相同的时间延迟，发现等离子体子弹推进所到达的位置总是相同的，这是判定流注在可重复模式下推进的关键。然而，当频率进一步降低到 0.2 kHz 时，虽然在人眼看来等离子体射流仍然是一样的，但 ICCD 拍摄的照片显示，其与 0.25 kHz 时的等离子体射流有显著差异，如图 5.4.1 所示。

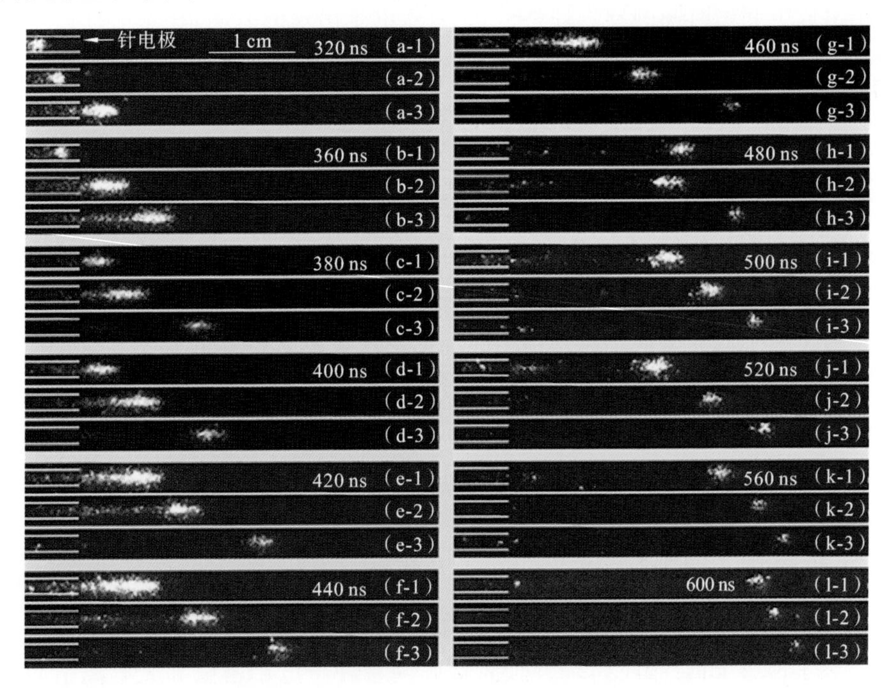

图 5.4.1 大气压条件下放电频率为 0.2 kHz 的等离子体子弹高速图像[17]

电压幅值为 7 kV，脉冲宽度为 800 ns，氦气流速为 1 L/min，ICCD 曝光时间为 20 ns，单张拍摄

虽然在0.2 kHz的频率下,等离子体仍然像子弹一样出现,但是在相同的延迟时间内,等离子体子弹的位置不再相同[171]。因此,等离子体子弹在这种条件下以随机模式传播。

接下来,当等离子体子弹在随机模式下传播时,为了了解随机模式是由于等离子体起始放电时间不同,还是推进速度的不一致性造成的,采用两个光电倍增管(photomultiplier tube,PMT)来获得等离子体射流所到达给定位置的时间。光电倍增管放置在高压电极附近,PMT1和PMT2之间的距离为2.5 cm。PMT1的峰值与所施加电压的上升沿(其最大值的50%处)之间的时间称为t_d,而两个光电倍增管之间的时间差称为t_v。光电倍增管之间的距离L是固定的,等离子体子弹的推进速度为$v=L/t_v$。如果在相同放电条件下t_v是不变的,就可以认为等离子体子弹从电极到PMT1的传播速度也是一个常数。在此条件下,可以用放电延迟时间t_d的抖动来确定放电方式,即可重复或不可重复/随机模式。当t_d的抖动小于一定值时,认为等离子体子弹以可重复的方式推进,否则,它被认为是在不可重复/随机模式下推进。

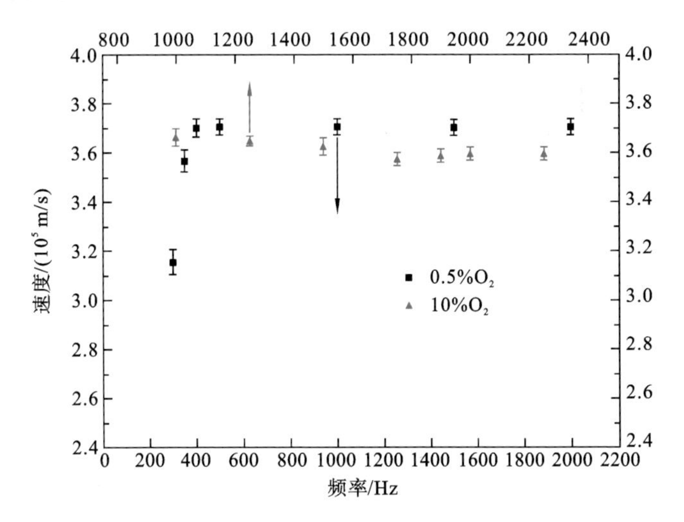

图5.4.2 等离子体子弹的推进速度随频率的变化情况[172]

0.2个大气压条件下,工作气体为氦气加入0.5% O_2和10% O_2

由于等离子体子弹的通常推进速度约为10^5 m/s,且整个系统的空间不确定性约为0.2 mm。因此,2 ns被认为是不同模式的延迟时间的抖动值阈值。图5.4.2给出了不同频率的等离子体子弹的推进速度,其中O_2百分比分别为0.5%和10%。从图中可以看出,在实验条件下20次重复测量得到的误差值都很小，即在这种条件下，等离子体射流以一个恒定的速度推进[172]。换句话说，如果等离子体子弹的推进是处于不可重复放电模式，那么一定是由于等离子体子弹放电时间不一致导致的，即由放电起始延迟时间 t_d 的抖动导致的。

图 5.4.3 给出了在 O_2 含量分别为 0.5％和 10％时放电起始延迟时间 t_d 随频率的变化情况。从图 5.4.3 可以看出，延迟时间 t_d 及其抖动（误差棒）都随着频率的增加而减小。如前所述，当 t_d 的抖动小于 2 ns 时，等离子体子弹被认为以可重复放电模式推进。放电模式随频率的增加由随机模式过渡到可

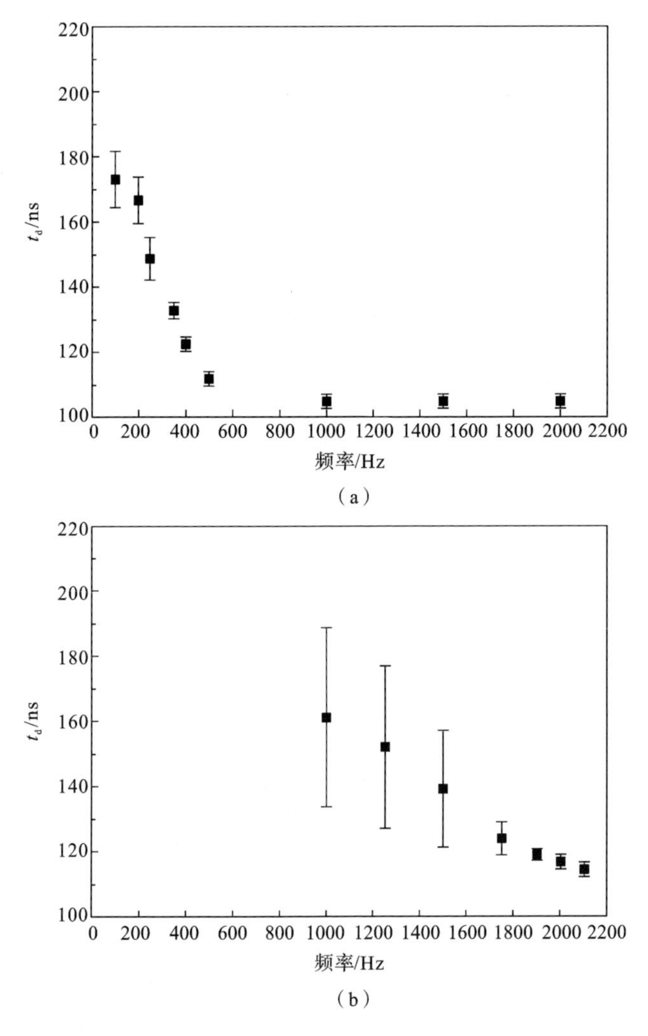

图 5.4.3　t_d 随频率的变化情况，气体压强为 0.2 倍大气压[172]

（a）He＋0.5％O_2；（b）He＋10％O_2

重复放电模式，将放电模式从随机模式向可重复放电模式转变所对应的频率定义为临界频率 f_{cri}。从图 5.4.3(a)和图 5.4.3(b)可以看出，当 O_2 含量为 0.5%和 10%时，对应的临界频率 f_{cri}分别为 300 Hz 和 1900 Hz。

值得注意的是，虽然上述实验是在 0.2 个大气压下进行的，但在 1 个大气压的情况下也有类似的现象，氦气等离子体射流的临界频率约为 200 Hz[171]。当频率降低到 200 Hz 以下时，等离子体子弹推进模式由可重复模式变为随机模式。

5.4.2 第一次放电的推进模式

对于第一次放电，由于之前没有放电，因此不存在剩余电子的影响。在这种情况下，自然辐射产生的种子电子密度非常低(10^4 cm^{-3})，第一个放电脉冲产生等离子体子弹应该以随机模式推进。实验结果如图 5.4.4 所示。对于第一个放电脉冲，t_d在 5 μs 左右。第二个放电脉冲时，它下降到约 300 ns，并在之后保持不变。从图 5.4.4(a)中可以看出，t_d的抖动比 t_d本身小得多，因此在图 5.4.4(b)中给出了不同放电脉冲下 t_d抖动时间的信息。可以清楚地看出，第一次脉冲放电 t_d抖动时间约为 1600 ns，对于第 10 万个脉冲，它减小到大约 2 ns 的稳定值。

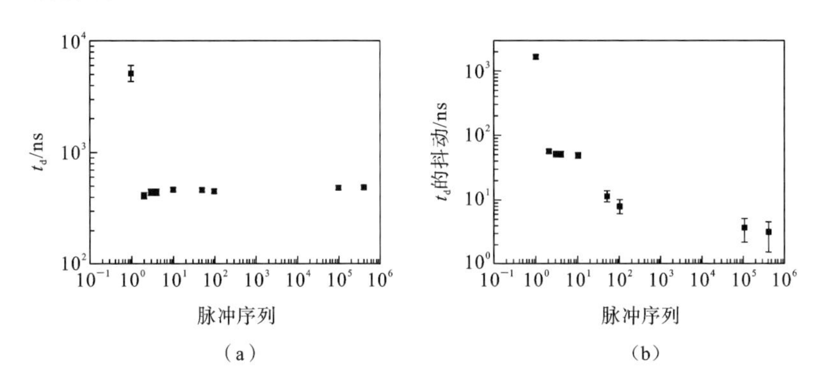

图 5.4.4 不同放电脉冲对应的延迟时间 t_d 和延迟时间 t_d 的抖动[173]

(a) 延迟时间；(b) 延迟时间抖动。放电电压为 6 kV，脉冲宽度为 6 μs，脉冲频率为 4 kHz，氦气的流速为 1 L/min

另一方面，等离子体子弹通常的推进速度约为 10^5 m/s。因此，时间 2 ns 抖动对应的空间距离约为 0.2 mm，远小于该实验的空间分辨率。对于第 100 个脉冲，t_d抖动时间约为 7 ns，对应约 0.7 mm 的空间距离。由此可以得出，等离子体子弹在第一次放电时的推进为随机模式，约 100 次脉冲放电后转变为稳定放电模式。

此外，值得指出的是，第一次放电并不是由施加到高压电极上的第一个电压脉冲产生的。它实际上是在多次电压脉冲后而产生的，最开始的多个电压脉冲并没有引起放电，最开始未放电的电压脉冲的数量取决于施加电压的频率和放电环境里是否有光照射等[174]。例如，在 2 kHz 的脉冲频率下，当灯熄灭时，施加电压脉冲后，在 2000 ms 左右开始放电产生等离子体，相当于等离子体产生前经过了 4000 个电压脉冲；然而当实验室内灯亮时，时间延迟降低到 5 ms 以下，即第一次放电仅在小于 10 个电压脉冲后出现。由于实验室照明灯发出的光的波长在 350～800 nm 之间，单一光子在这个范围内不能直接引起光电离，因此该波段的光可能是通过其他方式贡献种子电子的。关于可见光对放电的影响，在 2.5 节进行了详述[175]。

5.4.3 不同气体压强下可重复推进模式需要的最小种子电子密度

如前所述，等离子体子弹推进模式的转变是由种子电子密度(SED)的变化引起的，它导致等离子体起始放电的抖动。对于 N-APPJ 在可重复模式下推进所需的最小种子电子密度，可以从放电模式转变的临界频率来估算。根据所测得的临界频率，可以得到维持重复推进模式电子密度的最大衰减时间。因此，如果已知初始电子密度和电子衰减演化过程，就可以计算出临界频率时的种子电子密度。

首先，根据测量到的放电电流可以估算出初始电子密度。电子衰减过程在放电结束后主要有以下三种主要的途径，即电子吸附、电子-离子复合和扩散。电子和 O_2^- 扩散系数 D_e和 $D_{O_2^-}$ 正比于 $1/P$，所以在较低的气体压力下，扩散的作用更明显。电子和 O_2^- 密度的衰减行为可以表达如下：

$$\frac{\partial n_e}{\partial t}=-\left(\frac{D_e}{\Lambda^2}\right)n_e-k_{att}n_{|O_2|}n_{|M|}-k_{rec}n_{|p|} \tag{5.4.1}$$

$$\frac{\partial n_{O_2^-}}{\partial t}=-\left(\frac{D_e}{\Lambda^2}\right)n_{O_2^-}+k_{att}n_{|O_2|}n_{|M|}-k_{rec}n_{|p|} \tag{5.4.2}$$

其中，下标“e”、“p”、“M”表示电子、正离子和中性粒子，Λ 表示扩散长度[176]。这里，k_{att}是吸附速率，k_{rec}是复合速率[171~182]。对于纯 He，O_2 浓度太低以至于对种子电子贡献不大。在这种情况下，电子密度衰减过程可以近似由式(5.4.1)计算出来。

当加入 O_2 时，维持等离子体子弹在可重复模式下推进的临界频率增大了。众所周知，当混入 O_2 时，由于吸附作用，电子在远小于脉冲关断时间的时间内就被 O_2 吸附，这种情况下，O_2^- 的去吸附是种子电子密度的重要来源，因为高压电极尖端附近和等离子体子弹头部的电场足够高，从而使电子从 O_2^- 中去吸附。去吸附产生的电子密度可以通过式(5.4.3)计算，即

$$\frac{\partial n_{\text{det}}}{\partial t}=k_{\text{det}} n_{|O_2^-|} n_{|M|} \tag{5.4.3}$$

其中，k_{det} 为去吸附速率。需要强调的是，k_{det} 取决于约化场强 E/N 的值。因此，只有当电场足够大时，从 O_2^- 中去吸附的电子才对种子电子密度有显著影响。

当 E/N 的值大于 150 Td，去吸附作用的贡献才能比较明显[113]。根据脉冲上升时间、放电延迟时间和电极结构可以估计出约化场强大于 150 Td 时的时间。

根据式(5.4.1)～式(5.4.3)，给定初始电子密度，结合简单的零维动力学模型就可以得到电子密度的衰减曲线。对于氦气大气压等离子体射流[171]，虽然初始电子密度未知，但氦气等离子体射流的初始电子密度应在 $10^{11}\sim10^{13}$ cm^{-3} 之间[183~184]，种子电子密度为 10^{11} cm^{-3}、10^{12} cm^{-3}、10^{13} cm^{-3} 时对应的衰减曲线如图 5.4.5 所示。氦气等离子体射流的推进模式发生转变时对应的临界频率为 250 Hz，对应的衰减时间为 4 ms。由此可得，当初始电子密度在从 10^{11} cm^{-3} 到 10^{13} cm^{-3} 范围内变化时，氦气等离子体射流在可重复模式中推进所需的最小的种子电子密度为 $1\times10^9\sim1.3\times10^9$ cm^{-3}。从图 5.4.5 可以看出，初始电子密度对临界种子电子密度的影响不大。

为了进一步研究可重复模式所需的最低种子电子密度是否与气体成分有关，理论上，可以在大气压条件下，通过调节等离子体射流工作气体组分，然后测量其初始电子密度和临界频率，最后根据得到的结果和式(5.3.1)、式(5.3.2)、式(5.4.1)，就可以计算出在不同的气体组分时可重复放电模式所需的最小电子密度。然而，对于不同的气体组分，如果掺入空气时，要产生高分子气体混合比的等离子体射流需要更高的电压，但这种电源不易获得，因此实验可以在 0.2 个和 0.04 个大气压下进行。对于不同的气体组分，计算可重复放电模式时所需的最小种子电子密度，如图 5.4.6 和图 5.4.7 所示。

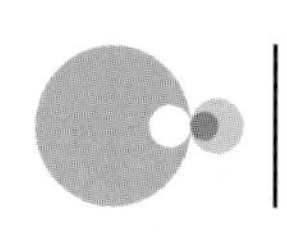

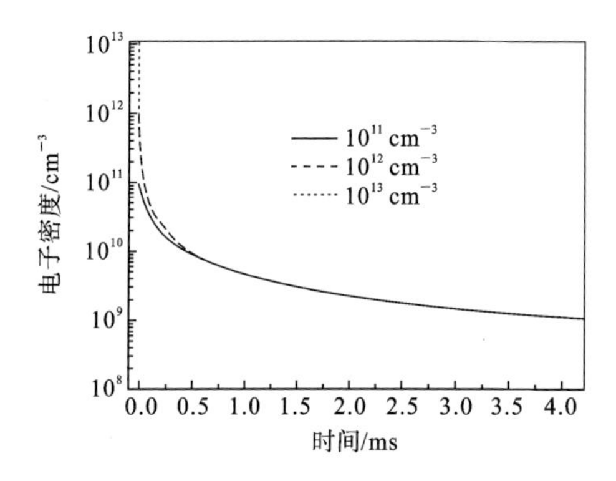

图 5.4.5　不同初始电子密度时，大气压氦气 N-APPJ 电子密度的衰减曲线[172]

图 5.4.6　总气压为 0.2 个大气压条件下，氦气掺加 0%、0.5%、1%、2.5%、5% 和 10% O_2 时等离子体射流重复推进模式需要的最小种子电子密度[185]

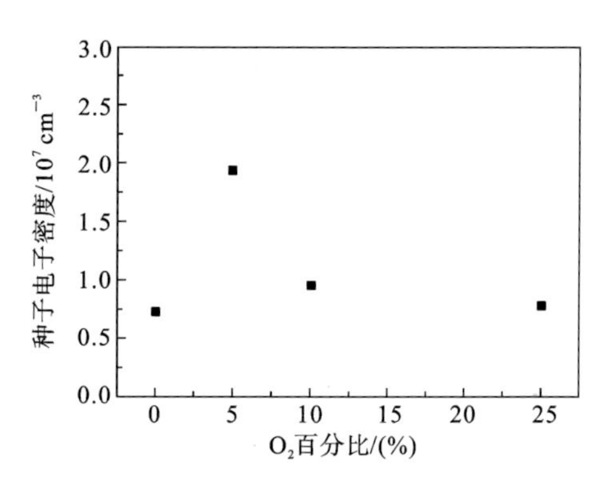

图 5.4.7　总气压为 0.04 个大气压条件下，氦气掺入 O_2 比例为 0%、5%、10% 和 25% 的 He/O_2 混合气体可重复推进模式需要的最小种子电子密度[185]

从图 5.4.6 和图 5.4.7 中可以看出，最小种子电子密度与氧浓度关系不大，在 0.2 个大气压和 0.04 个大气压下分别为 $10^8\ cm^{-3}$ 和 $10^7\ cm^{-3}$ 的量级[185]。

此外，模拟结果表明，在 0.2 个大气压下，对于纯氦气等离子体射流来说，前序放电产生的剩余电子密度约为 $10^8\ cm^{-3}$，它们是种子电子的主要来源。当氦气中加入少量(如 1%)O_2，脉冲频率为 10 kHz 时，如图 5.4.8 所示，剩余电子密度低于 $10^6\ cm^{-3}$[185]，此时剩余电子密度比等离子体在可重复模式下推进所需的种子电子密度低两个数量级，因此 O_2^- 去吸附时释放出来的电子变为种子电子的主要来源。在 0.04 个大气压下也是类似的。

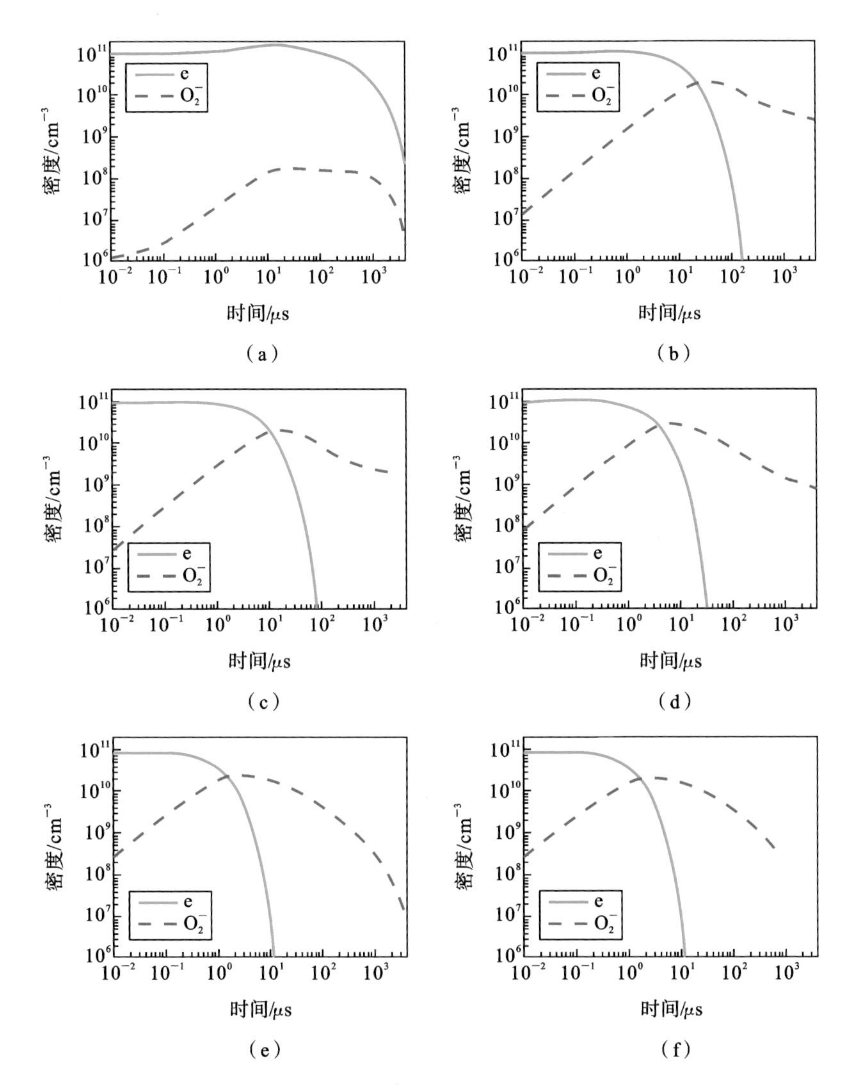

图 5.4.8　气压为 2×10^4 Pa 条件下 He 中掺入不同比例 O_2 时，O_2^- 密度和电子密度在放电结束后随时间的变化曲线[185]

(a) 氧气 0%；(b) 氧气 0.5%；(c) 氧气 1%；(d) 氧气 2.5%；(e) 氧气 5%；(f) 氧气 10%

当空间电荷引起的电场 E' 与外场 E_0 相当时，则初始的电子雪崩进一步发展为流注放电[29]，因为等离子体射流也属于流注放电，除了种子电子密度在这两种放电之间的差异，等离子体子弹也应该满足这一标准。为了验证这一假设，根据估算的 n_{seed}，即可计算离阳极 l_{av} 处由雪崩产生的空间电荷，从而得到空间电荷引起的电场。结果发现，当气体压力为 2×10^4 Pa 时，空间电荷引起

的局部电场 E' 为 13.1 kV/cm，此时电源施加电场 E_0 为 15.8 kV/cm，与空间电荷引起的局部电场 E' 相当接近。类似地，当气体压强为 4×10^3 Pa 时，空间电荷引起的电场为 19.2 kV/cm，E_0 值则为 19.2 kV/cm，两者相等。因此，当种子电子密度达到临界值时，流注将在一定时间内出现，这意味着等离子体将以重复放电模式推进。然而，如果种子电子密度低于临界值，雪崩需要更多的时间来发展，直到它所产生的空间电荷的电场满足流注形成的条件。在这种情况下，放电以随机模式推进。

5.4.4 大气压非平衡等离子体射流的光电离

关于光电离在等离子体子弹推进中的作用，由于直接测量 VUV 的实验难度较大，第 4 章给出了最近关于光电离的实验报道，但是在此之前没有相关报道。在大多数数值模拟工作中，为了简单起见，常常用给定种子电子密度来代替光电离。模拟中所取的种子电子密度在 $10^2\sim10^{10}$ cm^{-3} 不等[186~200]。值得强调的是，当模拟中不包括光电离时，如果假设初始电子密度 n_0 小于 10^9 cm^{-3}，则等离子体的推进过程被限制在放电管内很小的区域，等离子体不能在空气中推进[194]。

为了更好地理解光电离在等离子体子弹推进中的作用，研究者在模型中加入了光电离效应[182]。分别进行了考虑和不考虑光电离效应的模拟工作，种子电子密度均设置为 10^3 cm^{-3}，两种情况下总电离率关于时间的函数计算结果表明，它们的流注沿轴向推进的现象非常相似[182]。因此他们得出结论，即使没有光电离作用，在如此低的 n_0 下，等离子体射流仍然能够推进，只是不考虑光电离时的推进速度比模型中包含光电离时的推进速度慢。事实上，光电离在子弹头部周围形成了一个弱电离等离子体区域（电荷密度在 $10^6\sim10^8$ cm^{-3} 量级）[186]，该区域为射流推进提供种子电子，大大提高了子弹的推进速度。应该强调的是，该计算是基于流体模型的。如前所述，流体模型不能重现实验观测到的放电延迟及其抖动现象。

5.5 大气压非平衡等离子体射流可重复推进模式——高种子电子密度放电理论

5.5.1 纯氦 N-APPJ 可重复推进模式的最小种子电子密度

正如第 5.4 节所讨论的，第一次放电时的等离子体推进行为始终是随机推进模式，在大约 100 次放电脉冲后，等离子体推进模式转变为可重复放电模式。然而，现有的等离子体射流模型只考虑了一次放电，没有考虑放电的累积效应。累积效应包括电子、离子、亚稳态和其他活性粒子的累加。自由电子的累积通常用初始电子密度来近似表示。如果工作气体是纯氦，主要带电粒子是电子、He^+ 和 He_2^+，根据

$$He^+ + He + He \rightarrow He_2^+ + He \quad (k_1 = 6.6\times10^{-32}\ cm^{-6}/s) \tag{5.5.1}$$

大气压条件下该过程的指数衰减时间 $t=(k[He]^2)^{-1}=1.5\times10^{-8}$ s，这意味着主要离子将是 He_2^+，因为当电子密度在 $10^{10}\ cm^{-3}$ 以下时，电子和 He^+ 的复合需要更长的时间。在大气压下，忽略电子扩散，He 相关粒子的反应过程主要通过以下反应方程表示[201]：

$$He_2^+ + e + He \rightarrow He + He + He \quad (k_2 = 2.0\times10^{-27} T_{eg}^{-2.5}\ cm^{-6}/s) \tag{5.5.2}$$

$$He_2^+ + e + He \rightarrow He + He + He^* \quad (k_3 = 5.0\times10^{-27} T_{eg}^{-10}\ cm^{-6}/s) \tag{5.5.3}$$

$$He_2^+ + e + e \rightarrow He + He + e \quad (k_4 = 7.0\times10^{-20}(300/T_e)\ cm^{-6}/s) \tag{5.5.4}$$

$$He_2^+ + e + e \rightarrow He + He^* + e \quad (k_5 = 1.0\times10^{-20} T_{eg}^{-4.0}\ m^{-6}/s) \tag{5.5.5}$$

$$He_2^+ + e \rightarrow He + He^* \quad (k_6 = 8.9\times10^{-9} T_{eg}^{-1.5}\ m^{-3}/s) \tag{5.5.6}$$

$$He_2^+ + e \rightarrow He + He \quad (k_7 = 1.0\times10^{-8} T_{eg}^{-8}\ m^{-3}/s) \tag{5.5.7}$$

指数衰减时间取决于对应时刻的电子密度。此外，在衰减阶段不存在外部电场，因此可以假设 $T_e=T_g=300$ K，放电结束瞬间，电子密度为 $10^{11}\sim10^{13}\ cm^{-3}$，在下面的估算中，取它的值为 $10^{12}\ cm^{-3}$，根据反应式(5.5.2)～式(5.5.7)，衰减时间常数约为 3.6 μs。另一方面，推进模式转变的临界电子密度约为 $10^9\ cm^{-3}$。那么，对于 $10^9\ cm^{-3}$ 的电子密度，还可以根据反应式(5.5.2)～式(5.5.7)估算出相应的时间，其值约为 5 ms，这对应于 200 Hz 的频率，与等离子体射流重复性的实验研究结果一致[172]。

5.5.2 加入 O_2 时可重复推进模式需要的最小种子电子密度

1. 由 O_2^- 去吸附产生的种子电子

等离子体射流在空气中传播，由于周围空气的扩散，等离子体射流中的 O_2 密度可能很高，因此 O_2^- 浓度也可能很高。所以，种子电子可以通过 O_2^- 的

去吸附产生。O_2^- 的形成过程主要是通过下面两个吸附过程[201~202]：

$$e+O_2+O_2 \rightarrow O_2^- +O_2 \quad (k_8=2.26\times10^{-30}\ cm^6/s) \tag{5.5.8}$$

$$e+O_2+N_2 \rightarrow O_2^- +N_2 \quad (k_9=1.24\times10^{-31}\ cm^6/s) \tag{5.5.9}$$

电子的指数衰减时间 $\Delta t=(k_8[O_2]^2+k_9[O_2][N_2])^{-1}$。在室温下，$k_8=2.26\times10^{-30}\ cm^6/s$ 和 $k_9=1.24\times10^{-31}\ cm^6/s$[36, 39]。在大气压空气条件下，$\Delta t$ 大约为 20 ns。当产生 O_2^- 后，如果脉冲频率足够高，在 O_2^- 通过二体和三体离子间的复合或扩散等作用消失之前，在下一个脉冲放电时，它可以通过去吸附产生种子电子。

例如，在 0.2 个大气压，氦气混合 1%O_2的情况下，当脉冲频率为 400 Hz 时，O_2^- 的密度大约是 $2\times10^9\ cm^{-3}$，而 400 Hz 对应的是可重复放电模式的临界频率[172, 185]。由 O_2^- 去吸附产生的种子电子密度约为 $2.5\times10^8\ cm^{-3}$，而原始剩余自由电子密度远小于 $10^6\ cm^{-3}$[185]，即当 O_2存在时，O_2^- 去吸附是种子电子的主要来源。

另一项研究表明，在大气压下，可重复放电模式的临界频率约为 250 Hz，而前一个脉冲产生的剩余电子的密度为 $10^4\sim10^5\ cm^{-3}$[171]。在这种情况下，当初始电子密度在 $10^{11}\sim10^{13}\ cm^{-3}$之间变化时，由 O_2^- 去吸附产生的种子电子在 $1\times10^9\sim1.3\times10^9\ cm^{-3}$这个范围[172]。值得注意的是，等离子体子弹推进模式转变的临界频率与 O_2含量有关。进一步的估算表明，对于不同比例的氦氧混合气体，满足可重复推进模式所需的最小种子电子密度基本相同。然而，这个值与气压有很大关系。具体来说，当气体压强为 4 kPa 时，所需的种子电子密度为 $10^7\ cm^{-3}$；当气体压强增大到 0.2 个大气压时，所需的种子电子密度为 $10^8\ cm^{-3}$；而对于气体压强为 1 个大气压时，所需的种子电子密度为 $10^9\ cm^{-3}$。

2. 由光电离产生的种子电子密度

另一方面，光电离总是存在的，因为当等离子体射流在周围空气中产生时，其中总是含有少量的空气。对于空气的正流注，人们认为光电离对流注的推进过程至关重要。在大气压条件下，研究发现，光电离仅在种子电子密度小于 $10^7\ cm^{-3}$时才影响流注的传播，由此判断光电离产生的电子密度应该在 $10^7\ cm^{-3}$的量级[94]。数值模拟发现，当只考虑种子电子，并将种子电子密度设定为 $10^7\ cm^{-3}$，或者仅考虑光电离效应时，模拟得到这两种情况下流注的推进行为相似,因此认为光电离贡献的电子密度约为 10^7 cm^{-3}[124]。另一项研究表明,密度为 10^9 cm^{-3}的 O_2^- 与光电离作用类似,因为并非所有的 O_2^- 在等离子体子弹的推进过程中去吸附产生电子[117]。因此,可以得出这样的结论,即光电离产生的最大电子密度应该小于 10^9 cm^{-3}。

另一个研究发现,密度为 2×10^9 cm^{-3}的 O_2^-,由于去吸附产生的种子电子密度几乎低了一个数量级,为 2.5×10^8 cm^{-3}[185]。换句话说,当施加电场时,只有大约10%的 O_2^- 去吸附产生了种子电子。因此,有理由假设光电离产生的种子电子密度约为 10^8 cm^{-3}。这一数值与许多研究者的结果一致,结果表明光电离导致流注头部产生一个弱电离等离子体云,其电子密度随离流注头部距离的增加而减小,紧靠头部光电离导致的种子电子密度最高达 10^8 cm^{-3}[182, 186]。这些工作还得出另一个重要结论,即光电离可以在最远达 2 mm 的距离内产生大量的种子电子。另一项研究表明,当 O_2^- 浓度低于 10^9 cm^{-3}时,去吸附机制对种子电子的贡献不如光电离重要[84],因为不是所有的 O_2^- 在大约 4 ns 的等离子体子弹的推进时间内去吸附产生种子电子,因此此时去吸附产生的种子电子密度也应小于 10^9 cm^{-3}。

根据上述研究,可以得出如下结论,即光电离实际产生的电子密度在 $10^7\sim10^8$ cm^{-3}量级。需要强调的是,这些研究中的电极结构、外加电压和气体成分是不同的,但光电离引起的电子密度相差不大。

5.5.3 大气压非平衡等离子体射流可重复推进模式所需最小的种子电子密度

根据上面的讨论,在大气压下,对于纯氦等离子体,可重复推进模式所需的最小种子电子密度约为 10^9 cm^{-3}。当氦气中混合少量的 O_2时,电子在大约 20 ns 的时间内被 O_2分子吸附形成 O_2^-。对于重复脉冲放电,如果脉冲频率足够高,O_2^- 可能对种子电子具有显著贡献。虽然氦气中 O_2不同的百分比导致了可重复放电模式的临界频率不同,但研究发现它们工作在可重复放电模式时需要的最小种子电子密度与纯氦情况下相同,都是 10^9 cm^{-3}。既然种子电子密度在推进模式中起决定性的作用,为了区别于传统的流注放电,将这种可重复推进模式的放电称为高种子密度(high seed electron density, HSED)放电。进一步的研究表明,光电离产生的电子密度比可重复推进模式所需的最小种子电荷密度低一到两个数量级。这意味着光电离本身不能满足等离子体在可重复模式下推进的要求。

另一方面，当气压降低时，可重复推进模式所需的最小种子电子密度随之降低。在0.2个和0.04个大气压条件下，N-APPJ可重复推进模式所需的最小种子电子密度值分别为10^8 cm^{-3}和10^7 cm^{-3}量级。

5.6 关于大气压非平衡等离子体射流高种子电子密度放电理论的展望

5.6.1 空气流注可重复推进模式下的最小种子电子密度

对于传统流注放电，实验发现当种子电子密度达到10^5 cm^{-3}量级时，种子电子开始影响流注的分叉行为，即流注的空间重复性[87]。另一实验研究发现，当种子电子密度达到10^7 cm^{-3}量级时，流注开始呈现出弥散状[88]。数值模拟空气中的流注表明光电离产生的电子密度可达到10^8 cm^{-3}量级[94, 119]。然而，迄今为止，还没有空气流注呈现可重复推进模式的报道。因此，对于传统流注，如果要呈现可重复推进模式，其种子电子密度至少应高于10^8 cm^{-3}。

此外，数值模拟结果表明，当种子电子密度为10^9 cm^{-3}，流注立刻开始推进。然而，随着种子电子密度的降低，流注形成的延迟时间开始增加[94]。但是这个结论是建立在流体模型基础上的。如前所述，流体模型不能描述延迟的抖动行为。换句话说，由于模型固有属性，该模型不可能模拟推进模式的转换行为。然而，这样的结果表明种子电子密度10^9 cm^{-3}可能是一个阈值。为了确定可重复推进模式的最小种子电子密度规则是否适用于传统的空气流注，还需要进一步的实验和仿真。

5.6.2 等离子体子弹可重复推进模式的累积效应

除了种子电子的积累，亚稳态粒子和等离子体产生的活性粒子同样需要在模拟中考虑，这些粒子也可以直接电离或间接影响正负离子浓度，从而影响稳定放电时的种子电子密度。例如，如果大量的O_2处于亚稳态，那么也会有大量的O_2^-处于亚稳态，那么必定会有更多的亚稳态的O_2^-去吸附，从而产生更多的种子电子。

重要的是，累积效应得到了实验的证实[173]。研究发现，第一次放电总是以随机方式推进的。在频率为4 kHz条件下，大约100次脉冲之后放电由随机放电模式转变为可重复放电模式，这相当于大约第一次放电25 ms之后。

这意味着某些粒子累积到稳定的浓度，它们能够在相对较长的时间内产生足够多的种子电子。然而，有关粒子的确切种类、性质和数量目前还不清楚，需要进一步的研究。这样的研究应该测量相关粒子的绝对浓度，这是一个很具挑战的研究课题。与此同时，数值模拟有望提供更多关于这些粒子的产生和累积效应，以及相关机制的认识。

5.6.3 O_2^- 的去吸附

如上所述，在室温下，为了使 O_2^- 的电子去吸附，需要较高的电场强度。这是因为当存在高电场时，离子获得能量并提高其有效温度，进而增强其电子的去吸附效应。

值得指出的是，O_2^- 去吸附速率对气体温度也很敏感。为了得到在不同的约化电场和气体温度下更可靠的 O_2^- 去吸附速率，仍然有许多工作要做。如图5.6.1所示，在 50～100 Td 的约化场强范围内，当气体温度增加 200 K 时，去吸附速率常数增加了约一个数量级甚至更多。

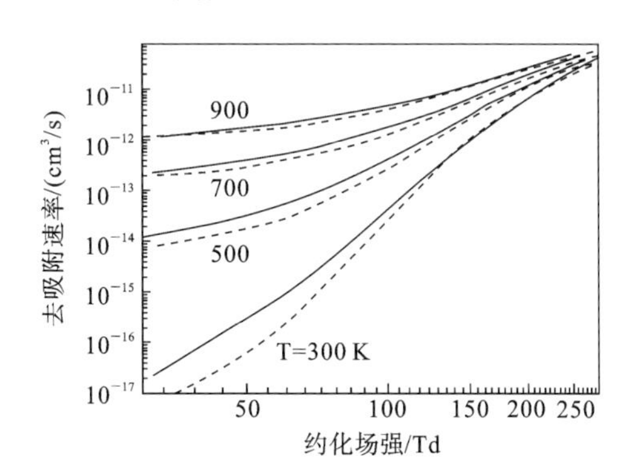

图 5.6.1 不同气体温度 T 对应的去吸附速率随约化场强的变化，实线为数值仿真结果，虚线为半经验仿真结果[202]

由图 5.6.1 可知，在常温常压有 O_2 存在的条件下，电场 150 Td 时，去吸附速率常数约为 10^{-12} cm^{-3}/s，由此可得 O_2^- 去吸附衰减时间为 $\Delta t=(k_{det}[O_2])^{-1}\approx 40$ ns。因此，为了有足够的 O_2^- 去吸附产生种子电子，电场强度、电压上升时间和施加电压的峰值是至关重要的，因为它们决定了去吸附产生的种子电子浓度及推进模式，这亟待进一步的研究。

5.6.4 光电离模型

目前的光电离模型假设受激发的 N_2 发射 98～102.5 nm 的光子，而这些

光子可以被 O_2 吸收，从而产生光电离。然而，实验发现当 O_2 浓度显著变化时，流注推进行为变化不大[117~118]。当氮氧混合物中 O_2 浓度从体积分数为 1×10^{-6} 增加近 6 个数量级时，流注的推进速度几乎相同。这个有趣的现象目前还没有合理的解释。事实上，根据目前的光电离模型，如果光电离在流注推进中是重要的，那么 O_2 浓度的变化必然会引起推进速度的变化。

上述差异使得人们对目前被广泛接受的光电离途径提出了质疑。原因也许与多光子电离有关，尤其是双光子电离；潜在的途径可能是分步电离，即电离的分子/原子首先处于激发态而不是基态。后一种机制不太可能在第一次放电时占主导地位。然而，在后续放电中该机制可能占据主导地位，特别是当放电频率相对较高时，因为一些亚稳态的 N_2 和 O_2 有相对较长的寿命。

5.6.5 流注的仿真模型

大多数流注模拟采用经典的流体模型，但它不能再现流注的分支和随机行为。为了更好地理解等离子体子弹的行为，流体模型应该被加入某些特定的性质以反映出流注行为的本质。也许可以通过开发混合模型来解决这个问题。其中一种混合模型将统计光子输运效应合并到基于流体的等离子体输运模型中。这种混合模型能够描述随机的光电离现象和流注的分叉行为[91]。在这个模型中，假定初始电子云围绕在半径为 1.5 mm 的电极附近，该电子云的峰值电荷密度设为 10^{10} cm^{-3}。另一个混合模型使用蒙特卡罗 PIC-MCC 方法来模拟在流注放电的强电场区域中自由电子的运动和碰撞行为，此时不考虑光电离；其他区域则仍然使用流体模型。该方法可以模拟粒子的分叉行为[82]。在混合模型和粒子模型中，在初始阶段仅使用一个电子进行计算，在大约 0.46 ns 时刻，自由电子数目达到 2×10^7 个，然后将粒子模型切换到超粒子模型，将混合模型切换到全混合模型。然而，这些混合模型仍然不能模拟放电延迟及其抖动行为。因此，进一步开发新的模型来模拟等离子体子弹在可重复放电模式和随机放电模式之间的转换行为是急需解决的问题。

5.7 小结

本章讨论了大气压等离子体射流的特征之一，即它的放电高可重复性行为。这种等离子体放电的特点使等离子体子弹沿着气体流动方向推进，外施电压、工作气体组分及压强等与其推进动态过程密切相关。这种有规则的、可预判的行为与传统的等离子体流注放电的随机行为有很大差异。控制等离子体流注推进具有重要的实际应用价值,包括先进功能材料的制造和加工、生物技术和生物医学治疗等领域。

本章还讨论了等离子体射流可重复性的一些关键物理机理,尽管国际上针对这一问题深入研究了十多年,但有些方面仍然不太清楚。国内外的研究者致力于更好地了解等离子体子弹及传统流注放电的推进特性。等离子体射流独特的推进特性和其他一些典型特征与其推进通道内及周围的电荷累积有关。

等离子体子弹高度可重复且有规律的推进行为与其通道内足够高的电子密度密切相关,这些电子被称为种子电子。因此作如下定义,当种子电子的密度达到 $10^9\ cm^{-3}$ 时的放电称为高种子电子密度(HSED)放电。基于这个标准可以将等离子体射流与传统的正流注放电区分开来。当等离子体射流的种子电子密度高于该阈值时,其动态行为为可重复推进模式。

对大量现有文献报道的结果进行梳理发现,传统的正流注放电由光电离或者其他方法提供的种子电子密度低于 HSED 放电的阈值。因此,其不仅在推进方向和推进距离方面,而且在流注发展及动态行为方面也是随机的。根据目前已发表的文献资料,本章推定 HSED 阈值可以作为预测放电是不规则流注放电还是高可重复性放电的标准。

HSED 理论的提出意味着如果能有效调控种子电子密度,会大大提高 N-APPJ 在不同领域的应用,比如医疗保健和医药、工业生物技术、食品和农业、环境监测和修复、纳米技术和先进材料制造等领域。

希望本章的工作有助于确定每个等离子体子弹出现的时刻,以及需要在传播通道中“植入”多少种子电子来实现这一点。

最后,要感谢在这一领域和相关领域研究者们的贡献,并对其中一些做了贡献但没有包括在本章中的人表示歉意。希望本章的工作能够促进在这一研究领域的合作与交流,希望相关研究人员进一步提出观点和建议,从而共同推进气体放电研究的发展。

参考文献

[1] Laroussi M. Sterilization of contaminated matter with an atmospheric pressure plasma[J]. IEEE Transactions on Plasma Science, 1996(24):

1188-1191.

[2] Kramer A, Lademann J, Bender C, et al. Suitability of tissue tolerable plasmas (TTP) for the management of chronic wounds[J]. Clinical Plasma Medicine, 2013(1): 11-18.

[3] Fridman A, Friedman G. Plasma medicine[M]. New York: Wiley, 2013.

[4] Woedtke T, Reuter S, Masur K, et al. Plasmas for medicine[J]. Physics Reports, 2013(530): 291-320.

[5] Graves D. Low temperature plasma biomedicine: a tutorial review[J]. Physics of Plasmas, 2014(21): 080901.

[6] Shashurin A, Keidar M, Bronnikov S, et al. Living tissue under treatment of cold plasma atmospheric jet[J]. Applied Physics Letters, 2014(93): 181501.

[7] Li Y, Kang M, Uhm H, et al. Effects of atmospheric pressure non-thermal bio-compatible plasma and plasma activated nitric oxide water on cervical cancer cells[J]. Scientific Reports, 2017(7): 45781.

[8] Babaeva N, Kushner M. Reactive fluxes delivered by dielectric barrier discharge filaments to slightly wounded skin[J]. Journal of Physics D: Applied Physics, 2013(46): 025401.

[9] Ishaq M, Evans M, Ostrikov K. Effect of atmospheric gas plasmas on cancer cell signaling[J]. International Journal of Cancer, 2014(134): 1517-1528.

[10] Yousfi M, Merbahi N, Pathak A, et al. Low-temperature plasmas at atmospheric pressure: toward new pharmaceutical treatments in medicine[J]. Fundamental and Clinical Pharmacology, 2014(28): 123-135.

[11] Fang Z, Shao T, Yang J, et al. Discharge processes and an electrical model of atmospheric pressure plasma jets in argon[J]. The European Physical Journal D, 2016(70): 3.

[12] Lu X, Naidis G, Laroussi M, et al. Guided ionization waves: theory and experiments[J]. Physics Reports, 2014(10): 1016.

[13] Xia Y, Wang W, Liu D, et al. An atmospheric pressure micro-plasma array produced by using graphite coating electrodes[J]. Plasma Proces-

ses and Polymers, 2017(10): e1600132.
[14] Kos S, Blagus T, Cemazar M, et al. Safety aspects of atmospheric pressure helium plasma jet operation on skin: in vivo study on mouse skin[J]. PLoS One, 2017(10): e0174966.
[15] Shashurin A, Shneider M, Dogariu A, et al. Temporal behavior of cold atmospheric plasma jet[J]. Applied Physics Letters, 2009(94): 231504.
[16] Laroussi M, Lu X. Room-temperature atmosheric pressure plasma plume for biomedical application[J]. Applied Physics Letters, 2005 (87): 113902.
[17] Zhang C, Shao T, Wang R, et al. A comparison between characteristics of atmospheric pressure plasma jets sustained by nanosecond- and microsecond-pulse generators in helium[J]. Physics of Plasmas, 2014 (21): 103505.
[18] Lu X, Laroussi M. Dynamics of an atmospheric pressure plasma plume generated by sub-microsecond voltage pulses[J]. Journal of Applied Physics, 2006(100): 063302.
[19] Zhang X, Liu D, Zhou R, et al. Atmospheric cold plasma jet for plant disease treatment[J]. Applied Physics Letters, 2014(104): 043702.
[20] Kolb J, Mohamed A, Price R, et al. Cold atmospheric pressure air plasma jet for medical applications[J]. Applied Physics Letters, 2008 (92): 241501.
[21] Nijdam S, Wormeester G, Veldhuizen E, et al. Probing background ionization: positive streamers with varying pulse repetition rate and with a radioactive admixture[J]. Journal of Physics D: Applied Physics, 2011(44): 455201.
[22] Lu X, Jiang Z, Xiong Q, et al. An 11 cm long atmospheric pressure cold plasma plume for applications of plasma medicine[J]. Applied Physics Letters, 2008(92): 081502.
[23] Xian Y, Zhang P, Lu X, et al. From short pulses to short breaks: exotic plasma bullets via residual electron control[J]. Scientific Reports, 2013(3): 1599.

[24] Yi W, Williams P. Experimental study of streamers in pure N_2 and N_2/O_2 mixtures and a approximate to 13 cm gap[J]. Journal of Physics D: Applied Physics, 2002(35): 205-218.

[25] Zeng R, Chen S. The dynamic velocity of long positive streamers observed using a multi-frame ICCD camera in a 57 cm air gap[J]. Journal of Physics D: Applied Physics, 2013(46): 485201.

[26] Park S, Cvelbar U, Choe W, et al. The creation of electric wind due to the electrohydrodynamic force[J]. Nature Communications, 2018(9): 371.

[27] Wu S, Wang Z, Huang Q, et al. Atmospheric pressure plasma jets: effect of gas flow, active species, and snake-like bullet propagation[J]. Physics of Plasmas, 2013(20): 023503.

[28] Townsend J. The conductivity produced in gases by the motion of negatively-charged Ions[J]. Nature, 1900(10): 340-341.

[29] Raizer Y. Gas discharge physics[M]. Berlin: Springer-Verlag, 1991.

[30] Loeb L. Fundamental processes of electrical discharge in gases[M]. New York: Wiley, 1939.

[31] Loeb L, Kip A. Electrical discharges in air at atmospheric pressure the nature of the positive and negative point-to-plane coronas and the mechanism of spark propagation[J]. Journal of Applied Physics, 1939(10): 142-160.

[32] Raether H. Die Entwicklung der Elektronenlawine in den Funkenkanal [J]. Ztschrift Für Physik, 1939(112): 464-489.

[33] Meek J. A theory of spark discharge[J]. Physical Review A, 1940 (57): 722-728.

[34] Bruggeman P, Brandenburg R. Atmospheric pressure discharge filaments and microplasmas: physics, chemistry and diagnostics[J]. Journal of Physics D: Applied Physics, 2013(46): 464001.

[35] Babaeva N, Naidis G, Kushner M. Interaction of positive streamers in air with bubbles floating on liquid surfaces: conductive and dielectric bubbles[J]. Plasma Sources Science & Technology, 2018(27): 015016.

[36] Höft H, Kettlitz M, Becker M, et al. Breakdown characteristics in

pulsed-driven dielectric barrier discharges: influence of the pre-breakdown phase due to volume memory effects[J]. Journal of Physics D: Applied Physics, 2014(47): 465206.

[37] Inada Y, Aono K, Ono R, et al. Two-dimensional electron density measurement of pulsed positive primary streamer discharge in atmospheric pressure air[J]. J. Phys. D: Appl. Phys, 2017(50): 174005.

[38] Okubo M. Evolution of streamer groups in nonthermal plasma[J]. Physics of Plasmas, 2015(22): 123515.

[39] Bujotzek M, Seeger M, Schmidt F, et al. Experimental investigation of streamer radius and length in SF6[J]. Journal of Physics D: Applied Physics, 2015(48): 245201.

[40] Köhn C, Chanrion O, Neubert T. The influence of bremsstrahlung on electric discharge streamers in N_2/O_2 gas mixtures[J]. Plasma Sources Science and Technology, 2017(26): 015006.

[41] Luque A, Ebert U. Growing discharge trees with self-consistent charge transport: the collective dynamics of streamers[J]. New Journal of Physics, 2014(16): 013039.

[42] Simek M, Pongrac B, Babicky V, et al. Luminous phase of nanosecond discharge in deionized water: morphology, propagation velocity and optical emission[J]. Plasma Sources Science and Technology, 2017(26): 07LT01.

[43] Markosyan A, Dujko S, Ebert U. High-order fluid model for streamer discharges: Ⅱ. Numerical solution and investigation of planar fronts[J]. Journal of Physics D: Applied Physics, 2013(46): 475203.

[44] Pei X, Wu S, Xian Y, et al. On OH density of an atmospheric pressure plasma jet by laser-induced fluorescence[J]. IEEE Transactions on Plasma Science, 2014(42): 1206-1210.

[45] Pei X, Liu J, Xian Y, et al. A battery-operated atmospheric pressure plasma wand for biomedical applications[J]. Journal of Physics D: Applied Physics, 2014(47): 145204.

[46] Tholin F, Bourdon A. Influence of the external electrical circuit on the

regimes of a nanosecond repetitively pulsed discharge in air at atmospheric pressure[J]. Plasma Phys. Controlled Fusion, 2015(57): 014016.

[47] Zhang J, Wang Y, Wang D. Numerical study on mode transition characteristics in atmospheric pressure helium pulsed discharges with pin-plane electrode[J]. IEEE Transactions on Plasma Science, 2018(46): 19-24.

[48] Stephens J, Fierro A, Dickens J, et al. Influence of VUV illumination on breakdown mechanics: pre-ionization, direct photoionization, and discharge initiation[J]. Journal of Physics D: Applied Physics, 2014(47): 325501.

[49] Taccogna F, Pellegrini F. Kinetics of a plasma streamer ionization front[J]. J. Phys. D: Appl. Phys., 2018(51): 064001.

[50] Nijdam S, Takahashi E, Markosyan A, et al. Investigation of positive streamers by double-pulse experiments, effects of repetition rate and gas mixture[J]. Plasma Sources Science and Technology, 2014(23): 025008.

[51] Naidis G. Modeling of streamer dynamics in atmospheric pressure air plasma jets[J]. Plasma Processes and Polymers, 2017(14): 1600127.

[52] Komuro A, Ono R, Oda T. Numerical simulation for production of O and N radicals in an atmospheric pressure streamer discharge[J]. Journal of Physics D: Applied Physics, 2012(45): 265201.

[53] Plewa J, Eichwald O, Ducasse O, et al. 3D streamers simulation in a pin to plane configuration using massively parallel computing[J]. Journal of Physics D: Applied Physics, 2018(51): 095206.

[54] Houba T, Roy S. Numerical study of low pressure air plasma in an actuated channel[J]. Journal of Applied Physics, 2015(118): 233303.

[55] Pintassilgo C, Guerra V. On the different regimes of gas heating in air plasmas[J]. Plasma Sources Science and Technology, 2015(24): 055009.

[56] Suanpoot P, Han G, Sornsakdanuphap J, et al. Plasma propagation speed and electron temperature in slow electron energy non-thermal atmospheric pressure indirect-plasma jet[J]. IEEE Transactions on Plasma Science, 2015(43): 2207-2211.

[57] Wagner A, Mariotti D, Yurchenko K, et al. Experimental study of a planar atmospheric pressure plasma operating in the microplasma regime[J]. Physical Review E, 2009(80): 065401.

[58] Pancheshnyi S. Photoionization produced by low-current discharges in O_2, air, N_2 and CO_2[J]. Plasma Sources Science and Technology, 2015(24): 015023.

[59] Jiang M, Li Y, Wang H, et al. A photoionization model considering lifetime of high excited states of N_2 for PIC-MCC simulations of positive streamers in air[J]. Physics of Plasmas, 2018(25): 012127.

[60] Janda M, Machala Z, Dvonc L, et al. Self-pulsing discharges in preheated air at atmospheric pressure[J]. Journal of Physics D: Applied Physics, 2015(48): 035201.

[61] Yoon S, Kim G, Kim S, et al. Bullet-to-streamer transition on the liquid surface of a plasma jet in atmospheric pressure[J]. Physics of Plasmas, 2017(24): 013513.

[62] Tholin F, Bourdon A. Simulation of the hydrodynamic expansion following a nanosecond pulsed spark discharge in air at atmospheric pressure[J]. Journal of Physics D: Applied Physics, 2013(46): 365205.

[63] Takahashi E, Kato S, Furutani H, et al. Single-shot observation of growing streamers using an ultrafast camera[J]. Journal of Physics D: Applied Physics, 2011(44): 302001.

[64] Simek M, Ambrico P, Prukner V. Evolution of $N_2 A^3\Sigma_u^+$ in streamer discharges: influence of oxygen admixtures on formation of low vibrational levels[J]. Journal of Physics D: Applied Physics, 2017(50): 504002.

[65] Nijdam S, Takahashi E, Teunissen J, et al. Streamer discharges can move perpendicularly to the electric field[J]. New Journal of Physics, 2014(16): 103038.

[66] Huiskamp T, Pemen A, Hoeben W, et al. Temperature and pressure effects on positive streamers in air[J]. Journal of Physics D: Applied Physics, 2013(46): 165202.

[67] Wen X, Li Q, Li J, et al. Quantitative relationship between the maxi-

mum streamer length and discharge voltage of a pulsed positive streamer discharge in water[J]. Plasma Science and Technology, 2017(19): 085401.

[68] HOft H, Kettlitz M, Hoder T, et al. The influence of O_2 content on the spatio-temporal development of pulsed driven dielectric barrier discharges in O_2/N_2 gas mixtures[J]. Journal of Physics D: Applied Physics, 2013(46): 095202.

[69] Janda M, Machala Z, Niklova A, et al. The streamer-to-spark transition in a transient spark: a DC-driven nanosecond-pulsed discharge in atmospheric air[J]. Plasma Sources Science and Technology, 2012(21): 045006.

[70] Xu D, Shneider M, Lacoste D, et al. Thermal and hydrodynamic effects of nanosecond discharges in atmospheric pressure air[J]. Journal of Physics D: Applied Physics, 2014(47): 235202.

[71] Trienekens D, Stephens J, Fierro A, et al. Time-discretized extreme and vacuum ultraviolet spectroscopy of spark discharges in air, N_2 and O_2[J]. Journal of Physics D: Applied Physics, 2016(49): 035201.

[72] Zhang Y, Wang H, Jiang W, et al. Two-dimensional particle-in cell/Monte Carlo simulations of a packed-bed dielectric barrier discharge in air at atmospheric pressure[J]. New Journal of Physics, 2015(17): 083056.

[73] Komuro A, Ono R. Two-dimensional simulation of fast gas heating in an atmospheric pressure streamer discharge and humidity effects[J]. Journal of Physics D: Applied Physics, 2014(47): 155202.

[74] Lanier S, Shkurenkov I, Adamovich I, et al. Two-stage energy thermalization mechanism in nanosecond pulse discharges in air and hydrogen-air mixtures[J]. Plasma Sources Science and Technology, 2015 (24): 025005.

[75] Rusterholtz D, Lacoste D, Stancu G, et al. Ultrafast heating and oxygen dissociation in atmospheric pressure air by nanosecond repetitively pulsed discharges[J]. Journal of Physics D: Applied Physics, 2013 (46): 464010.

[76] Jiang M, Li Y, Wang H, et al. 3D PIC-MCC simulations of positive streamers in air gaps[J]. Physics of Plasmas, 2017(24): 102112.

[77] Komuro A, Takahashi K, Ando A. Vibration-to-translation energy transfer in atmospheric pressure streamer discharge in dry and humid air[J]. Plasma Sources Science and Technology, 2015(24): 055020.
[78] Mesyats G I, Yalandin M. On the nature of picosecond runaway electron beams in air[J]. IEEE Transactions on Plasma Science, 2009(37): 785-789.
[79] Chanrion O, Neubert T. Production of runaway electrons by negative streamer discharges[J]. Journal of Geophysical Research Atmospheres, 2010 (115): A00E32.
[80] Eber U, Brau F, Derks G, et al. Multiple scales in streamer discharges, with an emphasis on moving boundary approximations[J]. Nonlinearity, 2011 (24): C1-C26.
[81] Luque A, Ebert U. Density models for streamer discharges: beyond cylindrical symmetry and homogeneous media[J]. Journal of Computational Physics, 2012(231): 904-918.
[82] Li C, Teunissen J, Nool M, et al. A comparison of 3D particle, fluid and hybrid simulations for negative streamers[J]. Plasma Sources Science and Technology, 2012(21): 055019.
[83] Babaeva N, Naidis G. Two-dimensional modelling of positive streamer dynamics in non-uniform electric fields in air[J]. Journal of Physics D: Applied Physics, 1996(29): 2423-2431.
[84] Babaeva N, Naidis G. Dynamics of positive and negative streamers in air in weak uniform electric fields[J]. IEEE Transactions on Plasma Science, 1997(25): 375-379.
[85] Wormeester G, Nijdam S, Ebert U. Feather-like structures in positive streamers interpreted as electron avalanches[J]. Japanese Journal of Applied Physics, 2011(50): 08JA01.
[86] Luque A, Ebert U. Electron density fluctuations accelerate the branching of positive streamer discharges in air[J]. Physical Review E, 2011 (84): 046411.
[87] Takahashi E, Kato S, Sasaki A, et al. Controlling branching in stream-

er discharge by laser background ionization[J]. Journal of Physics D: Applied Physics, 2011(44): 075204.

[88] Mathew D, Bastiaens H, Boller K, et al. Effect of preionization, fluorine concentration, and current density on the discharge uniformity in F2 excimer laser gas mixtures[J]. Journal of Applied Physics, 2007(102): 033305.

[89] Dujko S, Markosyan A, White R, et al. High-order fluid model for streamer discharges: Ⅰ. Derivation of model and transport data[J]. Journal of Physics D: Applied Physics, 2013(46): 475202.

[90] Ono R, Teramoto Y, Oda T. Gas density in a pulsed positive streamer measured using laser shadowgraph[J]. Journal of Physics D: Applied Physics, 2010(43): 345203.

[91] Xiong Z, Kushner M. Branching and path-deviation of positive streamers resulting from statistical photon transport[J]. Plasma Sources Science and Technology, 2014(23): 065041.

[92] K. Dhali S, Williams P. Two-dimensional studies of streamers in gases [J]. Journal of Applied Physics, 1987(62): 4696-4707.

[93] Vitello P, Penetrante B, Bardsley J. Simulation of negative-streamer dynamics in nitrogen[J]. Physical Review E, 1994(49): 5574-5598.

[94] Bourdon A, Bonaventura Z, Celestin S. Influence of the pre-ionization background and simulation of the optical emission of a streamer discharge in preheated air at atmospheric pressure between two point electrodes[J]. Plasma Sources Science and Technology, 2010(19): 034012.

[95] Luque A, Ratushnaya V, Ebert U. Positive and negative streamers in ambient air: modelling evolution and velocities[J]. Journal of Physics D: Applied Physics, 2008(41): 234005.

[96] Cravath A. The rate of formation of negative ions by electron attachment[J]. Physical Review A, 1929(33): 605-613.

[97] Teich T. Emission gasionisierender strahlung aus elektronenlawinen Ⅰ. meflanordnung und mebverfahren. messungen in sauerstoff[J]. Ztschrift Für Physik, 1967(199): 378-394.

[98] Teich T. Emission gasionisierender Strahlung aus Elektronenlawinen Ⅱ. messungen in O_2/He gemischen, dämpfen, CO_2 und Luft; Datenzusammenstellung[J]. Ztschrift Für Physik, 1967(199): 395-410.

[99] Loeb L. The problem of the mechanism of static spark discharge[J]. Reviews of Modern Physics, 1936(8): 267-293.

[100] Raether H. Über eine gasionisierende Strahlung einer Funkenentladung[J]. Ztschrift Für Physik, 1938(110): 611-624.

[101] Przybylski A. Untersuchung fiber die „gasionisierende" strahlung einer entladung[J]. Ztschrift Für Physik, 1958(151): 264.

[102] Penney G, Hummert G. Photoionization measurements in air, O_2, and N_2[J]. Journal of Applied Physics, 1970(41): 572-577.

[103] Liu N, Pasko V. Effects of photoionization on similarity properties of streamers at various pressures in air[J]. Journal of Physics D: Applied Physics, 2006(39): 327-334.

[104] Sun A, Teunissen J, Ebert U. The inception of pulsed discharges in air: simulations in background fields above and below breakdown[J]. Journal of Physics D: Applied Physics, 2014(47): 445205.

[105] Naidis G. Effects of nonlocality on the dynamics of streamers in positive corona discharges[J]. Technical Physics Letters, 1997(23): 493-494.

[106] Liu N, Célestin S, Bourdon A, et al. Application of photoionization models based on radiative transfer and the Helmholtz equations to studies of streamers in weak electric fields[J]. Applied Physics Letters, 2007(91): 211501.

[107] Naidis G. On photoionization produced by discharges in air[J]. Plasma Sources Science and Technology, 2006(15): 253-255.

[108] Briels T, van Veldhuizen E, Ebert U. Time resolved measurements of streamer inception in air[J]. IEEE Transactions on Plasma Science, 2005(33): 908-909.

[109] Ségur P, Bourdon A, Marode E, et al. The use of an improved Eddington approximation to facilitate the calculation of photoionization in

streamer discharges[J]. Plasma Sources Science and Technology, 2006(15): 648-660.

[110] Gerken E, Inan U, Barrington-Leigh C. Telescopic imaging of sprites [J]. Geophysical Research Letters, 2000(27): 2637-2640.

[111] Liu N, Pasko V. NO-γ emissions from streamer discharges: direct electron impact excitation versus resonant energy transfer[J]. Journal of Physics D: Applied Physics, 2010(43): 082001.

[112] Liu N, Pasko V. Correction to "Effects of photoionization on propagation and branching of positive and negative streamers in sprites"[J]. Journal of Geophysical Research Atmospheres, 2004 (109): A09306.

[113] Pancheshnyi S. Role of electronegative gas admixtures in streamer start, propagation and branching phenomena[J]. Plasma Sources Science and Technology, 2005(14): 645-653.

[114] Zhelezniak M, Mnatsakanian A, Sizykh S. Photoionization of nitrogen and oxygen mixtures by radiation from a gas discharge[J]. Teplofizika Vysokikh Temperatur, 1982(20): 423-428.

[115] Luque A, Ebert U, Nontijn C, et al. Photoionization in negative streamers: fast computations and two propagation modes[J]. Applied Physics Letters, 2007(90): 081501.

[116] Bourdon A, Pasko V, Liu N, et al. Efficient models for photoionization produced by non-thermal gas discharges in air based on radiative transfer and the Helmholtz equations[J]. Plasma Sources Science and Technology, 2007(16): 656-678.

[117] Wormeester G, Pancheshnyi S, Luque A, et al. Probing photo-ionization: Simulations of positive streamers in varying N_2/O_2 mixtures[J]. Journal of Physics D: Applied Physics, 2010(43): 505201.

[118] Nijdam S, Wetering F, Blanc R, et al. Probing photo-ionization: experiments on positive streamers in pure gasses and mixtures[J]. Journal of Physics D: Applied Physics, 2010(43): 145204.

[119] Pancheshnyi S, Starikovskaia S, Starikovskii A. Role of photoionization processes in propagation of cathode-directed streamer[J]. Journal

of Physics D: Applied Physics, 2001(34): 105-115.

[120] Luque A, Ebert U, Hundsdorfer W. Interaction of streamer discharges in air and other O_2/N_2 mixtures[J]. Physical Review Letters, 2008(101): 075005.

[121] Pancheshnyi S, Nudnova M, Starikovskii A. Development of a cathode-directed streamer discharge in air at different pressures: experiment and comparison with direct numerical simulation[J]. Physical Review E, 2005(71): 016407.

[122] Clevis T, Nijdam S, Ebert U. Inception and propagation of positive streamers in high-purity nitrogen: effects of the voltage rise-rate[J]. Journal of Physics D: Applied Physics, 2013(46): 045202.

[123] Chen S, Heijmans L, Zeng R, et al. Nanosecond repetitively pulsed discharges in N_2/O_2 mixtures: inception cloud and streamer emergence[J]. Journal of Physics D: Applied Physics, 2015(48): 175201.

[124] Douat C, Bauville G, Fleury M, et al. Dynamics of colliding microplasma jets[J]. Plasma Sources Science and Technology, 2012(21): 034010.

[125] Xiong Q, Lu X, Ostrikov K, et al. Pulsed DC and sine-wave-excited cold atmospheric plasma plumes: a comparative analysis[J]. Physics of Plasmas, 2010(17): 043506.

[126] Mericam-Bourdet N, Laroussi M, Begum A, et al. Experimental investigations of plasma bullets[J]. Journal of Physics D: Applied Physics, 2009(42): 055207.

[127] Urabe K, Ito Y, Tachibana K, et al. Behavior of N_2^+ ions in He microplasma jet at atmospheric pressure measured by laser induced fluorescence spectroscopy[J]. Appl. Phys. Express, 2008(1): 066004.

[128] Walsh J, Kong M. Room-temperature atmospheric argon plasma jet sustained with sub-microsecond high-voltage pulses[J]. Applied Physics Letters, 2007(91): 221502.

[129] Xian Y, Lu X, Cao Y, et al. On plasma bullet behavior[J]. IEEE Transactions on Plasma Science, 2009(37): 2068-2073.

[130] Sretenović G, Guaitella O, Sobota A, et al. Electric field measurement in the dielectric tube of helium atmospheric pressure plasma jet[J]. Journal of Applied Physics, 2017(121): 123304.

[131] Walsh J, Iza F, Janson N, et al. Three distinct modes in a cold atmospheric pressure plasma jet[J]. Journal of Physics D: Applied Physics, 2010(43): 075201.

[132] Lu X, Jiang Z, Xiong Q, et al. Effect of E-field on the length of a plasma jet[J]. IEEE Transactions on Plasma Science, 2008(36): 988-989.

[133] Wu S, Huang Q, Wang Z, et al. The effect of nitrogen diffusion from surrounding air on plasma bullet behavior[J]. IEEE Transactions on Plasma Science, 2011(39): 2286-2287.

[134] Laroussi M. Low temperature plasma-based sterilization: overview and state-of-the-art[J]. Plasma Processes and Polymers, 2005(2): 391.

[135] Laroussi M, Kong M, Morfill G, et al. Plasma medicine: applications of low temperature gas plasmas in medicine and biology[M]. Cambridge: Cambridge University Press, 2012.

[136] Keidar M, Shashurin A, Volotskova O, et al. Cold atmospheric plasma in cancer therapy[J]. Physics of Plasmas, 2013(20): 057101.

[137] Goossens O, Dekempeneer E, Vangeneugden D, et al. Application of atmospheric pressure dielectric barrier discharges in deposition, cleaning and activation[J]. Surface and Coatings Technology 2001(474): 142-144.

[138] Bazaka K, Jacob M, Chrzanowski W, et al. Anti-bacterial surfaces: natural agents, mechanisms of action, and plasma surface modification [J]. RSC Advances, 2015(5): 48739.

[139] Winter J, Wende K, Masur K, et al. Feed gas humidity: small concentrations—large effects[J]. Journal of Physics D: Applied Physics, 2013(46): 295401.

[140] Viegas P, Pechereau F, Bourdon A. Numerical study on the time evolutions of the electric field in helium plasma jets with positive and negative polarities[J]. Plasma Sources Science and Technology, 2018

(27): 025007.

[141] Murakami T, Niemi K, Gans T, et al. Interacting kinetics of neutral and ionic species in an atmospheric pressure helium-oxygen plasma with humid air impurities[J]. Plasma Sources Science and Technology, 2013(22): 045010.

[142] Gaens W, Bogaerts A. Kinetic modelling for an atmospheric pressure argon plasma jet in humid air[J]. Journal of Physics D: Applied Physics, 2013(46): 275201.

[143] Park G, Hong Y, Lee H, et al. A global model for the identification of the dominant reactions for atomic Oxygen in He/O_2 atmospheric pressure plasmas[J]. Plasma Processes and Polymers, 2010(7): 281-287.

[144] Murakami T, Niemi K, Gans T, et al. Core and afterglow plasma chemistry of a kHz-driven atmospheric pressure plasma jet operated in ambient air [J]. Plasma Sources Science and Technology , 2014(23): 025005.

[145] Niemi K, Waskoenig J, Sadeghi N, et al. The role of helium metastable states in radio-frequency driven helium-oxygen atmospheric pressure plasma jets: measurement and numerical simulation[J]. Plasma Sources Science and Technology, 2011(20): 055005.

[146] Schmidt-Bleker A, Winter J, Iseni S, et al. Reactive species output of a plasma jet with a shielding gas device-combination of FTIR absorption spectroscopy and gas phase modelling[J]. Journal of Physics D: Applied Physics, 2014(47): 145201.

[147] Naidis G. Modelling of OH production in cold atmospheric pressure He-H_2O plasma jets[J]. Plasma Sources Science and Technology, 2013(22): 035015.

[148] van Gaens W, Bogaerts A. Reaction pathways of biomedically active species in an Ar plasma jet[J]. Plasma Sources Science and Technology, 2014(23):035015.

[149] Gaens W, Bruggeman P, Bogaerts A. Numerical analysis of the NO and O generation mechanism in a needle-type plasma jet[J]. New Journal of Physics, 2014(16): 063054.

[150] Gaens W, Iseni S, Schmidt-Bleker A, et al. Numerical analysis of the effect of nitrogen and oxygen admixtures on the chemistry of an argon plasma jet operating at atmospheric pressure[J]. New Journal of Physics, 2015(17): 033003.

[151] Naidis G. Production of active species in cold helium-air plasma jets [J]. Plasma Sources Science and Technology, 2014(23): 065014.

[152] Niermann B, Hemke T, Babaeva N, et al. Spatial dynamics of helium metastables in sheath or bulk dominated RF micro-plasma jets[J]. Journal of Physics D: Applied Physics, 2011(44): 485204.

[153] Schneider S, Lackmann J, Narberhaus F, et al. Separation of VUV/UV photons and reactive particles in the effluent of a He/O_2 atmospheric pressure plasma jet[J]. Journal of Physics D: Applied Physics, 2011(44): 295201.

[154] Breden D, Raja L. Computational study of the interaction of cold atmospheric helium plasma jets with surfaces[J]. Plasma Sources Science and Technology, 2014(23): 065020.

[155] Liu X, Pei X, Lu X, et al. Numerical and experimental study on a pulsed DC plasma jet[J]. Plasma Sources Science and Technology, 2014(23): 035007.

[156] Babaeva N, Kushner M. Interaction of multiple atmospheric pressure micro-plasma jets in small arrays: He/O_2 into humid air[J]. Plasma Sources Science and Technology, 2014(23): 015007.

[157] Norberg S, Johnsen E, Kushner M. Formation of reactive oxygen and nitrogen species by repetitive negatively pulsed helium atmospheric pressure plasma jets propagating into humid air[J]. Plasma Sources Science and Technology, 2015(24): 035026.

[158] Iza F, Kim G, Lee S, et al. Microplasmas: sources, particle kinetics, and biomedical applications[J]. Plasma Processes and Polymers, 2008 (5): 322-344.

[159] Dilecce G. Optical spectroscopy diagnostics of discharges at atmospheric pressure[J]. Plasma Sources Science and Technology, 2014

(23): 015011.

[160] Lu X, Naidis G, Laroussi M, et al. Reactive species in non-equilibrium atmospheric pressure plasmas: generation, transport, and biological effects[J]. Physics Reports, 2016(630): 1-84.

[161] Reuter S, Winter J, Iseni S, et al. Detection of ozone in a MHz argon plasma bullet jet[J]. Plasma Sources Science and Technology, 2012 (21): 034015.

[162] Reuter S, Schmidt-Bleker A, Iseni S, et al. On the bullet-streamer dualism[J]. IEEE Transactions on Plasma Science, 2014(42): 2428.

[163] Dilecce G, Martini L, Tosi P, et al. Laser induced fluorescence in atmospheric pressure discharges[J]. Plasma Sources Science and Technology, 2015(24): 034007.

[164] Iseni S, Mericam-Bourdet A, Winter J, et al. Atmospheric pressure streamer follows the turbulent argon air boundary in a MHz argon plasma jet investigated by OH-tracer PLIF spectroscopy[J]. Journal of Physics D: Applied Physics, 2014(47): 152001.

[165] Levko D, Pachuilo M, Raja L. Particle-in-cell modeling of streamer branching in CO_2 gas[J]. Journal of Physics D: Applied Physics, 2017 (50): 354004.

[166] Hasan M, Cvelbar U, Bradley J, et al. Counter-propagating streamers in an atmospheric pressure helium plasma jet[J]. Journal of Physics D: Applied Physics, 2017(50): 205201.

[167] Riès D, Dilecce G, Robert E, et al. LIF and fast imaging plasma jet characterization relevant for NTP biomedical applications[J]. Journal of Physics D: Applied Physics, 2014(47): 275401.

[168] Robert E, Sarron V, Darny T, et al. Rare gas flow structuration in plasma jet experiments[J]. Plasma Sources Science and Technology, 2014(23): 012003.

[169] Shao T, Zhang C, Wang R, et al. Comparison of atmospheric pressure He and Ar plasma jets driven by microsecond pulses[J]. IEEE Transactions on Plasma Science, 2015(43): 726-732.

[170] Zhang C, Shao T, Wang R, et al. A repetitive microsecond pulse generator for atmospheric pressure plasma jets[J]. IEEE Transactions on Dielectrics and Electrical Insulation, 2015(22): 1907-1915.

[171] Wu S, Lu X, Pan Y. Effects of seed electrons on the plasma bullet propagation[J]. Current Applied Physics, 2013 (13) S1-S5.

[172] Nie L, Chang L, Xian Y, et al. The effect of seed electrons on the repeatability of atmospheric pressure plasma plume propagation: Ⅰ. experiment[J]. Physics of Plasmas, 2016(23): 093518.

[173] Wu S, Lu X. The role of residual charges in the repeatability of the dynamics of atmospheric pressure room temperature plasma plume[J]. Physics of Plasmas, 2014(21): 123509.

[174] Wu S, Lu X, Liu D, et al. Photo-ionization and residual electron effects in guided streamers[J]. Physics of Plasmas,2014(21):103508.

[175] Nie L, Xian Y, Lu X, et al. Visible light effects in plasma plume ignition[J]. Physics of Plasmas, 2017(24): 043502.

[176] Phelps A. The diffusion of charged particles in collisional plasmas: free and ambipolar diffusion at low and moderate pressures[J]. Journal of Research of the National Institute of Standards and Technology, 1990(95): 407-431.

[177] Pedersen H, Buhr H, Altevogt S, et al. Dissociative recombination and low-energy inelastic electron collisions of the helium dimer ion[J]. Physical Review A, 2005(72): 012712.

[178] Cao Y, Johnsen R. Recombination of N_4^+ ions with electrons[J]. The Journal of Chemical Physics, 1991(95): 7356-7359.

[179] Liu D, Rong M, Wang X, et al. Main species and physicochemical processes in cold atmospheric pressure $He+O_2$ plasmas[J]. Plasma Processes and Polymers, 2010(7): 846-865.

[180] Penetrante B, Hsiaodag M, Bardsleydag J, et al. Identification of mechanisms for decomposition of air pollutants by non-thermal plasma processing[J]. Plasma Sources Science and Technology, 1997(6): 251-259.

[181] Dutton J. A survey of electron swarm data[J]. Journal of Physical and Chemical Reference Data, 1975(4): 577-856.

[182] Breden D, Miki K, Raja L. Self-consistent two-dimensional modeling of cold atmospheric pressure plasma jets/bullets[J]. Plasma Sources Science and Technology, 2012(21): 034011.

[183] Shashurin A, Shneider M, Keidar M. Erratum: measurements of streamer head potential and conductivity of streamer column in cold nonequilibrium atmospheric plasmas[J]. Plasma Sources Science and Technology, 2012(21): 049601.

[184] Begum A, Laroussi M, Pervez M. Atmospheric pressure He-Air plasma jet: breakdown process and propagation phenomenon[J]. AIP Advances, 2013(3): 062117.

[185] Chang L, Nie L, Xian Y, et al. The effect of seed electrons on the repeatability of atmospheric pressure plasma plume propagation. Ⅱ. modeling[J]. Physics of Plasmas, 2016(23): 123513.

[186] Breden D, Miki K, Raja L. Computational study of cold atmospheric nanosecond pulsed helium plasma jet in air[J]. Applied Physics Letters, 2011(99): 111501.

[187] Xiong Z, Kushner M. Atmospheric pressure ionization waves propagating through a flexible high aspect ratio capillary channel and impinging upon a target[J]. Plasma Sources Science and Technology, 2012 (21): 034001.

[188] Boeuf J, Yang L, Pitchford L. Dynamics of a guided streamer ("plasma bullet") in a helium jet in air at atmospheric pressure[J]. Journal of Physics D: Applied Physics, 2013(46): 015201.

[189] Xiong Z, Robert E, Sarron V, et al. Dynamics of ionization wave splitting and merging of atmospheric pressure plasmas in branched dielectric tubes and channels[J]. Journal of Physics D: Applied Physics, 2012(45): 275201.

[190] Naidis G. Modelling of streamer propagation in atmospheric pressure helium plasma jets[J]. Journal of Physics D: Applied Physics, 2010

(43)：402001.

[191] Naidis G. Modelling of plasma bullet propagation along a helium jet in ambient air[J]. Journal of Physics D: Applied Physics, 2011(44): 215203.

[192] Naidis G. Simulation of streamers propagating along helium jets in ambient air: polarity-induced effects[J]. Applied Physics Letters, 2011(98): 141501.

[193] Naidis G. Modeling of helium plasma jets emerged into ambient air: influence of applied voltage, jet radius, and helium flow velocity on plasma jet characteristics[J]. Journal of Applied Physics, 2012(112): 103304.

[194] Yousfi M, Eichwald O, Merbahi N, et al. Analysis of ionization wave dynamics in low-temperature plasma jets from fluid modeling supported by experimental investigations[J]. Plasma Sources Science and Technology, 2012(21): 045003.

[195] Sakiyama Y, Graves D, Jarrige J, et al. Finite element analysis of ring-shaped emission profile in plasma bullet[J]. Applied Physics Letters, 2010(96): 041501.

[196] Liu F, Zhang D, Wang D. The influence of air on streamer propagation in atmospheric pressure cold plasma jets[J]. Thin Solid Films, 2012(521): 261-264.

[197] Naidis G. Simulation of interaction between two counter-propagating streamers[J]. Plasma Sources Science and Technology, 2012(21): 034003.

[198] Naidis G, Walsh J. The effects of an external electric field on the dynamics of cold plasma jets-experimental and computational studies[J]. Journal of Physics D: Applied Physics, 2013(46): 095203.

[199] Becker K, Schoenbach K, Eden J. Micro-plasma and applications[J]. Journal of Physics D: Applied Physics, 2006 (39): R55-R70.

[200] Park S, Eden J, Park K. Carbon nanotube-enhanced performance of microplasma devices[J]. Applied Physics Letters, 2004(84): 4481-4483.

[201] Murakami T, Niemi K, Gans T, et al. Chemical kinetics and reactive species in atmospheric pressure helium-oxygen plasmas with humid-air impurities[J]. Plasma Sources Science and Technology, 2013(22): 015003.

[202] Aleksandrov N, Anokhin E. Electron detachment from O_2^- ions in oxygen: the effect of vibrational excitation and the effect of electric field [J]. Journal of Physics B, 2011(44):115202.

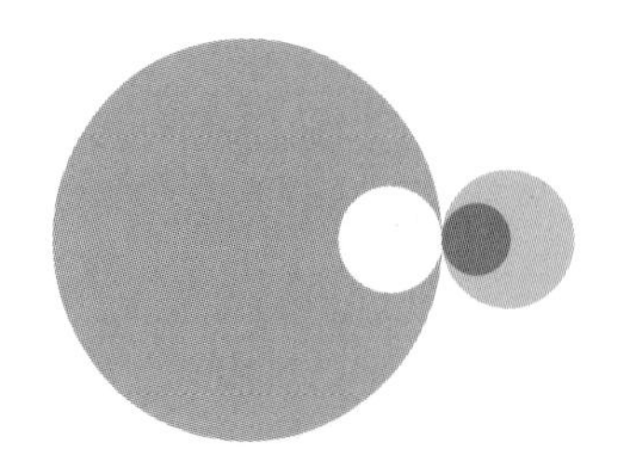

第 6 章 大气压非平衡等离子体射流物理化学参数诊断

6.1 引言

由于大气压非平衡等离子体射流极度的非平衡特性，以及极高的电子-中性粒子碰撞频率，使得在低气压下被广泛采用的一些诊断方法对其不再适用，因此对大气压非平衡等离子体射流参数，如电子温度、电子密度等的诊断难度大大增加。此外，由于大气压非平衡等离子体的成分非常复杂，而其中的一些成分对于许多应用至关重要，例如活性氧（ROS）、活性氮（RNS）等，因此实现各种 ROS、RNS 浓度的精确诊断对于 N-APPJ 的应用来说是非常重要的。基于此，本章介绍了几种针对 N-APPJ 的电子温度、电子密度，以及活性粒子 O、OH 等的诊断方法。

首先，6.2 节介绍了基于辐射光谱的转动光谱获得等离子体气体温度的方法，并指出了在使用该方法时应该注意的条件，以及在怎样的条件下该方法不再适用。接着本节详细介绍了基于斯塔克展宽效应获取电子密度的方法。然后分析了基于碰撞辐射模型，以 Ar 辐射为例，根据其辐射光谱线辐射强度获得电子温度的方法。本节最后介绍了基于 He 447 nm 辐射的精细结构，通过测量允许跃迁轮廓与禁止跃迁轮廓的峰值距离，来确定诊断区域的空间电场强度的方法。

6.3 节依据微波在大气压等离子体中会同时出现相移和衰减，介绍了基于毫米波干涉法同时测量等离子体的电子密度和温度的方法。

激光诊断由于具有高的时空分辨率而备受人们的重视。6.4 节详细介绍了激光诱导荧光诊断方法，包括激光诱导荧光的基本原理、系统的构建、OH 和 O 的具体诊断及标定方案，以及 OH 和 O 的特性及调控等。激光散射法可以非常直接地获得等离子体的一些关键参数，例如电子密度和电子温度，以及重粒子(气体)密度和气体温度等，所以备受研究者的关注。6.5 节将对激光散射的基本原理作简要介绍，然后分别介绍汤姆逊散射、瑞利散射和拉曼散射的相关细节，最后给出激光散射的几个典型实例。

在等离子体医学的实际应用中，N-APPJ 往往先作用于液体环境，N-APPJ 中的气相活性粒子转化为液相活性粒子，这些液相活性粒子再作用于生物体。因此为了了解等离子体的作用机理，对液相活性粒子的诊断也是至关重要的。6.6 节介绍了液相环境中几种典型 RONS 的诊断方法，包括羟基(OH·)、单线态氧($^1O_2$)、超氧阴离子(·O_2^-)、过氧亚硝酸(ONOOH)等半衰期在纳秒级到毫秒级之间的短寿命活性粒子的诊断，以及 H_2O_2、NO_2^- 和 NO_3^- 这三种长寿命液相活性粒子的诊断。

6.2 辐射光谱法

6.2.1 引言

光辐射是等离子体的基础属性，是等离子体基本过程中重要的能量释放方式之一。原子或分子的电子跃迁、分子的伸缩振动与转动过程均会产生光辐射。一般而言，电子跃迁涉及的能级差相对较大(电子伏量级及以上)，光辐射波长在紫外及可见光范围(包括深紫外)；分子的伸缩振动一般伴随着转动过程，跃迁能级差覆盖范围较广(电子伏量级及以下)，分子的振动转动辐射光谱波长一般在红外及远红外范围。通过分析等离子体的辐射光谱，不仅能够直接探测到辐射成分，即激发态成分的信息，同时可以获取等离子体的诸多基本物理参数，包括气体温度、电子密度及(平均)温度、电场强度等。由于辐射信息直接来自待诊断的等离子体，光谱辐射方法(optical emission spectroscopy，OES)的实现无须主动干扰等离子体过程，测量环节相对简单，同时设备成本低廉，尤其是手持式光谱仪的商业应用，因此广泛应用于等离子体物理化学特

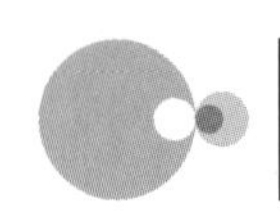

性的诊断。

6.2.2 辐射光谱法基本理论

原子的电子能级跃迁过程如图 6.2.1(a)所示，从高能级 u 自发跃迁至低能级 l 并辐射中心波长为 λ_0 的光子，有

$$\lambda_0=\frac{hc}{E_u-E_l} \tag{6.2.1}$$

式(6.2.1)中，h 和 c 分别为普朗克常数与光速。若 $E_u \rightarrow E_l$ 跃迁是高能级 u 的主要退激方式，那么产生的谱线辐射系数 $\varepsilon_{ul}(\lambda)$（单位：W/(nm・m^3)）可表示为

$$\varepsilon_{ul}(\lambda)=n_u A_{ul}\frac{hc}{4\pi\lambda_0}\phi(\lambda) \tag{6.2.2}$$

式(6.2.2)中，A_{ul} 是爱因斯坦自发辐射系数（单位：s^{-1}），n_u 是高能级的体密度（单位：个/m^3），$\phi(\lambda)$是 $u \rightarrow l$ 跃迁辐射的谱线展宽，并有 $\int \phi(\lambda)=1$。$\phi(\lambda)$是涉及跃迁过程所有展宽机制的卷积结果，包括自然展宽、多普勒展宽、斯塔克展宽、范德瓦尔斯展宽等，这些展宽机制是激发态粒子运动、周围电场及粒子碰撞等导致，因此可以根据谱线的各展宽部分获取相关的等离子体参数信息，例如气体温度、压强、电子密度等。若自吸收效应可忽略，光谱仪采集到的等离子体光谱强度 I_{ul} 可表示为

$$I_{ul}(\lambda) \propto \chi_{\mathrm{d}} n_u A_{ul} V_{\mathrm{p}} \Omega_{\mathrm{d}} \cdot \phi(\lambda) \otimes L(\lambda) \tag{6.2.3}$$

式(6.2.3)中，χ_d 是光谱仪系统的灵敏系数，$L(\lambda)$是光谱仪的仪器展宽，V_{p} 是探测的等离子体辐射区域体积，Ω_{d} 是探测端相对等离子体辐射区域的立体角。一般情况下，如果光谱仪灵敏度未进行绝对标定，所采集的辐射强度为相对值。通过绝对辐射光源的校准，可以得到 $I_{ul}(\lambda)$的绝对强度，并基于此确定激发态粒子的密度 n_u（若自发辐射为高能级 u 的主要退激方式）。

在高气压条件下，由于粒子间碰撞频率升高，导致高能级 u 的猝灭速率 k_{q} 提高，此时自发辐射仅是 u 能级的退激方式之一，式(6.2.3)将修正为

$$I'_{ul}(\lambda) \propto \chi_d n_u V_{\mathrm{p}} \Omega_{\mathrm{d}} \cdot \frac{A_{ul}}{A_u+k_{\mathrm{q}} n_i} \cdot \phi(\lambda) \otimes L(\lambda) \tag{6.2.4}$$

式(6.2.4)中，A_u 是高能级 u 的总自发辐射系数，$k_{\mathrm{q}} n_i$ 是有效碰撞猝灭系数。可见在高气压条件下，仅通过辐射绝对标定难以确定辐射粒子的绝对密度，还需要等离子体气体组分及相关碰撞系数等信息[1]。同时，粒子激发态的产生

亦可能与众多能量传递过程相关，例如电子碰撞激发、亚稳态激发等。因此仅通过探测到的谱线强度来获取激发态粒子的绝对信息往往较困难，需要配合激发态粒子的产生与消失过程的分析模型，例如碰撞辐射模型（collisional radiative model, CR model）[2]。

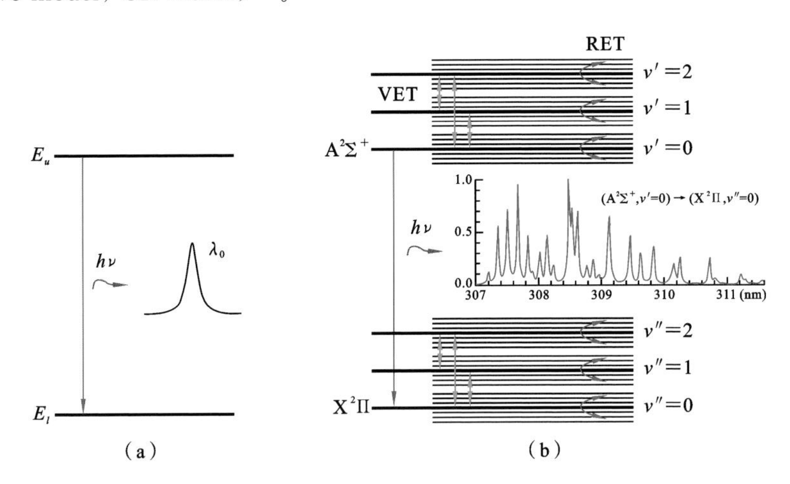

图 6.2.1　原子的电子能级跃迁过程，以及 OH（$A^2\Sigma^+ \rightarrow X^2\Pi$）振动-转动辐射谱带

(a) 原子辐射谱线；(b) OH 分子辐射谱带

分子的辐射光谱一般呈现带状，这是由于丰富的转动能级跃迁导致。分子的能级态表示包含三部分，即电子态 E_e、振动态 E_v、转动态 E_j，电子态之间的跃迁伴随着振动能级与转动能级的跃迁。如图 6.2.1(b)所示，OH 分子的（$A^2\Sigma^+$，$v'=0, j'$）→（$X^2\Pi$，$v''=0, j''$）跃迁产生 307～312 nm 范围的光谱带[3]。由于分子的转动跃迁涉及的能级差非常小，多数情况下通过碰撞过程分子的转动能级即可快速地达到热平衡状态，转动态的数量分布服从单一热平衡温度的玻尔兹曼分布，因此可以通过拟合分子的振动-转动光谱带，确定分子振动态的转动温度 T_{rot}。T_{rot} 往往反映的亦是分子的平动温度 T_{transt}，后者即是气体温度 T_g，因此可通过分子的振动-转动谱带分析确定等离子体的气体温度。当分子的转动态分布偏离热平衡时（这在大气压非热等离子体中时常发生），通过分子的振动-转动谱带拟合得到的单一 T_{rot} 将偏离真实的气体温度[4]。这是通过分子 T_{rot} 估测等离子体气体温度需要注意的，详细介绍可参见 6.2.3 节。

6.2.3　转动温度获得大气压非平衡等离子体射流气体温度

N-APPJ 一般在开放空间中产生，空气扩散导致空气分子进入 N-APPJ 区域，这也是多数情况下 N-APPJ 的辐射光谱中观测到 N_2、OH 的振动转动谱带的原因。分子的转动能级分布若处于热力学平衡状态，则对应的转动谱线强度可表示为

$$I_{j'j''}(\lambda)\propto(2J+1)A_{j'j''}\frac{hc}{\lambda_{j'j''}}\cdot\exp\left(-\frac{hcE_{j'}}{k_{\mathrm{B}}T_{\mathrm{rot}}}\right) \tag{6.2.5}$$

式(6.2.5)中，J 是转动量子数，$E_{j'}$ 是高能级转动态的势能(单位：cm^{-1})，k_{B} 是玻尔兹曼常数。式(6.2.5)可转换为

$$\ln\left[\frac{I_{j'j''}(\lambda)\cdot\lambda_{j'j''}}{(2J+1)A_{j'j''}}\right]\propto-\frac{hc}{k_{\mathrm{B}}T_{\mathrm{rot}}}\cdot E_{j'} \tag{6.2.6}$$

其中，$I_{j'j''}$ 可以用光谱仪测量的相对谱线强度代替。因此式(6.2.6)的左边数值与右侧的转动态势能 $E_{j'}$ 呈现线性关系，通过作图的斜率即可确定 T_{rot}，这就是分子转动光谱的玻尔兹曼斜率法。该方法的等效形式即是分子转动光谱带的拟合，常用的拟合软件有 Lifbase、Specair[5,6]。通常采用双分子，例如 OH、N_2、N_2^+、NO 等的转动谱带，具体的能级跃迁及特征波长如表 6.2.1 所示。

表 6.2.1　常用于诊断转动(气体)温度的分子及其能级跃迁[1]

分子类型	能级跃迁	特征波长
OH	$A\,^2\Sigma^+, v'\rightarrow X\,^2\Pi, v''$	283 nm, 310 nm
N_2	$C\,^3\Pi_u, v'\rightarrow B\,^3\Pi_g, v''$	337 nm, 357 nm
N_2^+	$B\,^2\Sigma^+, v'\rightarrow X\,^2\Sigma^+, v''$	391 nm
NO	$A\,^2\Sigma^+, v'\rightarrow X\,^2\Pi, v''$	220 nm
CH	$A\,^2\Sigma^+, v'\rightarrow X\,^2\Pi, v''$	385 nm

图 6.2.2 是开放空间中氩气 N-APPJ 的辐射光谱测量实验装置示意图[7]，N-APPJ 由脉冲电源驱动，电压幅值为 15.0 kV，脉宽 800 ns，重复频率 1.0 kHz，氩气流量 140 sccm。辐射光谱测量系统由一台焦长 750 mm 的单色仪与一台高速 ICCD 相机组成，ICCD 相机与脉冲电源由一台时序发生器同步触发。一根多模光纤及准直透镜组成的探测单元，一端距离氩气 N-APPJ 约 2 cm处放置采集其光辐射，另一端连接单色仪的进口狭缝，狭缝宽度为 20 μm。采用光栅 1200 gr/mm 测量氩气 N-APPJ 的紫外-可见光范围的辐射光谱，分辨率约为 0.2 nm；采用光栅 2400 gr/mm 测量 OH 与 N_2 辐射谱带，分辨率约为 0.06 nm。所得结果如图 6.2.3 所示，图中给出了氩气 N-APPJ 的紫外-可见光范围辐射光谱，除了 Ar(4p-4s)谱线外，还观察到显著的 OH($A\,^2\Sigma^+$

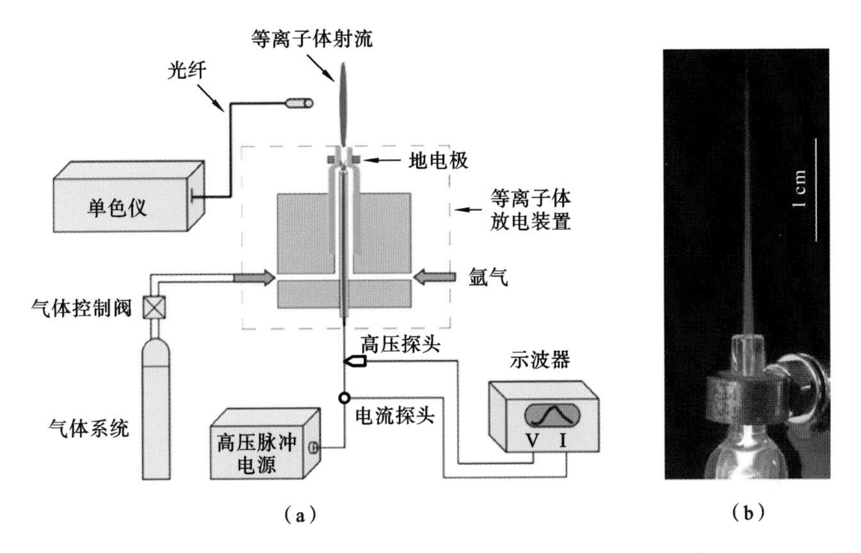

图 6.2.2 脉冲驱动氩气 N-APPJ 的辐射光谱测量装置示意图，以及氩气 N-APPJ 图像[7]

(a) 辐射光谱测量装置示意图；(b) 氩气射流图像

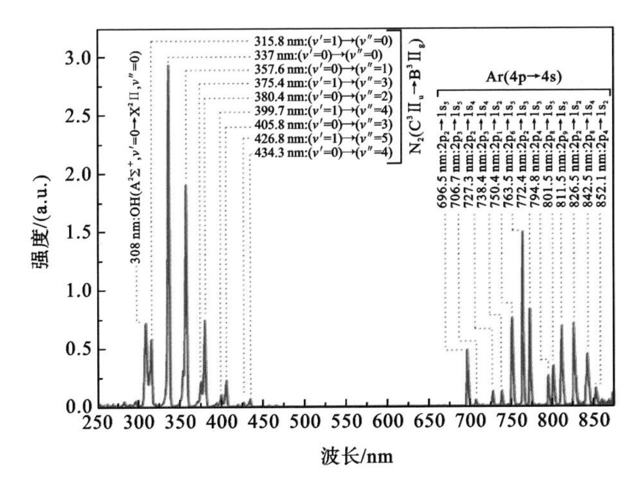

图 6.2.3 氩气 N-APPJ 的紫外-可见光范围(250～850 nm)辐射光谱[7]

$\rightarrow X^2\Pi$)与 $N_2(C^3\Pi_u \rightarrow B^3\Pi_g)$转动谱带。

基于 OH 与 N_2 的转动谱带，采用单一转动温度的谱带拟合方法，可分别确定 OH(A)与 N_2(C)的转动温度，结果如图 6.2.4 所示。对比可见，N_2(C)的转动温度是 OH(A)的将近两倍。由于脉冲驱动的氩气 N-APPJ 的气体温度接近室温，这与其他研究报道的结果一致，因此可推测此时的 N_2(C)的转动温度不能用于确定氩气 N-APPJ 的气体温度，但此时用 OH(A)的转动温度来

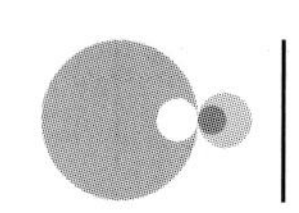

获得气体的温度是可以的。两种分子转动温度的差异反映一个事实，即根据哪种分子转动光谱的拟合来准确估测气体温度，与该分子激发态的产生与消失机制紧密相关。在氩气等离子体中，由于亚稳态氩原子 Ar(4s)的能级势能在 11.5～11.7 eV 范围，略高于 N_2(C)的势能 11.1 eV，后者可通过以下碰撞传能过程产生[8,9]：

$$\mathrm{Ar(4s)} + \mathrm{N_2} \rightarrow \mathrm{Ar} + \mathrm{N_2}(\mathrm{C}^3\Pi_u, v'\uparrow, j'\uparrow) \tag{6.2.7}$$

产生的 N_2(C)处于高转动态，因此转动温度高于 N_2的平动(气体)温度。该现象在氩气混合氮气的等离子体中普遍存在[10]。

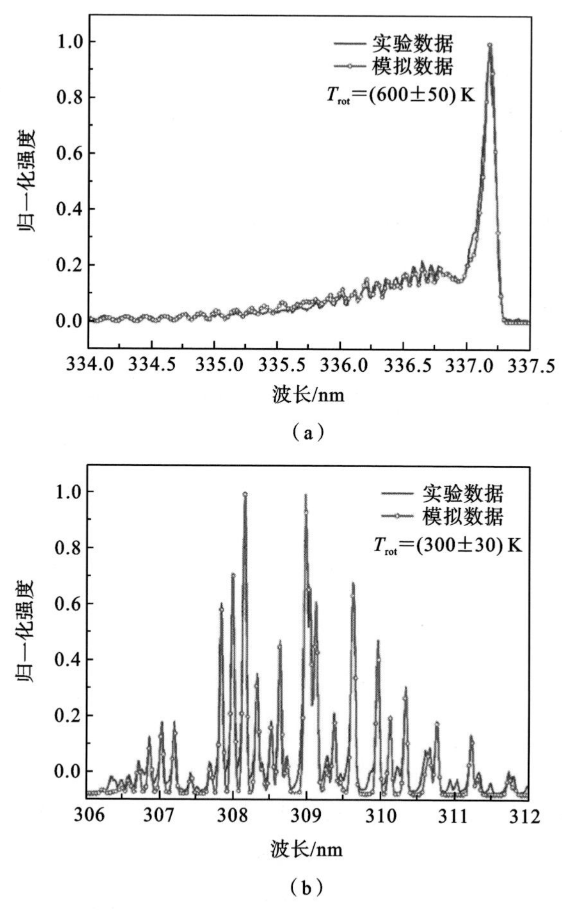

图 6.2.4　氩气 N-APPJ 的分子转动谱带拟合

(a) N_2 转动谱带拟合，$N_2(C^3\Pi_u, v'=0 \rightarrow B^3\Pi_g, v''=0)$；(b) OH 转动谱带拟合，$OH(A^2\Sigma^+, v'=0 \rightarrow X^2\Pi, v''=0)$[7]

需要注意的是，与 N_2(C)类似，OH(A)的转动温度也有可能偏离其平动(气体)温度，例如当等离子体中的水分子含量达到一定比例。对于 OH(A)激发态，水分子的碰撞转动能量传递速率系数 $k_{H_2O}^{RET}=9.1\times10^{-11}\ cm^3/s$，低于水分子的碰撞猝灭速率系数 $k_{H_2O}^{Q}=7.9\times10^{-10}\ cm^3/s$ [11]。当水分子含量达到一定水平时，由于快速的碰撞猝灭，高转动态的 OH($A\ ^2\Sigma^+$，v'，$j'\uparrow$)来不及通过 RET(rotational energy transfer)过程转为低转动态，导致高转动态数量过剩，即 OH(A)的转动态分布偏离单一温度的玻尔兹曼分布。此时 OH(A)的转动态分布将服从多个转动温度的玻尔兹曼分布，如图 6.2.5 所示。由于低转动态之间的能级差较小，低转动态之间能够通过 RET 过程快速达到局部热力学平衡，因此往往可以根据低转动态的玻尔兹曼斜率拟合来估测气体温度。所得结果如图 6.2.5 所示，选择 $j'\leqslant 6$ 的转动态进行线性拟合确定的局部转动温度为 300 K，与图 6.2.4(b)中 OH(A)单一转动温度接近。图 6.2.5 中的 T_2 高转动温度部分可能是由背景气体氩原子对 OH(A)转动态的快速碰撞猝灭导致，其速率系数 $k_{Ar}^{Q}=3\times10^{-13}\ cm^3/s$ [12]，这可能也是单一转动温度难以 100%拟合 OH($A\ ^2\Sigma^+$，$v'=0\rightarrow X\ ^2\Pi$，$v''=0$)的原因，如图 6.2.4(b)所示。因此，若需要准确地通过分子转动谱带来确定等离子体气体温度，玻尔兹曼斜率拟合方法更加合适，此时应该取低转动态的局部转动温度为气体温度。

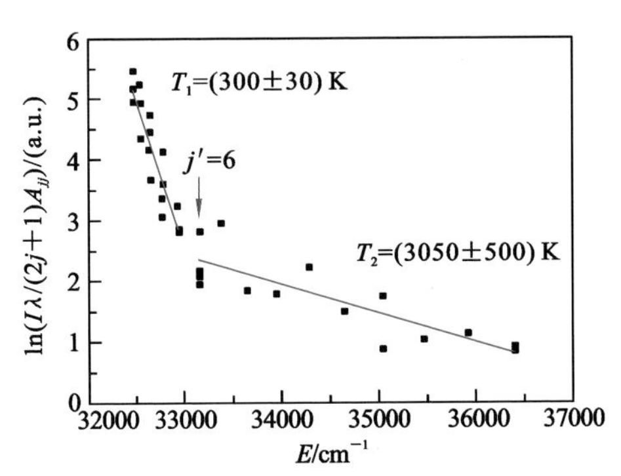

图 6.2.5 氩气 N-APPJ 的 OH($A^2\Sigma^+$，$v'=0\rightarrow X^2\Pi$，$v''=0$)双转动温度玻尔兹曼斜率拟合[7]

6.2.4 斯塔克效应获得大气压非平衡等离子体射流电子密度

等离子体中电荷库仑力作用导致的谱线展宽机制称为斯塔克展宽(Stark broadening)。斯塔克展宽的轮廓遵循洛伦兹函数分布，当离子静电效应明显时，轮廓顶端会产生一个凹槽。由于该展宽机制的轮廓形状与周围电荷密度直接相关，因此分析谱线的斯塔克展宽是诊断等离子体电子密度n_e的一种经典方法[13]。由于原子谱线相对孤立完整，通常基于原子辐射谱线的斯塔克展宽效应来确定n_e，例如氢原子 H_β 486 nm 谱线、H_α 656 nm 谱线、He 447 nm 谱线等。由于 H 原子或 H^+ 离子谱线的斯塔克展宽效应与电荷密度成线性关系，分析 H 或 H^+ 谱线的斯塔克展宽效应来确定n_e已经发展成一种较完备的诊断方法[14]。当电子密度大于 $10^{20}\ \mathrm{m}^{-3}$时，H_β谱线斯塔克展宽轮廓的半高宽可以由式(6.2.8)计算得到：

$$\Delta\lambda_{\mathrm{S,H_\beta}}(\mathrm{nm})=4.8\times\left(\frac{n_e}{10^{23}}\right)^{0.68116} \tag{6.2.8}$$

对于非氢原子谱线，当n_e大于 $10^{20}\ \mathrm{m}^{-3}$时，其斯塔克展宽轮廓的半高宽可近似为[15]

$$\Delta\lambda_{\mathrm{S}}(\mathrm{nm})\cong 2\lambda_e[1+1.75\times10^{-4}n_e^{0.25}A(1-0.068n_e^{0.25}T_e^{-0.5})]\times10^{-17}n_e \tag{6.2.9}$$

式(6.2.9)中，λ_e是 1/2 电子碰撞半高宽，T_e 是电子温度，A 是与离子电场有关的展宽常数。式(6.2.9)须在满足德拜屏蔽参数 $R\leqslant0.8$ 及 $0.05\leqslant A\leqslant0.5$ 条件下成立。

原子谱线除了空间电场导致的斯塔克展宽效应外，还包括自然展宽、多普勒展宽等，各展宽轮廓的半高宽分别可表示为

自然展宽：

$$\Delta\lambda_{\mathrm{N}}(\mathrm{nm})=\frac{\lambda_{ul}^2}{2\pi c}(A_u+A_i) \tag{6.2.10}$$

多普勒展宽：

$$\Delta\lambda_D=(7.16\times10^{-7})\lambda_{ul}\left(\frac{T_g}{m_a}\right)^{0.5} \tag{6.2.11}$$

共振展宽：

$$\Delta\lambda_{\mathrm{R}}(\mathrm{nm})=\lambda_{ul}^2\frac{3e^2}{16\pi^2\varepsilon_0 m_e c^2}\left[\lambda_{lg}f_{gl}n_g\sqrt{\frac{g_g}{g_l}}+\lambda_{ug}f_{gu}n_g\sqrt{\frac{g_g}{g_u}}+\lambda_{ul}f_{lu}n_l\sqrt{\frac{g_l}{g_u}}\right] \tag{6.2.12}$$

式(6.2.11)中，T_g 为等离子体气体温度，m_a 是辐射粒子的质量；式(6.2.12)中，e 和 m_e分别为电子电荷量和电子质量，ε_0是真空介电常数，f 是跃迁能级间的振子强度(下标 u 表示高能级，l 为低能级，g 为基态)，g 和 n 分别为能级的统计权重和密度。由于能级跃迁 $u\rightarrow g$ 一般是禁止跃迁(即跃迁可能性很小)，同时低能级密度 n_l 远小于基态密度 n_g，因此式(6.2.12)中的 $\Delta\lambda_{\mathrm{R}}$主要由

来自低能级 l 与基态 g 之间的共振跃迁导致。由于 $\Delta\lambda_R$ 主要与基态粒子密度 n_g 成正比，在未混合 H_2 条件下 N-APPJ 中的氢原子密度很低，H 可能是空气中水分子参与放电后的衍生物，因此分析 H_β 展宽轮廓时可忽略共振展宽效应（若 H 密度较高，则需要考虑）。

范德瓦尔斯展宽由激发态原子和周围基态原子诱导偶极之间的偶极相互作用产生，可由式(6.2.13)计算得到：

$$\Delta\lambda_W(\text{nm}) = K_i\left(\frac{T_g}{\mu}\right)^{0.3} n_g \tag{6.2.13}$$

其中，K_i 为取决于谱线和辐射粒子极化率的常数，μ 为激发态原子和周围原子形成原子对的约化质量（单位为统一原子质量单位 u），n_g 为中性原子数密度。

上述中，多普勒展宽轮廓是典型的高斯分布，其他展宽轮廓都是洛伦兹分布，表达形式分别为

$$\phi(\lambda, \Delta\lambda_{1/2}^{G}) = \sqrt{\frac{4\times\ln 2}{\pi}}\frac{1}{\Delta\lambda_{1/2}^{G}}\exp\left[-4\times\ln 2\left(\frac{\lambda-\lambda_{ul}}{\Delta\lambda_{1/2}^{G}}\right)^2\right] \tag{6.2.14}$$

$$\phi_L(\lambda, \Delta\lambda_{1/2}^{L}) = \frac{1}{\pi}\frac{\Delta\lambda_{1/2}^{L}/2}{(\lambda-\lambda_{ul})^2+(\Delta\lambda_{1/2}^{L}/2)^2} \tag{6.2.15}$$

式(6.2.14)～式(6.2.15)中，$\Delta\lambda_{1/2}^{G}$ 与 $\Delta\lambda_{1/2}^{L}$ 分别为高斯分布和洛伦兹分布轮廓的半高宽。多个高斯分布的轮廓叠加在一起后仍服从高斯分布，多个洛伦兹分布叠加在一起后亦服从洛伦兹分布。叠加后的半高宽可分别表示为

$$\Delta\lambda_{1/2}^{G} = [(\Delta\lambda_{1/2}^{G1})^2 + (\Delta\lambda_{1/2}^{G2})^2 + \cdots]^{0.5} \tag{6.2.16}$$

$$\Delta\lambda_{1/2}^{L} = \Delta\lambda_{1/2}^{L1} + \Delta\lambda_{1/2}^{L2} + \cdots \tag{6.2.17}$$

根据使用的光谱采集系统，仪器展宽可能是高斯分布，也可能是洛伦兹分布，有时候是两者的综合（Voigt 分布），需要通过实验测量来确定。通常采用一只低气压（小于 100 Pa）汞灯，通过测量汞灯的谱线确定所分析原子谱线的仪器展宽。因此，根据上述展宽轮廓半高宽及轮廓的分布类型（高斯分布或洛伦兹分布），通过式(6.2.8)～式(6.2.13)可以得到各展宽机制的分布轮廓半高宽。根据式(6.2.14)～式(6.2.17)，将得到的各展宽轮廓半高宽进行叠加，计算叠加后的高斯与洛伦兹轮廓，并与仪器展宽轮廓进行卷积得到拟合谱线轮廓，最终与实验谱线轮廓进行比较。当 n_e 不同时，将导致斯塔克展宽轮廓不同。因此当其他展宽机制都确定时，将代入不同 n_e 数值后得到的拟合谱线与实验谱线的轮廓进行比较，当拟合最优时可以确定等离子体的电子密度 n_e。

图 6.2.6 是测量氦气 N-APPJ 中 He 447 nm 及 H_β 486 nm 谱线的高分辨

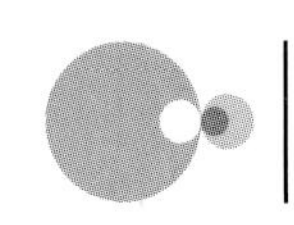

率光谱采集系统，它由光谱仪和ICCD相机组成。光谱仪入口狭缝宽度设置为20 μm，使用2400 gr/mm光栅，测量系统的光谱分辨率约为0.06 nm。氦气N-APPJ由正极性脉冲高压驱动，其辐射光通过透镜（焦距5 cm）聚焦后由光纤收集并传输至采集系统。对于He和$H_β$谱线的测量，ICCD相机曝光时间设定为2 μs。ICCD相机通过信号发生器触发，并与脉冲电源及放电在时间上同步。为了增加测量的谱线轮廓的信噪比，光谱采集系统测量的是整个N-APPJ的两条谱线强度，同时ICCD相机曝光时间覆盖了整个正极性放电期间，因此得到的是整个N-APPJ正极性放电期间的平均电子密度。

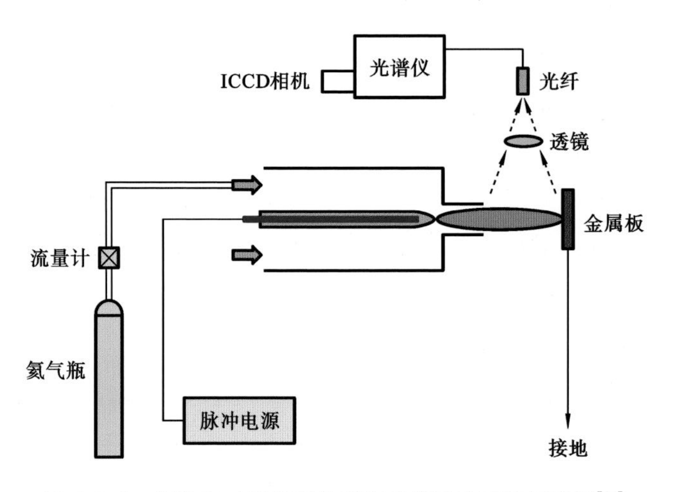

图6.2.6　氦气N-APPJ高分辨率光谱采集系统示意图[16]

当氦气N-APPJ中电子密度空间分布不均匀时，可采用谱线轮廓组合拟合的方法得到n_e空间分布信息，因为单一的谱线拟合只能得到整个N-APPJ的平均电子密度。由于He 447.1 nm和$H_β$ 486.1 nm谱线的自然展宽和共振展宽相对于其他展宽机制很微弱，所以可忽略不计。同时，由于氦气N-APPJ的尺寸较小，谱线的自吸收效应较弱，因此这两条谱线的自吸收展宽效应未被考虑。谱线轮廓组合的拟合方法步骤如下：

(1) 计算多普勒展宽和范德瓦尔斯展宽轮廓的半高宽，得到相应的轮廓分布$\phi_D(\lambda)$和$\phi_v(\lambda)$；

(2) 将$\phi_D(\lambda)$和$\phi_v(\lambda)$进行数学卷积，得到轮廓分布$\phi_{C1}(\lambda)$；

(3) 计算电子密度的斯塔克展宽轮廓，并与$\phi_{C1}(\lambda)$进行卷积，得到轮廓$\phi_{C2}(\lambda)$；

(4) 将测量的仪器展宽轮廓与$\phi_{C2}(\lambda)$再进行卷积，得到拟合谱线轮廓$\phi_{\mathrm{fit}}(\lambda, n_{e1})$；

(5) 按照以上步骤，计算并得到其他电子密度时的拟合谱线轮廓，并将这些拟合谱线轮廓进行叠加得到最后的拟合轮廓 $\phi_{\mathrm{fit}}(\lambda)$：

$$\phi_{\mathrm{fit}}(\lambda)=a_1\phi_{\mathrm{fit}}(\lambda, n_{e1})+a_2\phi_{\mathrm{fit}}(\lambda, n_{e2})+\cdots, \quad a_1+a_2+\cdots=1 \tag{6.2.18}$$

(6) 将最后得到的 $\phi_{\mathrm{fit}}(\lambda)$ 与实验谱线轮廓进行拟合对比，当拟合最佳时确定电子密度组合。

以上组合在事先了解n_e空间分布前提下才比较接近实际，反之将有多种数学组合方式，应用意义不大。为了简化，这里只考虑两种拟合轮廓的组合方法，分别对应 N-APPJ 高电子密度和低电子密度的区域。这种组合方法简单且较接近实际情况，常被研究人员使用[4]，电子密度较高的部分对应 N-APPJ 中心区域，较低的部分对应 N-APPJ 边缘区域。

图 6.2.7(a)～(d)分别是单一电子密度和双电子密度拟合 He 447.1 nm 和 H_β 谱线的结果。对比两谱线的拟合情况可以发现，双电子密度拟合更适用于 H_β 谱线。通过拟合 H_β 谱线，得到的高电子密度 $n_e^2=2.0\times10^{21}\ \mathrm{m}^{-3}$，高于

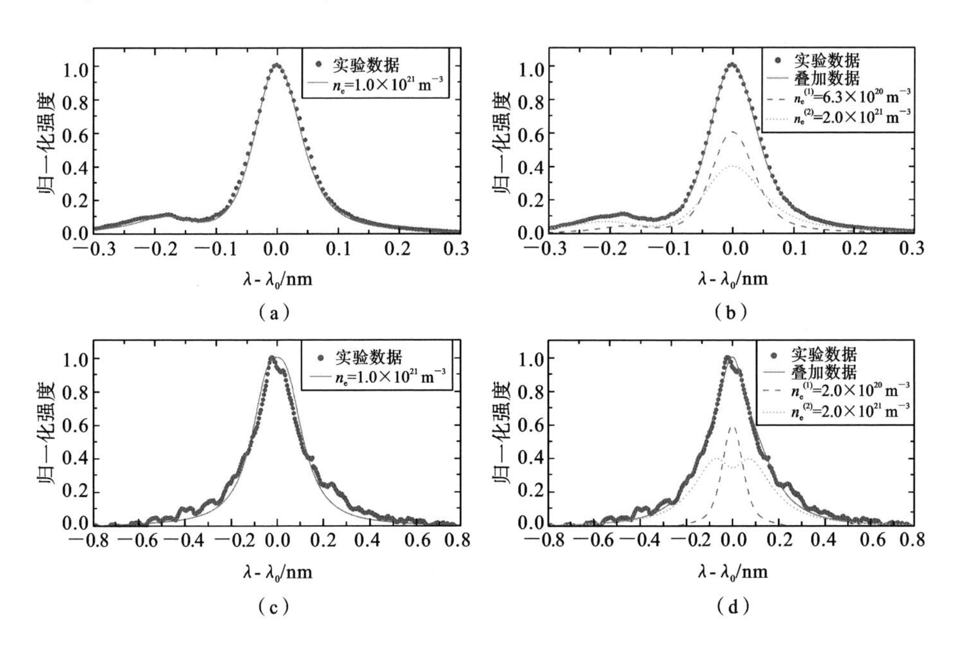

图 6.2.7　单电子密度与双电子密度组合的谱线拟合

(a) 单电子密度 He 谱线；(b) 双电子密度 He 谱线；(c) 单电子密度 H_β 谱线；(d) 双电子密度 H_β 谱线。(a)～(b) He 447.1 nm 谱线；(c)～(d) H_β谱线轮廓[16]

低电子密度 n_e^1 一个数量级，可见等离子体中 H 原子所在的两个区域电子密度差异较大。对于 He 447.1 nm 谱线，得到的高、低电子密度相差不大(约 3 倍)，因此使用单电子拟合方法也能得到较好的拟合效果。同时，对比可发现拟合 He 谱线得到的高电子密度与 H_β 一致，而低电子密度是拟合 H_β 得到的 3 倍。这可能是由等离子体射流中 H 原子和 He 原子的空间分布不同而导致的。H_β 谱线低电子密度对应的是等离子体射流边缘区域，该区域的 H 原子主要来自扩散空气中的水分子，主要集中在射流的最外层区域。越靠近射流中心区域空气含量越低(氦气含量越高)，电子密度会逐渐升高，因此对应于 He 谱线的低电子密度实际上是靠近中心区域较近的区域，而根据 H_β 展宽获得的低电子密度区域是离中心更远区域的电子密度。

6.2.5　碰撞-辐射模型测量大气压非平衡等离子体射流电子温度

电子温度是由等离子体的电子能量分布函数(electron energy distribution function，EEDF)决定的。N-APPJ 属于非热平衡，其往往偏离麦克斯韦-玻尔兹曼分布，难以直接定义出热力学严格意义上的电子温度，并且直接实验测量等离子体的 EEDF 非常困难。碰撞-辐射模型求解 N-APPJ 电子温度是一种经过简化的有效的电子温度求解方法，其作出了下述假定条件：① N-APPJ 的电子能量分布状态等效为麦克斯韦分布；② 中性激发态粒子的激发和退激发主要是电子直接激发和自发辐射退激发；③ 等离子体为光学薄。该方法的简要原理为：对应于不同势能的激发态原子的电子碰撞激发过程[2]，等离子体中某种原子的激发态产生机制主要为电子碰撞传能，那么可以通过这些激发态原子的相对辐射谱线强度，结合相应的电子碰撞激发过程，来确定产生这些激发态原子的等效电子温度[17]。

以激发态 Ar 为例，通过碰撞-辐射(collisonal-radiative，C-R)方法估测一种毛细管氩气 N-APPJ 的等效电子温度。处于 $3p^5 4p$ 能级的 Ar 原子(帕邢记为 $2p_1$-$2p_{10}$)主要由电子与基态 Ar 原子和亚稳态 Ar 原子(帕邢记为 $1s_3$ 和 $1s_5$)碰撞而产生，又通过自发跃迁到 $3p^5 4s$ 能级(帕邢记为 $1s_2$-$1s_5$)而衰减。图 6.2.8 为 Ar 原子 $3p^5 4p(2p_1$-$2p_{10})$ 能级和 $3p^5 4s(1s_2$-$1s_5)$ 能级的能级图[18]，图中两条虚线分别表示亚稳态 $1s_3$ 和 $1s_5$。对于 $2p_x(x=1\sim10)$ 能级 Ar 原子，其原子数密度平衡方程可表示为

$$n_e n_g k_{g,2p_x} + \sum_{i=3,5} n_e n_{1s_i} k_{1s_i,2p_x} = \sum_{i=5}^{2} n_{2p_x} A_{2p_x,1s_i} \tag{6.2.19}$$

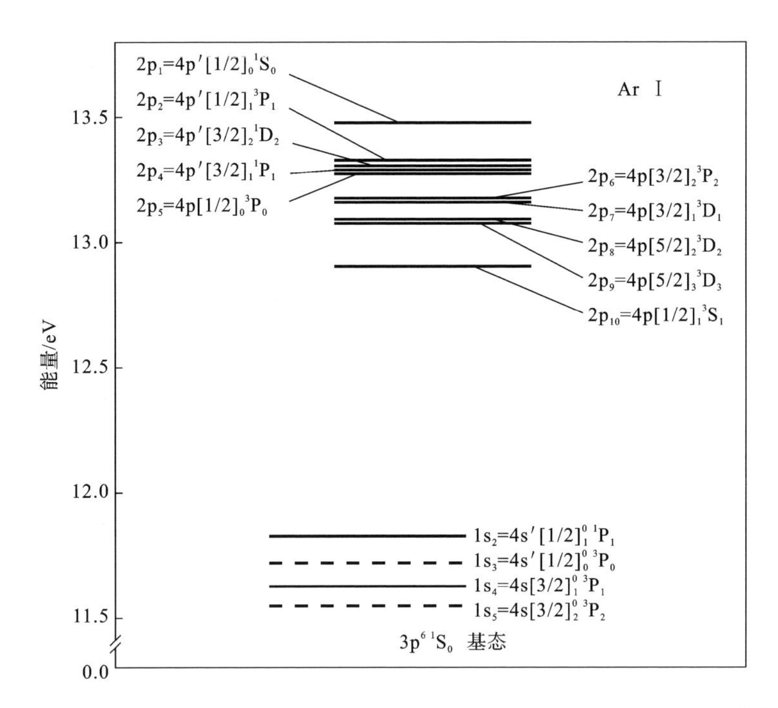

图 6.2.8 Ar 原子 $3p^5 4p(2p_1\text{-}2p_{10})$能级和 $3p^5 4s(1s_2\text{-}1s_5)$能级的能级图[18]

式(6.2.19)中,$k_{g,2p_x}$ 和 $k_{1s_i,2p_x}$ 分别表示由基态跃迁到 $2p_x(x=1\sim10)$能级和由 $1s_i(i=3,5)$能级跃迁到 $2p_x(x=1\sim10)$能级的速率系数,n_{1s_i} 和 n_{2p_x} 分别表示处于 $1s_i(i=3,5)$能级和 $2p_x(x=1\sim10)$能级的 Ar 原子的原子数密度,$A_{2p_x,1s_i}$ 表示由 $2p_x(x=1\sim10)$能级跃迁到 $1s_i(i=2\sim5)$能级的跃迁概率。表 6.2.2 为 $2p_x(x=1\sim10)$能级跃迁到 $1s_i(i=2\sim5)$能级对应的辐射谱线波长 $\lambda_{2p_x,1s_i}$,以及对应的能级跃迁概率 $A_{2p_x,1s_i}(x=1\sim10,i=2\sim5)$[19-21]。实验中,光谱仪采集到的谱线 $\lambda_{2p_x,1s_i}(x=1\sim10,i=2\sim5)$相对强度 $I_{2p_x,1s_i}(x=1\sim10,i=2\sim5)$与 $n_{2p_x}(x=1\sim10)$之间满足关系式[22]:

表 6.2.2 Ar 原子 $2p_x\text{-}1s_i(x=1\sim10,i=2\sim5)$能级跃迁的跃迁概率

波长/nm[23]	跃迁	跃迁概率/($10^7\ s^{-1}$)		
		Garstang 和 Van Blerkom 计算结果[20]	Shumaker Jr 和 Popenoe 实验结果[19]	NIST 数据[23]
750.39	$2p_1\text{-}1s_2$	4.44	5.10	4.45
667.73	$2p_1\text{-}1s_4$	0.004	0.0260	0.0236
826.45	$2p_2\text{-}1s_2$	1.75	1.81	1.53

续表

波长 /nm[23]	跃迁	跃迁概率/(10^7 s^{-1})		
		Garstang 和 Van Blerkom 计算结果[20]	Shumaker Jr 和 Popenoe 实验结果[19]	NIST 数据[23]
772.42	$2p_2$-$1s_3$	1.22	1.37	1.17
727.29	$2p_2$-$1s_4$	0.19	0.216	0.183
696.54	$2p_2$-$1s_5$	0.89	0.728	0.639
840.82	$2p_3$-$1s_2$	2.21	2.64	2.23
738.40	$2p_3$-$1s_4$	0.91	0.938	0.847
706.72	$2p_3$-$1s_5$	0.57	0.427	0.38
852.14	$2p_4$-$1s_2$	1.31	1.59	1.39
794.82	$2p_4$-$1s_3$	2.00	2.12	1.86
747.12	$2p_4$-$1s_4$	0.036	0.0027	0.0022
714.70	$2p_4$-$1s_5$	0.13	0.0706	0.0625
751.47	$2p_5$-$1s_4$	4.42	4.64	4.02
922.45	$2p_6$-$1s_2$	0.59	0.633	0.503
800.62	$2p_6$-$1s_4$	0.48	0.505	0.49
763.51	$2p_6$-$1s_5$	2.62	2.96	2.45
935.42	$2p_7$-$1s_2$	0.064	0.124	0.106
866.79	$2p_7$-$1s_3$	0.32	0.302	0.243
810.37	$2p_7$-$1s_4$	2.56	2.99	2.5
772.38	$2p_7$-$1s_5$	0.55	0.618	0.518
978.45	$2p_8$-$1s_2$	0.107	0.174	0.147
842.46	$2p_8$-$1s_4$	2.11	2.52	2.15
801.48	$2p_8$-$1s_5$	1.00	1.04	0.928
811.53	$2p_9$-$1s_5$	3.51	3.95	3.31
1148.81	$2p_{10}$-$1s_2$	0.018	0.027	0.019
1047.01	$2p_{10}$-$1s_3$	0.088	0.126	0.098
965.78	$2p_{10}$-$1s_4$	0.47	0.645	0.543
912.30	$2p_{10}$-$1s_5$	1.74	2.29	1.89

$$n_{2p_x}=\beta\frac{I_{2p_x,1s_i}\lambda_{2p_x,1s_i}}{A_{2p_x,1s_i}}=\beta n'_{2p_x} \tag{6.2.20}$$

式(6.2.20)中,n'_{2p_x}($x=1\sim10$)表示由实验辐射强度得到的 $2p_x$($x=1\sim10$)能级 Ar 原子的相对原子数密度,β 表示 $2p_x$($x=1\sim10$)能级 Ar 原子的原子数密度 n_{2p_x}($x=1\sim10$)与相对原子数密度 n'_{2p_x}($x=1\sim10$)之间的比例常数,与光谱仪参数标定相关。

结合式(6.2.19)和式(6.2.20)可得等离子体相对电子密度 n'_e,如式(6.2.21)表达[22]。假定速率系数 k($k_{g,2p_x}$($x=1\sim10$)和 $k_{1s_i,2p_x}$($x=1\sim10$,$i=3$, 5))为等效电子温度 T_e的函数,则 k 可用式(6.2.22)表示[22]。

$$n'_e=\frac{n_e}{\beta}=\frac{\sum_{i=5}^{2}n'_{2p_x}A_{2p_x,1s_i}}{n_g k_{g,2p_x}+\sum_{i=3,5}n_{1s_i}k_{1s_i,2p_x}} \tag{6.2.21}$$

$$k(T_e)=\int_0^{\infty}\sigma(\varepsilon)\sqrt{\frac{2\varepsilon}{m_e}}f_M(\varepsilon,T_e)\mathrm{d}\varepsilon \tag{6.2.22}$$

式(6.2.22)中,ε 为电子能量,m_e 为电子质量,$f_M(\varepsilon,T_e)$为归一化的麦克斯韦-玻尔兹曼 EEDF,$\sigma(\varepsilon)$为相应的碰撞激发截面。

当选择 4 个互不相同的 $2p_x$($x=1\sim10$)能级,分别记为 $2p_a$、$2p_b$、$2p_c$ 和 $2p_d$,可得式(6.2.23)[22]。n'_{2p_x}($x=$a, b, c, d)可由式(6.2.20)计算得到,$\sigma(\varepsilon)$可从相应的参考文献中获得[18,24-29],结合式(6.2.22)可得速率系数 $k(T_e)$($k_{g,2p_x}(T_e)$($x=$a, b, c, d)和 $k_{1s_i,2p_x}(T_e)$($x=$a, b, c, d,$i=3$, 5))。最终,通过式(6.2.23)即可得到等离子体的等效电子温度 T_e。

$$\begin{aligned}\frac{\sum_{i=5}^{2}n'_{2p_a}A_{2p_a,1s_i}}{n_g k_{g,2p_a}(T_e)+\sum_{i=3,5}n_{1s_i}k_{1s_i,2p_a}}&=\frac{\sum_{i=5}^{2}n'_{2p_b}A_{2p_b,1s_i}}{n_g k_{g,2p_b}(T_e)+\sum_{i=3,5}n_{1s_i}k_{1s_i,2p_b}}\\\frac{\sum_{i=5}^{2}n'_{2p_c}A_{2p_c,1s_i}}{n_g k_{g,2p_c}(T_e)+\sum_{i=3,5}n_{1s_i}k_{1s_i,2p_c}}&=\frac{\sum_{i=5}^{2}n'_{2p_d}A_{2p_d,1s_i}}{n_g k_{g,2p_d}(T_e)+\sum_{i=3,5}n_{1s_i}k_{1s_i,2p_d}}\end{aligned} \tag{6.2.23}$$

图 6.2.9 为 6 μm 介质管氩气微 N-APPJ 的 690~850 nm 辐射光谱。根据上述 C-R 模型,选择 4 条分别由 $2p_2$、$2p_3$、$2p_6$ 和 $2p_8$ 能级自发跃迁到 $1s_5$ 能级的谱线,即谱线 $Ar_{2p_2\to1s_5}$、$Ar_{2p_3\to1s_5}$、$Ar_{2p_6\to1s_5}$ 和 $Ar_{2p_8\to1s_5}$,即可得到对应的等

效电子温度，其值约为 1.5 eV[30]。

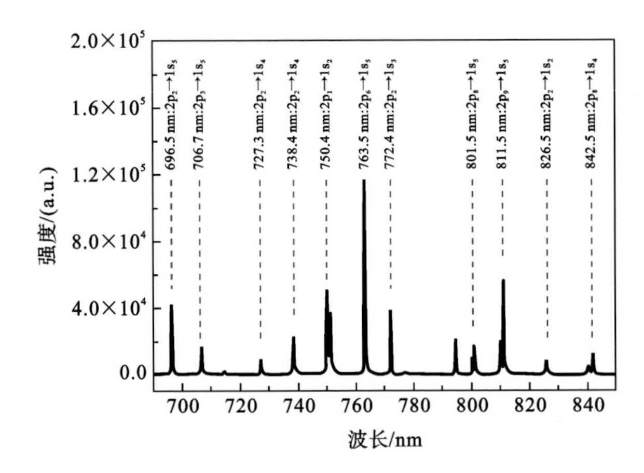

图 6.2.9 氩气微 N-APPJ 的 690～850 nm 辐射光谱[30]

光栅刻度为 1200 gr/mm，狭缝宽度为 100 μm

6.2.6 原子谱线精细结构获得大气压非平衡等离子体射流空间电场

空间电场强度是等离子体的重要参数，其大小往往映射了等离子体电子能量的水平。基于辐射光谱分析，例如原子谱线精细结构、N_2(C-B)与 N_2^+(B-X)谱带强度比例，可以估测等离子体的空间电场强度。后一种方法的适用条件要求 N_2(C)与 N_2^+(B)的主要产生机制是电子碰撞激发基态 N_2 分子或 N_2^+ 离子[31,32]，这需要提前判断所诊断的等离子体源是否符合该方法的前提要求。相比较而言，原子谱线精细结构方法适用范围更广泛，但往往要求所诊断的空间电场强度相对较高，并且需要高分辨率光谱采集系统，才能获取信噪比高的原子谱线精细结构轮廓，并加以分析确定空间电场强度。下面通过 He 447 nm 谱线精细结构，诊断毛细管 N-APPJ 的空间电场强度。

图 6.2.10 为氦气毛细管 N-APPJ 的高分辨率 OES 测量系统示意图，其中，毛细管 N-APPJ 的介质管内径为 0.07～4 mm，He 气流为 1 slm。脉冲电压幅值为 6 kV，脉宽 5 μs，频率 5 kHz。光谱采集系统由一台 PI Acton 2500i 单色仪及一台 PI-MAX2 ICCD 相机组成，毛细管 N-APPJ 的光辐射通过双凸透镜聚焦进入光谱仪入口狭缝，狭缝宽度为 50 μm，配合 3600 gr/mm 光栅，在 447 nm 附近区域的仪器展宽为 60 pm。脉冲电源与 ICCD 相机通过一台泰克 AFG 3102C 信号发生器同步，ICCD 采集门宽 60 ns，累积 10^6 次。为了诊断 N-APPJ 的轴向空间电场，一极化波片放置于入口狭缝前，只采集平行于

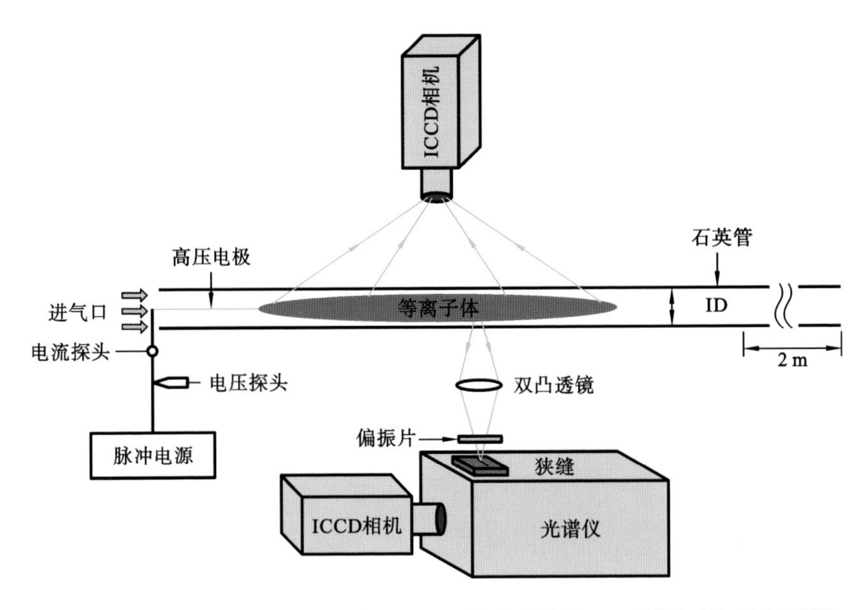

图 6.2.10　脉冲激励氦气毛细管 N-APPJ 的高分辨率 OES 测量系统示意图[33]

N-APPJ 水平传播方向的 π 极化光辐射[33]。图 6.2.11(a)所示为毛细管内径为 1 mm 时 N-APPJ 的 He 447 nm 的精细结构轮廓，通过 Pseudo-Voigt 拟合可获取其中的允许跃迁轮廓($2p^3P^0$-$4d^3D^0$)、禁止跃迁轮廓($2p^3P^0$-$4f^3F^0$)，以及无电场限制轮廓。通过允许跃迁轮廓与禁止跃迁轮廓的峰值距离($\Delta\lambda_{AF}$)，可以确定诊断区域的空间电场强度。两者之间的关系满足下述公式[34]：

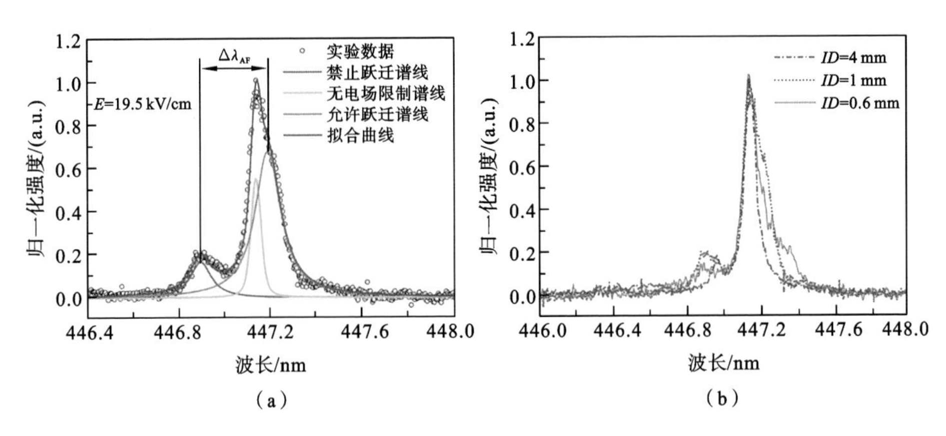

图 6.2.11　毛细管内径为 1 mm 时 N-APPJ 的 He 谱线精细结构及其拟合，以及不同毛细管内径时测量到的 He 谱线精细结构[33]

(a) He 谱线精细结构及其按拟合；(b) 不同管径下 He 谱线精细结构

$$\Delta\lambda_{AF}=-1.06\times10^{-5}\times E^3+5.95\times10^{-4}\times E^2+2.5\times10^{-4}\times E+0.15 \tag{6.2.24}$$

在信噪比可分辨的 $\Delta\lambda_{AF}$ 基础上，通过该方法能够诊断的电场强度范围为4～30 kV/cm。图6.2.12为不同毛细管内径条件下，氦气N-APPJ的空间电场强度轴向分布结果，可以观察到，随着毛细管内径的增加，N-APPJ的空间电场显著降低；在射流传播方向上，空间电场逐渐下降。

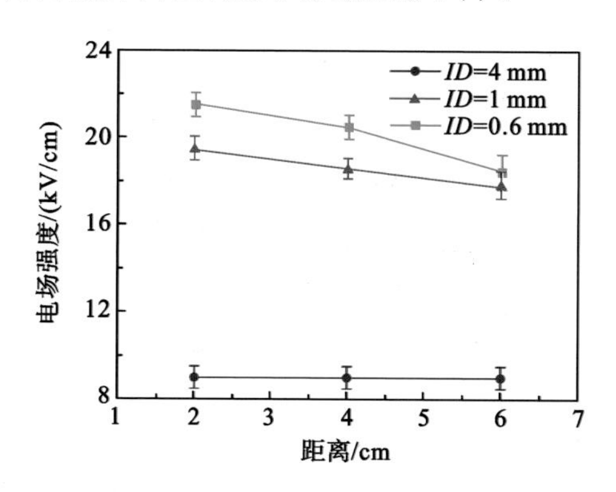

图6.2.12　不同毛细管内径条件下，氦气N-APPJ的空间电场强度轴向分布[33]

6.2.7　小结

辐射光谱分析是诊断与监测等离子体过程的常用方法，可以获取丰富的等离子体过程信息，包括上述等离子体关键特征参数，例如气体温度、电子密度、电子温度、空间电场强度等。在等离子体诊断方法中，辐射光谱兼顾多方面优势，尤其是非侵入式测量方式对被诊断等离子体源无干扰，同时能够获取丰富的时间-空间光谱分辨信息，对掌握等离子体物理及化学过程的时间-空间行为提供了重要途径。当然，辐射光谱方法也存在一些不足之处，探测到的光谱信息是光路上的线积分结果，同时辐射强度、展宽轮廓等都与辐射粒子的产生与消失过程、所处等离子体环境密切相关。因此，对于空间分布极不均匀、气体组成不明的大气压（高气压）非热平衡等离子体源，例如开放空气中的N-APPJ的诊断分析，仅仅依靠辐射光谱分析难以全面准确得到相关的等离子体基本参数信息，配合其他更先进的诊断方法（例如激光诊断）是至关重要的。

6.3　毫米波干涉法

在一个大气压下，一些针对低气压等离子体的诊断方法已不再适用。例如,在大气压下,两个最重要的等离子体参数——电子密度和温度不能用朗缪尔探针测量,因为电子平均自由程比德拜半径小。

微波干涉测量等离子体的折射率,已广泛应用于低气压等离子体的电子密度测量[35]。在低气压下,微波频率 ω 远大于等离子体频率 ω_{pe} 和碰撞频率 ν,即 $\omega \gg \omega_{pe} \gg \nu$。在这种情况下,当微波穿过等离子体时,线平均电子密度与微波相移之间存在线性关系。然而,当 $\nu \gg \omega \gg \omega_{pe}$ 时,对于高度碰撞等离子体,Laroussi 报道电子数密度与相移有关,与碰撞频率相关[36]。当毫米波干涉仪系统用于诊断大气压等离子体的电子密度时,波频 ω、等离子体频率 ω_{pe} 和碰撞频率 ν 具有可比性,微波的相移及其振幅衰减由电子密度和碰撞频率所决定[37-39]。其相移系数和衰减系数可以表示为[37]

$$\beta=\frac{\omega}{c}\left\{\frac{1}{2}\left(1-\frac{\omega_{pe}^2}{\omega^2+\nu^2}\right)+\frac{1}{2}\left[\left(1-\frac{\omega_{pe}^2}{\omega^2+\nu^2}\right)^2+\left(\frac{\omega_{pe}^2}{\omega^2+\nu^2}\frac{\nu^2}{\omega}\right)^2\right]^{\frac{1}{2}}\right\}^{\frac{1}{2}} \tag{6.3.1}$$

$$\alpha=\frac{\omega}{c}\left\{-\frac{1}{2}\left(1-\frac{\omega_{pe}^2}{\omega^2+\nu^2}\right)+\frac{1}{2}\left[\left(1-\frac{\omega_{pe}^2}{\omega^2+\nu^2}\right)^2+\left(\frac{\omega_{pe}^2}{\omega^2+\nu^2}\frac{\nu^2}{\omega}\right)^2\right]^{\frac{1}{2}}\right\}^{\frac{1}{2}} \tag{6.3.2}$$

其中,c 是真空中的光速。如果假设等离子体是均匀的,那么干涉信号的总相位变化 $\Delta\varphi$ 和衰减 ΔA 可以通过下面的式子获得:

$$\Delta\varphi=\int_0^d(\beta_0-\beta)\mathrm{d}r \tag{6.3.3}$$

$$\Delta A=\int_0^d(\alpha_0-\alpha)\mathrm{d}r \tag{6.3.4}$$

其中,β_0 和 α_0 是自由空间值,d 是等离子体的厚度。因此,根据测量所得的相移 $\Delta\varphi$ 和衰减 ΔA,可以从式(6.3.1)~式(6.3.4)中得到电子密度 n_e 和碰撞频率 ν。此外,碰撞频率是电子温度和碰撞截面的函数。因此,在一定条件下,也可以根据测量所获得的碰撞频率推算电子温度的信息。

这里采用 105 GHz 毫米波干涉系统来测量大气压非平衡氦等离子体的电子密度和电子温度。等离子体由介质阻挡放电产生[40]。其中一个电极是由铝板覆盖的氧化铝片制成的。另一个电极由一个铜盘(直径 5.7 cm)制成,它有多个小孔,通过这些孔注入工作气体。孔的直径约为 1 mm,孔之间的距离为 5 mm,工作气体(氦)从孔中流入,进入放电间隙。间隙的距离固定为 7 mm。等离子体装置示意图如图 6.3.1 所示,高压脉冲发生器能够产生幅值达 10 kV 的脉冲,脉冲宽度从 200 ns 到直流,重复频率高达 10 kHz 的脉冲直流方波[41]。本节将外加电压、脉冲宽度和脉冲频率分别固定在 9 kV、500 ns 和

1 kHz。电压脉冲的上升和下降时间约为 100 ns。由于外加电压的快速上升和下降时间，每个电压脉冲观察到两个不同的放电[40]。一次放电从施加电压脉冲的上升前沿开始，二次放电在施加电压脉冲的下降沿产生。关于电流和电压特性的详细信息可参考文献[40]。

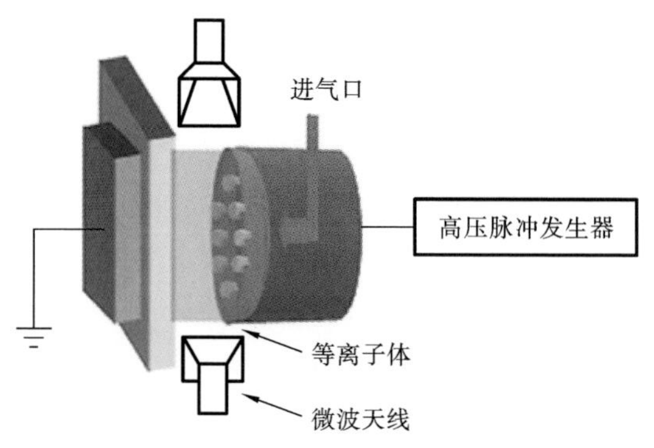

图 6.3.1 放电系统示意图[41]

微波干涉测量系统的框图如图 6.3.2 所示。在等离子体关闭的情况下，通过将衰减器设置为最大衰减位置，同时打开 Gunn 振荡器，并测量两个混合器的直流电压输出来实现校准。其中一个混频器输出将作为 *I* 坐标，而另一个将作为笛卡尔坐标系中的 *Q* 坐标。这些测量将作为所有以下测量的参考点，然后将衰减器和移相器设置为零，当移相器进行 360°的相位旋转时记录 *I*、*Q* 读数，当在 *I*-*Q* 图上绘制时，这些测量产生一个校准圆。

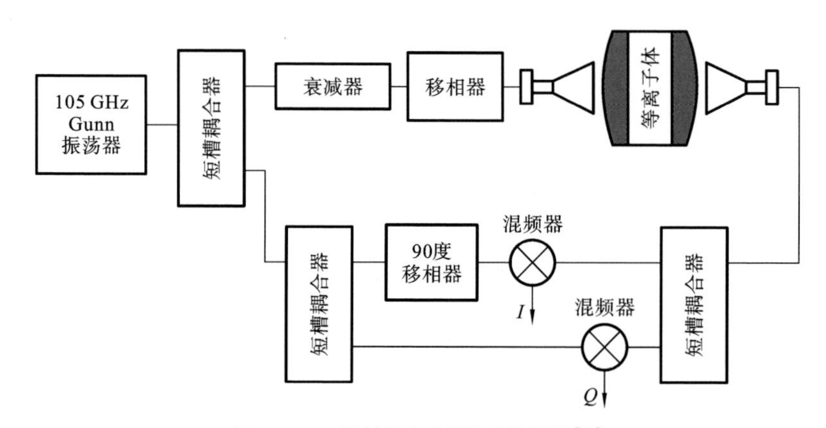

图 6.3.2 微波干涉测量系统框图[41]

测量的 *I*-*Q* 曲线如图 6.3.3 所示，有等离子体时所得到的结果由实线表示，没有等离子体时的校准曲线由点划线表示。点划线的圆是校准圆，它是由移相器在没有等离子体的情况下通过整个旋转 360°相位得到的。当等离子体产生时，毫米波同时经历相移和衰减，在图 6.3.3 中用实线表示。根据测量的相移和衰减，并通过式(6.3.1)～式(6.3.4)可以得到电子密度和碰撞频率，所得结果分别如图 6.3.4 和图 6.3.5 所示。在首次放电过程中，图 6.3.4 表明，电子密度在几十纳秒内增加到第一个峰值 8×10^{12} cm^{-3}，此持续时间对应于图 6.3.3中 *I-Q* 曲线的第 1 部分，其中毫米波表现出强烈的相移和衰减。然后电子密度在约 430 ns 内衰减到 4.1×10^{12} cm^{-3}，在此期间，波相移和衰减减小，对应于 *I-Q* 曲线的第 2 部分。

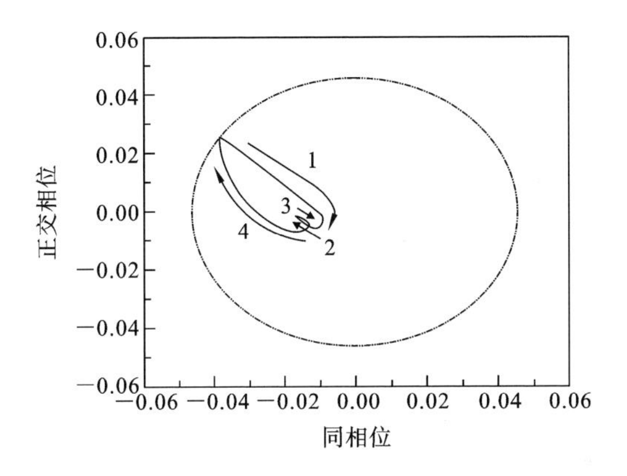

图 6.3.3　*I-Q* 关系图[41]

等离子体打开时得到的是实线曲线，等离子体关闭时得到的校准曲线用点划线表示

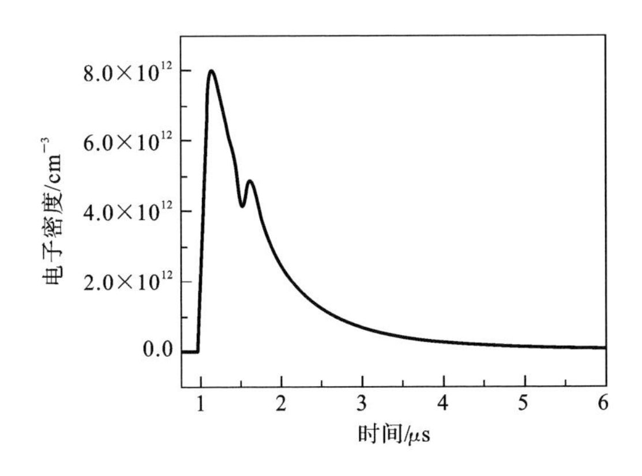

图 6.3.4　测量所得到的电子密度随时间的变化曲线[41]

由于二次放电发生在外加电压脉冲的下降沿，电子密度再次增加。相应地，图 6.3.3 表明，在 *I-Q* 曲线第 2 部分之后，波形的相移和衰减在回到原始

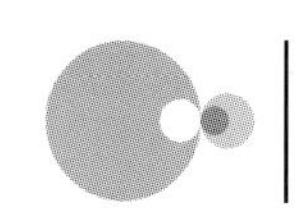

点之前再次增加(第3部分)。这个测量结果与放电的 *I-V* 特性是一致的，其中每个电压脉冲观察到两个不同的放电[40]。

图6.3.5给出了根据测量结果计算得到的碰撞频率随时间的变化曲线。有趣的是，在时间轴上碰撞频率具有与电子密度相似的行为。在高压下，主要的碰撞是在电子和中性粒子之间。碰撞频率 ν 可以表示为

$$\nu=n_0\left(\frac{2kT_e}{m_e}\right)^{1/2}\sigma_0 \tag{6.3.5}$$

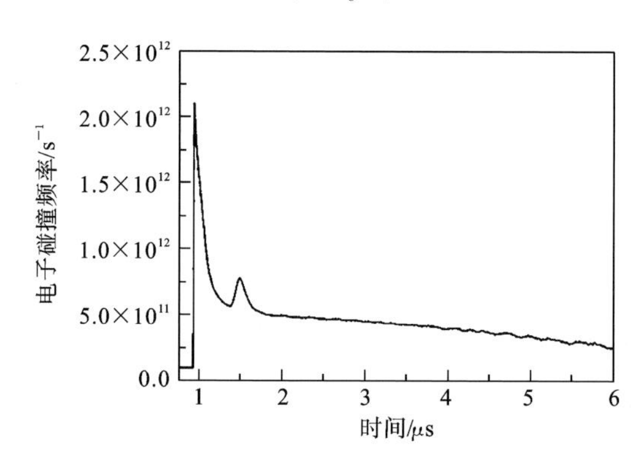

图6.3.5　测量所得电子碰撞频率随时间的变化曲线[41]

这里，n_0、T_e、m_e 和 σ_0 分别为中性粒子密度、电子温度、电子质量和电子中性碰撞截面，k 是玻尔兹曼常数。由于气体温度接近室温，中性粒子密度 n_0 可以被视为常数[40]。当 T_e 低于10 eV时，氦离子的碰撞截面几乎是一个常数[42]。因此，碰撞频率随时间的变化主要与电子温度有关。取 $\sigma_0=5\times10^{-20}\ \mathrm{m}^2$，然后可以根据氦粒子碰撞频率来估计 T_e[42]。图6.3.6给出了所得到的电子温度随时间的变化情况。在一次放电过程中，电子温度达到8.9 eV的峰值，在2 μs时衰减到大约0.5 eV。应该指出的是，这里能够从测量的电子碰撞频率估算电子温度，是因为对于电子温度小于10 eV，电子-氦气的碰撞截面几乎是一个常数。如果工作气体不是氦，比如是空气，那么从电子碰撞频率来计算电子温度将更加困难，因为氮/氧离子碰撞截面非常依赖于电子温度。

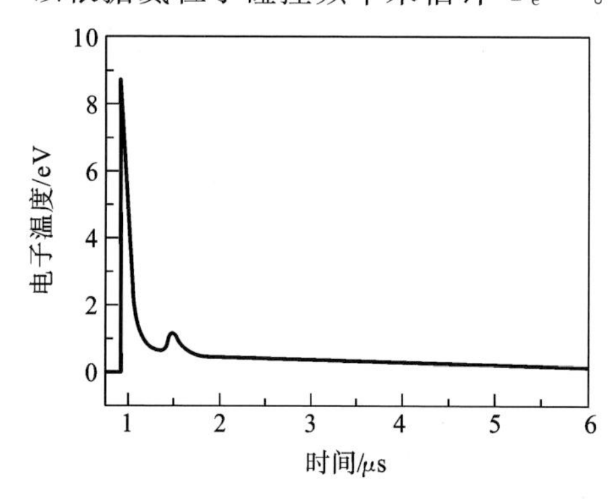

图6.3.6　测量得到的电子温度随时间的变化曲线[41]

6.4 激光诱导荧光

非平衡等离子体会产生高浓度的活性粒子，这些活性粒子在材料表面改性、生物医学等应用中扮演着重要的角色。但这些活性粒子大多处于基态，它们不辐射光子，辐射光谱测量技术难以对其进行有效的直接诊断。通过采用激光诱导荧光(laser induced fluorescence, LIF)光谱技术可以获得它们的绝对浓度信息。

激光诱导荧光技术具有诸多突出的优点，例如它具有较高的灵敏度(探测下限可达到 10^6 个粒子/cm^3)、良好的空间分辨能力(可达到微米量级)、迅速的时间响应(能达到纳秒量级)、荧光信号的选择性强、干扰较小(通过激光激发基态粒子、不涉及接触式仪器)、主动式检测(与被检测体系中电子密度、电子温度关系不大、仅与被测物种浓度有关)[43, 44]。

在等离子体射流中，OH、NO 等自由基和 O、N 等原子都是非常重要的活性粒子，它们的绝对浓度均可通过 LIF 技术测量得到。其中，OH 自由基等的绝对浓度可通过单光子吸收 LIF 测量，O 原子等的绝对浓度则可通过双光子吸收 LIF 进行测量。本节将分为 3 部分，第一部分从 6.4.1 节到 6.4.2 节介绍 LIF 的基本原理和系统构建，第二部分 6.4.3 节介绍常见活性粒子的诊断及标定方案，第三部分 6.4.4 节介绍常见活性粒子的特性及调控。

6.4.1 基本原理

激光诱导荧光技术是用于检测非辐射粒子密度的一种传统方法，其基本原理如图 6.4.1 所示。外来激励光源(通常为波长可调激光)的谐振光子被处于基态或低能级 1 的粒子吸收，粒子被激发至高能级 2。激发速率为 $I_S B_{12}$，其中，B_{12} 是受激吸收爱因斯坦系数，I_S 是激光光谱辐照度(W/m^2)。随后处于高能级 2 的粒子发生去激发跃迁，转换到较低的能级，其过程包括受激辐射($I_S B_{21}$)、自发辐射($A_{21}, A_{23}, \cdots, A_{2m}$)，以及猝灭过程($Q_2$)。其中，$B_{21}$ 和 A 分别为受激辐射爱因斯坦系数和自发辐射爱因斯坦系数，由粒子种类决定；Q_2 是猝灭速率，取决于环境气体的组分、压强和温度等。

LIF 测量的就是从能级 2 自发辐射过程中产生的荧光信号。根据图 6.4.1，能级 1 和能级 2 的粒子密度速率方程为

$$\frac{\mathrm{d}N_1(t)}{\mathrm{d}t} = -f_t(t) I_S B_{12} N_1(t) + (A_{21} + f_t(t) I_S B_{21}) N_2(t) \qquad (6.4.1)$$

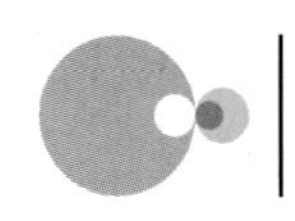

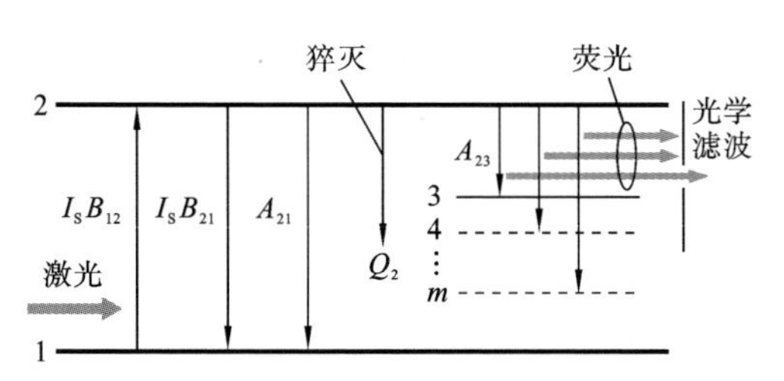

图 6.4.1　激光诱导荧光基本原理示意图

$$\frac{\mathrm{d}N_2(t)}{\mathrm{d}t}=f_t(t)I_\mathrm{S}B_{12}N_1(t)-(A_2+Q_2+f_t(t)I_\mathrm{S}B_{21})N_2(t) \quad (6.4.2)$$

其中，$A_2=\sum\limits_i A_{2i}$，表示能级 2 粒子的总自发辐射速率。$f_t(t)$是激光强度归一化后的时间函数，表示激光强度随时间变化的特征。激光光谱辐照度I_S定义为

$$I_\mathrm{S}=\frac{E_\mathrm{L}\int_{-\infty}^{+\infty}Y_\mathrm{A}(v)L_\mathrm{L}(v)\mathrm{d}v}{\tau_\mathrm{L}A_\mathrm{L}} \quad (6.4.3)$$

其中，E_L为一个激光脉冲的能量(单位:J)，A_L是观测点激光束的截面积(单位:m^2)，τ_L是激光脉冲强度时间分布半高宽(单位:s)，$Y_\mathrm{A}(v)$是粒子吸收跃迁的光谱轮廓(单位:$1/\mathrm{m}^{-1}$)，$L_\mathrm{L}(v)$是激光的光谱轮廓(单位:$1/\mathrm{m}^{-1}$)，这两个函数均进行了归一化。

在激光强度较低，并不导致任何饱和效应的情况下，通过光学滤波将A_{23}以外的所有自发辐射过滤掉，则探测器采集的荧光信号强度可表示为[45]

$$S_\mathrm{LIF}=\eta t(\lambda)G(\lambda)\int\frac{1}{4\pi}\frac{hc}{\lambda}A_{23}N_2(x,y,z,t)\mathrm{d}x\mathrm{d}y\mathrm{d}z\mathrm{d}t \quad (6.4.4)$$

其中，η是校准常数，反映了荧光测量系统的采集效率，取决于观测立体角和光路几何结构。λ是荧光波长，$t(\lambda)$是波长选择单元对荧光波长的透过率，$G(\lambda)$是探测器对荧光波长的量子效率，h和c分别为普朗克常量和光速，A_{23}为粒子从能级 2 到 3 的自发辐射速率。$N_2(x,y,z,t)$表示t时刻位于(x,y,z)上的能级 2 粒子密度。

若基态粒子中包含多个转动态子能级，则要分别测量每个子态的密度得到总基态粒子密度$N=\sum\limits_j N_j$；若基态粒子满足热力学平衡分布，则只用测量其中一个转动态密度即可，根据玻尔兹曼分布获得所有转动态的总密度为

$$\frac{N_j}{N} = \frac{g_j \mathrm{e}^{\left(-\frac{E_j}{kT_r}\right)}}{\sum_j g_j \mathrm{e}^{\left(-\frac{E_j}{kT_r}\right)}} \tag{6.4.5}$$

其中，N_j、E_j 和 g_j 分别是转动态 j 的密度、能量和统计权重，T_r 是粒子的转动温度。如果已知 T_r，则可使用式(6.4.5)从 N_j 获得 N。T_r 可以用光谱拟合等方法获得。

6.4.2 系统构建

典型的 LIF 系统配置如图 6.4.2 所示，其中脉冲可调谐激光器系统是 LIF 系统的核心组件，常见的配置为 Nd:YAG 激光器和染料激光器的组合[46]。Nd:YAG 激光器输出的激光束作为泵浦源，产生 1064 nm 的基频激光或经由倍频晶体产生 532 nm 或 355 nm 等倍频激光进入染料激光器中，并激发染料产生荧光。染料荧光在两块高分辨率的衍射光栅作用下被分散，根据测量目的选取所需要的特定波长，再通过一系列光学器件作用下发生共振，产生单一波长的激光。实验测量中，整个激光诱导荧光系统最终输出的激光波长必须与被测量粒子的低能态与高能态之间的跃迁波长一致。这可以通过使用不同波长范围的染料，以及调谐染料激光器输出的共振激光波长来实现。

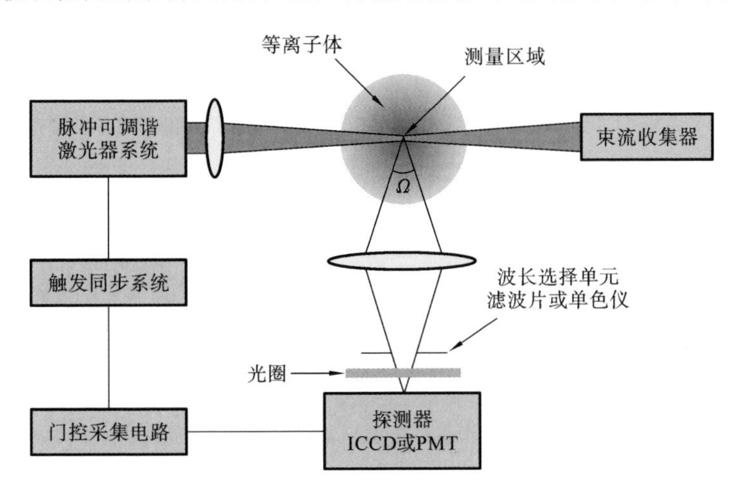

图 6.4.2 典型的 LIF 系统配置示意图[46]

激光器系统输出的共振激光经过透镜聚焦在等离子体中的待测量区域，激发的荧光经由聚焦透镜和波长选择单元被探测器采集到。一般采用正交系光路几何结构，即入射激光沿 x 轴传播，线性偏振方向为 z 轴，探测器检测方

向为 y 轴。经常采用的三种荧光采集系统包括 ICCD 相机结合滤波片、ICCD 相机结合光谱仪，以及 PMT 结合光谱仪和光子计数器。第一种采集系统在应用中最为常见，可以拍摄荧光信号的二维图像，并与等离子体放电实现触发同步，以获取待测粒子的空间分布和时间分辨信息。第二种采集系统与第一种相比牺牲了一维的空间分辨，但可以得到待测粒子辐射出的荧光光谱信号，通过对该光谱信号的分析，可以获取待测粒子的转动温度和能级分布等信息。第三种采集系统则无法实现空间分辨，只能进行点测量，但其配置可以检测到更加微弱的荧光信号，同时具有更快的响应速度，因此通常用于测量待测粒子的某个精细能级的荧光强度的时间演变（即衰减曲线），获得更加精确的能级信息。触发同步系统一般使用一台数字信号发生器来触发激光器系统和探测器的门控采集电路，因此采集系统和激光系统在时间上能够达到同步，可以得到荧光信号的时间动态信息。

6.4.3 OH 和 O 的具体诊断及标定方案

在具体的 LIF 实验中，探测器测量到的只是待测粒子辐射荧光的相对强度，而从辐射荧光的相对强度推导出绝对粒子密度的过程称为绝对密度标定。绝对密度标定关键有两点：一是确定式(6.4.4)中的校准常数 η，二是建立绝对密度计算模型。

校准常数取决于观测立体角和光路几何结构，反映的是荧光采集系统的采集效率。若是从光学器件参数和几何光路尺寸直接确定该系数的具体值，则会在求解绝对密度中引入很大的误差。因此常采取的方法是保持待测粒子的 LIF 实验光路不变，引入已知密度的气体，进行相似的激光实验（LIF 或散射实验），从而推导该系数取值或在方程中消除该参数。比如在标定氦气等离子体射流产生的 NO 的密度时，就可以在氦气中人为地混入确定密度的 NO，通过测量该混合气体的 LIF 相对强度，推导出校准常数。

原子的单光子吸收 LIF 的密度计算模型已在 6.4.1 节中进行了分析，但对于分子的单光子吸收 LIF 还存在振动能级和转动能级的影响，需要建立更复杂的计算模型。此外双光子吸收 LIF 由于激发过程的不同，也需要对模型进行一定的调整。下面将介绍等离子体射流中十分重要的 OH 自由基和 O 原子的 LIF 诊断及标定方案。

1. OH 自由基的诊断及标定

由于 OH 是活性很高的短寿命分子基团，在大气中无法稳定存在，无法获得含有确定密度 OH 的混合气体，因此针对这种短寿命分子基团，国际上主要使用空气的瑞利散射来确定校准常数。在 LIF 实验中常采用正交系光路结构，即入射激光沿 x 轴传播，线性偏振方向为 z 轴，探测器检测方向为 y 轴，彼此正交。在保证与 LIF 实验相同的光路条件和探测器参数配置下，假定测量区域内激光密度保持不变，则测得的瑞利信号强度可表示为

$$S_{\mathrm{Ray}}=\eta t(\lambda_{\mathrm{R}})G(\lambda_{\mathrm{R}})N_{\mathrm{R}}V_{\mathrm{R}}W_{\mathrm{L}}\frac{\partial^{\beta=0}\sigma_0}{\partial\Omega} \tag{6.4.6}$$

其中，λ_{R}为瑞利散射激光波长，通常调节为 308 nm，与荧光波长一致；η 是与 LIF 实验中相同的校准常数；$t(\lambda_{\mathrm{R}})$ 和 $G(\lambda_{\mathrm{R}})$ 分别为光学选择单元对瑞利散射波长的透过率和探测器对瑞利散射波长的量子效率；V_{R} 为散射区域体积；W_{L} 为激光在测量区域的能量截面密度（$W_{\mathrm{L}}=E_{\mathrm{L}}/A_{\mathrm{L}}$）；$N_{\mathrm{R}}$ 为散射粒子（空气分子）密度，由公式$N_{\mathrm{R}}=\dfrac{p}{k_{\mathrm{B}}T}$决定；$\dfrac{\partial^{\beta=0}\sigma_0}{\partial\Omega}$为瑞利散射的微分截面（单位：$\mathrm{m}^2/\mathrm{sr}$），在正交光路几何配置下，瑞利散射的微分截面可表示为

$$\frac{\partial^{\beta=0}\sigma_0}{\partial\Omega}=\frac{3\sigma}{8\pi}\frac{2}{2+\rho_0} \tag{6.4.7}$$

其中，σ 为散射物质的总瑞利散射截面（单位：m^2），由查表和插值法确定[47]，在 288 K，大气压条件下，空气对 308 nm 的散射截面为 $5.05\times10^{-30}\ \mathrm{m}^{-2}$；$\rho_0$ 为入射光的水平-垂直偏振光比率，对于一般的 Nd:YAG 激光器该值一般在 0.01 左右。

激光诱导荧光测量射流中的 OH 自由基时，LIF 过程会同时受到猝灭过程（quenching）、振动能级转换（vibrational energy transfer，VET）和转动能级转换（RET）的影响，如图 6.4.3 所示。因此测量到的 OH 自由基的荧光是由不同的光谱带组成的，这与激光诱导荧光测量原子时的单一（或多条）独立的荧光谱线不同。目前国际上广泛采用 282 nm 激发机制来进行 OH-LIF 实验，对应的能级迁移为 $\mathrm{OH}[(\mathrm{A}^2\Sigma^+,v'=1)\leftarrow(\mathrm{X}^2\Pi,v''=0)]$，通常使用 $\mathrm{P}_1(2)$、$\mathrm{P}_1(3)$ 和 $\mathrm{P}_1(4)$ 等具有较高吸收系数的激发谱线。激发态 OH 通过自发辐射产生 314 nm 的 OH（A→X，1→1）振动转动谱带。与此同时，由于 VET 和 RET 的作用，会出现 308 nm 的 OH（A→X，0→0）谱带。因此探测器测量到的是几个荧光谱带的叠加信号，同时由于分子的振动和转动能级繁多，而且振动能级和转动能级间的跃迁过程及速率与周围碰撞粒子的种类、温度等相关，导致 OH 荧光信号的分析以确定绝对密度需要考虑较多的因素。

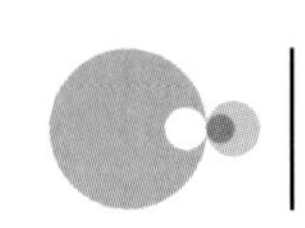

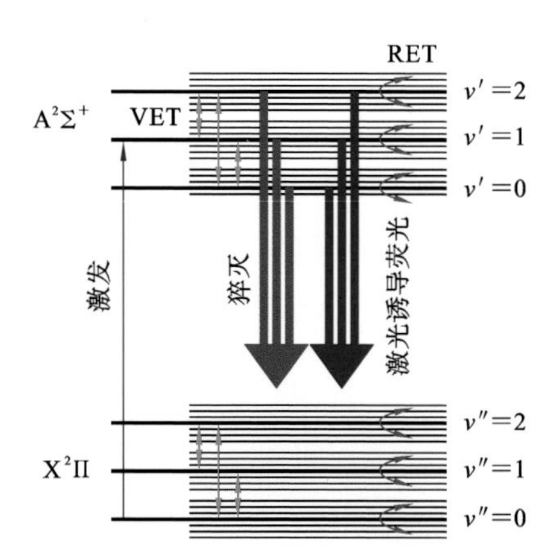

图 6.4.3　OH 自由基激光诱导荧光信号时需要考虑的几种“竞争”机制[48]

其中，激发表示激光激发过程，RET 和 VET 分别是 OH 自由基转动和振动能量传输过程，猝灭表示由于碰撞导致高能态 OH(A)消失的过程，激光诱导荧光表示自发辐射产生荧光的过程

为了准确地计算推导出等离子体射流中的 OH 绝对密度，以上提及的(图 6.4.3 中所示)竞争过程都需要在信号分析中考虑。根据式(6.4.4)，假定 OH 密度在测量区域内密度均匀分布，则探测器测量到的 OH 自由基荧光强度 S_{LIF} 可以用以下公式表示：

$$S_{\mathrm{LIF}} = \eta V_{\mathrm{LIF}} \sum t(\lambda_{ij}) G(\lambda_{ij}) \int \frac{1}{4\pi} \frac{hc}{\lambda_{ij}} A_{ij} N_i(t) \mathrm{d}t \qquad (6.4.8)$$

式中，λ_{ij} 是高能级 i 跃迁至低能级 j 辐射的荧光波长，A_{ij} 是自发辐射系数，$N_i(t)$ 是 t 时刻处于高能级 i 的 OH 自由基密度。假定在测量区域内 OH 密度均匀分布，则通过瑞利散射标定，结合式(6.4.6)和式(6.4.8)可以得到

$$\sum t(\lambda_{ij}) G(\lambda_{ij}) \int \frac{1}{4\pi} \frac{hc}{\lambda_{ij}} A_{ij} N_i \mathrm{d}t = t(\lambda_{\mathrm{R}}) G(\lambda_{\mathrm{R}}) N_{\mathrm{R}} W_{\mathrm{L}} \frac{V_{\mathrm{R}}}{V_{\mathrm{LIF}}} \frac{S_{\mathrm{LIF}}}{S_{\mathrm{R}}} \frac{\partial^{\beta=0} \sigma_0}{\partial \Omega} \qquad (6.4.9)$$

在式(6.4.9)中，建立不同能级下 N_i 的速率方程十分重要。目前国际上建立速率方程的方法主要有光谱拟合法和精简能级法。下面将具体介绍这两种方法。

光谱拟合法采用光谱仪作为波长选择单元，测量 OH 的荧光光谱，借助 LASKIN 等光谱模拟软件进行拟合分析(如图 6.4.4 所示)，在拟合的光谱中挑选一条合适的荧光谱线，获取相关能级的衰减速率，从而推导计算出基态 OH 绝对密度。以 $P_1(2)$ 激发谱线为例，定义被激发的低能级为能态 1，激发的高能级为能态 2，能态 2 自发跃迁至 OH(X)的一个振动转动能级为能态 3，那么能态 2 的密度可以通过式(6.4.9)求得：

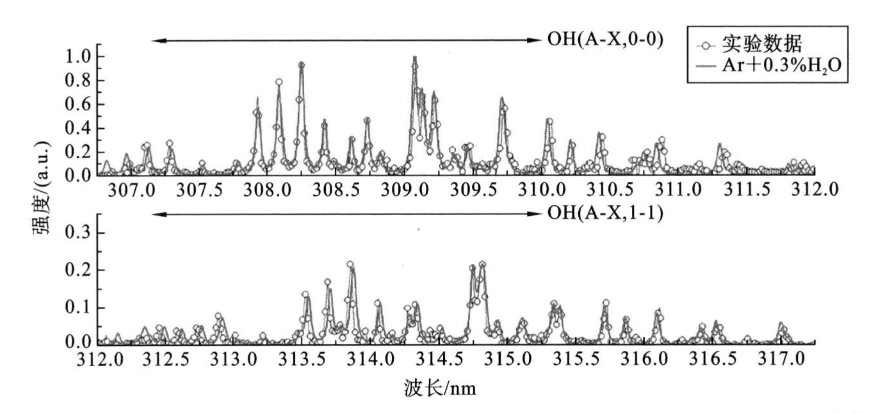

图 6.4.4 LASKIN **对** Ar **射流中混合** 0.3% H_2O **时测量的** OH **荧光光谱的拟合**[48]

$$\int N_2 \mathrm{d}t = \alpha_{23} N_R W_L \frac{4\pi hc}{A_{23}\lambda_{23}} \frac{t(\lambda_R)G(\lambda_R)}{t(\lambda_{23})G(\lambda_{23})} \frac{V_R}{V_{LIF}} \frac{S_{LIF}}{S_R} \frac{\partial^{\beta=0}\sigma_0}{\partial\Omega} \quad (6.4.10)$$

式中，α_{23}表示能态 2 跃迁至能态 3 产生的荧光强度与测量到的总荧光强度的比例，可以通过 LASKIN 程序模拟得到。能态 1 和能态 2 的密度时间变化可以由以下速率方程组表示：

$$\frac{\mathrm{d}}{\mathrm{d}t}\frac{N_1(t)}{g_1} = -B_{12}W_L\frac{N_1(t)}{g_1} + (A_{21}+B_{21}W_L)\frac{N_2(t)}{g_2} + \sum_{i\neq 1} Q_i^{RET}\frac{N_i}{g_i} \quad (6.4.11)$$

$$\frac{\mathrm{d}}{\mathrm{d}t}\frac{N_2(t)}{g_2} = B_{12}W_L\frac{N_1(t)}{g_1} - (\Gamma_2 + B_{21}W_L)\frac{N_2(t)}{g_2} \quad (6.4.12)$$

式中，g_i 是相应能级的统计权重，Q_i^{RET} 是转动能量传输速率，数量级为 $10^9\ s^{-1}$。Γ_2 是能态 2 在各种机制作用下的总消失速率，包括碰撞消失、自发辐射、转动及振动能量传输过程，该参数由 LASKIN 程序计算得到。结合式(6.4.10)～式(6.4.12)，可以求得能态 1 的密度。如果 OH(X，$v''=0$)的转动能级数量分布达到热平衡状态，则可以通过玻尔兹曼分布函数(式(6.4.5))最终得到OH(X)的绝对密度。

虽然光谱拟合法可以得到很好的准确度，但由于光谱反应十分复杂，反应方程繁多，编写光谱拟合软件困难很大。而且由于需要采集光谱，装置也更加复杂。因此很多课题组采用了精简能级的方法。

精简能级法在不同的实验条件下，对 OH 的荧光过程做出不同程度的假设，将 OH 的 LIF 过程中的多个转动态进行合并，从而达到用很少的能级数量来描述整个 LIF 过程的目的。该方法使用 ICCD 搭配滤波片即可使用，而无

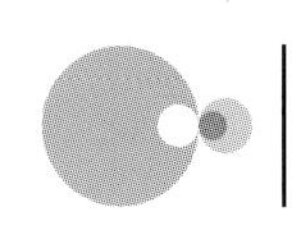

须采集荧光光谱。目前国际上已经提出了 2 级到 6 级等不同数目的精简能级模型，其中 6 级模型的准确率较高，同时考虑到了 VET 和 RET 过程，如图 6.4.5 所示。但在常见的大气压射流等离子体中，OH 的 RET 速率远高于 VET 速率和猝灭速率，在激光激发和辐射荧光的时间尺度上，转动态分布接近平衡条件。这样便可只考虑 4 个振动态而不用考虑转动态的影响。因此在 6 级模型基础上简化的 4 级模型在等离子体射流中应用较为广泛。

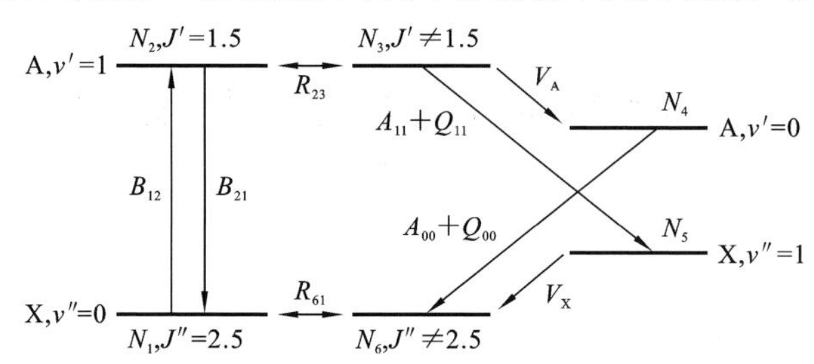

图 6.4.5　详细的 6 级模型的辐射和碰撞过程[49]

详细的 4 级模型的能量传输过程如图 6.4.6 所示，包含了基态能级的激发和受激辐射，自发辐射及碰撞猝灭和振动能级的能量转移。不同能级粒子密度的微分方程组为

$$\frac{\mathrm{d}N_1}{\mathrm{d}t}=f_t(t)I_\mathrm{s}(-B_{12}f_\mathrm{B}^{v''=0,j''=2.5}N_1+B_{21}f_\mathrm{B}^{v'=1,j'=1.5}N_2)+A_{10}N_2+(A_{00}+Q_{00})N_3+V_\mathrm{X}N_4 \tag{6.4.13}$$

$$\frac{\mathrm{d}N_2}{\mathrm{d}t}=f_t(t)I_\mathrm{s}(B_{12}f_\mathrm{B}^{v''=0,j''=2.5}N_1-B_{21}f_\mathrm{B}^{v'=1,j'=1.5}N_2)-(A_{10}+A_{11}+Q_{11}+V_\mathrm{A})N_2 \tag{6.4.14}$$

$$\frac{\mathrm{d}N_3}{\mathrm{d}t}=V_\mathrm{A}N_2-(A_{00}+Q_{00})N_3 \tag{6.4.15}$$

$$\frac{\mathrm{d}N_4}{\mathrm{d}t}=(A_{11}+Q_{11})N_2-V_\mathrm{X}N_4 \tag{6.4.16}$$

其中，N_i表示位于能级 i 的粒子密度（单位：m^{-3}），B_{ij} 是能级 i 到能级 j 的爱因斯坦 B 系数，$f_\mathrm{B}^{v,j}$ 是在振动能级 v 和总角动量 j 的玻尔兹曼因子（与气体温度相关），V_A 和 V_X 分别为激发态和基态的振动弛豫速率，A_{ij} 和 Q_{ij} 分别为激发态的振动能级 i 到基态的振动能级 j 的自发辐射系数和总猝灭速率（包括电子态猝灭和 VET 猝灭）。

碰撞猝灭和 VET 反应速率计算公式为

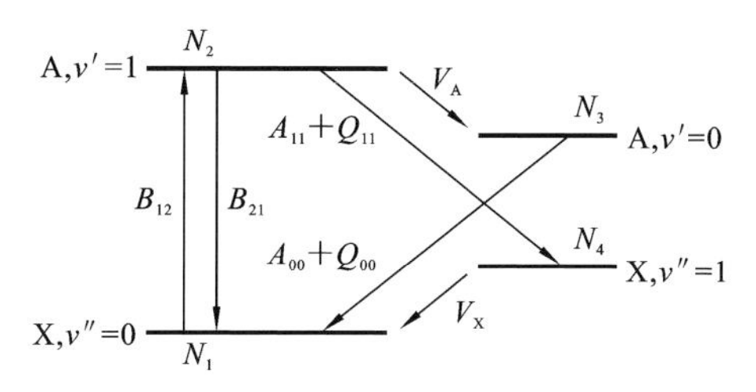

图 6.4.6　详细的 4 级模型的辐射和碰撞过程[49]

$$k=\sum_i k_i N_i \tag{6.4.17}$$

其中,k_i 是 OH 与碰撞粒子 i 的反应速率系数,N_i 是碰撞粒子 i 的密度。

在该模型中,在激光脉冲期间气体温度基本保持恒定。而且除了 A_{11} 和 A_{00} 外忽略了其他的自发辐射,这是因为其他自发辐射速率要小两个数量级以上。采用滤波片采集 308 nm 和 314 nm 谱带的荧光信号,则根据式(6.4.8),荧光信号强度可表示为

$$S_{\mathrm{LIF}}=\frac{1}{4\pi}\eta hc\,V_{\mathrm{LIF}}\int\left(t(\lambda_{11})G(\lambda_{11})N_2(t)\frac{A_{11}}{\lambda_{11}}+t(\lambda_{00})G(\lambda_{00})N_3(t)\frac{A_{00}}{\lambda_{00}}\right)\mathrm{d}t \tag{6.4.18}$$

在已知校准常数 η 的条件下,联立式(6.4.13)～式(6.4.18)即可求得 OH 自由基的绝对密度。模型中的常量参数见表 6.4.1。

表 6.4.1　4 级模型常量参数表(取值来源于文献[50])

参　　数	取　　值
λ_{11}/nm	314.535
λ_{10}/nm	282.792
λ_{00}/nm	308.900
A_{11}/s^{-1}	8.678×10^5
A_{10}/s^{-1}	4.606×10^5
A_{00}/s^{-1}	1.451×10^6
B_{12}/(m/J)	1.8
B_{21}/(m/J)	2.8

表 6.4.2 列出了 OH 在 300 K 条件下与常见碰撞粒子碰撞猝灭速率系数和振动弛豫速率系数。基态 V_X 的振动弛豫率一般比激发态 V_A 的 VET 速率小 2 个数量级。

表 6.4.2 300 K 条件下各类反应速率系数(单位为 10^{-17} m^3/s,取值参考文献[49,51])

速率	能级	He	Ar	H_2O	N_2	O_2
V_A	$A(v'=1\rightarrow v'=0)$	0.0002	0.27	7.3	23.3	2.1
Q_{11}	$A(v'=1)$	0.0004	0.3	66	23.6	20.6
Q_{00}	$A(v'=0)$	0	≤0.03	68	2.8	9.6

除了使用上述方法对 OH 绝对密度进行标定外，还有一种基于化学模型标定的方法。该方法无须通过瑞利散射对荧光信号公式中的校准常数 η 进行测量，而只用测量 OH-LIF 相对荧光强度在等离子体放电停止后的衰减曲线。根据 OH 自由基的衰减反应机制，建立 OH 粒子密度的衰减速率方程，并与荧光强度衰减曲线进行拟合，从而获取基态 OH 绝对密度的估算值。目前此方法已成功用于 He 或 Ar 为工作气体的脉冲放电射流中，这是因为这类射流中的 OH 主要损失过程少，反应速率容易获得，在更复杂的例如分子气体的实验条件下此方法便不适用了[52]。

2. O 原子的诊断及标定

O 原子绝对密度使用双光子吸收激光诱导荧光(TALIF)来测量。TALIF 法非常方便，因为基态 O 的单光子激发将需要真空紫外(VUV)波段的光，对于实验环境的要求非常苛刻。O 原子的 TALIF 中通常使用两个 225.6 nm 的激光光子来激发到 $3p^3P_{1,2,0}$ 能级，观测跃迁至 $3s^3S$ 能级的荧光(845 nm)，其能级图如图 6.4.7 左侧所示。由于 TALIF 荧光信号与激光强度的平方成正比，所以无法使用瑞利散射来获取校准常数。因此通常采用氙气(Xe)校准，这是由于 O 和 Xe 的激发波长和荧光波长的相似性，因此实验条件保持不变，如图 6.4.7 右侧所示。Xe 的 TALIF 测量通常使用 224.3 nm 的激发波长和 835 nm 的荧光波长。

对时间、体积、荧光波数和激发波数积分的 TALIF 信号强度可表示为

$$S = Cn_1 G^{(2)}\sigma^{(2)} a\iint\left(\frac{I(t,\boldsymbol{r})}{\hbar\omega}\right)\mathrm{d}t\mathrm{d}V \tag{6.4.19}$$

其中，n_1(单位：m^{-3})表示 O 或 Xe 基态能级的粒子密度；C 表示标定系数，取决于观测透镜、波长选择单元和探测器的传输效率；$G^{(2)}=2$ 是光子统计因子；$\sigma^{(2)}$(单位：$m^4\cdot s$)是双光子吸收截面；a 是观测的荧光跃迁过程的分支比(branching ratio)；$\hbar\omega$(单位：J)是激光的光子能量；$I(t,\boldsymbol{r})$(单位：W/m^2)是激光强度对时

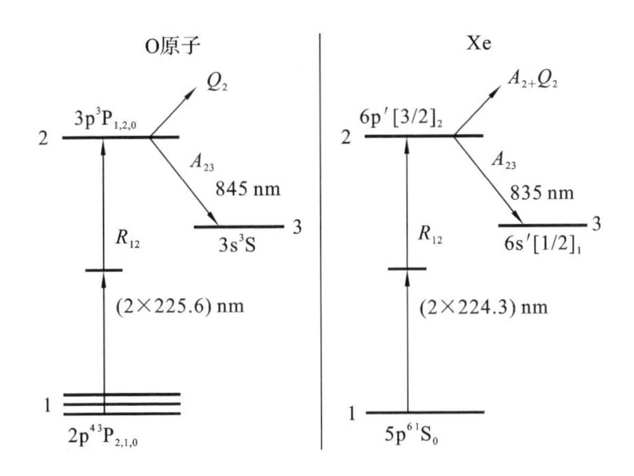

图 6.4.7　O 原子和 Xe 的 TALIF 相关能级示意图

间和空间的函数。由于 O 和 Xe 的激发波长十分接近，假设激光强度分布的轮廓是恒定的，上式的积分项可表示为

$$\iint\left(\frac{I(t,\boldsymbol{r})}{\hbar\omega}\right)\mathrm{d}t\mathrm{d}V = cE^2 \tag{6.4.20}$$

其中，c 表示激光强度分布的常数，E 表示用激光能量计测得的脉冲能量（单位：J）。此假设对 TALIF 系统的稳定性要求很严格，必须保证对 O 和 Xe 的测量光路不变。

在大气压下，碰撞猝灭会大大减少从激发态到基态跃迁的自然寿命，因此碰撞猝灭速率必须考虑在式(6.4.19)中的分支比中：

$$a = \frac{A_{23}}{A_2 + \sum_i q_i n_i} \tag{6.4.21}$$

其中，A_{23} 表示能级 2 到能级 3 的自发辐射速率，$A_2 = \sum_n A_{2n}$ 是能级 2 的总辐射衰减速率，与能级 2 的自然寿命有关，$A_2 = \tau_0^{-1}$。对于 O 原子，$A_{23}/A_2 = 1$；对于 Xe，$A_{23}/A_2 = 0.733$。q_i 表示激发粒子与碰撞粒子 i 的猝灭系数，n_i 是碰撞粒子密度。对于 Xe 的 TALIF 测量，可以人为预设混合气体比例，从而很容易确定 n_i 的值。但是对于等离子体射流中的 O 原子测量，由于不同位置周围空气的渗入和等离子体化学反应的产物等影响，确定 n_i 的具体数值是比较困难的，因此常使用拟合 O 原子荧光寿命来获得能级 2 的总衰减速率，$A_2 + \sum_i q_i n_i = \tau^{-1}$。首先通过实验获得荧光时间分辨信号 $S_t(t)$，然后通过测量瑞利散射信号获得激光脉冲的时间演变函数的平方$I(t)^2$。$S_t(t)$通过将一个指数衰减函数和$I(t)^2$进行卷积拟合，这个指数衰减函数的衰减时间即为τ。注意只有当荧光持续时间大于激光脉冲持续时间时才可用此实验方法，否则只能使用理论计算法获得碰撞猝灭速率。

低能级 O $3p^4P_J$ 和高能级 O $3p^3P_{J'}$ 都根据轨道角动量量子数分为三个能级，$J=2,1,0$ 和 $J'=1,2,0$。高能级 J'间距离小于激光线宽，因此在激发和荧光过程中无法区分；但是低能级的能量间距远大于激光线宽，因此被细分成了3个激发波长(2×225.685) nm、(2×225.988) nm 和(2×226.164) nm。经过 Xe 标定的基态 n_J 绝对密度为

$$n_J = n_{\mathrm{Xe}} \frac{C_{\mathrm{Xe}}}{C} \frac{\sigma_{\mathrm{Xe}}^{(2)}}{\sigma^{(2)}} \frac{a_{\mathrm{Xe}}}{a} \left(\frac{\omega_J}{\omega_{\mathrm{Xe}}}\right)^2 \left(\frac{E_{\mathrm{Xe}}}{E_J}\right)^2 \frac{S_J}{S_{\mathrm{Xe}}} \tag{6.4.22}$$

其中，$\sigma^{(2)}$和 a 对于所有 3 个基态 J 能级是相等的，并且$\sigma_{\mathrm{Xe}}^{(2)}/\sigma^{(2)}=1.9$。$C_{\mathrm{Xe}}/C$近似等于探测器在 844.68 nm 和 834.68 nm 的量子效率之比。基态原子的总密度是 3 个 J 态粒子密度之和，即

$$n_{\mathrm{O}} = \sum_J n_J \tag{6.4.23}$$

标定所需的 O 和 Xe 相关能级的自然寿命和碰撞猝灭速率系数如表 6.4.3 所示，其中猝灭速率是在室温条件下的数值。

表 6.4.3　O 和 Xe 的相关能级的自然寿命和猝灭速率常数[53,54]

能级	自然寿命 τ_0/ns	猝灭速率系数 q /$(10^{-16}\ \mathrm{m^3/s})$	
O $3p^3P_{1,2,0}$	37.7 ± 1.7	O_2	9.4 ± 0.5
		N_2	5.9 ± 0.2
		He	0.017 ± 0.0022
		Ar	0.14 ± 0.007
Xe $6p'[3/2]_2$	30.7 ± 2.2	Xe	4.3 ± 0.2
		He	5.7 ± 0.3
		Ar	2.0 ± 0.1

6.4.4　OH 和 O 的特性及调控

1. OH 和 O 的时空分布

图 6.4.8 给出了典型的大气压等离子体射流 OH 浓度时空分布的诊断装

置示意图。激光脉冲的重复频率为 10 Hz。等离子体射流由脉冲直流高压电源驱动，幅值 8 kV，频率 1 kHz。等离子体中待检测的 OH 被激光束激发后，发出荧光信号。荧光信号由装配有 308 nm 的滤波片和紫外镜头的 ICCD 高速相机进行探测。由于激光器的频率是固定的 10 Hz 而射流的驱动频率为 1 kHz，可以使用信号发生器的 Burst 功能，将 DG645 输出的 10 Hz 脉冲信号同步倍频至 1 kHz 的脉冲信号，从而精准控制 ICCD 相机、脉冲电源和激光器之间的时序。

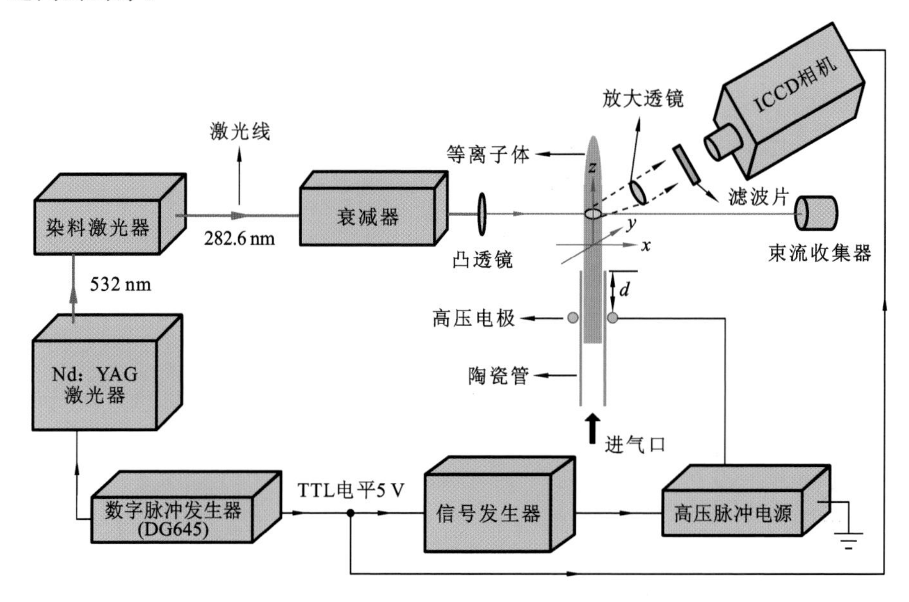

图 6.4.8　脉冲直流高压驱动的等离子体射流 OH 自由基 LIF 诊断系统示意图[55]

使用 LIF 成像发现，在一个电压脉冲周期，OH LIF 信号上升了两次，一次对应于电压上升沿的主放电，另一次对应于电压下降沿的二次放电，如图 6.4.9所示。根据该图还可以看出 OH LIF 信号强度在两个边缘比在中间强，这表明 OH 具有环形分布。为了进一步理解 OH 环形分布的产生机理，使工作气体先通过自来水，然后进入射流装置来提高工作气体的湿度，结果发现 OH LIF 信号的环形结构消失，变得均匀。关于该环形结构的产生机理将在 6.5 节作进一步分析。

在无放电的间隔，OH LIF 信号首先下降，然后在大约 120 μs 时刻开始再次上升，并增加了一倍以上，如图 6.4.10 所示。通过改变气体流速和电极的位置，发现在无放电的间隔时间内 OH 信号的增加是由于气体的流动，该气体

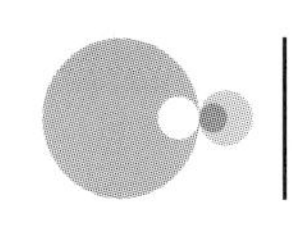

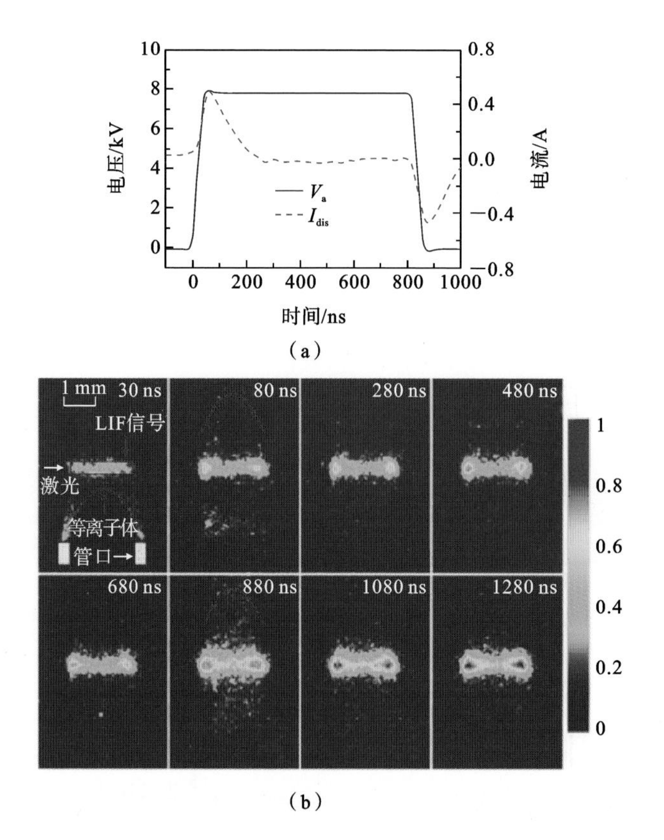

图 6.4.9 N-APPJ 的电压、电流波形，以及从 30 ns 到 1280 ns 的 OH LIF 强度图像[55]

(a)中 V_a 为施加电压，I_{dis} 为放电电流；(b)中标记的时间和实验条件与图(a)一致。脉冲频率 1 kHz，脉宽 800 ns，电源电压 8 kV，工作气体为 He/H_2O(体积分数 6×10^{-5})，总气体流速为 4 L/min，测量位置距喷嘴 2 mm

将放电过程中产生的 OH 吹到被检测区域导致的。

上面给出了放电稳定后任意一个脉冲周期内 OH 随时间的变化情况。从图 6.4.10 可以看出，在 0.5 ms 时刻 OH 的 LIF 强度大约是其峰值的 70%。那么当频率很高时，OH 的 LIF 强度应该有累加效应。因此下面测量从第一次放电到 OH 的 LIF 强度达到饱和时的情况。所得结果如图 6.4.11 所示。图中给出了 OH LIF 信号强度大小随脉冲个数增加的变化关系，可以看到在第一个脉冲前，无 OH LIF 信号的存在。因为原来没有放电，背景气体中 OH 自由基浓度是可忽略的。经过“第一个脉冲”后，OH LIF 强度开始增加，而且在 1000 μs(第 9 个脉冲)前，OH LIF 信号强度几乎线性增加，然后迅速达到饱和。这里 OH 不再随时间变化是因为此时脉冲频率高达 8 kHz，而 OH 的衰

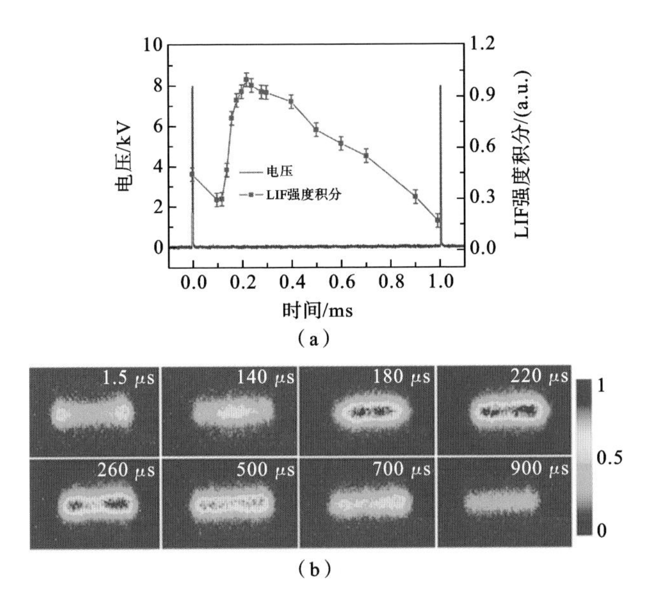

图 6.4.10 (a) 施加的脉冲电压波形和脉冲间隔 OH LIF 信号强度随时间的变化，以及(b) OH LIF 信号在 1.5～900 μs 脉冲间隔的变化[55]

(b) 中脉冲下降沿后，该时间段内电压均为 0，且无等离子体产生，图中标注的时间均是参考(a)中时间。两图的实验条件与图 6.4.9 一致

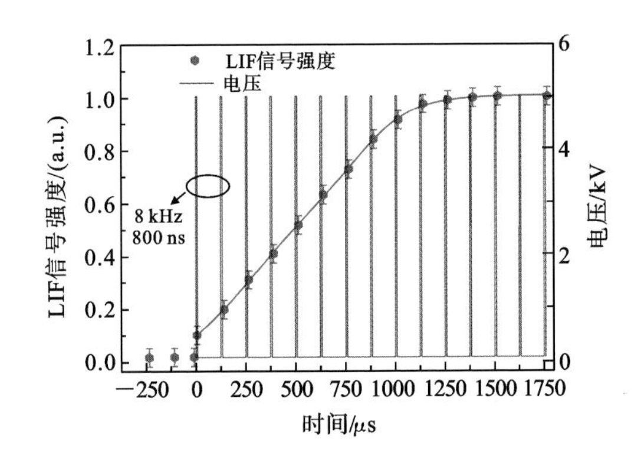

图 6.4.11 等离子体射流中 OH 自由基空间分布随脉冲个数的时间演变[56]

六边形表示的是不同时刻实验测得的 OH LIF 信号强度，第一个脉冲为 0 时刻。脉冲频率 8 kHz，脉宽 800 ns，电源电压 5 kV，工作气体为 He/H_2O(体积分数 6×10^{-5})，总气体流速为 4 L/min，测量位置距喷嘴 2 mm

减时间远长于其脉冲周期 0.125 ms。所以从宏观上看 OH 浓度保持稳定。

针对 OH 的环形结构现象，观测初始若干个脉冲产生的 OH 分布。结果

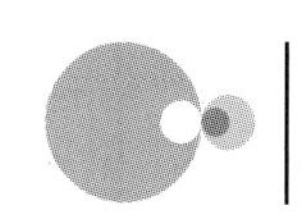

发现对于前几个高压脉冲，OH 呈环形分布。随着更多的高压脉冲的施加，气流中心部分的 OH 浓度逐渐增加，最终呈现出了圆盘结构分布，如图 6.4.12 所示。

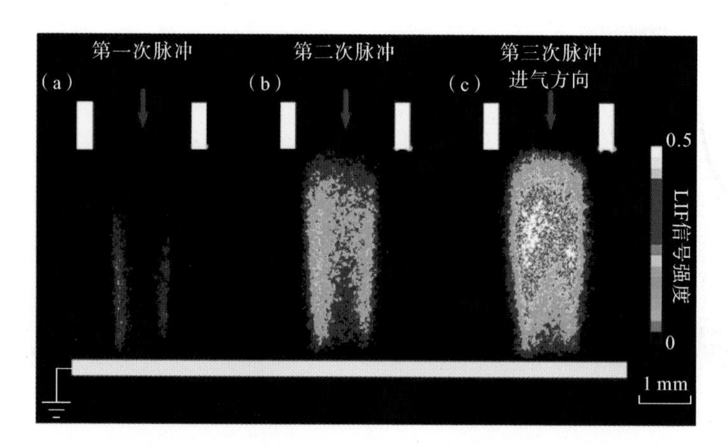

图 6.4.12　射流前端放置接地电极时前三个脉冲产生的时间分辨 OH 强度[57]

脉冲频率 8 kHz，脉宽 1 μs，电源电压 8 kV，工作气体为 He/H_2O(体积分数 4×10^{-5})，保护气体为空气/ H_2O(体积分数 2×10^{-2})，总气体流速为 4 L/min

进一步的研究表明，环形分布的 OH 是由管外的等离子体子弹产生的，随着时间的演化，在管内产生的 OH 成为了等离子体射流中的重要 OH 来源，通过气流输送到了射流的下游。由于管内的 OH 是以实心圆盘的结构分布，最终导致了环形结构的消失。也就是说等离子射流中的总 OH 自由基由两部分构成，如图 6.4.13 所示，一部分是由管外的等离子体射流形成的，呈环形结构；另一部分由具有实心圆盘结构的管内部的等离子体产生，该等离子体可随气流输送到下游，并导致等离子体中 OH 的环形结构消失。

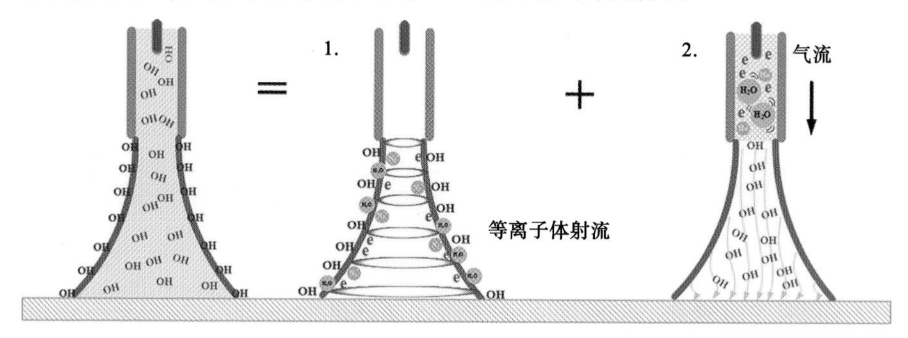

图 6.4.13　N-APPJ 的 OH 自由基产生机理示意图[57]

模拟和实验结果如图 6.4.14 所示，结果表明无论是否使用了接地电极，等离子体子弹均以环形结构传播，电子密度也呈现环形分布，这就导致射流 OH 的环形分布。

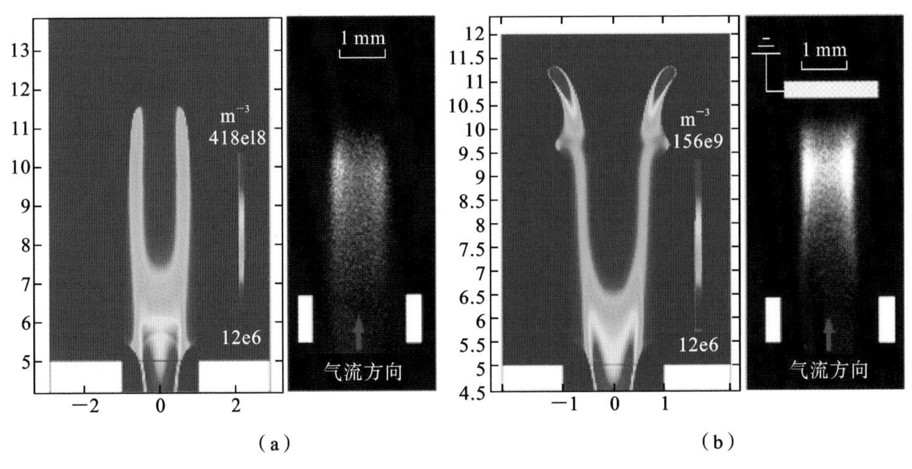

(a)　　(b)

图 6.4.14　等离子体子弹的二维电子密度和 ICCD 图像[57]

(a) 无地电极；(b) 有地电极。模拟采用的脉冲上升沿时间为 50 ns，电源电压 2 kV，其余实验条件与图 6.4.12 一致

进一步的研究发现，对射流外围施加保护气体也会对 OH 的环形结构造成影响，结果如图 6.4.15 所示。从该图可以看出，通过增加保护气体中水的浓度，施加有接地电极的射流中的 OH 浓度会升高，但未施加接地电极的射流中的 OH 浓度变化不大。这是因为施加接地电极的射流具有更高的电子密度，并且具有更明显的环形子弹结构，更有利于水分解反应的发生。

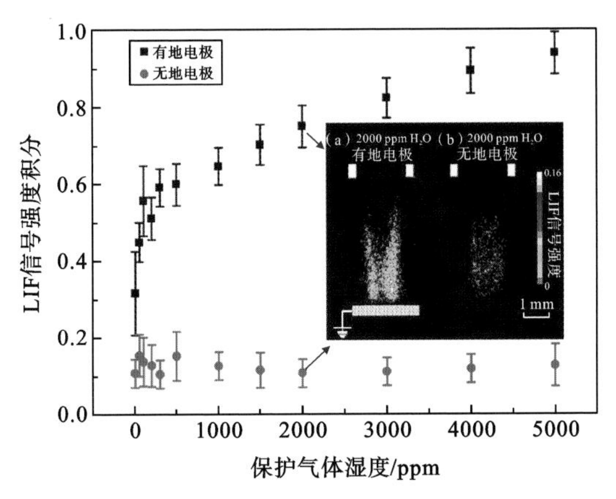

图 6.4.15　射流中 OH-LIF 强度与保护气体湿度的关系，其余实验条件与图 6.4.12 一致[57]

2. OH 和 O 的调控

大气压等离子体射流中活性粒子的调控对优化射流装置、增强射流的生物医学效应至关重要。目前常用的调控方法包括装置结构调控、电气参数调控和工作气体调控等。

图 6.4.16 给出了 5 种常见的 N-APPJ 装置，当它们均采用脉冲直流高压电源驱动时，在相同电参数和工作气体参数下，它们的 OH 和 O 的 LIF 强度分布如图 6.4.17 所示。可以看出，装置 2 产生的 OH 和 O 浓度最高，而装置 3 产生的 OH 和 O 浓度最低。由此可以看出增加射流地电极有利于产生更高浓度的 OH 和 O。这里应该强调的是，当等离子体射流用于处理对象时，被处理对象往往相当于地电极，此时的 OH 和 O 的浓度分布可能会发生改变。

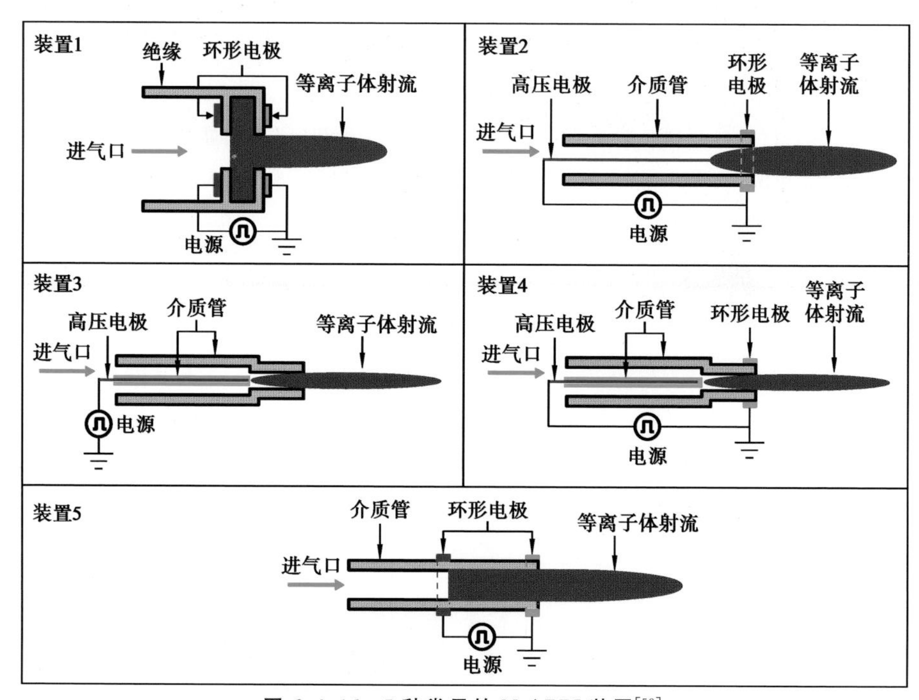

图 6.4.16 5 种常见的 N-APPJ 装置[58]

图 6.4.18 给出了距离射流喷嘴不同距离处 OH 和 O 的浓度分布。从图中可以看出，活性粒子的浓度并不是越接近喷嘴越大，而是在离喷嘴一定距离处达到峰值。因此在射流的实际应用中，需要控制好被处理物与喷嘴间的距离才可获得最好的处理效果。

电参数对等离子体射流产生的活性粒子浓度影响主要是由电压幅值和脉

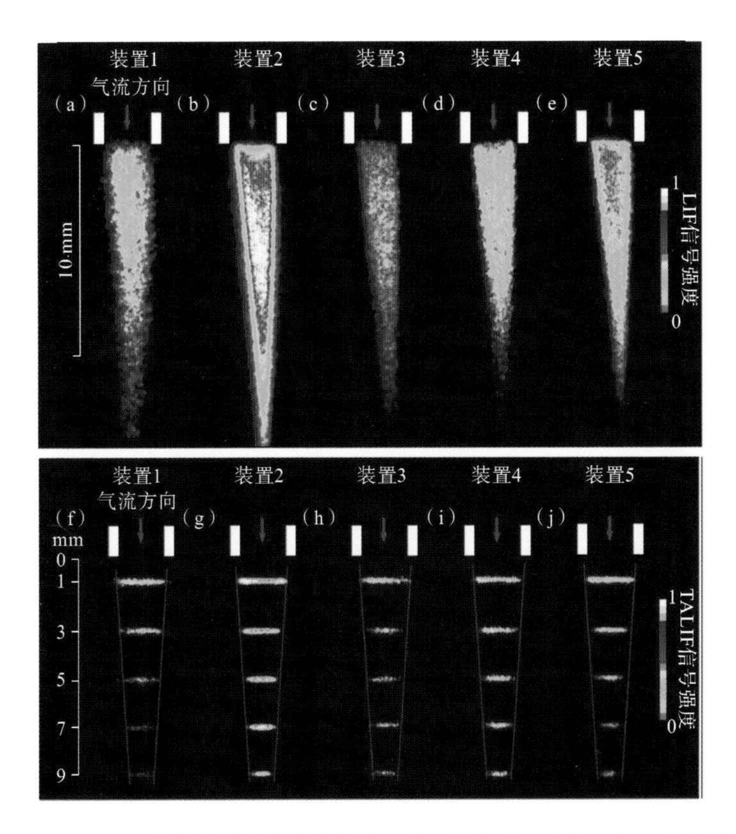

图 6.4.17 5 种等离子体射流装置的 OH-LIF 和 O-TALIF 强度分布[58]

(a)～(e):OH-LIF;(f)～(j):O-TALIF。所有装置均由同一个脉冲直流电源驱动,脉冲频率 8 kHz,脉宽 1 μs,电源电压 5 kV,总气体流速为 1 L/min,测量 OH-LIF 时工作气体为 He/H_2O(体积分数 4×10^{-5}),测量 O-TALIF 时工作气体为 He/O_2(0.75%)

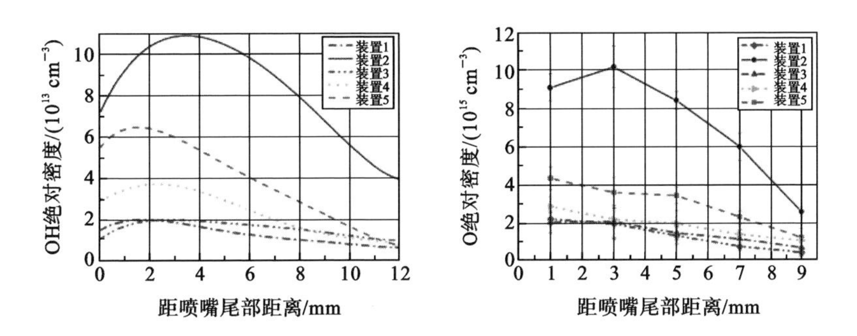

图 6.4.18 距离喷嘴不同距离处 OH 和 O 的浓度分布,其余实验条件与图 6.4.17 一致[58]

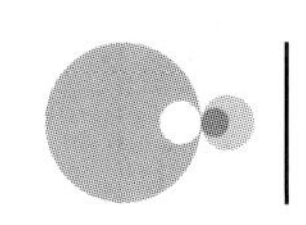

冲频率引起的。如图 6.4.19 所示，活性粒子浓度随着施加电压的增大而线性增加，随着频率的增加一开始迅速增大，随后增势趋缓。因此在射流的实际应用中，尽可能增大施加电压和频率是提高活性粒子浓度的有效措施。

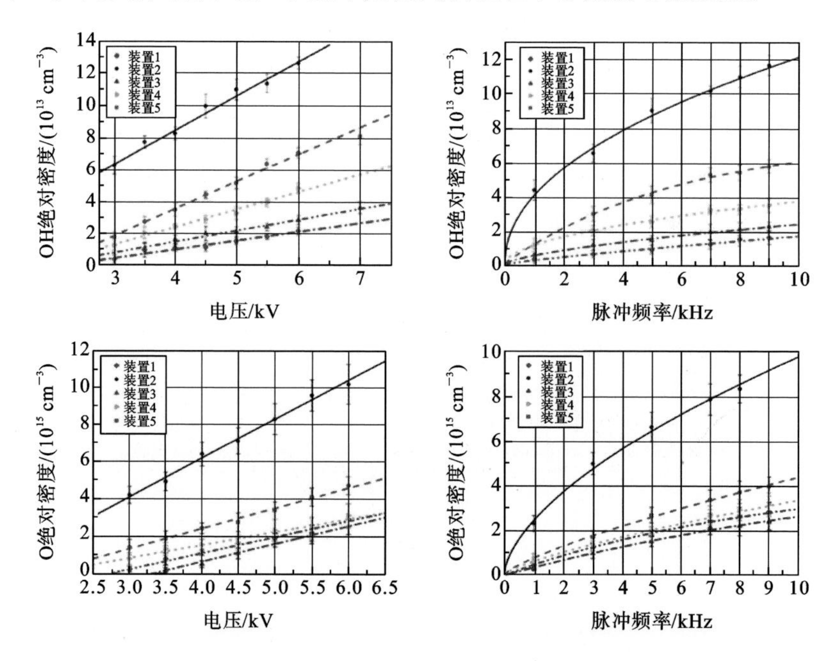

图 6.4.19　施加电压和频率对 OH 和 O 浓度的影响，其余实验条件与图 6.4.17 一致[58]

等离子体射流 OH 自由基的主要来源为电子或亚稳态粒子碰撞分解水分子，即水分子是 OH 自由基的提供者。而 O 原子的主要提供者为氧气分子。因此在氦气等离子体射流的工作气体中掺入适当的水和氧气能有效增强活性粒子浓度。所得结果如图 6.4.20 所示，当工作气体中水含量在 5×10^{-5} 到 1×10^{-4} 间时产生的 OH 浓度最高，氧气浓度在 0.5%到 1%之间时产生的 O 原子浓度最高。

虽然上述 5 种装置中装置 2 产生的活性粒子浓度最高，但该装置的高压电极是直接与射流接触的，如果被处理对象离喷嘴较近时可能导致高压电极与被处理对象之间直接放电，在实际应用中应该注意这种变化带来的风险。

根据前面活性粒子的时空分析，管内产生的活性粒子能够对管外射流区的活性粒子浓度产生影响，因此为了在管外获得更高浓度的活性粒子，可以通过增强管内放电来实现。这可以对装置 5 进行适当的改进来实现，如图 6.4.21所示，即在石英管外围嵌上多组环电极，使其交替分布，以增加管内放

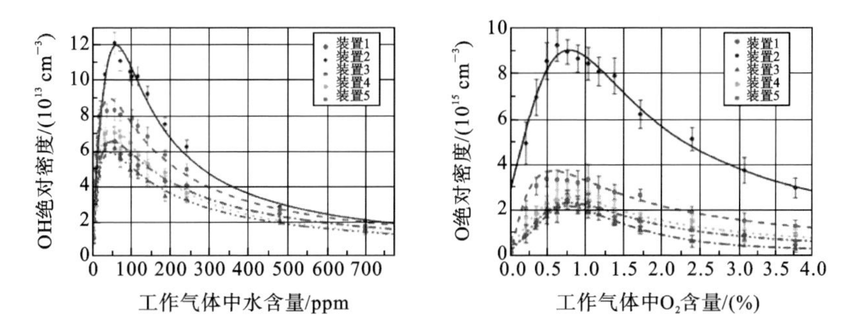

图 6.4.20 5种N-APPJ的OH浓度与工作气体中 H_2O 含量的关系,以及O浓度与工作气体中 O_2 浓度的关系,其余实验条件与图6.4.17一致[58]

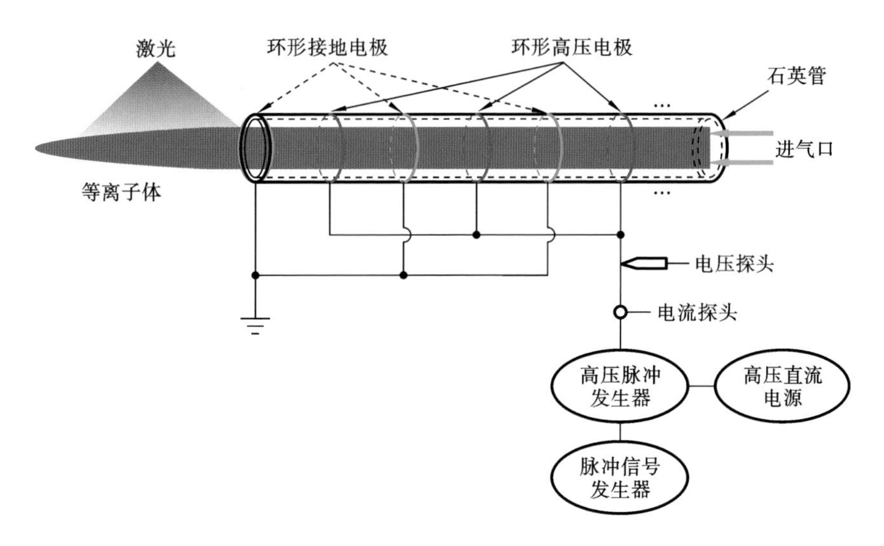

图 6.4.21 多组环形电极N-APPJ装置[59]

电区域。

结果发现,相比单环结构,多环结构可以显著提高OH的浓度,如图6.4.22所示。其中12环结构产生的OH浓度是单环结构的3到5倍。与此同时,多环结构并没有增强等离子体射流的发光强度,这意味着喷出管口的射流中的OH主要是由管内产生的,多环结构增强管内放电,导致OH浓度的升高。

3. 被处理材料对OH和O的影响

在具体应用中,等离子体射流需要与被处理物体表面接触,其产生的活性成分才可以与待处理物体发生反应。而被处理物体表面的性质会对射流的流

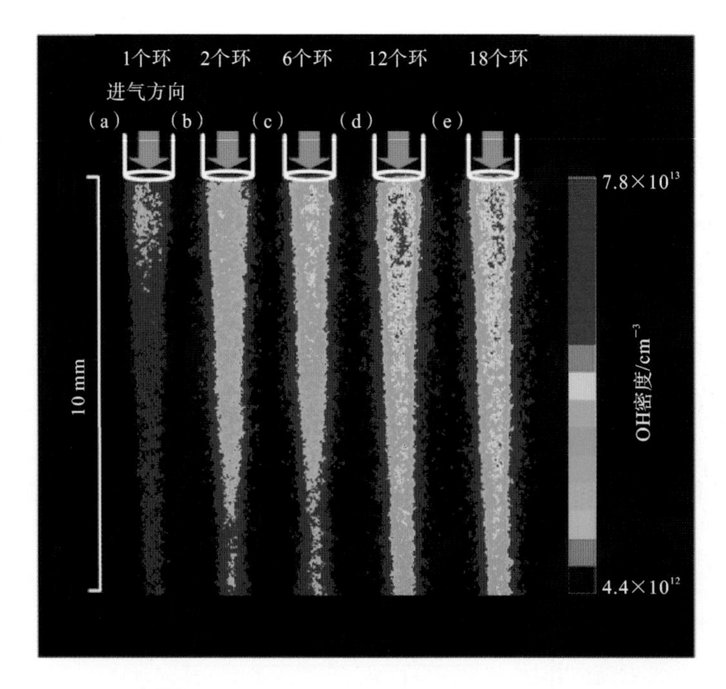

图 6.4.22　由不同数量的环形电极产生的等离子体射流中的二维 OH-LIF 图像[59]

脉冲频率 8 kHz，脉宽 1 μs，电源电压 6 kV，总气体流速为 1 L/min，工作气体为 He

体状态、气体组分和电场强度等造成影响，从而使其产生的活性粒子浓度发生改变。

下面介绍脉冲直流电压驱动的 APPJ 处理三种材料（玻璃、蒸馏水和金属）时，这些材料对等离子体的影响。首先使用快速成像技术研究并比较了等离子体的推进动态过程，如图 6.4.23 所示。当等离子体射流到达玻璃表面时，放电会在玻璃表面往外扩大，并在电压脉冲的上升沿和下降沿检测到两次放电，如图 6.4.24 所示。但是，在处理水和金属基板时，在脉冲持续时间内，除了上升沿和下降沿的那两次放电外，还出现了第三次放电，分别为 542 ns 和 506 ns（见图 6.4.24）时刻。另外，玻璃表面的电离波比水表面的电离波在径向方向上传播得更远。在金属表面，由于高导电性，等离子体与金属接触后没有向外围传播。

处理不同材料时，OH 和 O 的浓度通过 LIF 成像进行检测。结果如图 6.4.25所示，LIF 信号的时空分布随被处理物而显著变化。处理水和金属基板时获得的 OH-LIF 和 O-TALIF 信号强度显著高于处理玻璃基板时的结果。

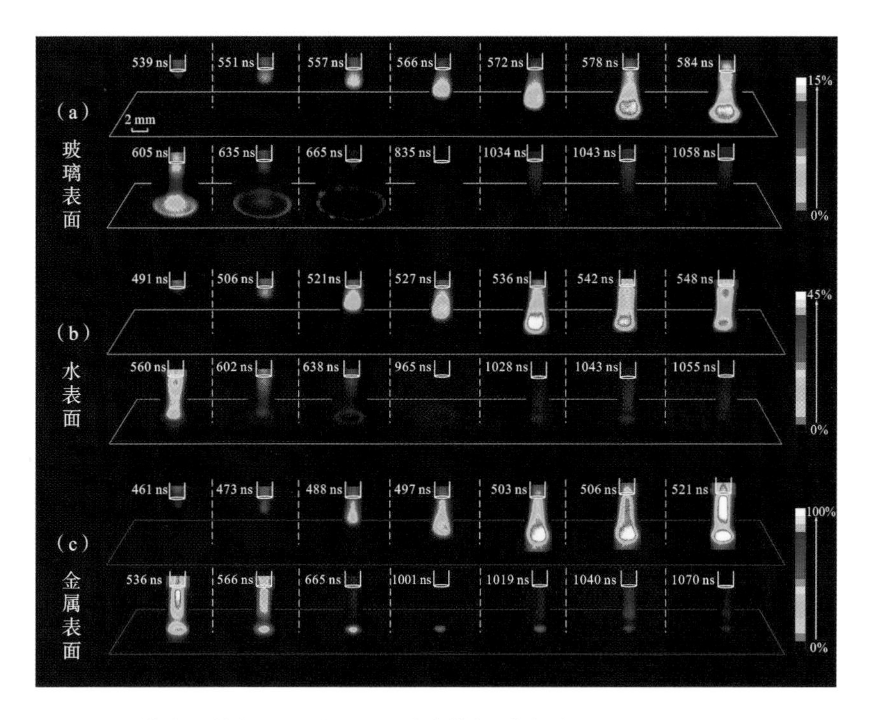

图 6.4.23　等离子体射流分别作用于玻璃基板、蒸馏水、金属基板时，以固定的曝光时间 3 ns 和叠加 100 张的配置拍摄放电过程的高速照片[60]

彩色条将每个像素的强度量化为实验中观察到的最高强度的百分比，图中标注时间参考图 6.4.24。电压幅值为 6 kV，重复频率为 8 kHz，脉冲持续时间为 1 μs，流速为 1 L/min，工作气体为氦气

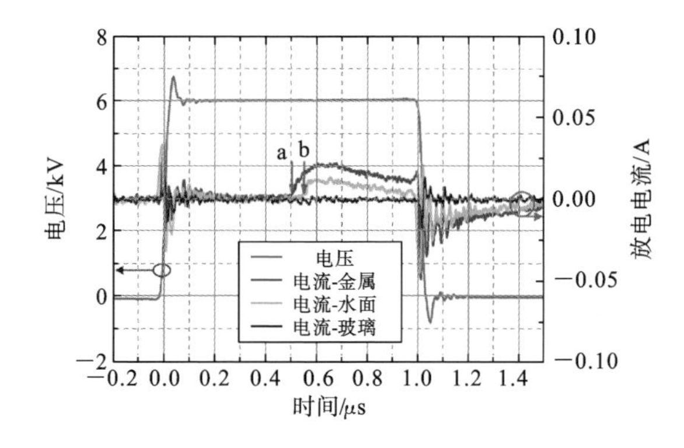

图 6.4.24　射流处理不同基底条件下的电压和放电电流波形，实验条件与图 6.4.23 一致[60]

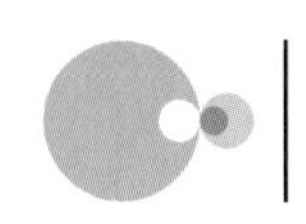

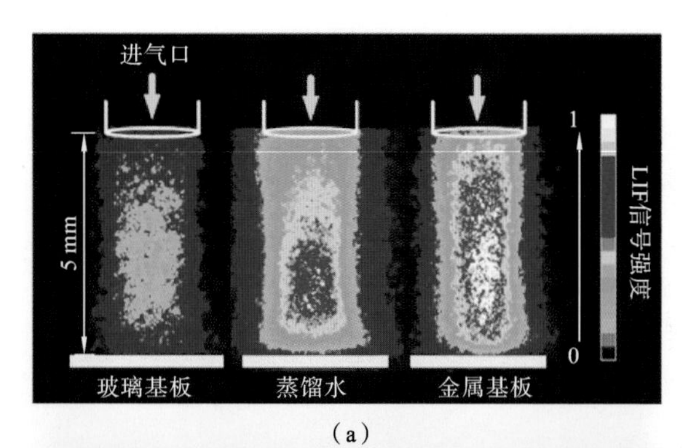

(a)

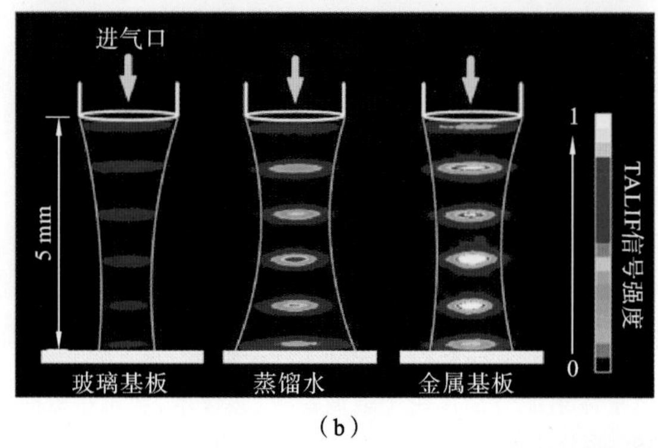

(b)

图 6.4.25　射流处理不同基底的荧光强度图像[60]

(a) OH-LIF;(b) O-TALIF。实验条件与图 6.4.23 一致

在等离子体射流的生物医学应用中，对皮肤的处理十分常见，皮肤的表面特性也会对射流产生的活性粒子造成一定程度的影响，皮肤表面湿度便是影响因素之一。如图 6.4.26(a)和(b)所示，当射流处理不同湿度的皮肤表面时，射流的中上游部分 OH 强度变化不大，但紧靠皮肤的区域 OH 信号强度则随皮肤湿度的增大而增强。并且在射流处理不同湿度皮肤时，射流的放电图像变化不大，均呈现如图 6.4.26(c)所示的特征。这说明皮肤表面的水分子也会参与射流中活性粒子的产生，并对 OH 的产生起到积极作用。

但 O 原子浓度则是随着皮肤湿度的增大而减小，所得结果如图 6.4.27 所示。这是由于射流中水分含量过高时，O 原子与水之间的反应造成了 O 原子的损耗，即 $O+H_2O\rightarrow 2OH$。结合 OH 的结果可以看出，在处理真实皮肤时，很难实现使 OH 浓度和 O 浓度同时达到最大值，因此需要结合实际应用需求，调整皮肤表面的状况。

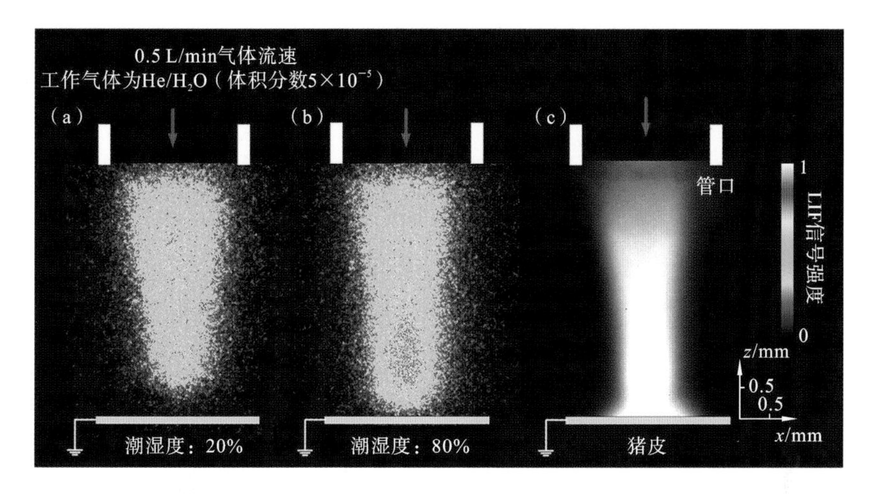

图 6.4.26　不同皮肤湿度条件下射流在喷嘴和皮肤表面之间产生的二维 OH-LIF 图像[61]

(a) 被处理皮肤湿度为 20%的 OH-LIF 图像；(b) 被处理皮肤湿度为 80%的 OH-LIF 图像；(c) 射流的放电图像。脉冲频率 8 kHz，脉宽 1 μs，电源电压 8 kV，总气体流速为 0.5 L/min，工作气体为 He/H_2O(体积分数 5×10^{-5})

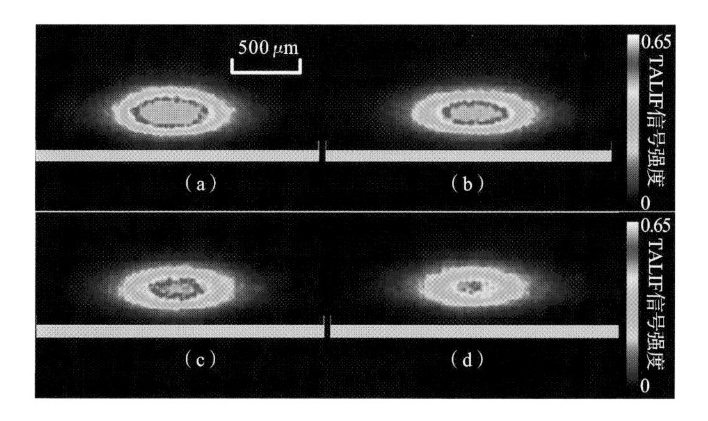

图 6.4.27　不同皮肤湿度条件下皮肤表面上方 200～500 μm 的 O-TALIF 图像[61]

(a)～(d)分别为被处理皮肤湿度为 20%、40%、60%和 80%的情况。脉冲频率 8 kHz，脉宽 1 μs，电源电压 8 kV，总气体流速为 0.5 L/min，工作气体为氦气

6.5　激光散射

由于等离子体射流的物理和化学参数随时间高速变化，而且等离子体射

流相对尺寸较小，因此要实现对等离子体参数的诊断，需要诊断方法具有较高的时空分辨率。激光散射法是获取高时空分辨率的理想选择。激光可以聚焦到一个微米量级的小点，从而具有很高的空间分辨率。同时激光的脉冲可以控制在纳秒甚至飞秒量级，因此也具有极高的时间分辨率。与朗缪尔探针测量相比，该方法是相对非侵入性的。激光散射法可以非常直接地获得等离子体的一些关键参数，例如电子密度和电子温度，以及重粒子（气体）密度和气体温度等[62-64]。这使得激光散射法成为了一种测量等离子体参数，并验证其他诊断结果的一种非常重要的方法。

激光散射可以分为三种：汤姆逊散射、瑞利散射和拉曼散射。汤姆逊散射是光子与空间中自由电子的弹性散射，它可用于测量电子密度和电子温度。瑞利散射是光子与重粒子的束缚电子之间的弹性散射，可用于测量气体温度。拉曼散射则是光子与 O_2 和 N_2 等分子的非弹性散射，通常可以测量分子的密度及转动温度。此外，拉曼散射也可用于校准汤姆逊散射。本部分将分为 5 小节，其中，6.5.1 节对激光散射的基本原理作简要介绍，6.5.2～6.5.4 节分别介绍汤姆逊散射、瑞利散射和拉曼散射，6.5.5 节给出了激光散射的几个典型实例。

6.5.1 激光散射简介

当一束激光照射到等离子体时，等离子体中重粒子的束缚电子和空间中的自由电子会在激光电场的作用下产生加速振荡，受到加速振荡的电子会向空间中各个方向发出散射光，这个过程即为激光散射。

根据散射前后光子能量是否发生变化，光散射分为弹性光散射和非弹性光散射。一束频率为 ω_i 的入射光照射在物体上，如果散射光的频率 ω_s 等于入射光的频率 ω_i，称其为光的弹性散射，即散射前后入射光子和散射光子的能量没有发生变化。如果散射光的频率相对于入射光的频率发生了偏移，则称其为光的非弹性散射，即散射前后光子能量发生了变化。由等离子体中的自由电子导致的散射称为汤姆逊散射。由原子、离子和分子的束缚电子导致的散射称为瑞利散射。它们都属于弹性散射。另外，由分子导致的散射会引起转动能级或振动能级的跃迁，这种散射称为拉曼散射，属于非弹性散射。

典型的散射过程示意图如图 6.5.1 所示。当激光通过某个散射体时，设入射激光的横截面积为 A，在散射区域内，n 为散射粒子密度，散射区域的长度为 L_{det}，则该区域内粒子总数为 $N=nL_{\mathrm{det}}A$。设 σ 为粒子的激光散射截面，那么激光的散射概率可表示为 $N\sigma/A=nL_{\mathrm{det}}\sigma$。散射功率 P_{s} 可表示为

$$P_{\mathrm{s}}=fP_{\mathrm{i}}\cdot nL_{\mathrm{det}}\sigma \tag{6.5.1}$$

其中，f 为考虑到光学镜片和相机的传输效率的常数，P_{i}为入射功率。

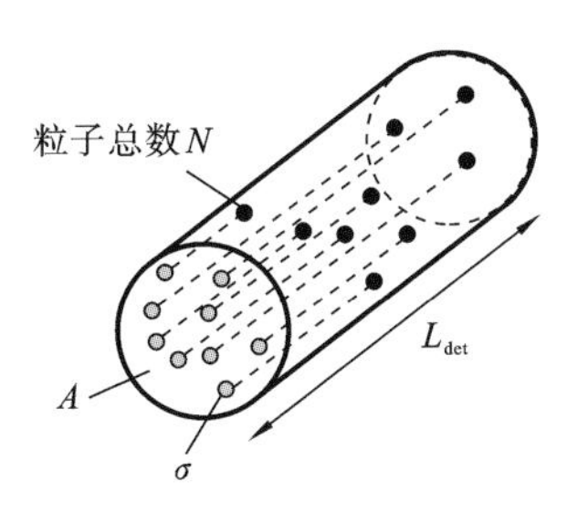

图 6.5.1　典型的散射过程示意图

散射光的波长 ω_{s} 可能会与入射光波长 ω_{i} 不同，这是因为散射粒子自身存在运动速度，导致了两种多普勒频移。一种是散射粒子在入射光方向上的运动分量，这使得散射粒子实际“见到”的入射光频率为 $\omega_{\mathrm{p}}=\omega_{\mathrm{i}}-\boldsymbol{k}_{\mathrm{i}}\cdot\boldsymbol{v}$；第二种是散射粒子相对于观察方向也即散射方向上的运动，这使得观测者实际观测到的散射光频率为 $\omega_{\mathrm{s}}=\omega_{\mathrm{p}}+\boldsymbol{k}_{\mathrm{s}}\cdot\boldsymbol{v}$。$\boldsymbol{k}_{\mathrm{i}}$和 $\boldsymbol{k}_{\mathrm{s}}$分别为入射光和散射光的波矢量。这里定义散射波矢为 $\boldsymbol{k}=\boldsymbol{k}_{\mathrm{s}}-\boldsymbol{k}_{\mathrm{i}}$，两种多普勒频移可以相互叠加或抵消，这取决于散射粒子速度 v 相对于散射波矢的方向。因此最终导致的散射光频移为

$$\Delta\omega=\omega_{\mathrm{s}}-\omega_{\mathrm{i}}=\boldsymbol{k}\cdot\boldsymbol{v} \tag{6.5.2}$$

频移大小为粒子速度在散射波矢方向上的分量和散射波矢大小的乘积。对于散射粒子 $v\ll c$，可以认为 $\boldsymbol{k}_{\mathrm{s}}\approx\boldsymbol{k}_{\mathrm{i}}$，那么散射波矢大小定义为

$$k=|\boldsymbol{k}_{\mathrm{s}}-\boldsymbol{k}_{\mathrm{i}}|\approx 2k_{\mathrm{i}}\sin(\theta/2) \tag{6.5.3}$$

其中，θ 为散射角(即 $\boldsymbol{k}_{\mathrm{i}}$ 和 $\boldsymbol{k}_{\mathrm{s}}$ 的夹角)。从式(6.5.2)可以明显看出，不同粒子的散射光的频率分布与在 k 方向上的速度分布直接相关。这使得激光散射适合于测量等离子体中粒子的速度和能量分布，以及与该分布有关的参数，例如散射粒子的温度。如果能量分布呈麦克斯韦分布，则散射谱具有高斯线型。通常用比式(6.5.1)更加精细的表达式来描述散射过程，即

$$\frac{\mathrm{d}P_{\mathrm{s}}}{\mathrm{d}\omega_{\mathrm{s}}}\mathrm{d}\omega_{\mathrm{s}}=fP_{\mathrm{i}}\cdot nL_{\mathrm{det}}\frac{\mathrm{d}\sigma}{\mathrm{d}\Omega}\cdot\Delta\Omega\cdot S_{k}(\Delta\omega)\mathrm{d}\omega_{\mathrm{s}} \tag{6.5.4}$$

这里用微分散射截面和立体角的乘积$\frac{\mathrm{d}\sigma}{\mathrm{d}\Omega}\Delta\Omega$ 代替了式(6.5.1)中的散射截面 σ，这是因为在不同的散射方向上，散射截面是不一样的。另外该公式引入了

频谱分布函数 $S_k(\Delta\omega)$ 来描述散射光谱的形状轮廓。在非相干散射的情况下，频谱分布函数对于总散射功率影响并不重要，因为 $\int_{-\infty}^{\infty} S_k(\Delta\omega)\mathrm{d}\omega_s = 1$。

6.5.2 汤姆逊散射

汤姆逊散射是入射光子与空间中的自由电子发生的散射。入射电磁波引起自由电子以入射波的频率振荡，被加速了的自由电子随即产生偶极辐射，此即为汤姆逊散射。如 6.5.1 节所述，散射截面及散射光谱与粒子速度分布之间的关系十分重要。在本节中，将通过分析单个电子的散射过程，推导出汤姆逊散射的散射截面公式，并讨论满足麦克斯韦电子能量分布函数(EEDF)的电子散射光谱形状。

1. 单个电子散射

入射激光一般为线性偏振单色平面波，其电场表达式为

$$\boldsymbol{E}_\mathrm{i}(\boldsymbol{r},t)=\boldsymbol{E}_{\mathrm{i}0}\exp[j(\boldsymbol{k}_\mathrm{i}\cdot\boldsymbol{r}-\omega_\mathrm{i}t)] \tag{6.5.5}$$

设单电子的速度为 v_j，位置在 $\boldsymbol{r}_j(t)$，该电子在入射光电场下的加速度为

$$\dot{\boldsymbol{v}}_j(t)=-\frac{e}{m_\mathrm{e}}\boldsymbol{E}_\mathrm{i}(\boldsymbol{r}_j,t) \tag{6.5.6}$$

根据电动力学，加速电子在 $\boldsymbol{r}(t)$ 处产生的电场为

$$\boldsymbol{E}_\mathrm{s}(\boldsymbol{r},t)=\frac{-e}{4\pi\varepsilon_0 c^2}\left[\frac{1}{R(t')}\boldsymbol{e}_\mathrm{s}\times(\boldsymbol{e}_\mathrm{s}\times\dot{\boldsymbol{v}}_j(t'))\right] \tag{6.5.7}$$

这里，$\boldsymbol{R}=\boldsymbol{r}-\boldsymbol{r}_j=R\boldsymbol{e}_\mathrm{s}$，$R$ 表示电子与观察点 r 间的距离，位置向量关系如图 6.5.2所示。

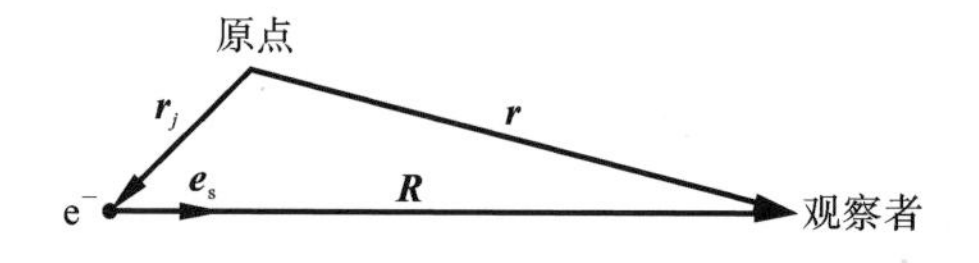

图 6.5.2 位置向量定义

需要注意的是 t 时刻在观测点探测到的电场实际是由 $t'=t-R(t')/c$ 时刻位置上的电子产生。定义经典电子半径为

$$r_\mathrm{e}=\frac{e^2}{4\pi\varepsilon_0 m_\mathrm{e}c^2}=2.818\times10^{-15}\ \mathrm{m} \tag{6.5.8}$$

假设电子速度 $v\ll c$，则 $R(t)\approx R(t')$，因此散射电场表达式可化为

$$\boldsymbol{E}_{\mathrm{s}}(\boldsymbol{r},t)=r_{\mathrm{e}}[\boldsymbol{e}_{\mathrm{s}}\times(\boldsymbol{e}_{\mathrm{s}}\times\boldsymbol{E}_{\mathrm{i0}})]\frac{1}{R(t)}\exp[j(\boldsymbol{k}_{\mathrm{i}}\cdot\boldsymbol{r}_{j}(t')-\omega_{\mathrm{i}}t')] \tag{6.5.9}$$

散射几何方向如图 6.5.3 所示。

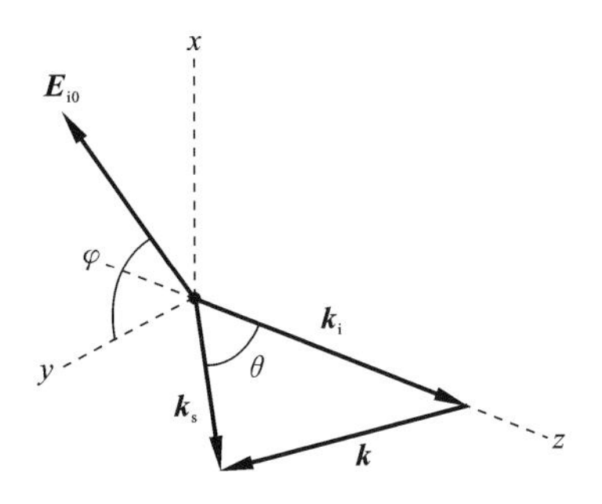

图 6.5.3　散射几何方向

由此，散射波的坡印廷矢量为

$$\begin{aligned}S_{\mathrm{s}}&=\frac{1}{2}c\varepsilon_0|\boldsymbol{E}_{\mathrm{s}}|^2=\frac{1}{2}c\varepsilon_0\frac{r_e^2}{R^2(t)}E_{\mathrm{i0}}^2|\boldsymbol{e}_{\mathrm{s}}\times(\boldsymbol{e}_{\mathrm{s}}\times\boldsymbol{e}_{\mathrm{i0}})|^2\\&=\frac{1}{2}\varepsilon_0c\frac{r_{\mathrm{e}}^2}{R^2(t)}(1-\sin^2\theta\cos^2\varphi)E_{\mathrm{i0}}^2\end{aligned} \tag{6.5.10}$$

在距离电子 $R(t)$ 的位置上，散射光在单位立体角中流入的能量为

$$\frac{\mathrm{d}P_{\mathrm{s}}}{\mathrm{d}\Omega}=R^2(t)S_{\mathrm{s}}=\frac{1}{2}\varepsilon_0cr_{\mathrm{e}}^2(1-\sin^2\theta\cos^2\varphi)E_{\mathrm{i0}}^2 \tag{6.5.11}$$

根据 $P_{\mathrm{s}}=P_{\mathrm{i}}\cdot N\dfrac{\sigma_{\mathrm{T}}}{A}$，对于单个电子，$N=1$，而 $P_{\mathrm{i}}/A=S_{\mathrm{i}}=\dfrac{1}{2}\varepsilon_0cE_{\mathrm{i0}}^2$，将其代入式(6.5.11)可得

$$\frac{\mathrm{d}\sigma_{\mathrm{T}}}{\mathrm{d}\Omega}=r_{\mathrm{e}}^2(1-\sin^2\theta\cos^2\varphi) \tag{6.5.12}$$

一般散射实验中采用正交光路结构，即 $\theta=\varphi=90°$，则 $\dfrac{\mathrm{d}\sigma_{\mathrm{T}}}{\mathrm{d}\Omega}=r_{\mathrm{e}}^2$。

2. 满足麦克斯韦 EEDF 的电子散射

等离子体产生的汤姆逊散射电场是在散射区域里的每个电子产生的散射电场向量和。如果这些电子产生的散射电场相位彼此是不相干的，那么产生的散射光是非相干光。对于非相干光，总散射功率可表示为每个电子的散射功率的简单叠加。参考式(6.5.4)可得

$$\frac{\mathrm{d}P_{\mathrm{s}}}{\mathrm{d}\omega_{\mathrm{s}}}\mathrm{d}\omega_{\mathrm{s}}=fP_{\mathrm{i}}\cdot n_{\mathrm{e}}L_{\mathrm{det}}\frac{\mathrm{d}\sigma_{\mathrm{T}}}{\mathrm{d}\Omega}\cdot\Delta\Omega\cdot S_k(\Delta\omega)\mathrm{d}\omega_{\mathrm{s}} \tag{6.5.13}$$

$S_k(\Delta\omega)\mathrm{d}\omega_s$ 表示一个散射光子的频移落在 $\Delta\omega$ 附近 $\mathrm{d}\omega_s$ 范围内的概率，由式(6.5.2)，令 $v_k=\Delta\omega/k$，上述概率等于一个电子在 k 方向上的速度分量落在 v_k 附近 $\mathrm{d}v_k$ 区域里的概率。

$$S_k(\Delta\omega)\mathrm{d}\omega_s=F_k(v_k)\mathrm{d}v_k=\frac{F_k(\Delta\omega/k)}{k}\mathrm{d}\omega_s \tag{6.5.14}$$

结合式(6.5.3)，$k=2\sin(\theta/2)k_i=\frac{2\sin(\theta/2)}{\lambda_i}$ 和 $\Delta\lambda=\frac{\lambda_i^2}{c}\times\Delta\omega$，用波长来代替频率，上式改写为

$$S_k(\Delta\lambda)\mathrm{d}\lambda_s=\frac{c}{2\lambda_i\sin(\theta/2)}\cdot F_k\left(\frac{c}{2\sin(\theta/2)}\cdot\frac{\Delta\lambda}{\lambda_i}\right)\mathrm{d}\lambda_s \tag{6.5.15}$$

因此光谱分布函数的形状跟速度分布函数一致。若速度分布符合麦克斯韦分布，则有

$$F_k(v_k)=\frac{1}{\hat{v}\sqrt{\pi}}\cdot\exp\left[-\left(\frac{v_k}{\hat{v}}\right)^2\right] \tag{6.5.16}$$

其中，$\hat{v}$ 是电子的最可几速率

$$\hat{v}=\left(\frac{2k_B T_e}{m_e}\right)^{\frac{1}{2}} \tag{6.5.17}$$

其中，k_B、m_e 和 T_e 分别为玻尔兹曼常数、电子质量和电子温度。由此，式(6.5.13)可改写为

$$\frac{\mathrm{d}P_s}{\mathrm{d}\lambda_s}\mathrm{d}\lambda_s=fP_i\cdot n_e L_{det}\frac{\mathrm{d}\sigma_T}{\mathrm{d}\Omega}\cdot\Delta\Omega\cdot\frac{1}{\Delta\lambda_{1/e}\sqrt{\pi}}\exp\left[-\left(\frac{\Delta\lambda}{\Delta\lambda_{1/e}}\right)^2\right]\mathrm{d}\lambda_s \tag{6.5.18}$$

其中，$\Delta\lambda_{1/e}$是散射光谱的 1/e 半宽值，表达式为

$$\Delta\lambda_{1/e}=\lambda_i\cdot 2\sin(\theta/2)\cdot\frac{\hat{v}}{c} \tag{6.5.19}$$

由此可推出电子温度表达式

$$T_e=\frac{m_e c^2}{8k_B\sin^2(\theta/2)}\cdot\left(\frac{\Delta\lambda_{1/e}}{\lambda_i}\right)^2 \tag{6.5.20}$$

假若取正交散射坐标系($\theta=90°$)，入射光波长为 532 nm，则电子温度为

$$T_e=5238\cdot(\Delta\lambda_{1/e})^2[K] \tag{6.5.21}$$

在非相干散射和麦克斯韦速率分布情况下的汤姆逊散射光谱简图如图6.5.4所示，通过散射光谱的 1/e 半宽值可获得电子温度 T_e，在经过校准确定式(6.5.18)中的 $fL_{det}P_i\Delta\Omega$ 的情况下，将测得的散射光信号强度代入式

(6.5.18),并结合式(6.5.12)和式(6.5.19)得到的 $\mathrm{d}\sigma_T/\mathrm{d}\Omega$ 和 $\Delta\lambda_{1/e}$,即得到电子密度 n_e。

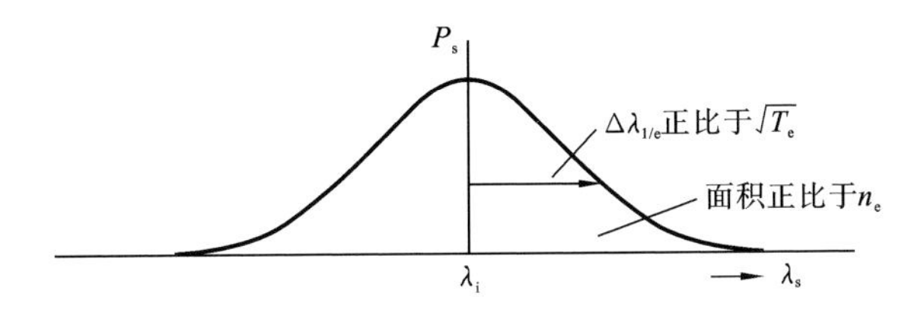

图 6.5.4　在非相干散射和麦克斯韦速率分布情况下的汤姆逊散射光谱简图

高斯谱的面积和宽度分别与 n_e 和 $\sqrt{T_e}$ 成正比

上述推导是建立在散射光为非相干光的基础上的,而散射光的相干性通常用散射参数 α 来描述:

$$\alpha=\frac{1}{k\lambda_D}\approx\frac{\lambda_i}{4\pi\sin\dfrac{\theta}{2}}\sqrt{\frac{e^2n_e}{\varepsilon_0k_BT_e}} \tag{6.5.22}$$

当 $\alpha\ll1$ 时,散射光可以看作非相干光。对于大气压低温等离子体,电子温度 T_e 通常在 1~10 eV 区间,电子密度在 $10^{11}\sim10^{15}\ \mathrm{cm^{-3}}$ 区间[65],在正交光路条件 $\theta=90°$ 和 $\lambda_i=532$ nm 下,当电子密度 $\leqslant10^{14}\ \mathrm{cm^{-3}}$,散射参数 α 最大值为 0.08,此时可以将散射光看作非相干光。而当电子密度达到 $10^{15}\ \mathrm{cm^{-3}}$ 时,散射参数 α 最大值为 0.25,此时散射光呈现弱相关性,需要对式(6.5.14)中的 $S_k(\Delta\omega)$ 进行修订,有

$$S_k(\Delta\omega)\approx\frac{F_k(\Delta\omega/k)}{k}(1-2\alpha^2\,\mathscr{R}\omega(\Delta\omega/k\hat{v})) \tag{6.5.23}$$

其中,$\mathscr{R}\omega(\Delta\omega/k\hat{v})$ 是等离子体色散函数的实部,即

$$\mathscr{R}\omega(x)=1-2x\exp(-x^2)\int_0^x\exp(p^2)\mathrm{d}p \tag{6.5.24}$$

6.5.3　瑞利散射

除了自由电子的散射外,光子还可以被原子、离子和分子周围的束缚电子散射。瑞利散射是入射光子与重粒子上束缚电子发生的散射,它要求入射光的波长比散射粒子本身的尺度大得多,这对于可见光和近紫外光的空气分子散射来说是适用的。其散射光的强度与入射光的频率四次方成正比。由于瑞利散射是弹性光子散射,因此散射光子的能量和波长与入射光子的能量和波长相同,从而使粒子处于与散射发生之前相同的状态。由于等离子体中的重

粒子比电子慢得多，因此被瑞利散射的光子不会发生明显的多普勒频移。因此，瑞利光谱由一条在 $\lambda=\lambda_i$ 处的细线组成。瑞利散射强度主要由电离度足够低的气体或等离子体的中性物质决定。因此，散射辐射通常是不相干的。像汤姆逊散射一样，通常以粒子的形式可以方便地讨论此过程。从电磁角度看，可以计算出电场中电子云的运动（原子或分子的极化）以及由该运动产生的电场。与汤姆逊散射相似的方式，可用于确定散射截面和总瑞利散射功率表达式。

总瑞利散射功率可以表示为类似于式(6.5.4)的形式，即

$$P_R = fP_i \cdot n_h L_{det} \cdot \frac{d\sigma_R}{d\Omega} \cdot \Delta\Omega \tag{6.5.25}$$

其中，n_h 是气体中的重粒子密度。原子气体的瑞利散射的微分散射截面由原子的极化率确定

$$\frac{d\sigma_R}{d\Omega} = \frac{\pi^2 \alpha^2}{\epsilon_0^2 \lambda_i^4} \cdot (1-\sin^2\theta\cos^2\varphi) \tag{6.5.26}$$

（微观）极化率 α 也可以根据气体的（宏观）折射率 μ 来表示为

$$\alpha = \frac{3\epsilon_0}{n_\mu} \cdot \frac{\mu^2-1}{\mu^2+2} \tag{6.5.27}$$

其中，n_μ 是折射率为 μ 的气体密度。对于 $\mu-1\ll 1$，可以近似为 $\alpha\approx 2\epsilon_0(\mu-1)/n_\mu$，因此

$$\frac{d\sigma_R}{d\Omega} = \frac{4\pi^2}{\lambda_i^4}\left(\frac{\mu-1}{n_\mu}\right) \cdot (1-\sin^2\theta\cos^2\varphi) \tag{6.5.28}$$

由于瑞利散射强度和重粒子密度 n_h 成正比。根据理想气体方程 $p=n_k k_B T_g$，当给定气压 p 时，散射强度与气体温度成反比。为了测量绝对气体温度 T_g，必须由已知的参考温度校准。因此[66]

$$T_g = \frac{P_{ref}}{P_{plasma}} \Big/ T_{ref} \tag{6.5.29}$$

其中，P_{plasma} 和 P_{ref} 是等离子体的瑞利信号和参考信号的总散射能量。由于瑞利散射的多普勒展宽很小，因此通常用光谱仪的仪器频谱函数作为瑞利散射信号的频谱函数。由于已知 T_{ref}（室温），因此可以使用式(6.5.29)计算 T_g。

瑞利散射截面的微分 $d\sigma_R/d\Omega$ 取决于气体种类，这意味着参考值的测量原则上必须保证相同的气体组分。在实验中，参考值的测量可设定为通气流，等离子体关闭时的情况，假定 T_{ref} 为室温。氩气和空气的 $d\sigma_R/d\Omega$ 很相似：对于氩

气，$d\sigma_R/d\Omega$ 为 $5.4\times10^{-32}\ m^2$；对于空气，$d\sigma_R/d\Omega$ 为 $6.2\times10^{-32}\ m^2$；而对于氮气和氧气，$d\sigma_R/d\Omega$ 为 $5.3\times10^{-32}\ m^2$[67]。因此，气体成分的微小变化并不重要。

6.5.4 拉曼散射

拉曼散射是入射光子与分子之间发生的非弹性散射，此过程中会经过振动态或转动态的跃迁，从而导致散射光发生特定的波长偏移。典型的拉曼散射光谱见图 6.5.5。可以看到，拉曼光谱显示大量窄线，它们对应于不同的转动、振动跃迁而处于不同的波长偏移。拉曼散射光的相位相对于入射光是随机分布的，所以拉曼散射始终是非相干的，总散射功率就是单个散射粒子的散射功率总和。在等离子体射流的激光散射诊断中，拉曼散射可用于测量分子的转动温度，同时校准汤姆逊散射强度。下面对拉曼散射的散射截面公式进行推导，并讨论总散射功率表达式。

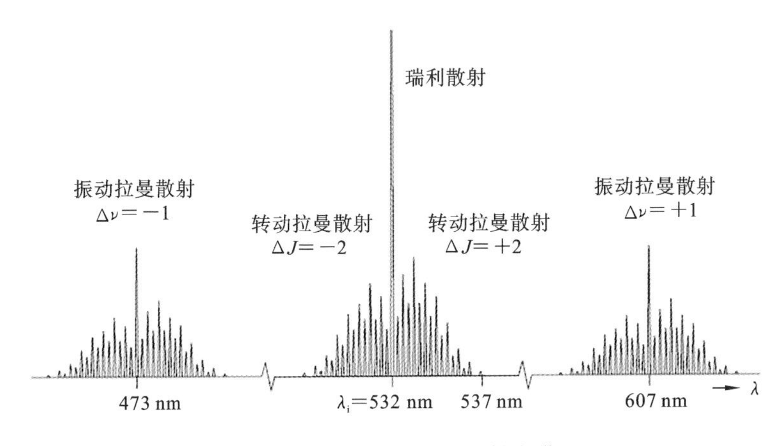

图 6.5.5 典型的拉曼散射光谱

1. 线性分子的拉曼散射

这里先假定散射分子（O_2、N_2 和 CO_2）为简单线性分子，并且所有的分子处于振动态基态，这个在低温条件下（小于 1000 K）是近似满足的。由于光谱仪的范围限制，这里仅考虑转动拉曼散射。拉曼散射光谱的不同峰值波长为

$$\begin{aligned}\lambda_{J\to J+2}&=\lambda_i+\frac{\lambda_i^2}{hc}\cdot B(4J+6)\\ \lambda_{J\to J-2}&=\lambda_i-\frac{\lambda_i^2}{hc}\cdot B(4J-2)\end{aligned}\tag{6.5.30}$$

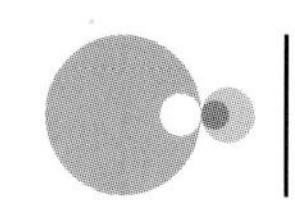

其中，λ_i 为入射光波长，J 为转动量子数，B 为基态振动态的转动常数，取决于粒子种类(见表 6.5.1)。h 和 c 分别为普朗克常数和光速。

对于 $J\to J'$ 的跃迁过程，参考式(6.5.4)，其散射功率可表示为

$$P_{J\to J'}=fL_{\det}P_i\Delta\Omega\cdot n_J\frac{d\sigma_{J\to J'}}{d\Omega}S_\lambda(\lambda) \tag{6.5.31}$$

其中，n_J 为处于转动态 J 的分子密度。对于正交散射的情况，即 θ 和 φ 均为 90°时，$J\to J'$ 的拉曼散射微分截面为

$$\frac{d\sigma_{J\to J',\perp}}{d\Omega}=\frac{64\pi^4}{45\epsilon_0^2}\cdot b_{J\to J'}\cdot\frac{\gamma^2}{\lambda_{J\to J'}^4} \tag{6.5.32}$$

γ 为分子的各向异性(见表 6.5.1)，$b_{J\to J'}$ 是 Placzek-Teller 系数，表达式为

$$b_{J\to J+2}=\frac{3(J+1)(J+2)}{2(2J+1)(2J+3)}$$
$$b_{J\to J-2}=\frac{3J(J-1)}{2(2J+1)(2J-1)} \tag{6.5.33}$$

假定处于 J 态的粒子密度遵循玻尔兹曼分布，则有

$$n_J=\frac{n_{\text{mol}}}{Q}\cdot g_J(2J+1)e^{-\frac{BJ(J+1)}{k_B T_{\text{rot}}}} \tag{6.5.34}$$

其中，n_{mol} 是分子密度，g_J 为统计权重因子(见表 6.5.1)，T_{rot} 为转动温度，Q 为配分函数，可近似表示为

$$Q\approx(2I+1)^2\frac{k_B T_{\text{rot}}}{2B} \tag{6.5.35}$$

其中，I 是核自旋量子数(见表 6.5.1)。最终根据式(6.5.31)，可以获得拉曼散射的总功率为

$$P_\lambda(\lambda)=fLP_i\Delta\Omega\cdot\sum_{J'=J\pm2}n_J\frac{d\sigma_{J\to J'}}{d\Omega}S_k(\lambda-\lambda_{J\to J'}) \tag{6.5.36}$$

拉曼光谱的形状函数 $S_\lambda(\lambda-\lambda_{J\to J'})$ 一般远小于光谱仪的仪器轮廓，所以实际计算中用光谱仪的仪器函数代替(与瑞利散射类似)。

上述推导过程是基于假定所有分子都处于振动基态的情况下，在振动温度较高的等离子体射流中，还需考虑振动激发态的粒子损耗。通常第一振动激发态与振动基态的分子密度比为

$$\frac{n_1}{n_0}=e^{-\frac{E_{10}}{k_B T_{\text{vib}}}} \tag{6.5.37}$$

其中，E_{10} 是第一振动带的能量，见表 6.5.1。

表 6.5.1　分子常数

种类	N_2	O_2
B/eV	2.467×10^{-4}	1.783×10^{-4}
$\gamma^2/(\mathrm{F}^2\cdot\mathrm{m}^4)$	3.95×10^{-83}	1.02×10^{-82}
g_J(odd/even)	3/6	1/0
I	1	0
E_{10}/eV	0.289	0.193

2. *汤姆逊散射强度的校准*

在散射实验中，如果要获取散射粒子的绝对密度，则需要得到散射信号的绝对强度，这便需要确定一系列校准常数（$fLP_i\Delta\Omega$）。相比于自由电子，在实验室中更容易获得确定分子密度的气体环境，因此常用已知气体组分的瑞利或拉曼散射来对汤姆逊散射的绝对强度进行校准，从而获得等离子体中自由电子的绝对密度。而用拉曼散射进行校准相比于瑞利散射有以下优点。

(1) 瑞利散射和杂散光的波长相同，分离的难度较大。而拉曼散射相对于杂散光波长会有明显的偏移，分离起来更加容易。

(2) 虽然瑞利散射截面比汤姆逊散射小得多，但瑞利散射强度远大于汤姆逊散射。由于探测器的饱和效应，在测量瑞利散射和汤姆逊散射时所使用的相机设置参数会有较大差距，而且测量汤姆逊散射时还需设置额外的滤波单元，这些都会引入较大的误差。而拉曼散射强度与汤姆逊散射强度相近，且无须改变实验配置，准确性能够大大提高。

因此通常用拉曼散射来进行校准。在等离子体射流的诊断中，通常采集室温下纯 N_2 或空气环境中的拉曼散射光谱，这种情况下转动温度和分子密度均可由实验环境中的气压和温度确定。通过式(6.5.36)对光谱仪采集到的散射光谱进行拟合，即可确定校准常数，从而标定等离子体中自由电子的绝对密度。

6.5.5　实验案例介绍

1. *实验必须满足的一些条件*

在等离子体射流的诊断中，为了运用上述理论，必须满足下面的这些条件。

(1) 入射光为单色线偏振光，因此需要使用 YAG 激光器，用以产生窄线宽、高偏振率的激光。

(2) 由正负离子导致的散射可以忽略，因为它们的质量相比于电子大得多，由入射辐射场产生的加速度远小于电子的情况。

(3) 康普顿效应可以忽略，这需要满足一个入射光子能量远小于电子的静止能量，即 $h\upsilon_i \ll m_e c^2$，使用的激光波长为 1064 nm 或 532 nm 时，均满足条件。

(4) 相对论效应可以忽略，这需要满足电子速度远小于光速，即 $v \ll c$，对于低温等离子体，满足该条件。

(5) 入射光的磁场影响可以忽略。入射光的磁感应强度为 $B=E_{i0}/c$，洛伦兹力大小为 $F_L=evB=\dfrac{ev_\perp E_{i0}}{c}$，在 $v \ll c$ 情况下，洛伦兹力远小于电场力，故可忽略磁场影响。

(6) 散射光是假定在远场测量的，需要满足观测点到散射点的距离远大于①散射过程中电子的运动距离；②入射光和散射光波长；③观测区域的典型尺寸。

(7) 等离子体对于激光是透明的，即激光在等离子体中有很高的传输效率。为了满足这点，入射光频率需要远大于电子等离子体频率。

(8) 多级散射可以忽略，这点需要满足入射光经过的等离子体厚度很窄，并且散射概率必须很低(电子密度低)。

(9) EEDF 满足麦克斯韦分布和散射光为非相干光。

(10) 激光强度必须控制在一个阈值范围下，不能影响等离子体本身(电子密度和电子温度)，这点在文献[68]中有详细论述。

2. 散射诊断的实验关键

通常，使用同一实验系统来检测瑞利和汤姆逊散射信号。在散射实验之前，应大致估计等离子体参数的大小。为了使给定的激光波长 λ_0 满足 $\alpha \ll 1$，关于德拜长度或电子密度和温度的一些限制也需要考虑。对于可见光波长的激光器，T_e 大约为几个电子伏且 n_e 小于 $10^{20}\ \mathrm{m^{-3}}$ 时，$\alpha \ll 1$ 是有效的。根据前面对三种散射的介绍，在散射实验中需要解决的主要问题如下。

(1) 确定好光学几何的位置关系，即入射光波矢方向、入射光电场方向、散射光波矢方向(在确定前三者的方向后,散射光电场方向也能确定)。一般选择正交光路,即 $\theta=\varphi=90°$,因为此时瑞利和汤姆逊散射截面(见式(6.5.12)和式(6.5.28))具有最大值,而空间分辨率达到最佳。不需要的杂散光水平也低于其他角度时的情况。杂散光会使瑞利信号失真,在散射实验中,必须降低杂散光水平。

(2) 确定不同散射类型的微分散射截面,汤姆逊散射对应自由粒子,瑞利散射对应重粒子(包含原子和分子),拉曼散射对应多原子分子(常见于 N_2、O_2 和 CO_2)。

(3) 确定散射光的光谱形状。因为瑞利散射和拉曼散射的作用对象为重粒子,其在等离子体中的速度远小于电子速度,因此这两种散射中的多普勒效应可以忽略不计,它们的谱线线宽可以近似等于光谱仪的仪器线宽。而汤姆逊散射的谱线宽度将反映电子温度信息。

(4) 确定具体的实验条件是否满足公式所需的各种近似条件,如散射光相干性如何。

(5) 分析激光对等离子体的扰动。因为在做散射实验时需要聚焦激光,因此在散射区域的激光能量密度会比较高,而高能量密度激光会对等离子体产生加热和光致电离等影响,所以往往需要控制激光能量和聚焦半径,使激光对等离子体的影响足够小,并且保证足够的信号信噪比。

3. 汤姆逊信号的捕捉条件

研究具有低电子密度和温度等离子体的两个主要困难是散射强度较弱(在低温等离子体的散射条件下,散射概率约为 10^{-16})和光谱宽度较小(2~5 nm),从而导致杂散光会对微弱的汤姆逊信号造成很大的干扰。为了应对这些困难,陷波滤波器和检测器中的多个光谱仪可有效减少杂散光,这两种去除杂散光的方法将在后文介绍。

除汤姆逊散射光谱外,记录的光谱还包含连续的背景,这是由等离子体的连续辐射和检测器中的暗电流引起的。另外,该光谱的中心有很强的杂散光贡献,这是由等离子体周围环境的散射和等离子体中的重粒子散射(瑞利散射)引起的。这些贡献可以从记录的频谱中减去,但是它们的噪声却不能。这种噪声会掩盖汤姆逊光谱本身,因此决定了实验装置的检测极限。从图 6.5.6(示意性地显示了记录的散射光谱)可以清楚地看出,汤姆逊信号必须与其他信号源竞争。噪声主要影响汤姆逊光谱的低强度边缘,而杂散光会使光谱的

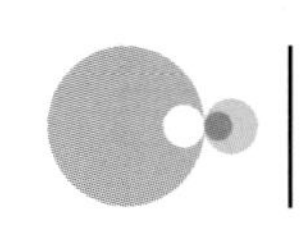

中心失真。两者之间的区域必须足够大，才能根据对测量光谱的拟合准确地确定 n_e 和 T_e。除噪声外，为了获取足够准确的光谱信号和拟合结果，在一张汤姆逊光谱图中通常至少需要采集 100 个点，其中中间的 20 个点由于杂散光需要去除，同时需要满足以下两点原则。

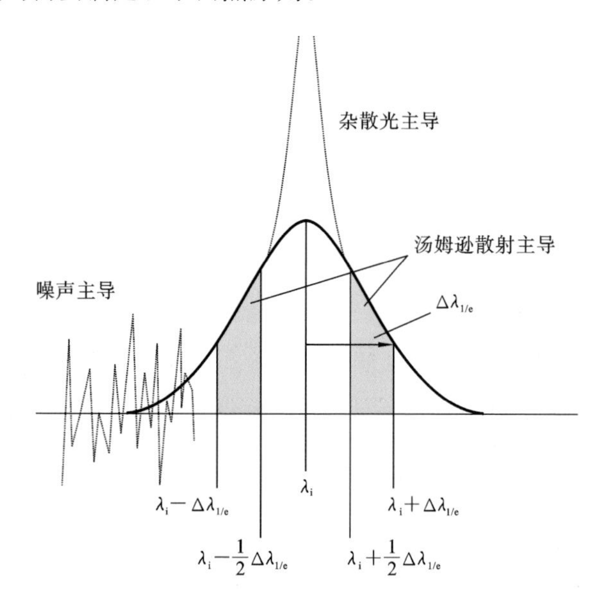

图 6.5.6　汤姆逊散射光谱示意图

（1）背景噪声必须小于汤姆逊散射从中心波长到 $\Delta\lambda_{1/e}$ 处的强度（即信噪比为 2）。

（2）在中心波长到 $\frac{1}{2}\Delta\lambda_{1/e}$ 处杂散光强度要小于汤姆逊散射，具体见图6.5.6。

4. 激光散射诊断系统配置

由上文可知，杂散光会使汤姆逊光谱中心部分失真，这对于离周围环境比较近的等离子体或包含在玻璃中的等离子体（高杂散光水平），以及较低的电子密度和温度（汤姆逊光谱较弱和较窄）尤其如此。因此，通常使用三重光栅光谱仪或布拉格光栅陷波滤波器来抑制杂散光。这两种方法都需要与光学器件相关的校准。

（1）三光栅光谱仪（triple grating spectrometer，TGS）。

TGS 系统方案如图 6.5.7 所示，激光聚焦到等离子体区域后，产生散射光由两个消色差平凸透镜收集，成像到 TGS 的入射狭缝上。由于 TGS 的入射狭缝为水平方向，这样可以获取散射光在等离子体径向上的分布，所以需要用旋转器将图像旋转到垂直平面。TGS 本质上由两部分组成。第一部分由光栅 1、光栅 2 及一个掩模(mask)组成，形成一个陷波滤波器，以从光谱中去除位于中心激光波长的瑞利散射信号。只有散射信号的频谱侧翼可以通过掩模，然后由光栅 2 重新收集。第二部分由一个狭缝、光栅 3 及探测相机组成，作用类似传统的单光栅光谱仪。光栅 2 和光栅 3 之间的缝隙用以进一步消除杂散光，起到空间滤波器的作用。同时，该狭缝形成了 TGS 第二部分光谱仪的入口狭缝。光栅 3 对过滤掉瑞利散射及杂散光信号的散射光重新进行分光，形成聚焦在 ICCD 相机上的侧翼散射光谱。拉曼和汤姆逊散射信号的测量均需要设置掩模，而在测量瑞利信号时则不需要。为了进一步消除环境的杂散光，可在 TGS 周围构建一个黑框，并且在光路之间放置黑色屏障。该方法具有较低的电子密度测量下限和较高的时空分辨率，但由于光路经过了三个光栅，散射光的传输效率较低，且由于光学元件较多，所以对校准要求很高。

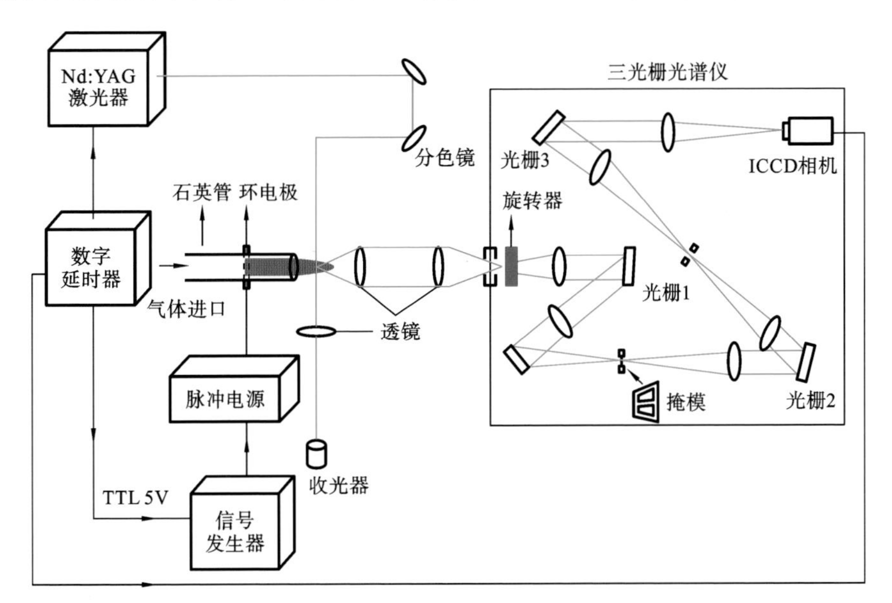

图 6.5.7　使用三光栅系统的实验装置示意图

(2) 布拉格光栅陷波滤波器(Bragg grating notch filter)。

布拉格光栅陷波滤波器系统方案如图 6.5.8 所示，通过一个消色差平凸透镜将散射光准直，让准直光通过半高宽为 0.2 nm(7 cm^{-1})的布拉格光栅陷

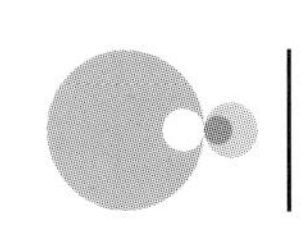

波滤波片，从而可以把瑞利散射光和杂散光从信号中去除，然后再通过第二个透镜将剩余的拉曼和汤姆逊散射光聚焦到光谱仪中，可有效地采集几乎不失真的汤姆逊信号[69]。对于 1 eV 的汤姆逊散射信号而言，其光谱半高宽在 3 nm 左右，而布拉格光栅陷波滤波片的半高宽仅为 0.2 nm，这可保证绝大部分的汤姆逊侧翼信号通过滤波片。同时由于瑞利散射信号半高宽近似为光谱仪仪器展宽，远小于 0.2 nm，这使得陷波滤波片足以充分过滤掉瑞利散射信号和杂散光。由于瑞利散射信号比汤姆逊信号强得多，滤光片必须将瑞利信号减少大约六个数量级才可获得较好的汤姆逊光谱信号。与三光栅系统相比，该方法不会因为反射损耗和附加光栅的效率而导致传输效率大大降低。就杂散光抑制而言，布拉格光栅滤波片具有优越的性能，但对校准要求严格，需要将准直后的散射光对陷波滤波器的入射角调节到光栅衍射角附近，才能发挥出滤波器最好的滤波效果，调节偏角的误差范围需要小于 0.1°，因此必须很好地准直散射光[70]。

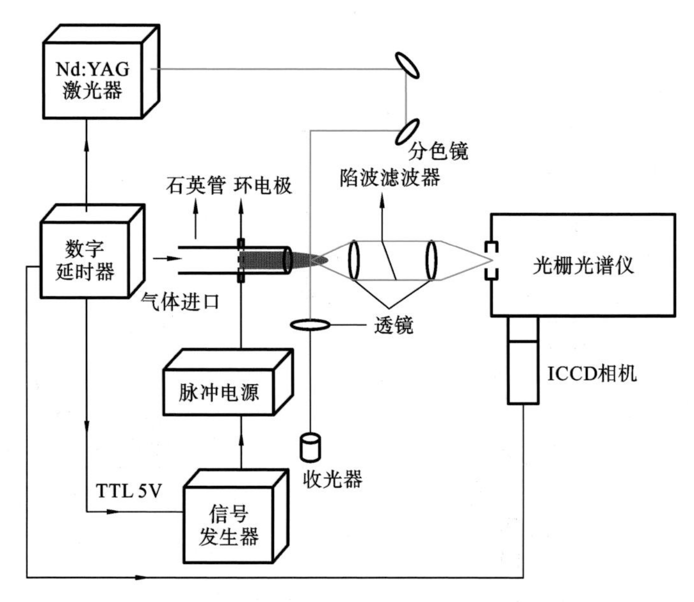

图 6.5.8　使用布拉格光栅陷波滤波器的散射系统示意图

(3) 单光谱仪与物理掩模配对。

接下来将介绍一个简单的装置，该装置仅使用单个光谱仪与黑色掩模配对即可过滤瑞利信号和杂散光，实验系统如图 6.5.9 所示。该方法也是利用掩模过滤激光中心波长的瑞利信号和杂散光，但仅使用一个光栅，类似没有第

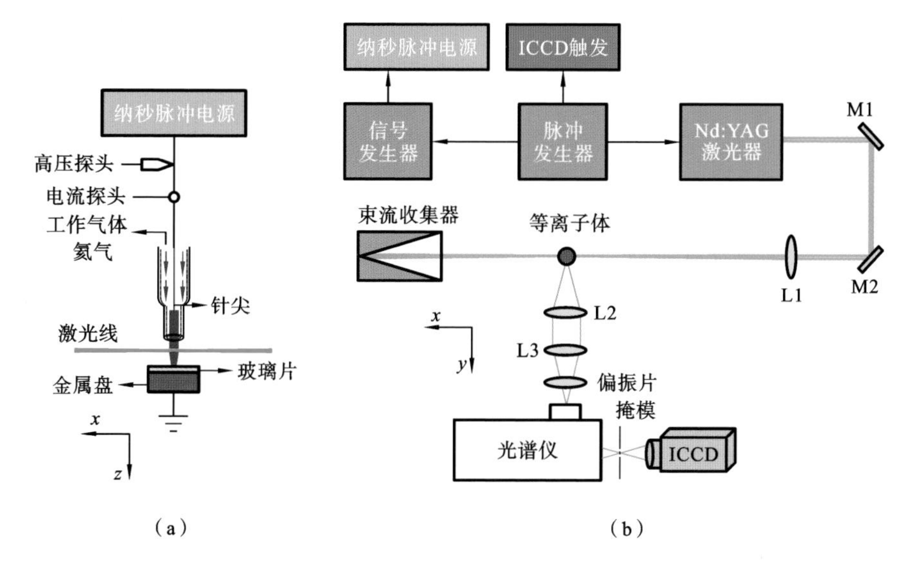

(a) (b)

图 6.5.9 使用单光谱仪与物理掩模配对的测量装置示意图

(a) 等离子体射流示意图;(b) 散射光路图

二和第三光栅的三光栅光谱仪系统。散射光通过两块透镜收集到光谱仪中,经过分光后不同波长的散射光聚焦在光谱仪的出口焦平面上。将黑色掩模放置在焦平面上,通过一个精密二维平移台调整掩模位置,使其中心挡板准确挡住激光中心波长的聚焦光,而光谱侧翼信号则可通过挡板两边的开口,由装配有聚焦镜头的 ICCD 相机采集到。在测量汤姆逊信号时需要在光谱仪入口处放置一个偏振片,用以过滤较强的拉曼信号。这是因为汤姆逊散射是偏正的,且其偏正方向与入射激光一致,而拉曼散射则是非偏正的。在测量拉曼信号时则将偏振片换成一个长通滤波片,以提高校准的准确度。Chen[71] 将这种检测策略扩展到中等气压和 $10^{12}\ cm^{-3}$ 电子密度的情况。Van de Sande[72] 和 Brehmer[73] 等人使用了类似的方法,即在 ICCD 的正前方放置了一条纸条充当掩模的作用。此外,根据放电中遇到的杂散光量,可以将掩模加工成特定的宽度,这使得该设置可以更灵活地测量多种类型的放电装置。由于该方法使用的光学元件更少,所以散射信号的传输效率更高。并且只需要一个常见的单光栅光谱仪,无须复杂的光路配置和校准。然而,该方法对杂散光的过滤有限,大量的杂散光可能会掩盖住汤姆逊信号。因此,该方法比较适合杂散光水平较低的中低气压放电。在高气压放电中则需要更高的电子密度,以使汤姆逊信号相比于杂散光强度足够大。

以下以 He 等离子体射流为例，介绍散射信号处理方法。在去除瑞利散射和杂散光后，探测器实际采集到的信号由三部分组成：汤姆逊散射、N_2 和 O_2 上的拉曼散射以及背景光。它们的光谱是重叠的，借助 Matlab® 编写的专门设计的软件，能够拟合这些重叠的信号并将其分离。

汤姆逊光谱使用式(6.5.18)计算，拉曼光谱使用式(6.5.36)计算。假定仪器展宽对汤姆逊信号半高宽的影响可忽略不计，则没有卷积应用于汤姆逊频谱。汤姆逊、N_2 拉曼和 O_2 拉曼这三者的贡献是分别计算求和的，并添加恒定的背景信号 C，所以总信号为：

$$P_{\lambda,\mathrm{total}}=P_{\lambda,\mathrm{thom}}(n_e,T_e)+P_{\lambda,N_2}(p_{N_2},T_{\mathrm{rot}})+P_{\lambda,O_2}(p_{O_2},T_{\mathrm{rot}})+C \quad (6.5.38)$$

其实，使用分气压 $p_{N_2}+p_{O_2}$ 和混合比 p_{N_2}/p_{O_2} 代替 p_{N_2} 和 p_{O_2} 作为拟合参数更为方便。拟合参数的总个数为 6，即 n_e、T_e、T_{rot}、$p_{N_2}+p_{O_2}$、p_{N_2}/p_{O_2} 和 C。

为了获得压力和密度的绝对值，必须对信号进行绝对校准，确定校准系数 $fLP_i\Delta\Omega$。这是通过拟合无等离子体的环境空气的拉曼光谱来完成的。在这种情况下，温度和气压均可确定，根据理想气体方程，分子的绝对密度可以确定。应注意在每次汤姆逊测量之前和之后都测量转动拉曼光谱，并将其平均以解决激光能量可能存在的漂移。

接下来给出了使用激光散射技术进行大气压非平衡等离子体诊断的一些典型结果。

对于纳秒脉冲电源驱动的等离子体，实验装置图如图 6.5.9 所示。利用方法 3 测得的拉曼和汤姆逊光谱示例图如图 6.5.10、图 6.5.11 所示。

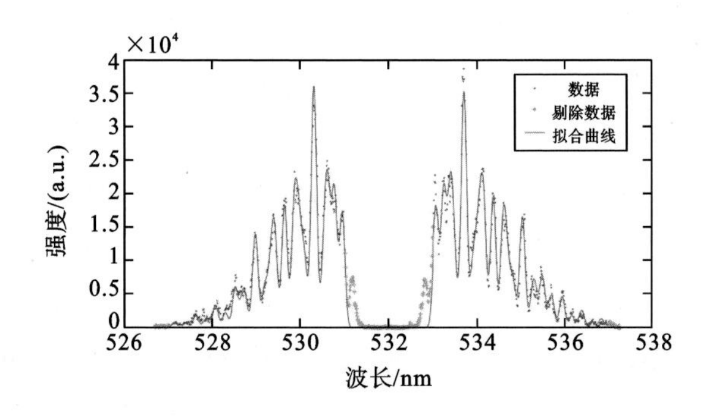

图 6.5.10　拉曼散射光谱实例

$T_{\mathrm{rot}}=(290\pm5)$ K，$p_{N_2}+p_{O_2}=1.01\times10^5$ Pa，$N_2/O_2=80.2\%/19.8\%$（未发表）

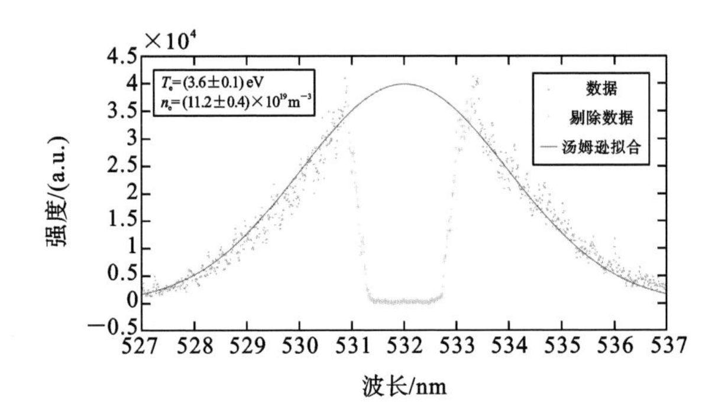

图 6.5.11 汤姆逊光谱示例图

T_e=(3.6±0.1) eV,n_e=(11.2±0.4)×10^{19} m^{-3}(未发表)

6.6 液相化学分析法

N-APPJ 用于生物医学应用时，生物组织、细胞等往往处于液体环境，因此 N-APPJ 经常需要和液体作用。当 N-APPJ 与液体相互作用时，首先会在气-液交界面产生大量的初级 RONS，如 OH·、NO、O_3、O、$^1O_2$ 和 N_2^+ 等，这些初级活性粒子会通过扩散的方式进入液相环境中，然后会进一步通过各种液相化学反应产生其他各种具有不同寿命的 RONS，如 NO_2^-、NO_3^- 和 ONOOH 等。这些液相活性粒子被认为在 N-APPJ 处理有液体参与的等离子体医学应用中起到了十分重要的作用，因此对这些液相活性粒子进行精确的诊断对于深入理解 N-APPJ 各种生物医学效应背后的作用机制具有十分重要的意义。接下来将主要介绍液相环境中几种典型 RONS 的诊断方法。

6.6.1 短寿命活性成分诊断

N-APPJ 在与液体相互作用时会产生羟基(OH·)、单线态氧($^1O_2$)、超氧阴离子(·O_2^-)及过氧亚硝酸(ONOOH)等多种半衰期在纳秒级到毫秒级之间的短寿命活性粒子。国外一些研究人员使用电子自旋共振光谱(electron spin resonance spectroscopy)开展了对液相 OH· 和 ·O_2^- 的定量诊断[74,75]。然而由于电子自旋共振谱仪诊断系统价格昂贵、操作复杂等问题，采用该方法的研究者较少。因此这里仅介绍利用荧光探针实现对液相短寿命粒子诊断的方法。

1. OH· 的诊断

目前并没有用于 OH· 检测的商用试剂盒，这里介绍两种当前在文献中经常采用的用于液相 OH· 诊断的荧光探针，即对苯二甲酸（terephthalic acid，TA）和苯五甲酸（benzenepentacarboxylic acid，BA）。下面对这两种荧光探针检测 OH· 的基本原理和具体实验方法进行简要介绍。

（1）基本原理。

TA 是一种在生物和化学等领域广泛使用的用于液相 OH· 诊断的荧光探针，它对 OH· 具有很高的选择性，不会与 $\cdot O_2^-$、H_2O_2 等氧化性粒子发生反应[76]。TA 和 OH· 反应的基本原理如图 6.6.1 所示。TA 自身无荧光，与 OH· 反应后会生成 2-羟基对苯甲酸（2-hydroxyterephthalic acid，HTA），HTA 在 311 nm 紫外光的激发下会辐射出波长为 424 nm 的荧光，TA 则不会，因此通过测量得到的荧光强度可以得到 OH· 的相对浓度。进一步地，可以配制一系列浓度的 HTA 标准溶液，利用相同方法得到 HTA 和对应荧光强度的标准曲线，从而得到 OH· 的实际浓度。

但是，TA 作为诊断 OH· 荧光探针也存在着一些缺陷。如图 6.6.1 所示，TA 的苯环上有 4 个可以用于 OH· 结合的位置，在实际反应中，OH· 的结合具有随机性，一个 TA 分子可能会随机与 4 以内任意个数的 OH · 结合产生多羟基产物，因此得到的 HTA 荧光强度与 OH· 的实际浓度间的对应关系不是太好。使用 TA 的优点是最终的产物 HTA 比较容易获得，因此可以通过标定得到 OH· 的真实浓度。

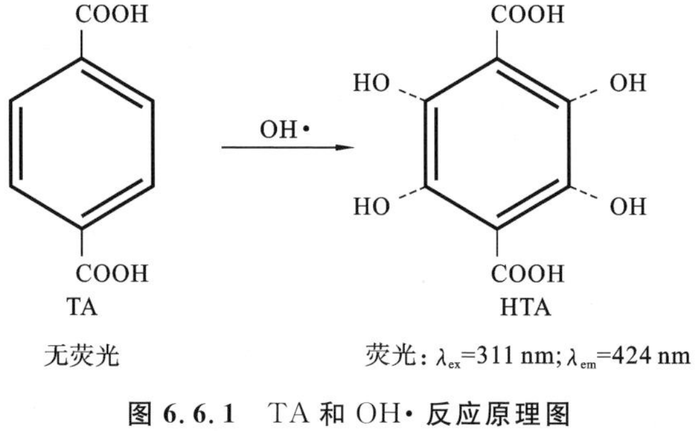

COOH COOH
HO OH
OH·
HO OH
COOH COOH
TA HTA
无荧光 荧光：λ_{ex}=311 nm; λ_{em}=424 nm

图 6.6.1 TA 和 OH· 反应原理图

BA 作为一种检测 OH· 的新型荧光探针，可以很好克服 TA 的缺陷。BA 和 OH · 反应的基本原理如图 6.6.2 所示。BA 同样自身无荧光，与 OH· 反应后会生成羟基苯五甲酸（hydroxybenzenepentacarboxylic acid，HBA），HBA 在 311 nm 紫外光的激发下会辐射出波长为 435 nm 的荧光，BA 则不会[77]。可以看到，相比于 TA，BA 的苯环上仅有一个位置可以与 OH· 结合，因此最终得到的 HBA 的荧光强度与 OH· 的实际浓度有很好的线性关系。使用 BA 作为探针的主要缺陷是目前 HBA 标准品很难获得，难以进行最终的标定，因此只能得到 OH· 的相对浓度。

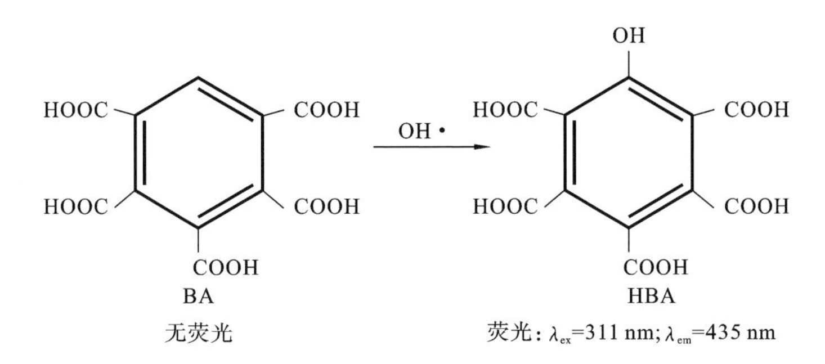

图 6.6.2 BA 和 OH· **反应原理图**

(2) 实验步骤。

在实际检测时，两种荧光探针对应的操作步骤基本相同。首先，先称取一定量的 BA 或 TA 粉末溶解到 NaOH 溶液中得到相应的储备液，接着取适量储备液稀释到合理的浓度作为探针加入到待测溶液中，最后利用荧光酶标仪检测对应的荧光强度。如果想要检测 N-APPJ 整个放电过程中产生的 OH·，则需要在放电前将探针溶液加入到待处理液体中。

应当指出，目前利用 TA 和 BA 进行 OH· 的诊断并没有严格统一的操作规范，针对不同的实验，探针溶液的浓度具体选择多少，以及探针与待测溶液混合后静置的具体时间都需要在正式的实验前不断摸索，找到最佳实验条件。

2. $^1O_2$ 的诊断

(1) 基本原理。

目前一种应用比较广泛的用于测量 $^1O_2$ 的荧光探针称为(singlet oxygen sensor green reagent，SOSG)的荧光探针。SOSG 自身发出弱蓝色荧光，在和 $^1O_2$ 反应后生成的产物会发出绿色荧光($\lambda_{ex}=504$ nm，$\lambda_{em}=525$ nm)，而且该荧光探针对 $^1O_2$ 具有高度选择性，不会受到 OH· 和 $\cdot O_2^-$ 等其他 ROS 的干扰[78]。因此，测量得到的荧光强度可以作为待测溶液中 $^1O_2$ 的相对浓度。

(2) 实验步骤。

实验过程中 $^1O_2$ 具体测量步骤如下。首先，将 100 μg 探针粉末溶解在 33 μL 的甲醇中得到浓度为 5 mmol/L 的储备液，取适量储备液用去离子水稀释到合适的浓度作为最后的探针溶液，剩余储备液－20 ℃下冻存备用。接着，取适量探针溶液加入到待测溶液中，如果需要检测 N-APPJ 放电过程中产生的$^1O_2$浓度，则需要在放电前将探针加入到待处理液体中。最后利用荧光酶标仪检测对应的荧光强度。

测量步骤中探针溶液的最佳浓度针对不同实验会有所不同，需要在多次实验中不断摸索，通常初始浓度范围可以在 1～10 μmol/L 之间。

3. $\cdot O_2^-$ 的诊断

如前所述，$\cdot O_2^-$ 浓度的诊断可以采用电子自旋共振谱仪，但该方法具有设备昂贵、操作复杂等缺点。这里介绍一种利用超氧化物歧化酶(superoxide dismutase，SOD)实现对液相 $\cdot O_2^-$ 诊断的方法。

(1) 基本原理。

SOD 是生物体内存在的一种抗氧化金属酶，它能够催化超氧阴离子自由基歧化生成氧和过氧化氢。因此，可以在待测溶液中加入活力值已知的 SOD，等 SOD 与待测溶液中的 $\cdot O_2^-$ 反应后，再用 SOD 活力检测试剂盒测定反应后溶液中剩余的 SOD 活力值，最后得到的待测溶液消耗的 SOD 活力值就可以间接获得待测溶液中 $\cdot O_2^-$ 的浓度。

关于 SOD 活力的测定，目前已经有许多成熟的商用检测试剂盒，这些试剂盒大多采用的是 WST-1 法或 WST-8 法。WST-1 和 WST-8 是由日本同仁化学研究所(DOJINDO)开发的两种水溶性四唑盐试剂，利用 WST-1 和 WST-8 检测 SOD 活力的原理如图 6.6.3 所示。可以看到两种方法的原理基本相同，即 WST-1 或 WST-8 可以和黄嘌呤氧化酶催化产生的 $\cdot O_2^-$ 反应产生水溶性的甲臜染料(formazan dye)，而这一反应步骤可以被 SOD 所抑制，因此通过对 WST-1 或 WST-8 产物的比色分析即可计算 SOD 的酶活力。只是 WST-8 是一种新开发的水溶性四唑盐，因此 WST-8 法比 WST-1 法更加稳定、灵敏度更高。

(2) 实验步骤。

实验过程中需要的 SOD 可以直接从生物试剂公司购买。实验时 SOD 标准溶液需现用现配，具体地，SOD 粉末可以直接用双蒸水或磷酸盐缓冲溶液溶解，未用完的 SOD 粉末和溶液需在－20 ℃冷冻保存。

SOD 加入到待测溶液后需要静置一段时间，让溶液中的 $\cdot O_2^-$ 与 SOD 充分反应，具体的静置时间及加入的 SOD 初始活力值需要通过预实验摸索确

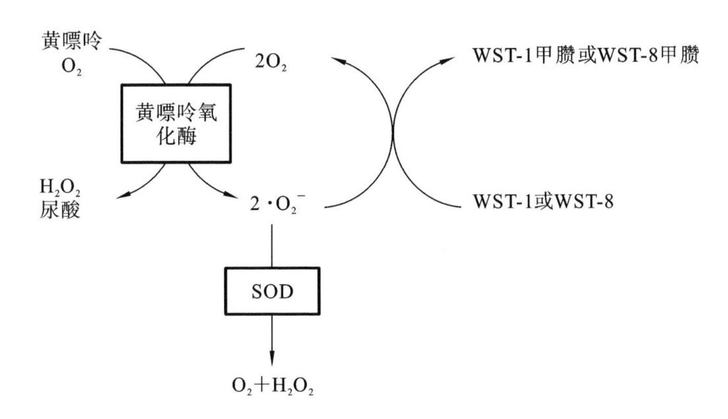

图 6.6.3 利用 WST-1 或 WST-8 检测 SOD 活力原理示意图

定。之后再利用 SOD 活力检测试剂测量溶液中剩余的 SOD 活力值。

4. ONOOH/ONOO⁻ 的诊断

N-APPJ 与液体相互作用时生成的两种寿命较长的活性粒子 H_2O_2 和 NO_2^-,它们可能通过化学反应生成 ONOOH。ONOOH 属于弱酸,其 pKa 为 6.8[79],因此在酸性条件下它主要以分子形式存在,而在中性或碱性环境中则主要以离子形式($ONOO^-$)存在。$ONOOH/ONOO^-$ 被认为在 N-APPJ 杀菌和选择性诱导癌细胞凋亡等生物医学效应中发挥着重要作用[75,80,81]。在早期的研究中,由于 $ONOOH/ONOO^-$ 自身寿命很短,同时缺乏特异性荧光探针,因此对液相环境中 ONOOH 的诊断研究非常少。近年来,一些从事化学领域的研究人员陆续研发了多种对 $ONOOH/ONOO^-$ 具有高灵敏度和高选择性的荧光探针,使对 $ONOOH/ONOO^-$ 的精确定量诊断成为可能[82-84]。这里介绍一种基于罗丹明酰肼的新型远红外荧光探针。

(1) 基本原理。

该探针对 $ONOOH/ONOO^-$ 具有高度选择性,反应生成的产物在 600 nm 的光的激发下可以发射出 638 nm 的荧光[83],具体反应原理如图 6.6.4 所示。测量得到的荧光强度与溶液中 $ONOOH/ONOO^-$ 的浓度具有良好的线性关系,因此通过配制一系列浓度的 ONOOH 标准溶液,利用相同方法得到 ONOOH 浓度和对应荧光强度的标准曲线,利用标准曲线标定便可以得到被测液体中 $ONOOH/ONOO^-$ 的实际浓度。

(2) 实验步骤。

实验时,首先取适量探针粉末用 PBS 缓冲液溶解得到储备液,再取适量储

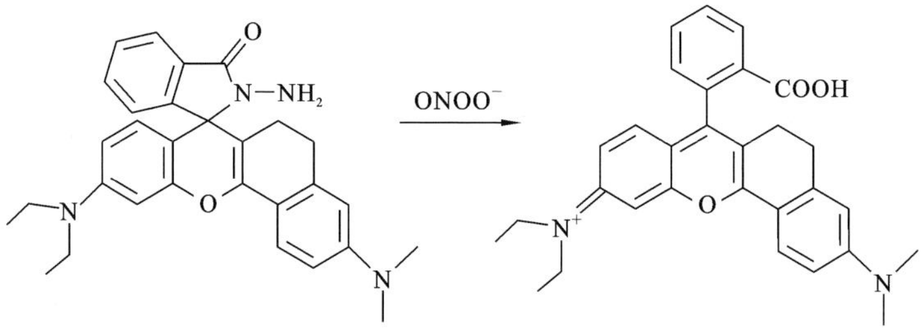

$ONOO^-$

无荧光

荧光：λ_{ex}=600 nm；λ_{em}=638 nm

图 6.6.4 ONOOH/$ONOO^-$ **反应原理图**

备液稀释到合适的浓度作为最后的探针溶液，然后将探针溶液加入到待测溶液中，混合均匀并充分反应后利用荧光酶标仪测量相应的荧光强度(λ_{ex}＝600 nm，λ_{em}＝638 nm)。最后，将 ONOOH 标准品稀释成不同浓度后用同样的方法测量荧光强度获得标准曲线，根据标准曲线即可得到待测液体中 ONOOH/$ONOO^-$ 的实际浓度。

同样地，探针溶液的最佳浓度范围需要通过预实验摸索得到。此外，ONOOH 标准溶液需在冰水浴上用 NaOH 溶液稀释，可以延缓 ONOOH/$ONOO^-$ 的分解速度。

6.6.2 长寿命活性成分诊断

H_2O_2、NO_2^- 和 NO_3^- 是 N-APPJ 与水溶液相互作用时产生的 3 种主要的液相长寿命活性粒子。目前有许多技术成熟的商业检测试剂盒可以用于这 3 种粒子的诊断，而且相对于短寿命粒子，这些长寿命粒子在诊断时的具体操作步骤也更加标准化。下面将对这 3 种粒子的诊断方法进行简要介绍。

1. H_2O_2 的诊断

对于液相 H_2O_2 的诊断，可以选择商用的过氧化氢检测试剂盒。如有的试剂盒通过 H_2O_2 氧化 Fe^{2+} 产生 Fe^{3+}，然后和二甲酚橙(xylenol orange)在特定的溶液中形成紫色产物的原理实现对 H_2O_2 浓度的测定，对 H_2O_2 的检测下限可以达到 1 μmol/L。具体的实验步骤可以参考具体试剂盒的说明书。

2. NO_2^- 和 NO_3^- 的诊断

N-APPJ 处理后的溶液中通常同时含有 NO_2^- 和 NO_3^-，使用离子色谱仪可以同时对这两种粒子的浓度进行精确的诊断。同样地，考虑到离子色谱仪价格昂贵，这里介绍利用化学试剂盒对它们进行诊断的方法。

对于 NO_2^-，目前大部分检测试剂盒都是采用经典的 Griess reagent 方法[85]测量 NO_2^- 的浓度。即 NO_2^- 会与试剂盒中的显色剂反应后生成红色偶氮化合物，该产物在 540 nm 处具有最大的吸收峰，通过测量 540 nm 的吸收值并与标准样品对应的 540 nm 吸收值比较便可获得 NO_2^- 的浓度。

对于 NO_3^-，可以利用一氧化氮试剂盒间接实现对 NO_3^- 浓度的测定。一氧化氮试剂盒的检测原理是采用硝酸盐还原酶还原硝酸盐为亚硝酸盐，然后再通过 Griess reagent 方法检测亚硝酸盐的浓度。因此，利用一氧化氮试剂盒可以得到待测溶液中 NO_2^- 和 NO_3^- 的浓度之和，再减去 NO_2^- 的浓度，便可以得到 NO_3^- 的浓度。

上述的亚硝酸盐试剂盒和一氧化氮试剂盒，在国内有多家单位生产相应的产品，具体的实验方法和注意事项可以参考相应产品的说明书，这里不再赘述。

参考文献

[1] Bruggeman P, Sadeghi N, Schram D, et al. Gas temperature determination from rotational lines in non-equilibrium plasmas: a review[J]. Plasma Sources Science and Technology, 2014(23): 023001.

[2] Zhu X, Pu Y. Optical emission spectroscopy in low-temperature plasmas containing argon and nitrogen: determination of the electron temperature and density by the line-ratio method[J]. Journal of Physics D: Applied Physics, 2010(43): 403001.

[3] Xiong Q, Yu A Nikiforov, Li L, et al. Absolute OH density determination by laser induced fluorescence spectroscopy in an atmospheric pressure RF plasma jet[J]. The European Physical Journal D, 2012(66): 281-288.

[4] Bruggeman P, Verreycken T, Gonzalez M, et al. Optical emission spectroscopy as a diagnostic for plasmas in liquids: opportunities and pitfalls [J]. Journal of Physics D: Applied Physics, 2010(43): 124005.

[5] http://www.specair-radiation.net.

[6] Luque J, Crosley D. LIFBASE: Database and spectral simulation (version 1.9)[J]. SRI International Report MP, 99-009 (1999).

[7] Xiong Q, Nikiforov A, Lu X, et al. High-speed dispersed photographing of an open-air argon plasma plume by a grating ICCD camera system[J]. Journal of Physics D: Applied Physics, 2010(43): 415201.

[8] Bol′shakov A, Cruden B, Sharma S. Determination of gas temperature and thermometric species in inductively coupled plasmas by emission and diode laser absorption[J]. Plasma Sources Science and Technology, 2004(13): 691-700.

[9] Jackson G, King F. Probing excitation/ionization processes in millisecond-pulsed glow discharges in argon through the addition of nitrogen[J]. Spectrochimica Acta Part B: Atomic Spectroscopy, 2003(58): 185-209.

[10] Fantz U. Emission spectroscopy of molecular low pressure plasmas[J]. Contributions to Plasma Physics, 2004(44): 508-515.

[11] Bruggeman P, Iza F, Guns P, et al. Electronic quenching of OH(A) by water in atmospheric pressure plasmas and its influence on the gas temperature determination by OH(A-X) emission[J]. Plasma Sources Science and Technology, 2010(19): 015016.

[12] Verreycken T, Mensink R, Horst R, et al. Absolute OH density measurements in the effluent of a cold atmospheric pressure Ar-H_2O RF plasma jet in air[J]. Plasma Sources Science and Technology, 2013(22): 055014.

[13] Gigosos M. Stark broadening models for plasma diagnostics[J]. Journal of Physics D: Applied Physics, 2014(47): 343001.

[14] Gigosos M, González M, Cardeñoso V. Computer simulated Balmer-alpha, -beta and -gamma Stark line profiles for non-equilibrium plasmas diagnostics[J]. Spectrochimica Acta Part B: Atomic Spectroscopy, 2003(58): 1489-1504.

[15] González M, Gigosos M. Analysis of Stark line profiles for non-equilibrium plasma diagnosis[J]. Plasma Sources Science and Technology, 2009(18): 034001.

[16] Zhu X, Pu Y. A simple collisional-radiative model for low-temperature argon discharges with pressure ranging from 1 Pa to atmospheric pressure: kinetics of Paschen 1s and 2p levels[J]. Journal of Physics D:

Applied Physics, 2010(43): 015204.

[17] Dasgupta A, Blaha M, Giuliani J. Electron-impact excitation from the ground and the metastable levels of Ar I[J]. Physical Review A, 1999 (61): 012703.

[18] Shumaker J B, Popenoe C H. Experimental transition probabilities for theAr Ⅰ 4s-4p array[J]. Journal of the Optical Society of America, 1967 (57): 8-10.

[19] Blerkom J, Garstang R. Transition probabilities in theAr Ⅰ spectrum [J]. Journal of the Optical Society of America, 1965(55): 1054-1057.

[20] Kim G, Kim G, Park S, et al. Air plasma coupled with antibody-conjugated nanoparticles: a new weapon against cancer[J]. Journal of Physics D: Applied Physics, 2009(42): 032005.

[21] Mariotti D, Shimizu Y, Sasaki T, et al. Method to determine argon metastable number density and plasma electron temperature from spectral emission originating from four 4p argon levels[J]. Applied Physics Letters, 2006(89): 201502.

[22] Ballou J, Lin C, Fajen F. Electron-impact excitation of the argon atom [J]. Physical Review A, 1973(8): 1797-1807.

[23] Piech G, Boffard J, Gehrke M, et al. Measurement of cross sections for electron excitation out of the metastable levels of argon[J]. Physical Review Letters, 1998(81): 309-312.

[24] Chilton J, Boffard J, Schappe R, et al. Measurement of electron-impact excitation into the 3p54p levels of argon using Fourier transform spectroscopy[J]. Physical Review A, 1998(57): 267-277.

[25] Yanguas Á-Gil, Cotrino J, Alves L. An update of argon inelastic cross sections for plasma discharges[J]. Journal of Physics D: Applied Physics, 2005(38): 1588-1598.

[26] Bartschat K, Zeman V. Electron-impact excitation from the (3p54s) metastable states of argon[J]. Physical Review A, 1999(59): R2552.

[27] Boffard J, Piech G, Gehrke M, et al. Measurement of electron-impact excitation cross sections out of metastable levels of argon and compari-

son with ground-state excitation[J]. Physical Review A, 1999(59): 2749-2763.

[28] 苟建民.大气压低温微等离子体射流(≤10 μm)产生及参数诊断[D].武汉:华中科技大学,2018.

[29] Paris P, Aints M, Laan M, et al. Measurement of intensity ratio of nitrogen bands as a function of field strength[J]. Journal of Physics D: Applied Physics, 2004(37): 1179-1184.

[30] Paris P, Aints M, Valk F, et al. Intensity ratio of spectral bands of nitrogen as a measure of electric field strength in plasmas[J]. Journal of Physics D: Applied Physics, 2005(38): 3894-3899.

[31] Wu S, Lu X, Yue Y, et al. Effects of the tube diameter on the propagation of helium plasma plume via electric field measurement[J]. Physics of Plasmas, 2016(23): 103506.

[32] Sretenović G, Krstić I, Kovačević V, et al. Spectroscopic measurement of electric field in atmospheric pressure plasma jet operating in bullet mode[J]. Applied Physics Letters, 2011(99): 161502.

[33] Wu S, Lu X. Two counter-propagating He plasma plumes and ignition of a third plasma plume without external applied voltage[J]. Physics of Plasmas, 2014(21): 023501.

[34] Kuraica M M, Konjevic N. Electric field measurement in the cathode fall region of a glow discharge in helium[J]. Applied Physics Letters, 1997(70): 1521-1523.

[35] Kraft D, Bengtson R, Breizman B, et al. Analysis of multifrequency interferometry in a cylindrical plasma[J]. Review of Scientific Instruments, 2006(77): 10E910.

[36] Laroussi M. Relationship between the number density and the phase shift in microwave interferometry for atmospheric pressure plasmas[J]. International Journal of Infrared and Millimeter Waves, 1999(20): 1501-1508.

[37] Heald M, Wharton C B. Plasma diagnostics with microwaves[M]. New York: Wiley, 1965.

[38] Akhtar K, Scharer J, Tysk S, et al. Plasma interferometry at high pressures[J]. Review of Scientific Instruments, 2003(74): 996-1001.

[39] Howlader M, Yang Y, Roth J. Time-resolved measurements of electron number density and collision frequency for a fluorescent lamp plasma using microwave diagnostics[J]. IEEE Transactions on Plasma Science, 2005(33): 1093-1099.

[40] Laroussi M, Lu X, Kolobov V, et al. Power consideration in the pulsed dielectric barrier discharge at atmospheric pressure[J]. Journal of Applied Physics, 2004(96): 3028-3030.

[41] Lu X, Laroussi M. Electron density and temperature measurement of an atmospheric pressure plasma by millimeter wave interferometer[J]. Applied Physics Letters, 2008(92): 051501.

[42] Raju G G. Gaseous electronics theory and practice[M]. New York: Taylor & Francis, 2006.

[43] Döbele H F, Mosbach T, Niemi K, et al. Laser-induced fluorescence measurements of absolute atomic densities: concepts and limitations [J]. Plasma Sources Science and Technology, 2005(14): 31-41.

[44] Daily J W. Laser-induced fluorescence spectroscopy in flames[J]. Progress in Energy and Combustion Science, 1997(23): 133-199.

[45] Ono Ryo. Optical diagnostics of reactive species in atmospheric pressure nonthermal plasma[J]. Journal of Physics D: Applied Physics, 2016 (14): 31-41.

[46] Lu X, Naidis G V, Laroussi M, et al. Reactive species in non-equilibrium atmospheric pressure plasmas: generation, transport, and biological effects[J]. Physics Reports, 2016(630): 1-84.

[47] Miles R B, Lempert W R and Forkey J N. Laser Rayleigh scattering [J]. Measurement Science and Technology, 2001(12): 33-51.

[48] Xiong Q, Yu A Nikiforov, Li L, et al. Absolute OH density determination by laser induced fluorescence spectroscopy in an atmospheric pressure RF plasma jet[J]. The European Physical Journal D, 2012 (66): 281-288.

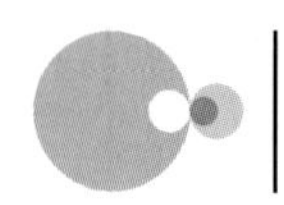

[49] Verreycken T, van der Horst R M, Sadeghi N, et al. Absolute calibration of OH density in a nanosecond pulsed plasma filament in atmospheric pressure He/H_2O: comparison of independent calibration methods[J]. Journal of Physics D: Applied Physics, 2013(46): 464004.

[50] Luque J, Crosley D R. LIFBASE: Database and spectral simulation program (Version 2.1)[J]. SRI International Report MP, 99-009 (1999).

[51] Dilecce G, Martini L M, De Benedictis S. Laser induced fluorescence in atmospheric pressure discharges[J]. Plasma Sources Science and Technology, 2015(24): 034007.

[52] Pei X, Wu S, Xian Y, et al. On OH density of an atmospheric pressure plasma jet by laser-induced fluorescence[J]. IEEE Transactions on Plasma Science, 2014(42): 1206-1210.

[53] Niemi K, Gathen V Schulz von der, Döbele H F. Absolute atomic oxygen density measurements by two-photon absorption laser-induced fluorescence spectroscopy in an RF-excited atmospheric pressure plasma jet [J]. Plasma Sources Science and Technology, 2005(14): 375-386.

[54] van Gessel A F H, van Grootel S C, Bruggeman P J. Atomic oxygen TALIF measurements in an atmospheric pressure microwave plasma jet with in situ xenon calibration[J]. Plasma Sources Science and Technology, 2013(22): 055010.

[55] Pei X, Lu Y, Wu S, et al. A study on the temporally and spatially resolved OH radical distribution of a room-temperature atmospheric pressure plasma jet by laser-induced fluorescence imaging[J]. Plasma Sources Science and Technology, 2013(22): 025023.

[56] Zou C, Pei X. OH radicals distribution in a nanosecond pulsed atmospheric pressure plasma jet[J]. IEEE Transactions on Plasma Science, 2014(42): 2484-2485.

[57] Yue Y, Wu F, Cheng H, et al. A donut-shape distribution of OH radicals in atmospheric pressure plasma jets[J]. Journal of Applied Physics, 2017(121): 033302.

[58] Yue Y, Pei X, Lu X. Comparison on the absolute concentrations of hy-

droxyl and atomic oxygen generated by five different nonequilibrium atmospheric pressure plasma jets[J]. IEEE Transactions on Radiation and Plasma Medical Sciences，2017(1)：541-549.

[59] Yue Y，Pei X，Lu X. OH density optimization in atmospheric pressure plasma jet by using multiple ring electrodes[J]. Journal of Applied Physics，2016(119)：033301.

[60] Yue Y，Pei X，Gidon D，et al. Investigation of plasma dynamics and spatially varying O and OH concentrations in atmospheric pressure plasma jets impinging on glass，water and metal substrates[J]. Plasma Sources Science and Technology，2018(27)：064001.

[61] Wu F，Li J，Liu F，et al. The effect of skin moisture on the density distribution of OH and O close to the skin surface[J]. Journal of Applied Physics，2018(123)：123301.

[62] Sheffield J. Plasma Scattering of Electromagnetic Radiation[M]. New York：Academic Press，1975.

[63] Muraoka K，Uchino K and Bowden M D. Diagnostics of low-density glow discharge plasmas using Thomson scattering[J]. Plasma Physics and Controlled Fusion，1998(40)：1221-1239.

[64] Kempkens H，Uhlenbusch J. Scattering diagnostics of low-temperature plasmas (Rayleigh scattering，Thomson scattering，CARS)[J]. Plasma Sources Science and Technology，2000(9)：492-506.

[65] Lu X，Naidis G V，Laroussi M. Guided ionization waves：theory and experiments[J]. Physics Reports，2014(540)：123-166.

[66] van Gessel A F H，Carbone E A D，Bruggeman P J，et al. Laser scattering on an atmospheric pressure plasma jet：disentangling Rayleigh，Raman and Thomson scattering[J]. Plasma Sources Science and Technology，2012(21)：015003.

[67] Sutton A J，Driscoll J F. Rayleigh scattering cross sections of combustion species at 266，355，and 532 nm for thermometry applications[J]. Optics Letters，2004(29)：2620-2622.

[68] Carbone E A D，Palomares J M，Hübner S，et al. Erratum：revision of

the criterion for avoiding electron heating during laser aided plasma diagnostics (LAPD)[J]. Journal of Instrumentation, 2012(7): C01016.

[69] Klarenaar B L M, Guaitella O, Engeln R, et al. How dielectric, metallic and liquid targets influence the evolution of electron properties in a pulsed He jet measured by Thomson and Raman scattering[J]. Plasma Sources Science and Technology, 2018(27): 085004.

[70] Klarenaar B L M, Brehmer F, Welzel S, et al. Note: rotational Raman scattering on CO_2 plasma using a volume Bragg grating as a notch filter [J]. Review of Scientific Instruments, 2015(86): 046106.

[71] Chen T Y, Rousso A C, Wu S, et al. Time-resolved characterization of plasma properties in a CH_4/He nanosecond-pulsed dielectric barrier discharge[J]. Journal of Physics D: Applied Physics, 2019(52): 18LT02.

[72] van de Sande M J. Laser scattering on low temperature plasmas: high resolution and stray light rejection[M]. Eindhoven: Technische Universiteit Eindhoven, 2002.

[73] Brehmer F, Welzel S, Klarenaar B L M, et al. Gas temperature in transient CO_2 plasma measured by Raman scattering[J]. Journal of Physics D: Applied Physics, 2015(48): 155201.

[74] Tresp H, Hammer M U, Winter J, et al. Quantitative detection of plasma-generated radicals in liquids by electron paramagnetic resonance spectroscopy [J]. Journal of Physics D: Applied Physics, 2013(46): 435401.

[75] Ikawa S, Tani A, Nakashima Y, et al. Physicochemical properties of bactericidal plasma-treated water[J]. Journal of Physics D: Applied Physics, 2016(49): 425401.

[76] Kanazawa S, Furuki T, Nakaji T, et al. Application of chemical dosimetry to hydroxyl radical measurement during underwater discharge[J]. Journal of Physics: Conference Series, 2013(418): 012102.

[77] Si F, Zhang X, Yan K. The quantitative detection of HO· generated in a high temperature H_2O_2 bleaching system with a novel fluorescent probe benzenepentacarboxylic acid [J]. RSC Advances, 2014 (4): 5860-5866.

[78] Flors C, Fryer M J, Waring J, et al. Imaging the production of singlet oxygen in vivo using a new fluorescent sensor, Singlet Oxygen Sensor Green ©[J]. Journal of Experimental Botany, 2006(57): 1725-1734.
[79] Goldstein S, Lind J, Merényi G. Chemistry of peroxynitrites as compared to peroxynitrates[J]. Chemical Reviews, 2005(105): 2457-2470.
[80] Ma M, Zhang Y, Lv Y, et al. The key reactive species in the bactericidal process of plasma activated water[J]. Journal of Physics D: Applied Physics, 2020(53): 185207.
[81] Bauer G. The synergistic effect between hydrogen peroxide and nitrite, two long-lived molecular species from cold atmospheric plasma, triggers tumor cells to induce their own cell death[J]. Redox Biology, 2019(26): 101291.
[82] Li Z, Liu R, Tan Z, et al. Aromatization of 9,10-dihydroacridine derivatives: discovering a highly selective and rapid-responding fluorescent probe for peroxynitrite[J]. ACS Sensors, 2017(2): 501-505.
[83] Wu D, Ryu J-C, Chung Y W, et al. A far-red-emitting fluorescence probe for sensitive and selective detection of peroxynitrite in live cells and tissues[J]. Analytical Chemistry, 2017(89): 10924-10931.
[84] Tarabova B, Lukes P, Hammer M U, et al. Fluorescence measurements of peroxynitrite/peroxynitrous acid in cold air plasma treated aqueous solutions[J]. Physical Chemistry Chemical Physics, 2019(21): 8883-8896.
[85] Ivanov V M. The 125th anniversary of the Griess reagent[J]. J. Analytical Chemistry, 2004(59): 1002-1005.